Alfred Härtl

Halbleiter

Anschluß-Tabelle

Härtl, Alfred
Halbleiter-Anschluß-Tabelle
Anschlußbelegungen der wichtigsten
Linear-ICs, TTL-ICs, C-MOS-ICs,
und Transistoren
ISBN 3-9800725-1-7

9. überarbeitete und erweiterte Auflage

Alle in diesem Buch veröffentlichten Schaltungen, Beschreibungen und Tabellen werden ohne Rücksicht auf die Patentlage oder mögliche Schutzrechte Dritter mitgeteilt. Sie sind ausschließlich für Lehrzwecke bestimmt.

Autor und Verlag haben alle Sorgfalt walten lassen, um Fehler nach Möglichkeit auszuschließen. Die angegebenen Daten dienen allein der Produktbeschreibung und sind nicht als zugesicherte Eigenschaften im Rechtssinne aufzufassen. Es wird keine Verantwortung oder Haftung für Folgen, die auf fehlerhafte Angaben zurückzuführen sind, übernommen. Für die Mitteilung eventueller Fehler sowie für Ergänzungs- und Verbesserungsvorschläge ist der Verlag jederzeit dankbar.

Geschützte Gebrauchsnamen, Warenzeichen usw. werden in diesem Buch in der Regel nicht als solche kenntlich gemacht. Das Fehlen einer solchen Kennzeichnung bedeutet nicht, daß es sich um einen freien Namen im Sinne der Waren- und Markenzeichengesetzgebung handelt.

ISBN 3-9800725-1-7
© 1996 by Härtl-Verlag, 92242 Hirschau

Gesamtherstellung: VTP-Verlag Fürst, Äußere Sulzbacher Straße 42, 90491 Nürnberg

Vorwort

Die rasante Entwicklung in der Halbleitertechnik hat es erforderlich gemacht, die Halbleiter-Anschluß-Tabelle zu überarbeiten und dem aktuellen Stand anzupassen; gegenüber der 8. Auflage sind hier über 150 Schaltkreise neu aufgenommen worden.

Nur so ist wirklich sichergestellt, daß das Buch seine Zielsetzung auch erfüllen kann und zum Hilfsmittel für den Praktiker wird, der ganz gezielt nach der Anschlußbelegung, den Kurzdaten und die Funktion eines bestimmten Halbleiters sucht.

Jeder, der mit integrierten Schaltkreisen zu tun hat, ob Ingenieur, Elektroniker, Servicetechniker oder Hobbyelektroniker, braucht irgendwann einmal die Anschlußbelegung, die Funktionsbezeichnung oder einen Vergleichstyp eines bestimmten Schaltkreises.

Mir kommt es daher im wesentlichen auf zwei Dinge an: Erstens soll das gezielte Nachschlagen ohne große Sucherei zum raschen Erfolg führen; die übersichtliche Gliederung in Einzel-Halbleiter, Digital- und Analog-ICs sowie ein technischer Anhang ermöglichen diesen direkten Zugriff auf die gewünschten Informationen.

Zweitens geht es darum, zu den angegebenen Typen möglichst Ersatztypen zu benennen, damit der Bezug zu bekannten Bauteilen hergestellt wird und auch bereits vorhandene Bauteile genutzt werden.

Es versteht sich von selbst, daß diese tabellarische Übersicht nicht die Datenbücher der Hersteller ersetzen kann.

Alfred Härtl

Inhaltsverzeichnis

Typenbezeichnung (Linear)	Funktionsbezeichnung	Bild
A 109 D = μA 709 C = LM 709 = 72709	Universal-Operationsverstärker	30/31/32
A 110 = LM 170 = UA 710	High Speed Comparator	
A 202 D = TDA 1002	Universal-Operationsverstärker	
A 208 D = TBS 810 AS	NF-Verst. 6 W/4 Ω, U$_B$ 14 V	
A 208 E, K = TBA 810	NF-Verst.	1/56
A 210 E, K = TBA 810	NF-Verst. 6 W/4 Ω, U$_B$ 14 V	1/56
A 220 D = TBA 120 S	FM-ZF-Verst. mit Demodulator	1/56
A 223 D = TBA 120 U	FM-ZF-Verst. mit Demodulator	
A 225 D = TDA 1047	FM-ZF-Verstärkersch. mit Demodulator	
A 231 D = TBA 530		
A 240 D = TCA 440	AM-Empfängerschaltung	
A 244 D = TCA 440	AM-Empfängerschaltung	
A 250 D = TBA 950		
A 270 D = TCA 970		
A 273 D = TCA 730	Lautstärke- und Balanceeinstellung	
A 274 D = TCA 740	Höhen- und Tiefeneinstellung	
A 281 D = TAA 981		
A 290 = MC 1310 P	Stereo-Demodulator	44
A 310 D = TCA 205 A	Näherungsschalter	142
A 302 D = TCA 345 A	Schwellenwertschalter	61
A 2030 = TDA 2030	NF-Leistungsverstärker 18 W	190
AD 504 = OP 05	Operationsverstärker	466
AD 536 A	Effektivwert-Gleichsp. Wandler	774
AD 580	High Prec. + 2.5 V Ref.	622
AD 581 = LH 0070 = LT 1031	High Prec. + 10 V Ref.	623
AD 584	Präz.-Spannungs.-Ref.	625
AD 590	2-Wire Current Temp. Transductor	815
AD 654	Spannungs-/Frequenz-Converter	688
AD 741 = RC 741 = LM 741	Universal-Operationsverst.	37/38/39
AD 78280	Schneller 8-Bit-A-D-Wandler	501
AD 7228	CMOS-8-Bit D/A-Wandler	503
ADC 0808	8-Bit-A/D-Converter	781
ADC 0809	8-Bit-A/D-Converter	781
AM 685 = LT 685	High Speed Comparator	612/615
AN 1393 = LM 393	Dual Speed Comparator	146
AN 6564 = LM 324 = CA 324	4-fach Operationsverstärker	28
AN 6912 = LM 2901	4-fach Operationsverstärker	68
AN 6914 = LM 2903	Dual Speed Comparator	146
AN 7805 = MC 7805 = L 7805	Spannungsregler + 5 V	133
AN 7806 = MC 7806 = L 7806	Spannungsregler + 6 V	133
AN 7808 = MC 7808 = L 7808	Spannungsregler + 8 V	133
AN 7812 = MC 7812 = L 7812	Spannungsregler + 12 V	133
AN 7815 = MC 7815 = L 7815	Spannungsregler + 15 V	133
AN 7818 = MC 7818 = L 7818	Spannungsregler + 18 V	133
AN 7824 = MC 7824 = L 7824	Spannungsregler + 24 V	133
AN 78 M 05 = MC 78 M 05 = μPC 78 M 05	Positiv-Spannungsregler + 5 V	137
AN 78 M 06 = MC 78 M 06	Positiv-Spannungsregler + 6 V	137
AN 78 M 08 = MC 78 M 08 = μPC 78 M 08	Positiv-Spannungsregler + 8 V	137
AN 78 M 10 = MC 78 M 10 = μPC 78 M 10	Positiv-Spannungsregler + 10 V	137
AN 78 M 12 = MC 78 M 12 = μPC 78 M 12	Positiv-Spannungsregler + 12 V	137
AN 78 M 15 = MC 78 M 15 = μPC 78 M 15	Positiv-Spannungsregler + 15 V	137

Typenbezeichnung (Linear)	Funktionsbezeichnung	Bild
AN 78 M 18 = MC 78 M 18 = μPC 78 M 18	Positiv-Spannungsregler + 18 V	137
AN 78 M 24 = MC 78 M 24 = μPC 78 M 24	Positiv-Spannungsregler + 24 V	137
B 060 = TL 060	Breitband-Operationsverst.	2
B 061 = TL 061	Breitband-Operationsverst.	2
B 062 = TL 062	Doppel-Operationsverst.	3
B 064 = TL 064	4-fach Operationsverstärker	65
B 066 = TL 066	Einstellbarer JFET-Operationsverst.	497
B 081 D = TL 081	Breitband-Operationsverstärker	2
B 082 D = TL 082	Doppel-Operationsverstärker	3
B 084 D = TL 084	4-fach Operationsverstärker	65
B 109 D = LM 709 = UA 709	Universal-Operationsverstärker	30/31/32
B 110 D = LM 709 = μA 709	Universal-Operationsverstärker	30/31/32
B 165 = L 165	Leistungs-Operationsverstärker, max. 3 A	87
B 315	Transistorarray U_{CE} = 15/0,5 A	536
B 325	Transistorarray U_{CE} = 25 V/0,5	536
B 360	Transistorarray U_{CE} = 60 V/0,5	536
B 380	Transistorarray U_{CE} = 80 V/0,5	536
B 555 = NE 555 = LM 555	Universal Zeitgeber	5
B 556 D = LM 556 = NE 556	Doppel-Zeitgeber	49
B 611 = TCA 311 A	Operationsverst. m. Darlington-Eingang	57/58
B 611 D = TCA 311	Operationsverst. m. Darlington-Eingang	57/58
B 615 = TCA 315 A	Operationsverst. m. Darlington-Eingang	57/58
B 621 D = TCA 321 A	OP-TTL kompatibel	131/132
B 625 D = TCA 325 D	Operationsverst. m. Darlington-Eingang	58
B 631 D = TCA 331 A	Operationsverst. m. Darlington-Eingang	59/60
B 635 D = TCA 335 A	Operationsverst. m. Darlington-Eingang	59/60
B 654 D = SN 28654	Servo-Treiber	113
B 761 D = TAA 761 A	Operationsverstärker	127
B 765 D = TAA 765 A	Einfach-Operationsverstärker	116
B 861 D = TAA 761 A	Operationsverstärker	129
B 865 D = TAA 861 A	Universal-Operationsverstärker	50/52
B B 2761 D = TAA 2761 A	Doppel-Operationsverstärker	53/54
B 2765 D = TAA 2765 A	Zweifach-Operationsverstärker	118
B 3170 H = LM 317 T	Spannungsregler 1,2−37 V	26
B 3171 H	Spannungsregler 1,2−37 V	26
B 3370 H = LM 337 T	Spannungsregler 1,2−37 V	25
B 3371 H	Spannungsregler 1,2−37 V	25
B 4761 D = TAA 4761 A	4fach Operationsverstärker	55
B 4765 D = TAA 4765 A	4fach Operationsverstärker	114
BA 12003 = ULN 2003 = L 203 = MC 1413	Darlington-Transistor-Arrays 30 V/0,3 A	47
BQ 2001	Energy Management IC	918
BQ 2003	Fast Charge IC	919
BQ 2004	Fast Charge IC	917
BQ 2005	Dual-Batt. Fast Charge	916
BQ 2010	Gas Gauge IC	915
BQ 2011	Gas Gauge IC	914
BQ 2012	Gas Gauge IC	913
BQ 2013	Fast Charge	912
BQ 2203 A	Nichtflüchtiger Controller mit Batt. Monitor	911
CA 081 = TL 081 = MC 34001	Breitband-Operationsverstärker	2
CA 082 = TL 082 = MC 34002	Doppel-Operationsverstärker	3

Typenbezeichnung (Linear)	Funktionsbezeichnung	Bild
CA 084 = TL 084	4fach OP JFET-Eingang	65
CA 111 = LM 111	Spannungskomparator	23/24
CA 139 A = LM 139	Quad-Voltage-Comparator	68
CA 211	Spannungskomparator	23/24
CA 239 A	Quad-Voltage-Comparator	68
CA 301 = LM 301 = SFC 2301	Präzisions-Operationsverstärker	20/21
CA 311 = LM 311 = SFC 2311	Spannungskomparator	23/24
CA 324 = LM 324 = TDB 0124	4fach-Operationsverstärker	4
CA 339 A, E = LM 339 N	Quad-Voltage-Comparator	68
CA 358 E = LM 358 P = TDP 158 = LA 6358	Dual-Operationsverstärker	226
CA 555 = NE 555	Universal-Zeitgeber	5
CA 723 = LM 723 = MC 1723		
= SFC 2723 = RC 723	Spannungsregler 2...37 V	33/35
CA 742 = LM 741 TO = MC 1741	Präzisions-Operationsverstärker	6
CA 741 = LM 741 Dio 8/Dip 14	Operationsverstärker	7/7a
CA 747 = LM 747 = MC 1747	2fach-Operationsverstärker	8/10
CA 748 = LM 748 = MC 1748	Operationsverstärker	9/11
CA 1458 = MC 1458 = XR 1458 = RC 1458	2fach-Operationsverstärker	12/13
CA 2002 = TDA 2002	NF-Verstärker U_B 8...18 V/15 W	76
CA 3026	Differential-Verstärker	184
CA 3046 = CA 3086 = SFC 2046	Transistor Arrays	14
CS 3048	Four-Independent + AC-Ampl.	186
CA 3049	High-Frequ.-Differential-Verstärker	184
CA 3052	Four-Independent + AC-Ampl.	186
CA 3054	Differential-Verstärker	185
CA 3060 A, B	Operations-Verstärker	187
CA 3080, S, E, S, AS	Operational-Transconductance-Ampl.	250
CA 3080 E, AE	Operational-Transconductance-Ampl.	252
CA 3085 E	Spannungsstabi 1,8−26 V	90
CA 3086	NPN-Transistor Arrays	14
CA 3098	Progr. Schmitt-Trigger	192
CA 3100 S, T, E	Breitband-Operationsverstärker	253
CA 3130 E, AE	BIMOS-Operationsverstärker	236
CA 3130, A, B (T, S, E)	BIMOS-Operationsverstärker	234
CA 3140	BIMOS OP Bipolar Outp.	882/883
CA 3160	BIMOS-Operationsverstärker	91/92
CA 3161	BCD-7-Segment-Dec.	93
CA 3162	A/D Converter	94
CA 3164 E	Detektor-/Alarmsystem	792
CA 3193	BIMOS OP	886/887
CA 3240	Dual-Operationsverstärker	393/394
CA 3240, A, E	Dual-BIMOS-Operationsverstärker	239/240
CA 3280	Dual OP	888
CA 2447 = LM 747 = SFC 2747 = CA 747	2fach-Operationsverstärker	8/10
CA 2458 = MC 1458	2fach-Operationsverstärker	12/13
CA 3420	BIMOS OP	889
CDG 2214	Analog Schalter 20 mA	910
CIC 482 = UM 3482	12-Melodien-IC	247
CIC 2852	Melodie-IC	232
CIC 2862	Melodie-IC	232
CIC 2863	Melodie-IC	232

Typenbezeichnung (Linear)	Funktionsbezeichnung	Bild
DG 129	Dual JFET Analog Schalter	990
DG 180	Dual JFET Analog Schalter	991
DG 181	Dual JFET Analog Schalter	991
DG 182	Dual JFET Analog Schalter	991
DG 183	Dual JFET Analog Schalter	992
DG 184	Dual JFET Analog Schalter	992
DG 185	Dual JFET Analog Schalter	992
DG 186	JFET Schalter	993
DG 187	JFET Schalter	993
DG 188	JFET Schalter	993
DG 189	JFET Schalter	994
DG 190	JFET Schalter	994
DG 191	JFET Schalter	994
DG 200	CMOS Analogschalter	995
DG 201	Quad CMOS Analog Schalter	996
DG 202	Quad CMOS Analog Schalter	996
DG 211	Quad CMOS Analog Schalter	996
DG 212	Quad CMOS Analog Schalter	996
DG 243	Quad CMOS Analog Schalter	994
DG 271	Quad CMOS Analog Schalter	996
DG 300	CMOS-Analogschalter	643
DG 301	CMOS-Analogschalter	644
DG 302	CMOS-Analogschalter	645
DG 303	CMOS-Analogschalter	646
DG 304	CMOS-Analogschalter	647
DG 305	CMOS-Analogschalter	648
DG 306	CMOS-Analogschalter	649
DG 307	CMOS-Analogschalter	650
DG 308 A	Analogschalter	662/664
DG 309	Analogschalter	663/664
DG 381	CMOS-Analogschalter	651
DG 384	CMOS-Analogschalter	653
DG 387	CMOS-Analogschalter	652
DG 387	CMOS Analogschalter	993
DG 390	CMOS-Analogschalter	654
DG 406	16-Chan. CMOS Analog Multiplexer	997
DG 407	16-Chan. CMOS Analog Multiplexer	1002
DG 408	8 Kan. CMOS Analog Multiplexer	998
DG 409	4 Kan. CMOS Analog Multiplexer	999
DG 417	CMOS Analog Schalter	953
DG 418	CMOS Analog Schalter	955
DG 419	CMOS Analog Schalter	956
DG 428	Single 8-Channel Analog Multiplexer	1000
DG 429	Single 4-Channel Analog Multiplexer	1001
DG 534	4-Channel Video Multiplexer	1003
DG 538	8-Channel Video Multiplexer	1004
DS 1228S = TC 232 = MAX 232	RS-232 Interface	633
DS 232 = TC 232 = MAX 232	RS-232-Interface	633
EL 2044	Video OP 60 MHz Bandbr. ± 2 V−18 V	819
EL 7104	Power MOSFET Treiber	978
EL 7114	Power MOSFET Treiber	979

Typenbezeichnung (Linear)	Funktionsbezeichnung	Bild
EL 7134 C	Line Driver	980
EL 7144 C	Power MOSFET Treiber	981
EL 7202	Power MOSFET Treiber	982
EL 7212	Power MOSFET Treiber	983
EL 7222	Power MOSFET Treiber	984
EL 7242	Dual Power MOSFET Driver	985
EL 7252	Dual Power MOSFET Driver	986
EP 2015	PNP Array	987
EP 2016 C	NPN Array	988
ESM 1600	4fach-Komparator	427
ESM 1602	4fach-Komparator	427
HA 12017	–	269
HFA 003 = LT 1016	Ultra-Fast-Precision-Comp.	805
HKZ 101 S	Hall-Magnetgabelschranke	251
HT 12 D	Receiver	865
HT 12 E = HT 6010	Transmitter	864
HT 12 F = HT 6030	Receiver	867
HT 88	Sound-Generator	416
HT 680	Encoder	868
HT 681	Decoder	869
HT 1015	Spannungsregler 1,5 V	180
HT 1030	Spannungsregler 3,0 V	180
HT 1033	Spannungsregler 3,3 V	180
HT 1050	Spannungsregler 5,0 V	180
HT 1070	Spannungsregler 7,0 V	180
HT 2710 E	Bird Sound	828
HT 2810 A	Sound Gen. Smal Chicken	824
HT 2810 B	Car Siren 1	825
HT 2810 C	Car Siren 2	826
HT 2810 D	Ding Dong	827
HT 2811	Ding Dong (Dual Tone)	829
HT 2812 A	Airplan	830/831/832
HT 2812 B	Rocket	830/831/832
HT 2812 C	Siren II	830/831/832
HT 2812 D	Police Car	830/831/832
HT 2812 G	Siren I	830/831/832
HT 2812 H	Dialing Tone	833
HT 2812 J	Chicken Sound	830/831/832
HT 2812 K	Ambulance	830/831/832
HT 2813 D	Sound (Ghost)	834
HT 2813 E	Bird I	834
HT 2813 F	Bird II	834
HT 2813 G	Cow	834
HT 2813 H	Little Dog	834
HT 2820 A	Two Horse Sound	835/836
HT 2820 B	Riffle Gun & Bombing	835/836
HT 2820 C	Two Car Alarm Sounds	835/836
HT 2820 D	Two Door Bell Sounds	835/836
HT 2820 F	Bombing & Explosion	835/836
HT 2820 I	Motorcycle Sound	835/836
HT 2820 M	Bombing & Machine Gun	835/836

Typenbezeichnung (Linear)	Funktionsbezeichnung	Bild
HT 2821	Soundgenerator	837/838/839
HT 2821 A	Bombing & Machine Gun	837/838/839
HT 2821 E	Break & Explosion	837/838/839
HT 2830	Sound Generator	840
HT 2830 A	Jet Plaine & Motorcycle S.	841
HT 2830 B	Helicopter Sound	842
HT 2830 C	Train Sound	843
HT 2843 A	4 Sound Generator	844
HT 2844	4 Sound Generator	845
HT 2844 C	Animal Sound	845/846
HT 2844 M	4 Helicopter Sound	847
HT 2844 P	4 Jet Plain Sound	848
HT 2844 T	4 Alarm-Sound	849
HT 2860	6 Alarm-Sound	850
HT 2880	8 Alarm-Sound	851
HT 2880 A	8 Toy Gun Sounds II	852
HT 2880 D	4 Melodien 4 Ton I	853
HT 2880 E	4 Melodien 4 Ton II	853
HT 2880 I	4 Melodien 4 Ton III	853
HT 2880 J	8 Melodien I	853
HT 2880 Q	8 Melodien II	853
HT 2881 A	8 Sound Generator	854
HT 2883	Sound-Generator	859/860
HT 2883 D	8 Submarine Sound	861
HT 2883 E	8 Submarine Sound	861
HT 2883 F	8 Submarine Sound	861
HT 2883 I	8 Submarine Sound	861
HT 2884	8 Sound Gen. mit 5 LED	856
HT 2884 B	8 Melodien	855/857
HT 2885	Soundgenerator	859/860
HT 6010 = HT 12 E	Transmitter	864
HT 6030 = HT 12 F	Receiver	865
HT 8212 E	Fire Brigade	830/831/832
ICL 232 = TC 232 = MAX 232	RS-232 Interface	633
ICL 7106 = TSC 7106	A/D-Wandler 3 1/2-stellige LCD	95/617
ICL 7107 = TSC 7107	A/D-Wandler 3 1/2-stellige LCD	95/617
ICL 7116/17	3 1/2 Digit LCD/LED A/D Conv.	811
ICL 7126 = TSC 7126	3 1/2-stell. Low Power	107/617
ICL 7129 = MAX 7129	4 1/2 Digit Single-Chip A/D	619
ICL 7135 = TSC 7135	4 1/2 Digit A/D-Converter	484
ICL 7136	3 1/2 Digit Panel-Meter	574
ICL 7137 CPL	3 1/2-stell. A/D-Wandler-LED	806
ICL 7139	3 3/4 Digit Autoranging Mulitm.	812
ICL 7126 = TSC 7126	Präzisions-Referenz	369
ICL 7612	Dual-Operationsverstärker	487
ICL 7621 = TLC 252	Dual-Operationsverst.-Ampl.	397
ICL 7660 = LT 1044 = TSC 7660 = TC 7660	Spannungs-Converter	376
ICL 7662 = TC 7662	Voltage-Converter	655
ICL 7663	Progr. Spannungsregler (pos.)	483
ICL 7667 = MC 34151 = TC 4423	Dual-MOSFET Power Treiber	783
ICL 7673	Pufferbatterie-Umschalter	789

Typenbezeichnung (Linear)	Funktionsbezeichnung	Bild
ICL 7677 CP	Spannungsausfall-Detektor	791
ICL 7664	Progr. Spannungsregler (neg.)	486
ICL 7665	Über- u. Unterspannungsdetektor	627
ICL 7680	Schaltregler	666
ICL 8038 = XR 8038	Funktions-Generator	64
ICL 8063	Power Trans. Driver/Amplifier	816
ICL 8069	Low Voltage Referenz	813
ICM 7038	16-Stufen-Teiler	106
ICM 7207/A	CMOS-Timebase Generator	814
ICM 7208	7-Digit LED-Display Counter	967
ICM 7213	Timbase Generator	968
ICM 7216 A	Frequenz-Zähler/Timer	969
ICM 7216 B	Frequenz-Zähler/Timer	970
ICM 7216 C	Frequenz-Zähler/Timer	971
ICM 7217	Zähler/Timer	277
ICM 7217 A	Zähler/Timer	279
ICM 7217 B	Zähler/Timer	279
ICM 7217 B	Zähler/Timer	277
ICM 7224	4½-Digit LCD Counter	972
ICM 7224 IPL	4½-stell. Zähler für LCD	808
ICM 7225	4½-Digit LED Counter	972
ICM 7226 A	8-Digit Frequenz Counter/Timer	973
ICM 7226 B	8-Digit Frequenz Counter/Timer	975
ICM 7227	Zähler/Timer	278
ICM 7227 B	Zähler/Timer	278
ICM 7218	8-Digit-LED-Display-Driver	619
ICM 7240	Programmierbarer Timer	391
ICM 7555 C-MOS 555 = TLC 555 (Anschlußgleich mit NE 555)	Universal-Zeitgeber	5
ICS 1700	intellig. Schnelladecontr. für NiCD	820
IR 3702 = LM 324	4fach-Operationsverstärker	28
ISD 1016	Analog Sprach Speicher	817
KA 301 = CA 301 = LM 301	Präzisions-Operationsverstärker	20/21
KA 431 = TL 431 = µA 431	Programmierb. Präzisions-Referenz	199
KA 78 T 05 = MC 78 T 05	Spannungsregler + 5 V/3 A	133/134
KA 78 T 06 = MC 78 T 05	Spannungsregler + 6 V/3 A	133/134
KA 78 T 08 = MC 78 T 06	Spannungsregler + 8 V/3 A	133/134
KA 78 T 12 = MC 78 T 12	Spannungsregler + 12 V/3 A	133/134
KA 78 T 15 = MC 78 T 15	Spannungsregler + 15 V/3 A	133/134
KA 78 T 18 = MC 78 T 18	Spannungsregler + 18 V/3 A	133/134
KA 78 T 24 = MC 78 T 24	Spannungsregler + 24 V/3 A	133/134
KA 2201 = LA 4145 = AN 7116 = TBA 820	NF-Verstärker 2 W	264
L 0070 = LT 1031	Präzisions-10-V-Referenz	459
L 120 A	Phasenanschnittsteuerung	359
L 123 = LM 723 = CA 723	Spannungsregler 2...37 V	33/35
L 129/5 = TDA 1405	Spannungsregler 5/12/15 V	29
L 130/12 = TDA 1412	Spannungsregler 5/12/15 V	29
L 131/15 = TDA 1415	Spannungsregler 5/12/15 V	29
L 146 = TDB 1146	Spannungsregler 2−77 V	15/16
L 149	4-A-Linear-Treiber	693
L 165	Leistungs-Operationsverst., max. 3 A	87

Typenbezeichnung (Linear)	Funktionsbezeichnung	Bild
L 194-5/12/15	Spannungsregler m. Gleichrichter	283
L 200 = TDB 0200	Progr. Spannungsregler 2,8–36 V	17
L 201 = XR 2201 = ULN 2001 = MC 1411	Darlington Transistor-Arrays	47
L 202 = XR 2202 = ULN 2002 = MC 1412	Darlington Transistor-Arrays	47
L 203 = XR 2203 = ULN 2003 = MC 1413	Darlington Transistor-Arrays	47
L 293 = LM 18293	4-Channel-Push-Pull-Driver	802
L 601,2,3,4 = ULN 2801,02,03,04	Darlington-Arrays	357
L 603 = UND 2983 A	Darlington-Arrays	357
L 702	2 A-Quad-Darlington Switch 30 V	358
L 2005 = 78 S 05 = LM 340 TS	Spannungsregler + 5 V/2 A	133
L 2009 = 78 S 09	Spannungsregler + 9 V/2 A	133
L 2010 = 78 S 10	Spannungsregler + 10 V/2 A	133
L 2012 = 78 S 12	Spannungsregler + 12 V/2 A	133
L 2015 = 78 S 15	Spannungsregler + 15 V/2 A	133
L 2018 = 78 S 18 (18 V, 2 A)	Spannungsregler + 18 V/2 A	133
L 2024 = 78 S 24	Spannungsregler + 24 V/2 A	133
L 2075	Spannungsregler	133
L 2605	Spannungsregler + 5 V	347
L 2610	Spannungsregler + 10 V	347
L 2610	Spannungsregler + 8,5 V/0,5 A	347
L 2610	Spannungsregler + 5 V/0,5 A	347
L 2610	Spannungsregler + 10 V/0,5 A	347
L 2610	Spannungsregler + 8,5 V/0,4 A	347
L 2610	Spannungsregler + 5 V/0,4 A	347
L 2610	Spannungsregler + 10 V/0,4 A	347
L 2610	Spannungsregler + 8,5 V/0,4 A	347
L 4620	Liquid Level Alarm	876
L 4901 A	Dual-5-V-Regler m. Reset 500 mA	708
L 4902 A	Dual-5-V-Regler m. Reset 300 mA	724
L 4903	Dual-5-V-Regler m. Reset 100 mA	725
L 4904 A	Dual-5-V-Regler m. Reset 50 mA	726
L 4905	Dual-5-V-Regler m. Reset 300 mA	727
L 4940 V 5	Low drop pos. Regler 5 V/1,5 A	728
L 4940 V 85	Low drop pos. Regler 8,5 V/1,5 A	728
L 4940 V 10	Low drop pos. Regler 10 V/1,5 A	728
L 4940 V 12	Low drop pos. Regler 12 V/1,5 A	728
L 4941	Low drop pos. Regler 5 V/1 A	729
L 4960	Schaltr. pos. Ua 5,1–40 V/2,5 A	730
L 6221	4fach Darlington-Schalter	731
L 6222	4fach Trans.-Schalter 1,2 A	733
L 7150	4fach Darlington-Schalter	734
L 7152	4fach Darlington-Schalter	734
L 7805 = MC 7805	Spannungsregler + 5 V/1 A	133
L 7806 = MC 7806	Spannungsregler + 6 V/1 A	133
L 7808 = MC 7808	Spannungsregler + 8 V/1 A	133
L 7812 = MC 7812	Spannungsregler + 12 V/1 A	133
L 7815 = MC 7815	Spannungsregler + 15 V/1 A	133
L 7818 = MC 7818	Spannungsregler + 18 V/1 A	133
L 7820 = MC 7820	Spannungsregler + 20 V/1 A	133
L 7824 = MC 7824	Spannungsregler + 24 V/1 A	133
L 78 M 05 = MC 78 M 05	Pos.-Spannungsregler 0,5 A	137

Typenbezeichnung (Linear)	Funktionsbezeichnung	Bild
L 78 M 06 = MC 78 M 06	Pos.-Spannungsregler 0,5 A	137
L 78 M 08 = MC 78 M 08	Pos.-Spannungsregler 0,5 A	137
L 78 M 12 = MC 78 M 12	Pos.-Spannungsregler 0,5 A	137
L 78 M 15 = MC 78 M 15	Pos.-Spannungsregler 0,5 A	137
L 78 M 18 = MC 78 M 18	Pos.-Spannungsregler 0,5 A	137
L 78 M 20 = MC 78 M 20	Pos.-Spannungsregler 0,5 A	137
L 78 M 24 = MC 78 M 24	Pos.-Spannungsregler 0,5 A	137
L 78 S 05 = μA 78 S 05 (2,0 A)	Spannungsregler + 5 V/2 A	133
L 78 S 09 = μA 78 S 09	Spannungsregler + 9 V/2 A	133
L 78 S 10	Spannungsregler + 10 V/2 A	133
L 78 S 12 = μA 78 S 12	Spannungsregler + 12 V/2 A	133
L 78 S 15 = μA 78 S 15	Spannungsregler + 15 V/2 A	133
L 78 S 18	Spannungsregler + 18 V/2 A	133
L 78 S 24	Spannungsregler + 24 V/2 A	133
L 78 S 75 = (7,5 A)	Spannungsregler + 7,5 V/2 A	133
L 7905 = MC 7905 = μA 7905	Spannungsregler – 5 V/1 A	190/698
L 7908 = MC 7908 = μA 7908	Spannungsregler – 8 V/1 A	190/698
L 7912 = MC 7912 = μA 7912	Spannungsregler – 12 V/1 A	190/698
L 7915 = MC 7915 = μA 7915	Spannungsregler – 15 V/1 A	190/698
L 7920	Spannungsregler – 20 V/1 A	190/698
L 7924 = MC 7924 = μA 7924	Spannungsregler – 24 V/1 A	190/698
L 7952 (5,2 V)	Spannungsregler – 5,2 V/1 A	190/698
L 9350	High Side Driver	873
L 9355	6A Switchmode HS Driver	874
LA 6324 = LM 324	4fach-Operationsverstärker	28
LA 6358 = LM 358 = CA 358	Dual OP	226
LAS 15 XX = 78 XX	Spannungsregler	133
LB 1233 = XR 2203	Darlington Transistor-Arrays	47
LF 155	J-FET-Operationsverstärker	713/714
LF 156	J-FET-Operationsverstärker	713/714
LF 157	J-FET-Operationsverstärker	713/714
LF 198 F, N, H	Sample and Hold Circuits ± 5...18 V	140/144
LF 255	J-FET-Operationsverstärker	713/714
LF 256	J-FET-Operationsverstärker	713/714
LF 257	J-FET-Operationsverstärker	713/714
LF 298 F, N, H	Sample and Hold Circuits ± 5...18 V	140/144
LF 351 = TL 071	FET-Operationsverstärker	392
LF 353 = TL 072	Dual-Bi-FET-Operationsverstärker	393
LF 355 = TDB 0155 = LT 1055 AC = TL 081	Präz.-OP mit J-FET-Eingang	18/19
LF 356 = TDB 0156 = TL 081 = LT 1056	Präz.-OP mit J-FET-Eingang	18/19
LF 357 = TDB 0157	Präz.-OP mit J-FET-Eingang	18/19
LF 358 = TDB 0158	Doppel-Operationsverstärker	45/46
LF 398 F, N, H	Sample and Hold Circuits ± 5...18 V	140/144
LF 398 S	Operationsverstärker	356
LH 007 = LT 581 KH	Präz. Referenz 10,000 V	–
LH 0075	Programmierb. Präz.-Regler (pos.)	794
LH 0076	Programmierb. Präz.-Regler (neg.)	795
LM 10 H	Spannungsref. und Operationsverst.	797
LM 10 CN	Spannungsref. und Operationsverst.	798
LM 10 CWM	Spannungsref. und Operationsverst.	799
LM 11	Präzisions-Operationsverstärker	425/426

Typenbezeichnung (Linear)	Funktionsbezeichnung	Bild
LM 78 XX = μA 78 XX = 78 XX	Spannungsregler	133
LM 79 XX = mA 79 XX = 79 XX	Spannungsregler	190
LM 101	Präzisions-Operationsverstärker	20/21
LM 105	Pos. Spannungsregler	428
LM 108	Super Gain Operationsverstärker	272
LM 111 = LT 111	Spannungskomparator	23/24
LM 117 H = SG 117 T = UC 117	Spannungsregler	456
LM 118	High-Speed-Operationsschalter	360
LM 119 N	High-Speed-Dual-Comparator	711/712
LM 123 K	Sprachsteuer-IC	678
LM 124 = LT 1014 M = MLM 124	4fach-Operationsverstärker	28
LM 134 Z	Temperatur-Sensor	63
LM 135	Präz.-Temperatur-Fühler	442
LM 136	Präzisions-Referenz	461
LM 139	4fach Diff.-Komparator	68
LM 139 F, N	4fach Diff.-Komparator	68
LM 140 K-5	Spannungsregler 5 V/1 A	134
LM 140 K-6	Spannungsregler 6 V/1 A	134
LM 140 K-8	Spannungsregler 8 V/1 A	134
LM 140 K-12	Spannungsregler 12 V/1 A	134
LM 140 K-15	Spannungsregler 15 V/1 A	134
LM 140 K-18	Spannungsregler 18 V/1 A	134
LM 140 K-24	Spannungsregler 24 V/1 A	134
LM 148	4fach-Operationsverstärker (4×741)	715
LM 158	Dual-Operationsverstärker	226/230
LM 185 H-1,2	Referenz-Diode	183
LM 193 N, FE	Dual-Spannungs-Comparator	146
LM 201	Video-Amplifier-System	561
LM 205	Pos. Spannungsregler	428
LM 208	Super-Gain-Operationsverstärker	272
LM 211	Spannungskomparator	23/24
LM 217 H = SG 217 = μA 217	Spannungsregler 1,2...30 V	456
LM 218	High-Speed-Operationsverstärker	360
LM 219 N	High-Speed-Dual-Comparator	711/712
LM 223 K	Sprachsteuer-IC	678
LM 224	4fach-Operationsverstärker	28
LM 234 Z	Temperatur-Sensor	63
LM 236	Spannungsreferenz 2,5 V	443
LM 239	4fach Diff.-Komparator	68
LM 239 F, N	4fach Diff.-Komparator	68
LM 248	4fach-Operationsverstärker (4×741)	715
LM 258	Dual-Operationsverstärker	226/230
LM 285-1,2 = MP 5010	Spannungs-Referenz-Diode	711/713
LM 285 H-1,2	Referenz-Diode	183/194
LM 293 N, FE	Dual-Spannungs-Comparator	146
LM 301 = CA 301 = SFC 2301 = KA 301	Präzisions-Operationsverstärker	20/21
LM 304	Einstellbarer Spannungsregler	485
LM 305	Positiver Spannungsregler	428
LM 308	Super-Gain-Operationsverstärker	272
LM 309 K = SFC 2309	Spannungsregler 5 V 1 A, TO-3	22
LM 311 P = SFC 2311 = CA 311 E	Spannungskomparator	23/24

Typenbezeichnung (Linear)	Funktionsbezeichnung	Bild
LM 317 LP = LM 317 LZ	Spannungsregler 1,2–37 V, TO-92	25/456
LM 317 K = TDB 0117 KF	Spannungsregler 1,2–37 V, TO-3	26
LM 317 T = TDB 0117 SP = LT 317	Spannungsregler 1,2–37 V, TO-220	
LM 318	High-Speed-Operationsverstärker	360
LM 319 = KA 319	High-Speed-Dual-Comparator	273
LM 319 N	High-Speed-Dual-Comparator	711/713
LM 320 L	Negativ-Spannungsregler 0,25 A	179/180
LM 323 K = TDB 0123 = 7805 K = LT 323	Spannungsregler 5 V 5 A	27
LM 324 = TDB 0124 = CA 324 = AN 6564		
= TDB 0324 = TA 75324	4fach-Operationsverstärker	28
LM 325	Präzisions-Temperatur-Fühler	442
LM 330 T	Positiv-Regler	181
LM 334	Konstantstromquelle	316
LM 334 Z = TDB 0134	Temperatursensor	63
LM 335	Präzisions-Temperatur-Fühler	442
LM 336 = LT 1029 C	Spannungsreferenz 2,5 V	443/461
LM 337 M	Negativ-Regler	699
LM 339 N = CA 339 = μPC 339 = CA 0339 E	4fach-Differenz-Komparator	68
LM 340 K-5	Spannungsregler 5 V/1 A	134
LM 340 K-6	Spannungsregler 6 V/1 A	134
LM 340 K-8	Spannungsregler 8 V/1 A	134
LM 340 K-12	Spannungsregler 12 V/1 A	134
LM 340 K-15	Spannungsregler 15 V/1 A	134
LM 340 K-18	Spannungsregler 18 V/1 A	134
LM 340 K-24	Spannungsregler 24 V/1 A	134
LM 341 P-5.0 = MC 78 M 05 CT	Positiv-Spannungsregler 5 V/0,5 A	137
LM 341 P-12 = MC 78 M 12 CT	Positiv-Spannungsregler 12 V/0,5 A	137
LM 341 P-15 = MC 78 M 15 CT	Positiv-Spannungsregler 15 V/0,5 A	137
LM 342 P-5.0 = MC 78 M 05 CT	Positiv-Spannungsregler 5 V/0,5 A	137
LM 342 P-12 = MC 78 M 12 CT	Positiv-Spannungsregler 12 V/0,5 A	137
LM 342 P-15 = MC 78 M 15 CT	Positiv-Spannungsregler 15 V/0,5 A	137
LM 349	4fach-Operationsverstärker (4×741)	715
LM 350 T, K = LT 350	Spannungsregler 1,25...33 V/3,0 A	227/228
LM 358	Dual Operationsverstärker	226/230
LM 358 P = CA 358 E = LA 6358	Dual Operationsverstärker	226/230
LM 380	Audio-Verstärker 2 W	268
LM 380 N	NF-Verstärker 2,5 W	96
LM 380 N 8	NF-Verstärker 2,5 W	97
LM 381	LN-Dual-Operationsverstärker	267
LM 383 = TDA 2002	NF-Verstärker 15 W	76
LM 385	Spannungsreferenz	362/183
LM 385-1.2 = MP 5010 = LT 1004	Spannungs-Ref. Diode	803
LM 385 H-1.2	Referenz-Diode	183/194
LM 385 Z-1.2 = TC 385 B-1.2	Referenz-Diode	182/194
LM 386 = TA 7336	NF-Verstärker 325 mW/4...12 V	98
LM 387	Rauscharmer Dual-Verstärker	99
LM 389	Audio-Verstärker	100
LM 390	NF-Verstärker 1 W	101
LM 392	OP-/Spannungs-Comparator	274
LM 393 N, FE = AN 1393	Dual-Spannungs-Comparator	146
LM 431 A = TL 431	Programmierb.-Präz.-Referenz	199

Typenbezeichnung (Linear)	Funktionsbezeichnung	Bild
LM 555 = CA 555 = NE 555 = SN 72555		
= RC 555	Univ. Zeitgeber	5
LM 556 = RC 556 = NE 556	Doppel-Zeitgeber	49
LM 567 = XR 567 = NE 567	Ton-Decoder	81
LM 703 = SN 76603	ZF-Verstärker	40
LM 709 = SFC 2709 = MC 1709 CP	Universal-Operationsverstärker	30/31/32
LM 711 = µA 711	Dual-Komparator	191
LM 723 = MC 1723 = TDB 0723		
= SFC 2723 = CA 723	Spannungsregler 2...37 V	33/35
LM 739 = TBA 231 = RC 4739 = XR 4739	2fach-Operationsverstärker	36
LM 741 = MC 1741 = CA 741 = LS 141		
= TBA 22 A/E = SFC 2741 = UA 741	Universal-Operationsverstärker	37/38/39
LM 474 = CA 747 = TDB 0747		
= SFC 2747 = TDA 2747	2fach-Operationsverstärker	8/18
LM 748 = MC 1748 = CA 748	Operationsverstärker	9/11
LM 759 CP	Leistungs-Operationsverst. ± 18 V	788
LM 1310 = MC 1310 = XR 1310	Stereo-Demodulator	44
LM 1458 = MC 1458 = SFC 2458 = CA 148 E	2fach-Operationsverstärker	12/13
LM 1578 A	Schaltregler	562
LM 1830	Fluid-Detector 5,5...10 V	800
LM 1881	Video-Separator 5...12 V	796
LM 1886 N	TV-Video-Matrix/DA	398
LM 1900	4fach-Operationsverstärker	108
LM 2578 A	Schaltregler	562
LM 2579	Schaltregler	563
LM 2900	4fach-Operationsverstärker	108
LM 2901 F, N = AN 6912	4fach-Operationsverstärker	68
LM 2902	4fach-Operationsverstärker	28
LM 2903 N, FE = AN 6914	Dual-Spannungs-Comparator	146
LM 2904	Dual-Operationsverstärker	226/230
LM 2907 N-8	Frequenzy to Voltage Converter	700
LM 2907 N	Frequenzy to Voltage Converter	701
LM 2917 N-8	Frequenzy to Voltage Converter	702
LM 2917 N	Frequenzy to Voltage Converter	703
LM 2925	Low Dropout 5 V, 750 mA	281
LM 2930 T 5,0/8,0	Pos.-Spannungsregler 5 V/8 V/150 mA	133
LM 2931 AT	Spannungsregler + 5 V	133
LM 2931 AZ	Low Dropout 5 V, 100 mA	262
LM 2931 CT	Low Dropout 3...24 V, 100 mA	263
LM 2931 T 5 V	Spannungsregler	133
LM 2931 Z	Low Dropout 5 V, 100 mA	262
LM 2935	Low Dropout Dual 5 V	280
LM 2940 C	Low Dropout Spannungsr. + 5 V/12 V, 1 A	133
LM 2940 CT	Spannungsregler + 5 V/12 V, 1 A	133
LM 2941 C	Low Drop. Spannungsr. 5...20 V, 1 A	564
LM 3046 = CA 3046	Transistor Arrays	14
LM 3524 = SG 3524 = TA 76524 P	Pulsweiten-Modulator	170
LM 3578 A	Low Dropout 5 V, 100 mA	562
LM 3900	4fach-Operationsverstärker	108
LM 3909	LED Flas. Osc.	193
LM 3911	Temperatur-Sensor	84 a

Typenbezeichnung (Linear)	Funktionsbezeichnung	Bild
LM 3914	LED-Treiber	489
LM 3915	3 dB-Bar-Graph-Display-Driver	450
LM 5000 = NE 555 = CA 555	Universal-Zeitgeber	5
LM 13600 = LM 13700 = NE 5517 N	Dual Transconductance	75
LM 18293	4-Channel Push Pull Driver	802
LP 2950	Spannungsregler 5 V	261
LP 2951/C	Einstellb. Spannungsregler 100 mA	482
LS 107	Operationsverstärker ± 18 V	349
LS 141 = LM 741 = CA 741 = SFC 2741	Universal-Operationsverstärker	37/38/39
LS 148	Operationsverstärker	350/351
LS 159 = TBA 331	Transistor Arrays	14
LS 204	Dual-Operationsverstärker	352/353
LS 207	Operationsverstärker ± 18 V	349
LS 307	Operationsverstärker	348 A
LS 404	4fach-Operationsverstärker	354
LS 709 = LM 709 = MC 1709 CP	Universal Operationsverstärker	30/31/32
LS 776 = µA 776 = MC 1776 = LM 4250	Operationsverstärker	355
LS 4558 N	2fach-Operationsverstärker	707
LS 7220	Codeschloß-IC	69
LS 7225	Codeschloß-IC	395
LS 7232	Schalter/Dimmer	793
LT 350	3 A Positiv-Regler 1,25−30 V	858
LT 580	Präz. Referenz 2,500 Volt	821
LT 581	Präz. Referenz 10,000 V	822
LT 685 = AM 685	High Speed Comparator	612/615
LT 1001 = OP 07 = HA OP 07 = OP 77		
= µPC 354 = MAX 400	Präzisions-Operationsverstärker	363
LT 1003 CK = LT 323 = LM 323 = SG 323	Spannungsregler + 5 V/3 A, TO-3	134
LT 1004 = LM 385 = LM 185	Spannungs-Referenz/SMD	364/183
LT 1007 = OP 27 A	Rauscharmer Präz.-Operationsverst.	365
LT 1009 = LM 136 = LM 336	2,5 V Referenz/SMD	366/461
LT 1012	Rauscharmer Operationsverstärker	367
LT 1013 = OP 04	2fach-Operationsverstärker	368
LT 1016 = HFA 003	Ultra Fast Prec. Comparator	805
LT 1020	Spannungsregler u. Komparator	608
LT 1021 = REF 01	Präzisions-Referenz	369
LT 1028	Rauscharmer Präz.-Operationsverst./SMD	370/463
LT 1029 = LM 336	Ref.-Komparator zu LM 136-5	458
LT 1030	Treiber	464
LT 1031 = LH 0070 = AD 581	10 V-Präzisions-Referenz	459
LT 1032	Treiber	462
LT 1033	Einst. Spannungsreg. 1,2...32 V, max. 3 A	468
LT 1034	Dual-Referenz	371/460
LT 1038 CK	Spannungsr. einstellb. 1,2...30 V, 10 A	229
LT 1039	Driver/Receiver	611
LT 1040	Dual Micropower Comparator	266
LT 1042	Window Comparator 2,8...16 V	804
LT 1043	−	377
LT 1044 = ICL 7660	Spannungs-Converter	376
LT 1052 = ICL 7650 = TC 7652	Operationsverstärker	378
LT 1054	Voltage-Converter 3,5...15 V	613

Typenbezeichnung (Linear)	Funktionsbezeichnung	Bild
LT 1055	JFET-Operationsverstärker	373
LT 1057	JFET-High-Speed-Operationsverst.	606
LT 1058	JFET-High-Speed-OP $U_B \pm 20$ V	607
LT 1059	Universal Filter	379
LT 1060	Dual-Filter	380
LT 1062	Tiefpaßfilter	531
LT 1070	Schaltregler	465
LT 1072	1,25 A Schaltregler 3...60 V	616
LT 1080	Treiber	374
LT 1081	Treiber	375
LT 1083-5	Low-Dropout-Spannungsr. r. 5 V/7,5 A	690/691
LT 1083-12	Low-Dropout-Spannungsr. r. 12 V/7,5 A	690/691
LT 1083 CK 7,5 A	Spannungsregler 1,2...37 V	26
LT 1083 CP (5 V/5 A)	Spannungsregler 1,2...37 V	26
LT 1084-5	Low-Dropout-Spannungsr. r. 5 V/5 A	690/691/692
LT 1084-12	Low-Dropout-Spannungsr. r. 12 V/5 A	690/691/692
LT 1084 CK 5,0 A	Spannungsregler 1,2...37 V	26
LT 1084 CP 5,0 A	Spannungsregler 1,2...37 V	26
LT 1085-5	Low-Dropout-Spannungsr. r. 5 V/3 A	690/692
LT 1085-12	Low-Dropout-Spannungsr. r. 12 V/3 A	690/692
LT 1085 CK 5,0 A	Spannungsregler 1,2...37 V	26
LT 1085 CP 5,0 A	Spannungsregler 1,2...37 V	26
LT 1086-5	Low-Drop-Festspannungsregler 5 V/1,5 A	694/695/696
LT 1086-12	Low-Drop-Festspannungsregler 12 V/1,5 A	694/695/696
LT 1086 CT 1,5 A	Spannungsregler 1,2...37 V	26/696
LT 1088	RMS-Converter	614
LT 1257	12 Bit D/A-Wandler	989
LTC 1042	Fenster-Komparator	609
LTZ 1000	Ultra-Präz.-Referenz (7 V)	610
LZ 1083 MK 3,0 A	Spannungsregler 1,2...37 V	26
LZ 1083 MK 5,0 A	Spannungsregler 1,2...37 V	26
LZ 1083 MK 7,5 A	Spannungsregler 1,2...37 V	26
M 706 BI	50 Hz-Zeitbasis 3,5...15 V	790
M 51841 P = NE 55	Universal Timer	5
MA 1458 = LM 1458 = MC 1458 = CA 1458	2fach OP	12/13
MA 7805 = µA 7805	Spannungsregler + 5 V/1 A	134
MA 7805 = µA 7805 KC	Spannungsregler 5 V	133
MA 7812 = µA 7812 = L 7812 = MC 7812	Spannungsregler + 12 V	133
MA 7815 = µA 7815 = L 7815 = MC 7815	Spannungsregler + 15 V	133
MA 7824 = µA 7824 = L 7824 = MC 7824	Spannungsregler + 24 V	133
MAA 501 = LM 709 = MC 1709	Univ. Operationsverst.	30/31/32
MAA 723 = MC 1723 = CA 723	Spannungsregler 2...37 V	33/35
MAA 723 H = LM 723	Spannungsregler 2...37 V	33/35
MAA 741 = LM 741	Universal-Operationsverstärker	37/38/39
MAA 741 = µA 741 = CA 741	Universal-OP	37/38/39
MAA 748 = µA 748 = MC 1748 = CA 748	Operationsverstärker	9/11
MAA 748 = LM 748	Operationsverstärker	9/11
MAB 01 = REF 01 H = LT 1021	Präz.-Referenz	369
MAB 355 = LF 355 = TDB 0155	Präz. OP mit J-FET-Eing.	18/19
MAB 356 = LF 356 = TDB 0156	Präz. OP mit J-FET-Eing.	18/19
MAB 357 = LF 357 = TDB 0157	Präz. OP mit J-FET-Eing.	18/19

Typenbezeichnung (Linear)	Funktionsbezeichnung	Bild
MAB 398 = LF 398	Sample and Hold	140/144
MAC 01 = REF 01	Präz. Referenz	369
MAC 155 = LF 155	J-FET Operationsverst.	713/714
MAC 156 = LF 156	J-FET Operationsverst.	713/714
MAC 157 = LF 357	J-FET Operationsverst.	713/714
MAX 038	Funktionsgen. 0,1−20 MHz	954
MAX 130 = ICL 7106	3 1/2-stell. A/D-Wandler	496
MAX 131	3 1/2-stell. A/D-Wandler	496
MAX 133	3 3/3-stell. A/D-Wandler	500
MAX 134	3 3/4-stell. A/D-Wandler	500
MAX 136	3 1/2-stell. CMOS-A/D-Wandler	502
MAX 138	3 1/2-stell. Digit-A/D-Wandler	618
MAX 139	3 1/2-stell. Digit-A/D-Wandler	618
MAX 140	3 1/2-stell. Digit-A/D-Wandler	618
MAX 150	8-Bit-A/D-Wandler	501
MAX 170	8-Bit-A/D-Wandler	498/499
MAX 171	12-Bit-A/D-Wandler	501
MAX 230	Drivers/Receivers	632
MAX 231	Drivers/Receivers	630
MAX 232 = TCL 232 = TC 232	Drivers/Receivers	633
MAX 233	Drivers/Receivers	634
MAX 234	Drivers/Receivers	635
MAX 235	Drivers/Receivers	636
MAX 236	Drivers/Receivers	637
MAX 237	Drivers/Receivers	638
MAX 238	Drivers/Receivers	639
MAX 239	Drivers/Receivers	640
MAX 240	Drivers/Receivers	641
MAX 241	Drivers/Receivers	642
MAX 243	RS 232 Drivers/Receivers	958
MAX 250	Treiber/Empfänger	530
MAX 251	Treiber/Empfänger	530
MAX 280	Tiefpaßfilter	531
MAX 341	Analogschalter f. hohe Spannung	532
MAX 343	wie 341, jedoch doppelter Umschalter	533
MAX 345	Analogschalter f. hohe Spannung	532
MAX 348	Analogschalter f. hohe Spannung	532
MAX 408	Operationsverstärker	504
MAX 410	28 MHz Präz. OP	957
MAX 414	28 MHz Präz. 4-fach OP	959
MAX 420	CMOS-Operationsverst. ± 15 V	507/508
MAX 421	CMOS-Operationsverst. ± 15 V	509
MAX 422	CMOS-Operationsverst. ± 15 V	507/508
MAX 423	CMOS-Operationsverst. ± 15 V	509
MAX 428	2fach-Operationsverstärker	505
MAX 448	4fach-Operationsverstärker	506
MAX 450	CMOS-Videoverstärker	510
MAX 451	CMOS-Videoverstärker	510
MAX 452	CMOS-Videoverstärker	511
MAX 453	CMOS-Videoverstärker	512
MAX 454	CMOS-Videoverstärker	514

Typenbezeichnung (Linear)	Funktionsbezeichnung	Bild
MAX 455	CMOS-Videoverstärker	513
MAX 457	CMOS-Videoverstärker	515
MAX 500	8-Bit-CMOS-Digital-/Analogwandler	565
MAX 543 DIP 8	12-Bit-A/D-Wandler	566
MAX 543 SMD 8	12-Bit-A/D-Wandler	568
MAX 600	AC/DC-Regulator (110/220 V AC, 5 V)	626
MAX 601	AC/DC-Regulator (110/220 V AC, 5 V)	624
MAX 602	AC/DC-Regulator (8 V RMS to 5 V DC)	626
MAX 610	AC/DC-Regulator (110/220 V AC, 5 V)	628
MAX 611	AC/DC-Regulator (110/220 V AC, 5 V)	628
MAX 612	AC/DC-Regulator (110/220 V AC, 5 V)	628
MAX 625	Quad High-Side Power Switch	960
MAX 630	CMOS-Schaltregler	517
MAX 631	CMOS-Aufwärtsschalter	516
MAX 632	CMOS-Aufwärtsschalter	516
MAX 633	CMOS-Aufwärtsschalter	516
MAX 634	CMOS-Schaltregler	518
MAX 635 − 5 V/max. 375 mA	invert. CMOS-Schaltregler	519
MAX 636 − 12 V	invert. CMOS-Schaltregler	519
MAX 637 − 15 V	invert. CMOS-Schaltregler	519
MAX 638	CMOS-Abwärtsschalter	520
MAX 641	CMOS-Aufwärtsschaltregler	521
MAX 642	CMOS-Aufwärtsschaltregler	521
MAX 643	CMOS-Aufwärtsschaltregler	521
MAX 644	Aufwärtsschaltregler	522
MAX 645	Rauscharmer Operationsverstärker	572
MAX 646	Aufwärtsschaltregler	523
MAX 647	Aufwärtsschaltregler	522
MAX 654 U_E 1,15-1,56 V, U_A = 5 V/40 mA	CMOS-Aufwärtsschaltregler	525
MAX 655 U_E 2,3-3,1 V, U_A = 5 V/60 mA	CMOS-Aufwärtsschaltregler	525
MAX 656 U_E 1,15-1,56 V, U_A = 5 V/170 mA	CMOS-Aufwärtsschaltregler	524
MAX 657 U_E 1,15-1,56 V, U_A = 3 V/60 mA	CMOS-Aufwärtsschaltregler	525
MAX 657 U_E 2,3-3,1 V, U_A = 3 V/6 mA	CMOS-Aufwärtsschaltregler	524
MAX 663 = ICL 7663 = ICL 7664	CMOS-Spannungsregler	526
MAX 664	CMOS-Spannungsregler	527
MAX 666	CMOS-Spannungsregler	528
MAX 670	10 V-Präzisions-Referenz	620
MAX 671	10 V-Präzisions-Referenz	620
MAX 672	5 V-Präzisions-Referenz	621
MAX 673	10 V-Präzisions-Referenz	621
MAX 680	Spannungswandler + 5 V auf ± 10 V	529
MAX 712	NiCd/NiMH Batt.-Lade Controller	961
MAX 713	NiCd/NiMH Batt.-Lade Controller	961
MAX 714	Batt. Supply-System	962
MAX 724	5 A DC-DC Regulator	963
MAX 724	5 A DC-DC Regulator	964
MAX 724	5 A DC-DC Regulator	965
MAX 726	2 A DC-DC Regulator	966
MAX 727	2 A DC-DC Regulator	966
MAX 728	2 A DC-DC Regulator	966
MAX 729	2 A DC-DC Regulator	966

Typenbezeichnung (Linear)	Funktionsbezeichnung	Bild
MAX 4193	CMOS-Schaltregler	517
MAX 4391	invert. CMOS-Schaltregler	518
MAX 7129 = ICL 7129	4 1/2-stell. Digit-Single-Chip A/D	619
MC 78 L 02 = μA 78 L 02	Spannungsregler + 2 V/0,1 A	189
MC 78 L 05 = μA 78 L 05	Spannungsregler + 5 V/0,1 A	189
MC 78 L 06 = μA 78 L 06	Spannungsregler + 6 V/0,1 A	189
MC 78 L 08 = μA 78 L 08	Spannungsregler + 8 V/0,1 A	189
MC 78 L 09 = μA 78 L 09	Spannungsregler + 9 V/0,1 A	189
MC 78 L 10 = μA 78 L 10	Spannungsregler + 10 V/0,1 A	189
MC 78 L 12 = μA 78 L 12	Spannungsregler + 12 V/0,1 A	189
MC 78 L 15 = μA 78 L 15	Spannungsregler + 15 V/0,1 A	189
MC 78 L 18	Spannungsregler + 18 V/0,1 A	189
MC 78 L 24	Spannungsregler + 24 V/0,1 A	189
MC 78 M 05 = L 78 M 05 = μA 78 M 05	Positiv-Spannungsregler + 5 V/0,5 A	137
MC 78 M 06 = L 78 M 06 = μA 78 M 06	Positiv-Spannungsregler + 6 V/0,5 A	137
MC 78 M 08 = L 78 M 08 = μA 78 M 08	Positiv-Spannungsregler + 8 V/0,5 A	137
MC 78 M 12 = L 78 M 12 = μA 78 M 12	Positiv-Spannungsregler + 12 V/0,5 A	137
MC 78 M 15 = L 78 M 15 = μA 78 M 15	Positiv-Spannungsregler + 15 V/0,5 A	137
MC 78 M 18 = L 78 M 18	Positiv-Spannungsregler + 18 V/0,5 A	137
MC 78 M 24 = L 78 M 24 = μA 78 M 24	Positiv-Spannungsregler + 24 V/0,5 A	137
MC 78 T 05 = KA 78 T 05	Spannungsregler + 5 V/3 A	133/134
MC 78 T 06 = KA 78 T 06	Spannungsregler + 6 V/3 A	133/134
MC 78 T 08 = KA 78 T 08	Spannungsregler + 8 V/3 A	133/134
MC 78 T 12 = KA 78 T 12	Spannungsregler + 12 V/3 A	133/134
MC 78 T 15 = KA 78 T 15	Spannungsregler + 15 V/3 A	133/134
MC 78 T 18 = KA 78 T 18	Spannungsregler + 18 V/3 A	133/134
MC 78 T 24 = KA 78 T 24	Spannungsregler + 24 V/3 A	133/134
MC 78 XX = μA 78 XX = IP 78 XX	Spannungsregler	133
MC 79 L XX = 79 L XX	Negativ-Spannungsregler 0,1 A	164
MC 1310 P = XR 1310 = LM 1310	Stereo-Demodulator	44
MC 1400 A	Präzisions-Spannungs-Referenz	205
MC 1403	Präzisions-Spannungs-Referenz	195
MC 1404 = REF-02	Präzisions-Spannungs-Referenz	196
MC 1406 L	D/A-Converter	492
MC 1411 = ULN 2001	Darlington Transistor-Arrays	47
MC 1412 = L 202 = ULN 2002	Darlington Transistor-Arrays	47
MC 1413 = L 203 = ULN 2003	Darlington Transistor-Arrays	47
MC 1416 = ULN 2004	Transistor-Arrays 30 V, 500 mA	540
MC 145010	Photoelectric Smoke Detektor	931
MC 1455 = NE 555 = MC 1555	Universal-Zeitgeber	5
MC 1458 = LM 1458 = SFC 2458 = XR 1458 = TBB 1458 = CA 1458	2fach-Operationsverstärker	12/13
MC 1468	Regler	680
MC 1472	NAND-Treiber	539
MC 1488 F, N = SN 75188	4fach-Treiber	165
MC 1489 F, AF, N, AN	Quad-Line-Receiver	166
MC 1500, A	Präzisions-Spannungs-Referenz	205
MC 1504	Präzisions-Spannungs-Referenz	195
MC 1505	Präzisions-Spannungs-Referenz	196
MC 1555 = NE 555 = CA 555 = SN 72555 = UA 555	Universal-Zeitgeber	5

Typenbezeichnung (Linear)	Funktionsbezeichnung	Bild
MC 1558	Dual-Operationsverstärker ± 22 V	709/710
MC 1568	Regler	680
MC 1709 = LM 709 = SFC 2709	Universal-Operationsverstärker	30/31/32
MC 1723 = LM 723 = µA 723	Spannungsregler 2...37 V	33/35
MC 1741 = LM 741 = µA 741		
= CA 741 = LS 141	Präzisions-Operationsverstärker	7/7a
MC 1747 = LM 747	2fach-Operationsverstärker	8/18
MC 1748 = LM 748 = CA 748	Operationsverstärker	9/11
MC 2830	Sprachsteuer-IC	677
MC 3302 = µA 3302	Quad-Single Supply Comparator	68
MC 3303 = µA 3303	4fach-Operationsverstärker	48
MC 3324	Dual-Spannungs-Komparator	200
MC 3346 = CA 3046	Transistor-Arrays	14
MC 3373	IR-Empfänger-Vorverstärker	681
MC 3403 = XR 3403 = RC 3403	4fach-Operationsverstärker	48
MC 3420	Schaltregler	197
MC 3423	Überspannungs-Überwachung	198
MC 3424	Dual-Spannungs-Komparator	200
MC 3456 = LM 556 = NE 556 = TDB 0556	Doppel-Zeitgeber 2 x 555	49
MC 34151 = ICL 7667	Dual MOSFET Power Treiber	783
MC 34017-1	Telefonsound IC 1,0 kHz	930
MC 34017-2	Telefonsound IC 2,0 kHz	930
MC 34017-3	Telefonsound IC 500 Hz	930
MC 34064	Unterspannungsdetektor	933
MC 3469	Floppy-Disk-Write-Controller	682
MC 3520	Schaltregler	197
MC 3523	Überspannungs-Überwachung	198
MC 3524	Dual-Spannungs-Komparator	200
MC 4558 = TDB 4558 = µA 4558 = AN 4558	2fach-Operationsverstärker	73/74
MC 7805 = L 7805 = LM 7805 = µA 7805	Spannungsregler + 5 V/1 A	133/134
MC 7805 CK = µA 7805 KC (bis 7824)	Spannungsregler	133/134
MC 7805 CP = µA 7805 UP (bis 7824)	Spannungsregler	133
MC 7806 = L 7806 = µA 7806	Spannungsregler + 6 V/1 A	133/134
MC 7808 = L 7808 = µA 7808	Spannungsregler + 8 V/1 A	133/134
MC 7812 = L 7812 = LM 7812 = µA 7812	Spannungsregler + 12 V/1 A	133/134
MC 7815 = L 7815 = LM 7815 = µA 7815	Spannungsregler + 15 V/1 A	133/134
MC 7818 = L 7818 = LM 7818 = µA 7818	Spannungsregler + 18 V/1 A	133/134
MC 7824 = L 7824 = LM 7824 = µA 7824	Spannungsregler + 24 V/1 A	133/134
MC 7905 = L 7905 = LM 7905 = µA 7905	Spannungsregler − 5 V/1 A	190
MC 7905 CP = µA 7905 Uc (bis 7924)	Spannungsregler	190
MC 7912 = L 7912 = LM 7912 = µA 7912	Spannungsregler − 12 V/1 A	190
MC 7918 = L 7918 = µA 7918	Spannungsregler − 18 V/1 A	190
MC 7924 = L 7924 = µA 7924	Spannungsregler − 24 V/1 A	190
MC 7952 = 7952 (5,2 V)	Spannungsregler − 5,2 V/1 A	190
MC 13060	Mini-NF-Verstärker, 2 W	656
MC 14503 2 V...6 V	Remote-Control-Encoder/Decoder	665
MC 33078	Rauscharmer Operationsverstärker	571
MC 33079	Rauscharmer Operationsverstärker	572
MC 34017	Telefon-Sound	683
MC 34001 = TL 081 = CA 081	Breitband-Operationsverstärker	2
MC 34002 = CA 082 = TL 082	Doppel-Operationsverstärker	3

Typenbezeichnung (Linear)	Funktionsbezeichnung	Bild
MC 34061	Programmierb.-Spannungs-Überw.	202/203
MC 34062	Programmierb.-Spannungs-Überw.	201
MC 34074 3...44 V	4fach-Operationsverst. JFET-Eingang	65
MC 34080	IFET-Operationsverstärker	477
MC 34081	IFET-Operationsverstärker	477
MC 34082	Dual-IFET	478
MC 34083	Dual-IFET	478
MC 34084	Quad-IFET	479
MC 34085	Quad-IFET	479
MC 35061	Programmierb.-Spannungs-Überw.	202/203
MC 35062	Programmierb.-Spannungs-Überw.	201
MC 35074 3...44 V	4fach-Operationsverst. JFET-Eingang	65
MC 35080	IFET-Operationsverstärker	477
MC 35081	IFET-Operationsverstärker	477
MC 35082	Dual-IFET	478
MC 35083	Dual-IFET	478
MC 35084	Quad-IFET	479
MC 35085	Quad-IFET	479
MC 145026	Encoder	556
MC 145027	Decoder	557
MC 145028	Decoder	558
MC 145029	Decoder	529
MDA 2010 = TDA 2010	NF-Verstärker 15 W/4 Ω	165
MDA 4050 B = TDA 4050 B	IR-Vorverstärker	604
MH 7106 = ICL 7106	3 1/2 A/D Wandler	95/617
MK 50250	Uhrenschaltkreis	111
ML 237 B	6-Channel-Touch-Control-Interface	735
ML 920	Remote-Control-Receiver 14−18 V	736
ML 922	Remote-Control-Receiver	737
ML 923	Remote-Control-Receiver	738
ML 924	Remote-Control-Receiver	739
ML 926/7	Remote-Control-Receiver	732
ML 928	Remote-Ctrl.-Rec./Trans.	399
ML 928/9	Remote-Control-Receiver	740
ML 929	Remote-Ctrl.-Rec./Trans.	399
ML 8204	Ton IC	937
ML 8205	Ton IC	938
MLM 124 = LM 124 = LT 1014	4fach-Operationsverstärker	28
MLM 139 = LM 139	4fach-Diff.-Comparator	68
MLM 211 = LM 211	Spannungskomparator	23/24
MLM 224 = LM 224	4fach-Operationsverstärker	28
MLM 239 = LM 239	4fach-Diff.-Comparator	68
MLM 311 = LM 311 = CA 311	Spannungskomparator	23/24
MLM 324 = LM 324 = CA 324 = µA 324	4fach-Operationsverstärker	4
MLM 326 = LM 326 = CA 326 = AN 6564	4fach-Operationsverstärker	28
MLM 339 = LM 339 = CA 339	4fach-Diff.-Comparator	68
MM 53 C 200	Encoder/Decoder	560
MM 74 C 945	Counter/Decoder/Driver	631
MM 74 C 946	Counter/Decoder/Driver	631
MM 5314	Uhrenschaltkreis	70
MM 5837	Rausch-Generator	110

Typenbezeichnung (Linear)	Funktionsbezeichnung	Bild
MP 5010 H = LM 385	Ref.-Diode 1,2 V/2,5 V	801/803
MTA 1200	Intelligent Batt. Management	926
MV 500	Fernbed. Sender	742
MV 601	Fernbed. Empfänger	743
NE 521 D, F, N	Speed-Dual-Comparator	147
NE 522 D, F, N	Speed-Dual-Comparator	147
NE 527 D, N, F	Spannungs-Komparator	148
NE 529 D, N, F	Spannungs-Komparator	148
NE 530 FE, N, H	Operationsverstärker	149
NE 538 N, FE, H	Operationsverstärker	149
NE 544	Servo-Schaltkreis	72
NE 555 = TDB 0555 = CA 555 = SN 72555	Universal-Zeitgeber	5
NE 556 = MC 3456 = XR 556 = TDB 0556	Doppel-Zeitgeber 2 x 555	49
NE 564	Ton-Decoder	174
NE 565 F, N, D	Ton-Decoder	175/176
NE 567 = XR 567 = LM 567	Ton-Decoder	81
NE 587 F, N	LED-Decoder/Treiber	161
NE 589 F, N	LED-Decoder/Treiber	162
NE 592 DE, FE N 8	Video-Verstärker	159
NE 592 DH, N, 14, H	Video-Verstärker	157/158
NE 594, SA 594 N, F	Fluoreszenz-Display-Treiber	163
NE 644	Servo-Treiber	105
NE 5044 D, N	Progr. 7-Kan.-RC-Encoder	171
NE 5045 N, D	7-Kan.-RC-Encoder	172
NE 5514 F, N, D	4fach-Operationsverstärker	150
NE 5517 N, D, AN	2fach-Operationsverstärker	151
NE 5532 Fe, AFE, N = XR 5532	Rauscharmer 2fach-Operationsverst.	152
NE 5533 M = XR 5523	Rauscharmer 2fach-Operationsverst.	154
NE 5534 N, FE, D = XR 5534	Rauscharmer 1fach-Operationsverst.	153
NE 5535 N, H	Dual-Operationsverstärker	155/156
NE 5539 F, N, D	HF-Operationsverstärker	160
NE 5553 F, N	Dual-Spannungsregler	167
NE 5553 H	Dual-Spannungsregler	169
NE 5553 U	Dual-Spannungsregler	168
NJM 386 S	NF-Verstärker 500 mW	890
NJM 387 S	Rauscharmer Dual Verst.	891
NJM 555 S	Universal Timer	892
OP 05 = AD 504	Operationsverstärker	466
OP 07	Operationsverstärker	467
OP 07 = LT 1001 M	Präzisions-Operationsverstärker	275
OP 27	Very-Low-Noise-Operationsverstärker	775
OP 77 = LT 1001	Präzisions-Operationsverstärker	363
PM 741 = LM 741	Universal-Operationsverstärker	37/38/39
PM 747 = LM 747	2fach-Operationsverstärker	8/18
RC 555 = LM 555 = CA 555	Universal-Zeitgeber	5
RC 723 = LM 723 = CA 723	Spannungsregler 2...37 V	33/35
RC 741 = CA 741 = LM 741	Universal-Operationsverstärker	37/38/39
RC 747 = CA 747 = LM 747	2fach-Operationsverstärker	8/18
RC 1458 = MC 1458 = LM 1458 = XR 1458	2fach-Operationsverstärker	12/13
RC 4136 = µA 4136	4fach-Operationsverstärker, 3 MHz	77
RC 4151	Voltage-to-Frequency-Converter	657

Typenbezeichnung (Linear)	Funktionsbezeichnung	Bild
RC 4152	Voltage-to-Frequency-Converter	657
RC 4153	Voltage-to-Frequency-Converter	658
RC 4156	4fach-Operationsverstärker	661
RC 4195	± 15 V-Festspannungsregler	660
RC 4558 = MC 4558 = AN 4558 = LM 833	2fach-Operationsverstärker	73/74
RC 4739 = LM 739 = TBA 231	2fach-Operationsverstärker ± 18 V	36
REF 01 = LT 1021 = MPREF 01	Präzisions-Referenz	369
REF 02	5 V-Präzisions-Spannungs-Referenz	659
REF 03	+ 2,5 V-Präzisions-Spannungs-Referenz	704
REF 25 2,5 V Ref.	Spannungsreferenz ± 1%/2%	472
REF 50 5,0 V Ref.	Spannungsreferenz ± 1%/2%	472
RM 2207 = XR 2207 = RC 2207	Volt. Contr. Osc.	222
S 89	Einst. Teiler für 500 MHz	249
S 576 A, B, C, D = SLB 0586	Sensor-Dimmer	85
S 1531 G	NF-Verstärker für 1 V	246
SA 555 N (−40...+85°C)	Universal-Zeitgeber	5
SAA 1000	Ultraschall-Sender	546
SAA 1027	Schrittmotor-Steuerung	809
SAA 1029	SCL-Logic	258
SAA 1500T	State-of-Charge indicator f. NiCd/NiMH	929
SAB 0529	Programmierb. Dig.-Timer 1 s−31,5 h	141
SAB 0600	Gong-IC Dreiklang-Gong	66
SAB 0601	Gong-IC Einton-Gong	66
SAB 0602	Gong-IC Zweiton-Gong	66
SAB 3210	IR-Sender	544
SAB 0532	Langzeit-Timer 50/60 Hz 1 s−31,5 h	594
SAE 0700	Signalton-Generator	112
SAE 0800	Gong (3, 2, 1 Ton)	881
SAJ 141	Teiler	84
SAJ 220 S	15stuf.-Frequenzteiler m. Oszillator	547
SAJ 270 E	16stuf.-Frequenzteiler m. Oszillator	548
SAJ 300 T	Quarzzeitbasis	41
SAJ 310 H U_B 1,2 V...1,7 V	CMOS-Schaltung für Quarzuhren	549
SAK 115	Impulsformer für Drehzahlmesser	554
SAK 215 = SN 29767 P	Impulsformer für Drehzahlmesser	102
SAS 231	Hall-IC	238
SAS 241	Hall-IC	86
SAS 250	Magn. betr. Kontakt-Schalter	255
SAS 251	Magn. betr. Kontakt-Schalter	248
SAS 261	Kontakt-Schalter	145
SDA 2201	Frequenzteiler 1:64, U_B 4,5...5,5 V	601
SDA 2208-2	IR-Fernsteuer-Sender	602
SE 521 D, F, N	High-Speed-Dual-Comparator	147
SE 522 D, F, N	High-Speed-Dual-Comparator	147
SE 527 D, N, F	Spannungs-Komparator	148
SE 529 D, N, F	Spannungs-Komparator	148
SE 530 FE, N, H	Operationsverstärker	149
SE 538 N, FE, H	Operationsverstärker	149
SE 555 = NE 555 = CA 555 = LM 555	Universal-Zeitgeber	5
SE 555 FE (−55...+125°C)	Universal-Zeitgeber	5
SFC 2046 = CA 3046	Transistor-Arrays	14

Typenbezeichnung (Linear)	Funktionsbezeichnung	Bild
SFC 2101	Präzisions-Operationsverstärker	20/21
SFC 2301 = LM 301 = CA 301	Präzisions-Operationsverstärker	20/21
SFC 2458-MC 1458 = TDB 1458	2fach-Operationsverstärker	12/13
SFC 2723 = LM 723 = CA 723 = L 123	Spannungsregler 2...37 V	33/35
SFC 2741 = LM 741 = MC 1741	Universal-Operationsverstärker	37/38/39
SFC 2747 = LM 747 = TDB 0747	2fach-Operationsverstärker	8/10
SFC 2748 = LM 748 = TDB 0748	Operationsverstärker	9/11
SFC 2861 = TAA 861 A	Universal-Operationsverstärker	50/52
SG 78 XX = 76 XX	Spannungsregler	133
SG 301 = CA 301 = LM 301	Präzisions-Operationsverstärker	20/21
SG 723 = CA 723 = LM 723	Spannungsregler 2...37 V	33/35
SG 3524	Pulsweiten-Modulator	170
SL 446 A	Zero-Voltage-Switch	756
SL 486	IR-Empfänger	744
SL 490	IR-Fernbedien.-Sender	491
SLB 0586	Dimmer-IC	590
SL 560 C	300-MHz-Low-Noise-Amplifier	751
SL 516 B	Ultra-Low-Noise-Preamplifier	752
SL 561 C	Ultra-Low-Noise-Preamplifier	753
SL 1431/2	TV-Preamplifier with AGC	741
SL 3145 C, E	1,6 GHz NPN Trans. Array	862
SL 6270	Gain Controll Mik. Preamp.	860 A
SL 6310 C	500 mW Audio Amplifier	863
SLA 1430	TV-IF-Preamplifier 7...13,5 V	745
SLB 0587	Dimmer	705
SN 28654 N	Servo-Treiber	113
SN 29776 P = SAK 215	Impulsformer für Drehzahlmesser	102
SN 72555 = NE 555 = CA 555 = LM 555	Universal-Zeitgeber	5
SN 72558 = MC 1458 = LM 1458	2fach-Operationsverstärker	12/13
SN 75188 = MC 1488	Quad-Line-Driver	165
SN 75467 = XR 2202 = ULN 2002 = MC 1412	Darlington Transistor-Arrays	47
SN 76603 = LM 703	ZF-Verstärker	40
SO 41 E (TO-100)	FM-ZF-Verstärker m. Demodulator	541
SO 41 P (DIL 14)	FM-ZF-Verstärker m. Demodulator	541
SO 42 E	Mischer	542
SO 42 P	Mischer	542
SP 4541	1 HGz + 256 High-Speed-Div.	746
SP 4632	1 HGz + 64 Prescaler	747
SP 4633	1 HGz + Non-Self-Osc.	748
SP 4653	1 HGz + 256 Prescaler	749
SP 4656	1,2 GHz + 128 Prescaler	750
SP 8716 A	520 MHz Teiler + 40/41	870
SP 8718 A	520 MHz Teiler + 64/65	870
SP 8719 A	520 MHz Teiler + 80/81	870
SP 8782 A/B	1 GHz Teiler + 16/17, 32/33	871
SP 8832 B	3,5 GHz + 2 Teiler	866
SR 25 D	2,5 V-Spannungs-Referenz SMD	473
TA 7502 P = LM 709 N = MC 1709 P1 = μA 741 CP = μpC 55 A	Universal OP	30/31/32
TA 7504 P = LM 741 CN = MC 1741 CP1 = μA 741 = μPC 151 C	Universal OP	37/38/39

Typenbezeichnung (Linear)	Funktionsbezeichnung	Bild
TA 7504 = LM 741	Universal-Operationsverstärker	37/38/39
TA 7205 AP	NF-Verstärker 9...18 V/5,8 W/4 Ω	782
TA 7336 = LM 386	NF-Verstärker 325 mW	98
TA 8521 S	Batterie Lade IC	976
TA 8523 F	PB Batt. Charger IC	974
TA 8532 P	Batt. Lade IC	977
TAE 1041	Batt. Low-Level indicator	927
TAE 1100	Batt. Monitor für NiCd und NiMH	928
TAE 1101	Batt. Monitor für NiCd und NiMH	928
TA 7506 P = LM 301 AN = μA 301 = LM 301		
= μPC 157 C = μPC 301 AC	Präz. OP	20/21
TA 75060 P = TL 060 CP	Breitband OP	2
TA 75061 P = TL 061 CP	Breitband OP	2
TA 75062 P = TL 062 CP = NJM 062 D	Doppel OP	3
TA 75064 P=TL 064 CN=NJM 064 D=B 064	4fach OP	65
TA 75070 P = TL 070 CP		
TA 75071 P = TL 071 CP = μPC 4071 C	Breitband OP	2
TA 75072 P = TL 072 CP = μPC 4072 C		
= NJM 072	Doppel OP	3
TA 75074 P = TL 074 CN = μPC 4074 C	4fach OP	65
TA 75339 P = LM 339 = μPC 339 C		
= LM 2901 N = CA 339	4fach-Diff.-Komp.	68
TA 75358 = LM 358 = LM 2904 = μPC 358		
= μPC 1251 = NJM 2904	Dual OP	226/230
TA 75393 = LM 393 0 μPD 393 C		
= NJM 2903 N = AN 1393	Dual-Spann.-Komarator	146
TA 75458 = LM 1458 = MC 1458		
= μPC 251 C = μPC 1458 C	2fach Operationsverst.	12/13
TA 7555 P=LM 555 CN=MC 1455=NE 55N		
= μPC 155 C = NJM 555	Universal-Zeitgeber	5
TA 75558 P = MC 4558 = TL 4558 P		
= μPC 4558 = NJM 4558	2fach OP	73/74
TA 75902 = LM 324 = μPC 324		
= μPC 451 C = NJM 2902	4fach OP	28
TA 76494 P = TL 494 = μPC 494	Schaltregler	684
TA 76524 P = SG 3524 = LM 3524	Pulsweiten-Modulator	170
TA 78 L 005 = μA 78 L 05 = MC 78 L XX	Spannungsregler 0,1 A	189
TA 78 L 005 P/AP	Spannungsregler 5 V/150 mA	569
TA 78 L 006 P/AP	Spannungsregler 6 V/150 mA	569
TA 78 L 007 P/AP	Spannungsregler 7 V/150 mA	569
TA 78 L 008 P/AP	Spannungsregler 8 V/150 mA	569
TA 78 L 009 P/AP	Spannungsregler 9 V/150 mA	569
TA 78 L 010 P/AP	Spannungsregler 10 V/150 mA	569
TA 78 L 012 P/AP	Spannungsregler 12 V/150 mA	569
TA 78 L 015 P/AP	Spannungsregler 15 V/150 mA	569
TA 78 L 018 P/AP	Spannungsregler 18 V/150 mA	569
TA 78 L 020 P/AP	Spannungsregler 20 V/150 mA	569
TA 78 L 024 P/AP	Spannungsregler 24 V/150 mA	569
TA 78 L 075 P/AP	Spannungsregler 7,5 V/150 mA	569
TA 78 L 132 P/AP	Spannungsregler 13,2 V/150 mA	569
TAA 331	3stufiger NF-Verstärker	545

Typenbezeichnung (Linear)	Funktionsbezeichnung	Bild
TA 521 = LM 709 = MC 1709 = SFC 2709	Universal-Operationsverstärker	30/31/32
TAA 522 = SFC 2709 M	Universal-Operationsverstärker	32
TAA 550 A, B, C = TBA 271 A, B, C	Temp.-Komp.-Z-Diode	206
TAA 761 = TAA 762; A = SFC 2761	Operationsverstärker	127
TAA 762, 762 A	Einfacher Operationsverstärker	115/116
TAA 765 = TAA 762 A	Operationsverstärker	127/128
TAA 765 A	1fach Operationsverstärker	116
TAA 780	1,1 V-Stabilisierungsschaltung	551
TAA 861 = CA 2661	Operationsverstärker	129
TAA 861 A = TAA 765 A	Universal-Operationsverstärker	50/52
TAA 862	Operationsverstärker	129
TAA 865 = TAA 762	Operationsverstärker	129
TAA 865 A	Universal-Operationsverstärker	50
TAA 2761 = TAA 2762	2fach-Operationsverstärker	53/54
TAA 2762	2fach-Operationsverstärker	117
TAA 2762 A	2fach-Operationsverstärker	118
TAA 2765 A	2fach-Operationsverstärker	118
TAA 4761 = TAA 4765 A	4fach-Operationsverstärker	55
TAA 4762 A	4fach-Operationsverstärker	114
TAA 4765 A	4fach-Operationsverstärker	114
TAB 1453 = TAE 1453 A	1fach-Operationsverstärker	119
TAB 2453 = TAE 2453	Doppel-PNP-Operationsverstärker	121
TAB 4453 A = TAE 4453 A	4fach-PNP-Operationsverstärker	126
TAE 1453 A	1fach-Operationsverstärker	119
TAE 2453	Doppel-PNP-Operationsverstärker	121
TAE 4453	4fach-PNP-Operationsverstärker	120
TAE 4463	4fach PNP OP 2−36 V	894
TAF 1453 A	1fach-Operationsverstärker	119
TAF 2453 A	Doppel-PNP-Operationsverstärker	121
TAF 4453 A	4fach-PNP-Operationsverstärker	120
TAF 4463	4fach PNP OP	984
TBA 221 B = LM 741 = CA 741 = SFC 2741	Universal-Operationsverstärker	37/38/39
TBA 221 B, 222 B = MC 1741 C	Operationsverstärker	124
TBA 222 = MC 1741 CG	1fach-Operationsverstärker	125
TBA 231 = LM 739	2fach-Operationsverstärker ± 18 V	36
TBA 271 A, B, C = TAA 550 A, B, C	Temp.-Komp.-Z-Diode	206
TBA 331 = CA 3046 = SFC 2046 = LS 159	Transistor-Arrays	14
TBA 800 = SN 16881 ND	NF-Verstärker 5 W	300
TBA 810 S, AS, DS	NF-Verstärker	56/1
TBA 820 M	NF-Verstärker 2 W	264
TBA 840	Einspulen-Antriebsschaltung	550/552
TBA 920, TBA 920 S	Horizontal-Kombination	
TBA 0324 = LM 324 = CA 324	4fach-Operationsverstärker	28
TBB 0747 A = TBB 1458	2fach-Operationsverstärker	12/13
TBB 0748 = CA 748 = LM 748 = TDB 0748 = SFC 2748 = MC 1748	Operationsverstärker	9/11
TBB 146	PLL-Frequenzsynthesizer	257
TBB 1331 A	Operationsverst. m. Darlington-Eingang	67
TBB 1458 = MC 1458 = CA 1458 = SFC 1458	2fach-Operationsverstärker	12/13
TBB 2331 = TBE 2335 B	2fach-Operationsverstärker m. Darlington	83
TBB 4331, TBE 4335 A	Operationsverstärker m. Darlington	130

Typenbezeichnung (Linear)	Funktionsbezeichnung	Bild
TBC 2332 B	2fach-Operationsverstärker m. Darlington	83
TBE 4335 A	Operationsverstärker m. Darlington	122
TC 04	Spannungsfrequenz 1,25 V	907
TC 05	Spannungsfrequenz 2,5 V	907
TC 172	BiMOS PWM-Controller	900
TC 173	BiMOS PWM-Controller	900
TC 426	MOSFET DRIVER 1,5 A	903
TC 427	MOSFET DRIVER 1,5 A	903
TC 428	MOSFET DRIVER 1,5 A	903
TC 429	MOSFET DRIVER 6 A UB 7−18 V	902
TC 1426	1,2 A High Speed MOSF. Driv.	901
TC 1427	1,2 A High Speed MOSF. Driv.	901
TC 1428	1,2 A High Speed MOSF. Driv.	901
TC 4401	6 A Open Drain MOSF. Driv.	904
TC 4437	Power Logic CMOS Quad Driver	905/6
TC 4438	Power Logic CMOS Quad Driver	905/6
TC 4439	Power Logic CMOS Quad Driver	905/6
TC 4457	Power Logic CMOS Quad Driver	905/6
TC 4458	Power Logic CMOS Quad Driver	905/6
TC 4459	Power Logic CMOS Quad Driver	905/6
TC 4467	Power Logic CMOS Quad Driver	905/6
TC 4468	Power Logic CMOS Quad Driver	905/6
TC 4469	Power Logic CMOS Quad Driver	905/6
TC 4487	Power Logic CMOS Quad Driver	905/6
TC 4488	Power Logic CMOS Quad Driver	905/6
TC 4489	Power Logic CMOS Quad Driver	905/6
TC 620	Temp. Sensor	896
TC 621	Temp. Sensor	897
TC 626	Temp. Sensor	893
TC 675	NiCd/Ni-H Batt. Charger	898/899
TC 676	NiCd/Ni-H Batt. Charger	898/899
TC 7106 = ICL 7106	3½ Digit. A/D Converter	95/617
TC 7107 = ICL 7107	3½ Digit. A/D Converter	95/617
TC 7116 = ICL 7116	3½ Digit. A/D Converter	811
TC 915	Auto-Zeroed OP 7−32 V	908
TC 918	Low-Cost CMOS OP	909
TC 3704 C, I, M	Dual CMOS Voltage Comparator	936
TC 4423 = ICL 7667 = MC 34151	Dual MOSFET Power Treiber	783
TC 385B-1,2 = LM 385 Z-1,2	1,2 V 100 PPM Referenze	182
TC 7116 = ICL 7116	3½ Digit ADC (LCD)	811
TC 7126 = ICL 7126	3½ Digit ADC (LCD) Low Power	107
TC 7652 = LTC 1052	Low Nois Chopper/Amplifier	378
TC 7660 = ICL 7660	DC-to-DC Converter	376
TC 7662 = ICL 7662	High-Voltage DC- to DC Converter	655
TC 9400	V/F-F/V Converter 0,05%	895
TC 9401	V/F-F/V Converter 0,01%	895
TC 9402	V/F-F/V Converter 0,25%	895
TCA 0372 DP1	Dual-Leistungs-Operationsverst. 1 A	480
TCA 0372 DP2	Dual-Leistungs-Operationsverst. 1 A	480
TCA 0372 SP	Dual-Leistungs-Operationsverst. 1 A	480
TCA 105	Schwellenwertschalter	34

Typenbezeichnung (Linear)	Funktionsbezeichnung	Bild
TCA 205 A	Näherungsschalter	142
TCA 305 A, G	Näherungsschalter	245
TCA 311 A = TCA 315 A	Operationsverst. m. Darlington	57/58
TCA 312 A = TCA 325 A	Operationsverst. m. Darlington	57/58
TCA 315 A	Operationsverst. m. Darlington	57/58
TCA 321, 321 A	Operationsverst.-TTL kompatibel	131/132
TCA 321 = TCA 322	Operationsverst.-TTL kompatibel	131
TCA 322	Operationsverst.-TTL kompatibel	131
TCA 322 A	Operationsverst. m. Darlington-Eingang	58
TCA 325, 325 A	Operationsverst.-TTL kompatibel	131/132
TCA 325 A	Operationsverst. m. Darlington-Eingang	58
TCA 331 A = TCA 335 A	Operationsverst. m. Darlington-Eingang	59/60
TCA 332	Operationsverst. m. Darlington-Eingang	59/60
TCA 335	Operationsverst. m. Darlington-Eingang	59/60
TCA 345 A	Schwellenwertschalter	61
TCA 365	Leistungs-Operationsverst. max. 3 A	87
TCA 671	Transistor-Arrays	14
TCA 785	Phasenanschnittsteuerung	589
TCA 830	NF-Verstärker 2 W	447
TCA 860	Einspulen-Antriebsschaltung	553
TCA 871	Transistor-Arrays	14
TCA 965	Fensterdiskriminator	71
TCA 971	Transistor-Arrays	14
TCA 1365	Leistungs-Operationsverst. 3,5 V	235
TCA 1560 B	Ansteuer-IC f. Schrittmotore	598
TCA 1561 B	Ansteuer-IC f. Schrittmotore	597
TCA 2365	Leistungs-Operationsverstärker	123
TCA 2465	Leistungs-Operationsverst. ±3−±20 V	417
TCA 2465 A	Leistungs-Operationsverst. ±3−±20 V	418
TCA 4511	Stereodecoder	332
TD 62001 P = ULN 2001 = MC 1411 P = M 54524 = LB 1231 = L 201 = XR 2201	Darl. Trans. Array	47
TD 62002 P = ULN 2002 = MC 1412 = M 54525 = LB 1232 = XR 2202	Darl. Trans. Array	47
TD 62003 P = ULN 2003 = MC 1413 = M 52523 = LB 1233 = XR 2203	Darl. Trans. Array	47
TD 62004 P = ULN 2004 = MC 1414 = M 54526 = LB 1234 = XR 2204	Darl. Trans. Array	47
TD 62081 = ULN 2801	Trans. Array	540
TD 62082 = ULN 2802	Trans. Array	540
TD 62083 = ULN 2803 = M 54585 P	Trans. Array	540
TD 62084 = ULN 2804	Trans. Array	540
TD 62477 = UND 5712 = MC 1472	Nand-Treiber	539
TDA 0159	Näherungsschalter, Drehzahlgeber	444
TDA 0161	Näherungsschalter, Drehzahlgeber	445/446
TDA 0162	Näherungsschalter, Drehzahlgeber	445/446
TDA 0200 = L 200	Progr. Spannungsregler 2,8−3,6 V	17
TDA 0470	Orgelgatter	555
TDA 1010 A	NF-Verstärker 2 W	447
TDA 1011 A	NF-Verstärker 6 W	450
TDA 1015	NF-Verstärker 4 W	451

Typenbezeichnung (Linear)	Funktionsbezeichnung	Bild
TDA 1024	Netzsynchr. Triggersch. f. Triacs	481
TDA 1037	NF-Leistungsverstärker 4...28 V/8 W	603
TDA 1085	Phase Control	758
TDA 1405 = L 129	Spannungsregler + 5 V/850 mA	29
TDA 1412 = L 130	Spannungsregler + 12 V/850 mA	29
TDA 1415 = L 131	Spannungsregler + 15 V/850 mA	29
TDA 1510	2 x 12 Watt NF-Verstärker	452
TDA 1512	20/12 W HiFi-Verstärker	453
TDA 1515 A	2 x 12/24 Watt NF-Verstärker	454
TDA 1516 Q	NF-Verstärker	259
TDA 1518 Q	NF-Verstärker	260
TDA 1522	Signalquellenschalter 2 x 4 Eing.	455
TDA 1530 Q	NF Stereo Leistungsverst.	818
TDA 2002 = LM 383	NF-Verstärker 15 W	76
TDA 2003	NF-Verstärker 6/10 W (8...18 V)	210
TDA 2004	Audio-Stereo-Ampl. 2 x 6 W	265
TDA 2006	NF-Verstärker 12 W	289
TDA 2030	NF-IC 18 W	290
TDA 2040	NF-Verstärker 32 W	291
TDA 2088	Phase Control (Current Feedback)	759
TDA 2320	Mini Stereo Verstärker	878
TDA 2747 = LM 747 = TDB 0747	2fach-Operationsverstärker	8/10
TDA 2748 = LM 748 = MC 1748	Operationsverstärker	9/11
TDA 4050 B = MDA 4050 B	IR-Vorverstärker 9...16 V	604
TDA 7000	FM-Radio (Mono) 2,7...10 V	787
TDA 7010 T	FM-Mono-Empfänger	457
TDA 7050 T	NF-Verstärker 150 mW/3 V	449
TDA 7052	NF-Verstärker 3...15 V/1,2 W	784
TDA 7241	20 W Brückenverst.	877
TDA 7275 A	Motor Speed Regulator	879
TDA 7910	Leistungs-Operationsverst. ± 18 V	424
TDB 16 XX = 78 M XX	Positiv-Spannungsregler 0,5 A	137
TDB 0062 DB = TL 062 CP	Doppel-Operationsverstärker	3
TDB 0064	4fach-Operationsverst. m. J-FET-Eing.	4
TDB 0064 DB = TL 064 CN	4fach-Operationsverst. m. J-FET-Eing.	65
TDB 0071 = TL 071	Breitband-Operationsverstärker	2
TDB 0071 DP = TL 071 CP	Breitband-Operationsverstärker	2
TDB 0072 DP = TL 072 CP	Doppel-Operationsverstärker	3
TDB 0074 DI = TL 074	4fach-Operationsverst. m. J-FET-Eing.	65
TDB 0081 = TL 081 DP	Breitband-Operationsverstärker	2
TDB 0082 = TL 082 CP	Doppel-Operationsverstärker	3
TDB 0084 = TL 084 CN	4fach-Operationsverst. m. J-FET-Eing.	65
TDB 0117 = LM 371	Spannungsregler 1,2...3,7 V	25/26
TDB 0123 = LM 323 K	Spannungsregler 5 V/5 A	27
TDB 0124 = LM 324 = CA 324	4fach-Operationsverstärker	4
TDB 0146 = TDC 0146	Progr. 4fach-Operationsverst.	88
TDB 0155 = LF 355	Präz.-Operationsverst. m. J-FET-Eing.	18/19
TDB 0156 = LF 356	Präz.-Operationsverst. m. J-FET-Eing.	18/19
TDB 0157 = LF 357	Präz.-Operationsverst. m. J-FET-Eing.	18/19
TDB 0158 = LF 358	Doppel-Operationsverstärker	45/46
TDB 0200 = L 200	Progr. Spannungsregler 2,8...3,6 V	17

Typenbezeichnung (Linear)	Funktionsbezeichnung	Bild
TDB 0555 = NE 555 = CA 555 = LM 555	Universal-Zeitgeber	5
TDB 0555 = NE 555 = MC 1455	Universal-Zeitgeber	5
TDB 0556 = NE 556 = MC 556	Doppel-Zeitgeber 2 x 555	49
TDB 0556 = NE 556 = MC 1556	Doppel-Operationsverstärker	45
TDB 0723 = LM 723 = MC 1723	Spannungsregler 2...37 V	33/35
TDB 0723 = LM 723 = MC 1723		
UA 723 = CA 723	Spannungsregler 2...37 V	33/35
TDB 0747 = LM 747 = CA 747		
= FBB 047 = SFC 2747	2fach-Operationsverstärker	8/10
TDB 1146 = L 146 (LM 723)	Spannungsregler 2...77 V	15/16
TDB 2331	2fach-Operationsverst. m. Darlington	82/83
TDB 2332	2fach-Operationsverst. m. Darlington	82/83
TDB 2335	2fach-Operationsverst. m. Darlington	82/83
TDB 2905-CM	Negativ-Spannungsr. −5 V/0,2 A	−
TDB 2905-SP = L 7905	Negativ-Spannungsr. −5 V/1 A	190
TDB 2912-CM	Negativ-Spannungsr. −12 V/0,2 A	−
TDB 2912-SP = L 7912	Negativ-Spannungsr. −12 V/1 A	190
TDB 2915-CM	Negativ-Spannungsr. −15 V/0,2 A	−
TDB 2915-SP = L 7915	Negativ-Spannungsr. −15 V/1 A	190
TDB 3403 = MC 3403 = XR 3403	4fach-Operationsverstärker	48
TDB 4558 = MC 4558 = TDC 4558	2fach-Operationsverstärker	73/74
TDB 7805 = MC 7805 = UA 7805	Spannungsregler-Geh. TO 3	134
TDB 7805 T = MC 7805 = UA 7805 = IP 7805	Spannungsregler + 5 V/1 A	133
TDB 7806 = UA 7806 KM	Spannungsregler-Geh. TO 3	134
TDB 7806 T = MC 7806 CP = UA 7806	Spannungsregler + 6 V/1 A	133
TDB 7808 = UA 7808 KM	Spannungsregler-Geh. TO 3	134
TDB 7808 T = MC 7808 CP = UA 7808	Spannungsregler + 8 V/1 A	133
TDB 7812 = MC 7812 CK	Spannungsregler-Geh. TO 3	134
TDB 7812 T = MC 7812 CP	Spannungsregler + 12 V/1 A	133
TDB 7815 = MC 7815 CK	Spannungsregler-Geh. TO 3	134
TDB 7815 T = MC 7815 CP	Spannungsregler + 15 V/1 A	133
TDB 7818 = MC 7818 CK	Spannungsregler-Geh. TO 3	134
TDB 7818 T = MC 7818 CP	Spannungsregler + 18 V/1 A	133
TDB 7824 = MC 7824 CK	Spannungsregler-Geh. TO 3	134
TDB 7824 T = MC 7824 CP	Spannungsregler + 24 V/1 A	133
TDC 0155/156/157	Präz.-Operationsverst. m. J-FET-Eing.	18/19
TDC 4558	2fach-Operationsverstärker	73/74
TDC 0555 = NE 555 = TDB U 555 CM	Universal-Zeitgeber	5
TDC 0723 = MC 1723 G = LM 723	Spannungsregler 2...37 V	33/35
TDC 2905-KM = μA 7905 KM	Negativ-Spannungsr. −5 V/1 A	698
TDC 2912-KM = μA 7912 KM	Negativ-Spannungsr. −12 V/1 A	698
TDC 2915-KM = μA 7915 KM	Negativ-Spannungsr. −15 V/1 A	698
TDE 0155/156/157	Präz.-Operationsverst. m. J-FET-Eing.	18/19
TDE 1607	Leistungs-Komp./Lampen-Relais-Treiber	432
TDE 1647	Leistungs-Komp./Lampen-Relais-Treiber	432
TDE 1667	Leistungs-Komp. m. Speicher	434
TDE 1737	Leistungs-Komp./Lampen-Relais-Treiber	433/433a
TDE 1747	Leistungs-Komp./Lampen-Relais-Treiber	432
TDE 1787	Leistungs-Komp./Lampen-Relais-Treiber	434
TDE 1798	Leistungs-Komp. m. Speicher	435
TDE 4060	IR-Vorverstärker 4,5...6,5 V	600

Typenbezeichnung (Linear)	Funktionsbezeichnung	Bild
TDE 4061	IR-Vorverstärker	423
TDF 1778	Doppel-Leistungs-Interface	436
TEA 1007	Phasenanschnittsteuerung	537
TEA 1024	Nullspannungsschalter	343
TEA 2162	Steuerschaltung f. Netzteile	440
TEA 3717	Schrittmotorsteuerung	437
TEA 3718	Schrittmotorsteuerung	437
TEA 5110	Doppelspannungsregler m. RESET	429
TEA 5500	Codierer/Decodierer 3...6,5 V	810
TEA 7034	Low-drop-Spannungsregler	430
TEA 7105	Spannungsregler m. RESET	431
TEB 4033	Quad Bipolar OP	934
TEF 4033	Quad Bipolar OP	934
TEL 4033	Quad Bipolar OP	934
TFA 1001 W	Fotodiode mit Verstärker	254
TL 060	Breitband-Operationsverstärker	2
TL 061	Breitband-Operationsverstärker	2
TL 062	Doppel-Operationsverstärker	3
TL 064 = B 064	4fach-Operationsverstärker m. J-FET-Eing.	65
TL 066 = B 066	Einstellb. J-FET-Operationsverstärker	497
TL 071	Breitband-Operationsverstärker	2
TL 072	Doppel-Operationsverstärker	3
TL 074	4fach-Operationsverstärker m. J-FET-Eing.	65
TL 080 = CA 080	Operationsverstärker m. J-FET-Eing.	103
TL 081 = MC 34001 = CA 081	Breitband-Operationsverstärker	2
TL 082 = CA 082 = MC 34002	Doppel-Operationsverstärker	3
TL 084 = XR 084 = CA 084	4fach-Operationsverstärker m. J-FET-Eing.	65
TL 170	Hall-Effekt-Schalter	207
TL 172	Hall-Effekt-Schalter	207
TL 271	CMOS-Operationsverstärker	679
TL 317 LP = LM 317 LP	Spannungsregler 1,2...37 V	25
TL 431 = μA 431 = KA 431	Progr. Präzisions-Referenz	199
TL 494	Schaltregler	684
TL 507 CP	A/D-Converter	493
TL 604	Analog-Schalter	109
TL 780	Positiv-Spannungsregler ± 1%	685
TL 3030	Hall-Schalter	208
TL 3471 = LM 741 = CA 741 = LS 741	Universal-Operationsverstärker	37/38/39
TL 7702 A	Supply Voltage Supervisors	716
TL 7705 A	Supply Voltage Supervisors	716
TL 7709 A	Supply Voltage Supervisors	716
TL 7712 A	Supply Voltage Supervisors	716
TL 7715 A	Supply Voltage Supervisors	716
TLC 254	Quad-Operationsverstärker	488
TLC 271 = TS 271	CMOS-Low-Power-Single-OP	717
TLC 272 = TS 272	CMOS-Dual-Operationsverstärker	718
TLC 274 = TS 274	Low-Power-Operationsverstärker	719
TLC 274	Quad-Operationsverstärker	488
TLC 555 = ICM 7555	Universal-Zeitgeber (C-MOS)	5
TLE 3101	Phasenanschnittsteuerung	241
TLE 3102	Phasenanschnittsteuerung	242

Typenbezeichnung (Linear)	Funktionsbezeichnung	Bild
TLE 3103	Phasenanschnittsteuerung	243
TLE 3104	Phasenanschnittsteuerung	244
TLE 4201	Leistungsbrücke für Motorsteuerung	231
TLE 4202	Leistungsbrücke für Motorsteuerung	595
TLE 4205	Motor-Driver max. 1 A / 6−32 V	776
TLE 4211	Double-Low-Side-Switch 2 x 1 A	778
TLE 4214	Double-Low-Side-Switch 2 x 0,5 A	777
TLE 4220 = TLE 4224	Low-Side-Switch 6,5−18 V/4 A	779
TLE 4258	Low-Drop Spannungsregler 5 V/750 mA	592
TLE 4260	Low-Drop Spannungsregler 5 V/500 mA	593
TLE 4901	Halte-Schalter 4,5...30 V	599
TLE 4901	Halte-Schalter 4,5...6,8 V	599
TLE 4901	Halte-Schalter 4,3...24 V	599
TLE 4920	Diff.-Gear-Tooth-Sensor-IC	780
TLE 4951	Stromüberwachung-IC	591
TSC 7106	3½ A/D Wandler LCD	96/617
TS 271 = TLC 271	CMOS-Low-Power-Single OP	717
TS 272 = TLC 272	CMOS-Dual-OP/U_B 4−10 V	718
TS 274 = TL 274	Low-Power-OP/U_B 4−10 V	719
TS 27L2	Dual CMOS OP	935
TS 27M2	Dual CMOS OP	935
TS 3702 C	Dual CMOS Coltage Comparator	935
TS 372	CMOS-Dual-OP Vcc 4−10 V	720
TS 374	CMOS quad. diff. Comparator	721
TS 27 L 2	CMOS-Dual-OP	718
TS 27 M 2	CMOS-Dual-OP	718
TS 27 M 4	Low-Power-OP	719
TS 27 L 4	Low-Power-OP	719
TS 555 Us 2...16 V, 100 μA	Universal-Timer (C-MOS)	5
TS 556 Us 2...16 V, 100 μA	Dual-Timer	49
TS 912	Dual CMOS OP 2,7...16 V	935
TTB 78 XX T	Spannungsregler TO-220	133
TTB 78 XX	Spannungsregler-Geh. TO-3	134
U 106 BS	Temperaturregelung	344
U 111 B	Regler u. Drehzahlsteller	308
U 143 M	Treibersch. f. LED-Anzeigen	326
U 175 M	Impulsgenerator	295
U 176 M	Impulsgenerator	295
U 208 B	Phasenanschnittsteuerung	309
U 209 B	Phasenanschnittsteuerung	311
U 210 B	Phasenanschnittsteuerung	306
U 217 B	Temperaturregelung	341
U 221 B	Sensor-Treppenlichtsteuerung	337
U 237, 247	LED-Bandscala	51
U 243	Kfz-Blinkgeberschaltung	581
U 244 B	LED-Aussteueranzeige	605
U 254 B	LED-Aussteueranzeige	605
U 257, 267	LED-Bandscala	51
U 263	Temperaturregelung	342
U 263 B1, B2	Nullspannungsschalter	219
U 327 M	Senderschaltung	329

Typenbezeichnung (Linear)	Funktionsbezeichnung	Bild
U 329 M	IR-Fernbedienung	330
U 334 M	Empfängerschaltung	331
U 336 M	Empfängerschaltung	315
U 338 M	TV and VTR-Remote-Control, Receiver	323
U 351 M	Niederohmiger Schalter bis 10 MHz	316
U 353 M	Schalter bis 10 MHz	318
U 412 B	NF-Verstärker	211
U 413 B	NF-Verstärker	346
U 420 B	NF-Verstärker	212
U 427 B	Treibersch. f. IR-Sendedioden	216
U 428 B	Treibersch. f. IR-Sendedioden	216
U 429 P	Treiber f. IR-Dioden 3...13 V	575
U 430	Treiber f. IR-Dioden 3...13 V/320 mA	575
U 448 B	Verstärker f. Piezo-Mikrofon 41 dB	317
U 477 B	Kfz-Lampenüberwachung	305
U 478 B	Kfz-Lampenüberwachung	217/305
U 479 B	Kfz-Lampenüberwachung	585
U 482 = UM 3482 = CIC 482	12-Melodien-IC	247
U 490 B	Phase-Control-Circuit	769
U 496 BS	Teiler $\div$ 4096/5 V/30...1000 MHz	292
U 624 BS	1 GHz-Frequenzteiler	218
U 626 BS	1 GHz-Frequenzteiler	218
U 634 BS	1 GHz-Frequenzteiler	218
U 636 BS	1 GHz-Frequenzteiler	218
U 640	Timer für Kfz-Anwendung	335
U 642 B	Scheibenwischer-Intervallschalter	301
U 643 B	Kfz-Blinkgeberschaltung	302
U 656 BS	Frequenzteiler $\div$ 256, F_{max} = 1,56 GHz	313
U 664 B	30 MHz...1 GHz-Frequenzteiler $\div$ 64	218
U 665 B	Teiler $\div$ 960/1024, 30...1000 MHz	314
U 666 BS	30 MHz...1 GHz-Frequenzteiler	218
U 666 BST	30 MHz...1 GHz-Frequenzteiler $\div$ 256	292
U 670 B	Wasserstandsschalter	420
U 671 B	Wasserstandsschalter	420
U 672 B	Wasserstandsschalter	420
U 682 BS	Teiler $\div$ 64/256, 30...1000 MHz	293
U 684 BS	Teiler $\div$ 64	334
U 686 BS	Teiler $\div$ 256	334
U 690 B	Intervall-Ansteuerung	276
U 810	Teiler durch 64	576
U 811	Teiler durch 128	576
U 812	Teiler durch 256	576
U 813 BS	Teiler $\div$ 64/128/256, 70...1000 MHz, U_B 5 V	321
U 820 B	NF-Verstärker 1,1 W/3...16 V	345
U 821 B	NF-Verstärker 1,1 W	214
U 822 BS	2 GHz-Teiler $\div$ 2	348
U 824 BS	2 GHz-Teiler $\div$ 4	348
U 833 BS	Teiler 70...1000 MHz, $\div$ 64/128/256, ECL-Ausg.	321
U 842 BS	2,3 GHz-Teiler $\div$ 2	348
U 844 BS	2,3 GHz-Teiler $\div$ 4	348
U 846 B	Hall-Schalter	209

Typenbezeichnung (Linear)	Funktionsbezeichnung	Bild
U 847	1,3-GHz-Teiler, 4,5...5,5 V	579
U 862 BS	2,4 GHz-Teiler + 2	348
U 864 BS	2,4 GHz-Teiler + 4	348
U 865 B	Teiler 1 + 960/1024, 30...1000 MHz	314
U 880 B	Gegentaktblinker 5...20 V	333
U 891	1,1 GHz-Teiler, 4,5...5,5 V	573
U 893	Teiler durch 64/128/256	580
U 1096 B	Punktansteuerung f. 30 LEDs	303
U 1634	Phase-Locked-Frequency-Controller	670
U 1637	Switch-Mode-Controller	671
U 2000 B	Computerblitz-IC	304
U 2043 B	Kfz-Warn- und Blinkgeber	310
U 2066 B	Stereo-Aussteueranzeige	286
U 2067 B	Stereo-Aussteueranzeige	286
U 2068 B	Stereo-LED-Aussteueranzeige	285
U 2100	Triac und Rel.-Timer	772
U 2228 B	Kfz-Transistorzündung	588
U 2342 B	PLL-Stereodecoder	298
U 2343 B	PLL-Stereodecoder	299
U 2391 = U 2401	Zeitsch.-Ausg.-Imp. 1/36/60 s	773
U 2400	Automatik-Batt.-Charger-NiCd	771
U 2401 = U 2391	Batt.-Charger f. NiCd-Akku	770
U 2432 B	NF-Verstärker 1,8...8 V/200 mW	282
U 2433 B	Spannungsregler m. Gleichrichter	284
U 2501 B	IR-Vorverstärker 7...14 V	328
U 2505 B	IR-Verstärker 4,5...6 V	339
U 2507 B	IR-Empfänger-Vorverstärker 7...14 V	577
U 2509 B	IR-Empfänger-Vorverstärker	578
U 2602 BR	Nullspannungsschalter	287
U 2604 BR	Sicherheits-IC f. Bügeleisen	288
U 2605 B	Zero-Voltage Switch	765
U 2606 B	Zero-Voltage Switch	766
U 2607 B	Zero-Voltage Switch	767
U 2608 B	Zero-Voltage Switch	768
U 2620 B	2 GHz-Teiler ÷ 2	348
U 2634	Phase-Locked-Frequency-Controller	670
U 2637	Switch-Mode-Controller	671
U 2822	NF-Stereo-Verstärker 200 mV	319
U 2823	NF-Stereo-Verstärker 200 mV	320
U 3038 M	Empfängerschaltung	323
U 3042	D/A-Wandler	327
U 3082 M	Treiberschaltung	294
U 3084 M	Treiberschaltung	294
U 3634	Phase-Locked-Frequency-Controller	670
U 3637	Switch-Mode-Controller	671
U 4076 B	Signalgeber in Kfz u. Spielz.	215
U 4620 B	2 GHz-Teiler ÷ 4	348
U 4715 B	Breitbandverstärker	324
U 4718 B	Breitbandverstärker	324
U 4790 B	Kfz-Lampenüberwachung	586
U 4791 B	Kfz-Lampenüberwachung	586

Typenbezeichnung (Linear)	Funktionsbezeichnung	Bild
U 6037	Licht-Timer 1 s...20 s	761
U 6039 B	Zeitsteuerung	297
U 6040	Zeitsteuerung, Kfz-Anwendung	336
U 6046	Langzeittimer 6...16 V	584
U 6047	Langzeittimer 3 sek...20 h	535/538
U 6048	Langzeittimer 6...16 V	583
U 6049	Langzeittimer 6...16 V	583
U 6050 B	Multiplex-Steuerung, 8-Kan.-Sender	421
U 6052 B	Multiplex-Steuerung, 8-Kan.-Sender	422
U 6055 B	Microcomp.-Multiplex-System	762
U 6056 B	Microcomp.-Multiplex-System	763
U 6060 B	1 GHz-Teiler + 256, 30...1000 MHz	325
U 6080	Pulsbreitenregler (Dimmer) U_B 9...16,5 V	587
U 6081	Pulsbreitenregler (Dimmer)	587
U 6082	Pulsbreitenregler (Dimmer)	587
U 6083	PWM-Controller 18...100%	764
U 6316 B	PLL-Baustein	322
U 6502	5 GHz Frequenzteiler	312
UA 776	Progr. Operationsverstärker	722/723
UA 3730	Security-Look $3-6$ V/10^{12} Kombinationen	706
UA 705 Low-Drop 0,6 A	Spannungsregler	133
UA 9665 = MC 1411 = ULN 2001	Darlington-Transistor-Arrays	47
UA 9666 = MC 1412 = ULN 2002	Darlington-Transistor-Arrays	47
UA 9668 = MC 1413 = ULN 2003	Darlington-Transistor-Arrays	47
UAA 145	Phasenanschnitt	338
UAA 146	Phasenanschnitt	338
UA 170	LED-Treiber f. Leuchtpunktanzeige	233
UA 180 (= A 277 D)	LED-Treiber f. Leuchtpunktanzeige	237
UAA 190	Anzeige für Abstimmspannung	543
UAA 3000	Netz-Dimmer	104
UAA 4002	Schrittmotorsteuerung	437
UAA 4003 DP	PWM-Controller f. Gleichstr.-Motoren	439
UAA 4006	Steuerschaltung f. Netzteile	441
UAA 5001	Steuerschaltung f. Netzteile	440
UC 117 = LM 117 = SG 117	Signalquellenschalter 2 x 4 Eingang	455
UC 317 = LM 317 = LT 317 = TDB 0117	Spannungsregler 1,2...37 V	26
UC 350 = LM 350 = LT 350	Spannungsregler 1,25...33 V/3,0 A	227/228
UC 1611	Quad-Schottky-Diode-Array	667
UC 1705	Leistungstreiber	675/676
UC 1717	Schrittmotor-Treiber	672
UC 1730	Temperatur-Überwachung	668
UC 2730	Temperatur-Überwachung	668
UC 2906	Temperatur-Überwachung	668
UC 3705	Leistungstreiber	675/676
UC 3176	Brückenverstärker	673
UC 3611	Sprachsteuer-IC	667
UC 3717	Schrittmotor-Treiber	672
UC 3722	5-Kanal progr. Strom-Schalter	674
UC 3730	Temperatur-Überwachung	668
UC 3906	Batterie-Lader für Blei-Akku	669
UC 3906	Blei-Akku-Lade Controller	932

Typenbezeichnung (Linear)	Funktionsbezeichnung	Bild
UC 7805 = μA 7805 = TDB 7805 = MC 7805	Spannungsregler + 5 V	133/134
UC 7812 = μA 7812 = L 7812 = MC 7812	Spannungsregler + 12 V	133/134
UC 7815 = μA 7815 = L 7815 = MC 7815	Spannungsregler + 15 V	133/134
UC 7905 = μA 7905	Spannungsregler − 5 V	190
UC 7912 = μA 7915	Spannungsregler − 12 V	190
UC 7915 = μA 7915	Spannungsregler − 15 V	190
ULN 2001 = L 201 = XR 2201 = MC 1411 = μA 6965	Darlington-Transistor-Arrays	47
ULN 2002 = L 202 = XR 2202 = LP 1232 = MC 1412	Darlington-Transistor-Arrays	47
ULN 2803	Transistor-Arrays 30 V/500 mA	540
ULN 2003 = L 202 = XR 2203 = BA 12003	Darlington-Transistor-Arrays	47
ULN 2804	Transistor-Arrays 30 V/500 mA	540
ULN 2004 = XR 2204	Darlington-Transistor-Arrays	47
ULN 20068	1,5 A-Schalter	687
ULN 2074	1,5 A-Schalter	686
ULN 2801	Transistor-Arrays 30 V/500 mA	540
ULN 2802	Transistor-Arrays 30 V/500 mA	540
ULN 3793	NF-Brückenverstärker 8−18 V/21 W	786
ULQ 2001 R	7-Darlington Array TTL/CMOS	880
ULQ 2002 R	7-Darlington Array 12−25 V PMOS	880
ULQ 2003 R	7-Darlington Array 5 V TTL, CMOS	880
ULQ 2004 R	7-Darlington Array 6−15 V C/PMOS	880
UM 3161	Melodie Generator	944
UM 3166-1	Jingle Bells, Santa Claus	945
UM 3166-10	I Will Follow Him	945
UM 3166-11	Love Me Tender, Love Me True	945
UM 3166-12	Such a Wonder ful Day	945
UM 3166-13	Easter Parade	945
UM 3166-16	Tomorow	945
UM 3166-17	We Wish You a Merry X'mas	945
UM 3166-18	Wedding March (Wagner)	945
UM 3166-19	For Elise	945
UM 3166-2	Jingle Bells	945
UM 3166-29	When the Saints Go Marching	945
UM 3166-21	Congratulation + Happy Birthday	945
UM 3166-24	Twinkle Twinkle Little Star	945
UM 3166-25	Marsch of The Toy Soldiers	945
UM 3166-26	Rockbye Baby	945
UM 3166-27	Choral Symphony	945
UM 3166-3	Silent Night	945
UM 3166-31	Lullaby (Schubert)	945
UM 3166-32	Cuckoo Waltz	945
UM 3166-23	Mary Had a Littl Lamb	945
UM 3166-34	The train is Running Fast	945
UM 3166-36	Happy New Year	945
UM 3166-38	Mama + Home Sweet Home	945
UM 3166-4	Jingle Bells + Rudolph, the Rednosed Reindeer	945
UM 3166-5	Home Sweet Home	945
UM 3166-6	Let Me Call You Sweethaert	945

Typenbezeichnung (Linear)	Funktionsbezeichnung	Bild
UM 3166-68	It's Smal World	945
UM 3166-7	Congratulations	945
UM 3166-8	Happy Birthday to You	945
UM 3166-9	Wedding Martsch (Mendelsohn)	945
UM 3166-99	Bi Bi Bi Sound	945
UM 31814 A	6 Melodie Gen. Hound Dog	947
UM 3480-1	12 Melodie Generator	946
UM 3481 A	8 Melodie Generator	947
UM 34810 A	16 Melodie Generator	947
UM 34811 A	16 Melodie Gen. Butterfly usw.	947
UM 34813 A	12 Melodie Gen. Song of Joy usw.	947
UM 3482 B	12 Melodie Generator	947
UM 3483 A	10 Melodie Generator	947
UM 3484	Westminster, Chime Funktion	947
UM 3491-1	Melodie Gen. (Weihnachten)	948
UM 3491-2	12 Melodie Gen. (For Elise usw.)	948
UM 3491-3	Cloch Chime (Westminster + Chlock 1...12)	948
UM 3491-4	Melody + Clock Chime	948
UM 3492	Melodie Gen. 1,4−4,5 V	949
UM 3511 A	Orgel Generator	950
UM 3561	4fach-Sirene	419
UM 3751	Programmierbarer Encoder/Decoder	939
UM 3752	Programmierbarer Encoder/Decoder	940
UM 3753	Programmierbarer Encoder/Decoder	941
UM 3754	Programmierbarer Encoder/Decoder	942
UM 3755	Programmierbarer Encoder/Decoder	943
UM 5000	Voice Synthesizer	951
UM 5100	Voice Processor	952
UMC 7106 = ICL 7106 = TSC 7106	A/D-Wandler 3 1/2-stell. LCD	96/617
UND 2901 Z	Treiber m. Strombegrenz. 1,5 A	807
UND 2983 A = L 603	Darlington-Arrays	357
UPC 1458 C = MC 1458 N	2fach-Operationsverstärker	12/13
UPC 1555 = NE 555	Universal-Zeitgeber	5
UPC 1558 = MC 1558	Dual-Operationsverst. $U_B \pm 22$ V	709/710
UPC 165 D = LM 208 N	Super-Gain-Operationsverstärker	272
UPC 157 C = LM 201 N	Video-Amplifier-System	561
UPC 251 C = MC 1458	Dual-Operationsverstärker	12/13
UPC 271 = LM 211 N	Spannungskomparator	23/24
UPC 272 = LM 219 N	High-Speed-Dual-Comparator	711/712
UPC 301 AC = LM 301 AN	Präz.-Operationsverstärker	20/21
UPC 311 C = LM 311 N	Spannungskomparator	23/24
UPC 319 G = LM 319 D	High-Speed-Dual-Comparator	273
UPC 324 = LM 324	4fach-Operationsverstärker	28
UPC 339 C = LM 339	4fach-Diff.-Comparator	68
UPC 356 = LF 356 N	Operationsverst. m. J-FET-Eingang	713/714
UPC 357 = LF 357 N	Operationsverst. m. J-FET-Eingang	18/19
UPC 358 = LM 358 N	Operationsverst. m. J-FET-Eingang	226/230
UPC 393 = LM 393 N	2fach-Diff.-Comparator	146
UPC 451 C = LM 224 N	4fach-Operationsverst. m. Frequenzcomp.	28
UPC 3403 C = MC 3403	4fach-Operationsverst. DIL 14	48
UPC 4558 = MC 4558 CD	2fach-Operationsverst. 3 MHz	73/74

Typenbezeichnung (Linear)	Funktionsbezeichnung	Bild
UPC 4741 C = LM 348 N	4fach-Operationsverst. (4 x 741)	715
VB 020	voll integr. Hochsp. Trans.	872
VM 200	High Side State Rel.	875
XR 082 = TL 082	Doppel-Operationsverstärker	3
XR 084 = TL 084	4fach-Operationsverst. m. J-FET-Eingang	65
XR 094	4fach-IFET-Op-Amp.	408
XR 095	4fach-IFET-Op-Amp.	410
XR 210	Modulator/Demodulator	220
XR 215	PLL	223
XR 555 = LM 555 = NE 555 = SN 72555	Universal-Zeitgeber	5
XR 556 = NE 556 = MC 1455	Doppel-Zeitgeber 2 x 555	49
XR = 567 = NE 567 = LM 567	Ton-Decoder	81
XR 1310 = MC 1310 = LM 1310 = SN 76115	Stereo-Demodulator	44
XR 1458 = MC 1458 = XR 4558	2fach-Operationsverstärker	12/13
XR 1468	Dual-Spannungsregler	401
XR 1524	Pulsbreitenregler	405
XR 2200	Relais-Treiber	412
XR 2201 = ULN 2001 = MC 1411 = 9665 = L 201	Darlington-Transistor-Arrays	47
XR 2202 = ULN 2002 = MC 1412 = SN 75467 = L 202	Darlington-Transistor-Arrays	47
XR 2203 = ULN 2003 = MC 1413 = 9667 = L 203	Darlington-Transistor-Arrays	47
XR 2206	Funktions-Generator	80
XR 2207 = RC 2207 = RM 2207	Volt-Contr.-Osc.	222
XR 2208	Vervielfacher	409
XR 2209	Präzisions-Oszillator	225
XR 2211 = RC 2211	FSK-Demo.-Tondek.	221
XR 2212	Präzisions-Phase-Locked-Loop	224
XR 2216	Monolithic-Compander	413
XR 2228	Vervielfacher/Decoder	407
XR 2240 = UA 2240 = ICL 8240	Progr. Timer	78
XR 2242	Langzeit-Timer	79
XR 2264	Pulsprop-Servo-IC	89
XR 2265	Pulsprop-Servo-IC	89
XR 2271	Display-Treiber	411
XR 2272	High-Volt-Display-Treiber	414
XR 2524	Pulsbreitenregler	405
XR 2556	Dual-Timer	406
XR 3524	Pulsbreitenregler	405
XR 4136 = RC 4136	4fach-Operationsverstärker 3 MHz	77
XR 4194	Dual-Spannungsregler	402
XR 4195	Dual-Spannungsregler	403
XR 4202	Darlington-Array	400
XR 4212	4fach-Operationsverstärker	404
XR 4558 = MC 1458	2fach-Operationsverstärker	12/13
XR 4739 = LM 739 = UA 4739	2fach-Operationsverstärker ± 18 V	36
XR 4741	4fach-Operationsverstärker	62
XR 8038 = ICL 8038	Funktions-Generator	64
XRC 240	PCM-Verstärker	415
XRL 555 CP = ICM 7555	CMOS-Timer	5

Typenbezeichnung (Linear)	Funktionsbezeichnung	Bild
YC 7106 CPL = ICL 7106	3 1/2stell.-A/D-Wandler LCD	95
YC 7107 CPL = ICL 7107	3 1/2stell.-A/D-Wandler LED	95
YC 7136 = ICL 7136	3 1/2stell.-Digit-Panel-Meter	574
ZN 404/2,45 V Ref.	2,45 V-Präzisions-Referenz	471
ZN 409 CE = ZN 419	Präzisions-Servo-IC 3,5...6,5 V	757
ZN 410 E	Motor-Speed-Controller	760
ZN 414	MW-Radio	270
ZN 415	Mittelwellenempfänger	474
ZN 416	MW-Radio	270/462
ZN 416	Mittelwellenempfänger	474
ZN 423	2,45 V-Präzisions-Referenz	471
ZN 424 P	Gatet-Linear-Amplifier	754
ZN 425	8-Bit-A/D-Wandler	390
ZN 428 E	8-Bit-A/D-Wandler	381
ZN 434	4-Bit-D/A-Umsetzer	494
ZN 435	8-Bit-DVA-AD-Converter	388
ZN 441 C	Zero-Voltage-Switch	755
ZN 454		389
ZN 458/2,45 V Ref.	2,45 V-Präzisions-Referenz	471
ZN 459	Ultra-Low-Noise-Amplifier	271
ZN 480	Tonrufdecoder	495
ZN 482	Elektret-Mikrofonverstärker	475
ZN 1034	Präzisions-Timer	469
ZN REF 025	Präzisions-Referenz 2,5 V	476
ZN REF 040	Präzisions-Referenz 4,0 V	476
ZN REF 050	Präzisions-Referenz 4,9 V	476
ZN REF 062	Präzisions-Referenz 6,2 V	476
ZN REF 100	Präzisions-Referenz 9,8 V	470
μA 78 L 02	Spannungsregler + 2 V/0,1 A	189
μA 78 L 05 = MC 78 L 05	Spannungsregler + 5 V/0,1 A	189
μA 78 L 06	Spannungsregler + 6 V/0,1 A	189
μA 78 L 08 = MC 78 L 08	Spannungsregler + 8 V/0,1 A	189
μA 78 L 09	Spannungsregler + 9 V/0,1 A	189
μA 78 L 10	Spannungsregler + 10 V/1 A	189
μA 78 L 12 = MC 78 L 12	Spannungsregler + 12 V/0,1 A	189
μA 78 L 15 = MC 78 L 15	Spannungsregler + 15 V/0,1 A	189
μA 78 M 05 = L 78 M 05 = MC 78 M 05	Spannungsregler + 5 V/0,5 A	137
μA 78 M 06 = L 78 M 06 = MC 78 M 06	Spannungsregler + 6 V/0,5 A	137
μA 78 M 08 = L 78 M 08 = MC 78 M 08	Spannungsregler + 8 V/0,5 A	137
μA 78 M 12 = L 78 M 12 = MC 78 M 12	Spannungsregler + 12 V/0,5 A	137
μA 78 M 15 = L 78 M 15 = MC 78 M 15	Spannungsregler + 18 V/0,5 A	137
μA 78 M 24 = L 78 M 24 = MC 78 M 24	Spannungsregler + 24 V/0,5 A	137
μA 78 S 05 = L 78 S 05	Spannungsregler + 5 V/2 A	133
μA 78 S 09 = L 78 S 09	Spannungsregler + 9 V/2 A	133
μA 78 S 12 = L 78 S 12	Spannungsregler + 12 V/2 A	133
μA 78 S 15 = L 78 S 15	Spannungsregler + 15 V/2 A	133
μA 78 XX	Spannungsregler	133
μA 79 GKC	-2,2 bis -30 V	138
μA 79 GU 1 C	-2,2 bis -30 V	139

Typenbezeichnung (Linear)	Funktionsbezeichnung	Bild
µA 301 = LM 301 = CA 301 = SFC 2301	Präzisions-Operationsverstärker	20/21
µA 323 SC = LM 323	Spannungsregler 5 V/5 A	27
µA 324 = LM 324 = TDB 0124	4fach-Operationsverstärker	28
µA 350 = (LM 323 = µA 323)	Spannungsregler 5 V/5 A	27
µA 555 = NE 555 = LM 555	Universal-Zeitgeber	5
µA 555 = NE 555 = CA 555 = TDB 0555	Universal-Zeitgeber	5
µA 556 = MC 3456 = LM 556 = RC 556 = TDB 0556 = NE 556	Doppel-Zeitgeber (2 x 555)	49
µA 709 = MC 1709 = LM 709 = TAA 521	Universal-Operationsverstärker	30/31/32
µA 723 = MC 1723 = LM 723 = CA 723 = RC 723 = TDB 0723	Spannungsregler 2...37 V	33/35
µA 741 = MC 1741 = LM 741 = RC 741 = TBA 221 = SFC 2741	Universal-Operationsverstärker	37/38/39
µA 747 = LM 747 = MC 1447 = RC 747 = CA 747 = TDB 0747 = SFC 2747	2fach-Operationsverstärker	8/10
µA 748 = LM 748 = MC 1748	Operationsverstärker	9/11
µA 748 = CA 748 = LM 748 = MC 1448 = TDB 0748	Operationsverstärker	9/11
µA 1458 = MC 1458 = XR 1458	2fach-Operationsverstärker	12/13
µA 1458 = MC 1458 = RC 1458 = LM 1458 = SFC 2458	2fach-Operationsverstärker	12/13
µA 2901 = LM 2901 = AN 6912		68
µA 2903 = LM 2903 = AN 6914	Dual-Spannungs-Komparator	146
µA 3046 = CA 3046 = SFC 2046	Transistor-Arrays	14
µA 3302 = MC 3302		68
µA 3303 = MC 3303	4fach-Operationsverstärker	48
µA 3403 = MC 3403 = XR 3403 = RC 3403	4fach-Operationsverstärker	48
µA 7805 = L 7805 = MC 7805 = IP 7805	Spannungsregler + 5 V/1 A	133
µA 7806 = L 7806 = MC 7806 = IP 7806	Spannungsregler + 6 V/1 A	133
µA 7808 = L 7808 = MC 7808 = IP 7808	Spannungsregler + 8 V/1 A	133
µA 7812 = L 7812 = MC 7812 = IP 7812	Spannungsregler + 12 V/1 A	133
µA 7815 = L 7815 = MC 7815 = IP 7815	Spannungsregler + 15 V/1 A	133
µA 7818 = L 7818 = MC 7818 = IP 7818	Spannungsregler + 18 V/1 A	133
µA 7824 = L 7824 = MC 7824 = IP 7824	Spannungsregler + 24 V/1 A	133
µA 7905 = L 7905 = LM 7905	Spannungsregler − 5 V/1 A	190/698
µA 7906 = MC 7906	Spannungsregler − 6 V/1 A	190/698
µA 7908 = L 7908 = LM 7908	Spannungsregler − 8 V/1 A	190/698
µA 7912 = L 7912 = LM 7912	Spannungsregler − 12 V/1 A	190/698
µA 7915 = L 7915 = LM 7915	Spannungsregler − 15 V/1 A	190/698
µA 7918 = L 7918 = LM 7918	Spannungsregler − 18 V/1 A	190/698
µA 7924 = L 7924 = LM 7924	Spannungsregler − 24 V/1 A	190/698
µA 9665 PC = ULN 2001 AN	Darlington-Transistor-Arrays	47
µA 9666 DC = ULN 2002 AJ	Darlington-Transistor-Arrays	47
µA 9666 PC = ULN 2002 AN	Darlington-Transistor-Arrays	47
µA 9667 DC = ULN 2003 AJ	Darlington-Transistor-Arrays	47
µA 9668 PC = ULN 2004 AN	Darlington-Transistor-Arrays	47
µA 9668 PC = ULN 2004 = XR 2204	Darlington-Transistor-Arrays	47
µPC 78 M 05 = MC 78 M 05 = AN 78 M 05	Spannungsregler + 5 V/0,5 A	137
µPC 78 M 08 = MC 78 M 08 = AN 78 M 08	Spannungsregler + 8 V/0,5 A	137
µPC 78 M 10 = MC 78 M 10 = AN 78 M 10	Spannungsregler + 10 V/0,5 A	137
µPC 78 M 12 = MC 78 M 12 = AN 78 M 12	Spannungsregler + 12 V/0,5 A	137

Typenbezeichnung (Linear)	Funktionsbezeichnung	Bild
µPC 78 M 15 = MC 78 M 15 = AN 78 M 15	Spannungsregler + 15 V/0,5 A	137
µPC 78 M 18 = MC 78 M 18 = AN 78 M 18	Spannungsregler + 18 V/0,5 A	137
µPC 78 M 24 = MC 78 M 24 = AN 78 M 24	Spannungsregler + 24 V/0,5 A	137
µPC 151 = CA 741 = LM 741 = MC 1741	Universal-Operationsverstärker	37/8/39
µPC 251 = CA 747 = LM 747 = MC 1747	2fach-Operationsverstärker	8/10
µPC 301 = LM 301 = CA 301	Präzisions-Operationsverstärker	20/21
µPC 324 = LM 324 = CA 324 = TDB 0124		68
µPC = CA 741 = LM 741	Universal-Operationsverstärker	37/38/39
µPC 7805 = MC 7805 = L 7805 = AN 7805	Spannungsregler + 5 V/1 A	133
µPC 7808 = MC 7808 = L 7808 = AN 7808	Spannungsregler + 8 V/1 A	133
µPC 7812 = MC 7812 = L 7812 = AN 7812	Spannungsregler + 12 V/1 A	133
µPC 7815 = MC 7815 = L 7815 = AN 7815	Spannungsregler + 15 V/1 A	133
µPC 7818 = MC 7818 = L 7818 = AN 7818	Spannungsregler + 18 V/1 A	133
µPC 7824 = MC 7824 = L 7824 = AN 7824	Spannungsregler + 24 V/1 A	133
24C04	EEPROM 4 K Bits	922
24C08	EEPROM 8 K Bits	923
25C04	EEPROM 4 K Bits	921
93C06	EEPROM 256 Bits	924
93C46	EEPROM 1 K Bits	920
93C46 = AK 93C45	EEPROM 1 K Bits	925
78 HGKC	Spannungsregler 5−24 V/5 A	188
78 HXX KC = LT 1003 CK	Spannungsregler-Gehäuse	134
78 L 02	Spannungsregler + 2 V/0,1 A	189
78 L 05 = MC 78 L 05	Spannungsregler + 5 V/0,1 A	189
78 L 06	Spannungsregler + 6 V/0,1 A	189
78 L 08 = MC 78 L 08	Spannungsregler + 8 V/0,1 A	189
78 L 09	Spannungsregler + 9 V/0,1 A	189
78 L 12 = MC 78 L 12	Spannungsregler + 12 V/0,1 A	189
78 L 15 = MC 78 L 15	Spannungsregler + 15 V/0,1 A	189
78 L 18 = MC 78 L 18	Spannungsregler + 18 V/0,1 A	189
78 L 24 = MC 78 L 24	Spannungsregler + 24 V/0,1 A	189
78 M 05 = 5 V/500 mA = µA 78 M 05 = MC 78 M 05	Spannungsregler + 5 V/0,5 A	137
78 M 06 = 6 V/500 mA = µA 78 M 06 = MC 78 M 06	Spannungsregler + 6 V/0,5 A	137
78 M 08 = 8 V/500 mA = µA 78 M 08 = MC 78 M 08	Spannungsregler + 8 V/0,5 A	137
78 M 12 = 12 V/500 mA = µA 78 M 12 = MC 78 M 12	Spannungsregler + 12 V/0,5 A	137
78 M 15 = 15 V/500 mA = µA 78 M 15 = MC 78 M 15	Spannungsregler + 15 V/0,5 A	137
78 M 18 = 18 V/500 mA = µA 78 M 18 = MC 78 M 18	Spannungsregler + 18 V/0,5 A	137
78 M 20 = 20 V/500 mA = µA 78 M 20 = MC 78 M 20	Spannungsregler + 20 V/0,5 A	137
78 M 24 = 24 V/500 mA = µA 78 M 24 = MC 78 M 24	Spannungsregler + 24 V/0,5 A	137
78 P 05	Spannungsregler 5 V/10 A	134
78 SXX	Spannungsregler 2 A	133
79 L XX	Negativ-Spannungsregler 0,1 A	164
79 MXX = IP 79 MXX	Negativ-Spannungsregler	135/136

Typenbezeichnung (Linear)	Funktionsbezeichnung	Bild
2708	E-PROM / 1 K x 8	387
2716	E-PROM / 2 K x 8	382
27 C 16	E-PROM (C-MOS) 2 K x 8	382
2732	E-PROM / 4 K x 8	383
27 C 32	E-PROM (C-MOS) 4 K x 8	383
2764	E-PROM / 8 K x 8	384
27 C 64	E-PROM (C-MOS) 8 K x 8	384
27128	E-PROM / 16 K x 8	385
27 C 128	E-PROM (C-MOS) 16 K x 8	385
27256	E-PROM / 32 K x 8	386
27 C 256	E-PROM (C-MOS) 32 K x 8	386
566 H	Funktionsgenerator	173
566 N, D, F	Funktionsgenerator	177/178
7805 - 7824 = µA 7805 bis 24	Spannungsregler	133

Speicher Vergleichstabelle

	HITACHI	MITSUBISHI	FUJITSU	MOTOROLA	SAMSUNG	TI	TOSHIBA	SGS	THOMSON	NEC	OKI
2114-200 nS			MBM 2114A200	MCM 2114-20		TMS 2114-20	TMM 2114			UPD 2114 LC3	MSM 2114 L
4116-150 nS	HM 4716 A2	M5K 4116 P2	MB 8116 H	MCM 4116-15		TMS 4116-15	TMM 416 P2		ET 4116 N2	UPD 416 C3	
4116-200 nS	HM 4716 A3	M5K 4116 P3	MB 8116 E	MVM 4116-20		TMS 4116-20	TMM 416 P3		ET 4116 N3	UPD 416 C2	
4164-15	HM 4864 AP15	M5K 4164ANP15	MB 8264 A15	MCM 6665L15	KM 4164 A/B	TMS 4164-15	TMM 4164P15			UPD 4164 C3	MSM 3764
4164-S 15	HM 4865 AP15	M5K 4865 AP15	MB 8265 A15	MCM 6664L15						UPD 4265 C15	
41256-15	HM 50256-15	M5M 4256 P15	MB 81256-15		KM 41256-15	TMS 4256-15	TMM 41256G15			UPD 41256 C15	MSM 41256
41257-15	HM 50257-15	M5M 4257 P15	MB 81257-15	MCM 6257-15	KM 41257-15		TMM 41257C15			UPD 41257 C15	MSM41257
41464-15	HM 50464-15	M5M 4464 P15	MB 81464-15			TMS 4464-15	TMM 4146C15			UPD 41464 C15	
6116 LP 3	HM 6116 LP3	M5M 5116	MB 8416	MCM 6116	KM 6816-15		TC 5517 APL15				MSM 5128
6264 LP 15	HM 6264 LP15	M5M 5165	MB 8464	MCM 6164	KM 6264 L		TC 5565 APL15				MSM 5165
2716-450	HN 462716	M5L 2716 K	MB 8516	MCM 2716		TMS 2516-15	TMM 323 D	M 2716F1	ET 2716Q	UPD2716 D	MSM 2716 A
2716-350								M 2716-1F1	RT 2716Q-1		
2732 A-250	HN 462732A25	M5L 2732 K2	MBM 2732A250			TMS 2732 A	TM 2732 D	M 2732 F1		UPD 2732 AD	MSM 2732 A
2732 A-450		M5L 2732 K	MBM 2732A			TMS 2732 A4		M 2732-4F1			
2764-250	HN 482764 G	M5L 2764 K	MBM2764-25			TMS 2764	TMM 2764 D	M 2764 HF1	ET 2764Q	UPD 2764 D	MSM 2764
2764-450	HN 482764 G3	M5L 2764 K3	MBM 2763-45					M 2764H-4F1	ET 276404	UPD 2764 D4	
27128-250	HN 482128-25	M5L 27128 K	MBM 27128-25			TMS 27128	TMM 27128	M 27128 HF1	ET 271280	UPD 27128 D	MSM 27128
27256-250	HN 27256	M5L 27256 K	MBM 27256			TMS 27256	TMM 27256	M 27256 F1		UPD 27256 D	MSM 27256
27C16-450									ETC 2716Q		
27C16-450									ETC 2732Q		
27C64-250	HN 27C64								TS 27C64 CQ	UPD 27C64 D	
27C256-250	HN 27C256	M5L 27C256				TMS 27C256	TC 57256			UPD 27C256 D	

Linearschaltungen

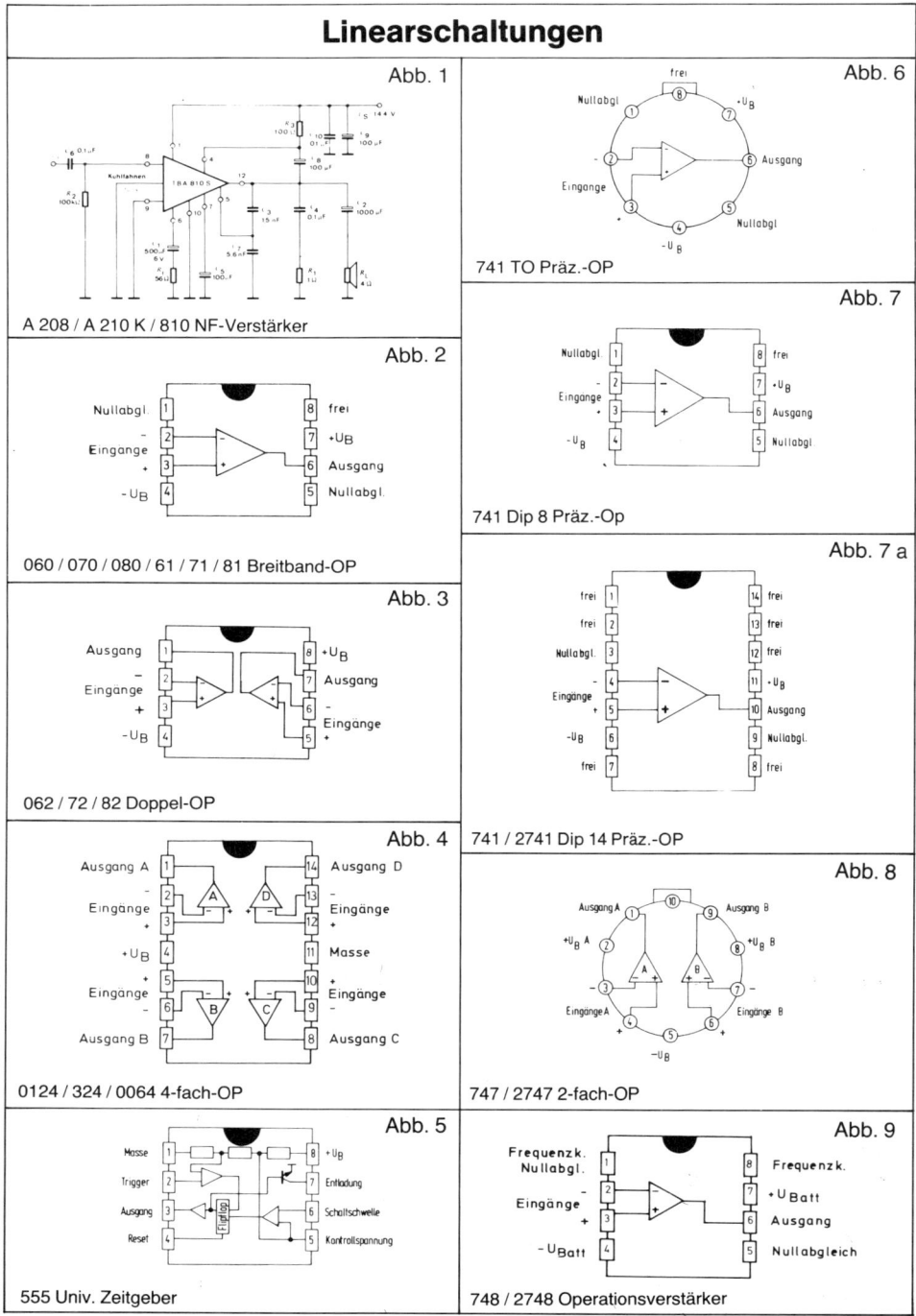

Abb. 1

A 208 / A 210 K / 810 NF-Verstärker

Abb. 2

060 / 070 / 080 / 61 / 71 / 81 Breitband-OP

Abb. 3

062 / 72 / 82 Doppel-OP

Abb. 4

0124 / 324 / 0064 4-fach-OP

Abb. 5

555 Univ. Zeitgeber

Abb. 6

741 TO Präz.-OP

Abb. 7

741 Dip 8 Präz.-Op

Abb. 7 a

741 / 2741 Dip 14 Präz.-OP

Abb. 8

747 / 2747 2-fach-OP

Abb. 9

748 / 2748 Operationsverstärker

Linearschaltungen

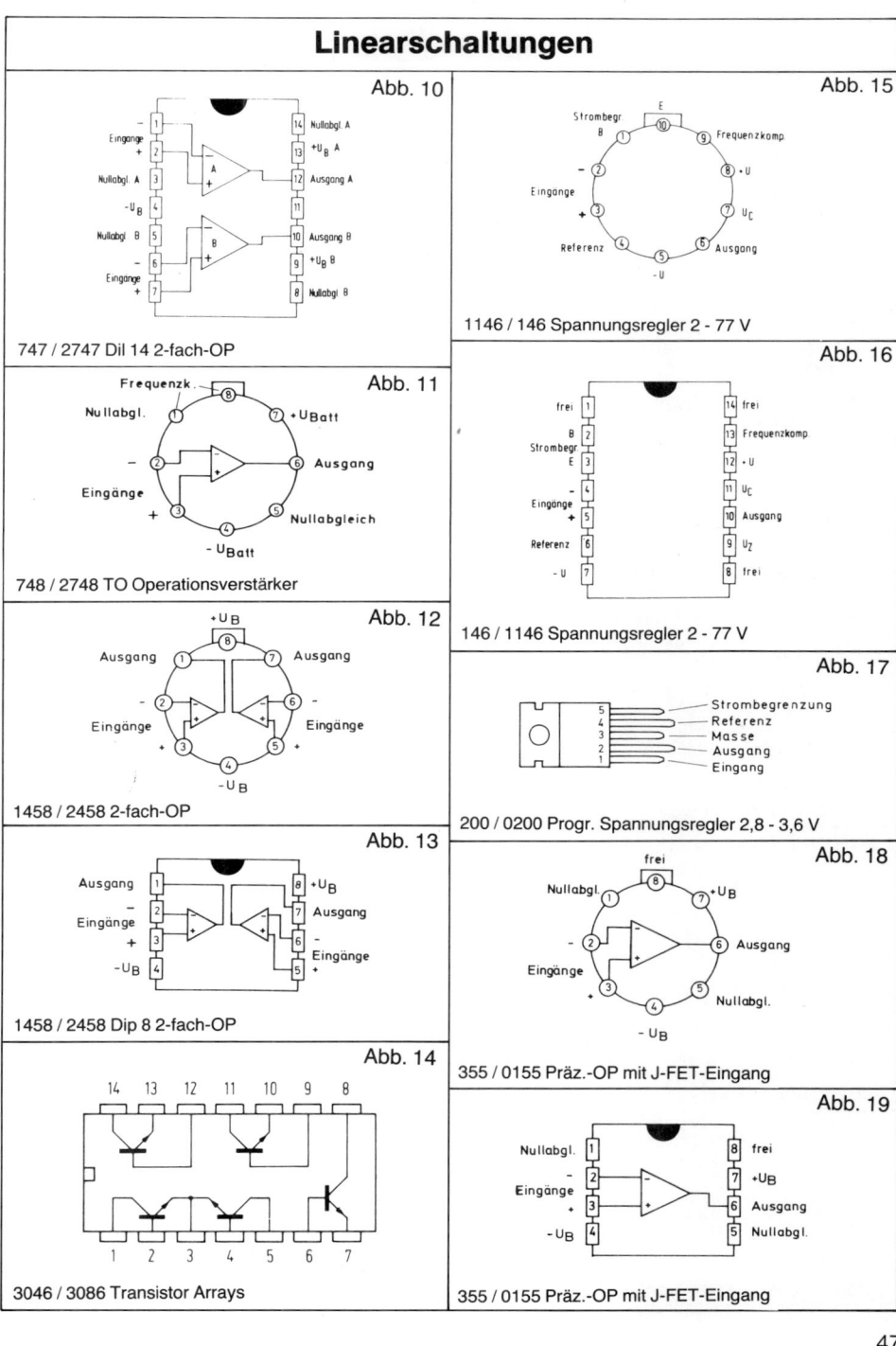

Abb. 10

747 / 2747 Dil 14 2-fach-OP

Abb. 11

748 / 2748 TO Operationsverstärker

Abb. 12

1458 / 2458 2-fach-OP

Abb. 13

1458 / 2458 Dip 8 2-fach-OP

Abb. 14

3046 / 3086 Transistor Arrays

Abb. 15

1146 / 146 Spannungsregler 2 - 77 V

Abb. 16

146 / 1146 Spannungsregler 2 - 77 V

Abb. 17

200 / 0200 Progr. Spannungsregler 2,8 - 3,6 V

Abb. 18

355 / 0155 Präz.-OP mit J-FET-Eingang

Abb. 19

355 / 0155 Präz.-OP mit J-FET-Eingang

Linearschaltungen

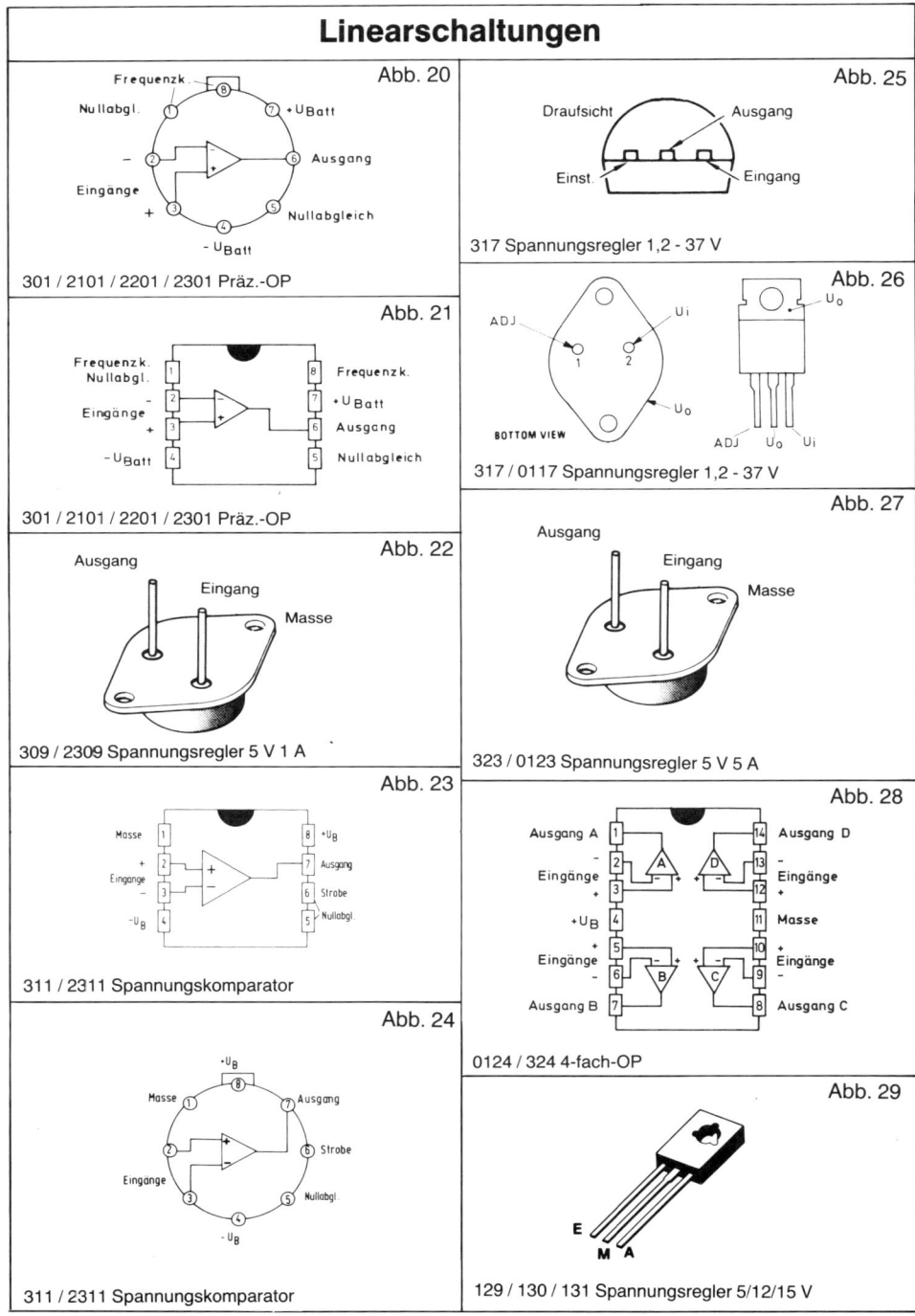

Abb. 20

Frequenzk.
Nullabgl.
−
Eingänge
+
−U_{Batt}
+U_{Batt}
Ausgang
Nullabgleich

301 / 2101 / 2201 / 2301 Präz.-OP

Abb. 21

Frequenzk.
Nullabgl.
−
Eingänge
+
−U_{Batt}
Frequenzk.
+U_{Batt}
Ausgang
Nullabgleich

301 / 2101 / 2201 / 2301 Präz.-OP

Abb. 22

Ausgang
Eingang
Masse

309 / 2309 Spannungsregler 5 V 1 A

Abb. 23

Masse
+
Eingänge
−
−U_B
+U_B
Ausgang
Strobe
Nullabgl.

311 / 2311 Spannungskomparator

Abb. 24

+U_B
Masse
Ausgang
Strobe
Eingänge
Nullabgl.
−U_B

311 / 2311 Spannungskomparator

Abb. 25

Draufsicht
Ausgang
Einst.
Eingang

317 Spannungsregler 1,2 - 37 V

Abb. 26

ADJ
U_i
U_o
BOTTOM VIEW
U_o
ADJ U_o U_i

317 / 0117 Spannungsregler 1,2 - 37 V

Abb. 27

Ausgang
Eingang
Masse

323 / 0123 Spannungsregler 5 V 5 A

Abb. 28

Ausgang A
−
Eingänge
+
+U_B
+
Eingänge
−
Ausgang B
Ausgang D
−
Eingänge
+
Masse
+
Eingänge
−
Ausgang C

0124 / 324 4-fach-OP

Abb. 29

E
M A

129 / 130 / 131 Spannungsregler 5/12/15 V

Linearschaltungen

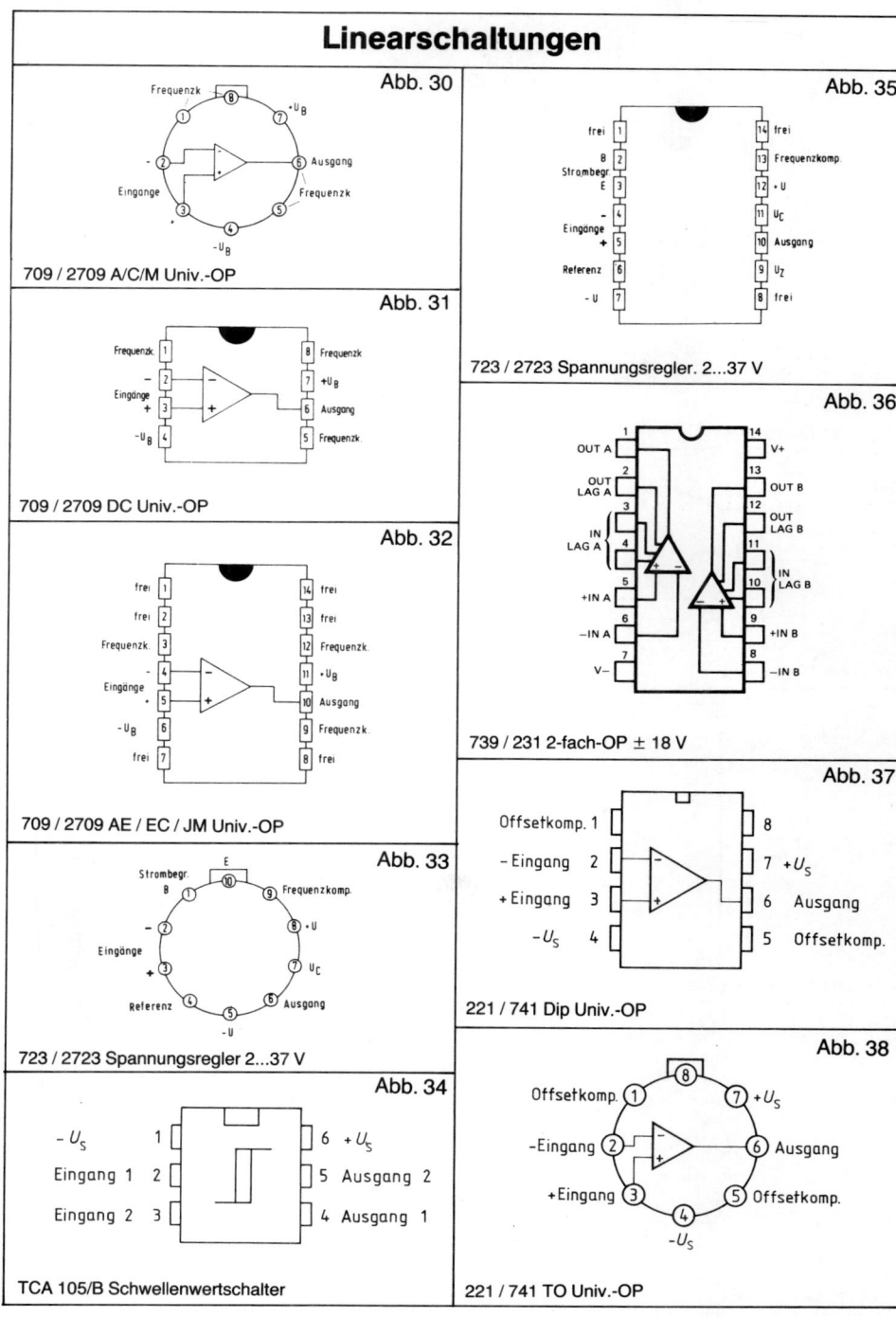

Abb. 30

Frequenzk. ⑧
- ① +U_B
- ② ⑦
Eingänge - ② Ausgang ⑥
- ③ Frequenzk. ⑤
④
-U_B

709 / 2709 A/C/M Univ.-OP

Abb. 31

Frequenzk. 1 — 8 Frequenzk.
Eingänge - 2 — 7 +U_B
+ 3 + 6 Ausgang
-U_B 4 — 5 Frequenzk.

709 / 2709 DC Univ.-OP

Abb. 32

frei 1 — 14 frei
frei 2 — 13 frei
Frequenzk. 3 — 12 Frequenzk.
Eingänge - 4 — 11 +U_B
+ 5 + 10 Ausgang
-U_B 6 — 9 Frequenzk.
frei 7 — 8 frei

709 / 2709 AE / EC / JM Univ.-OP

Abb. 33

E ⑩
Strombegr. B ① ⑨ Frequenzkomp.
- ② ⑧ +U
Eingänge + ③ ⑦ U_C
Referenz ④ ⑥ Ausgang
⑤
-U

723 / 2723 Spannungsregler 2...37 V

Abb. 34

-U_S 1 — 6 +U_S
Eingang 1 2 — 5 Ausgang 2
Eingang 2 3 — 4 Ausgang 1

TCA 105/B Schwellenwertschalter

Abb. 35

frei 1 — 14 frei
B 2 — 13 Frequenzkomp.
Strombegr. E 3 — 12 +U
Eingänge - 4 — 11 U_C
+ 5 — 10 Ausgang
Referenz 6 — 9 U_Z
-U 7 — 8 frei

723 / 2723 Spannungsregler. 2...37 V

Abb. 36

1 — 14 V+
OUT A 2 — 13 OUT B
OUT LAG A 3 — 12 OUT LAG B
IN LAG A 4 — 11 IN LAG B
+IN A 5 — 10
-IN A 6 — 9 +IN B
V- 7 — 8 -IN B

739 / 231 2-fach-OP ± 18 V

Abb. 37

Offsetkomp. 1 — 8
-Eingang 2 — 7 +U_S
+Eingang 3 — 6 Ausgang
-U_S 4 — 5 Offsetkomp.

221 / 741 Dip Univ.-OP

Abb. 38

Offsetkomp. ① ⑧ ⑦ +U_S
-Eingang ② ⑥ Ausgang
+Eingang ③ ⑤ Offsetkomp.
④
-U_S

221 / 741 TO Univ.-OP

Linearschaltungen

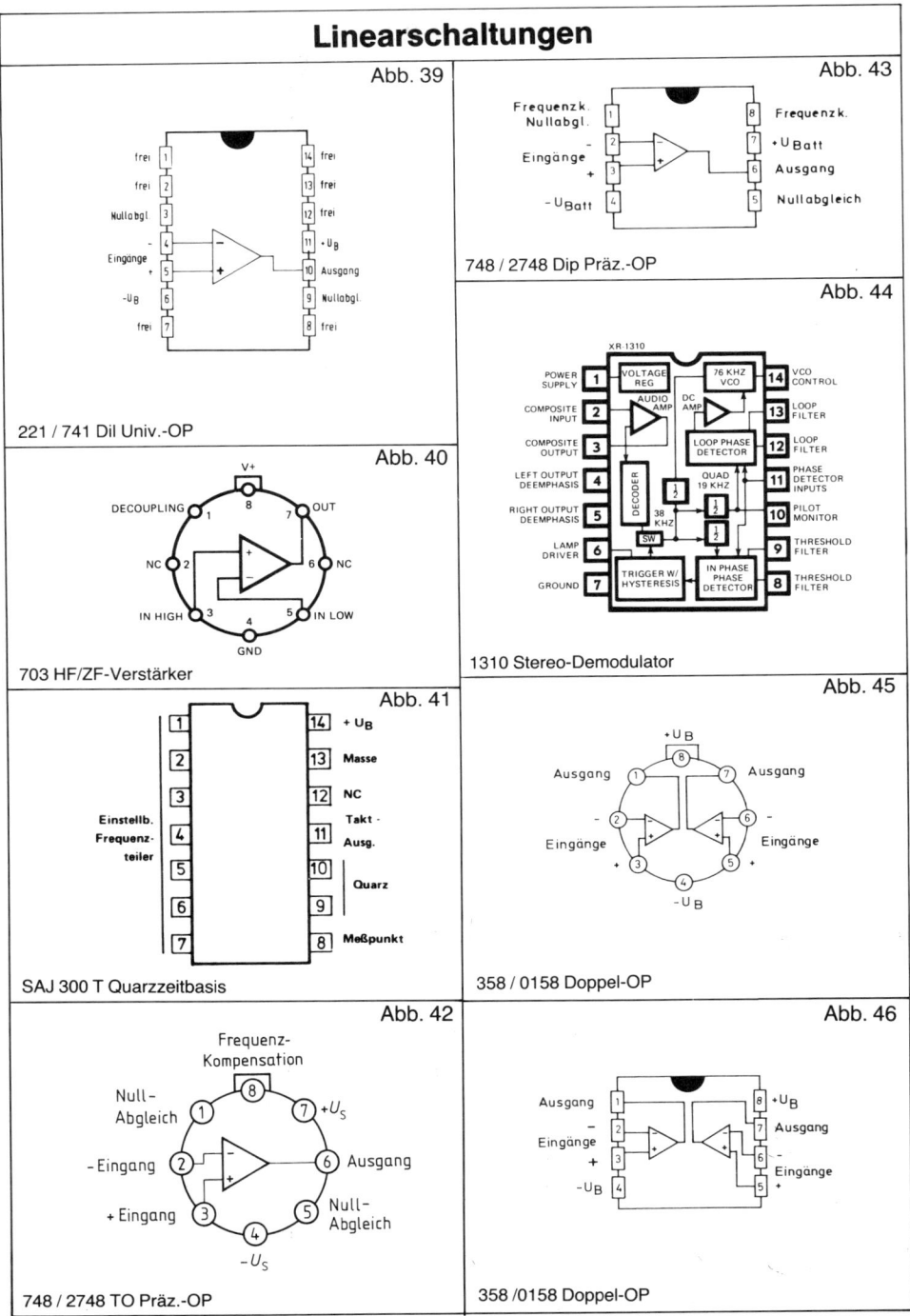

Abb. 39

frei	1	14	frei
frei	2	13	frei
Nullabgl.	3	12	frei
Eingänge −	4	11	+U_B
+	5	10	Ausgang
−U_B	6	9	Nullabgl.
frei	7	8	frei

221 / 741 Dil Univ.-OP

Abb. 40

V+

DECOUPLING 1 — 8 — 7 — OUT
NC 2 — 6 NC
IN HIGH 3 — 5 IN LOW
4 GND

703 HF/ZF-Verstärker

Abb. 41

	1	14	+U_B
	2	13	Masse
	3	12	NC
Einstellb. Frequenz-teiler	4	11	Takt-Ausg.
	5	10	Quarz
	6	9	
	7	8	Meßpunkt

SAJ 300 T Quarzzeitbasis

Abb. 42

Frequenz-Kompensation

Null-Abgleich 1 — 8 — 7 +U_S
−Eingang 2 — 6 Ausgang
+Eingang 3 — 5 Null-Abgleich
4 −U_S

748 / 2748 TO Präz.-OP

Abb. 43

Frequenzk. Nullabgl.	1	8	Frequenzk.
Eingänge	2	7	+U_{Batt}
+	3	6	Ausgang
−U_{Batt}	4	5	Nullabgleich

748 / 2748 Dip Präz.-OP

Abb. 44

XR-1310

POWER SUPPLY	1	14	VCO CONTROL
COMPOSITE INPUT	2	13	LOOP FILTER
COMPOSITE OUTPUT	3	12	LOOP FILTER
LEFT OUTPUT DEEMPHASIS	4	11	PHASE DETECTOR INPUTS
RIGHT OUTPUT DEEMPHASIS	5	10	PILOT MONITOR
LAMP DRIVER	6	9	THRESHOLD FILTER
GROUND	7	8	THRESHOLD FILTER

VOLTAGE REG, AUDIO AMP, DC AMP, 76 KHZ VCO, LOOP PHASE DETECTOR, DECODER, QUAD 19 KHZ, 38 KHZ, SW, TRIGGER W/ HYSTERESIS, IN PHASE PHASE DETECTOR

1310 Stereo-Demodulator

Abb. 45

+U_B
8
Ausgang 1 — 7 Ausgang
− 2 — 6 −
Eingänge + 3 — 5 + Eingänge
4
−U_B

358 / 0158 Doppel-OP

Abb. 46

Ausgang	1	8	+U_B
− Eingänge	2	7	Ausgang
+	3	6	− Eingänge
−U_B	4	5	+

358 /0158 Doppel-OP

Linearschaltungen

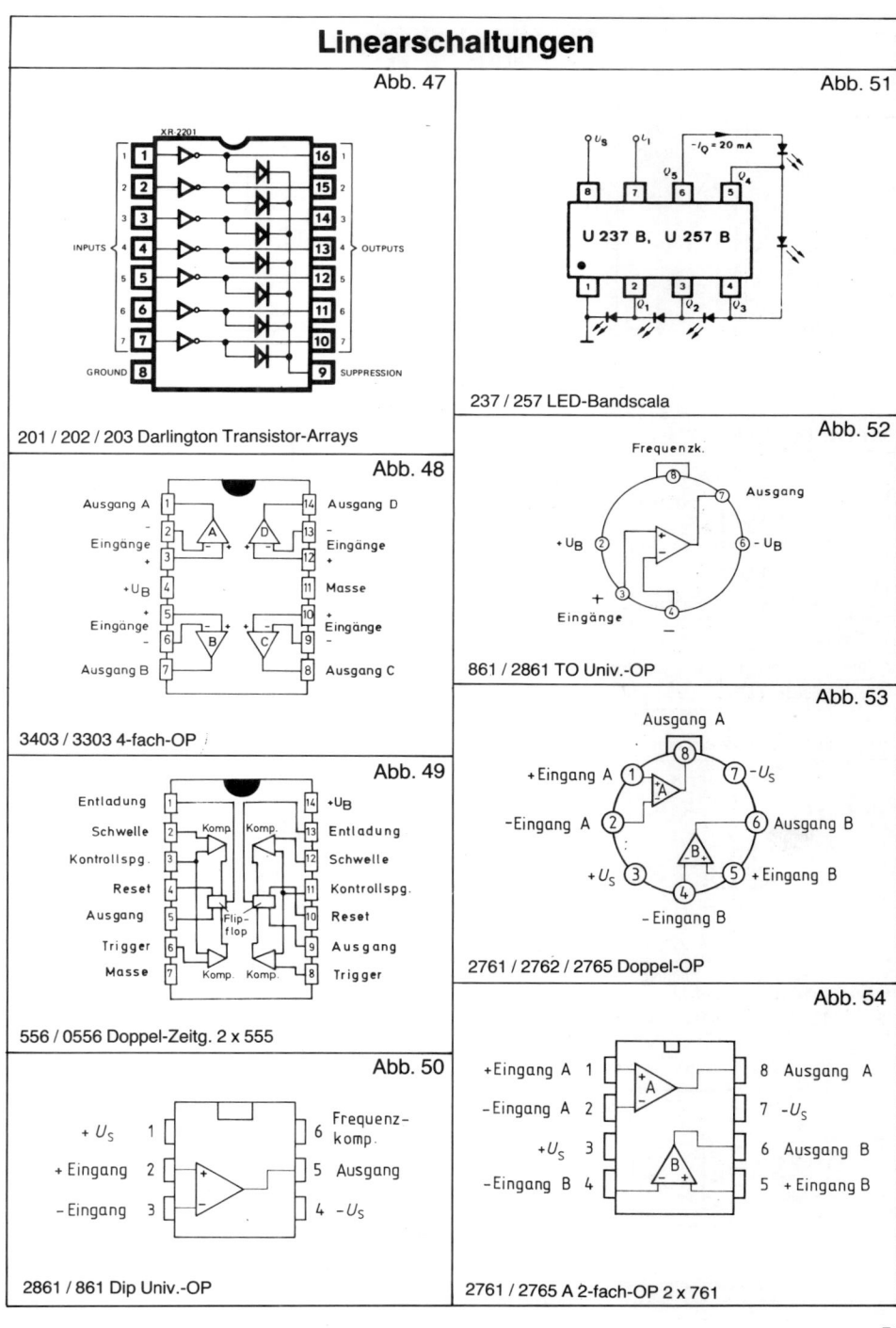

Abb. 47

INPUTS

OUTPUTS

GROUND 8 | 9 SUPPRESSION

XR 2201

201 / 202 / 203 Darlington Transistor-Arrays

Abb. 48

Ausgang A
Eingänge
+U_B
Eingänge
Ausgang B

Ausgang D
Eingänge
Masse
Eingänge
Ausgang C

3403 / 3303 4-fach-OP

Abb. 49

Entladung
Schwelle
Kontrollspg.
Reset
Ausgang
Trigger
Masse

Komp. Komp.
Flip-flop
Komp. Komp.

+U_B
Entladung
Schwelle
Kontrollspg.
Reset
Ausgang
Trigger

556 / 0556 Doppel-Zeitg. 2 x 555

Abb. 50

+ U_S ... 1
+ Eingang ... 2
− Eingang ... 3

6 Frequenz-komp.
5 Ausgang
4 −U_S

2861 / 861 Dip Univ.-OP

Abb. 51

U_S U_1 −I_Q = 20 mA

U_5 U_4

U 237 B, U 257 B

U_1 U_2 U_3

237 / 257 LED-Bandscala

Abb. 52

Frequenzk.

Ausgang

+U_B

− U_B

+ Eingänge

861 / 2861 TO Univ.-OP

Abb. 53

Ausgang A

+Eingang A
−Eingang A
+U_S

A

B

−U_S
Ausgang B
+ Eingang B

− Eingang B

2761 / 2762 / 2765 Doppel-OP

Abb. 54

+Eingang A ... 1
−Eingang A ... 2
+U_S ... 3
−Eingang B ... 4

A

B

8 Ausgang A
7 −U_S
6 Ausgang B
5 + Eingang B

2761 / 2765 A 2-fach-OP 2 x 761

51

Linearschaltungen

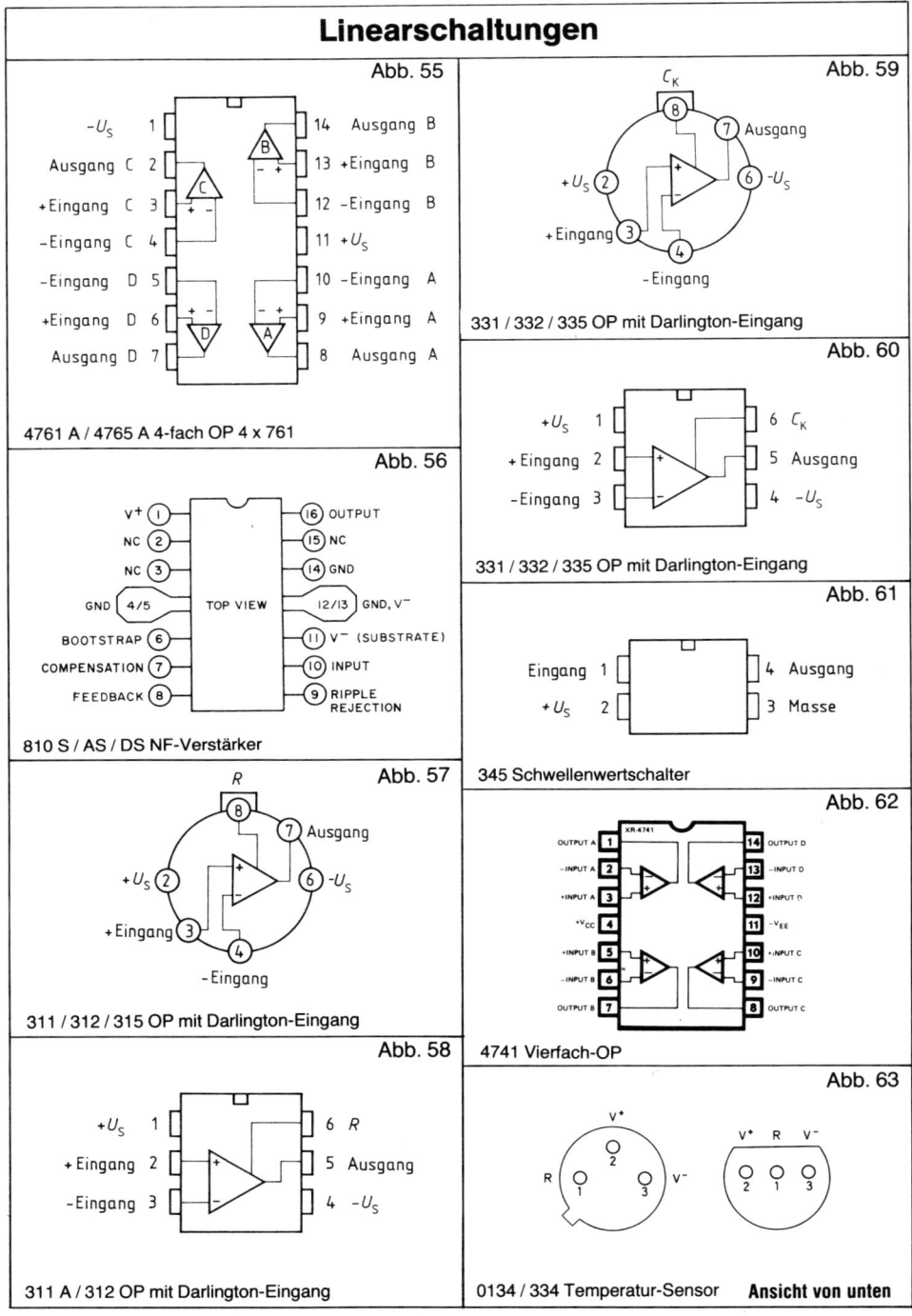

Abb. 55

$-U_S$ 1 — 14 Ausgang B
Ausgang C 2 — 13 +Eingang B
+Eingang C 3 — 12 −Eingang B
−Eingang C 4 — 11 +U_S
−Eingang D 5 — 10 −Eingang A
+Eingang D 6 — 9 +Eingang A
Ausgang D 7 — 8 Ausgang A

4761 A / 4765 A 4-fach OP 4 x 761

Abb. 56

v+ (1) — (16) OUTPUT
NC (2) — (15) NC
NC (3) — (14) GND
GND (4/5) — (12/13) GND, V−
BOOTSTRAP (6) — (11) V− (SUBSTRATE)
COMPENSATION (7) — (10) INPUT
FEEDBACK (8) — (9) RIPPLE REJECTION

TOP VIEW

810 S / AS / DS NF-Verstärker

Abb. 57

R
(8)
(7) Ausgang
+U_S (2)
(6) −U_S
+Eingang (3)
(4)
−Eingang

311 / 312 / 315 OP mit Darlington-Eingang

Abb. 58

+U_S 1 — 6 R
+Eingang 2 — 5 Ausgang
−Eingang 3 — 4 −U_S

311 A / 312 OP mit Darlington-Eingang

Abb. 59

C_K
(8)
(7) Ausgang
+U_S (2)
(6) −U_S
+Eingang (3)
(4)
−Eingang

331 / 332 / 335 OP mit Darlington-Eingang

Abb. 60

+U_S 1 — 6 C_K
+Eingang 2 — 5 Ausgang
−Eingang 3 — 4 −U_S

331 / 332 / 335 OP mit Darlington-Eingang

Abb. 61

Eingang 1 — 4 Ausgang
+U_S 2 — 3 Masse

345 Schwellenwertschalter

Abb. 62

XR 4741
OUTPUT A [1] — [14] OUTPUT D
−INPUT A [2] — [13] −INPUT D
+INPUT A [3] — [12] +INPUT D
+V_{CC} [4] — [11] −V_{EE}
+INPUT B [5] — [10] +INPUT C
−INPUT B [6] — [9] −INPUT C
OUTPUT B [7] — [8] OUTPUT C

4741 Vierfach-OP

Abb. 63

v+
(2)
R (1) (3) v−

v+ R v−
(2) (1) (3)

0134 / 334 Temperatur-Sensor   **Ansicht von unten**

Linearschaltungen

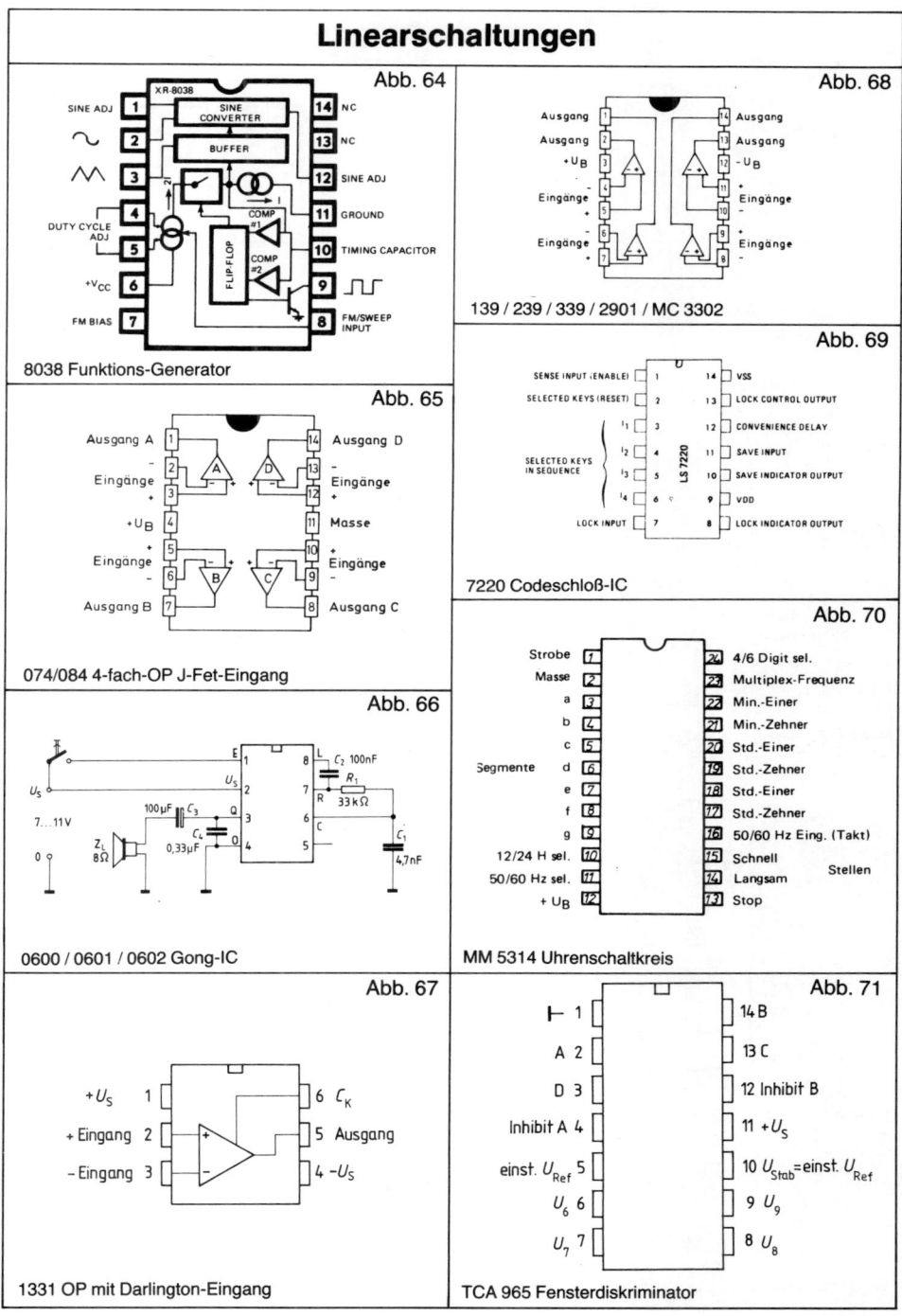

Abb. 64

SINE ADJ	1		14	NC
	2		13	NC
	3		12	SINE ADJ
DUTY CYCLE ADJ	4		11	GROUND
	5		10	TIMING CAPACITOR
+V_CC	6		9	
FM BIAS	7		8	FM/SWEEP INPUT

XR-8038 — SINE CONVERTER — BUFFER — COMP #1 — COMP #2 — FLIP-FLOP

8038 Funktions-Generator

Abb. 65

Ausgang A	1		14	Ausgang D
Eingänge −	2	A / D	13	− Eingänge
Eingänge +	3		12	+
+U_B	4		11	Masse
Eingänge +	5		10	+ Eingänge
−	6	B / C	9	−
Ausgang B	7		8	Ausgang C

074/084 4-fach-OP J-Fet-Eingang

Abb. 66

U_S 7...11 V Z_L 8Ω
E 1 · U_S 2 · Q 3 · 4
L 8 · R 7 · C 6 · 5
C_2 100nF · R_1 33 kΩ · C_1 4,7 nF
100 µF C_3 · C_4 0,33µF

0600 / 0601 / 0602 Gong-IC

Abb. 67

+U_S	1		6	C_K
+ Eingang	2		5	Ausgang
− Eingang	3		4	−U_S

1331 OP mit Darlington-Eingang

Abb. 68

Ausgang	1		14	Ausgang
Ausgang	2		13	Ausgang
+U_B	3		12	−U_B
Eingänge − / +	4		11	+ / − Eingänge
	5		10	
Eingänge + / −	6		9	− / + Eingänge
	7		8	

139 / 239 / 339 / 2901 / MC 3302

Abb. 69

SENSE INPUT (ENABLE)	1		14	VSS
SELECTED KEYS (RESET)	2		13	LOCK CONTROL OUTPUT
I_1	3		12	CONVENIENCE DELAY
I_2	4	LS 7220	11	SAVE INPUT
I_3	5		10	SAVE INDICATOR OUTPUT
I_4	6		9	VDD
LOCK INPUT	7		8	LOCK INDICATOR OUTPUT

SELECTED KEYS IN SEQUENCE

7220 Codeschloß-IC

Abb. 70

Strobe	1		24	4/6 Digit sel.
Masse	2		23	Multiplex-Frequenz
a	3		22	Min.-Einer
b	4		21	Min.-Zehner
c	5		20	Std.-Einer
Segmente d	6		19	Std.-Zehner
e	7		18	Std.-Einer
f	8		17	Std.-Zehner
g	9		16	50/60 Hz Eing. (Takt)
12/24 H sel.	10		15	Schnell
50/60 Hz sel.	11		14	Langsam
+ U_B	12		13	Stop

Stellen

MM 5314 Uhrenschaltkreis

Abb. 71

⊢	1		14	B
A	2		13	C
D	3		12	Inhibit B
Inhibit A	4		11	+U_S
einst. U_{Ref}	5		10	U_{Stab}=einst. U_{Ref}
U_6	6		9	U_9
U_7	7		8	U_8

TCA 965 Fensterdiskriminator

Linearschaltungen

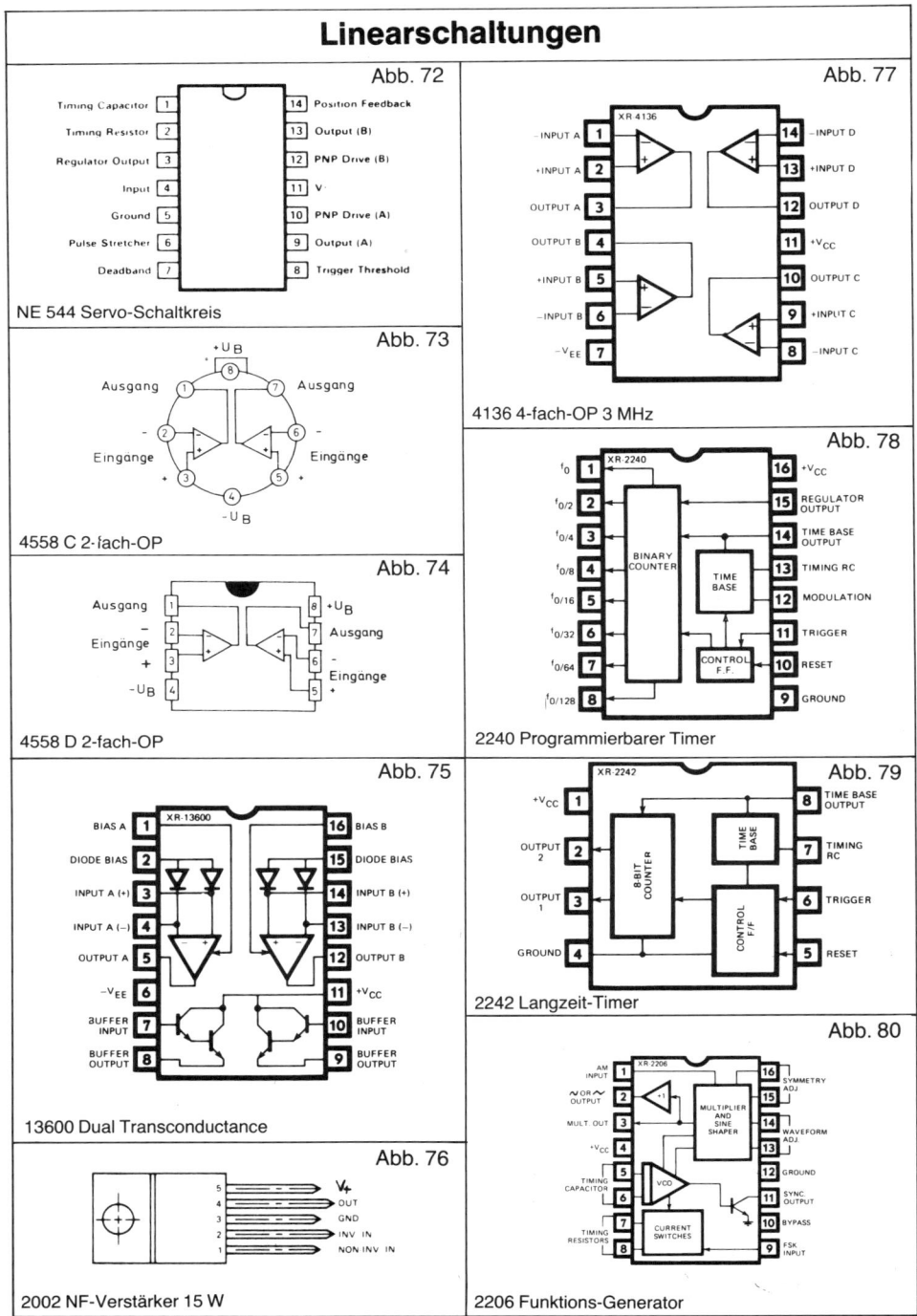

Abb. 72

Timing Capacitor	1	14	Position Feedback
Timing Resistor	2	13	Output (B)
Regulator Output	3	12	PNP Drive (B)
Input	4	11	V-
Ground	5	10	PNP Drive (A)
Pulse Stretcher	6	9	Output (A)
Deadband	7	8	Trigger Threshold

NE 544 Servo-Schaltkreis

Abb. 73
+U_B
Ausgang Ausgang
Eingänge Eingänge
-U_B
4558 C 2-fach-OP

Abb. 74
Ausgang +U_B
Eingänge Ausgang
-U_B Eingänge
4558 D 2-fach-OP

Abb. 75
XR-13600

BIAS A	1	16	BIAS B
DIODE BIAS	2	15	DIODE BIAS
INPUT A (+)	3	14	INPUT B (+)
INPUT A (−)	4	13	INPUT B (−)
OUTPUT A	5	12	OUTPUT B
−V_EE	6	11	+V_CC
BUFFER INPUT	7	10	BUFFER INPUT
BUFFER OUTPUT	8	9	BUFFER OUTPUT

13600 Dual Transconductance

Abb. 76
5 — V+
4 — OUT
3 — GND
2 — INV IN
1 — NON INV IN
2002 NF-Verstärker 15 W

Abb. 77
XR-4136

−INPUT A	1	14	−INPUT D
+INPUT A	2	13	+INPUT D
OUTPUT A	3	12	OUTPUT D
OUTPUT B	4	11	+V_CC
+INPUT B	5	10	OUTPUT C
−INPUT B	6	9	+INPUT C
−V_EE	7	8	−INPUT C

4136 4-fach-OP 3 MHz

Abb. 78
XR-2240

t_0	1	16	+V_CC
$t_0/2$	2	15	REGULATOR OUTPUT
$t_0/4$	3	14	TIME BASE OUTPUT
$t_0/8$	4	13	TIMING RC
$t_0/16$	5	12	MODULATION
$t_0/32$	6	11	TRIGGER
$t_0/64$	7	10	RESET
$t_0/128$	8	9	GROUND

BINARY COUNTER, TIME BASE, CONTROL F.F.

2240 Programmierbarer Timer

Abb. 79
XR-2242

+V_CC	1	8	TIME BASE OUTPUT
OUTPUT 2	2	7	TIMING RC
OUTPUT 1	3	6	TRIGGER
GROUND	4	5	RESET

8-BIT COUNTER, TIME BASE, CONTROL F/F

2242 Langzeit-Timer

Abb. 80
XR-2206

AM INPUT	1	16	SYMMETRY ADJ
∿ OR ⊓ OUTPUT	2	15	
MULT. OUT	3	14	WAVEFORM ADJ.
+V_CC	4	13	
TIMING CAPACITOR	5	12	GROUND
	6	11	SYNC OUTPUT
TIMING RESISTORS	7	10	BYPASS
	8	9	FSK INPUT

MULTIPLIER AND SINE SHAPER, VCO, CURRENT SWITCHES

2206 Funktions-Generator

54

Linearschaltungen

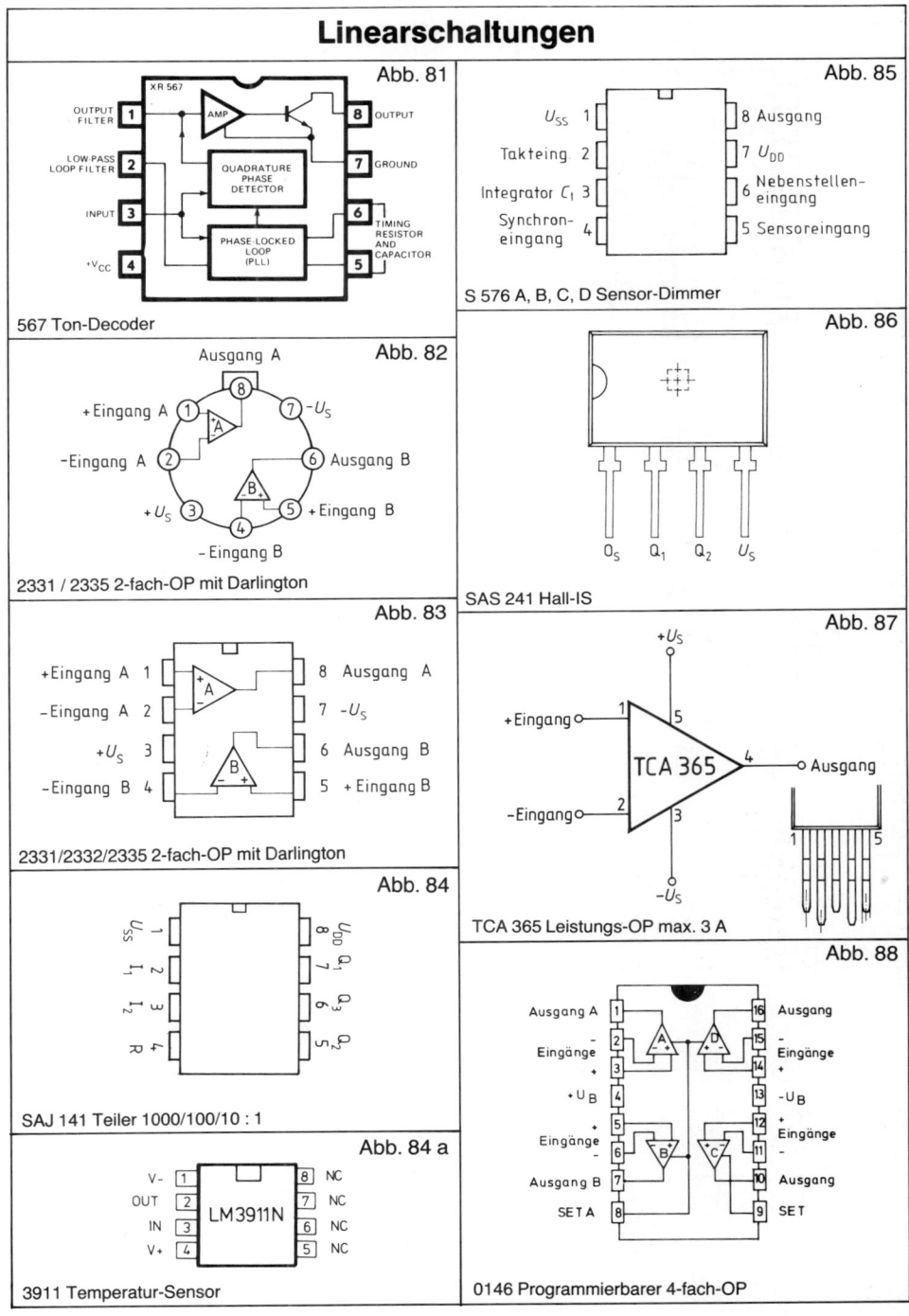

Abb. 81

XR 567

OUTPUT FILTER 1 — AMP — 8 OUTPUT
LOW-PASS LOOP FILTER 2 — QUADRATURE PHASE DETECTOR — 7 GROUND
INPUT 3 — 6 TIMING RESISTOR AND CAPACITOR
+V_{CC} 4 — PHASE-LOCKED LOOP (PLL) — 5

567 Ton-Decoder

Abb. 82

Ausgang A

+Eingang A ① A ⑦ -U_S
-Eingang A ② ⑥ Ausgang B
+U_S ③ B ⑤ +Eingang B
④
-Eingang B

2331 / 2335 2-fach-OP mit Darlington

Abb. 83

+Eingang A 1 — A — 8 Ausgang A
-Eingang A 2 — 7 -U_S
+U_S 3 — 6 Ausgang B
-Eingang B 4 — B — 5 +Eingang B

2331/2332/2335 2-fach-OP mit Darlington

Abb. 84

U_{SS} 1 — 8 U_{DD}
I_1 2 — 7 Q_1
I_2 3 — 6 Q_3
R 4 — 5 Q_2

SAJ 141 Teiler 1000/100/10 : 1

Abb. 84 a

V– 1 — 8 NC
OUT 2 — LM3911N — 7 NC
IN 3 — 6 NC
V+ 4 — 5 NC

3911 Temperatur-Sensor

Abb. 85

U_{SS} 1 — 8 Ausgang
Takteing 2 — 7 U_{DD}
Integrator C_1 3 — 6 Nebenstellen-eingang
Synchron-eingang 4 — 5 Sensoreingang

S 576 A, B, C, D Sensor-Dimmer

Abb. 86

O_S Q_1 Q_2 U_S

SAS 241 Hall-IS

Abb. 87

+U_S

+Eingang o— 1 — 5
TCA 365 — 4 —o Ausgang
-Eingang o— 2 — 3

1 ··· 5

–U_S

TCA 365 Leistungs-OP max. 3 A

Abb. 88

Ausgang A 1 — 16 Ausgang
– Eingänge 2 — A   D — 15 – Eingänge
+ 3 — 14 +
+U_B 4 — 13 –U_B
+ Eingänge 5 — 12 + Eingänge
– 6 — B   C — 11 –
Ausgang B 7 — 10 Ausgang
SET A 8 — 9 SET

0146 Programmierbarer 4-fach-OP

55

Linearschaltungen

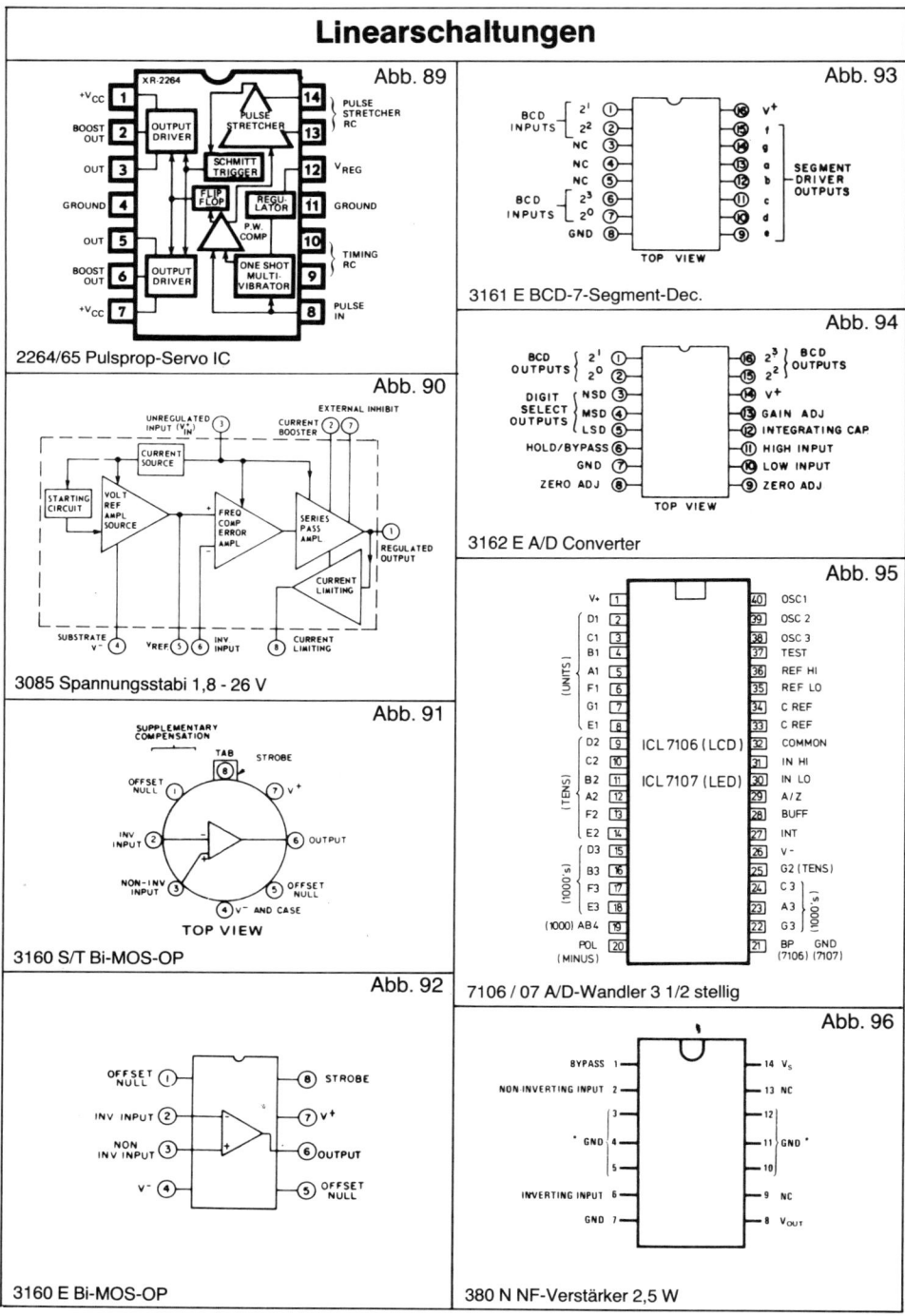

Abb. 89

XR-2264

+V$_{CC}$	1	14	PULSE STRETCHER RC
BOOST OUT	2	13	
OUT	3	12	V$_{REG}$
GROUND	4	11	GROUND
OUT	5	10	TIMING RC
BOOST OUT	6	9	
+V$_{CC}$	7	8	PULSE IN

OUTPUT DRIVER · PULSE STRETCHER · SCHMITT TRIGGER · FLIP FLOP · REGULATOR · P.W. COMP · ONE SHOT MULTIVIBRATOR · OUTPUT DRIVER

2264/65 Pulsprop-Servo IC

Abb. 90

UNREGULATED INPUT (V$^+_{IN}$) · CURRENT BOOSTER · EXTERNAL INHIBIT · CURRENT SOURCE · STARTING CIRCUIT · VOLT REF AMPL SOURCE · FREQ COMP ERROR AMPL · SERIES PASS AMPL · CURRENT LIMITING · REGULATED OUTPUT · SUBSTRATE V$^-$ · V$_{REF}$ · INV INPUT · CURRENT LIMITING

3085 Spannungsstabi 1,8 - 26 V

Abb. 91

SUPPLEMENTARY COMPENSATION · TAB · STROBE · OFFSET NULL · V$^+$ · INV INPUT · OUTPUT · NON-INV INPUT · OFFSET NULL · V$^-$ AND CASE

TOP VIEW

3160 S/T Bi-MOS-OP

Abb. 92

OFFSET NULL	1	8	STROBE
INV INPUT	2	7	V$^+$
NON INV INPUT	3	6	OUTPUT
V$^-$	4	5	OFFSET NULL

3160 E Bi-MOS-OP

Abb. 93

BCD INPUTS	2^1	1	16	V$^+$
	2^2	2	15	f
	NC	3	14	g
	NC	4	13	a
	NC	5	12	b
BCD INPUTS	2^3	6	11	c
	2^0	7	10	d
	GND	8	9	e

SEGMENT DRIVER OUTPUTS

TOP VIEW

3161 E BCD-7-Segment-Dec.

Abb. 94

BCD OUTPUTS	2^1	1	16	2^3	BCD OUTPUTS
	2^0	2	15	2^2	
DIGIT SELECT OUTPUTS	MSD	3	14	V$^+$
	NSD	4	13	GAIN ADJ
	LSD	5	12	INTEGRATING CAP
HOLD/BYPASS	6	11	HIGH INPUT
GND	7	10	LOW INPUT
ZERO ADJ	8	9	ZERO ADJ

TOP VIEW

3162 E A/D Converter

Abb. 95

V+	1	40	OSC1
D1	2	39	OSC 2
C1	3	38	OSC 3
B1	4	37	TEST
A1	5	36	REF HI
F1	6	35	REF LO
G1	7	34	C REF
E1	8	33	C REF
D2	9	32	COMMON
C2	10	31	IN HI
B2	11	30	IN LO
A2	12	29	A/Z
F2	13	28	BUFF
E2	14	27	INT
D3	15	26	V-
B3	16	25	G2 (TENS)
F3	17	24	C 3
E3	18	23	A3
(1000) AB4	19	22	G3
POL (MINUS)	20	21	BP (7106) GND (7107)

(UNITS) (TENS) (1000's) (1000's)

ICL 7106 (LCD) ICL 7107 (LED)

7106 / 07 A/D-Wandler 3 1/2 stellig

Abb. 96

BYPASS	1	14	V$_S$
NON-INVERTING INPUT	2	13	NC
	3	12	
GND	4	11	GND
	5	10	
INVERTING INPUT	6	9	NC
GND	7	8	V$_{OUT}$

380 N NF-Verstärker 2,5 W

Linearschaltungen

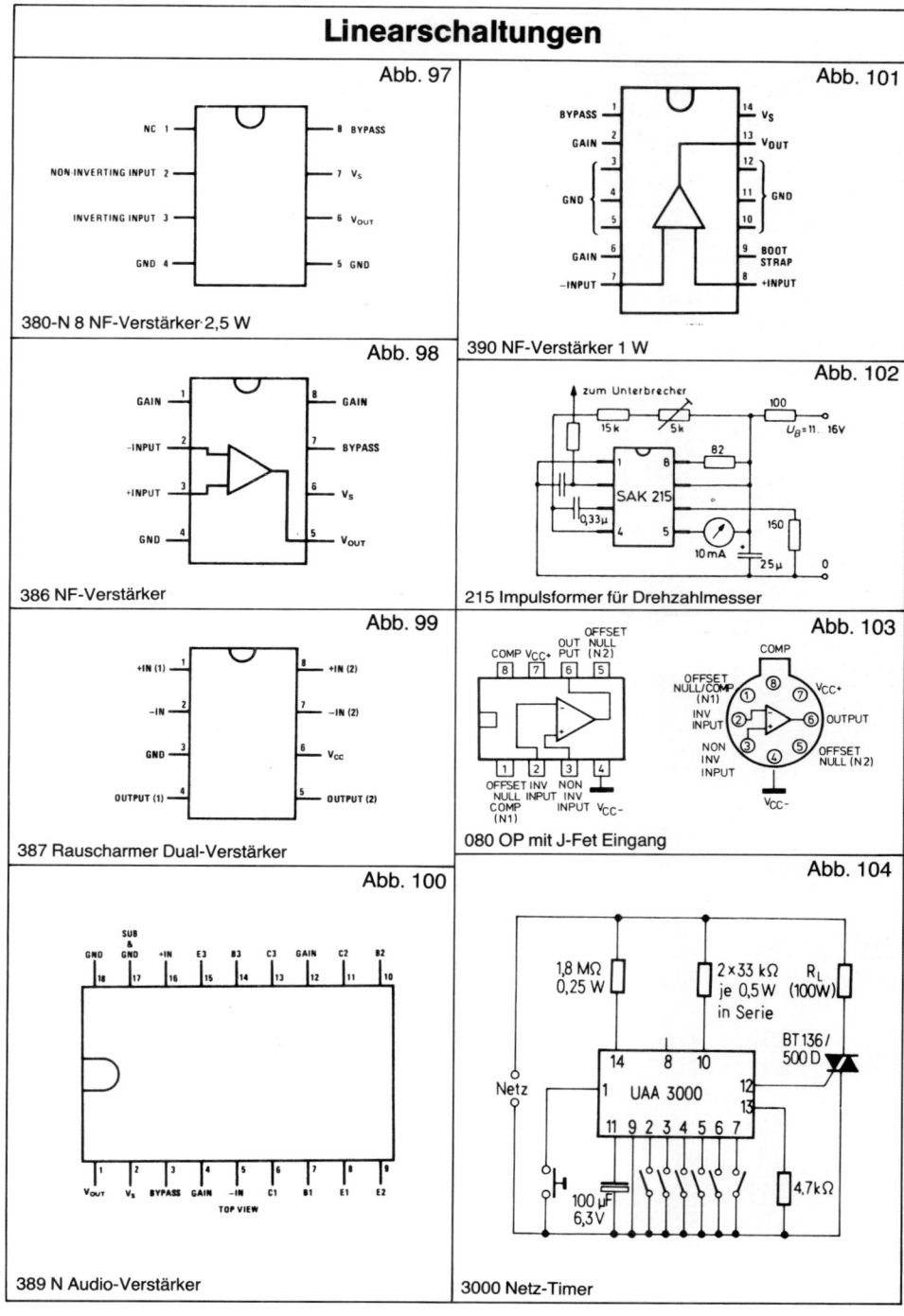

Abb. 97

380-N 8 NF-Verstärker 2,5 W

Abb. 98

386 NF-Verstärker

Abb. 99

387 Rauscharmer Dual-Verstärker

Abb. 100

389 N Audio-Verstärker

Abb. 101

390 NF-Verstärker 1 W

Abb. 102

215 Impulsformer für Drehzahlmesser

Abb. 103

080 OP mit J-Fet Eingang

Abb. 104

3000 Netz-Timer

Linearschaltungen

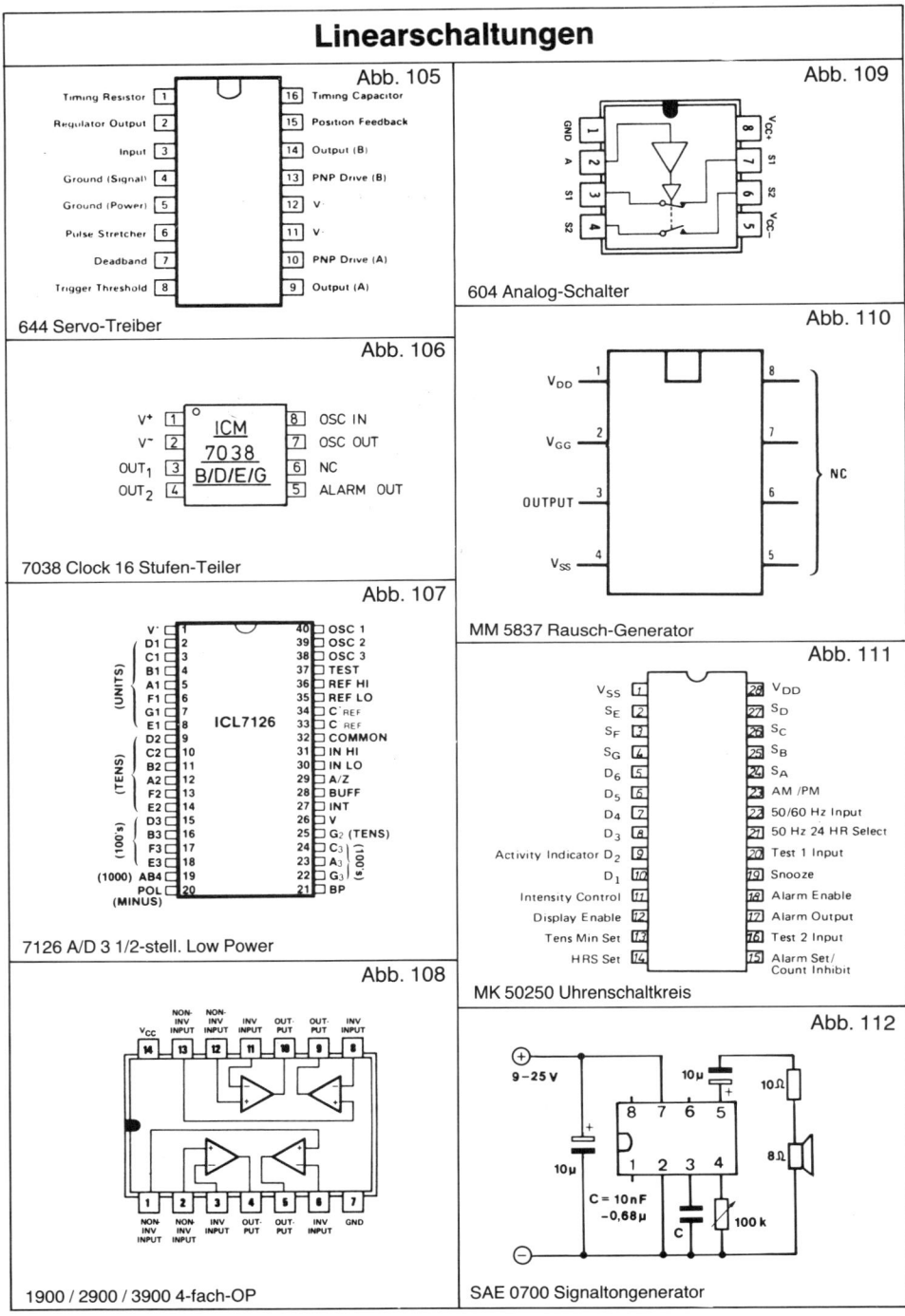

Abb. 105

Timing Resistor	1	16	Timing Capacitor
Regulator Output	2	15	Position Feedback
Input	3	14	Output (B)
Ground (Signal)	4	13	PNP Drive (B)
Ground (Power)	5	12	V⁻
Pulse Stretcher	6	11	V⁻
Deadband	7	10	PNP Drive (A)
Trigger Threshold	8	9	Output (A)

644 Servo-Treiber

Abb. 106

V⁺	1	8	OSC IN
V⁻	2	7	OSC OUT
OUT₁	3	6	NC
OUT₂	4	5	ALARM OUT

ICM 7038 B/D/E/G

7038 Clock 16 Stufen-Teiler

Abb. 107

ICL7126

7126 A/D 3 1/2-stell. Low Power

Abb. 108

1900 / 2900 / 3900 4-fach-OP

Abb. 109

604 Analog-Schalter

Abb. 110

MM 5837 Rausch-Generator

Abb. 111

MK 50250 Uhrenschaltkreis

Abb. 112

SAE 0700 Signaltongenerator

58

Linearschaltungen

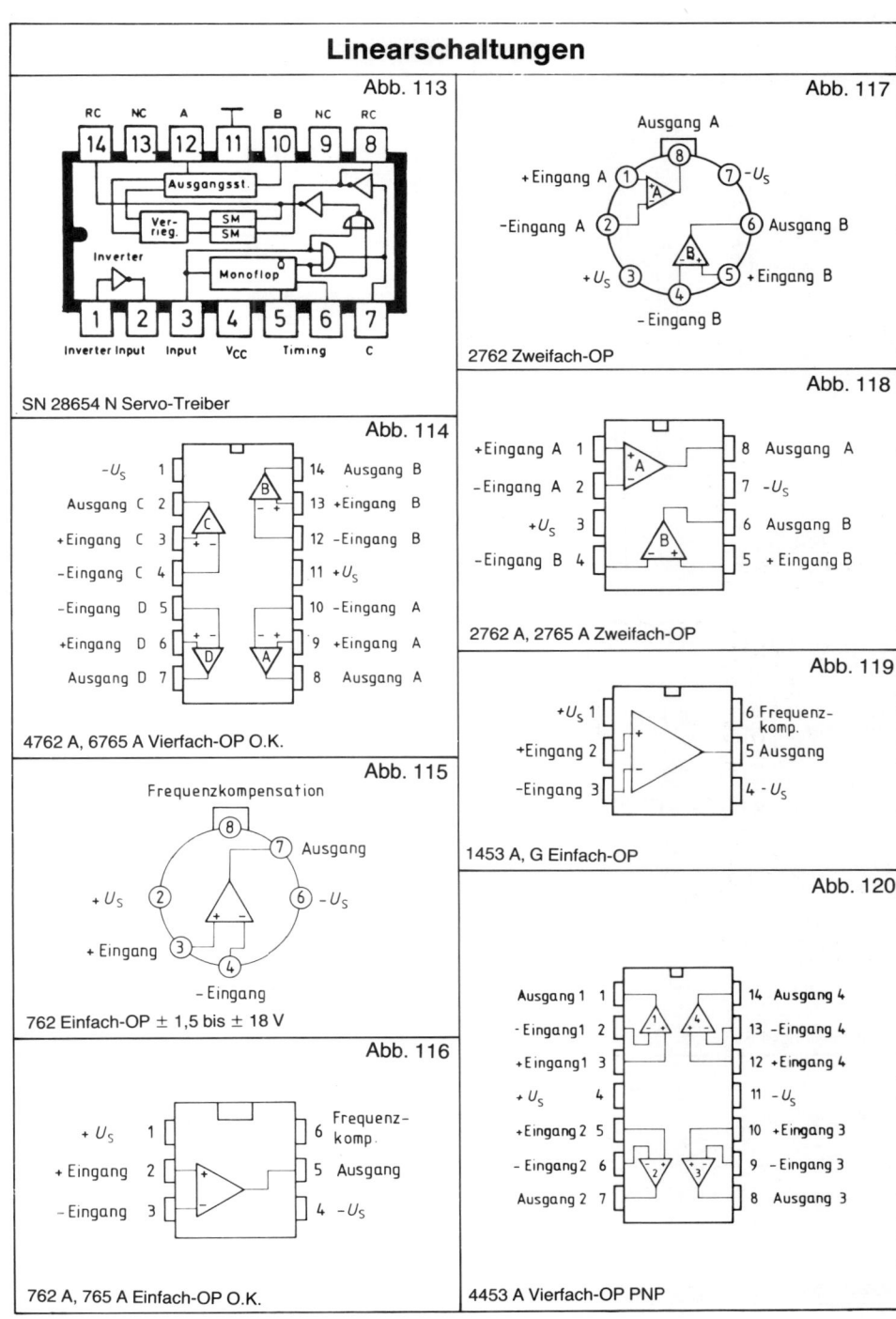

Abb. 113

SN 28654 N Servo-Treiber

Abb. 114

4762 A, 6765 A Vierfach-OP O.K.

Abb. 115

Frequenzkompensation

762 Einfach-OP ± 1,5 bis ± 18 V

Abb. 116

762 A, 765 A Einfach-OP O.K.

Abb. 117

2762 Zweifach-OP

Abb. 118

2762 A, 2765 A Zweifach-OP

Abb. 119

1453 A, G Einfach-OP

Abb. 120

4453 A Vierfach-OP PNP

59

Linearschaltungen

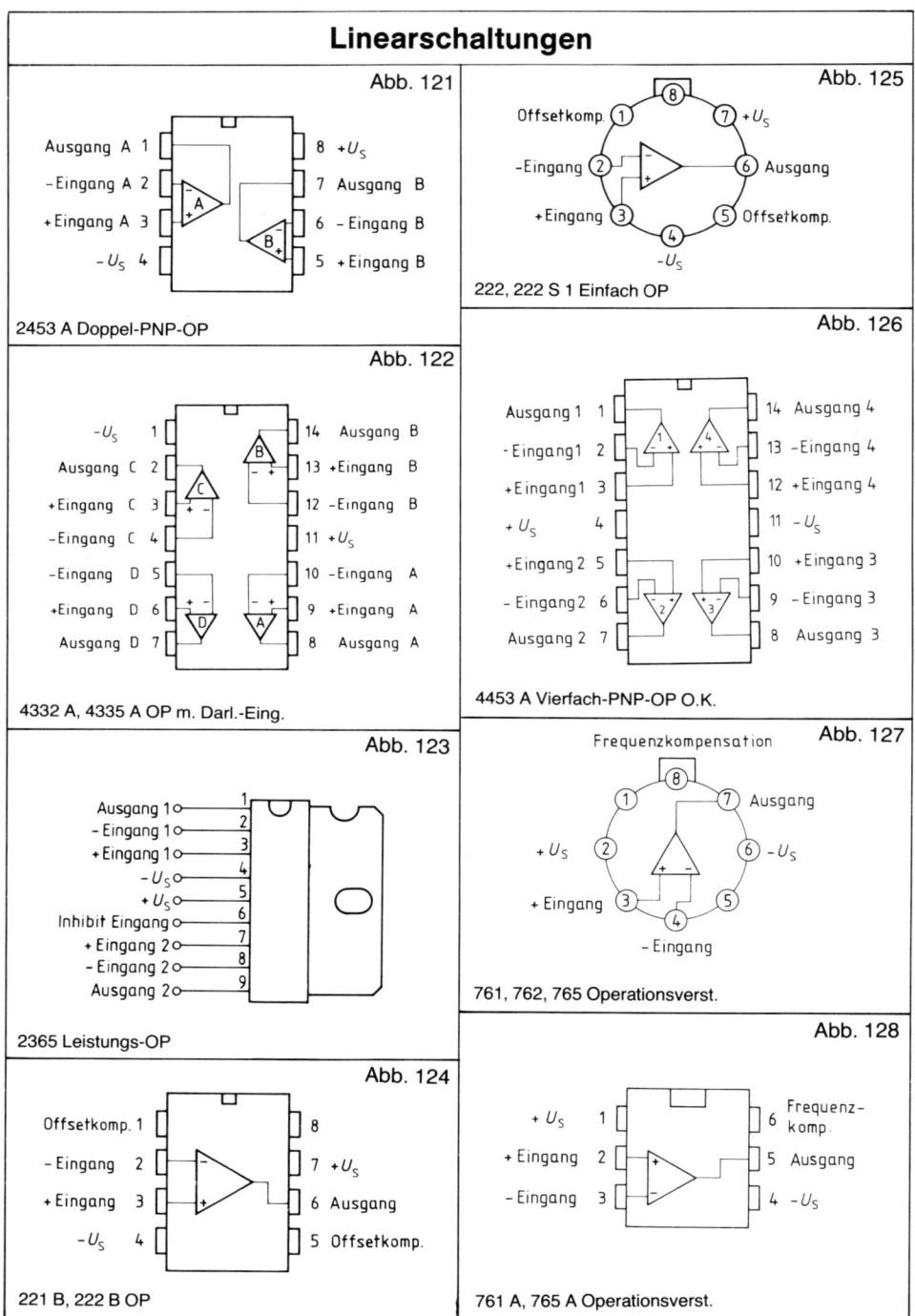

Abb. 121

Ausgang A 1 — 8 +U_S
−Eingang A 2 — 7 Ausgang B
+Eingang A 3 — 6 − Eingang B
−U_S 4 — 5 +Eingang B

2453 A Doppel-PNP-OP

Abb. 122

−U_S 1 — 14 Ausgang B
Ausgang C 2 — 13 +Eingang B
+Eingang C 3 — 12 −Eingang B
−Eingang C 4 — 11 +U_S
−Eingang D 5 — 10 −Eingang A
+Eingang D 6 — 9 +Eingang A
Ausgang D 7 — 8 Ausgang A

4332 A, 4335 A OP m. Darl.-Eing.

Abb. 123

Ausgang 1 — 1
− Eingang 1 — 2
+ Eingang 1 — 3
−U_S — 4
+U_S — 5
Inhibit Eingang — 6
+ Eingang 2 — 7
− Eingang 2 — 8
Ausgang 2 — 9

2365 Leistungs-OP

Abb. 124

Offsetkomp. 1 — 8
− Eingang 2 — 7 +U_S
+ Eingang 3 — 6 Ausgang
−U_S 4 — 5 Offsetkomp.

221 B, 222 B OP

Abb. 125

Offsetkomp. 1 — 8
−Eingang 2 — 7 +U_S
+Eingang 3 — 6 Ausgang
4 — 5 Offsetkomp.
−U_S

222, 222 S 1 Einfach OP

Abb. 126

Ausgang 1 1 — 14 Ausgang 4
−Eingang1 2 — 13 −Eingang 4
+Eingang1 3 — 12 +Eingang 4
+U_S 4 — 11 −U_S
+Eingang 2 5 — 10 +Eingang 3
− Eingang2 6 — 9 − Eingang 3
Ausgang 2 7 — 8 Ausgang 3

4453 A Vierfach-PNP-OP O.K.

Abb. 127

Frequenzkompensation

1 — 8 — 7 Ausgang
+U_S 2 — 6 −U_S
+ Eingang 3 — 5
4
− Eingang

761, 762, 765 Operationsverst.

Abb. 128

+U_S 1 — 6 Frequenz-komp.
+ Eingang 2 — 5 Ausgang
− Eingang 3 — 4 −U_S

761 A, 765 A Operationsverst.

Linearschaltungen

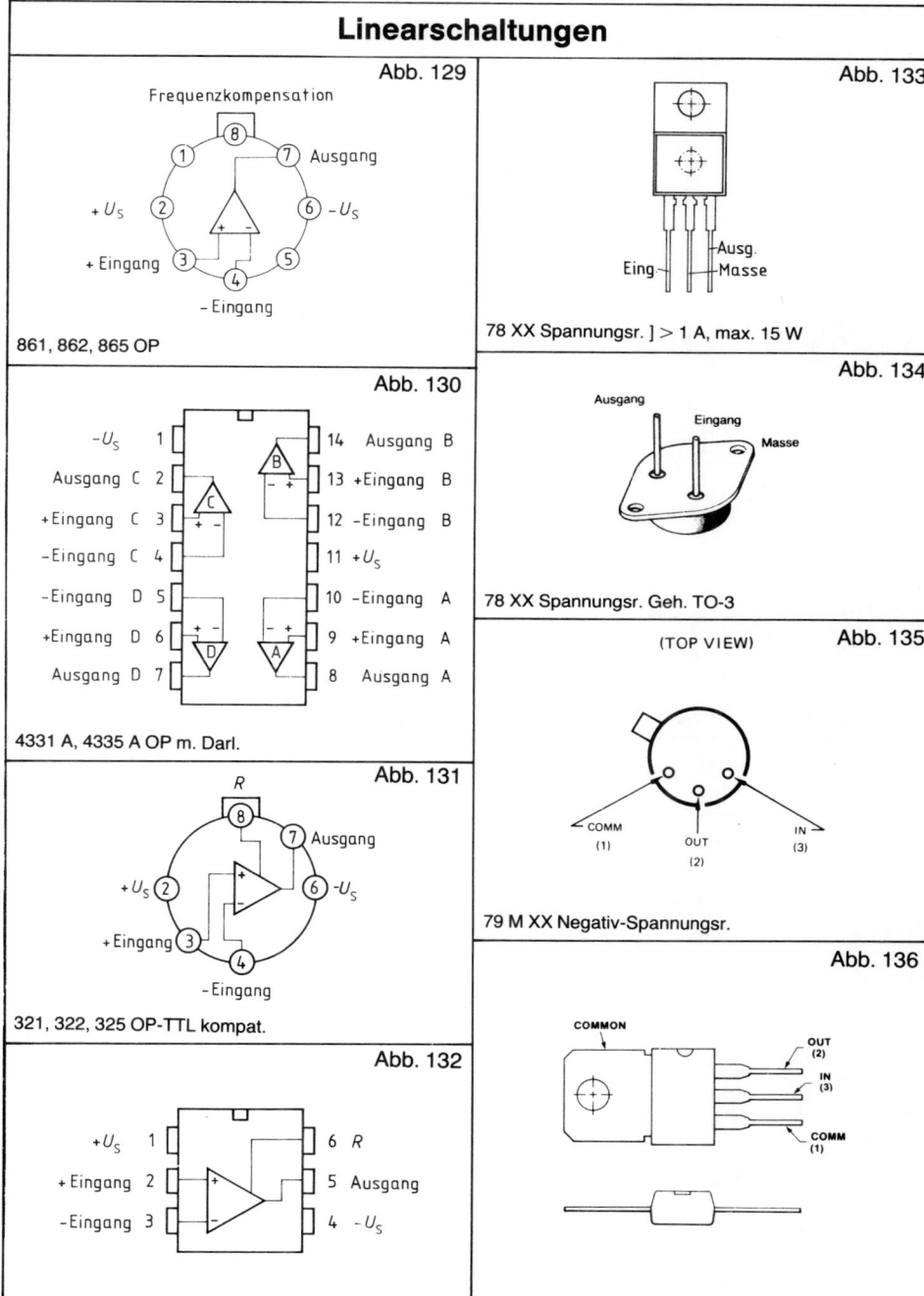

Abb. 129

Frequenzkompensation

(8)
(1) (7) Ausgang
$+U_S$ (2) (6) $-U_S$
$+$ Eingang (3) (5)
(4)
$-$ Eingang

861, 862, 865 OP

Abb. 130

$-U_S$ 1   14 Ausgang B
Ausgang C 2   13 +Eingang B
+Eingang C 3   12 −Eingang B
−Eingang C 4   11 +U_S
−Eingang D 5   10 −Eingang A
+Eingang D 6   9 +Eingang A
Ausgang D 7   8 Ausgang A

4331 A, 4335 A OP m. Darl.

Abb. 131

R

(8)
(7) Ausgang
$+U_S$ (2) (6) $-U_S$
+Eingang (3)
(4)
$-$ Eingang

321, 322, 325 OP-TTL kompat.

Abb. 132

$+U_S$ 1   6 R
+ Eingang 2   5 Ausgang
−Eingang 3   4 $-U_S$

321, 325 A OP-TTL kompat.

Abb. 133

Eing — Ausg.
— Masse

78 XX Spannungsr.] > 1 A, max. 15 W

Abb. 134

Ausgang
Eingang
Masse

78 XX Spannungsr. Geh. TO-3

Abb. 135

(TOP VIEW)

COMM   OUT   IN
(1)   (2)   (3)

79 M XX Negativ-Spannungsr.

Abb. 136

COMMON
OUT (2)
IN (3)
COMM (1)

79 M XX Negativ 0,5 A TO-202

Linearschaltungen

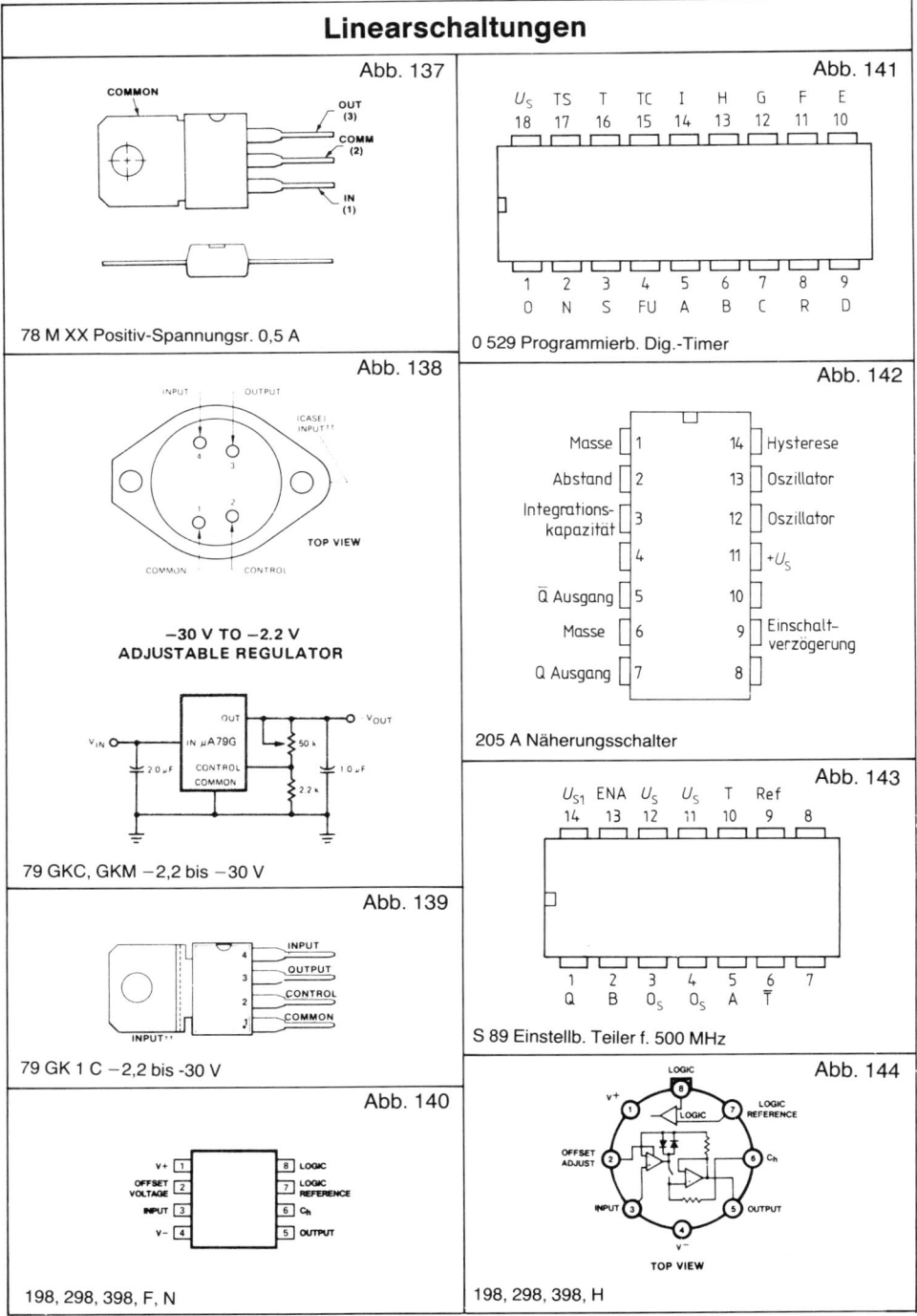

Abb. 137

78 M XX Positiv-Spannungsr. 0,5 A

Abb. 138

−30 V TO −2.2 V
ADJUSTABLE REGULATOR

79 GKC, GKM −2,2 bis −30 V

Abb. 139

79 GK 1 C −2,2 bis -30 V

Abb. 140

198, 298, 398, F, N

Abb. 141

0 529 Programmierb. Dig.-Timer

Abb. 142

Masse	1		14	Hysterese
Abstand	2		13	Oszillator
Integrations-kapazität	3		12	Oszillator
	4		11	$+U_S$
$\bar{Q}$ Ausgang	5		10	
Masse	6		9	Einschalt-verzögerung
Q Ausgang	7		8	

205 A Näherungsschalter

Abb. 143

S 89 Einstellb. Teiler f. 500 MHz

Abb. 144

198, 298, 398, H

Linearschaltungen

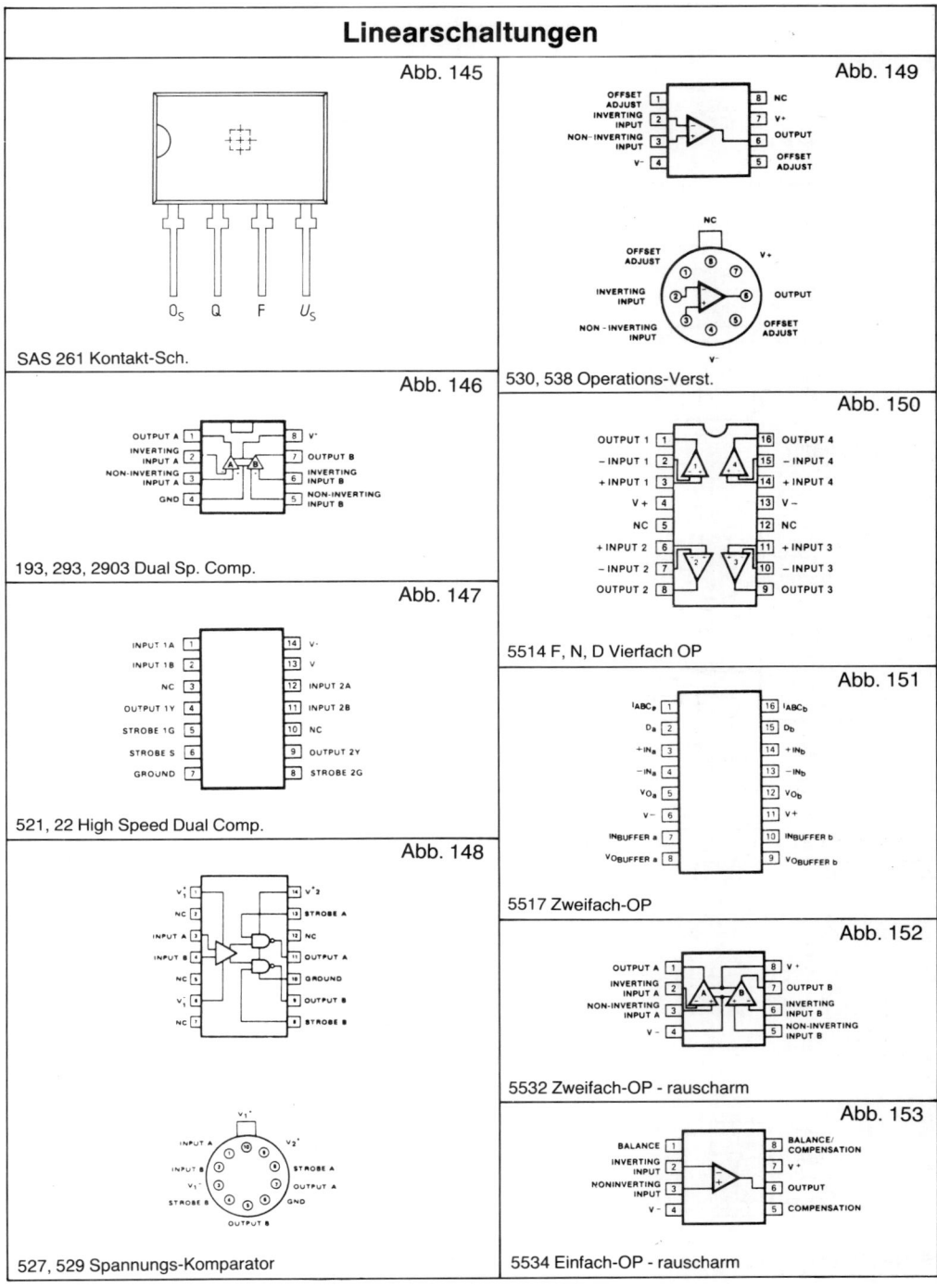

Abb. 145

SAS 261 Kontakt-Sch.

Abb. 146

193, 293, 2903 Dual Sp. Comp.

Abb. 147

INPUT 1A 1 — 14 V⁻
INPUT 1B 2 — 13 V
NC 3 — 12 INPUT 2A
OUTPUT 1Y 4 — 11 INPUT 2B
STROBE 1G 5 — 10 NC
STROBE S 6 — 9 OUTPUT 2Y
GROUND 7 — 8 STROBE 2G

521, 22 High Speed Dual Comp.

Abb. 148

527, 529 Spannungs-Komparator

Abb. 149

530, 538 Operations-Verst.

Abb. 150

5514 F, N, D Vierfach OP

Abb. 151

5517 Zweifach-OP

Abb. 152

5532 Zweifach-OP - rauscharm

Abb. 153

5534 Einfach-OP - rauscharm

Linearschaltungen

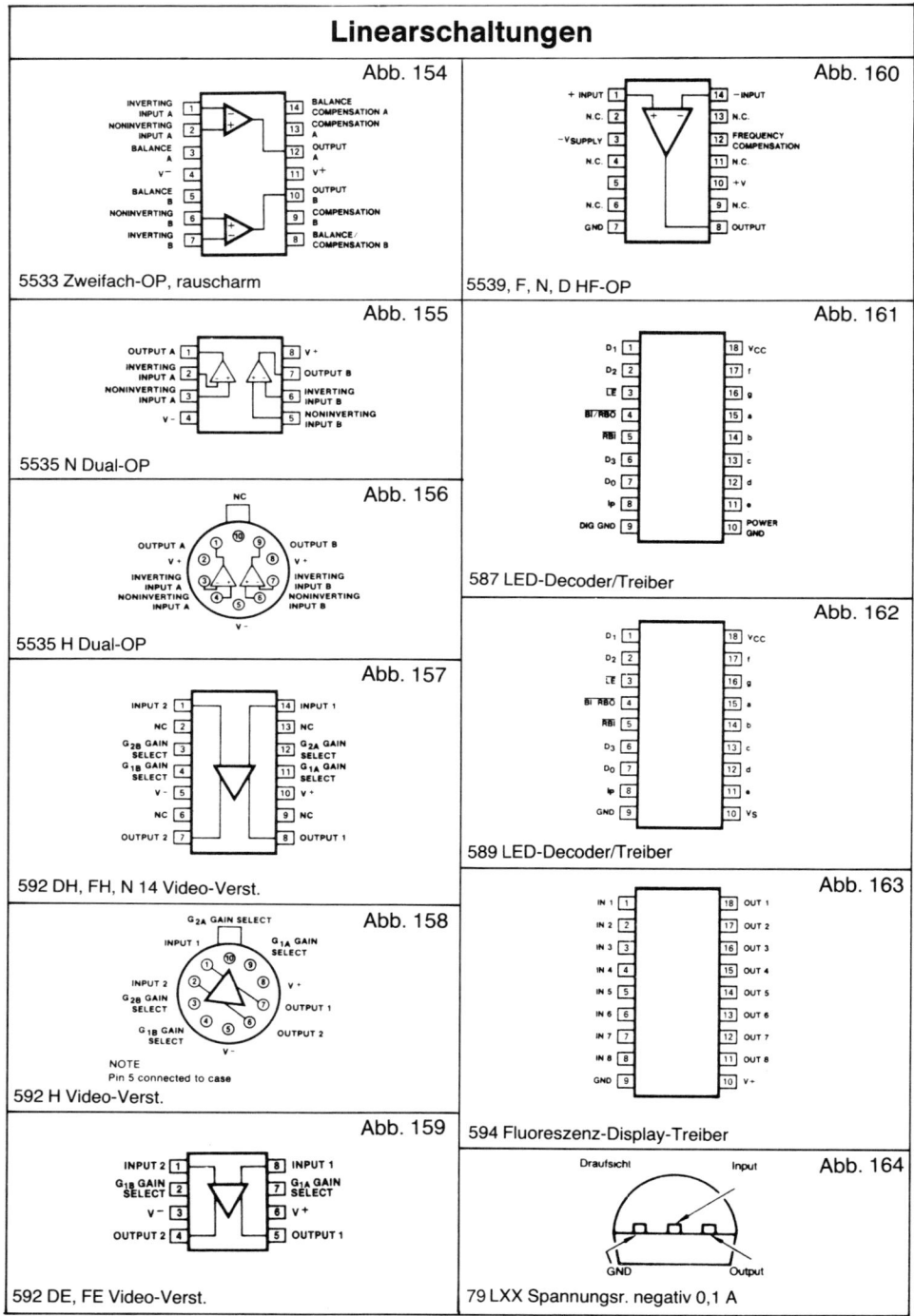

Abb. 154

5533 Zweifach-OP, rauscharm

INVERTING INPUT A — 1 — BALANCE / COMPENSATION A
NONINVERTING INPUT A — 2 — 13 COMPENSATION A
BALANCE A — 3 — 12 OUTPUT A
V- — 4 — 11 V+
BALANCE B — 5 — 10 OUTPUT B
NONINVERTING INPUT B — 6 — 9 COMPENSATION B
INVERTING INPUT B — 7 — 8 BALANCE/ COMPENSATION B

Abb. 155

5535 N Dual-OP

OUTPUT A — 1 — 8 V+
INVERTING INPUT A — 2 — 7 OUTPUT B
NONINVERTING INPUT A — 3 — 6 INVERTING INPUT B
V- — 4 — 5 NONINVERTING INPUT B

Abb. 156

5535 H Dual-OP

NC
OUTPUT A — OUTPUT B
V+ — V+
INVERTING INPUT A — INVERTING INPUT B
NONINVERTING INPUT A — NONINVERTING INPUT B
V-

Abb. 157

592 DH, FH, N 14 Video-Verst.

INPUT 2 — 1 — 14 INPUT 1
NC — 2 — 13 NC
G_{2B} GAIN SELECT — 3 — 12 G_{2A} GAIN SELECT
G_{1B} GAIN SELECT — 4 — 11 G_{1A} GAIN SELECT
V- — 5 — 10 V+
NC — 6 — 9 NC
OUTPUT 2 — 7 — 8 OUTPUT 1

Abb. 158

592 H Video-Verst.

G_{2A} GAIN SELECT
INPUT 1 — G_{1A} GAIN SELECT
INPUT 2 — V+
G_{2B} GAIN SELECT — OUTPUT 1
G_{1B} GAIN SELECT — OUTPUT 2
V-
NOTE
Pin 5 connected to case

Abb. 159

592 DE, FE Video-Verst.

INPUT 2 — 1 — 8 INPUT 1
G_{1B} GAIN SELECT — 2 — 7 G_{1A} GAIN SELECT
V- — 3 — 6 V+
OUTPUT 2 — 4 — 5 OUTPUT 1

Abb. 160

5539, F, N, D HF-OP

+ INPUT — 1 — 14 - INPUT
N.C. — 2 — 13 N.C.
-V SUPPLY — 3 — 12 FREQUENCY COMPENSATION
N.C. — 4 — 11 N.C.
5 — 10 +V
N.C. — 6 — 9 N.C.
GND — 7 — 8 OUTPUT

Abb. 161

587 LED-Decoder/Treiber

D_1 — 1 — 18 V_{CC}
D_2 — 2 — 17 f
$\overline{LE}$ — 3 — 16 g
BI/RBO — 4 — 15 a
$\overline{RBI}$ — 5 — 14 b
D_3 — 6 — 13 c
D_0 — 7 — 12 d
lp — 8 — 11 e
DIG GND — 9 — 10 POWER GND

Abb. 162

589 LED-Decoder/Treiber

D_1 — 1 — 18 V_{CC}
D_2 — 2 — 17 f
$\overline{LE}$ — 3 — 16 g
BI RBO — 4 — 15 a
$\overline{RBI}$ — 5 — 14 b
D_3 — 6 — 13 c
D_0 — 7 — 12 d
lp — 8 — 11 e
GND — 9 — 10 V_S

Abb. 163

594 Fluoreszenz-Display-Treiber

IN 1 — 1 — 18 OUT 1
IN 2 — 2 — 17 OUT 2
IN 3 — 3 — 16 OUT 3
IN 4 — 4 — 15 OUT 4
IN 5 — 5 — 14 OUT 5
IN 6 — 6 — 13 OUT 6
IN 7 — 7 — 12 OUT 7
IN 8 — 8 — 11 OUT 8
GND — 9 — 10 V-

Abb. 164

79 LXX Spannungsr. negativ 0,1 A

Draufsicht — Input
GND — Output

Linearschaltungen

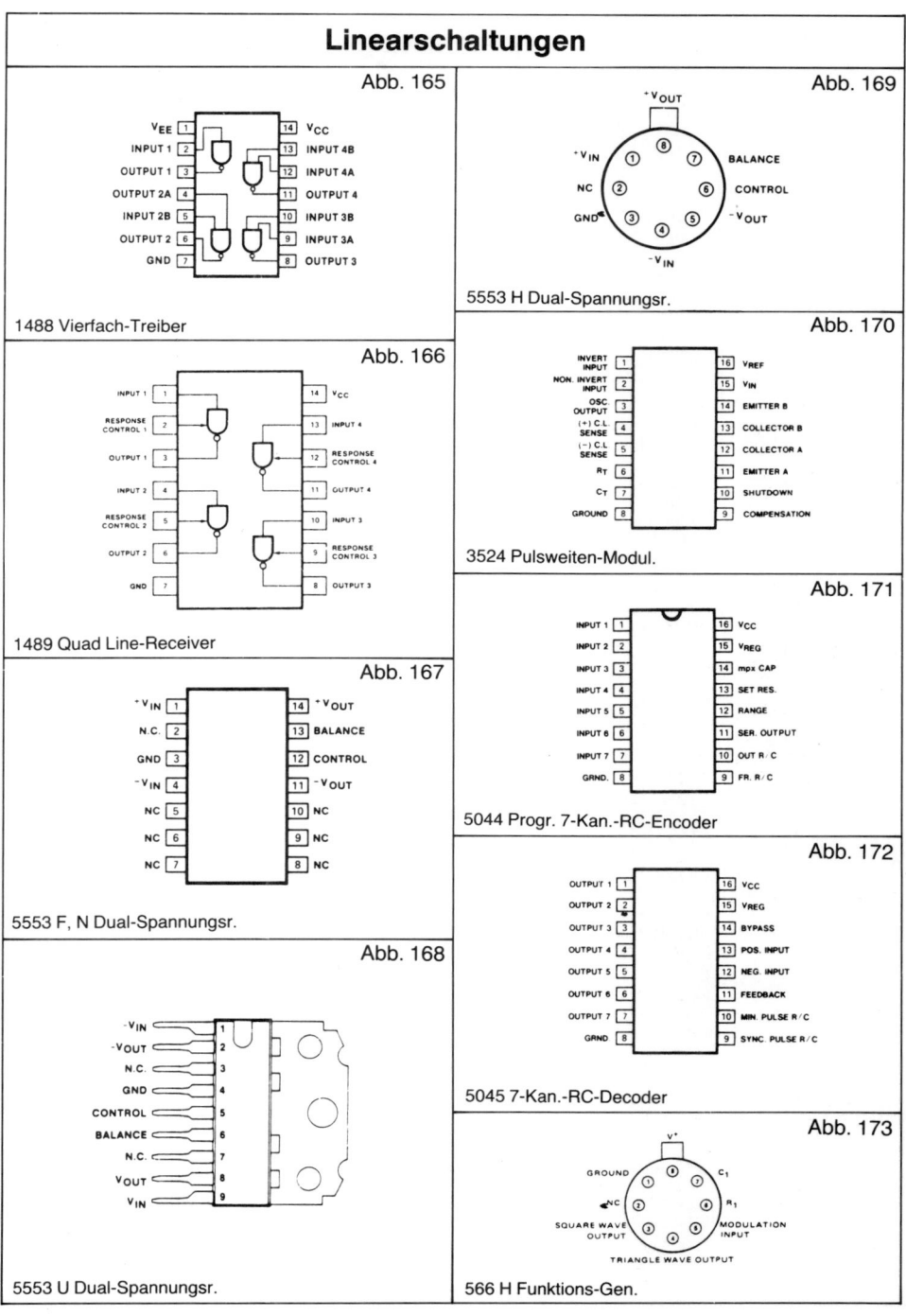

Abb. 165

V_{EE}	1	14	V_{CC}
INPUT 1	2	13	INPUT 4B
OUTPUT 1	3	12	INPUT 4A
OUTPUT 2A	4	11	OUTPUT 4
INPUT 2B	5	10	INPUT 3B
OUTPUT 2	6	9	INPUT 3A
GND	7	8	OUTPUT 3

1488 Vierfach-Treiber

Abb. 166

INPUT 1	1	14	V_{CC}
RESPONSE CONTROL 1	2	13	INPUT 4
OUTPUT 1	3	12	RESPONSE CONTROL 4
INPUT 2	4	11	OUTPUT 4
RESPONSE CONTROL 2	5	10	INPUT 3
OUTPUT 2	6	9	RESPONSE CONTROL 3
GND	7	8	OUTPUT 3

1489 Quad Line-Receiver

Abb. 167

$^+V_{IN}$	1	14	$^+V_{OUT}$
N.C.	2	13	BALANCE
GND	3	12	CONTROL
$^-V_{IN}$	4	11	$^-V_{OUT}$
NC	5	10	NC
NC	6	9	NC
NC	7	8	NC

5553 F, N Dual-Spannungsr.

Abb. 168

$-V_{IN}$		1
$-V_{OUT}$		2
N.C.		3
GND		4
CONTROL		5
BALANCE		6
N.C.		7
V_{OUT}		8
V_{IN}		9

5553 U Dual-Spannungsr.

Abb. 169

$^+V_{OUT}$

$^+V_{IN}$ ① ⑦	BALANCE
NC ② ⑥	CONTROL
GND ③ ④ ⑤	$^-V_{OUT}$

$^-V_{IN}$

5553 H Dual-Spannungsr.

Abb. 170

INVERT INPUT	1	16	VREF
NON. INVERT INPUT	2	15	V_{IN}
OSC. OUTPUT	3	14	EMITTER B
(+) C.L. SENSE	4	13	COLLECTOR B
(−) C.L. SENSE	5	12	COLLECTOR A
R_T	6	11	EMITTER A
C_T	7	10	SHUTDOWN
GROUND	8	9	COMPENSATION

3524 Pulsweiten-Modul.

Abb. 171

INPUT 1	1	16	V_{CC}
INPUT 2	2	15	V_{REG}
INPUT 3	3	14	mpx CAP
INPUT 4	4	13	SET RES.
INPUT 5	5	12	RANGE
INPUT 6	6	11	SER. OUTPUT
INPUT 7	7	10	OUT R/C
GRND.	8	9	FR. R/C

5044 Progr. 7-Kan.-RC-Encoder

Abb. 172

OUTPUT 1	1	16	V_{CC}
OUTPUT 2	2	15	V_{REG}
OUTPUT 3	3	14	BYPASS
OUTPUT 4	4	13	POS. INPUT
OUTPUT 5	5	12	NEG. INPUT
OUTPUT 6	6	11	FEEDBACK
OUTPUT 7	7	10	MIN. PULSE R/C
GRND	8	9	SYNC. PULSE R/C

5045 7-Kan.-RC-Decoder

Abb. 173

V^+

GROUND ① ⑧	C_1
NC ② ⑦	
SQUARE WAVE OUTPUT ③ ⑥	R_1
④ ⑤	MODULATION INPUT

TRIANGLE WAVE OUTPUT

566 H Funktions-Gen.

65

Linearschaltungen

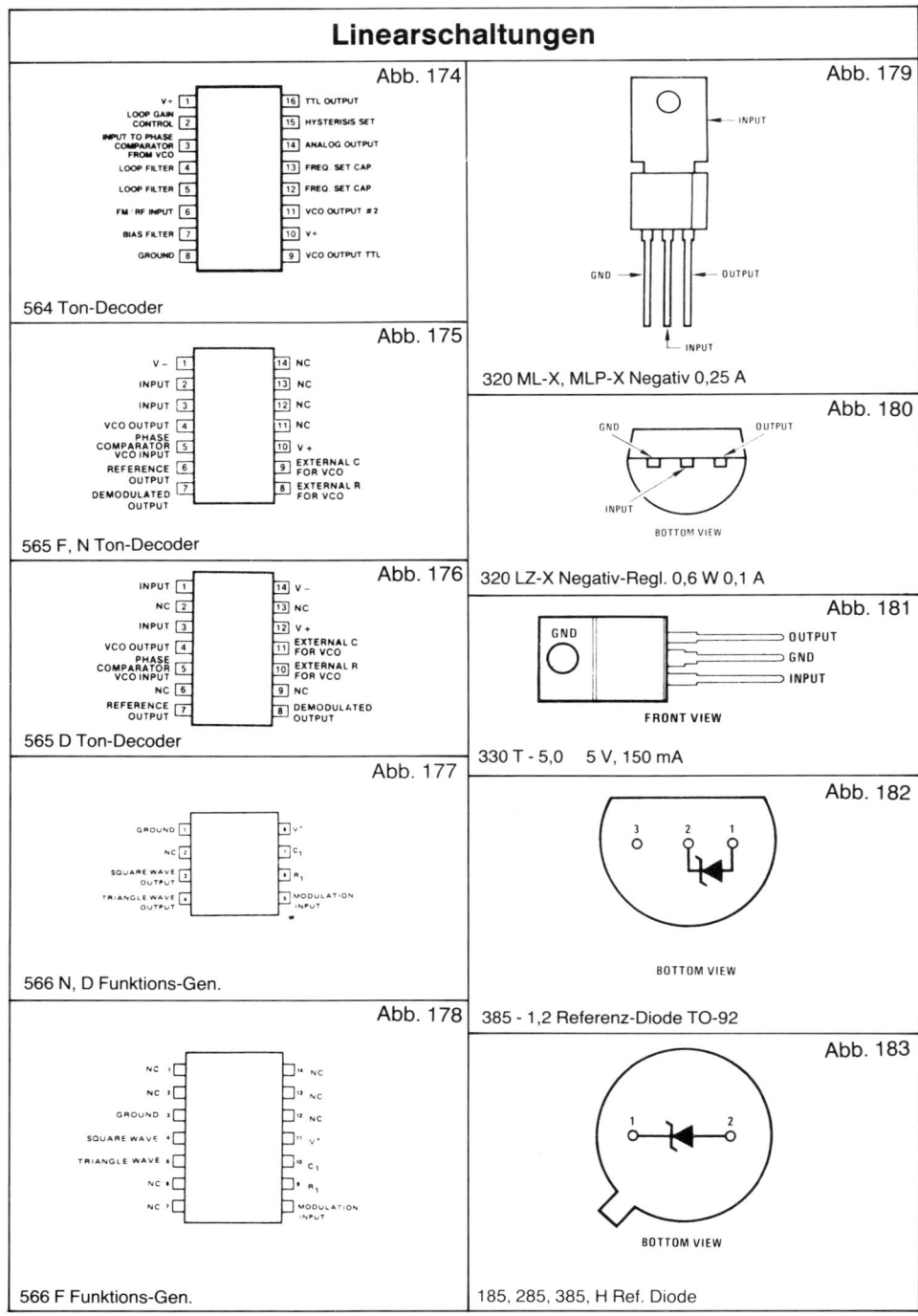

Abb. 174

V +	1	16	TTL OUTPUT
LOOP GAIN CONTROL	2	15	HYSTERISIS SET
INPUT TO PHASE COMPARATOR FROM VCO	3	14	ANALOG OUTPUT
LOOP FILTER	4	13	FREQ. SET CAP.
LOOP FILTER	5	12	FREQ. SET CAP.
FM / RF INPUT	6	11	VCO OUTPUT #2
BIAS FILTER	7	10	V+
GROUND	8	9	VCO OUTPUT TTL

564 Ton-Decoder

Abb. 175

V −	1	14	NC
INPUT	2	13	NC
INPUT	3	12	NC
VCO OUTPUT	4	11	NC
PHASE COMPARATOR VCO INPUT	5	10	V +
REFERENCE OUTPUT	6	9	EXTERNAL C FOR VCO
DEMODULATED OUTPUT	7	8	EXTERNAL R FOR VCO

565 F, N Ton-Decoder

Abb. 176

INPUT	1	14	V −
NC	2	13	NC
INPUT	3	12	V +
VCO OUTPUT	4	11	EXTERNAL C FOR VCO
PHASE COMPARATOR VCO INPUT	5	10	EXTERNAL R FOR VCO
NC	6	9	NC
REFERENCE OUTPUT	7	8	DEMODULATED OUTPUT

565 D Ton-Decoder

Abb. 177

GROUND	1	8	V+
NC	2	7	C₁
SQUARE WAVE OUTPUT	3	6	R₁
TRIANGLE WAVE OUTPUT	4	5	MODULATION INPUT

566 N, D Funktions-Gen.

Abb. 178

NC	1	14	NC
NC	2	13	NC
GROUND	3	12	NC
SQUARE WAVE	4	11	V+
TRIANGLE WAVE	5	10	C₁
NC	6	9	R₁
NC	7	8	MODULATION INPUT

566 F Funktions-Gen.

Abb. 179

INPUT

GND — OUTPUT

INPUT

320 ML-X, MLP-X Negativ 0,25 A

Abb. 180

GND   OUTPUT

INPUT

BOTTOM VIEW

320 LZ-X Negativ-Regl. 0,6 W 0,1 A

Abb. 181

GND

OUTPUT
GND
INPUT

FRONT VIEW

330 T - 5,0   5 V, 150 mA

Abb. 182

3   2   1

BOTTOM VIEW

385 - 1,2 Referenz-Diode TO-92

Abb. 183

1   2

BOTTOM VIEW

185, 285, 385, H Ref. Diode

Linearschaltungen

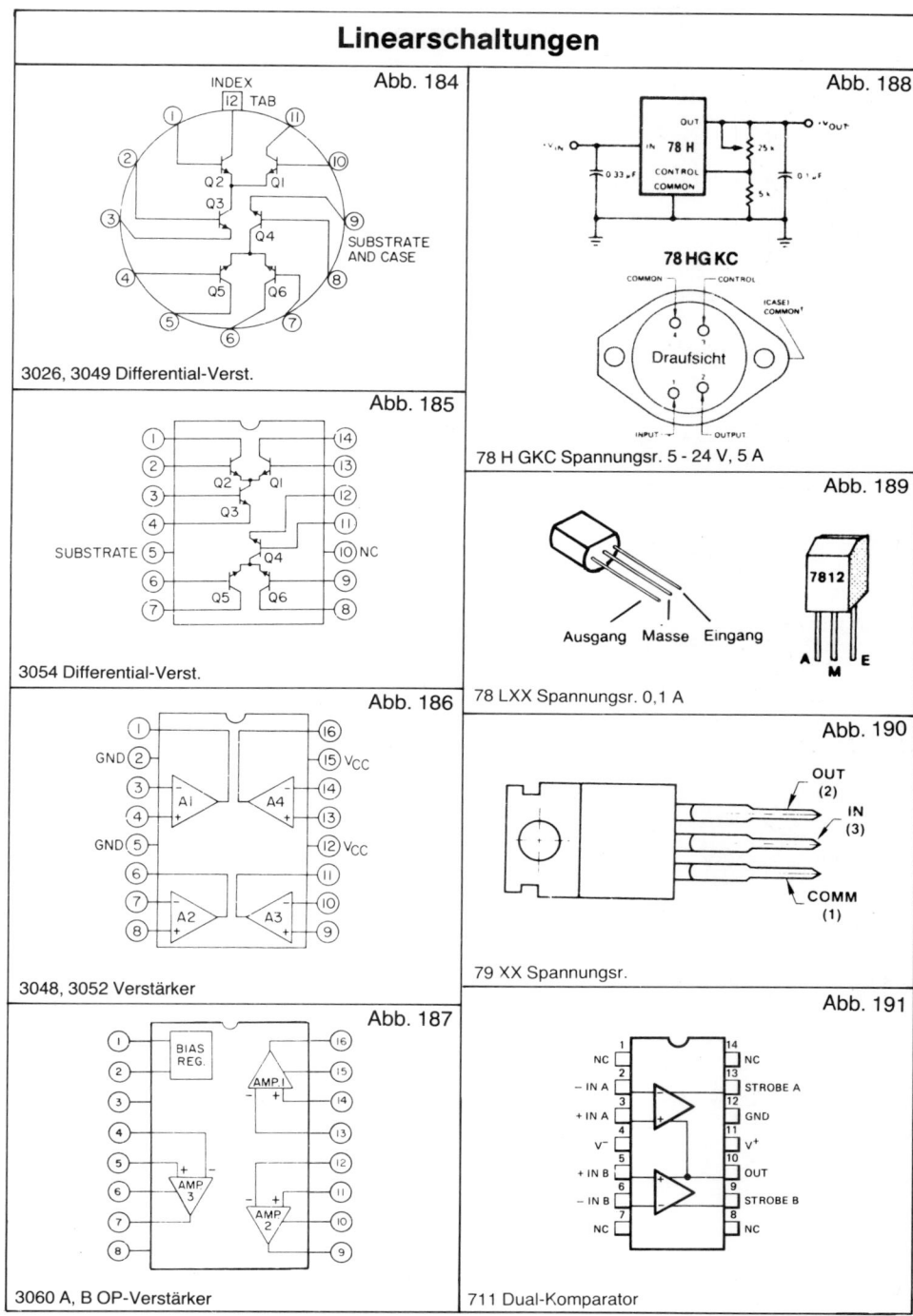

Abb. 184

INDEX | 12 | TAB

Q2 Q1
Q3
Q4
SUBSTRATE AND CASE
Q5 Q6

3026, 3049 Differential-Verst.

Abb. 185

Q2 Q1
Q3
SUBSTRATE
Q4
Q5 Q6
NC

3054 Differential-Verst.

Abb. 186

GND
Vcc
A1 A4
GND
Vcc
A2 A3

3048, 3052 Verstärker

Abb. 187

BIAS REG.
AMP 1
AMP 3
AMP 2

3060 A, B OP-Verstärker

Abb. 188

OUT
78 H
IN
CONTROL
COMMON
Vin
Vout

78 HG KC

COMMON — CONTROL
(CASE) COMMON
Draufsicht
INPUT — OUTPUT

78 H GKC Spannungsr. 5 - 24 V, 5 A

Abb. 189

7812

Ausgang Masse Eingang

A   M   E

78 LXX Spannungsr. 0,1 A

Abb. 190

OUT (2)
IN (3)
COMM (1)

79 XX Spannungsr.

Abb. 191

NC 1 — 14 NC
2 — 13 STROBE A
− IN A 3 — 12 GND
+ IN A 4 — 11 V+
V− 5 — 10 OUT
+ IN B 6 — 9 STROBE B
− IN B 7 — 8 NC
NC

711 Dual-Komparator

67

Linearschaltungen

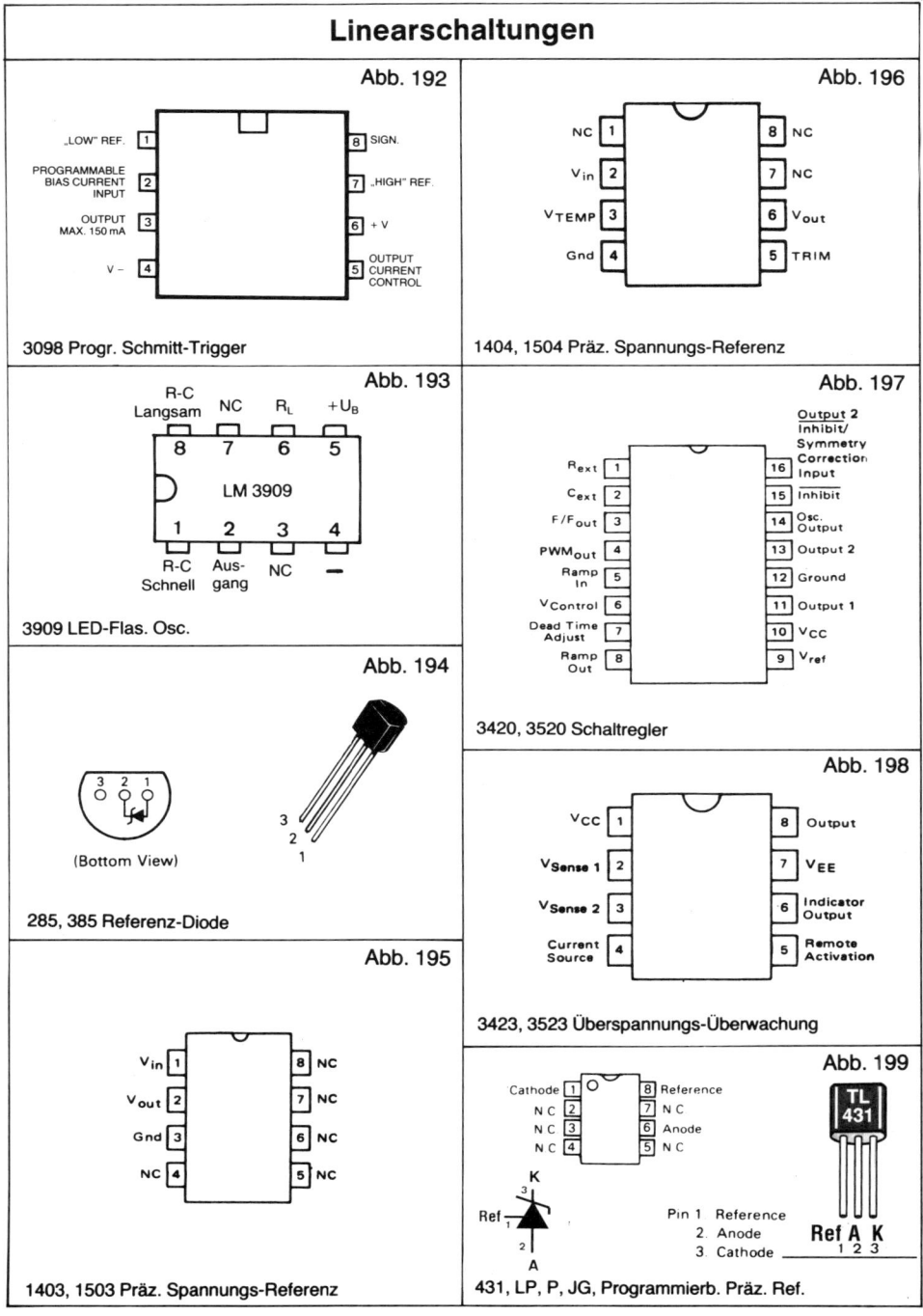

Abb. 192

„LOW" REF.	1	8	SIGN.
PROGRAMMABLE BIAS CURRENT INPUT	2	7	„HIGH" REF.
OUTPUT MAX. 150 mA	3	6	+ V
V –	4	5	OUTPUT CURRENT CONTROL

3098 Progr. Schmitt-Trigger

Abb. 193

R-C Langsam   NC R_L $+U_B$

8   7   6   5

LM 3909

1   2   3   4

R-C Schnell   Aus-gang   NC   —

3909 LED-Flas. Osc.

Abb. 194

(Bottom View)

285, 385 Referenz-Diode

Abb. 195

V_{in}	1	8	NC
V_{out}	2	7	NC
Gnd	3	6	NC
NC	4	5	NC

1403, 1503 Präz. Spannungs-Referenz

Abb. 196

NC	1	8	NC
V_{in}	2	7	NC
V_{TEMP}	3	6	V_{out}
Gnd	4	5	TRIM

1404, 1504 Präz. Spannungs-Referenz

Abb. 197

R_{ext}	1	16	Output 2 Inhibit/ Symmetry Correction Input
C_{ext}	2	15	Inhibit
F/F_{out}	3	14	Osc. Output
PWM_{out}	4	13	Output 2
Ramp In	5	12	Ground
$V_{Control}$	6	11	Output 1
Dead Time Adjust	7	10	V_{CC}
Ramp Out	8	9	V_{ref}

3420, 3520 Schaltregler

Abb. 198

V_{CC}	1	8	Output
$V_{Sense\ 1}$	2	7	V_{EE}
$V_{Sense\ 2}$	3	6	Indicator Output
Current Source	4	5	Remote Activation

3423, 3523 Überspannungs-Überwachung

Abb. 199

Cathode	1	8	Reference
N C	2	7	N C
N C	3	6	Anode
N C	4	5	N C

Pin 1 Reference
2. Anode
3. Cathode

Ref A K
1 2 3

431, LP, P, JG, Programmierb. Präz. Ref.

68

Linearschaltungen

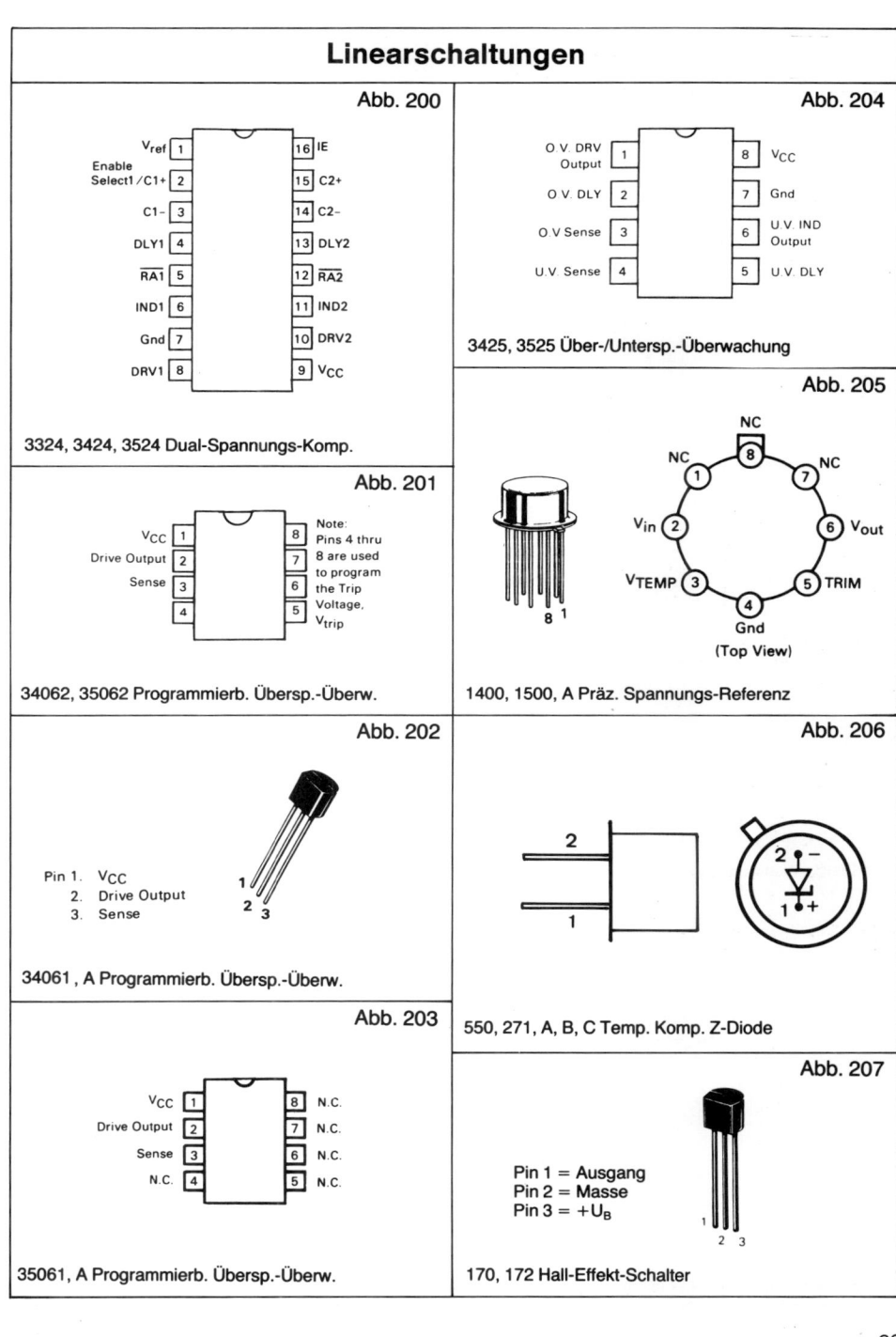

Abb. 200

V_{ref}	1	16	IE
Enable Select1 / C1+	2	15	C2+
C1−	3	14	C2−
DLY1	4	13	DLY2
$\overline{RA1}$	5	12	$\overline{RA2}$
IND1	6	11	IND2
Gnd	7	10	DRV2
DRV1	8	9	V_{CC}

3324, 3424, 3524 Dual-Spannungs-Komp.

Abb. 201

V_{CC}	1	8	
Drive Output	2	7	
Sense	3	6	
	4	5	

Note: Pins 4 thru 8 are used to program the Trip Voltage, V_{trip}

34062, 35062 Programmierb. Übersp.-Überw.

Abb. 202

Pin 1. V_{CC}
2. Drive Output
3. Sense

34061, A Programmierb. Übersp.-Überw.

Abb. 203

V_{CC}	1	8	N.C.
Drive Output	2	7	N.C.
Sense	3	6	N.C.
N.C.	4	5	N.C.

35061, A Programmierb. Übersp.-Überw.

Abb. 204

O.V. DRV Output	1	8	V_{CC}
O.V. DLY	2	7	Gnd
O.V Sense	3	6	U.V. IND Output
U.V. Sense	4	5	U.V. DLY

3425, 3525 Über-/Untersp.-Überwachung

Abb. 205

NC
NC 8 NC
1 7
V_{in} 2 6 V_{out}
V_{TEMP} 3 5 TRIM
4
Gnd
(Top View)

1400, 1500, A Präz. Spannungs-Referenz

Abb. 206

2 −
1 +

550, 271, A, B, C Temp. Komp. Z-Diode

Abb. 207

Pin 1 = Ausgang
Pin 2 = Masse
Pin 3 = +U_B

170, 172 Hall-Effekt-Schalter

Linearschaltungen

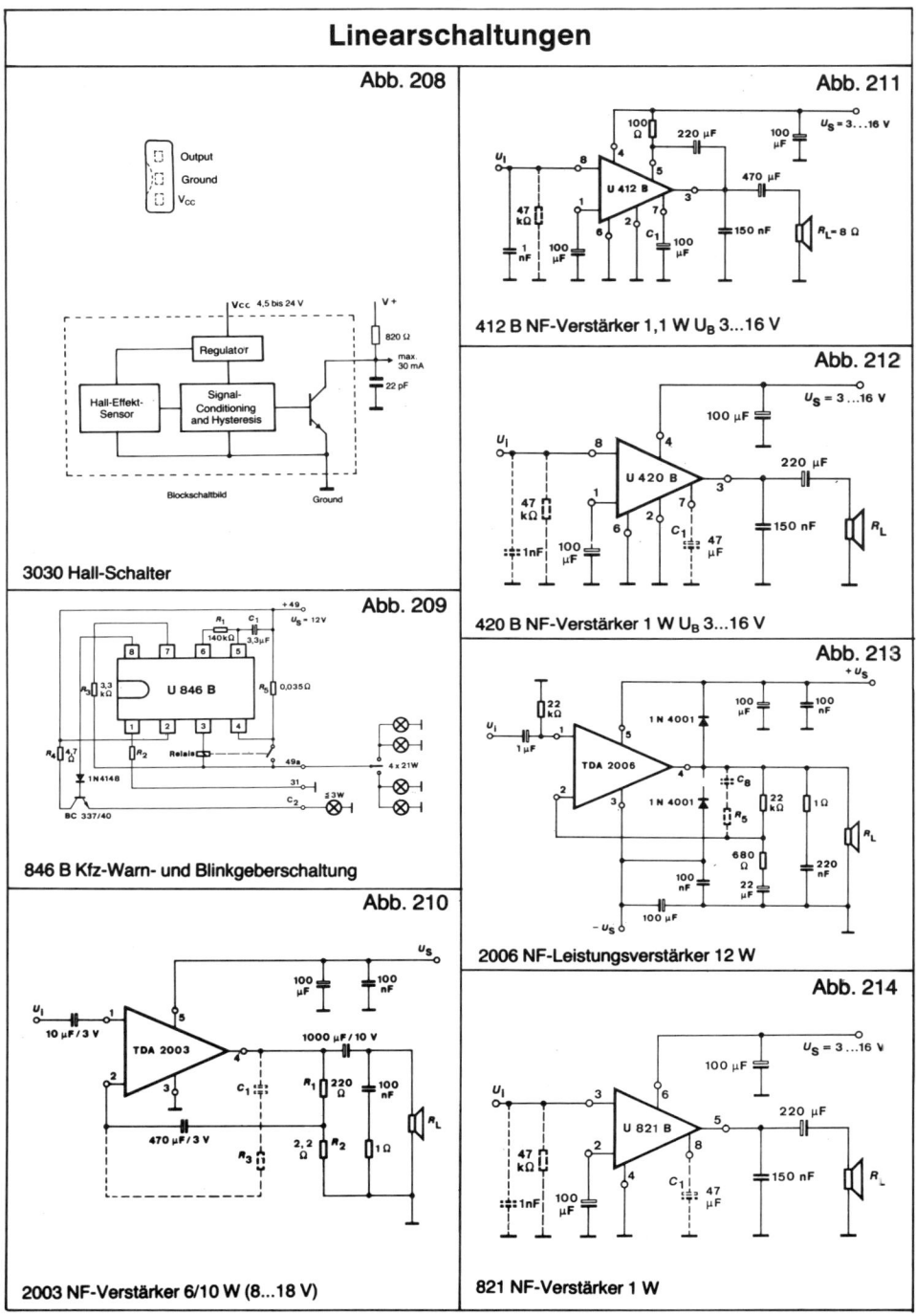

Abb. 208

Output
Ground
V_CC

3030 Hall-Schalter

Abb. 209

846 B Kfz-Warn- und Blinkgeberschaltung

Abb. 210

2003 NF-Verstärker 6/10 W (8...18 V)

Abb. 211

412 B NF-Verstärker 1,1 W U_B 3...16 V

Abb. 212

420 B NF-Verstärker 1 W U_B 3...16 V

Abb. 213

2006 NF-Leistungsverstärker 12 W

Abb. 214

821 NF-Verstärker 1 W

Linearschaltungen

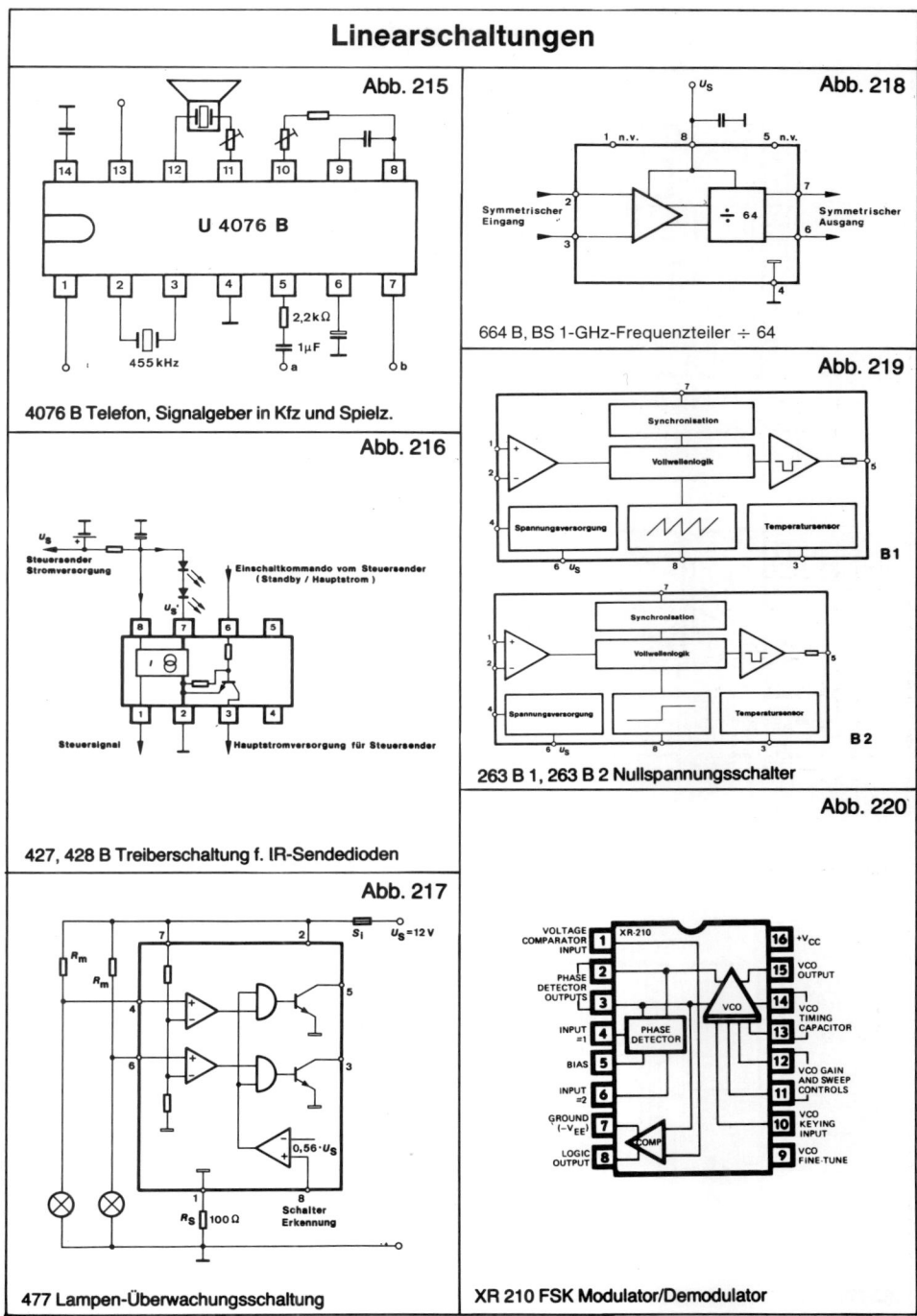

Abb. 215

U 4076 B

2,2 kΩ
1 μF
455 kHz

4076 B Telefon, Signalgeber in Kfz und Spielz.

Abb. 216

u_S
Steuersender
Stromversorgung

u_S'

Einschaltkommando vom Steuersender
(Standby / Hauptstrom)

Steuersignal

Hauptstromversorgung für Steuersender

427, 428 B Treiberschaltung f. IR-Sendedioden

Abb. 217

S_i $U_S = 12 V$

R_m
R_m

$0,56 \cdot U_S$

R_S 100 Ω

Schalter
Erkennung

477 Lampen-Überwachungsschaltung

Abb. 218

u_S

1 n.v.   8   5 n.v.

÷ 64

Symmetrischer
Eingang

Symmetrischer
Ausgang

664 B, BS 1-GHz-Frequenzteiler ÷ 64

Abb. 219

Synchronisation
Vollwellenlogik
Spannungversorgung
Temperatursensor

u_S

B1

Synchronisation
Vollwellenlogik
Spannungsversorgung
Temperatursensor

u_S

B2

263 B 1, 263 B 2 Nullspannungsschalter

Abb. 220

VOLTAGE COMPARATOR INPUT   1   XR-210   16   +V_{CC}
2   15   VCO OUTPUT
PHASE DETECTOR OUTPUTS   3   14   VCO TIMING CAPACITOR
INPUT =1   4   PHASE DETECTOR   13
BIAS   5   12   VCO GAIN AND SWEEP CONTROLS
INPUT =2   6   11
GROUND (−V_{EE})   7   COMP   10   VCO KEYING INPUT
LOGIC OUTPUT   8   9   VCO FINE-TUNE

VCO

XR 210 FSK Modulator/Demodulator

71

Linearschaltungen

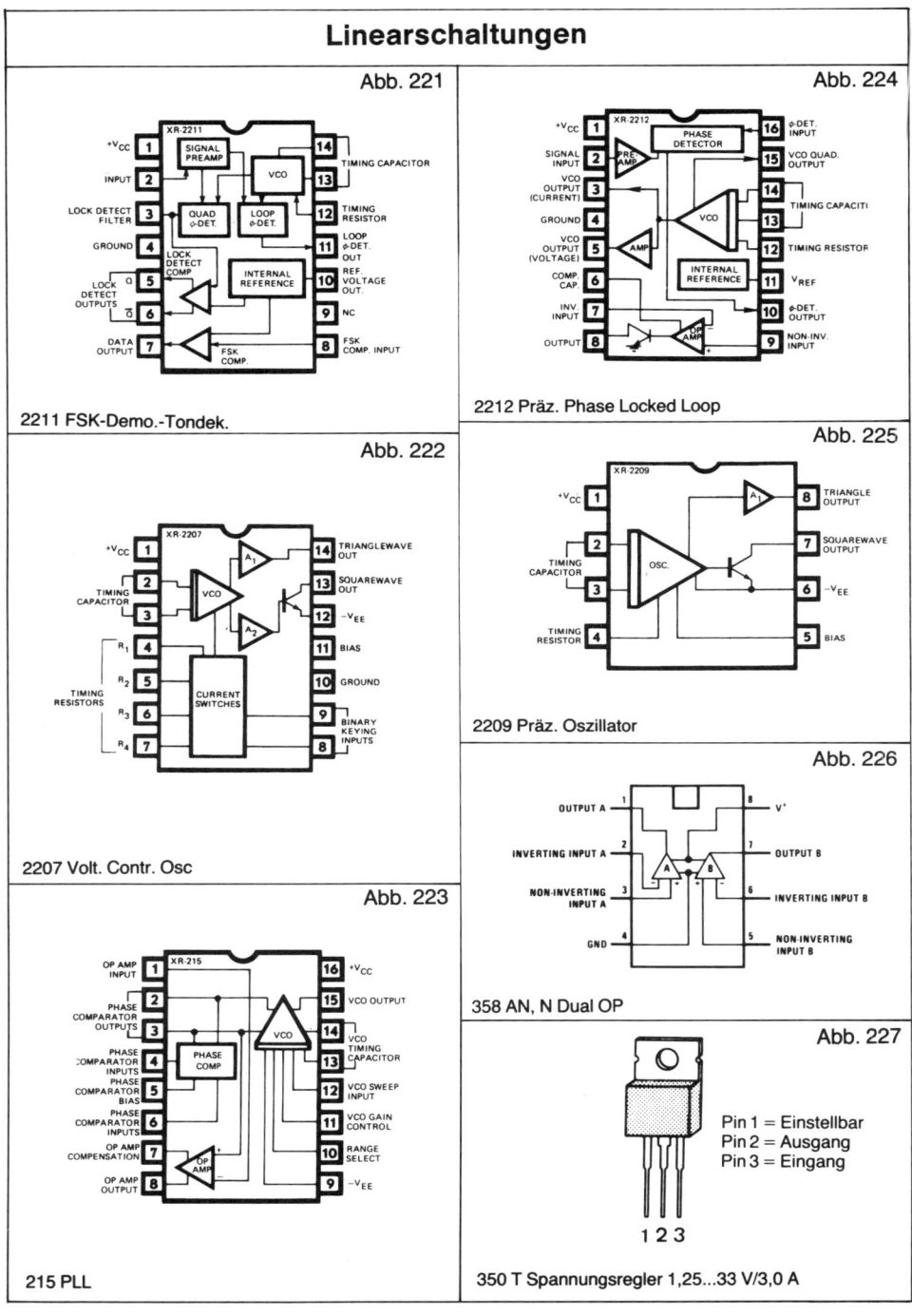

Abb. 221

XR-2211

+V$_{CC}$	1	14	TIMING CAPACITOR
INPUT	2	13	
LOCK DETECT FILTER	3	12	TIMING RESISTOR
GROUND	4	11	LOOP φ-DET. OUT
LOCK DETECT OUTPUTS Q	5	10	REF. VOLTAGE OUT.
$\overline{Q}$	6	9	NC
DATA OUTPUT	7	8	FSK COMP. INPUT

SIGNAL PREAMP, VCO, QUAD φ-DET., LOOP φ-DET., LOCK DETECT COMP, INTERNAL REFERENCE, FSK COMP.

2211 FSK-Demo.-Tondek.

Abb. 224

XR-2212

+V$_{CC}$	1	16	φ-DET. INPUT
SIGNAL INPUT	2	15	VCO QUAD. OUTPUT
VCO OUTPUT (CURRENT)	3	14	TIMING CAPACITOR
GROUND	4	13	
VCO OUTPUT (VOLTAGE)	5	12	TIMING RESISTOR
COMP. CAP.	6	11	V$_{REF}$
INV. INPUT	7	10	φ-DET. OUTPUT
OUTPUT	8	9	NON-INV. INPUT

PRE AMP, PHASE DETECTOR, VCO, AMP, INTERNAL REFERENCE

2212 Präz. Phase Locked Loop

Abb. 222

XR-2207

+V$_{CC}$	1	14	TRIANGLEWAVE OUT
TIMING CAPACITOR	2	13	SQUAREWAVE OUT
	3	12	-V$_{EE}$
R$_1$	4	11	BIAS
R$_2$	5	10	GROUND
R$_3$	6	9	BINARY KEYING INPUTS
R$_4$	7	8	

TIMING RESISTORS, VCO, A$_1$, A$_2$, CURRENT SWITCHES

2207 Volt. Contr. Osc

Abb. 225

XR-2209

+V$_{CC}$	1	8	TRIANGLE OUTPUT
TIMING CAPACITOR	2	7	SQUAREWAVE OUTPUT
	3	6	-V$_{EE}$
TIMING RESISTOR	4	5	BIAS

OSC., A$_1$

2209 Präz. Oszillator

Abb. 226

OUTPUT A	1	8	V$^+$
INVERTING INPUT A	2	7	OUTPUT B
NON-INVERTING INPUT A	3	6	INVERTING INPUT B
GND	4	5	NON-INVERTING INPUT B

A, B

358 AN, N Dual OP

Abb. 223

XR-215

OP AMP INPUT	1	16	+V$_{CC}$
	2	15	VCO OUTPUT
PHASE COMPARATOR OUTPUTS	3	14	VCO TIMING CAPACITOR
PHASE COMPARATOR INPUTS	4	13	
PHASE COMPARATOR BIAS	5	12	VCO SWEEP INPUT
PHASE COMPARATOR INPUTS	6	11	VCO GAIN CONTROL
OP AMP COMPENSATION	7	10	RANGE SELECT
OP AMP OUTPUT	8	9	-V$_{EE}$

PHASE COMP, VCO, OP AMP

215 PLL

Abb. 227

Pin 1 = Einstellbar
Pin 2 = Ausgang
Pin 3 = Eingang

1 2 3

350 T Spannungsregler 1,25...33 V/3,0 A

Linearschaltungen

Abb. 228

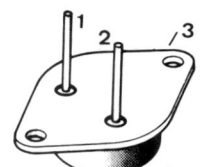

Pin 1 = Eingang
Pin 2 = Einstellbar
Pin 3 = Ausgang

350 K Spannungsregler 1,25...33 V/3,0 A

Abb. 229

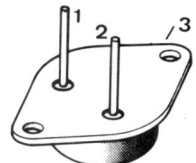

Pin 1 = Eingang
Pin 2 = Einstellbar
Pin 3 = Ausgang

1038 CK Spannungsregler 1,2...30 V/10 A

Abb. 230

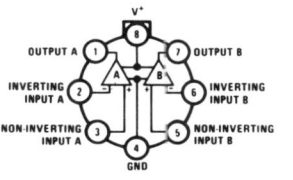

358 AH, H Dual OP

Abb. 231

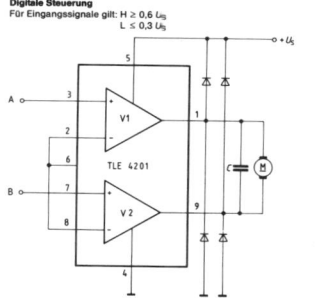

Digitale Steuerung
Für Eingangssignale gilt: H ≥ 0,6 U_B
L ≤ 0,3 U_B

4201 Leistungsbrücke für Motorsteuerung

Abb. 232

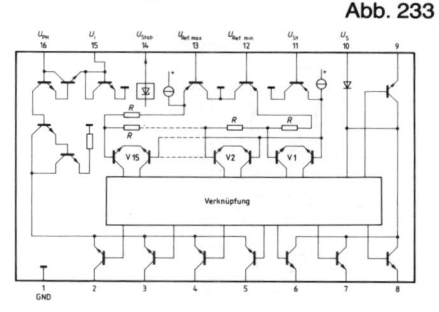

2862, 2863, 2852 Melodie IC

Abb. 233

170 LED-Treiber für Leuchtpunktanzeige

Abb. 234

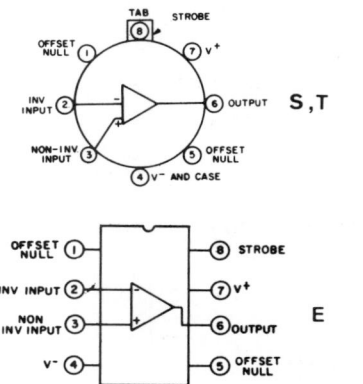

3140 A, B (T, S, E) BIMOS OP

73

Linearschaltungen

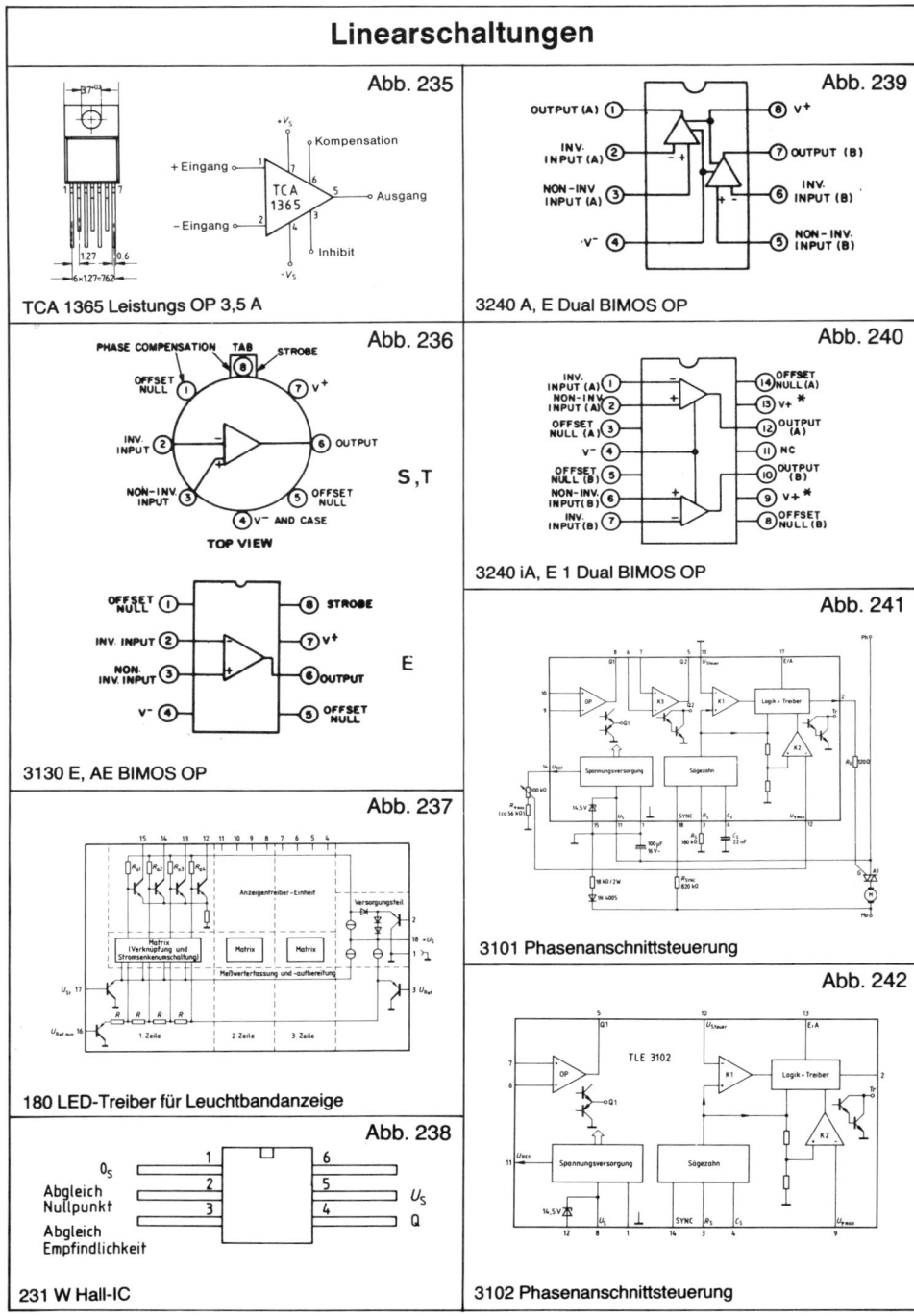

Abb. 235

TCA 1365 Leistungs OP 3,5 A

Abb. 236

S, T

3130 E, AE BIMOS OP

E

Abb. 237

180 LED-Treiber für Leuchtbandanzeige

Abb. 238

231 W Hall-IC

Abb. 239

3240 A, E Dual BIMOS OP

Abb. 240

3240 iA, E 1 Dual BIMOS OP

Abb. 241

3101 Phasenanschnittsteuerung

Abb. 242

3102 Phasenanschnittsteuerung

Linearschaltungen

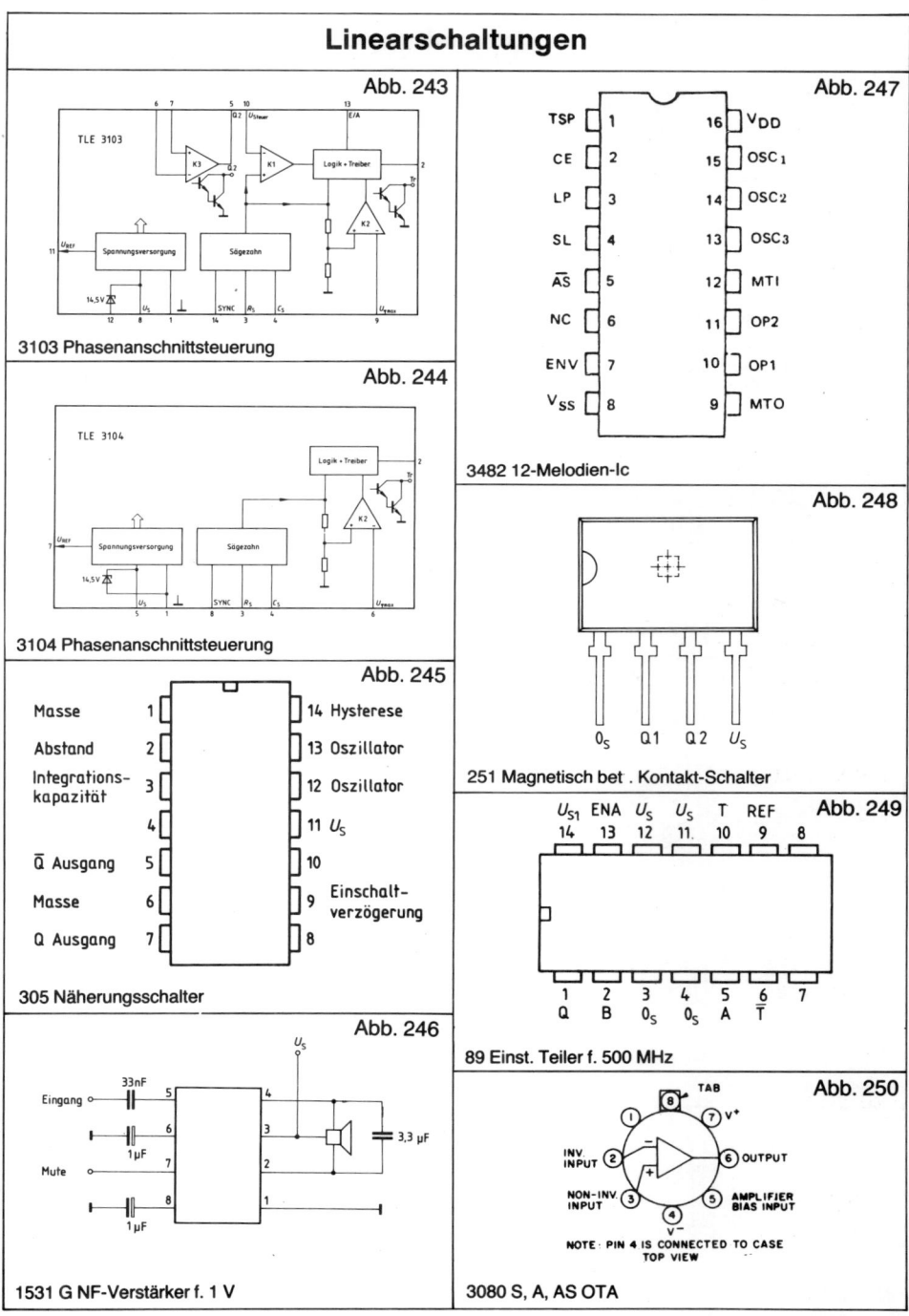

Abb. 243

TLE 3103

3103 Phasenanschnittsteuerung

Abb. 244

TLE 3104

3104 Phasenanschnittsteuerung

Abb. 245

Masse	1	14	Hysterese
Abstand	2	13	Oszillator
Integrations-kapazität	3	12	Oszillator
	4	11	U_S
$\overline{Q}$ Ausgang	5	10	
Masse	6	9	Einschalt-verzögerung
Q Ausgang	7	8	

305 Näherungsschalter

Abb. 246

U_S

Eingang — 33nF — 5 ⌐ 4
— 1µF — 6 ⌐ 3 — 3,3 µF
Mute — 7 ⌐ 2
— 1µF — 8 ⌐ 1

1531 G NF-Verstärker f. 1 V

Abb. 247

TSP	1	16	V_{DD}
CE	2	15	OSC_1
LP	3	14	OSC_2
SL	4	13	OSC_3
$\overline{AS}$	5	12	MTI
NC	6	11	OP2
ENV	7	10	OP1
V_{SS}	8	9	MTO

3482 12-Melodien-Ic

Abb. 248

0_S Q1 Q2 U_S

251 Magnetisch bet . Kontakt-Schalter

Abb. 249

U_{S1}	ENA	U_S	U_S	T	REF
14	13	12	11.	10	9	8

1	2	3	4	5	6	7
Q	B	0_S	0_S	A	$\overline{T}$	

89 Einst. Teiler f. 500 MHz

Abb. 250

TAB
8
1
7 v$^+$
INV. INPUT 2
6 OUTPUT
NON-INV INPUT 3
5 AMPLIFIER BIAS INPUT
4
v$^-$
NOTE: PIN 4 IS CONNECTED TO CASE
TOP VIEW

3080 S, A, AS OTA

Linearschaltungen

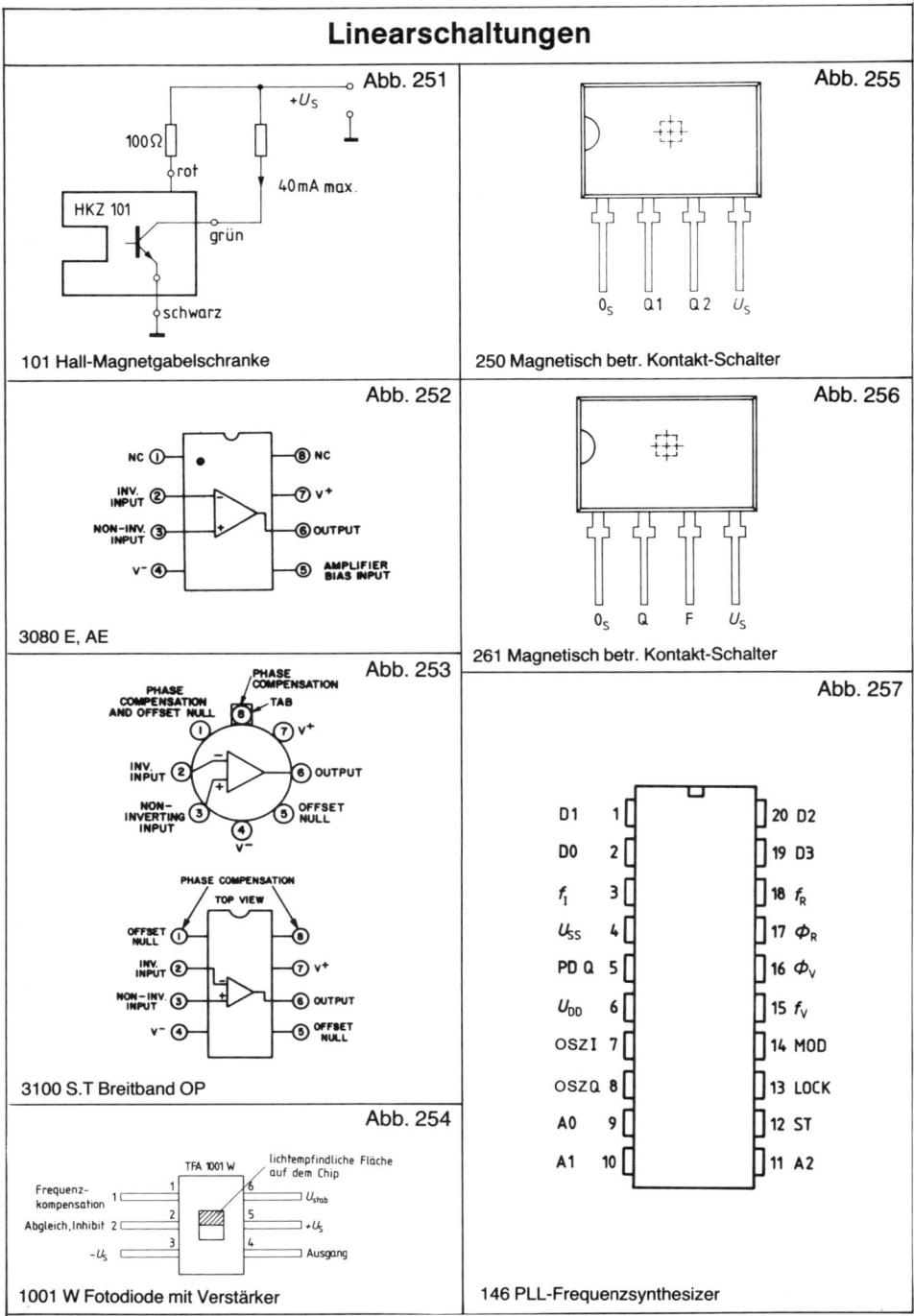

Abb. 251

$+U_S$

$100\,\Omega$

rot

$40\,\text{mA max.}$

HKZ 101

grün

schwarz

101 Hall-Magnetgabelschranke

Abb. 252

NC ①   ⑧ NC
INV. INPUT ②   ⑦ V+
NON-INV. INPUT ③   ⑥ OUTPUT
V– ④   ⑤ AMPLIFIER BIAS INPUT

3080 E, AE

Abb. 253

PHASE COMPENSATION AND OFFSET NULL
PHASE COMPENSATION TAB
①   ⑧
INV. INPUT ②   ⑦ V+
NON-INVERTING INPUT ③   ⑥ OUTPUT
④ V–   ⑤ OFFSET NULL

PHASE COMPENSATION
TOP VIEW
OFFSET NULL ①   ⑧
INV. INPUT ②   ⑦ V+
NON-INV. INPUT ③   ⑥ OUTPUT
V– ④   ⑤ OFFSET NULL

3100 S.T Breitband OP

Abb. 254

TFA 1001 W
lichtempfindliche Fläche auf dem Chip
Frequenz-kompensation 1   1   6 U_{stab}
Abgleich, Inhibit 2   2   5 $+U_S$
$-U_S$ 3   3   4   Ausgang

1001 W Fotodiode mit Verstärker

Abb. 255

0_S Q1   Q2 U_S

250 Magnetisch betr. Kontakt-Schalter

Abb. 256

0_S Q   F U_S

261 Magnetisch betr. Kontakt-Schalter

Abb. 257

D1	1	20	D2
D0	2	19	D3
f_I	3	18	f_R
U_{SS}	4	17	Φ_R
PD Q	5	16	Φ_V
U_{DD}	6	15	f_V
OSZI	7	14	MOD
OSZQ	8	13	LOCK
A0	9	12	ST
A1	10	11	A2

146 PLL-Frequenzsynthesizer

Linearschaltungen

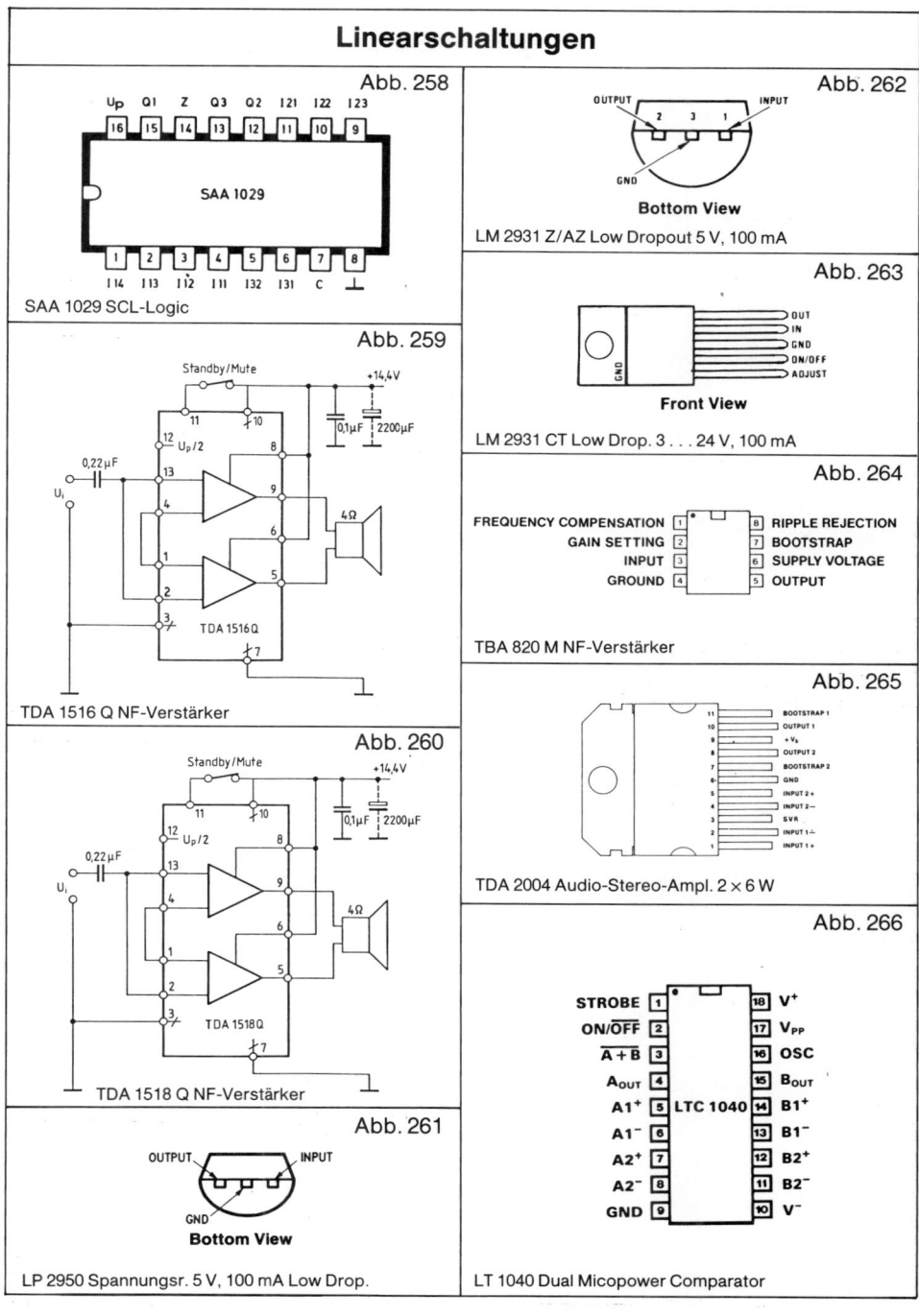

Abb. 258

Up Q1 Z Q3 Q2 I21 I22 I23
16 15 14 13 12 11 10 9

SAA 1029

1 2 3 4 5 6 7 8
I14 I13 I12 I11 I32 I31 C ⊥

SAA 1029 SCL-Logic

Abb. 259

Standby/Mute +14,4V

11 10
12 Up/2 8 0,1μF 2200μF
0,22μF 13
Ui 4 9
6 4Ω
1
2 5
3
TDA 1516Q
7

TDA 1516 Q NF-Verstärker

Abb. 260

Standby/Mute +14,4V

11 10
12 Up/2 8 0,1μF 2200μF
0,22μF 13
Ui 4 9
6 4Ω
1
2 5
3
TDA 1518Q
7

TDA 1518 Q NF-Verstärker

Abb. 261

OUTPUT INPUT
GND
Bottom View

LP 2950 Spannungsr. 5 V, 100 mA Low Drop.

Abb. 262

OUTPUT 2 3 1 INPUT
GND
Bottom View

LM 2931 Z/AZ Low Dropout 5 V, 100 mA

Abb. 263

OUT
IN
GND
ON/OFF
ADJUST
GND

Front View

LM 2931 CT Low Drop. 3 . . . 24 V, 100 mA

Abb. 264

FREQUENCY COMPENSATION 1   8 RIPPLE REJECTION
GAIN SETTING 2   7 BOOTSTRAP
INPUT 3   6 SUPPLY VOLTAGE
GROUND 4   5 OUTPUT

TBA 820 M NF-Verstärker

Abb. 265

11 BOOTSTRAP 1
10 OUTPUT 1
9 +Vs
8 OUTPUT 2
7 BOOTSTRAP 2
6 GND
5 INPUT 2+
4 INPUT 2−
3 SVR
2 INPUT 1−
1 INPUT 1+

TDA 2004 Audio-Stereo-Ampl. 2 × 6 W

Abb. 266

STROBE 1   18 V⁺
ON/OFF 2   17 VPP
A+B 3   16 OSC
Aout 4   15 Bout
A1⁺ 5 LTC 1040 14 B1⁺
A1⁻ 6   13 B1⁻
A2⁺ 7   12 B2⁺
A2⁻ 8   11 B2⁻
GND 9   10 V⁻

LT 1040 Dual Micopower Comparator

Linearschaltungen

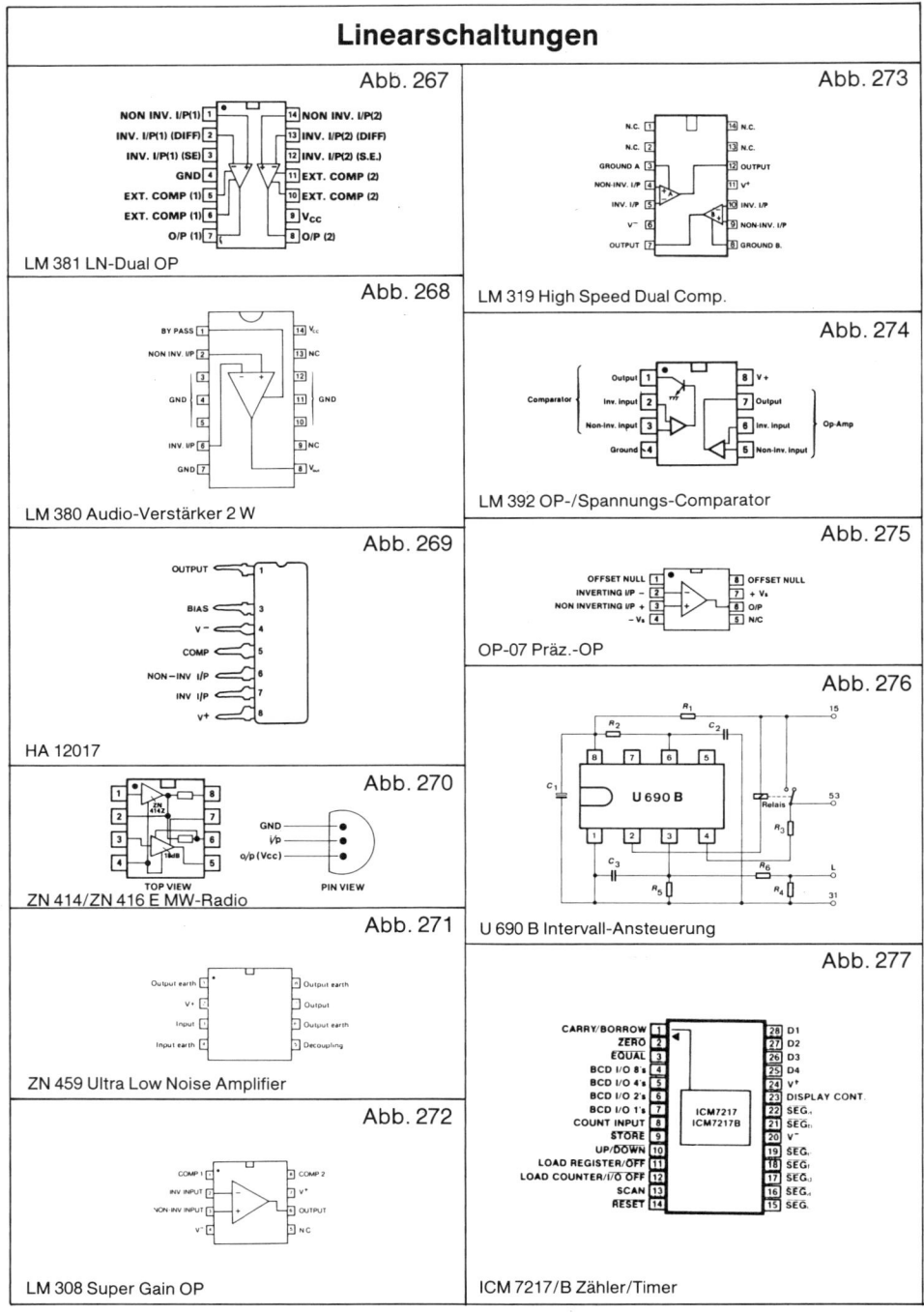

Abb. 267

NON INV. I/P(1) 1 ·   14 NON INV. I/P(2)
INV. I/P(1) (DIFF) 2   13 INV. I/P(2) (DIFF)
INV. I/P(1) (SE) 3   12 INV. I/P(2) (S.E.)
GND 4   11 EXT. COMP (2)
EXT. COMP (1) 5   10 EXT. COMP (2)
EXT. COMP (1) 6   9 Vcc
O/P (1) 7   8 O/P (2)

LM 381 LN-Dual OP

Abb. 268

BY PASS 1 ·   14 Vcc
NON INV. I/P 2   13 NC
3   12
GND 4   11 GND
5   10
INV. I/P 6   9 NC
GND 7   8 Vout

LM 380 Audio-Verstärker 2 W

Abb. 269

OUTPUT 1
BIAS 3
V⁻ 4
COMP 5
NON−INV I/P 6
INV I/P 7
V+ 8

HA 12017

Abb. 270

TOP VIEW

GND
Vb
o/p (Vcc)

PIN VIEW

ZN 414/ZN 416 E MW-Radio

Abb. 271

Output earth ·   Output earth
V+   Output
Input   Output earth
Input earth   Decoupling

ZN 459 Ultra Low Noise Amplifier

Abb. 272

COMP 1 ·   COMP 2
INV INPUT   V+
NON INV INPUT   OUTPUT
V⁻   NC

LM 308 Super Gain OP

Abb. 273

N.C. 1   14 N.C.
N.C. 2   13 N.C.
GROUND A 3   12 OUTPUT
NON-INV. I/P 4   11 V+
INV. I/P 5   10 INV. I/P
V⁻ 6   9 NON-INV. I/P
OUTPUT 7   8 GROUND B.

LM 319 High Speed Dual Comp.

Abb. 274

Comparator {
Output 1   8 V+
Inv. input 2   7 Output
Non-inv. input 3   6 Inv. input   } Op-Amp
Ground 4   5 Non-inv. input

LM 392 OP-/Spannungs-Comparator

Abb. 275

OFFSET NULL 1 ·   8 OFFSET NULL
INVERTING I/P − 2   7 + Vs
NON INVERTING I/P + 3   6 O/P
− Vs 4   5 N/C

OP-07 Präz.-OP

Abb. 276

U 690 B

U 690 B Intervall-Ansteuerung

Abb. 277

CARRY/BORROW 1   28 D1
ZERO 2   27 D2
EQUAL 3   26 D3
BCD I/O 8's 4   25 D4
BCD I/O 4's 5   24 V+
BCD I/O 2's 6   23 DISPLAY CONT.
BCD I/O 1's 7   22 SEG.
COUNT INPUT 8   21 SEG.
STORE 9   20 V⁻
UP/DOWN 10   19 SEG.
LOAD REGISTER/OFF 11   18 SEG.
LOAD COUNTER/I/O OFF 12   17 SEG.
SCAN 13   16 SEG.
RESET 14   15 SEG.

ICM7217
ICM7217B

ICM 7217/B Zähler/Timer

Linearschaltungen

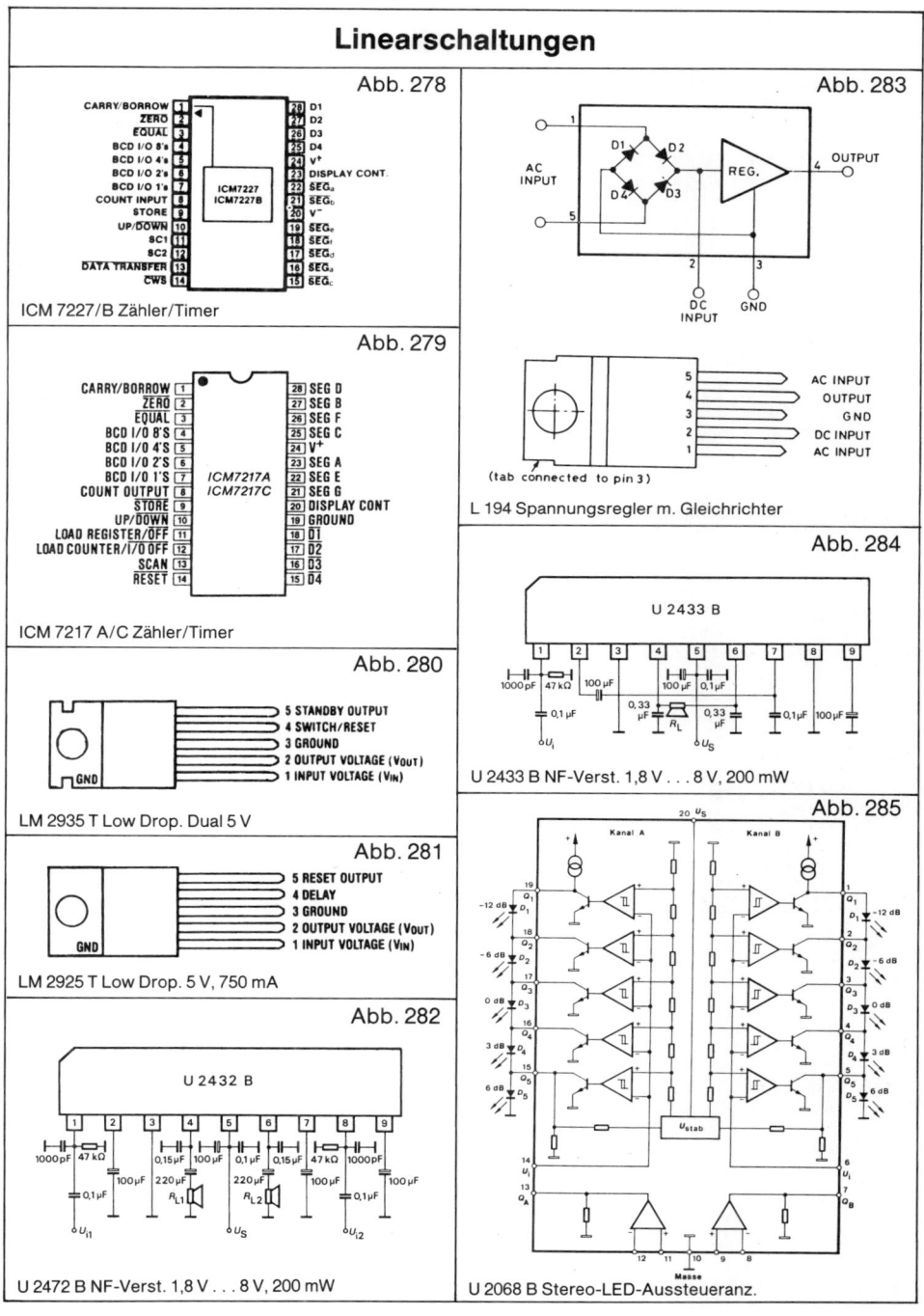

Abb. 278

ICM 7227/B Zähler/Timer

Abb. 279

ICM 7217 A/C Zähler/Timer

Abb. 280

- 5 STANDBY OUTPUT
- 4 SWITCH/RESET
- 3 GROUND
- 2 OUTPUT VOLTAGE (V$_{OUT}$)
- 1 INPUT VOLTAGE (V$_{IN}$)

LM 2935 T Low Drop. Dual 5 V

Abb. 281

- 5 RESET OUTPUT
- 4 DELAY
- 3 GROUND
- 2 OUTPUT VOLTAGE (V$_{OUT}$)
- 1 INPUT VOLTAGE (V$_{IN}$)

LM 2925 T Low Drop. 5 V, 750 mA

Abb. 282

U 2432 B

U 2472 B NF-Verst. 1,8 V . . . 8 V, 200 mW

Abb. 283

L 194 Spannungsregler m. Gleichrichter

(tab connected to pin 3)

- 5 AC INPUT
- 4 OUTPUT
- 3 GND
- 2 DC INPUT
- 1 AC INPUT

Abb. 284

U 2433 B

U 2433 B NF-Verst. 1,8 V . . . 8 V, 200 mW

Abb. 285

U 2068 B Stereo-LED-Aussteueranz.

79

Linearschaltungen

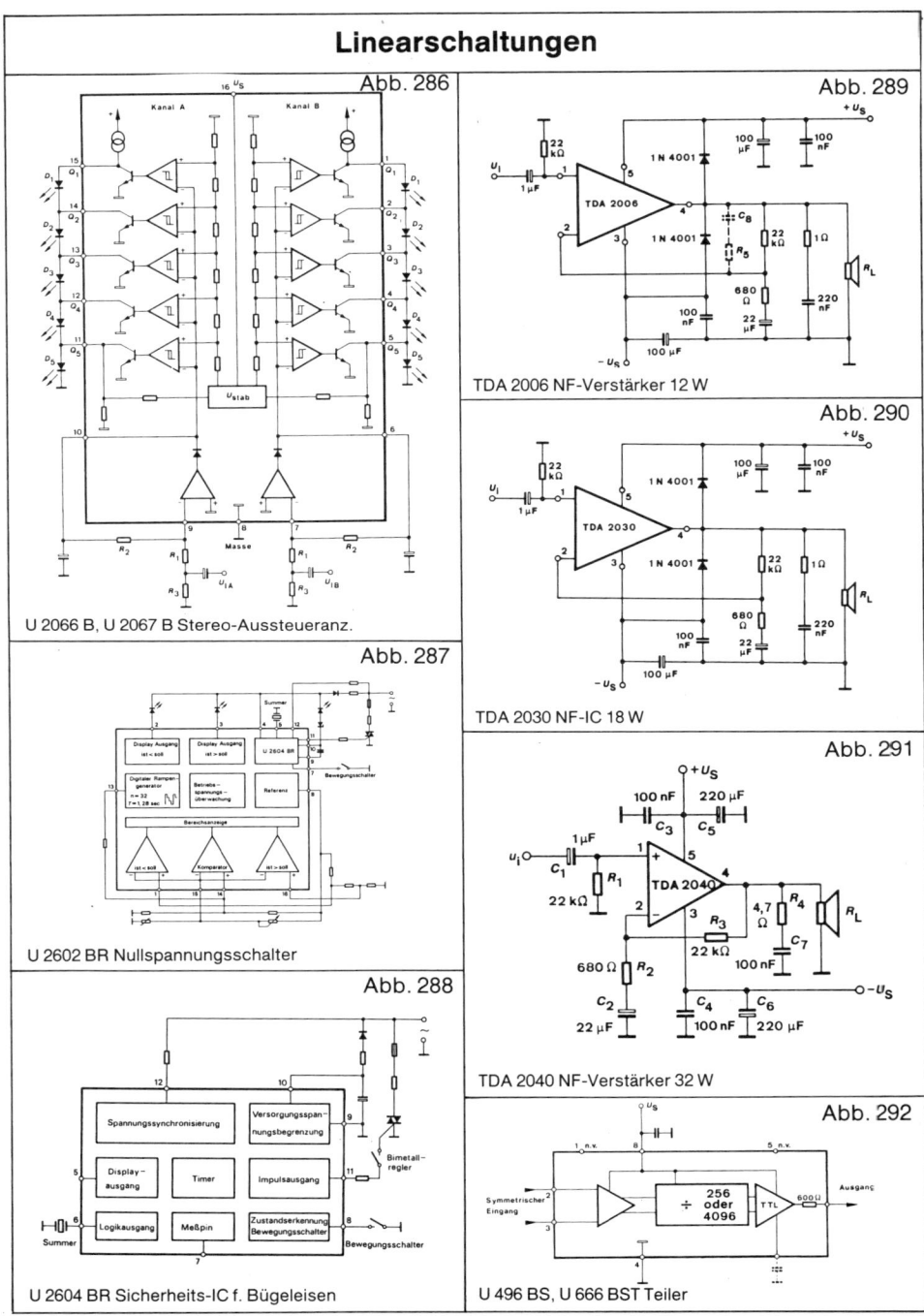

U 2066 B, U 2067 B Stereo-Aussteueranz. — Abb. 286

U 2602 BR Nullspannungsschalter — Abb. 287

U 2604 BR Sicherheits-IC f. Bügeleisen — Abb. 288

TDA 2006 NF-Verstärker 12 W — Abb. 289

TDA 2030 NF-IC 18 W — Abb. 290

TDA 2040 NF-Verstärker 32 W — Abb. 291

U 496 BS, U 666 BST Teiler — Abb. 292

80

Linearschaltungen

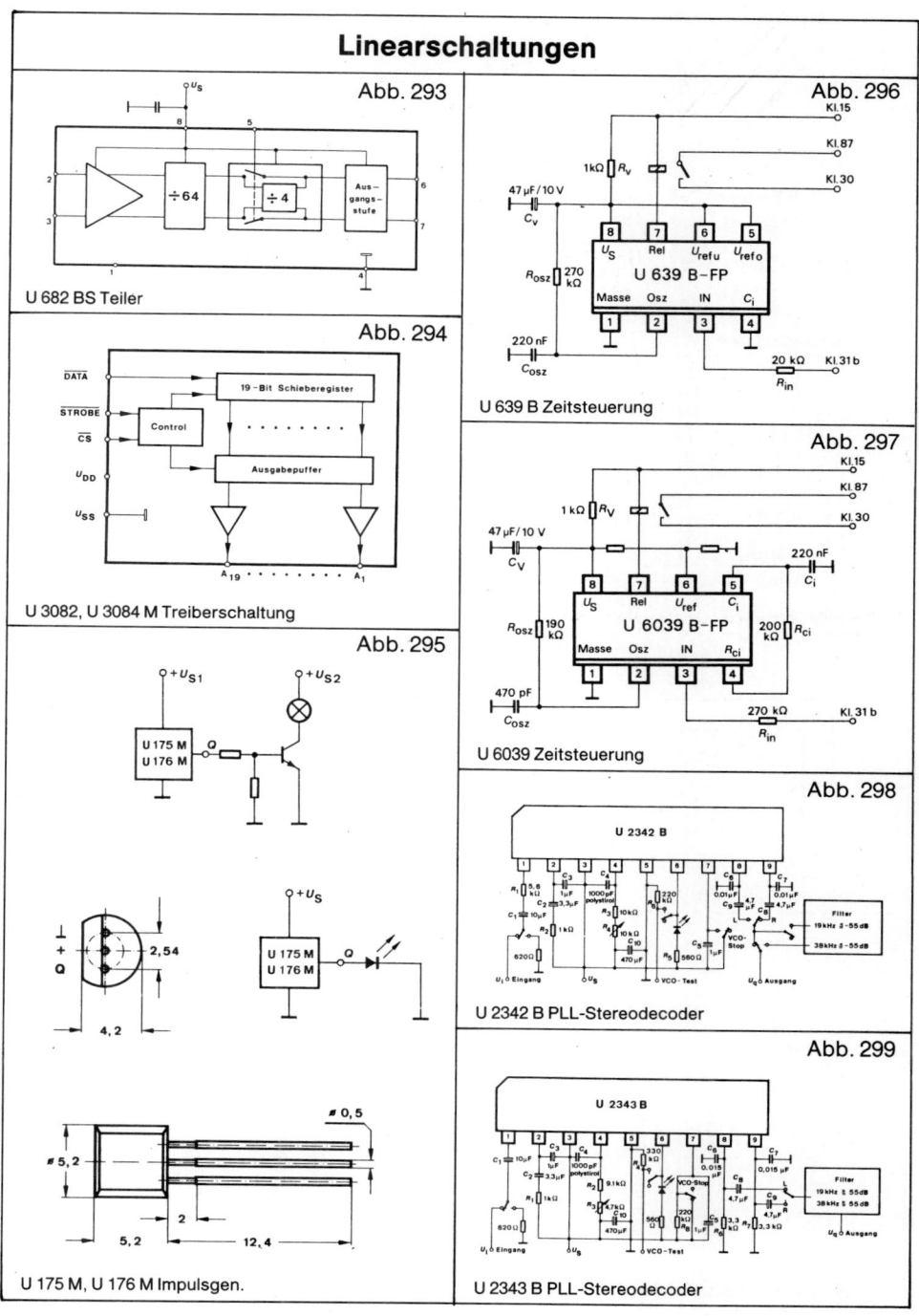

Abb. 293

U 682 BS Teiler

Abb. 294

U 3082, U 3084 M Treiberschaltung

Abb. 295

U 175 M, U 176 M Impulsgen.

Abb. 296

U 639 B Zeitsteuerung

Abb. 297

U 6039 Zeitsteuerung

Abb. 298

U 2342 B PLL-Stereodecoder

Abb. 299

U 2343 B PLL-Stereodecoder

Linearschaltungen

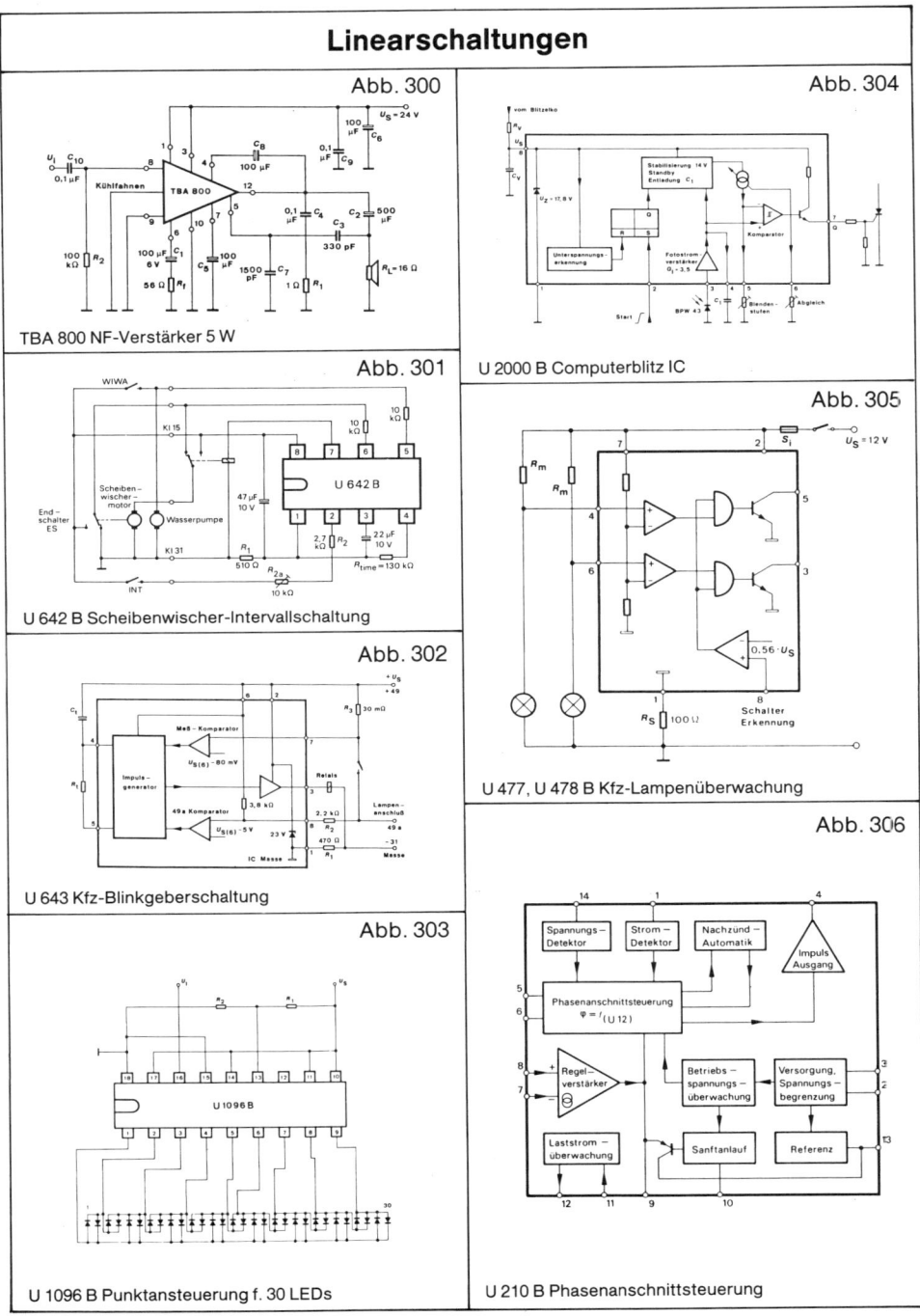

Abb. 300

TBA 800 NF-Verstärker 5 W

Abb. 301

U 642 B Scheibenwischer-Intervallschaltung

Abb. 302

U 643 Kfz-Blinkgeberschaltung

Abb. 303

U 1096 B Punktansteuerung f. 30 LEDs

Abb. 304

U 2000 B Computerblitz IC

Abb. 305

U 477, U 478 B Kfz-Lampenüberwachung

Abb. 306

U 210 B Phasenanschnittsteuerung

82

Linearschaltungen

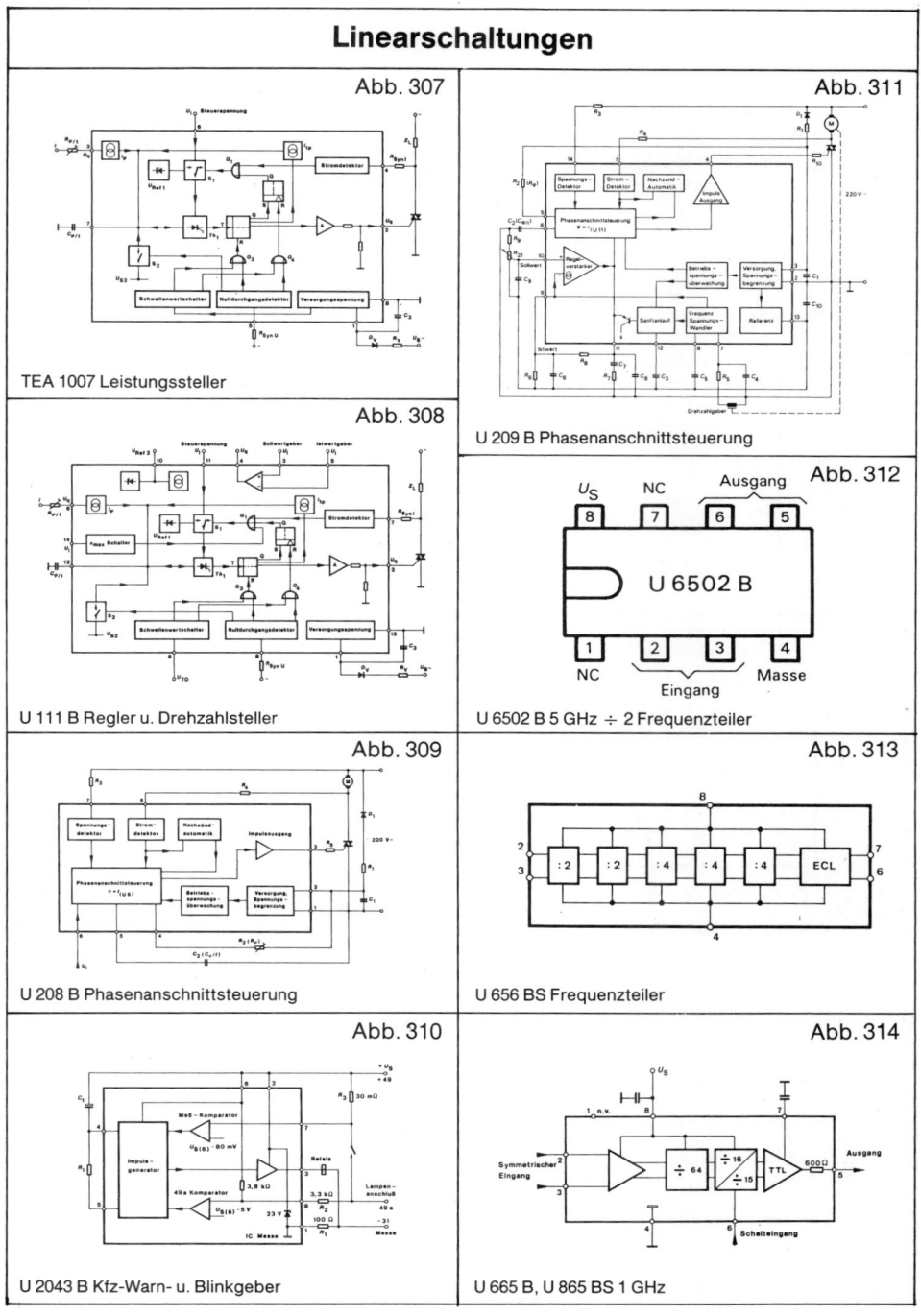

Abb. 307

TEA 1007 Leistungssteller

Abb. 308

U 111 B Regler u. Drehzahlsteller

Abb. 309

U 208 B Phasenanschnittsteuerung

Abb. 310

U 2043 B Kfz-Warn- u. Blinkgeber

Abb. 311

U 209 B Phasenanschnittsteuerung

Abb. 312

U 6502 B

U 6502 B 5 GHz ÷ 2 Frequenzteiler

Abb. 313

U 656 BS Frequenzteiler

Abb. 314

U 665 B, U 865 BS 1 GHz

83

Linearschaltungen

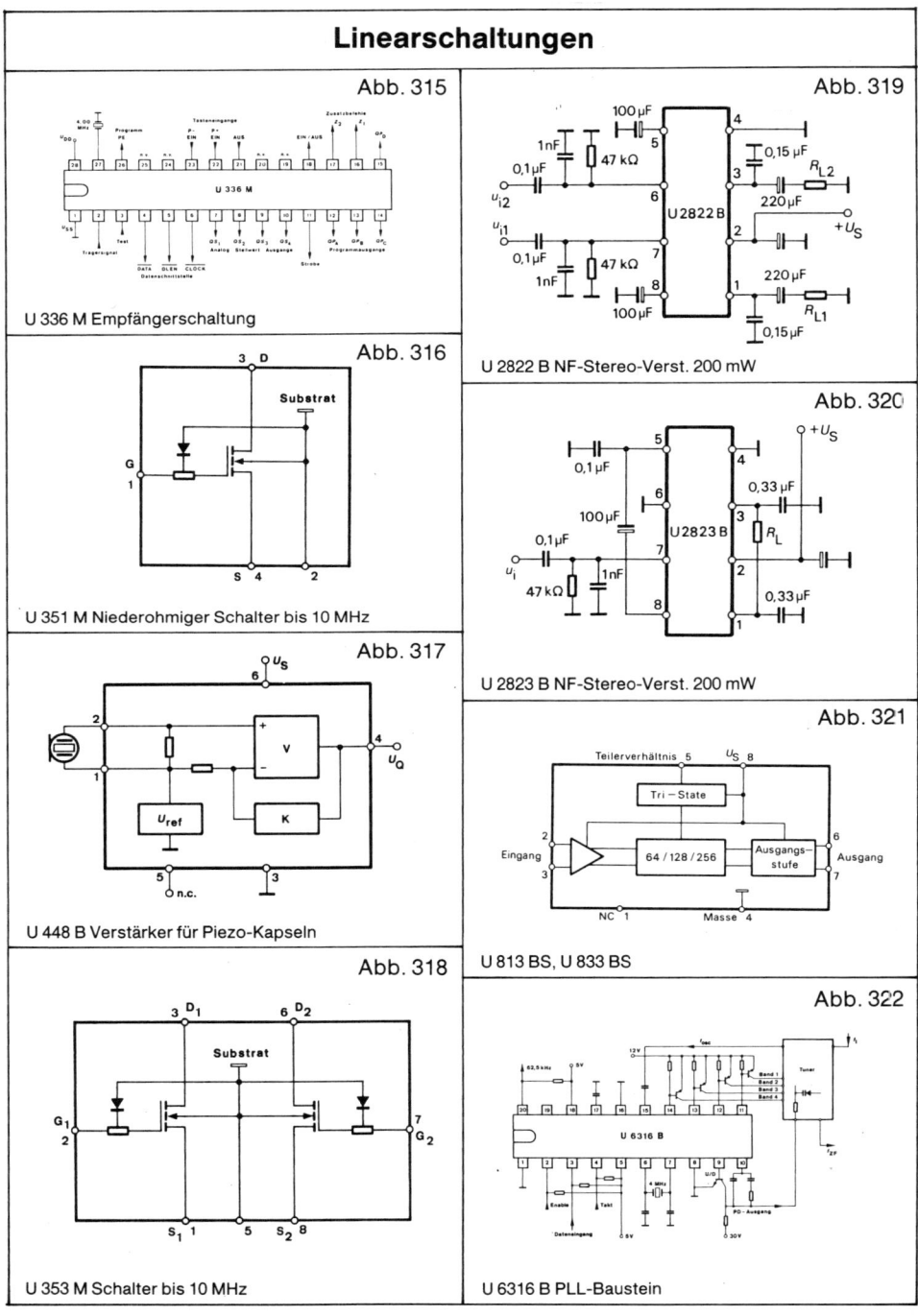

Abb. 315
U 336 M Empfängerschaltung

Abb. 316
U 351 M Niederohmiger Schalter bis 10 MHz

Abb. 317
U 448 B Verstärker für Piezo-Kapseln

Abb. 318
U 353 M Schalter bis 10 MHz

Abb. 319
U 2822 B NF-Stereo-Verst. 200 mW

Abb. 320
U 2823 B NF-Stereo-Verst. 200 mW

Abb. 321
U 813 BS, U 833 BS

Abb. 322
U 6316 B PLL-Baustein

Linearschaltungen

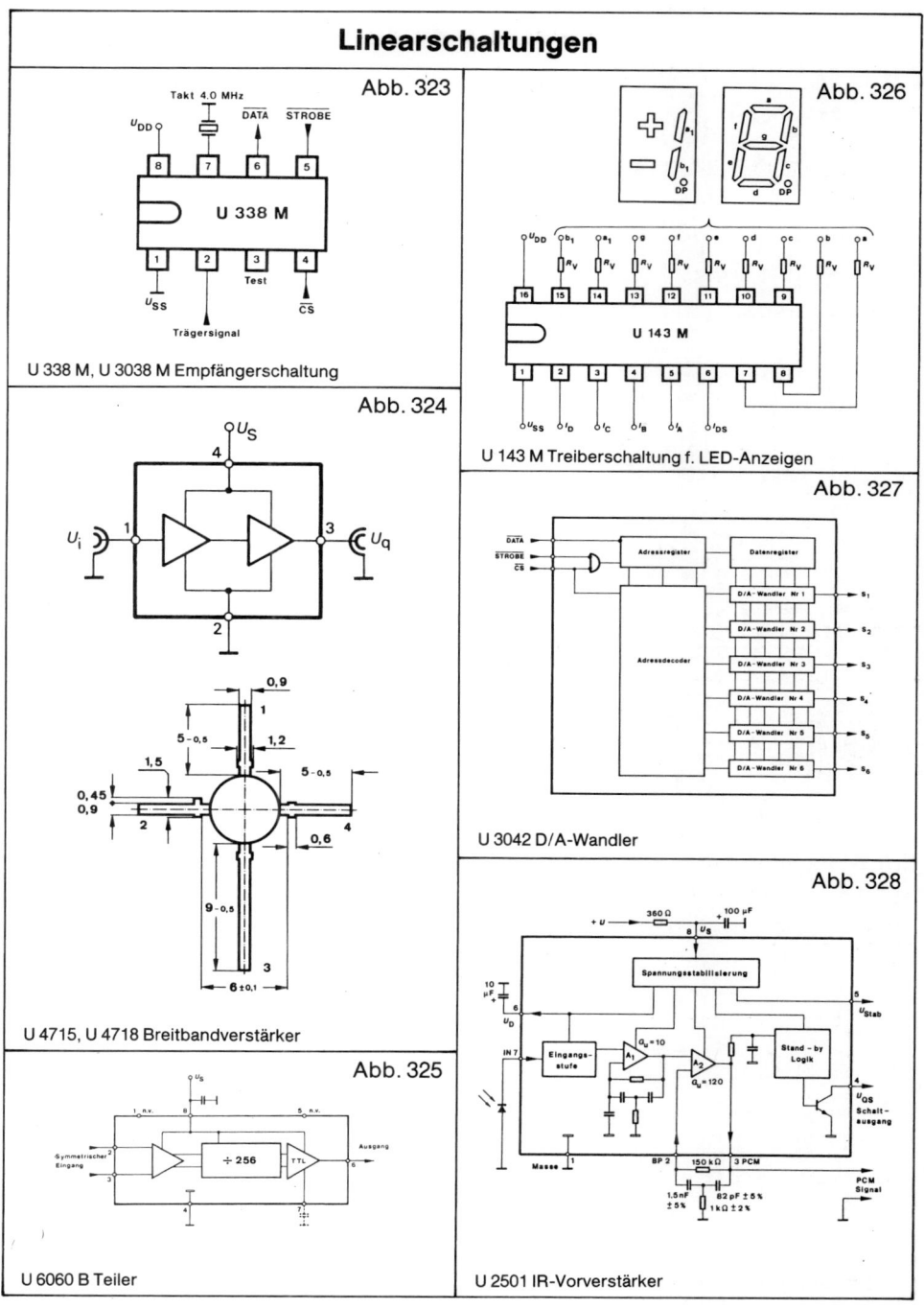

Abb. 323

U 338 M, U 3038 M Empfängerschaltung

Abb. 324

U 4715, U 4718 Breitbandverstärker

Abb. 325

U 6060 B Teiler

Abb. 326

U 143 M Treiberschaltung f. LED-Anzeigen

Abb. 327

U 3042 D/A-Wandler

Abb. 328

U 2501 IR-Vorverstärker

85

Linearschaltungen

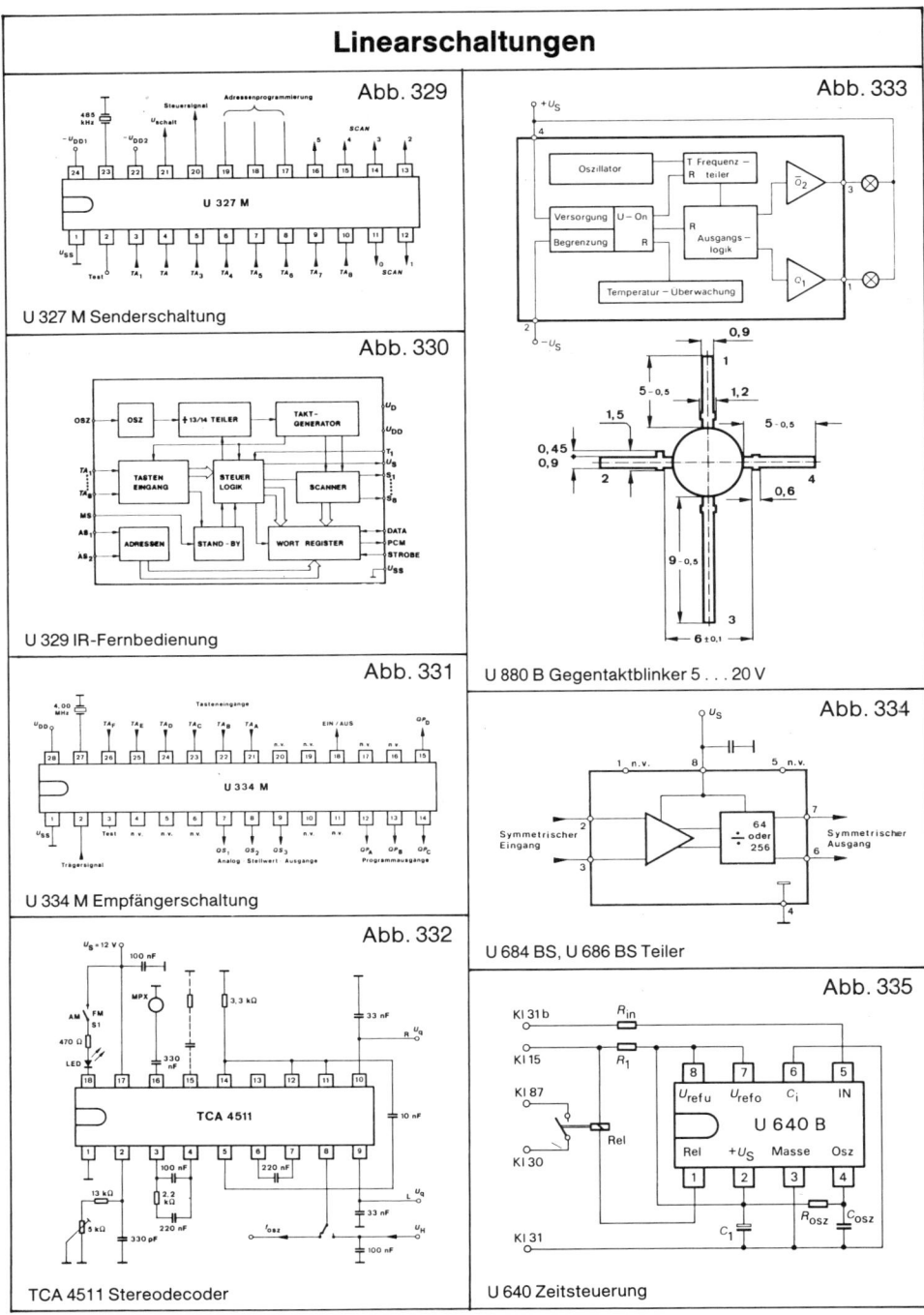

Abb. 329

U 327 M Senderschaltung

Abb. 330

U 329 IR-Fernbedienung

Abb. 331

U 334 M Empfängerschaltung

Abb. 332

TCA 4511 Stereodecoder

Abb. 333

U 880 B Gegentaktblinker 5 . . . 20 V

Abb. 334

U 684 BS, U 686 BS Teiler

Abb. 335

U 640 Zeitsteuerung

Linearschaltungen

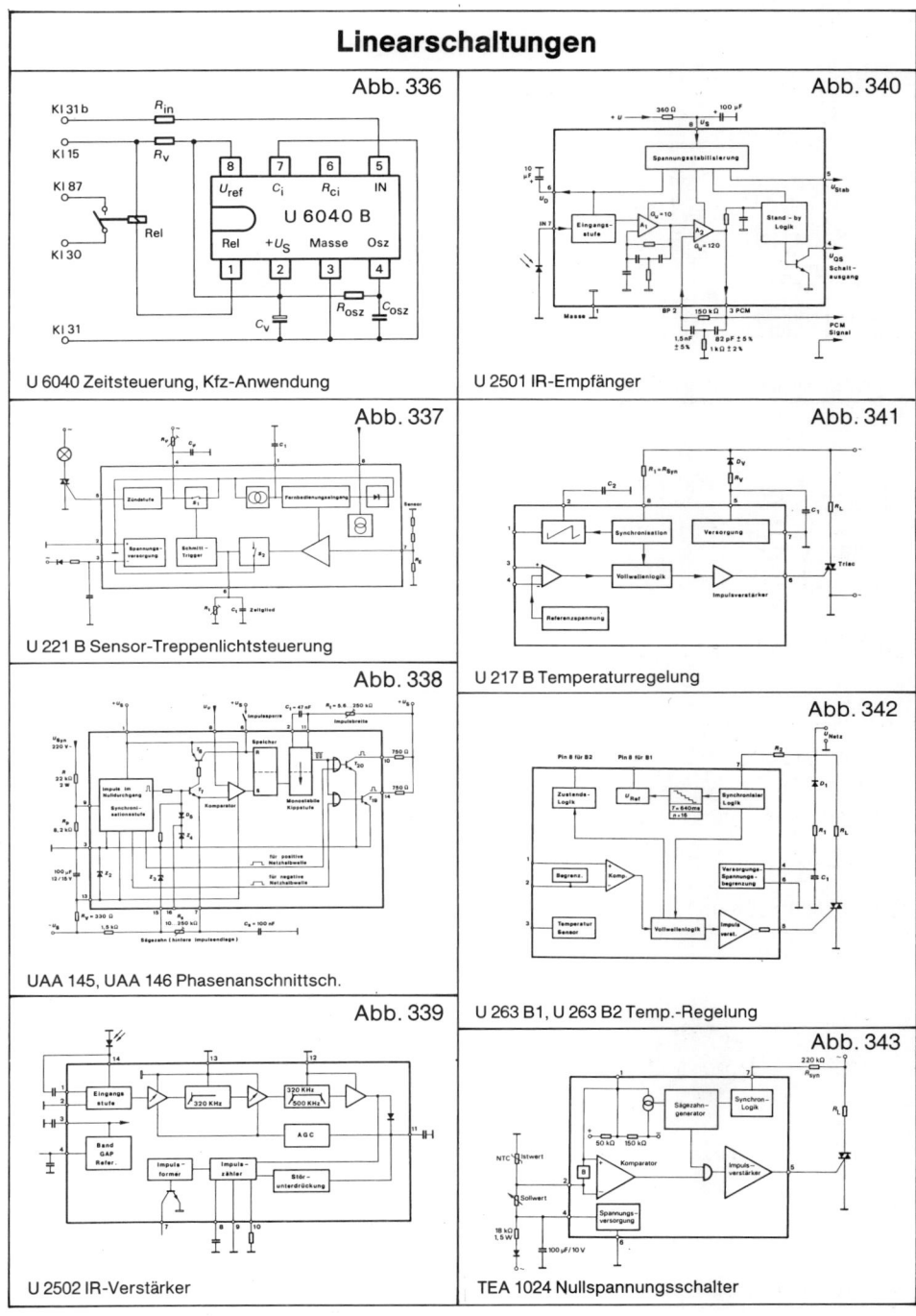

Abb. 336

U 6040 Zeitsteuerung, Kfz-Anwendung

Abb. 337

U 221 B Sensor-Treppenlichtsteuerung

Abb. 338

UAA 145, UAA 146 Phasenanschnittsch.

Abb. 339

U 2502 IR-Verstärker

Abb. 340

U 2501 IR-Empfänger

Abb. 341

U 217 B Temperaturregelung

Abb. 342

U 263 B1, U 263 B2 Temp.-Regelung

Abb. 343

TEA 1024 Nullspannungsschalter

Linearschaltungen

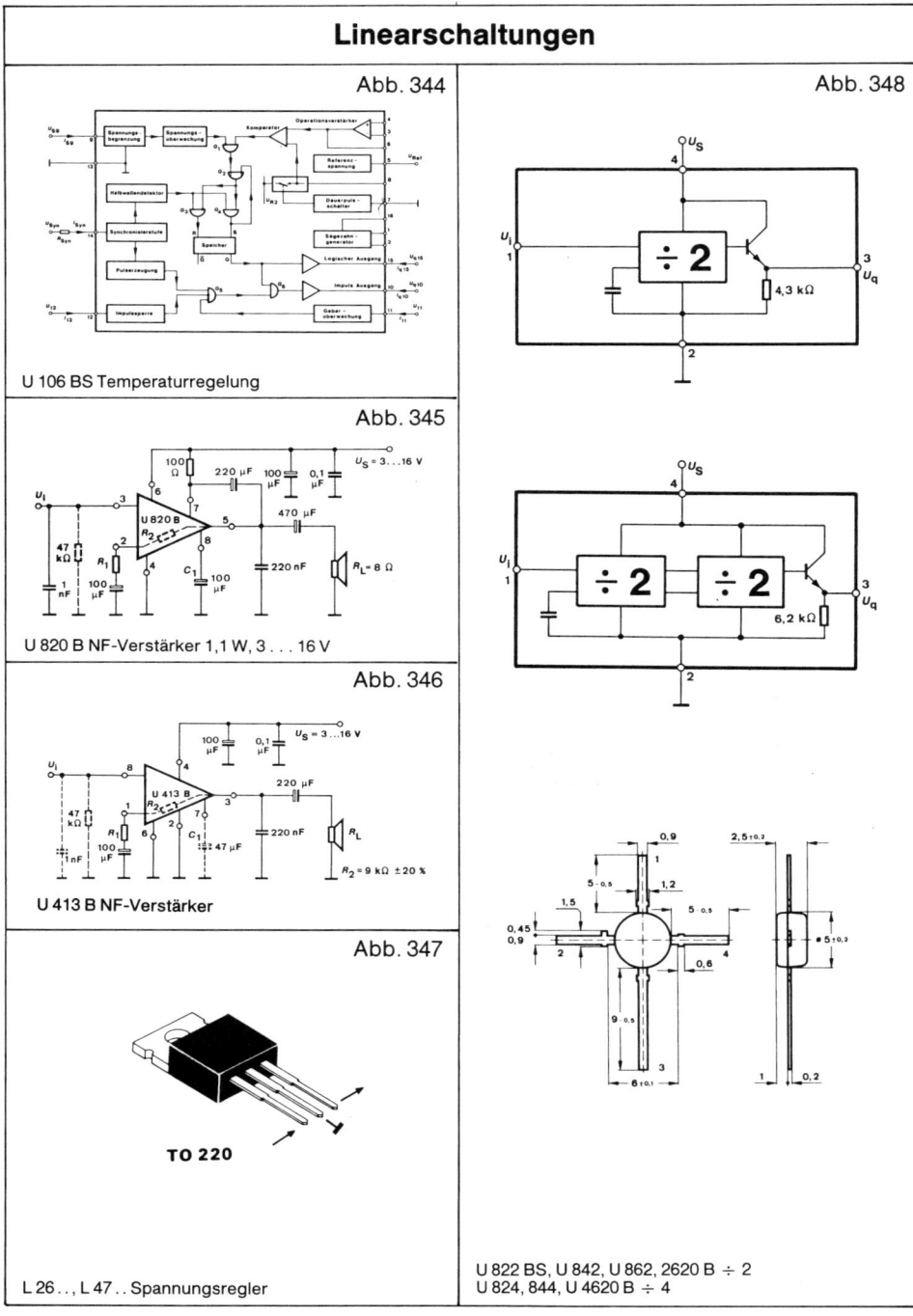

Abb. 344

U 106 BS Temperaturregelung

Abb. 345

U 820 B NF-Verstärker 1,1 W, 3 . . . 16 V

Abb. 346

U 413 B NF-Verstärker

Abb. 347

TO 220

L 26 . ., L 47 . . Spannungsregler

Abb. 348

U 822 BS, U 842, U 862, 2620 B ÷ 2
U 824, 844, U 4620 B ÷ 4

88

Linearschaltungen

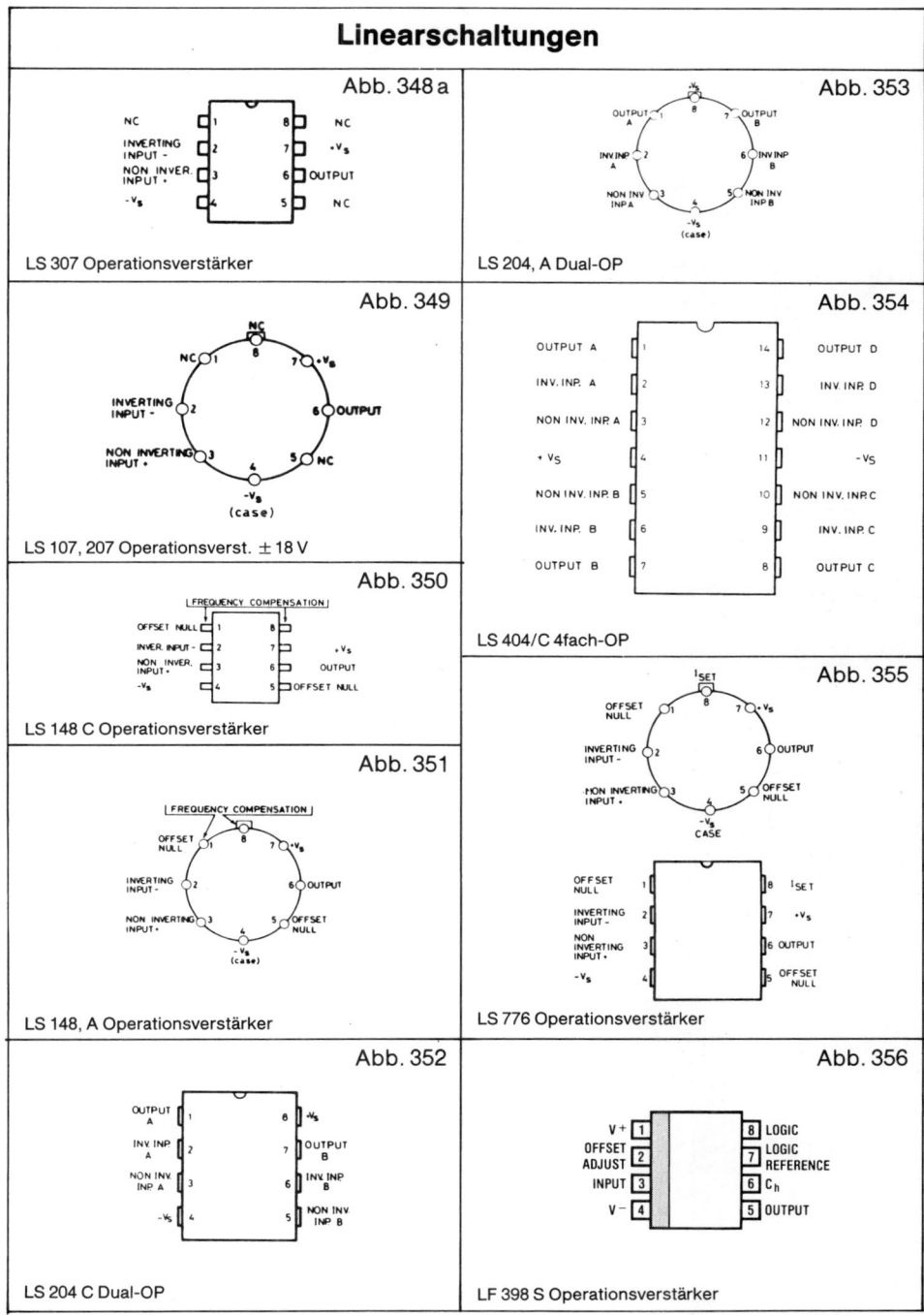

Abb. 348 a

NC — 1 · 8 — NC
INVERTING INPUT − — 2 · 7 — -V$_S$
NON INVER. INPUT + — 3 · 6 — OUTPUT
-V$_S$ — 4 · 5 — NC

LS 307 Operationsverstärker

Abb. 353

OUTPUT A — 1 · 8 — OUTPUT B
INV. INP. A — 2 · 6 — INV. INP. B
NON INV. INP A — 3 · 5 — NON INV. INP. B
-V$_S$ (case) — 4

LS 204, A Dual-OP

Abb. 349

NC — 1 · 8 — NC · 7 — +V$_S$
INVERTING INPUT − — 2 · 6 — OUTPUT
NON INVERTING INPUT + — 3 · 5 — NC
-V$_S$ (case) — 4

LS 107, 207 Operationsverst. ± 18 V

Abb. 354

OUTPUT A — 1 · 14 — OUTPUT D
INV. INP. A — 2 · 13 — INV. INP. D
NON INV. INP. A — 3 · 12 — NON INV. INP. D
+ V$_S$ — 4 · 11 — -V$_S$
NON INV. INP. B — 5 · 10 — NON INV. INP. C
INV. INP. B — 6 · 9 — INV. INP. C
OUTPUT B — 7 · 8 — OUTPUT C

LS 404/C 4fach-OP

Abb. 350

[FREQUENCY COMPENSATION]
OFFSET NULL — 1 · 8
INVER. INPUT − — 2 · 7 — +V$_S$
NON INVER. INPUT + — 3 · 6 — OUTPUT
-V$_S$ — 4 · 5 — OFFSET NULL

LS 148 C Operationsverstärker

Abb. 351

[FREQUENCY COMPENSATION]
OFFSET NULL — 1 · 8 · 7 — +V$_S$
INVERTING INPUT − — 2 · 6 — OUTPUT
NON INVERTING INPUT + — 3 · 5 — OFFSET NULL
-V$_S$ (case) — 4

LS 148, A Operationsverstärker

Abb. 355

I$_{SET}$ — 8 · 7 — +V$_S$
OFFSET NULL — 1 · 6 — OUTPUT
INVERTING INPUT − — 2 · 5 — OFFSET NULL
NON INVERTING INPUT + — 3
-V$_S$ CASE — 4

OFFSET NULL — 1 · 8 — I$_{SET}$
INVERTING INPUT − — 2 · 7 — +V$_s$
NON INVERTING INPUT + — 3 · 6 — OUTPUT
-V$_s$ — 4 · 5 — OFFSET NULL

LS 776 Operationsverstärker

Abb. 352

OUTPUT A — 1 · 8 — -V$_S$
INV. INP. A — 2 · 7 — OUTPUT B
NON INV. INP. A — 3 · 6 — INV. INP. B
-V$_S$ — 4 · 5 — NON INV. INP B

LS 204 C Dual-OP

Abb. 356

V + — 1 · 8 — LOGIC
OFFSET ADJUST — 2 · 7 — LOGIC REFERENCE
INPUT — 3 · 6 — C$_h$
V − — 4 · 5 — OUTPUT

LF 398 S Operationsverstärker

Linearschaltungen

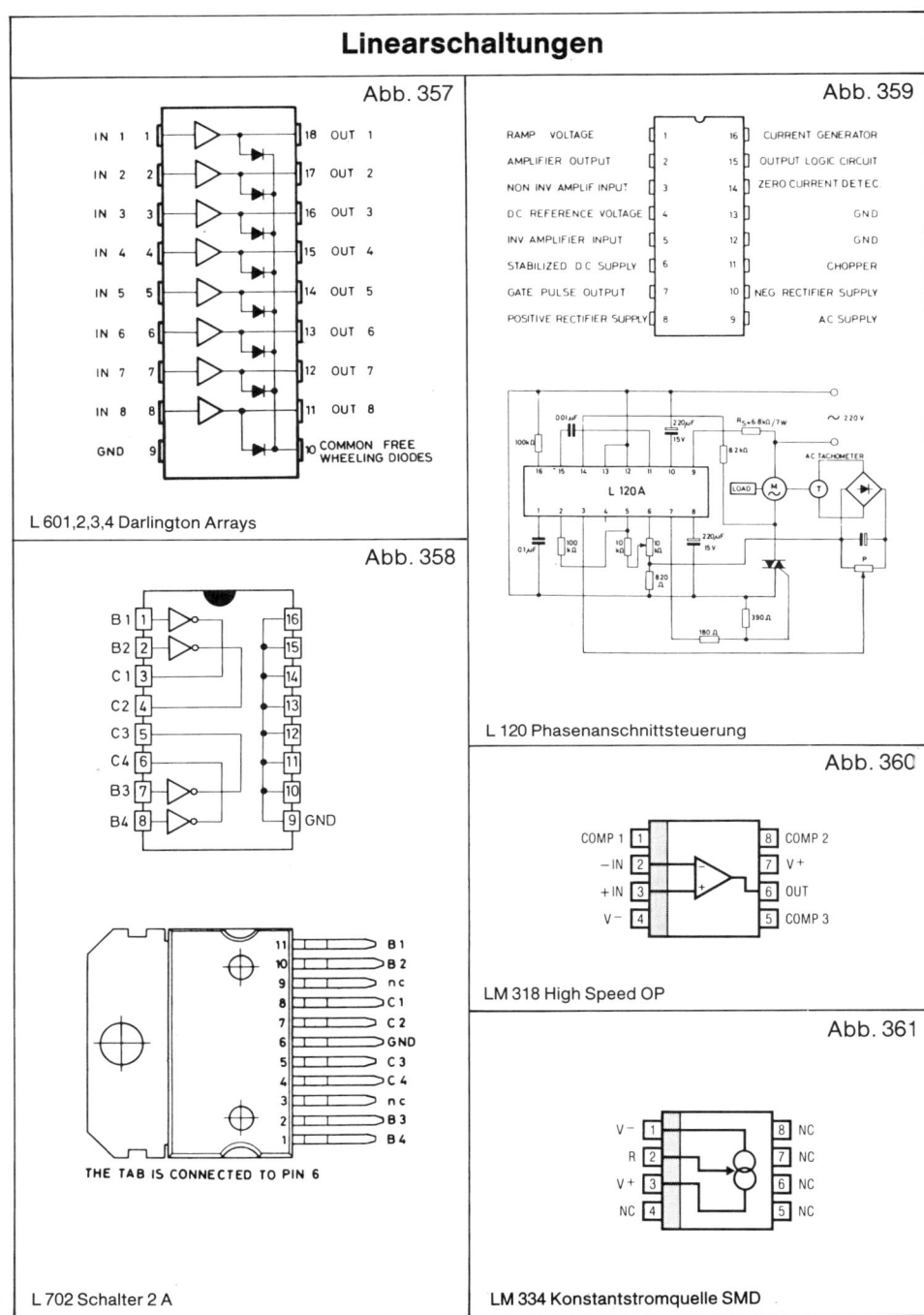

Abb. 357

IN 1 — 1   18 — OUT 1
IN 2 — 2   17 — OUT 2
IN 3 — 3   16 — OUT 3
IN 4 — 4   15 — OUT 4
IN 5 — 5   14 — OUT 5
IN 6 — 6   13 — OUT 6
IN 7 — 7   12 — OUT 7
IN 8 — 8   11 — OUT 8
GND — 9   10 — COMMON FREE WHEELING DIODES

L 601,2,3,4 Darlington Arrays

Abb. 358

B1 — 1   16
B2 — 2   15
C1 — 3   14
C2 — 4   13
C3 — 5   12
C4 — 6   11
B3 — 7   10
B4 — 8   9 — GND

11 — B1
10 — B2
9 — nc
8 — C1
7 — C2
6 — GND
5 — C3
4 — C4
3 — nc
2 — B3
1 — B4

THE TAB IS CONNECTED TO PIN 6

L 702 Schalter 2 A

Abb. 359

RAMP VOLTAGE — 1   16 — CURRENT GENERATOR
AMPLIFIER OUTPUT — 2   15 — OUTPUT LOGIC CIRCUIT
NON INV. AMPLIF INPUT — 3   14 — ZERO CURRENT DETEC.
DC REFERENCE VOLTAGE — 4   13 — GND
INV. AMPLIFIER INPUT — 5   12 — GND
STABILIZED DC SUPPLY — 6   11 — CHOPPER
GATE PULSE OUTPUT — 7   10 — NEG RECTIFIER SUPPLY
POSITIVE RECTIFIER SUPPLY — 8   9 — AC SUPPLY

L 120A

L 120 Phasenanschnittsteuerung

Abb. 360

COMP 1 — 1   8 — COMP 2
−IN — 2   7 — V+
+IN — 3   6 — OUT
V− — 4   5 — COMP 3

LM 318 High Speed OP

Abb. 361

V− — 1   8 — NC
R — 2   7 — NC
V+ — 3   6 — NC
NC — 4   5 — NC

LM 334 Konstantstromquelle SMD

Linearschaltungen

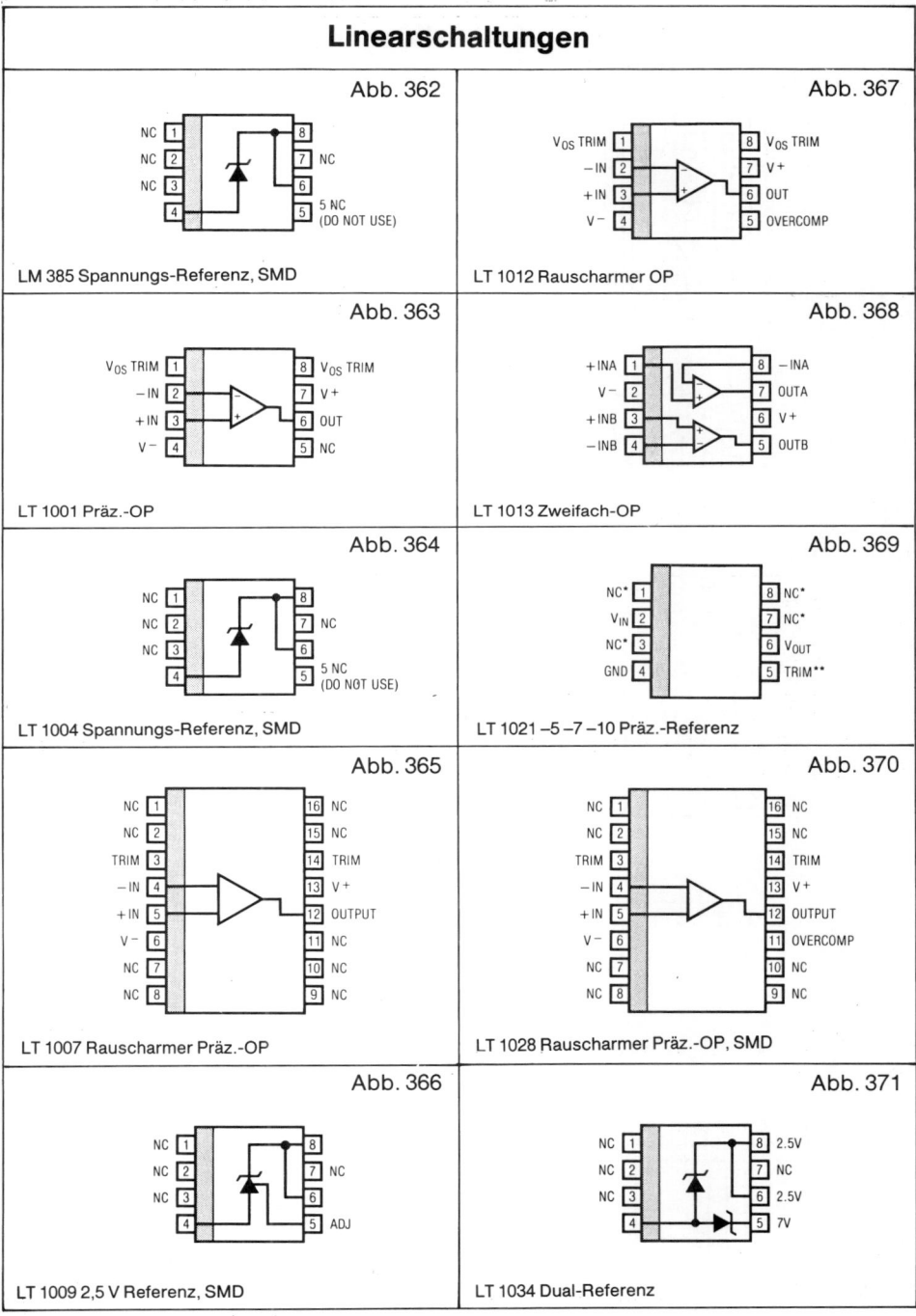

Abb. 362

NC 1 8
NC 2 7 NC
NC 3 6
4 5 5 NC (DO NOT USE)

LM 385 Spannungs-Referenz, SMD

Abb. 363

V_{OS} TRIM 1 8 V_{OS} TRIM
− IN 2 7 V +
+ IN 3 6 OUT
V − 4 5 NC

LT 1001 Präz.-OP

Abb. 364

NC 1 8
NC 2 7 NC
NC 3 6
4 5 5 NC (DO NOT USE)

LT 1004 Spannungs-Referenz, SMD

Abb. 365

NC 1 16 NC
NC 2 15 NC
TRIM 3 14 TRIM
− IN 4 13 V +
+ IN 5 12 OUTPUT
V − 6 11 NC
NC 7 10 NC
NC 8 9 NC

LT 1007 Rauscharmer Präz.-OP

Abb. 366

NC 1 8
NC 2 7 NC
NC 3 6
4 5 ADJ

LT 1009 2,5 V Referenz, SMD

Abb. 367

V_{OS} TRIM 1 8 V_{OS} TRIM
− IN 2 7 V +
+ IN 3 6 OUT
V − 4 5 OVERCOMP

LT 1012 Rauscharmer OP

Abb. 368

+ INA 1 8 − INA
V − 2 7 OUTA
+ INB 3 6 V +
− INB 4 5 OUTB

LT 1013 Zweifach-OP

Abb. 369

NC* 1 8 NC*
V_{IN} 2 7 NC*
NC* 3 6 V_{OUT}
GND 4 5 TRIM**

LT 1021 −5 −7 −10 Präz.-Referenz

Abb. 370

NC 1 16 NC
NC 2 15 NC
TRIM 3 14 TRIM
− IN 4 13 V +
+ IN 5 12 OUTPUT
V − 6 11 OVERCOMP
NC 7 10 NC
NC 8 9 NC

LT 1028 Rauscharmer Präz.-OP, SMD

Abb. 371

NC 1 8 2.5V
NC 2 7 NC
NC 3 6 2.5V
4 5 7V

LT 1034 Dual-Referenz

Linearschaltungen

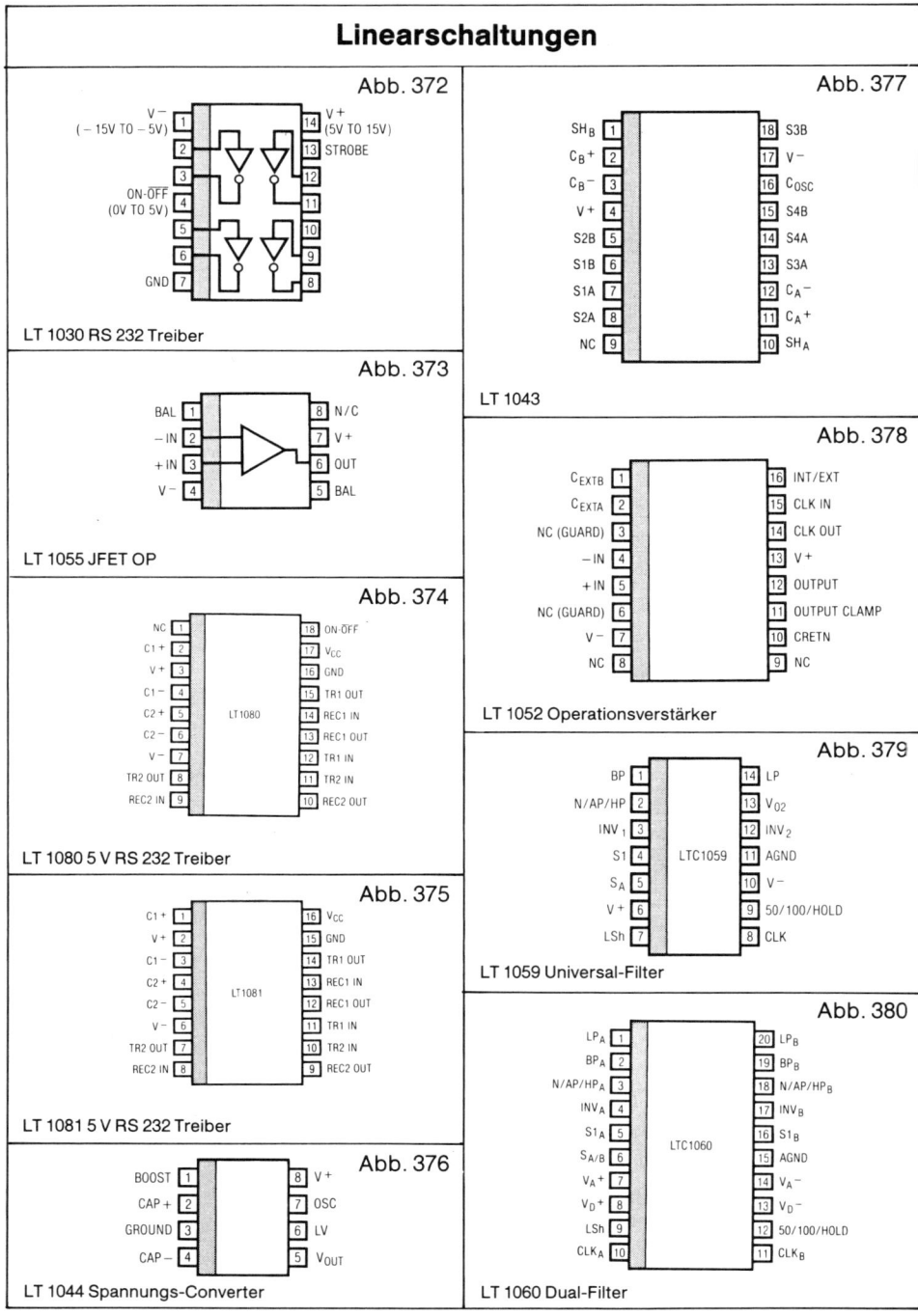

Abb. 372

V− (−15V TO −5V) — 1
2
ON-OFF (0V TO 5V) — 4
6
GND — 7

14 — V+ (5V TO 15V)
13 — STROBE
12
11
10
9
8

LT 1030 RS 232 Treiber

Abb. 373

BAL — 1
− IN — 2
+ IN — 3
V − — 4

8 — N/C
7 — V +
6 — OUT
5 — BAL

LT 1055 JFET OP

Abb. 374

NC — 1
C1 + — 2
V + — 3
C1 − — 4
C2 + — 5
C2 − — 6
V − — 7
TR2 OUT — 8
REC2 IN — 9

LT1080

18 — ON-OFF
17 — V$_{CC}$
16 — GND
15 — TR1 OUT
14 — REC1 IN
13 — REC1 OUT
12 — TR1 IN
11 — TR2 IN
10 — REC2 OUT

LT 1080 5 V RS 232 Treiber

Abb. 375

C1 + — 1
V + — 2
C1 − — 3
C2 + — 4
C2 − — 5
V − — 6
TR2 OUT — 7
REC2 IN — 8

LT1081

16 — V$_{CC}$
15 — GND
14 — TR1 OUT
13 — REC1 IN
12 — REC1 OUT
11 — TR1 IN
10 — TR2 IN
9 — REC2 OUT

LT 1081 5 V RS 232 Treiber

Abb. 376

BOOST — 1
CAP + — 2
GROUND — 3
CAP − — 4

8 — V +
7 — OSC
6 — LV
5 — V$_{OUT}$

LT 1044 Spannungs-Converter

Abb. 377

SH$_B$ — 1
C$_B$+ — 2
C$_B$− — 3
V + — 4
S2B — 5
S1B — 6
S1A — 7
S2A — 8
NC — 9

18 — S3B
17 — V −
16 — C$_{OSC}$
15 — S4B
14 — S4A
13 — S3A
12 — C$_A$−
11 — C$_A$+
10 — SH$_A$

LT 1043

Abb. 378

C$_{EXTB}$ — 1
C$_{EXTA}$ — 2
NC (GUARD) — 3
− IN — 4
+ IN — 5
NC (GUARD) — 6
V − — 7
NC — 8

16 — INT/EXT
15 — CLK IN
14 — CLK OUT
13 — V +
12 — OUTPUT
11 — OUTPUT CLAMP
10 — CRETN
9 — NC

LT 1052 Operationsverstärker

Abb. 379

BP — 1
N/AP/HP — 2
INV$_1$ — 3
S1 — 4
S$_A$ — 5
V + — 6
LSh — 7

LTC1059

14 — LP
13 — V$_{02}$
12 — INV$_2$
11 — AGND
10 — V −
9 — 50/100/HOLD
8 — CLK

LT 1059 Universal-Filter

Abb. 380

LP$_A$ — 1
BP$_A$ — 2
N/AP/HP$_A$ — 3
INV$_A$ — 4
S1$_A$ — 5
S$_{A/B}$ — 6
V$_A$+ — 7
V$_D$+ — 8
LSh — 9
CLK$_A$ — 10

LTC1060

20 — LP$_B$
19 — BP$_B$
18 — N/AP/HP$_B$
17 — INV$_B$
16 — S1$_B$
15 — AGND
14 — V$_A$−
13 — V$_D$−
12 — 50/100/HOLD
11 — CLK$_B$

LT 1060 Dual-Filter

Linearschaltungen

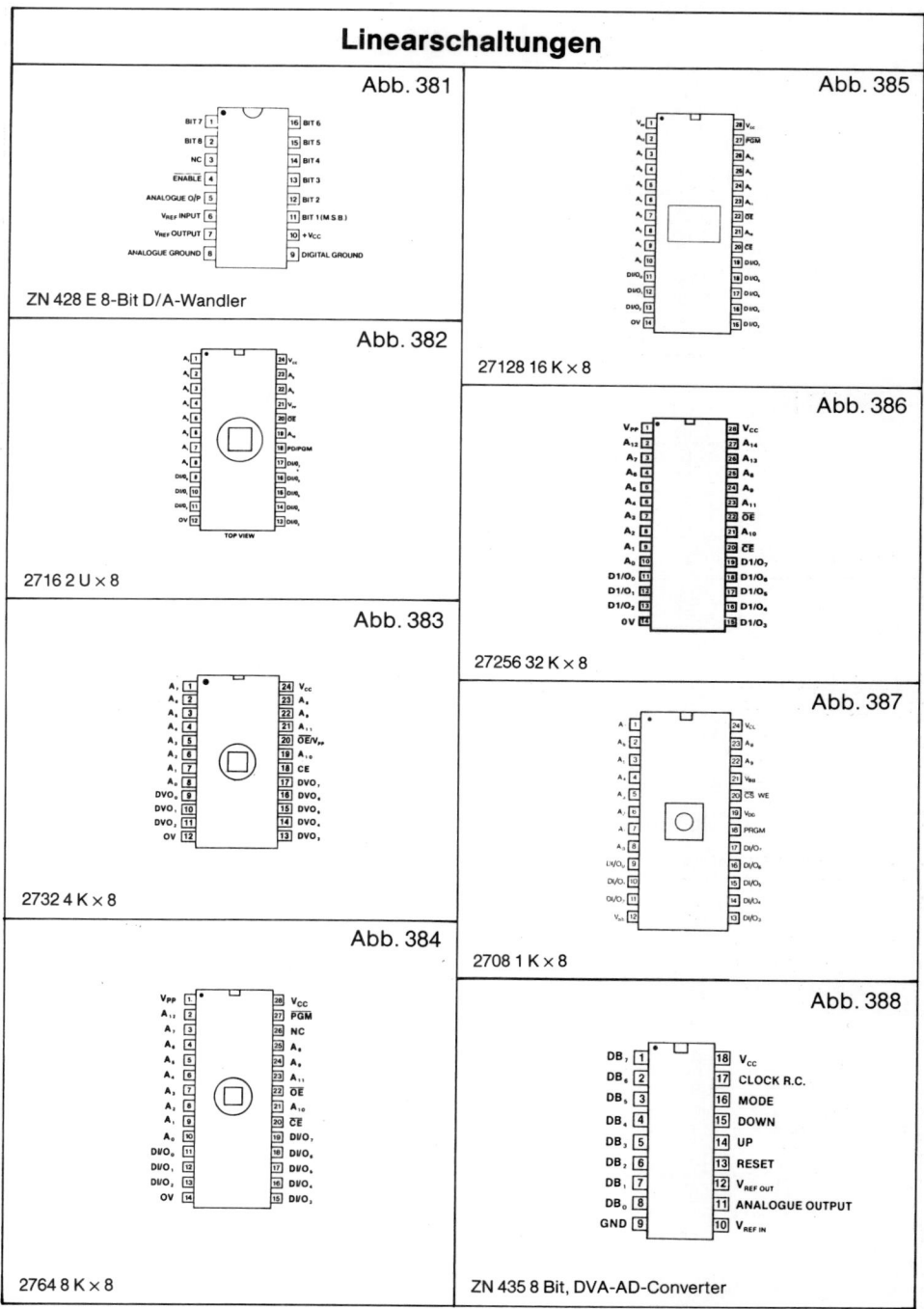

Abb. 381

BIT 7	1	16	BIT 6
BIT 8	2	15	BIT 5
NC	3	14	BIT 4
ENABLE	4	13	BIT 3
ANALOGUE O/P	5	12	BIT 2
V_{REF} INPUT	6	11	BIT 1 (M S B)
V_{REF} OUTPUT	7	10	+ V_{CC}
ANALOGUE GROUND	8	9	DIGITAL GROUND

ZN 428 E 8-Bit D/A-Wandler

Abb. 382

2716 2 U × 8

Abb. 383

2732 4 K × 8

Abb. 384

2764 8 K × 8

Abb. 385

27128 16 K × 8

Abb. 386

27256 32 K × 8

Abb. 387

2708 1 K × 8

Abb. 388

DB$_7$	1	18	V_{CC}
DB$_6$	2	17	CLOCK R.C.
DB$_5$	3	16	MODE
DB$_4$	4	15	DOWN
DB$_3$	5	14	UP
DB$_2$	6	13	RESET
DB$_1$	7	12	$V_{REF\ OUT}$
DB$_0$	8	11	ANALOGUE OUTPUT
GND	9	10	$V_{REF\ IN}$

ZN 435 8 Bit, DVA-AD-Converter

Linearschaltungen

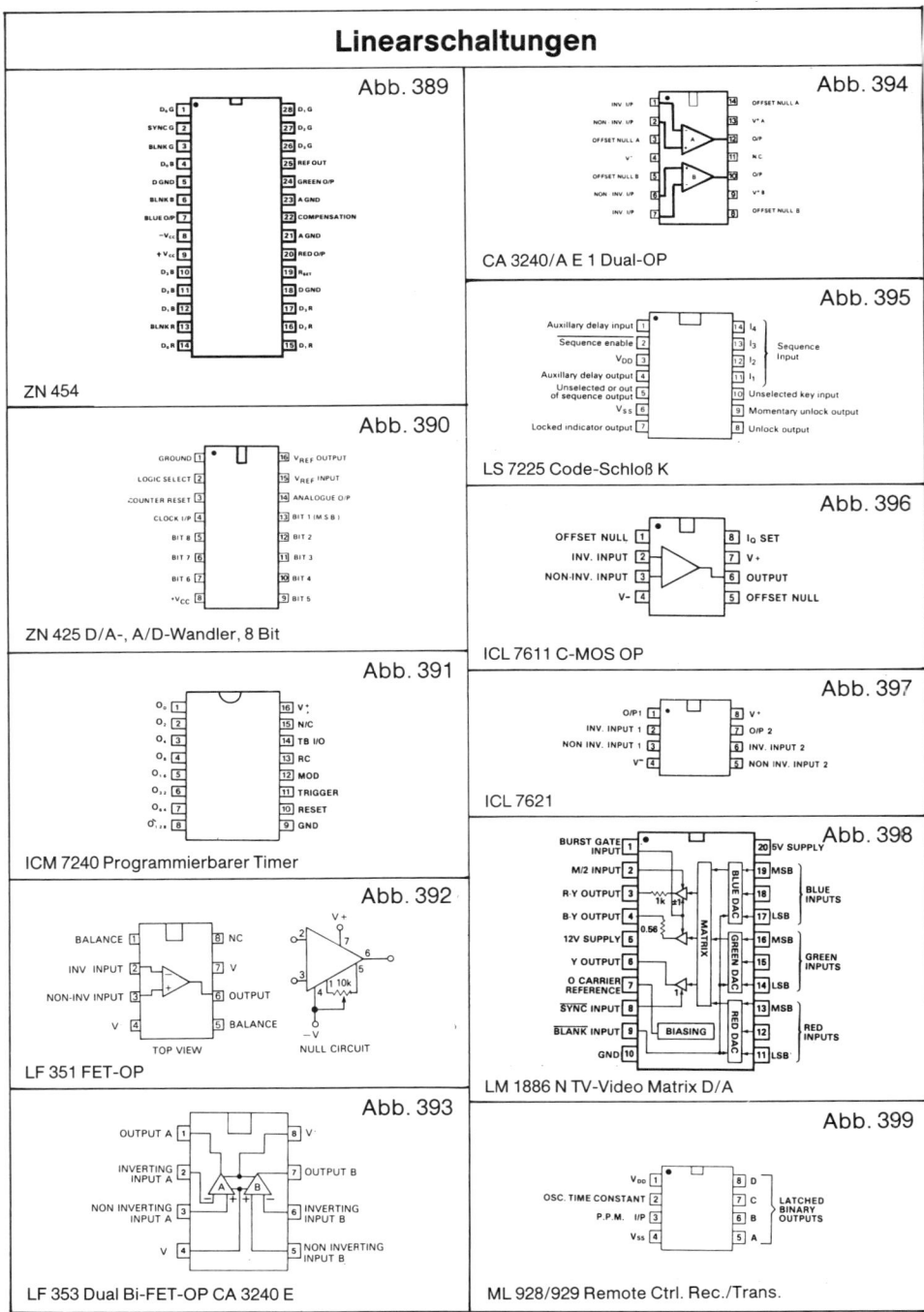

Abb. 389

ZN 454

D, G — 1 — 28 — D, G
SYNC G — 2 — 27 — D, G
BLNK G — 3 — 26 — D, G
D, B — 4 — 25 — REF OUT
D GND — 5 — 24 — GREEN O/P
BLNK B — 6 — 23 — A GND
BLUE O/P — 7 — 22 — COMPENSATION
−V$_{cc}$ — 8 — 21 — A GND
+V$_{cc}$ — 9 — 20 — RED O/P
D, B — 10 — 19 — R$_{set}$
D, B — 11 — 18 — D GND
D, B — 12 — 17 — D, R
BLNK R — 13 — 16 — D, R
D, R — 14 — 15 — D, R

Abb. 390

ZN 425 D/A-, A/D-Wandler, 8 Bit

GROUND — 1 — 16 — V$_{REF}$ OUTPUT
LOGIC SELECT — 2 — 15 — V$_{REF}$ INPUT
COUNTER RESET — 3 — 14 — ANALOGUE O/P
CLOCK I/P — 4 — 13 — BIT 1 (M S B)
BIT 8 — 5 — 12 — BIT 2
BIT 7 — 6 — 11 — BIT 3
BIT 6 — 7 — 10 — BIT 4
+V$_{CC}$ — 8 — 9 — BIT 5

Abb. 391

ICM 7240 Programmierbarer Timer

O$_s$ — 1 — 16 — V$^+$
O$_7$ — 2 — 15 — N/C
O$_6$ — 3 — 14 — TB I/O
O$_4$ — 4 — 13 — RC
O$_{13}$ — 5 — 12 — MOD
O$_{12}$ — 6 — 11 — TRIGGER
O$_{64}$ — 7 — 10 — RESET
O$_{128}$ — 8 — 9 — GND

Abb. 392

LF 351 FET-OP

BALANCE — 1 — 8 — NC
INV INPUT — 2 — 7 — V
NON-INV INPUT — 3 — 6 — OUTPUT
V — 4 — 5 — BALANCE

TOP VIEW

NULL CIRCUIT

Abb. 393

LF 353 Dual Bi-FET-OP CA 3240 E

OUTPUT A — 1 — 8 — V
INVERTING INPUT A — 2 — 7 — OUTPUT B
NON INVERTING INPUT A — 3 — 6 — INVERTING INPUT B
V — 4 — 5 — NON INVERTING INPUT B

Abb. 394

CA 3240/A E 1 Dual-OP

INV I/P — 1 — 14 — OFFSET NULL A
NON-INV I/P — 2 — 13 — V$^+$ A
OFFSET NULL A — 3 — 12 — O/P
V$^-$ — 4 — 11 — N C
OFFSET NULL B — 5 — 10 — O/P
NON-INV I/P — 6 — 9 — V$^+$ B
INV I/P — 7 — 8 — OFFSET NULL B

Abb. 395

LS 7225 Code-Schloß K

Auxiliary delay input — 1 — 14 — I$_4$
Sequence enable — 2 — 13 — I$_3$
V$_{DD}$ — 3 — 12 — I$_2$ — Sequence Input
Auxiliary delay input — 4 — 11 — I$_1$
Unselected or out of sequence output — 5 — 10 — Unselected key input
V$_{SS}$ — 6 — 9 — Momentary unlock output
Locked indicator output — 7 — 8 — Unlock output

Abb. 396

ICL 7611 C-MOS OP

OFFSET NULL — 1 — 8 — I$_Q$ SET
INV. INPUT — 2 — 7 — V+
NON-INV. INPUT — 3 — 6 — OUTPUT
V− — 4 — 5 — OFFSET NULL

Abb. 397

ICL 7621

O/P 1 — 1 — 8 — V+
INV. INPUT 1 — 2 — 7 — O/P 2
NON INV. INPUT 1 — 3 — 6 — INV. INPUT 2
V$^-$ — 4 — 5 — NON INV. INPUT 2

Abb. 398

LM 1886 N TV-Video Matrix D/A

BURST GATE INPUT — 1 — 20 — 5V SUPPLY
M/2 INPUT — 2 — 19 — MSB
R-Y OUTPUT — 3 — 18 — BLUE DAC — BLUE INPUTS
B-Y OUTPUT — 4 — 17 — LSB
12V SUPPLY — 5 — 16 — MSB
Y OUTPUT — 6 — 15 — GREEN DAC — GREEN INPUTS
O CARRIER REFERENCE — 7 — 14 — LSB
SYNC INPUT — 8 — 13 — MSB
BLANK INPUT — 9 — 12 — RED DAC — RED INPUTS
GND — 10 — 11 — LSB

MATRIX / BIASING

Abb. 399

ML 928/929 Remote Ctrl. Rec./Trans.

V$_{DD}$ — 1 — 8 — D
OSC. TIME CONSTANT — 2 — 7 — C
P.P.M. I/P — 3 — 6 — B — LATCHED BINARY OUTPUTS
V$_{SS}$ — 4 — 5 — A

Linearschaltungen

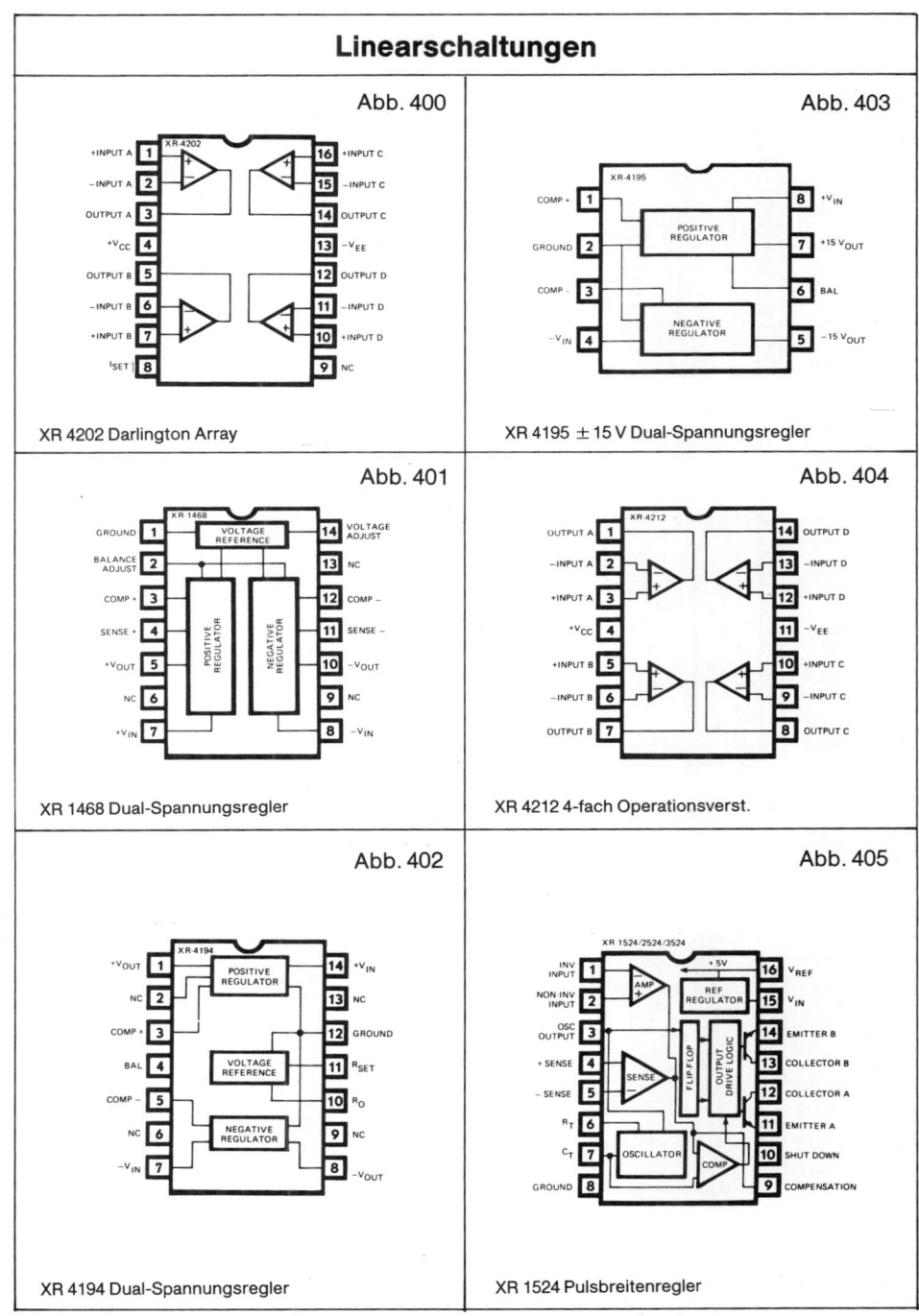

Abb. 400

```
                    XR-4202
+INPUT A   1                    16   +INPUT C
-INPUT A   2                    15   -INPUT C
OUTPUT A   3                    14   OUTPUT C
+V_CC      4                    13   -V_EE
OUTPUT B   5                    12   OUTPUT D
-INPUT B   6                    11   -INPUT D
+INPUT B   7                    10   +INPUT D
I_SET      8                     9   NC
```

XR 4202 Darlington Array

Abb. 403

```
                    XR-4195
COMP +     1                     8   +V_IN
GROUND     2     POSITIVE        7   +15 V_OUT
                 REGULATOR
COMP -     3                     6   BAL
                 NEGATIVE
-V_IN      4     REGULATOR       5   -15 V_OUT
```

XR 4195 ± 15 V Dual-Spannungsregler

Abb. 401

```
                     XR 1468
GROUND     1     VOLTAGE        14   VOLTAGE
                 REFERENCE           ADJUST
BALANCE    2                    13   NC
ADJUST
COMP +     3                    12   COMP -
            POSITIVE   NEGATIVE
SENSE +    4 REGULATOR REGULATOR 11  SENSE -
+V_OUT     5                    10   -V_OUT
NC         6                     9   NC
+V_IN      7                     8   -V_IN
```

XR 1468 Dual-Spannungsregler

Abb. 404

```
                     XR 4212
OUTPUT A   1                    14   OUTPUT D
-INPUT A   2                    13   -INPUT D
+INPUT A   3                    12   +INPUT D
+V_CC      4                    11   -V_EE
+INPUT B   5                    10   +INPUT C
-INPUT B   6                     9   -INPUT C
OUTPUT B   7                     8   OUTPUT C
```

XR 4212 4-fach Operationsverst.

Abb. 402

```
                    XR-4194
+V_OUT     1     POSITIVE       14   +V_IN
                 REGULATOR
NC         2                    13   NC
COMP +     3                    12   GROUND
BAL        4     VOLTAGE        11   R_SET
                 REFERENCE
COMP -     5                    10   R_O
NC         6     NEGATIVE        9   NC
                 REGULATOR
-V_IN      7                     8   -V_OUT
```

XR 4194 Dual-Spannungsregler

Abb. 405

```
                 XR 1524/2524/3524
INV        1                +5V 16   V_REF
INPUT          AMP
NON-INV    2           REF       15   V_IN
INPUT                REGULATOR
OSC        3                     14   EMITTER B
OUTPUT
+ SENSE    4    SENSE            13   COLLECTOR B
- SENSE    5                     12   COLLECTOR A
R_T        6                     11   EMITTER A
C_T        7   OSCILLATOR  COMP  10   SHUT DOWN
GROUND     8                      9   COMPENSATION
```

XR 1524 Pulsbreitenregler

95

Linearschaltungen

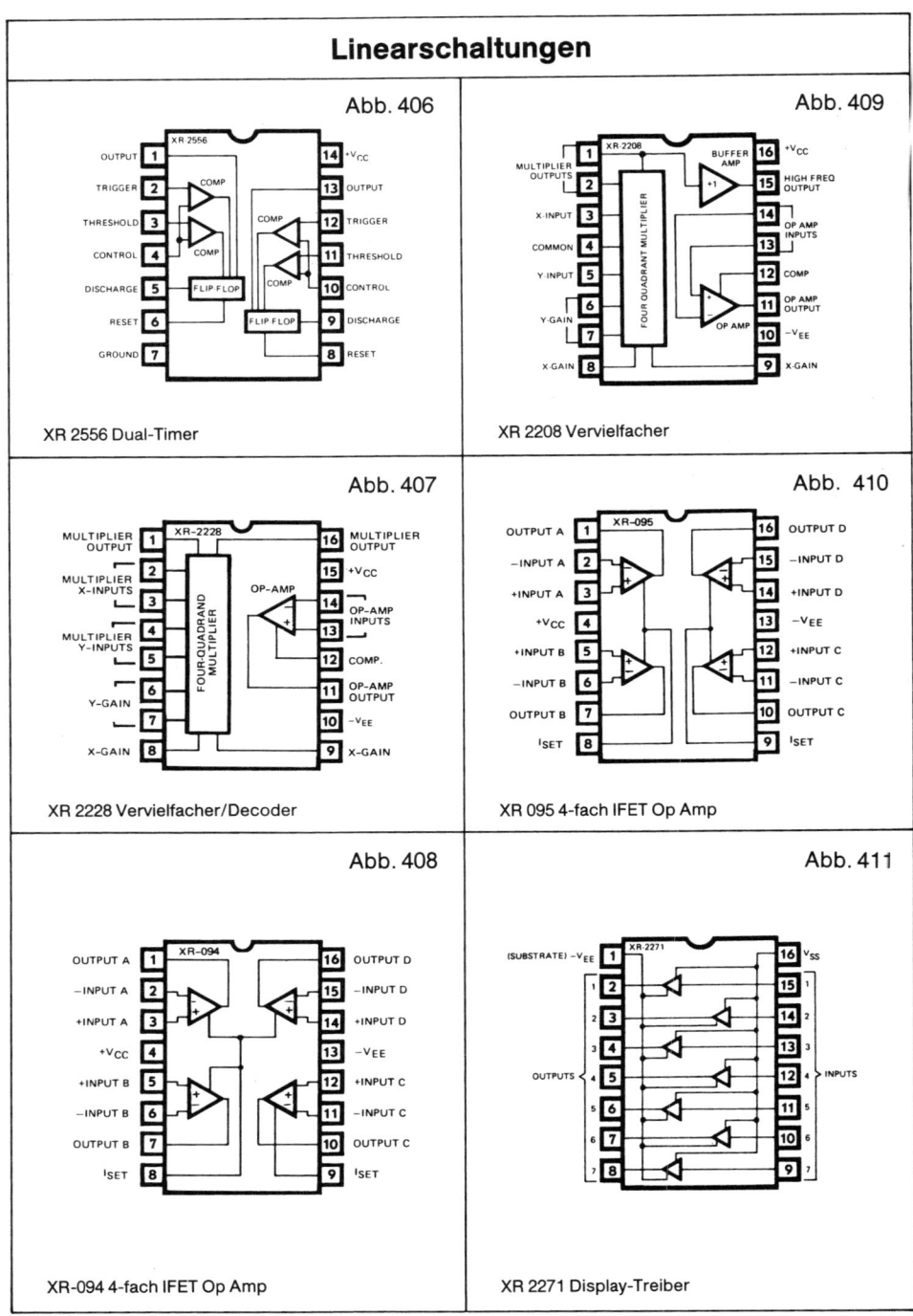

Abb. 406

XR-2556

OUTPUT	1	14	+V$_{CC}$
TRIGGER	2	13	OUTPUT
THRESHOLD	3	12	TRIGGER
CONTROL	4	11	THRESHOLD
DISCHARGE	5	10	CONTROL
RESET	6	9	DISCHARGE
GROUND	7	8	RESET

COMP, COMP, COMP, COMP, FLIP-FLOP, FLIP-FLOP

XR 2556 Dual-Timer

Abb. 409

XR-2208

MULTIPLIER OUTPUTS	1	16	+V$_{CC}$
	2	15	HIGH FREQ OUTPUT
X-INPUT	3	14	OP AMP INPUTS
COMMON	4	13	
Y-INPUT	5	12	COMP
	6	11	OP AMP OUTPUT
Y-GAIN	7	10	−V$_{EE}$
X-GAIN	8	9	X-GAIN

BUFFER AMP +1, FOUR QUADRANT MULTIPLIER, OP AMP

XR 2208 Vervielfacher

Abb. 407

XR-2228

MULTIPLIER OUTPUT	1	16	MULTIPLIER OUTPUT
	2	15	+V$_{CC}$
MULTIPLIER X-INPUTS	3	14	OP-AMP INPUTS
MULTIPLIER Y-INPUTS	4	13	
	5	12	COMP.
Y-GAIN	6	11	OP-AMP OUTPUT
	7	10	−V$_{EE}$
X-GAIN	8	9	X-GAIN

FOUR-QUADRAND MULTIPLIER, OP-AMP

XR 2228 Vervielfacher/Decoder

Abb. 410

XR-095

OUTPUT A	1	16	OUTPUT D
−INPUT A	2	15	−INPUT D
+INPUT A	3	14	+INPUT D
+V$_{CC}$	4	13	−V$_{EE}$
+INPUT B	5	12	+INPUT C
−INPUT B	6	11	−INPUT C
OUTPUT B	7	10	OUTPUT C
I$_{SET}$	8	9	I$_{SET}$

XR 095 4-fach IFET Op Amp

Abb. 408

XR-094

OUTPUT A	1	16	OUTPUT D
−INPUT A	2	15	−INPUT D
+INPUT A	3	14	+INPUT D
+V$_{CC}$	4	13	−V$_{EE}$
+INPUT B	5	12	+INPUT C
−INPUT B	6	11	−INPUT C
OUTPUT B	7	10	OUTPUT C
I$_{SET}$	8	9	I$_{SET}$

XR-094 4-fach IFET Op Amp

Abb. 411

XR-2271

(SUBSTRATE) −V$_{EE}$	1	16	V$_{SS}$
	2	15	1
	3	14	2
	4	13	3
OUTPUTS 4	5	12	4 INPUTS
	6	11	5
	7	10	6
	8	9	7

XR 2271 Display-Treiber

Linearschaltungen

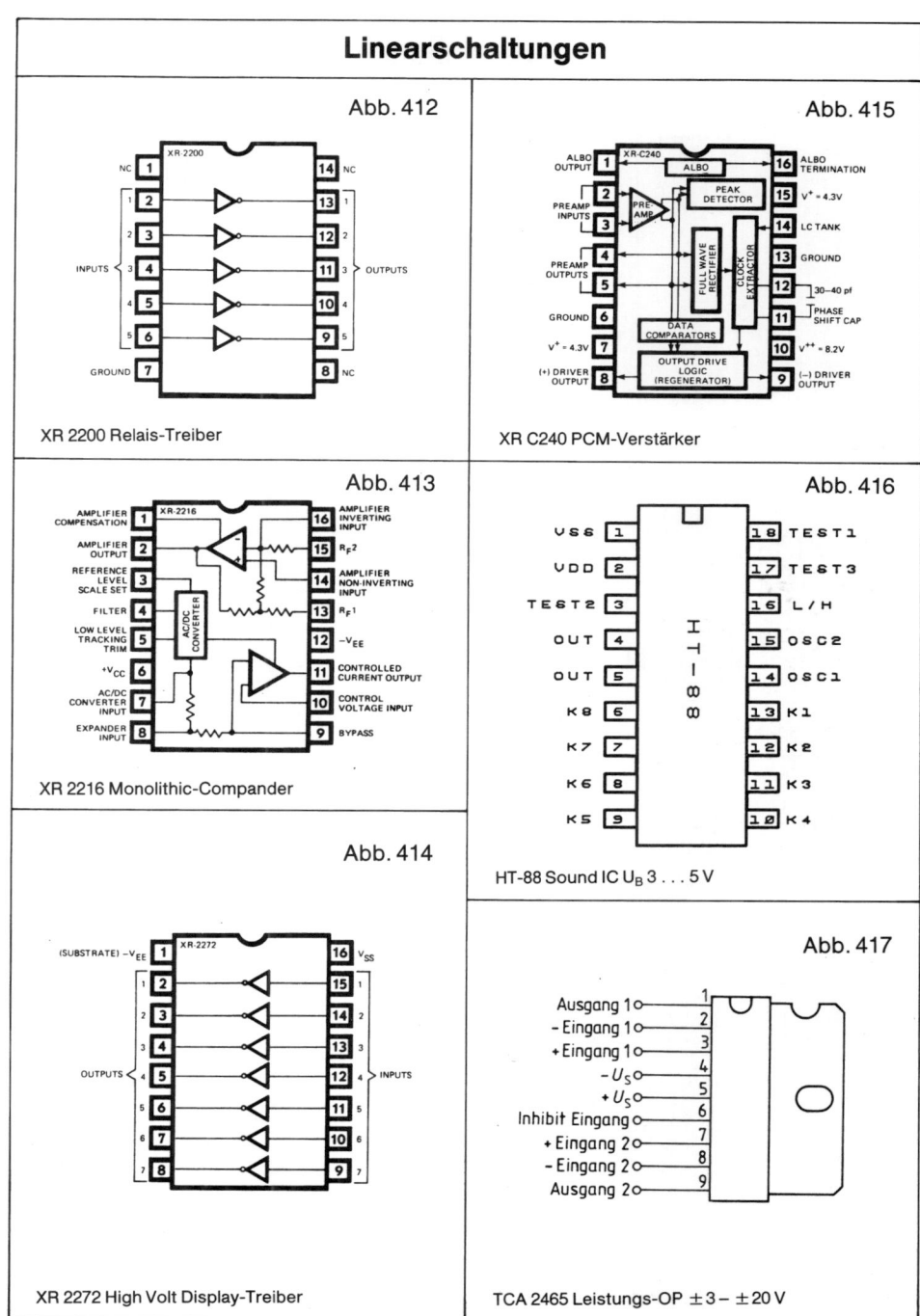

Abb. 412

XR 2200 Relais-Treiber

Abb. 413

XR 2216 Monolithic-Compander

Abb. 414

XR 2272 High Volt Display-Treiber

Abb. 415

XR C240 PCM-Verstärker

Abb. 416

HT-88 Sound IC U_B 3 ... 5 V

Abb. 417

TCA 2465 Leistungs-OP ±3 – ±20 V

Linearschaltungen

Abb. 418

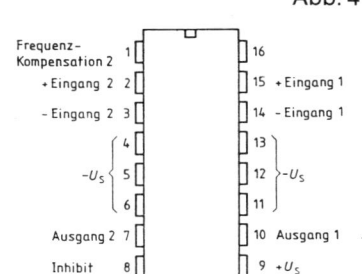

TCA 2465 A Leistungs-OP $\pm 3 - \pm 20$ V

Abb. 419

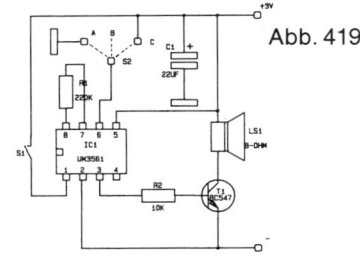

UM 3561 Vielfach-Sirene U_B 3 V

Abb. 420

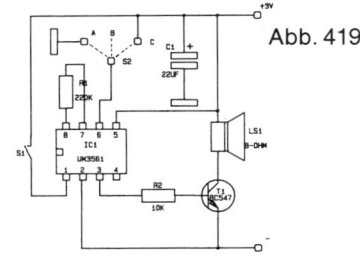

U 670 B Niveauschalter R_V = 680 R, U_B = 8–24 V

Abb. 421

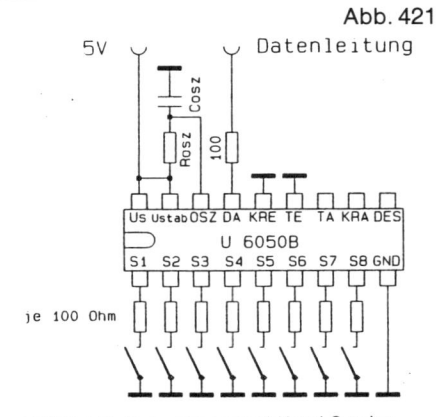

U 6050 B Multiplexsteuerung 8 Kanal-Sender

Abb. 422

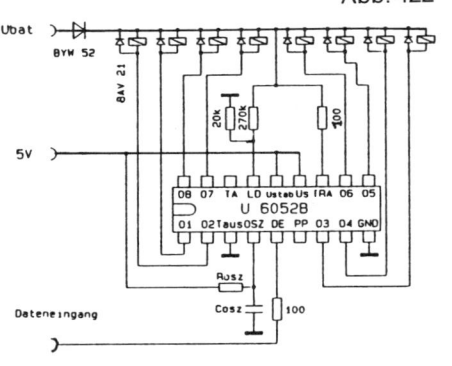

U 6052 B Multiplexsteuerung 8 Kanal-Empfang

Abb. 423

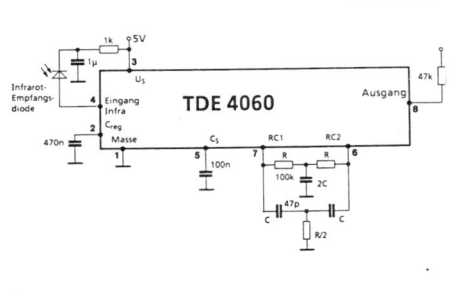

TDE 4060 IR-Vorverstärker

Linearschaltungen

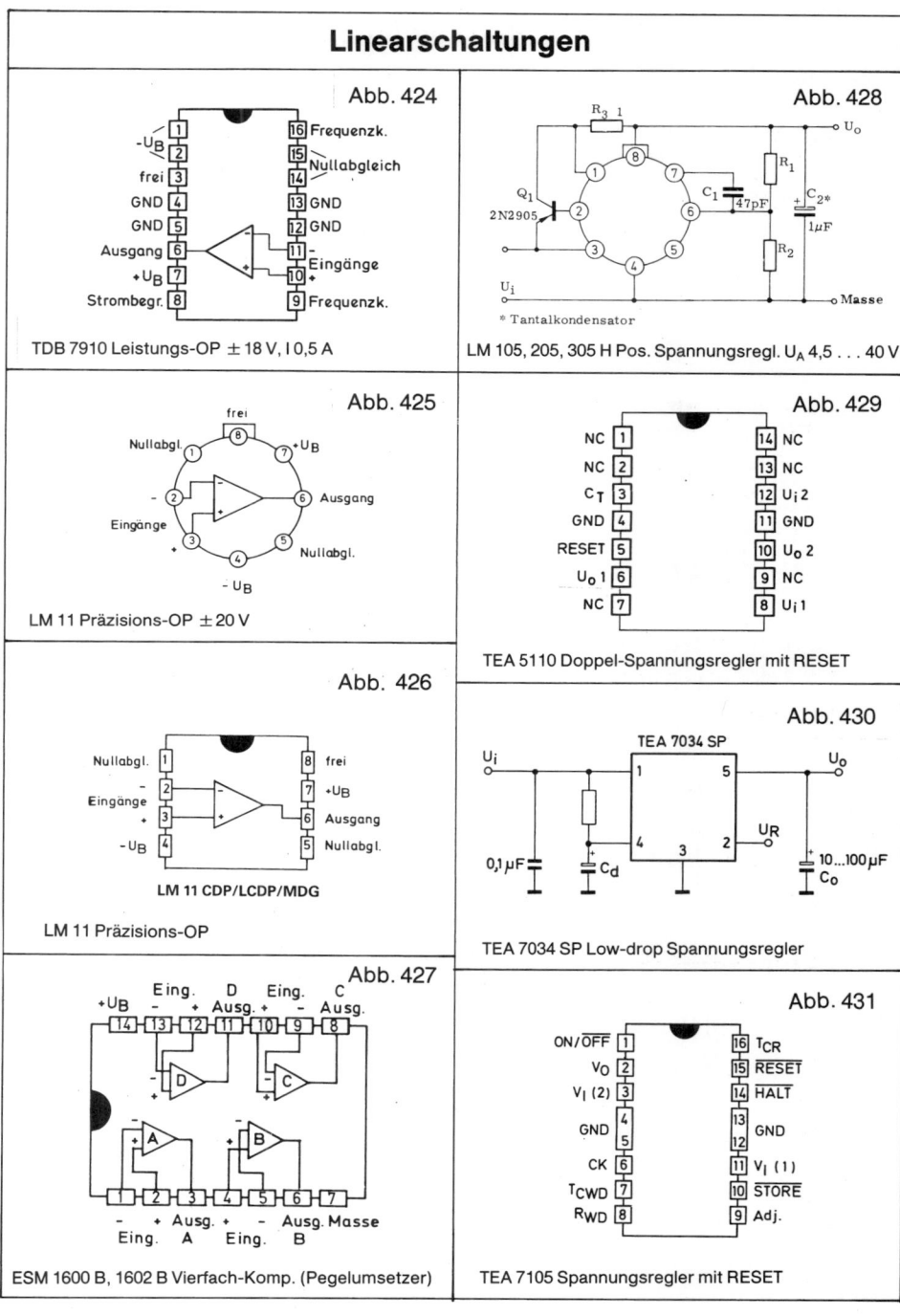

Abb. 424

$-U_B$ 1	16 Frequenzk.
2	15 Nullabgleich
frei 3	14
GND 4	13 GND
GND 5	12 GND
Ausgang 6	11 Eingänge
$+U_B$ 7	10
Strombegr. 8	9 Frequenzk.

TDB 7910 Leistungs-OP ± 18 V, I 0,5 A

Abb. 428

R_3 1 ... U_o

Q_1 2N2905

U_i

C_1 47pF

R_1

R_2

C_2* 1μF

Masse

* Tantalkondensator

LM 105, 205, 305 H Pos. Spannungsregl. U_A 4,5 ... 40 V

Abb. 425

frei

Nullabgl. 8

1 ... 7 $+U_B$

2 ... 6 Ausgang

Eingänge 3 ... 5 Nullabgl.

4

$-U_B$

LM 11 Präzisions-OP ± 20 V

Abb. 429

NC 1	14 NC
NC 2	13 NC
C_T 3	12 $U_i 2$
GND 4	11 GND
RESET 5	10 $U_o 2$
$U_o 1$ 6	9 NC
NC 7	8 $U_i 1$

TEA 5110 Doppel-Spannungsregler mit RESET

Abb. 426

Nullabgl. 1	8 frei
Eingänge 2	7 $+U_B$
3	6 Ausgang
$-U_B$ 4	5 Nullabgl.

LM 11 CDP/LCDP/MDG

LM 11 Präzisions-OP

Abb. 430

TEA 7034 SP

U_i ... 1 5 ... U_o

4 3 2 U_R

0,1 μF

C_d

10...100 μF C_o

TEA 7034 SP Low-drop Spannungsregler

Abb. 427

Eing. D Eing. C

$+U_B$ − + Ausg. + − Ausg.

14 13 12 11 10 9 8

D C

A B

1 2 3 4 5 6 7

− + Ausg. + − Ausg. Masse

Eing. A Eing. B

ESM 1600 B, 1602 B Vierfach-Komp. (Pegelumsetzer)

Abb. 431

ON/$\overline{OFF}$ 1	16 T_{CR}
V_O 2	15 $\overline{RESET}$
V_I (2) 3	14 $\overline{HALT}$
GND 4	13
5	12 GND
CK 6	11 V_I (1)
T_{CWD} 7	10 $\overline{STORE}$
R_{WD} 8	9 Adj.

TEA 7105 Spannungsregler mit RESET

Linearschaltungen

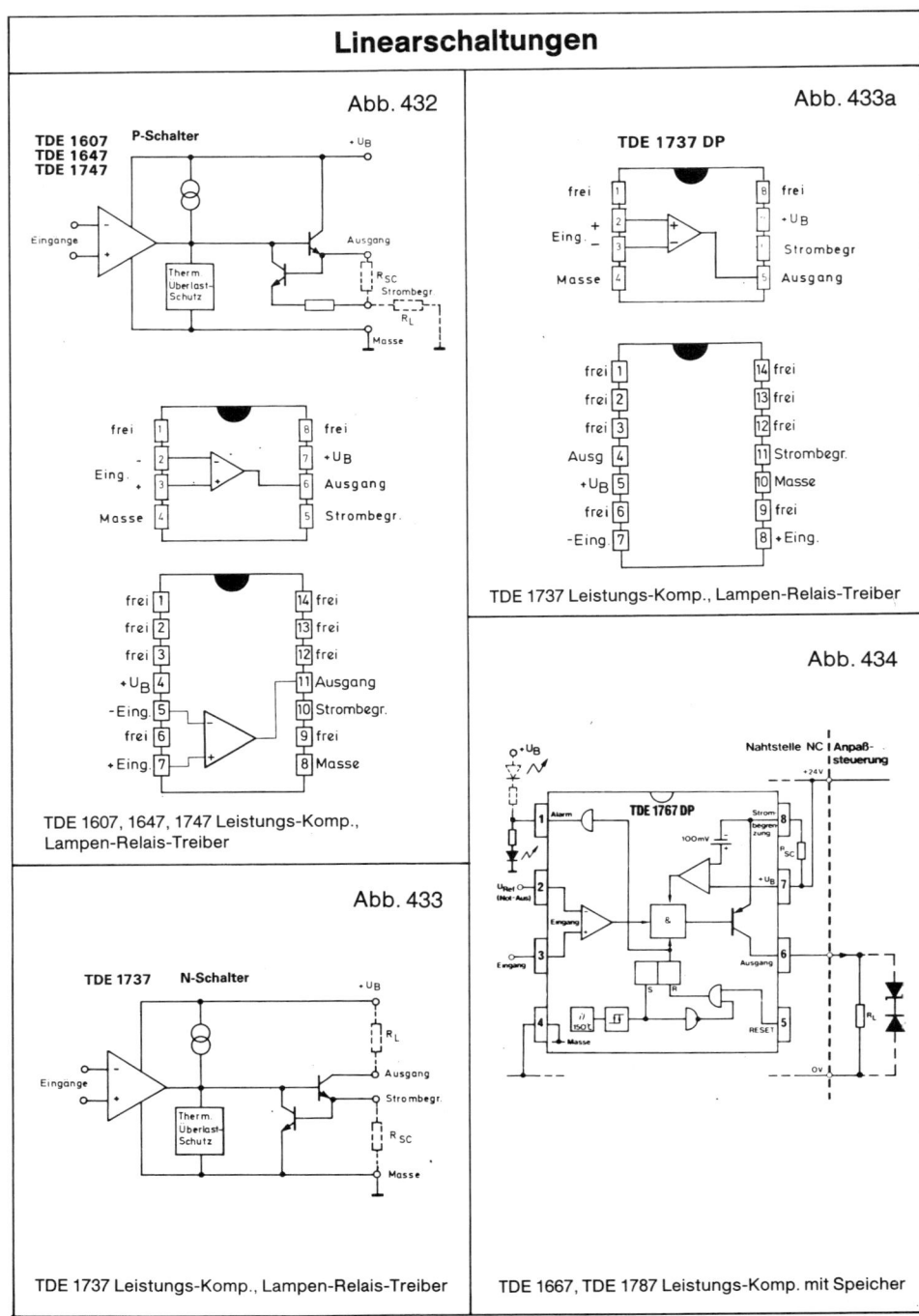

Abb. 432

TDE 1607
TDE 1647
TDE 1747

P-Schalter

Eingänge

Therm. Überlast-Schutz

Ausgang

R_SC Strombegr.

R_L

Masse

frei · frei
Eing. − · +U_B
+ · Ausgang
Masse · Strombegr.

frei · frei
frei · frei
frei · frei
+U_B · Ausgang
−Eing. · Strombegr.
frei · frei
+Eing. · Masse

TDE 1607, 1647, 1747 Leistungs-Komp.,
Lampen-Relais-Treiber

Abb. 433

TDE 1737 N-Schalter

Eingänge

Therm. Überlast-Schutz

+U_B
R_L
Ausgang
Strombegr.
R_SC
Masse

TDE 1737 Leistungs-Komp., Lampen-Relais-Treiber

Abb. 433a

TDE 1737 DP

frei · frei
Eing. + · +U_B
− · Strombegr.
Masse · Ausgang

frei · frei
frei · frei
frei · frei
Ausg · Strombegr.
+U_B · Masse
frei · frei
−Eing. · +Eing.

TDE 1737 Leistungs-Komp., Lampen-Relais-Treiber

Abb. 434

Nahtstelle NC | Anpaß-steuerung

TDE 1767 DP

Alarm
Strombegrenzung
P_SC
+U_B
U_Ref (Not-Aus)
Eingang
Ausgang
ISOT
S R
RESET
Masse
R_L
0V

TDE 1667, TDE 1787 Leistungs-Komp. mit Speicher

100

Linearschaltungen

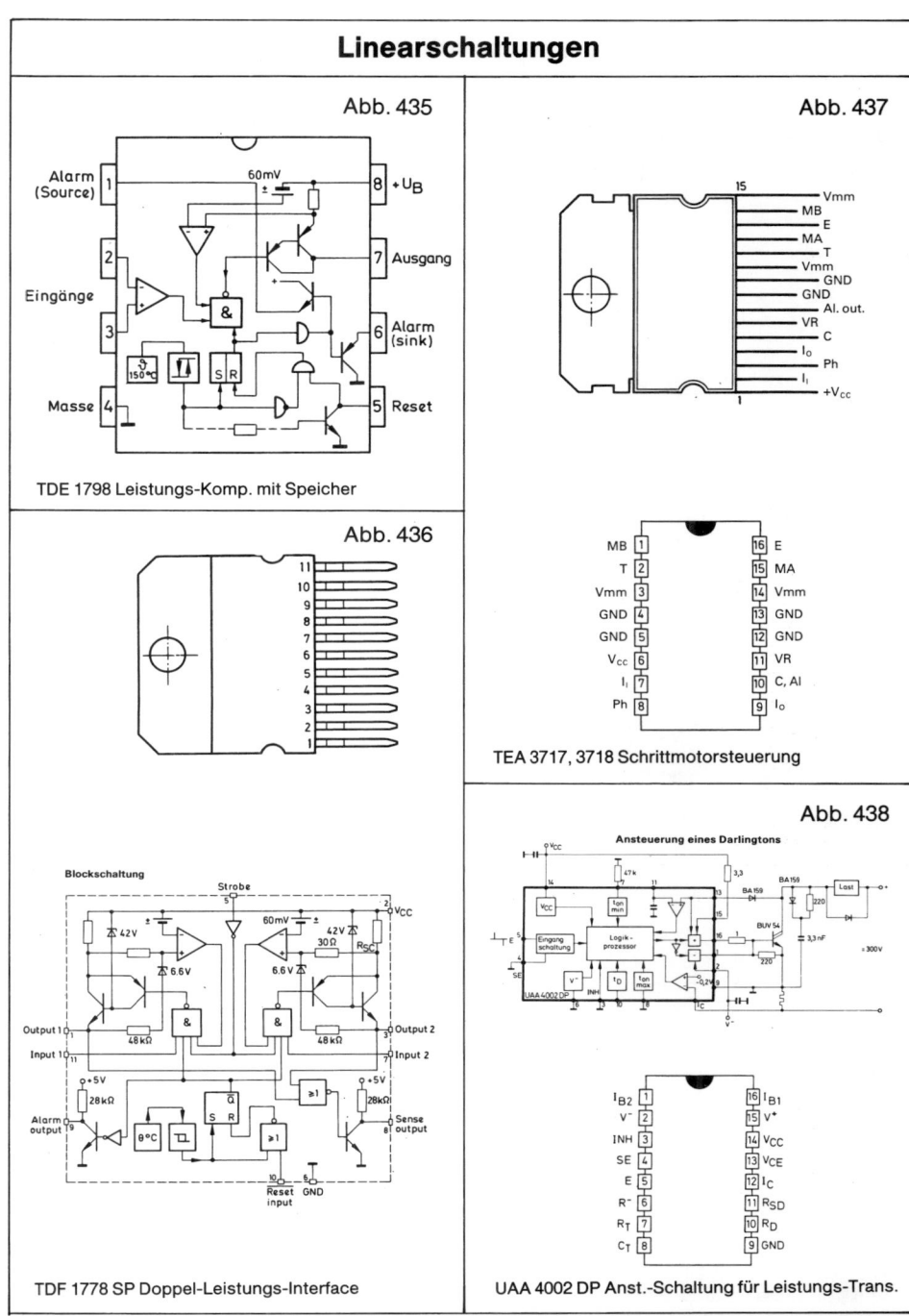

Abb. 435

Alarm (Source) 1
60mV ±
8 +U_B

2
7 Ausgang

Eingänge

3
6 Alarm (sink)

150°C
S R

Masse 4
5 Reset

TDE 1798 Leistungs-Komp. mit Speicher

Abb. 436

11
10
9
8
7
6
5
4
3
2
1

Blockschaltung

Strobe 5
V_CC
±
42V
60mV ±
42V
30Ω R_SC
6.6V
6.6V

Output 1 10
& 48kΩ
& 48kΩ
Output 2 3
Input 2 11

Input 1 11

+5V
28kΩ
Q
S R
≥1
+5V
28kΩ
Sense output 8

Alarm output 9
θ°C
≥1

Reset input 10
GND 6

TDF 1778 SP Doppel-Leistungs-Interface

Abb. 437

15
Vmm
MB
E
MA
T
Vmm
GND
GND
Al. out.
VR
C
I_O
Ph
+V_CC

1

MB 1   16 E
T 2   15 MA
Vmm 3   14 Vmm
GND 4   13 GND
GND 5   12 GND
V_CC 6   11 VR
I_i 7   10 C, AI
Ph 8   9 I_O

TEA 3717, 3718 Schrittmotorsteuerung

Abb. 438

Ansteuerung eines Darlingtons

V_CC
47k
3,3
BA159
BA159
Last
V_CC
1on min
BUV 54
E
Eingang schaltung
Logik-prozessor
3,3 nF
220
300v
V⁻
I_D
1on max
0,2 Ω
UAA 4002 DP
INH
V⁻

I_B2 1   16 I_B1
V⁻ 2   15 V⁺
INH 3   14 V_CC
SE 4   13 V_CE
E 5   12 I_C
R⁻ 6   11 R_SD
R_T 7   10 R_D
C_T 8   9 GND

UAA 4002 DP Anst.-Schaltung für Leistungs-Trans.

101

Linearschaltungen

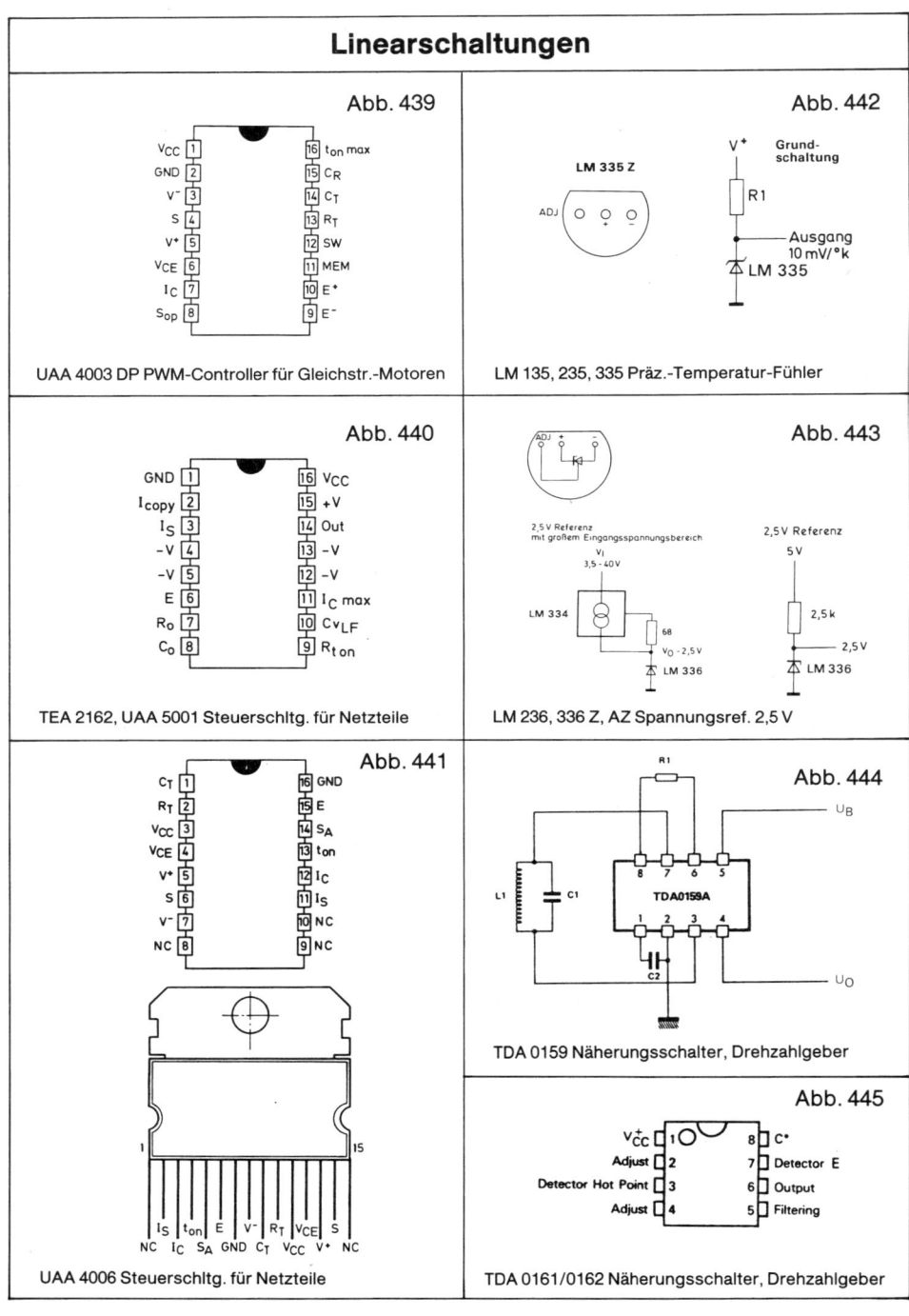

Abb. 439

V_{CC} [1]	[16] $t_{on\ max}$
GND [2]	[15] C_R
V^- [3]	[14] C_T
S [4]	[13] R_T
V^+ [5]	[12] SW
V_{CE} [6]	[11] MEM
I_C [7]	[10] E^+
S_{op} [8]	[9] E^-

UAA 4003 DP PWM-Controller für Gleichstr.-Motoren

Abb. 442

LM 335 Z

ADJ

V$^+$ Grund-schaltung

R1

Ausgang
10 mV/°k

LM 335

LM 135, 235, 335 Präz.-Temperatur-Fühler

Abb. 440

GND [1]	[16] V_{CC}
I_{copy} [2]	[15] $+V$
I_S [3]	[14] Out
$-V$ [4]	[13] $-V$
$-V$ [5]	[12] $-V$
E [6]	[11] $I_C\ max$
R_0 [7]	[10] Cv_{LF}
C_0 [8]	[9] $R_{t\ on}$

TEA 2162, UAA 5001 Steuerschltg. für Netzteile

Abb. 443

ADJ +

2,5 V Referenz
mit großem Eingangsspannungsbereich

V_I
3,5 - 40 V

LM 334

68

$V_0 - 2,5$ V

LM 336

2,5 V Referenz

5 V

2,5 k

2,5 V

LM 336

LM 236, 336 Z, AZ Spannungsref. 2,5 V

Abb. 441

C_T [1]	[16] GND
R_T [2]	[15] E
V_{CC} [3]	[14] S_A
V_{CE} [4]	[13] t_{on}
V^+ [5]	[12] I_C
S [6]	[11] I_S
V^- [7]	[10] NC
NC [8]	[9] NC

1							15

I_S	t_{on}	E	V^-	R_T	V_{CE}	S
NC	I_C	S_A	GND	C_T	V_{CC}	V^+	NC

UAA 4006 Steuerschltg. für Netzteile

Abb. 444

R1

U_B

L1 C1

8 7 6 5

TDA0159A

1 2 3 4

C2

U_0

TDA 0159 Näherungsschalter, Drehzahlgeber

Abb. 445

V_{CC}^+ [1]	[8] C^*
Adjust [2]	[7] Detector E
Detector Hot Point [3]	[6] Output
Adjust [4]	[5] Filtering

TDA 0161/0162 Näherungsschalter, Drehzahlgeber

Linearschaltungen

Abb. 446

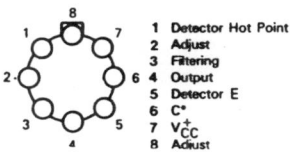

1 Detector Hot Point
2 Adjust
3 Filtering
4 Output
5 Detector E
6 C*
7 V_{CC}^+
8 Adjust

TDA 0161/0162 CM Näherungsschalter, Drehzahlgeber

Abb. 447

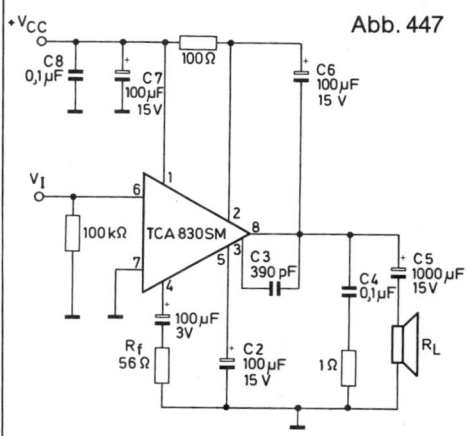

TCA 830 NF-Verstärker 2 W U_B 9–20 V R_L 4 Ω

Abb. 449

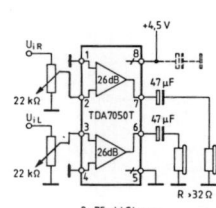

2 x 75 mW Stereo

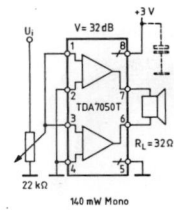

140 mW Mono

TDA 7050 T 150 mW NF-Verstärker 3 V, SMD

Abb. 448

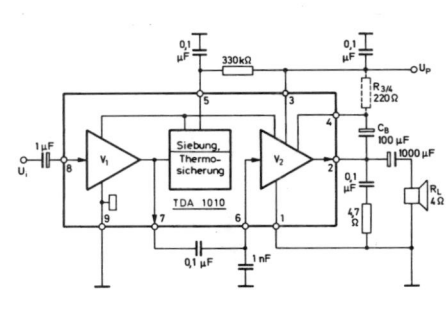

TDA 1010 A 6 W NF-Verstärker U_B 6 ... 20 V

Abb. 450

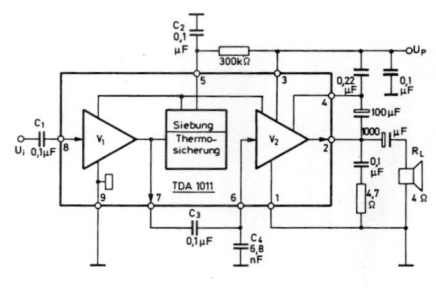

TDA 1011 6 W-NF-Verstärker U_B 3,6–20 V

Linearschaltungen

Abb. 451

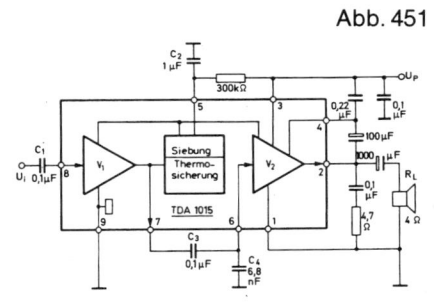

TDA 1015 4 W-NF-Verstärker U_B 3,6–18 V

Abb. 452

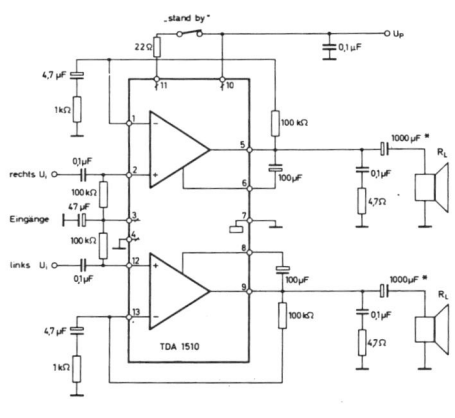

TDA 1510 2 x 12 W NF-Verstärker U_B 6–18 V

Abb. 453

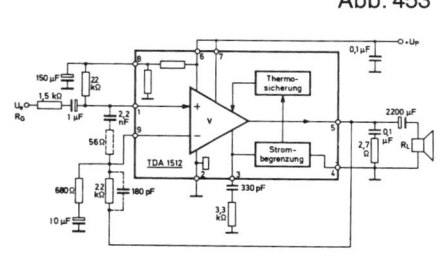

TDA 1512 12/20 W HiFi-NF-Verstärker

Abb. 454

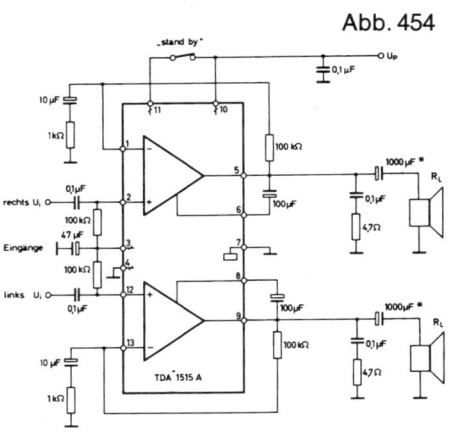

TDA 1515 A 2 x 12/24 W NF-Verstärker U_B 6–18 V

Abb. 455

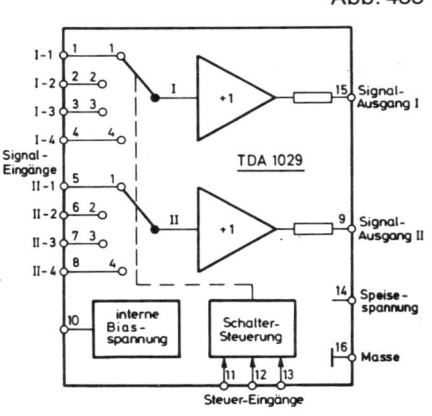

TDA 1522 Signalquellenschalter 2 x 4 Eing.

Abb. 456

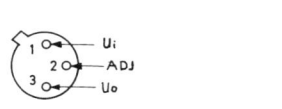

LM 117/217/317 Spannungsregler 1,2 ... 30 V

104

Linearschaltungen

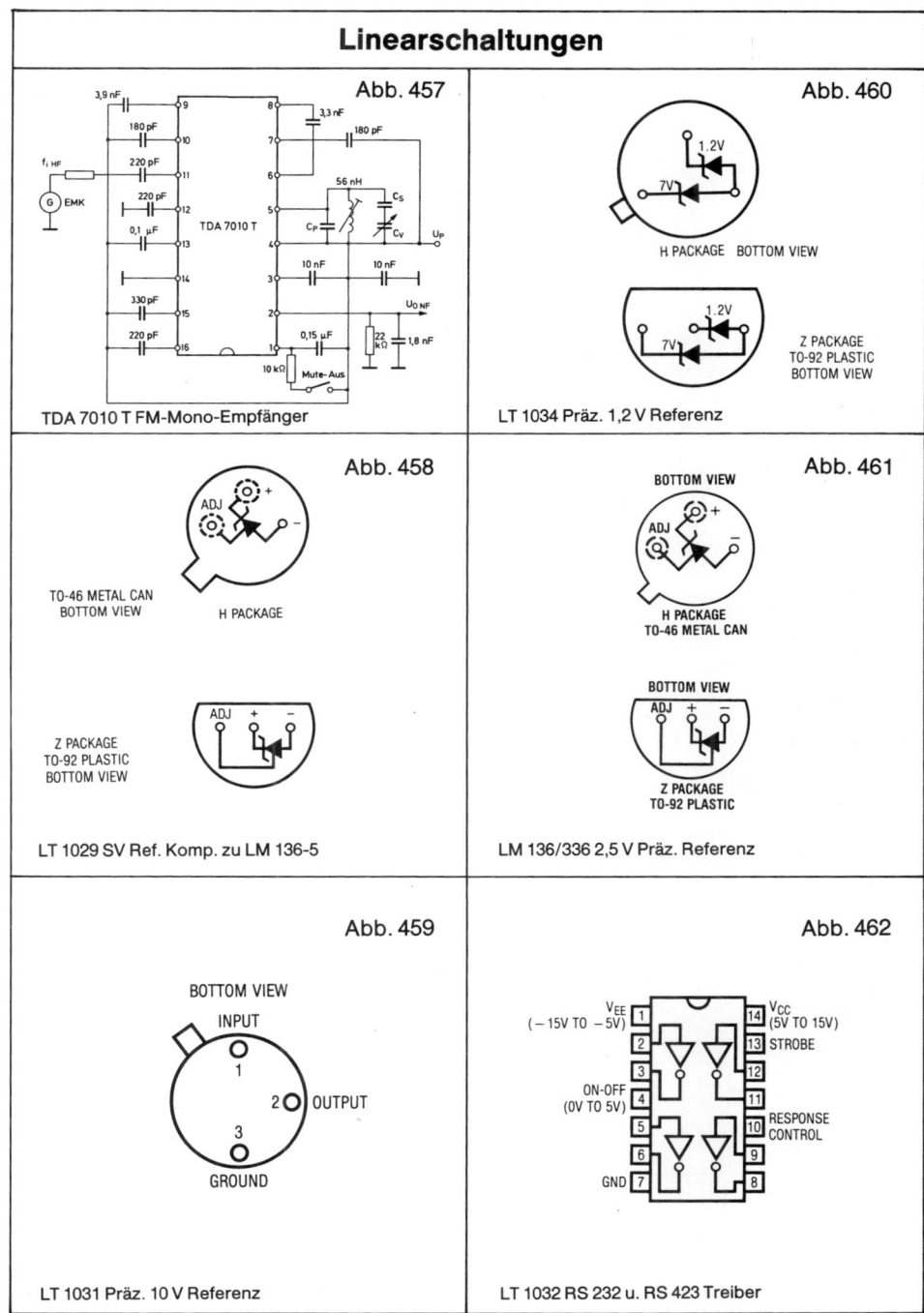

Abb. 457

TDA 7010 T FM-Mono-Empfänger

Abb. 458

LT 1029 SV Ref. Komp. zu LM 136-5

Abb. 459

BOTTOM VIEW

INPUT

1

2 OUTPUT

3

GROUND

LT 1031 Präz. 10 V Referenz

Abb. 460

H PACKAGE BOTTOM VIEW

Z PACKAGE
TO-92 PLASTIC
BOTTOM VIEW

LT 1034 Präz. 1,2 V Referenz

Abb. 461

BOTTOM VIEW

H PACKAGE
TO-46 METAL CAN

BOTTOM VIEW

Z PACKAGE
TO-92 PLASTIC

LM 136/336 2,5 V Präz. Referenz

Abb. 462

LT 1032 RS 232 u. RS 423 Treiber

Linearschaltungen

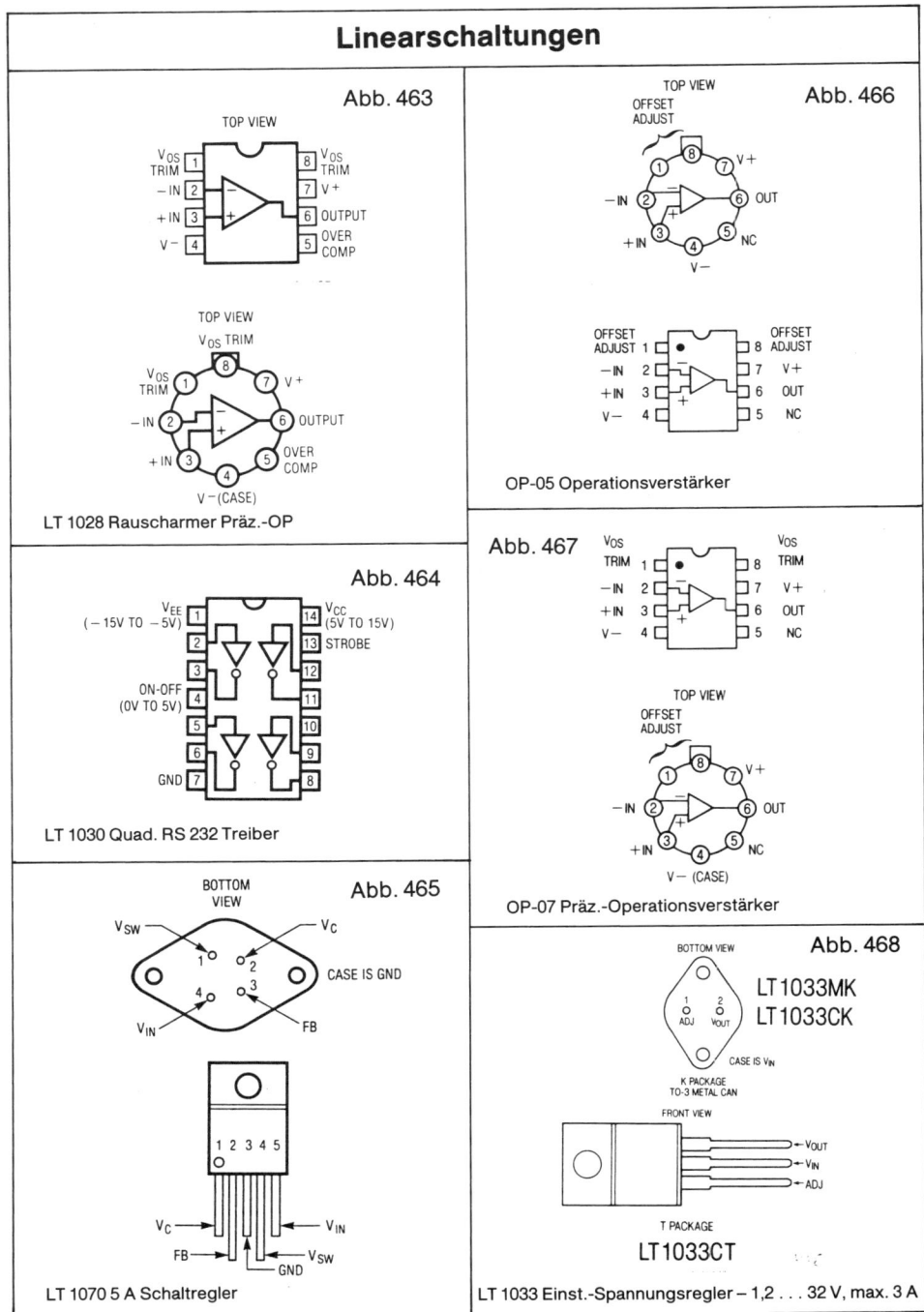

Abb. 463

TOP VIEW

V_{OS} TRIM — 1 — 8 — V_{OS} TRIM
−IN — 2 — 7 — V+
+IN — 3 — 6 — OUTPUT
V− — 4 — 5 — OVER COMP

TOP VIEW

V_{OS} TRIM

V_{OS} TRIM — 1 — 7 — V+
−IN — 2 — 6 — OUTPUT
+IN — 3 — 5 — OVER COMP
— 4 — V−(CASE)

LT 1028 Rauscharmer Präz.-OP

Abb. 464

V_{EE} (−15V TO −5V) — 1 — 14 — V_{CC} (5V TO 15V)
2 — 13 — STROBE
3 — 12
ON-OFF (0V TO 5V) — 4 — 11
5 — 10
6 — 9
GND — 7 — 8

LT 1030 Quad. RS 232 Treiber

Abb. 465

BOTTOM VIEW

V_{SW} — 1
V_C — 2
CASE IS GND
4
3
V_{IN}
FB

1 2 3 4 5

V_C — V_{IN}
FB — V_{SW}
GND

LT 1070 5 A Schaltregler

Abb. 466

TOP VIEW

OFFSET ADJUST

1 — 8 — 7 — V+
−IN — 2 — 6 — OUT
3 — 5 — NC
+IN — 4
V−

OFFSET ADJUST — 1 — 8 — OFFSET ADJUST
−IN — 2 — 7 — V+
+IN — 3 — 6 — OUT
V− — 4 — 5 — NC

OP-05 Operationsverstärker

Abb. 467

V_{OS} TRIM — 1 — 8 — V_{OS} TRIM
−IN — 2 — 7 — V+
+IN — 3 — 6 — OUT
V− — 4 — 5 — NC

TOP VIEW

OFFSET ADJUST

1 — 8 — 7 — V+
−IN — 2 — 6 — OUT
+IN — 3 — 5 — NC
4
V−(CASE)

OP-07 Präz.-Operationsverstärker

Abb. 468

BOTTOM VIEW

1 — ADJ
2 — VOUT

LT 1033MK
LT 1033CK

CASE IS V_{IN}

K PACKAGE
TO-3 METAL CAN

FRONT VIEW

VOUT
VIN
ADJ

T PACKAGE

LT 1033CT

LT 1033 Einst.-Spannungsregler − 1,2 . . . 32 V, max. 3 A

Linearschaltungen

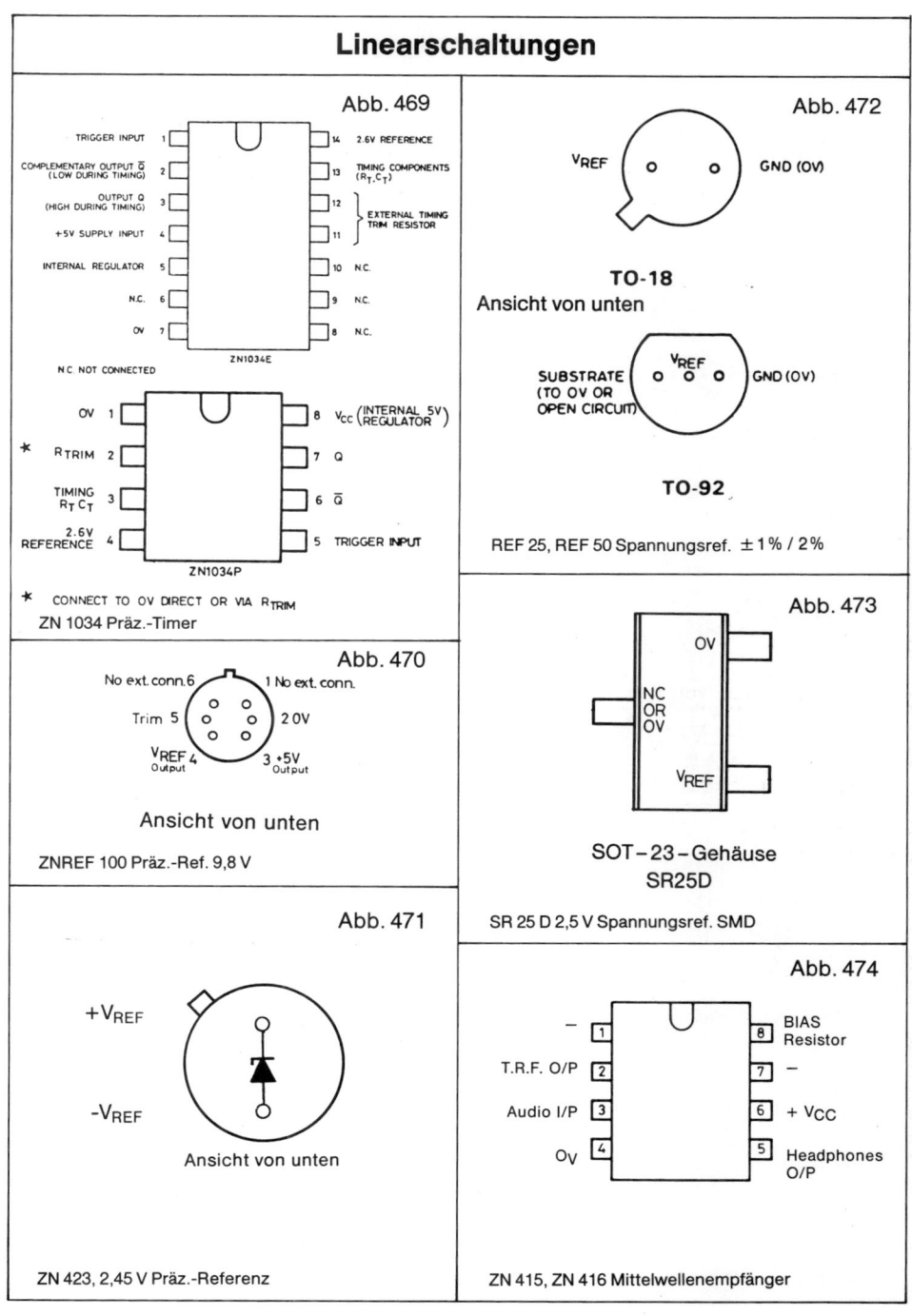

Abb. 469

TRIGGER INPUT — 1
COMPLEMENTARY OUTPUT $\bar{Q}$ (LOW DURING TIMING) — 2
OUTPUT Q (HIGH DURING TIMING) — 3
+5V SUPPLY INPUT — 4
INTERNAL REGULATOR — 5
N.C. — 6
OV — 7
14 — 2.6V REFERENCE
13 — TIMING COMPONENTS (R_T,C_T)
12
11 — EXTERNAL TIMING TRIM RESISTOR
10 — N.C.
9 — N.C.
8 — N.C.

ZN1034E

N.C. NOT CONNECTED

OV — 1
$\star$ R_{TRIM} — 2
TIMING R_T C_T — 3
2.6V REFERENCE — 4
8 — V_{CC} $\left(\begin{array}{c}\text{INTERNAL 5V}\\\text{REGULATOR}\end{array}\right)$
7 — Q
6 — $\bar{Q}$
5 — TRIGGER INPUT

ZN1034P

$\star$ CONNECT TO OV DIRECT OR VIA R_{TRIM}

ZN 1034 Präz.-Timer

Abb. 470

No ext. conn. 6
Trim 5
V_{REF} 4 Output
1 No ext. conn.
2 OV
3 +5V Output

Ansicht von unten

ZNREF 100 Präz.-Ref. 9,8 V

Abb. 471

$+V_{REF}$

$-V_{REF}$

Ansicht von unten

ZN 423, 2,45 V Präz.-Referenz

Abb. 472

V_{REF} GND (OV)

TO-18
Ansicht von unten

SUBSTRATE (TO OV OR OPEN CIRCUIT) V_{REF} GND (OV)

TO-92

REF 25, REF 50 Spannungsref. ±1% / 2%

Abb. 473

OV

NC OR OV

V_{REF}

SOT–23–Gehäuse
SR25D

SR 25 D 2,5 V Spannungsref. SMD

Abb. 474

– | 1   8 | BIAS Resistor
T.R.F. O/P | 2   7 | –
Audio I/P | 3   6 | + V_{CC}
O_V | 4   5 | Headphones O/P

ZN 415, ZN 416 Mittelwellenempfänger

Linearschaltungen

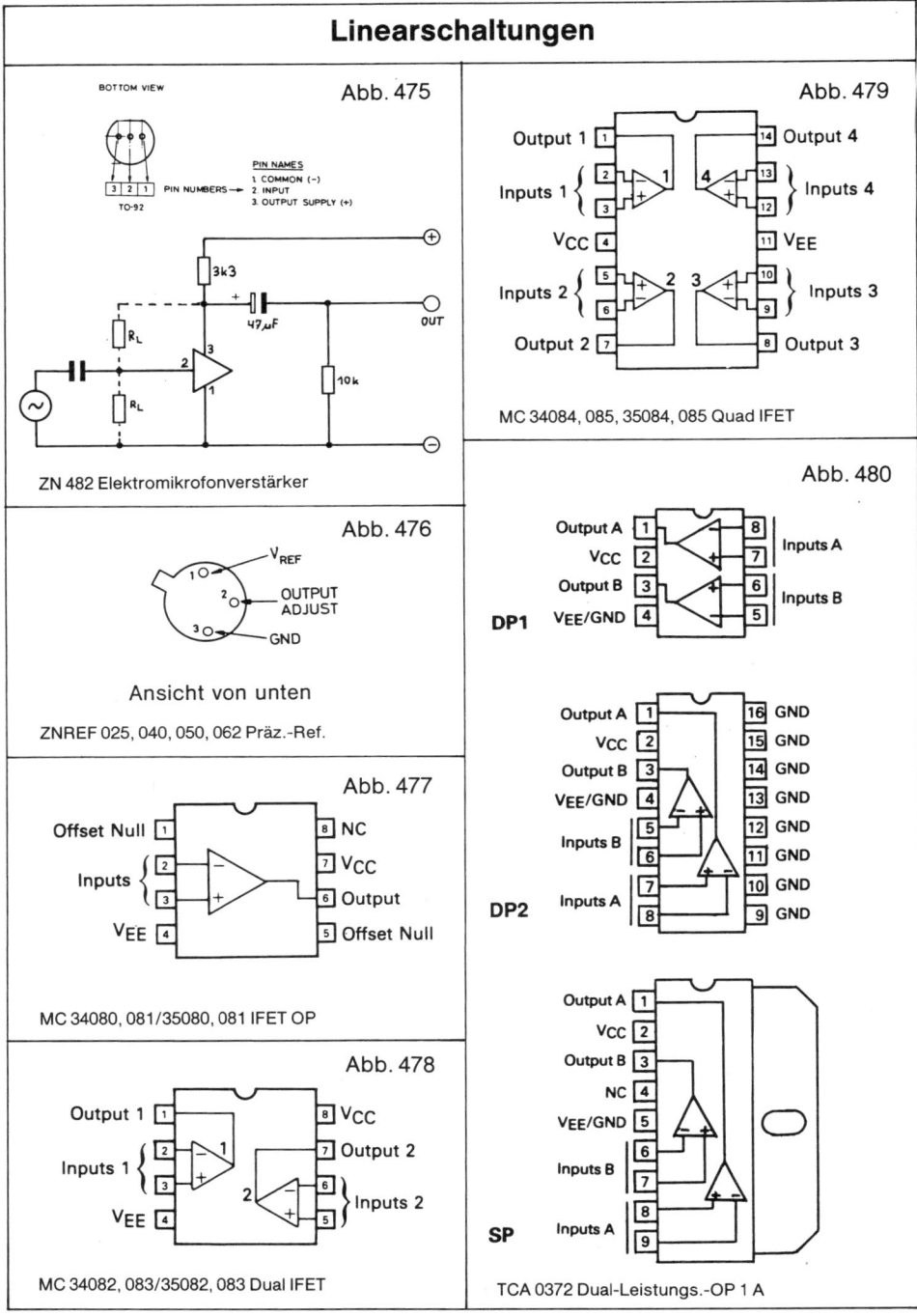

Abb. 475

BOTTOM VIEW

PIN NAMES
1. COMMON (−)
2. INPUT
3. OUTPUT SUPPLY (+)

PIN NUMBERS →

TO-92

ZN 482 Elektromikrofonverstärker

Abb. 476

V REF

OUTPUT ADJUST

GND

Ansicht von unten

ZNREF 025, 040, 050, 062 Präz.-Ref.

Abb. 477

Offset Null 1
Inputs { 2 −
3 +
V EE 4

8 NC
7 V CC
6 Output
5 Offset Null

MC 34080, 081/35080, 081 IFET OP

Abb. 478

Output 1 1
Inputs 1 { 2 + 1
3 +
V EE 4

8 V CC
7 Output 2
2 − 6
+ 5 } Inputs 2

MC 34082, 083/35082, 083 Dual IFET

Abb. 479

Output 1 1
Inputs 1 { 2 − 1
3 +
V CC 4
Inputs 2 { 5 + 2
6 −
Output 2 7

14 Output 4
4 13 } Inputs 4
12
11 V EE
3 10 } Inputs 3
9
8 Output 3

MC 34084, 085, 35084, 085 Quad IFET

Abb. 480

DP1

Output A 1
V CC 2
Output B 3
V EE/GND 4

8 Inputs A
7
6 Inputs B
5

DP2

Output A 1
V CC 2
Output B 3
V EE/GND 4
Inputs B { 5
6
Inputs A { 7
8

16 GND
15 GND
14 GND
13 GND
12 GND
11 GND
10 GND
9 GND

SP

Output A 1
V CC 2
Output B 3
NC 4
V EE/GND 5
Inputs B { 6
7
Inputs A { 8
9

TCA 0372 Dual-Leistungs.-OP 1 A

108

Linearschaltungen

Abb. 481

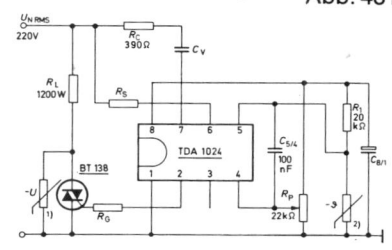

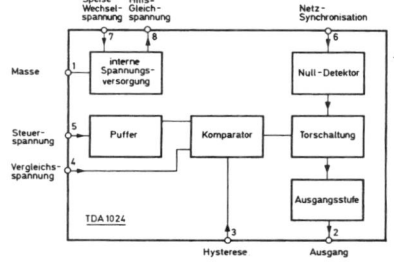

TDA 1024 Netzsynchr. Triggersch. f. Triacs

Abb. 482

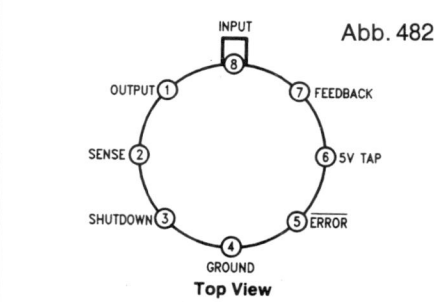

LP 2951 Einstellbarer Spannungsregler 100 mA

Abb. 483

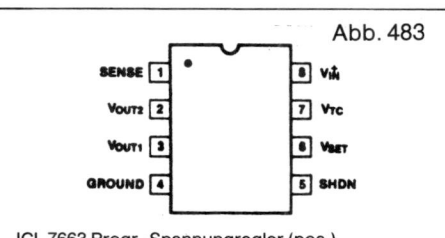

ICL 7663 Progr.-Spannungregler (pos.)

Abb. 484

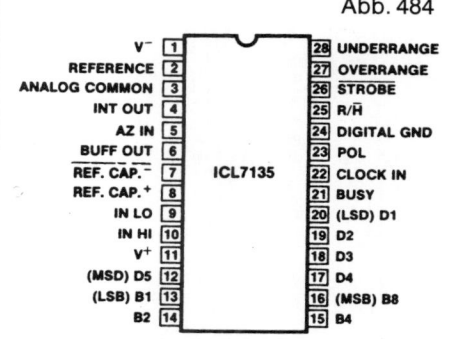

ICL 7135 4½ Digit A/D Converter

Abb. 485

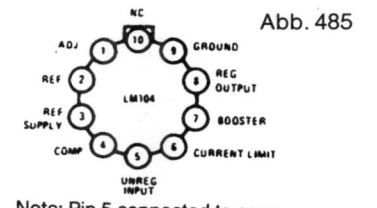

Note: Pin 5 connected to case
Top view

LM 304 H Einstellbarer Spannungsregler

Abb. 486

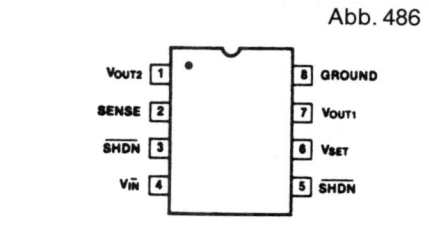

ICL 7664 Progr.-Spannungsregler (negativ)

Abb. 487

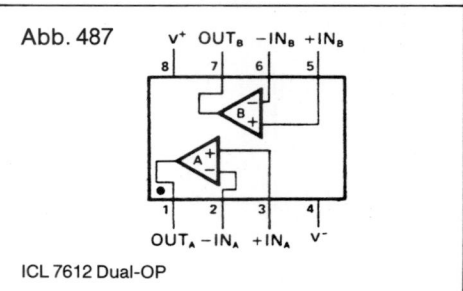

ICL 7612 Dual-OP

109

Linearschaltungen

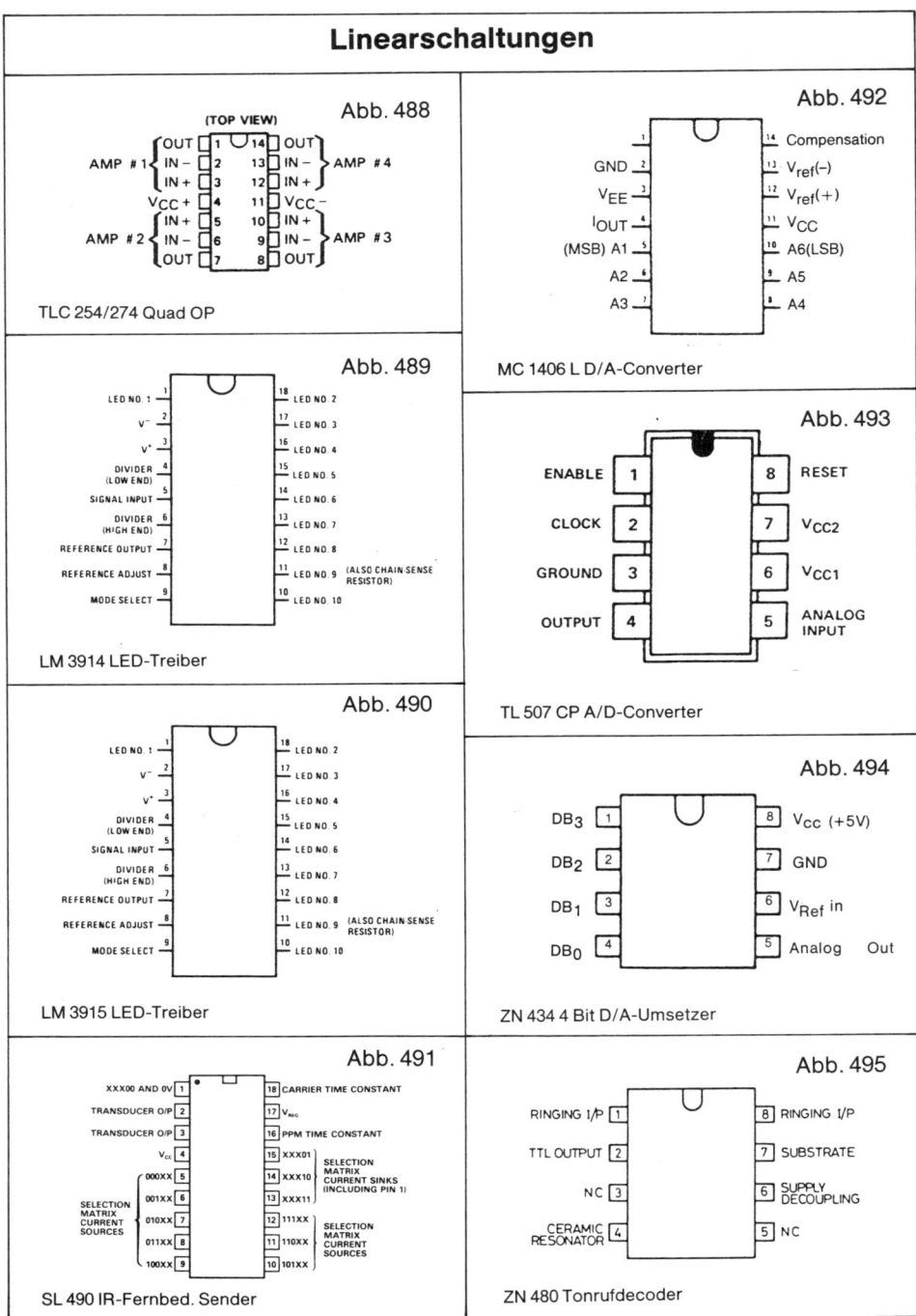

Abb. 488

(TOP VIEW)

AMP #1 {
OUT — 1 — 14 — OUT
IN − — 2 — 13 — IN −
IN + — 3 — 12 — IN +
} AMP #4

V_{CC}+ — 4 — 11 — V_{CC} −

AMP #2 {
IN + — 5 — 10 — IN +
IN − — 6 — 9 — IN −
OUT — 7 — 8 — OUT
} AMP #3

TLC 254/274 Quad OP

Abb. 489

LED NO. 1 — 1 — 18 — LED NO. 2
v^- — 2 — 17 — LED NO. 3
v^+ — 3 — 16 — LED NO. 4
DIVIDER (LOW END) — 4 — 15 — LED NO. 5
SIGNAL INPUT — 5 — 14 — LED NO. 6
DIVIDER (HIGH END) — 6 — 13 — LED NO. 7
REFERENCE OUTPUT — 7 — 12 — LED NO. 8
REFERENCE ADJUST — 8 — 11 — LED NO. 9 (ALSO CHAIN-SENSE RESISTOR)
MODE SELECT — 9 — 10 — LED NO. 10

LM 3914 LED-Treiber

Abb. 490

LED NO. 1 — 1 — 18 — LED NO. 2
v^- — 2 — 17 — LED NO. 3
v^+ — 3 — 16 — LED NO. 4
DIVIDER (LOW END) — 4 — 15 — LED NO. 5
SIGNAL INPUT — 5 — 14 — LED NO. 6
DIVIDER (HIGH END) — 6 — 13 — LED NO. 7
REFERENCE OUTPUT — 7 — 12 — LED NO. 8
REFERENCE ADJUST — 8 — 11 — LED NO. 9 (ALSO CHAIN-SENSE RESISTOR)
MODE SELECT — 9 — 10 — LED NO. 10

LM 3915 LED-Treiber

Abb. 491

XXX00 AND 0V — 1 — 18 — CARRIER TIME CONSTANT
TRANSDUCER O/P — 2 — 17 — V_{REG}
TRANSDUCER O/P — 3 — 16 — PPM TIME CONSTANT
V_{CC} — 4 — 15 — XXX01
000XX — 5 — 14 — XXX10
001XX — 6 — 13 — XXX11
010XX — 7 — 12 — 111XX
011XX — 8 — 11 — 110XX
100XX — 9 — 10 — 101XX

SELECTION MATRIX CURRENT SOURCES

SELECTION MATRIX CURRENT SINKS (INCLUDING PIN 1)

SELECTION MATRIX CURRENT SOURCES

SL 490 IR-Fernbed. Sender

Abb. 492

1
GND — 2 — 14 — Compensation
V_{EE} — 3 — 13 — V_{ref}(−)
I_{OUT} — 4 — 12 — V_{ref}(+)
(MSB) A1 — 5 — 11 — V_{CC}
A2 — 6 — 10 — A6(LSB)
A3 — 7 — A5
A4

MC 1406 L D/A-Converter

Abb. 493

ENABLE — 1 — 8 — RESET
CLOCK — 2 — 7 — V_{CC2}
GROUND — 3 — 6 — V_{CC1}
OUTPUT — 4 — 5 — ANALOG INPUT

TL 507 CP A/D-Converter

Abb. 494

DB_3 — 1 — 8 — V_{CC} (+5V)
DB_2 — 2 — 7 — GND
DB_1 — 3 — 6 — V_{Ref} in
DB_0 — 4 — 5 — Analog Out

ZN 434 4 Bit D/A-Umsetzer

Abb. 495

RINGING I/P — 1 — 8 — RINGING I/P
TTL OUTPUT — 2 — 7 — SUBSTRATE
NC — 3 — 6 — SUPPLY DECOUPLING
CERAMIC RESONATOR — 4 — 5 — NC

ZN 480 Tonrufdecoder

Linearschaltungen

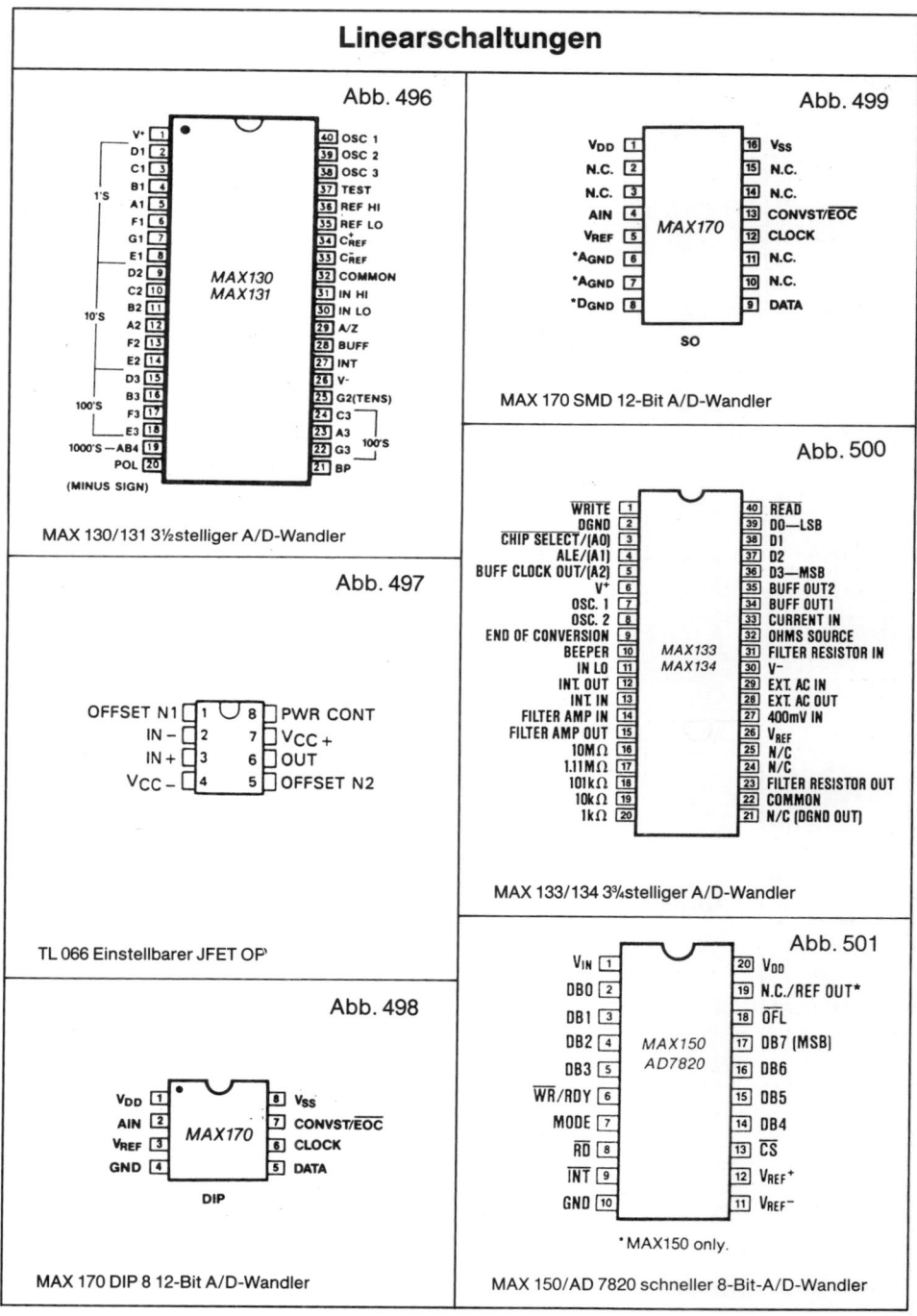

Abb. 496

MAX 130/131 3½stelliger A/D-Wandler

Abb. 497

TL 066 Einstellbarer JFET OP'

Abb. 498

MAX 170 DIP 8 12-Bit A/D-Wandler

Abb. 499

MAX 170 SMD 12-Bit A/D-Wandler

Abb. 500

MAX 133/134 3¾stelliger A/D-Wandler

Abb. 501

*MAX150 only.

MAX 150/AD 7820 schneller 8-Bit-A/D-Wandler

Linearschaltungen

Abb. 502

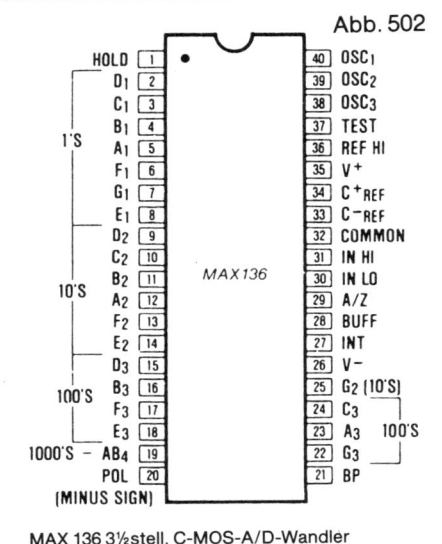

MAX 136 3½stell. C-MOS-A/D-Wandler

Abb. 503

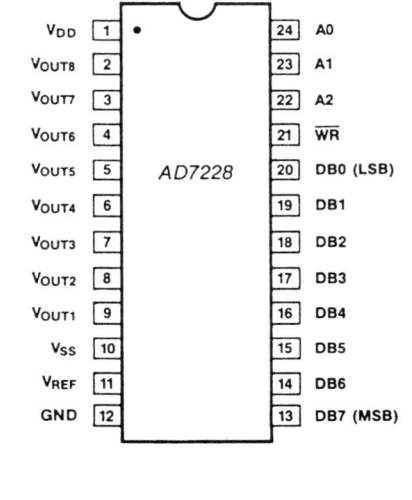

AD 7228 CMOS-8-Bit-D/A-Wandler

Abb. 504

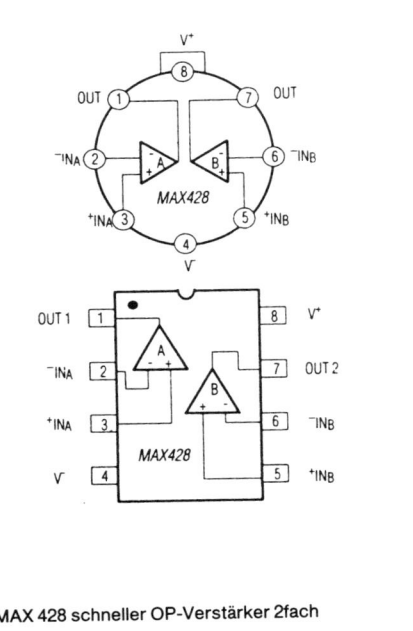

MAX 408 schneller Operationsverstärker

Abb. 505

MAX 428 schneller OP-Verstärker 2fach

Linearschaltungen

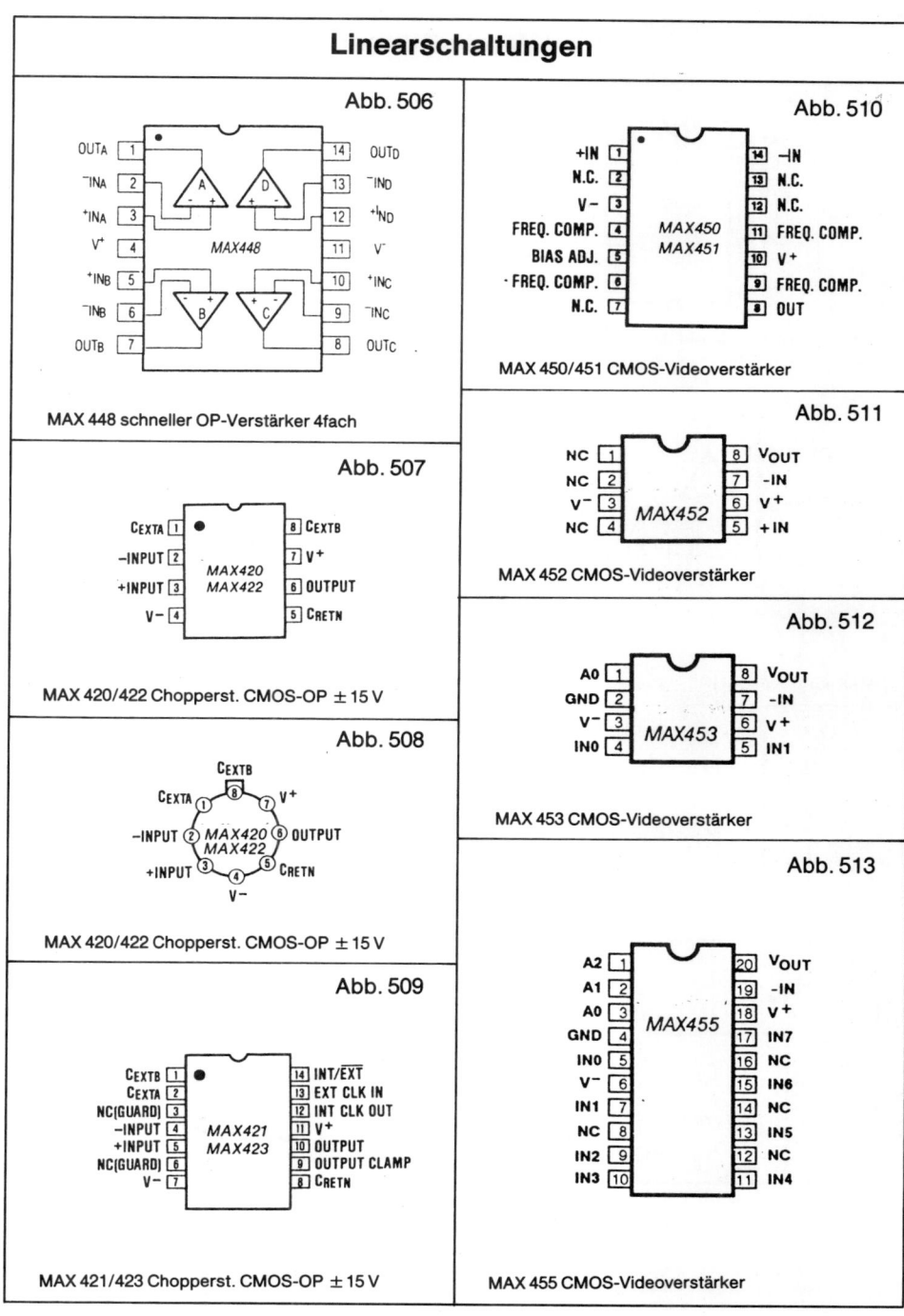

Abb. 506

MAX448

OUTA	1		14	OUTD
⁻INA	2	A	13	⁻IND
⁺INA	3		12	⁺IND
V⁺	4		11	V⁻
⁺INB	5		10	⁺INC
⁻INB	6	B C	9	⁻INC
OUTB	7		8	OUTC

MAX 448 schneller OP-Verstärker 4fach

Abb. 507

MAX420 / MAX422

CEXTA	1		8	CEXTB
−INPUT	2		7	V⁺
+INPUT	3		6	OUTPUT
V−	4		5	CRETN

MAX 420/422 Chopperst. CMOS-OP ± 15 V

Abb. 508

MAX420 / MAX422

CEXTB (8)
CEXTA (1)   V⁺ (7)
−INPUT (2)   OUTPUT (6)
+INPUT (3)   CRETN (5)
(4) V−

MAX 420/422 Chopperst. CMOS-OP ± 15 V

Abb. 509

MAX421 / MAX423

CEXTB	1		14	INT/EXT
CEXTA	2		13	EXT CLK IN
NC(GUARD)	3		12	INT CLK OUT
−INPUT	4		11	V⁺
+INPUT	5		10	OUTPUT
NC(GUARD)	6		9	OUTPUT CLAMP
V−	7		8	CRETN

MAX 421/423 Chopperst. CMOS-OP ± 15 V

Abb. 510

MAX450 / MAX451

+IN	1		14	−IN
N.C.	2		13	N.C.
V−	3		12	N.C.
FREQ. COMP.	4		11	FREQ. COMP.
BIAS ADJ.	5		10	V⁺
FREQ. COMP.	6		9	FREQ. COMP.
N.C.	7		8	OUT

MAX 450/451 CMOS-Videoverstärker

Abb. 511

MAX452

NC	1		8	VOUT
NC	2		7	−IN
V⁻	3		6	V⁺
NC	4		5	+IN

MAX 452 CMOS-Videoverstärker

Abb. 512

MAX453

A0	1		8	VOUT
GND	2		7	−IN
V⁻	3		6	V⁺
IN0	4		5	IN1

MAX 453 CMOS-Videoverstärker

Abb. 513

MAX455

A2	1		20	VOUT
A1	2		19	−IN
A0	3		18	V⁺
GND	4		17	IN7
IN0	5		16	NC
V⁻	6		15	IN6
IN1	7		14	NC
NC	8		13	IN5
IN2	9		12	NC
IN3	10		11	IN4

MAX 455 CMOS-Videoverstärker

Linearschaltungen

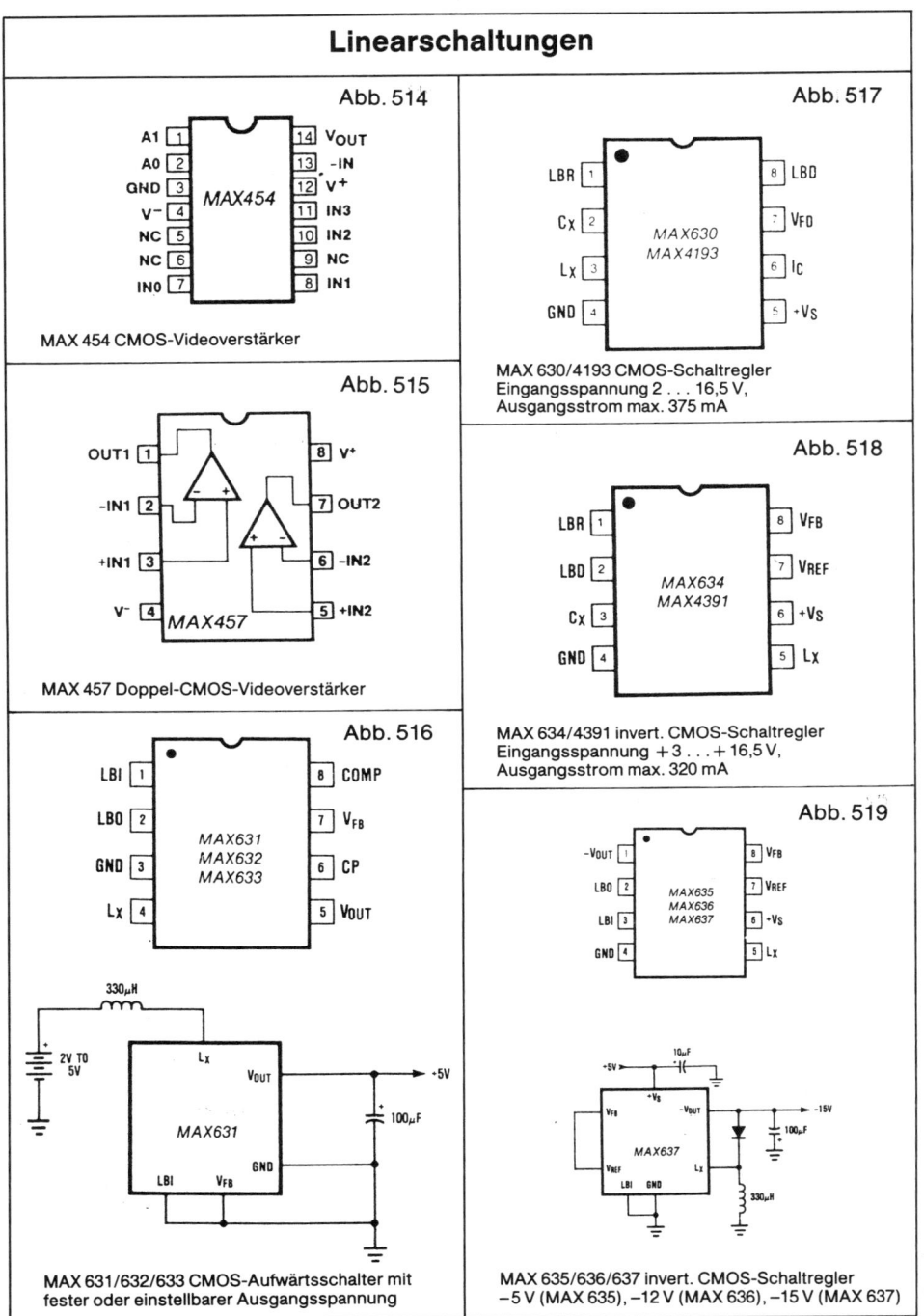

Abb. 514

A1 1 — 14 V$_{OUT}$
A0 2 — 13 -IN
GND 3 — 12 V$^+$
V$^-$ 4 — MAX454 — 11 IN3
NC 5 — 10 IN2
NC 6 — 9 NC
IN0 7 — 8 IN1

MAX 454 CMOS-Videoverstärker

Abb. 515

OUT1 1 — 8 V$^+$
-IN1 2 — 7 OUT2
+IN1 3 — 6 -IN2
V$^-$ 4 — MAX457 — 5 +IN2

MAX 457 Doppel-CMOS-Videoverstärker

Abb. 516

LBI 1 — 8 COMP
LBO 2 — 7 V$_{FB}$
GND 3 — MAX631 MAX632 MAX633 — 6 CP
Lx 4 — 5 V$_{OUT}$

330µH

2V TO 5V

Lx
MAX631 V$_{OUT}$ → +5V
100µF
LBI V$_{FB}$ GND

MAX 631/632/633 CMOS-Aufwärtsschalter mit
fester oder einstellbarer Ausgangsspannung

Abb. 517

LBR 1 — 8 LBD
Cx 2 — 7 VFD
Lx 3 — MAX630 MAX4193 — 6 Ic
GND 4 — 5 +V$_S$

MAX 630/4193 CMOS-Schaltregler
Eingangsspannung 2 . . . 16,5 V,
Ausgangsstrom max. 375 mA

Abb. 518

LBR 1 — 8 V$_{FB}$
LBD 2 — 7 V$_{REF}$
Cx 3 — MAX634 MAX4391 — 6 +V$_S$
GND 4 — 5 Lx

MAX 634/4391 invert. CMOS-Schaltregler
Eingangsspannung +3 . . . + 16,5 V,
Ausgangsstrom max. 320 mA

Abb. 519

-V$_{OUT}$ 1 — 8 V$_{FB}$
LBO 2 — 7 V$_{REF}$
LBI 3 — MAX635 MAX636 MAX637 — 6 +V$_S$
GND 4 — 5 Lx

10µF
+5V →
+V$_S$ -V$_{OUT}$ → -15V
V$_{FB}$
100µF
MAX637
V$_{REF}$ Lx
LBI GND
330µH

MAX 635/636/637 invert. CMOS-Schaltregler
−5 V (MAX 635), −12 V (MAX 636), −15 V (MAX 637)

Linearschaltungen

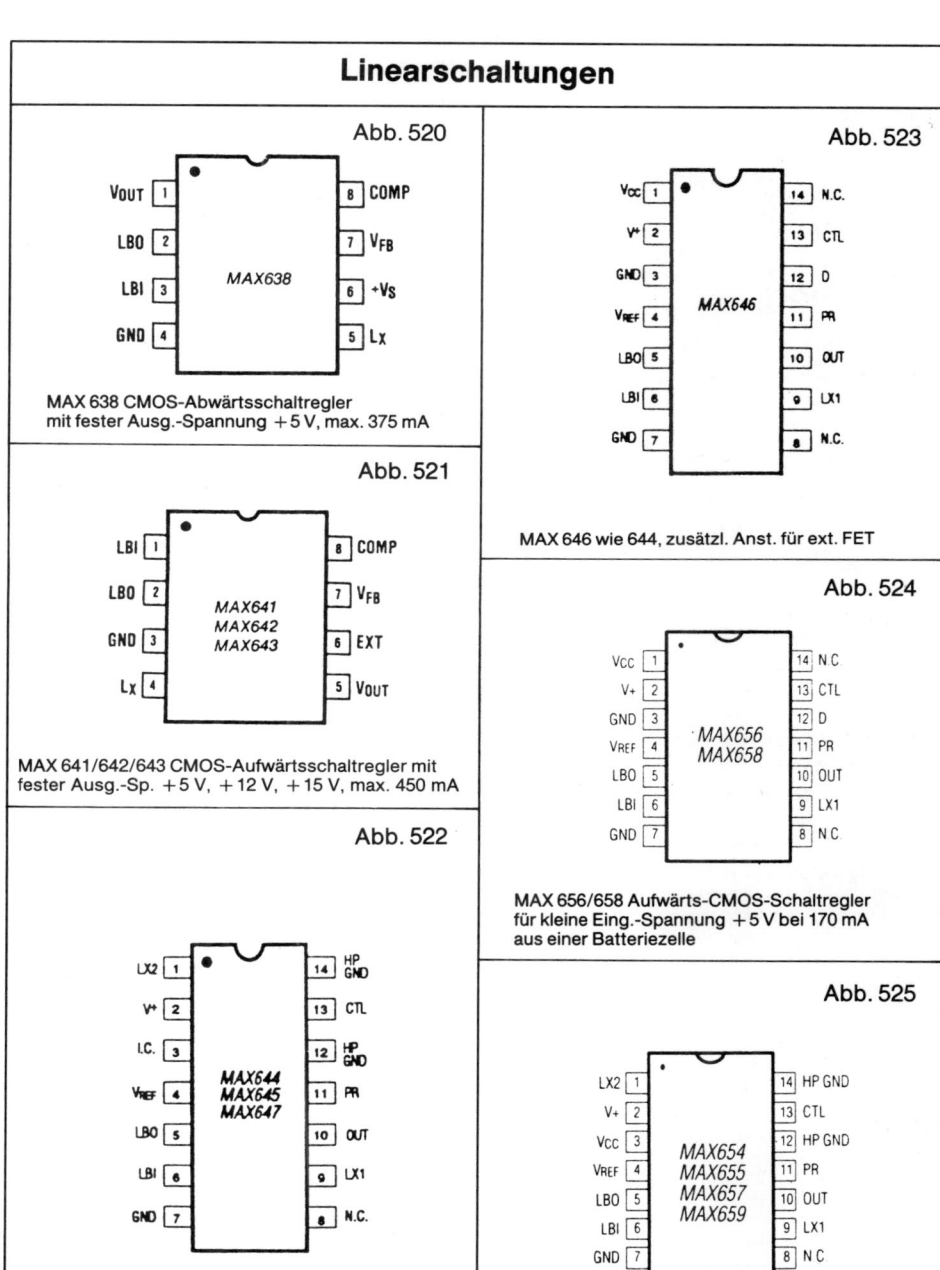

Abb. 520

V_OUT	1	8	COMP
LBO	2	7	V_FB
LBI	3	6	+V_S
GND	4	5	L_X

MAX638

MAX 638 CMOS-Abwärtsschaltregler
mit fester Ausg.-Spannung + 5 V, max. 375 mA

Abb. 521

LBI	1	8	COMP
LBO	2	7	V_FB
GND	3	6	EXT
L_X	4	5	V_OUT

MAX641
MAX642
MAX643

MAX 641/642/643 CMOS-Aufwärtsschaltregler mit
fester Ausg.-Sp. + 5 V, + 12 V, + 15 V, max. 450 mA

Abb. 522

LX2	1	14	HP GND
V+	2	13	CTL
I.C.	3	12	HP GND
V_REF	4	11	PR
LBO	5	10	OUT
LBI	6	9	LX1
GND	7	8	N.C.

MAX644
MAX645
MAX647

MAX 644/645/647 Aufw.-Schaltregler
für niedrige Eingangsspannung + 1,15 V,
(+ 5 V bei 40 mA aus einer Monozelle)

Abb. 523

V_CC	1	14	N.C.
V+	2	13	CTL
GND	3	12	D
V_REF	4	11	PR
LBO	5	10	OUT
LBI	6	9	LX1
GND	7	8	N.C.

MAX646

MAX 646 wie 644, zusätzl. Anst. für ext. FET

Abb. 524

V_CC	1	14	N C
V+	2	13	CTL
GND	3	12	D
V_REF	4	11	PR
LBO	5	10	OUT
LBI	6	9	LX1
GND	7	8	N C

MAX656
MAX658

MAX 656/658 Aufwärts-CMOS-Schaltregler
für kleine Eing.-Spannung + 5 V bei 170 mA
aus einer Batteriezelle

Abb. 525

LX2	1	14	HP GND
V+	2	13	CTL
V_CC	3	12	HP GND
V_REF	4	11	PR
LBO	5	10	OUT
LBI	6	9	LX1
GND	7	8	N C

MAX654
MAX655
MAX657
MAX659

MAX 654/655/657/659 Aufwärts-CMOS-
Schaltregler für kleine Eingangsspannung

Linearschaltungen

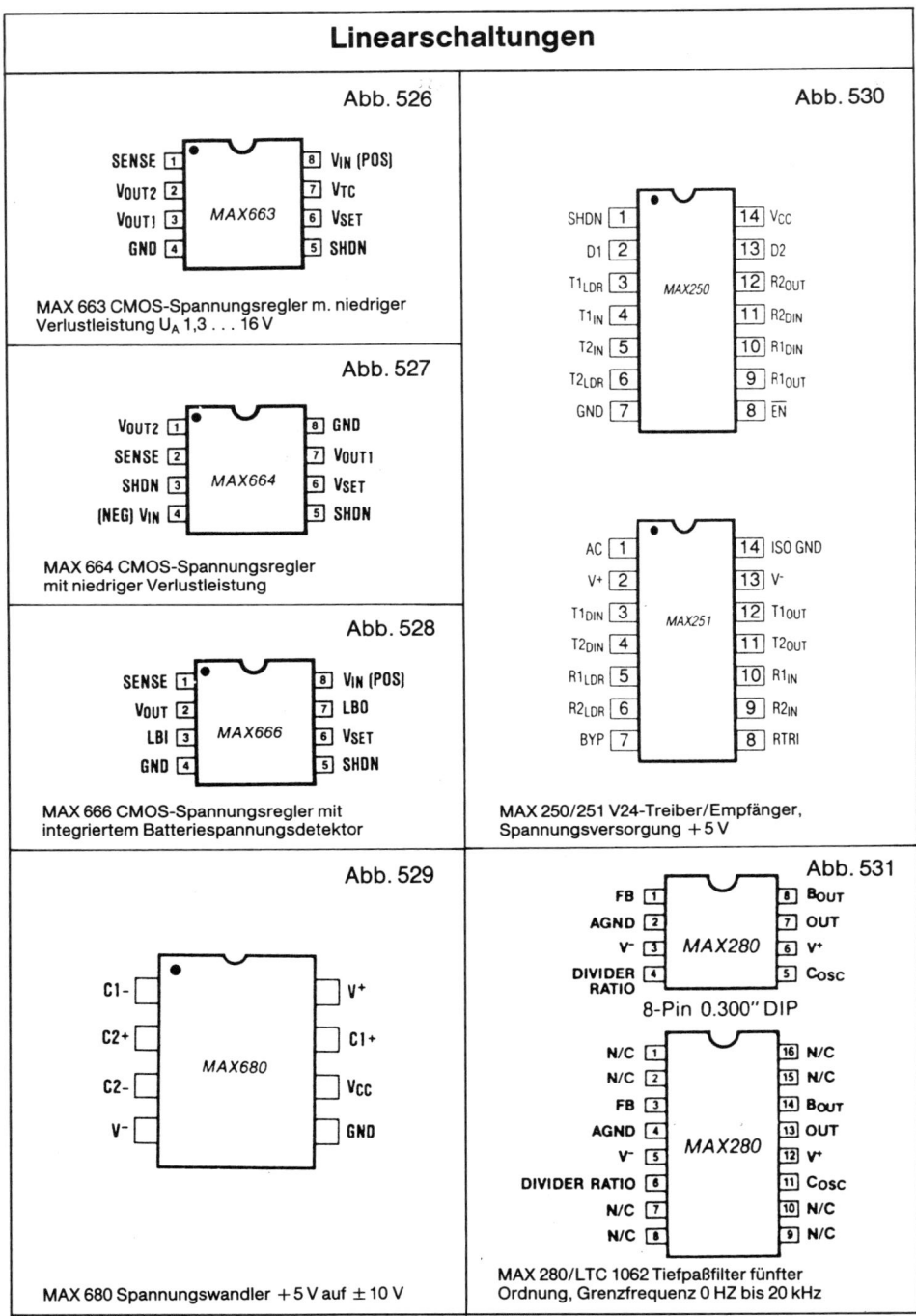

Abb. 526

	MAX663	
SENSE [1]		[8] V$_{IN}$ (POS)
V$_{OUT2}$ [2]		[7] V$_{TC}$
V$_{OUT1}$ [3]		[6] V$_{SET}$
GND [4]		[5] SHDN

MAX 663 CMOS-Spannungsregler m. niedriger
Verlustleistung U$_A$ 1,3 . . . 16 V

Abb. 527

	MAX664	
V$_{OUT2}$ [1]		[8] GND
SENSE [2]		[7] V$_{OUT1}$
SHDN [3]		[6] V$_{SET}$
(NEG) V$_{IN}$ [4]		[5] SHDN

MAX 664 CMOS-Spannungsregler
mit niedriger Verlustleistung

Abb. 528

	MAX666	
SENSE [1]		[8] V$_{IN}$ (POS)
V$_{OUT}$ [2]		[7] LBO
LBI [3]		[6] V$_{SET}$
GND [4]		[5] SHDN

MAX 666 CMOS-Spannungsregler mit
integriertem Batteriespannungsdetektor

Abb. 529

MAX680

	MAX680	
C1-		V+
C2+		C1+
C2-		V$_{CC}$
V-		GND

MAX 680 Spannungswandler +5 V auf ±10 V

Abb. 530

	MAX250	
SHDN [1]		[14] V$_{CC}$
D1 [2]		[13] D2
T1$_{LDR}$ [3]		[12] R2$_{OUT}$
T1$_{IN}$ [4]		[11] R2$_{DIN}$
T2$_{IN}$ [5]		[10] R1$_{DIN}$
T2$_{LDR}$ [6]		[9] R1$_{OUT}$
GND [7]		[8] $\overline{EN}$

	MAX251	
AC [1]		[14] ISO GND
V+ [2]		[13] V-
T1$_{DIN}$ [3]		[12] T1$_{OUT}$
T2$_{DIN}$ [4]		[11] T2$_{OUT}$
R1$_{LDR}$ [5]		[10] R1$_{IN}$
R2$_{LDR}$ [6]		[9] R2$_{IN}$
BYP [7]		[8] RTRI

MAX 250/251 V24-Treiber/Empfänger,
Spannungsversorgung +5 V

Abb. 531

	MAX280	
FB [1]		[8] B$_{OUT}$
AGND [2]		[7] OUT
V- [3]		[6] V+
DIVIDER RATIO [4]		[5] C$_{OSC}$

8-Pin 0.300" DIP

	MAX280	
N/C [1]		[16] N/C
N/C [2]		[15] N/C
FB [3]		[14] B$_{OUT}$
AGND [4]		[13] OUT
V- [5]		[12] V+
DIVIDER RATIO [6]		[11] C$_{OSC}$
N/C [7]		[10] N/C
N/C [8]		[9] N/C

MAX 280/LTC 1062 Tiefpaßfilter fünfter
Ordnung, Grenzfrequenz 0 HZ bis 20 kHz

Linearschaltungen

Abb. 532

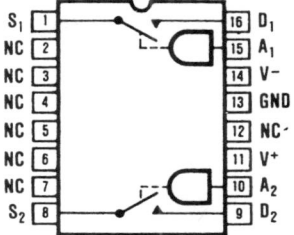

MAX 341/348 Analogschalter für hohe Spannung, Signalspannung bis 100 V_{ss}

Abb. 533

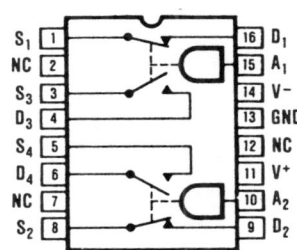

MAX 343 wie 341, jedoch doppelter Umschalter

Abb. 534

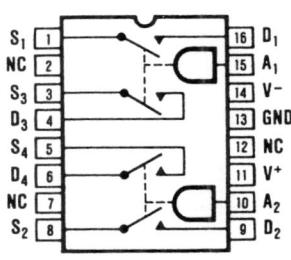

MAX 345 wie 341, jed. zwei zweipolige Einschalter

Abb. 535

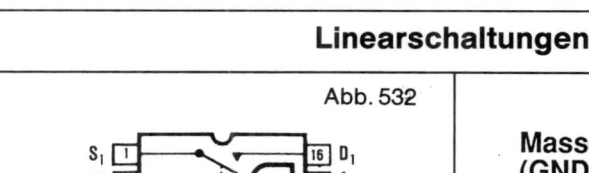

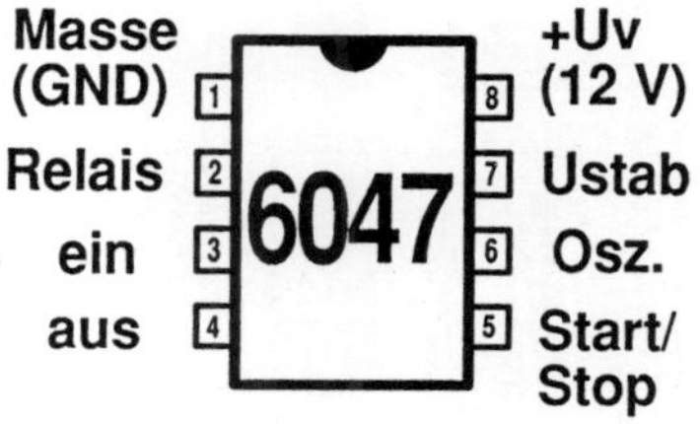

Masse (GND)	+Uv (12 V)
Relais	Ustab
ein	Osz.
aus	Start/Stop

U 6047 Langzeittimer 3 Sek. . . . . 20 h.

Abb. 536

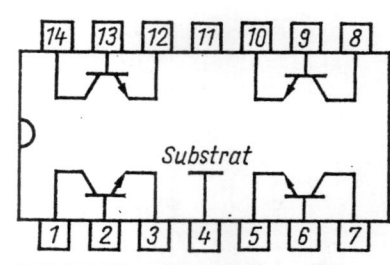

B 315 D, E, K Transistorarray $U_{CE} = 15$ V
B 325 D, E, K Transistorarray $U_{CE} = 25$ V
B 360 D, E, K Transistorarray $U_{CE} = 60$ V
B 380 D, E, K Transistorarray $U_{CE} = 80$ V
Kollektorstrom 0,5 A

Abb. 537

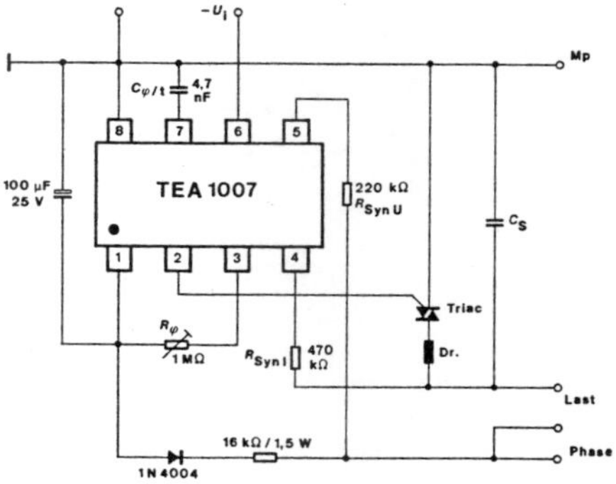

TEA 1007 Phasenanschnittsteuerung

Linearschaltungen

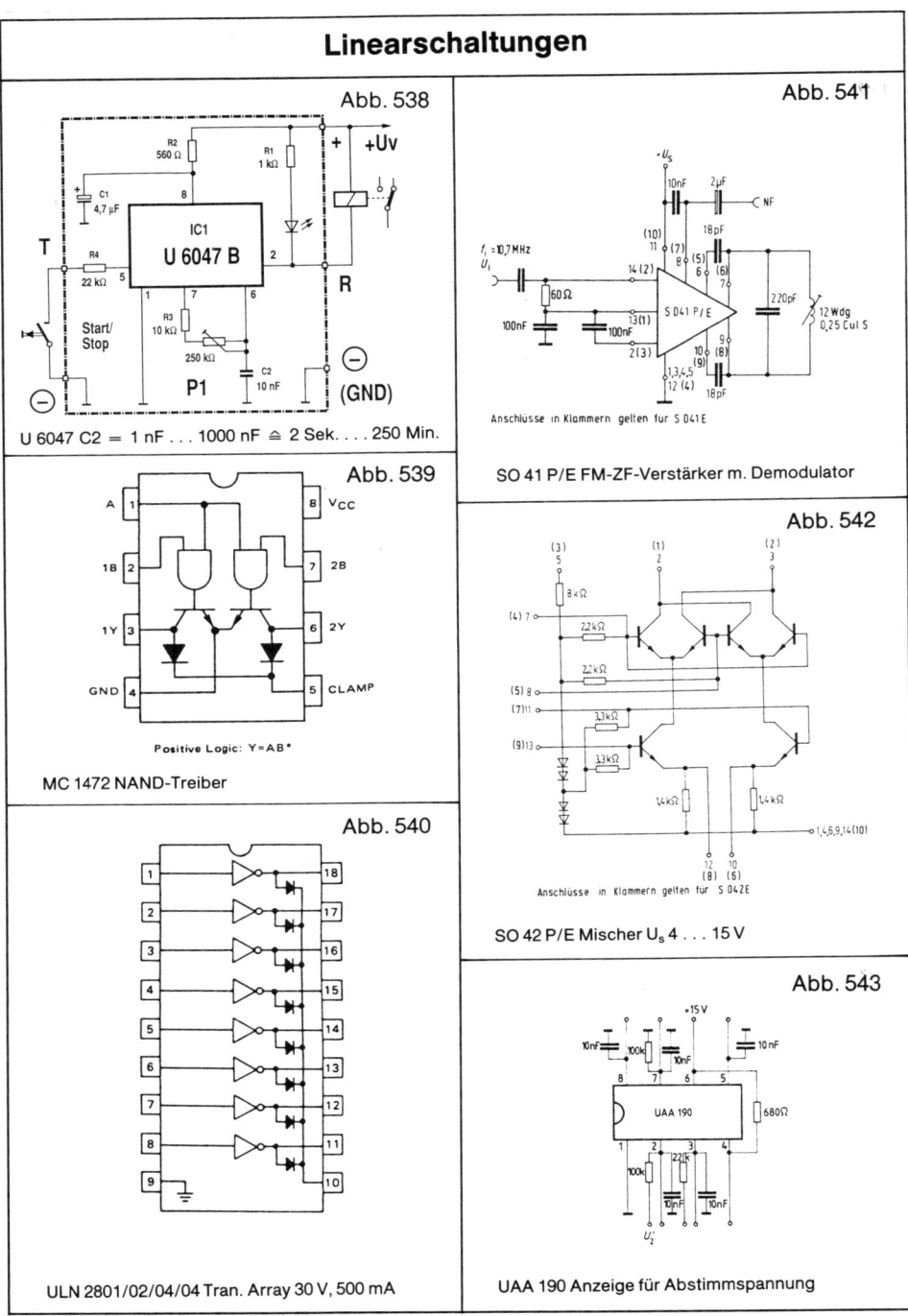

Abb. 538

$+Uv$

R2 560 Ω
R1 1 kΩ
C1 4,7 μF
8
IC1 **U 6047 B**
2
T
R4 22 kΩ 5
1 7 6
R
R3 10 kΩ
Start/ Stop
250 kΩ
P1
C2 10 nF
(GND)

U 6047 C2 = 1 nF ... 1000 nF ≙ 2 Sek. ... 250 Min.

Abb. 539

A 1
1B 2
1Y 3
GND 4
8 Vcc
7 2B
6 2Y
5 CLAMP

Positive Logic: Y=AB*

MC 1472 NAND-Treiber

Abb. 540

1 18
2 17
3 16
4 15
5 14
6 13
7 12
8 11
9 10

ULN 2801/02/04/04 Tran. Array 30 V, 500 mA

Abb. 541

U_S
10nF 2μF
NF
$f_i = 10,7$ MHz
U_i
(10) 11 (7)
18pF
14 (2) 8 (5)
6 (6)
7
60 Ω
S 041 P/E
2.20pF
100nF 13(1)
100nF
2(3)
1,3,4,5
12 (4)
10 (8)
9 (9)
12 Wdg 0,25 Cul S
18pF

Anschlüsse in Klammern gelten für S 041 E

SO 41 P/E FM-ZF-Verstärker m. Demodulator

Abb. 542

(3) 5
(1) 2
(2) 3
8 kΩ
(4) 7
2,2 kΩ
2,2 kΩ
(5) 8
(7)11
3,3 kΩ
(9)13
3,3 kΩ
1,4 kΩ
1,4 kΩ
1,4,6,9,14 (10)
12 (8)
10 (6)

Anschlüsse in Klammern gelten für S 042E

SO 42 P/E Mischer U_s 4 ... 15 V

Abb. 543

+15 V
10nF 100k 10nF 10nF
8 7 6 5
UAA 190
680Ω
1 2 3 4
100k 22k
10nF 10nF
U_2'

UAA 190 Anzeige für Abstimmspannung

118

Linearschaltungen

Abb. 544

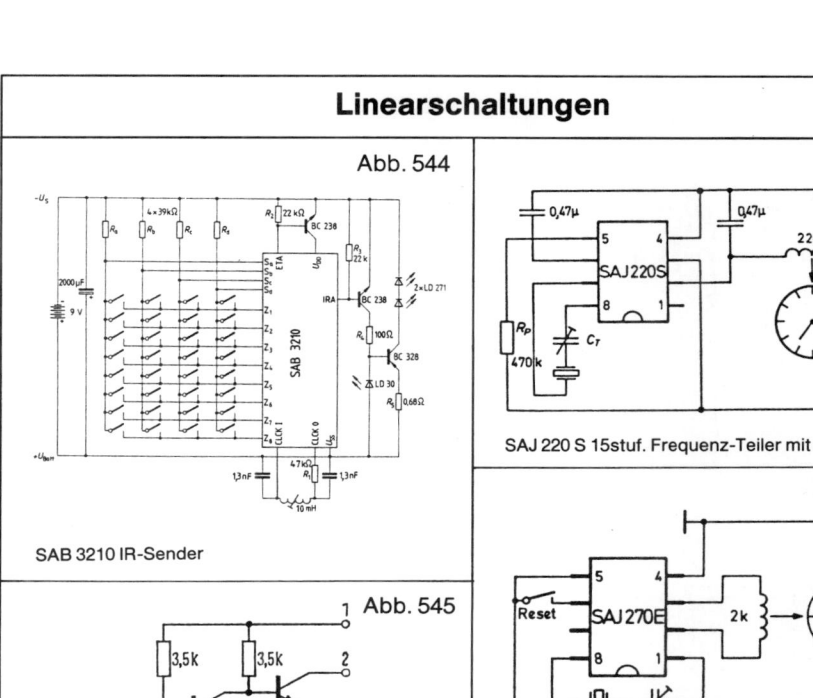

SAB 3210 IR-Sender

Abb. 545

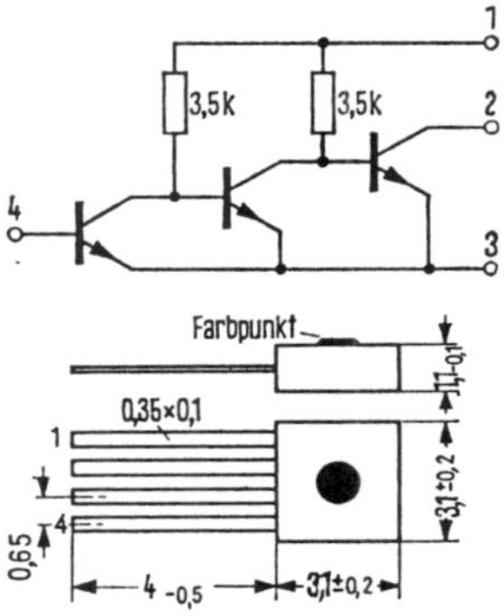

TAA 131 Dreistufiger NF-Verstärker

Abb. 546

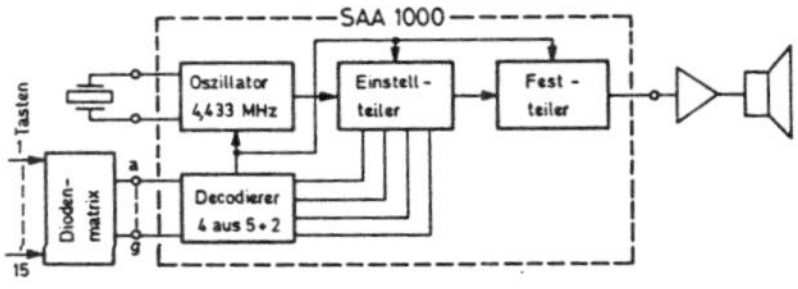

Anschlüsse

1	Eingang Oszillator	8	Eingang e
2	NC	9	Eingang f
3	Ausgang Oszillator	10	Eingang g
4	Eingang a	11	NC
5	Eingang b	12	U_{SS}
6	Eingang c	13	Ultraschall-Ausgang
7	Eingang d	14	Masse, 0, Substrat

SAA 1000 15 V kan. Ultraschall-Sender

Abb. 547

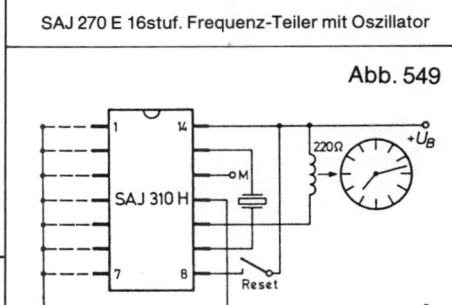

SAJ 220 S 15stuf. Frequenz-Teiler mit Oszillator

Abb. 548

SAJ 270 E 16stuf. Frequenz-Teiler mit Oszillator

Abb. 549

SAJ 310 H CMOS-Schaltung für Quarzuhren

Abb. 550

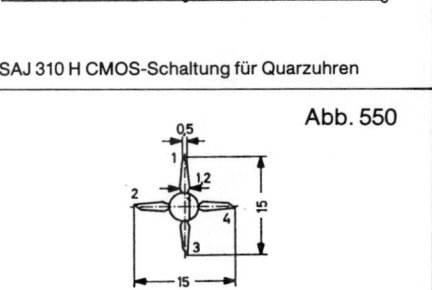

TBA 840 Einspulen-Antriebsschaltung

Linearschaltungen

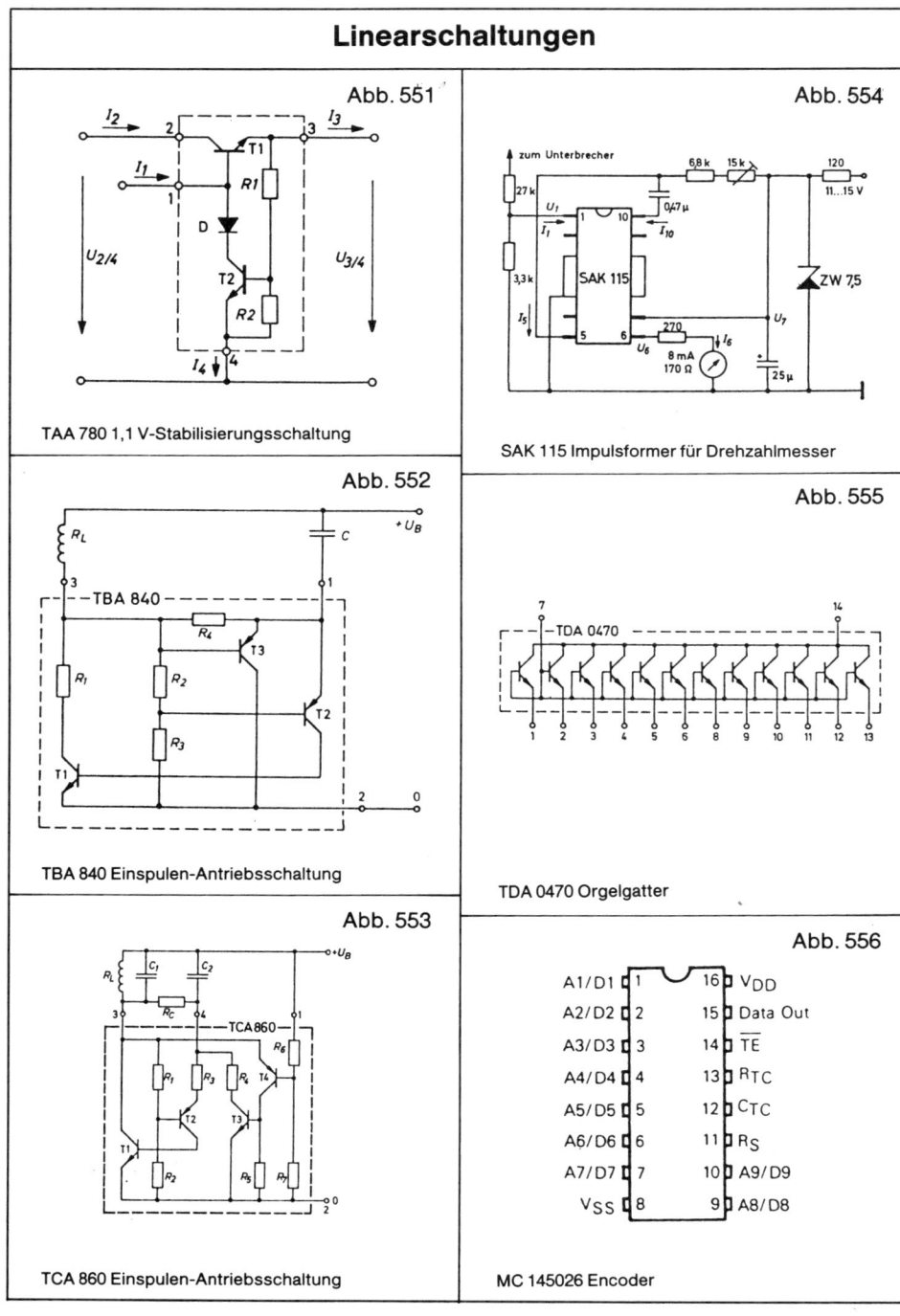

Abb. 551

TAA 780 1,1 V-Stabilisierungsschaltung

Abb. 552

TBA 840 Einspulen-Antriebsschaltung

Abb. 553

TCA 860 Einspulen-Antriebsschaltung

Abb. 554

SAK 115 Impulsformer für Drehzahlmesser

Abb. 555

TDA 0470 Orgelgatter

Abb. 556

MC 145026 Encoder

Linearschaltungen

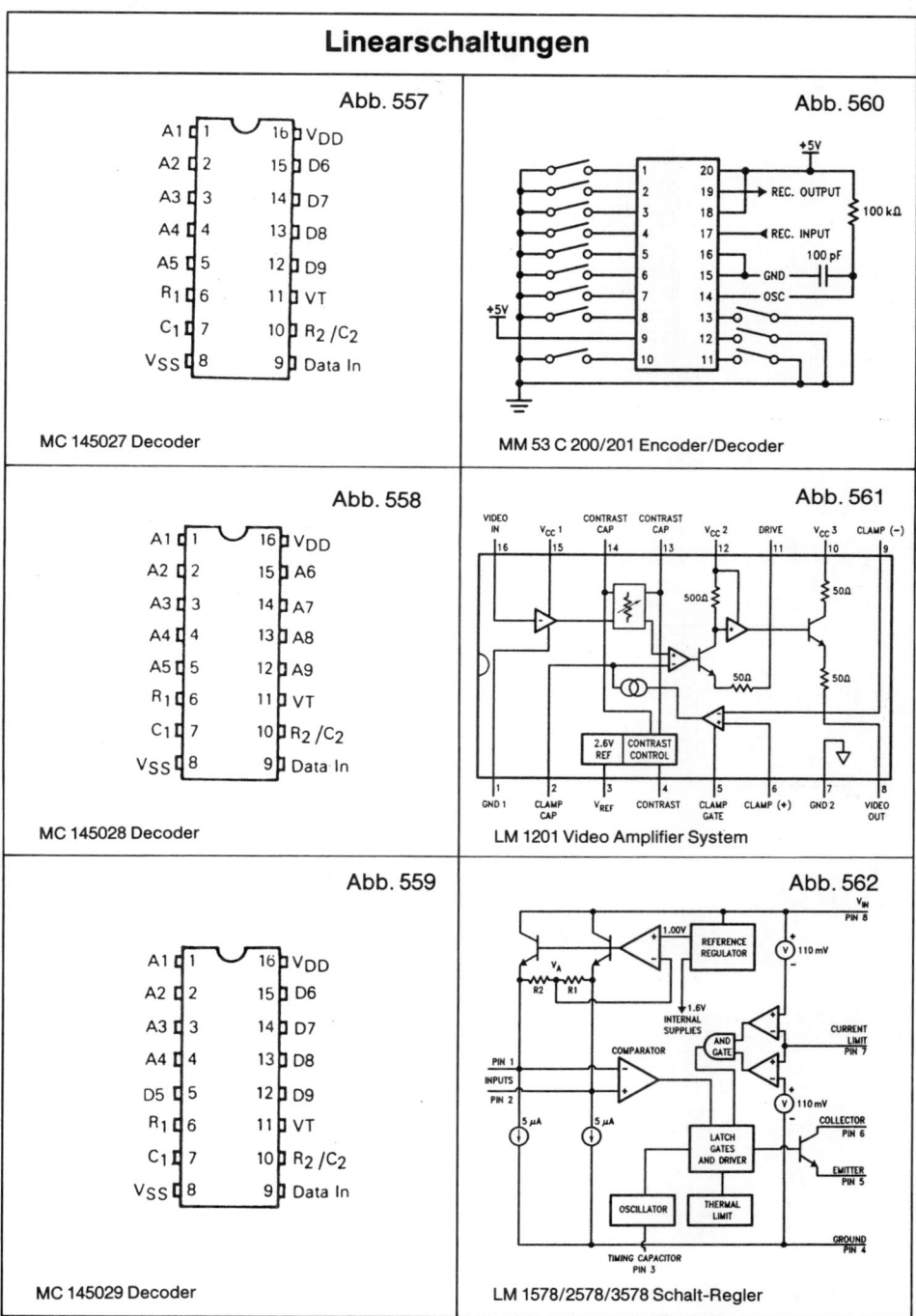

Abb. 557

```
A1   [ 1      16 ]  VDD
A2   [ 2      15 ]  D6
A3   [ 3      14 ]  D7
A4   [ 4      13 ]  D8
A5   [ 5      12 ]  D9
R1   [ 6      11 ]  VT
C1   [ 7      10 ]  R2/C2
VSS  [ 8       9 ]  Data In
```

MC 145027 Decoder

Abb. 560

+5V

REC. OUTPUT

100 kΩ

REC. INPUT

100 pF

GND

OSC

+5V

MM 53 C 200/201 Encoder/Decoder

Abb. 558

```
A1   [ 1      16 ]  VDD
A2   [ 2      15 ]  A6
A3   [ 3      14 ]  A7
A4   [ 4      13 ]  A8
A5   [ 5      12 ]  A9
R1   [ 6      11 ]  VT
C1   [ 7      10 ]  R2/C2
VSS  [ 8       9 ]  Data In
```

MC 145028 Decoder

Abb. 561

VIDEO IN | V_{CC} 1 | CONTRAST CAP | CONTRAST CAP | V_{CC} 2 | DRIVE | V_{CC} 3 | CLAMP (−)

16 15 14 13 12 11 10 9

500Ω   50Ω

50Ω   50Ω

2.6V REF | CONTRAST CONTROL

1 2 3 4 5 6 7 8

GND 1 | CLAMP CAP | V_{REF} | CONTRAST | CLAMP GATE | CLAMP (+) | GND 2 | VIDEO OUT

LM 1201 Video Amplifier System

Abb. 559

```
A1   [ 1      16 ]  VDD
A2   [ 2      15 ]  D6
A3   [ 3      14 ]  D7
A4   [ 4      13 ]  D8
D5   [ 5      12 ]  D9
R1   [ 6      11 ]  VT
C1   [ 7      10 ]  R2/C2
VSS  [ 8       9 ]  Data In
```

MC 145029 Decoder

Abb. 562

V_{IN} PIN 8

1.00V

REFERENCE REGULATOR

110 mV

V_A

R2   R1

1.6V INTERNAL SUPPLIES

CURRENT LIMIT PIN 7

AND GATE

PIN 1

INPUTS

PIN 2

COMPARATOR

110 mV

5 µA   5 µA

COLLECTOR PIN 6

LATCH GATES AND DRIVER

EMITTER PIN 5

OSCILLATOR | THERMAL LIMIT

GROUND PIN 4

TIMING CAPACITOR PIN 3

LM 1578/2578/3578 Schalt-Regler

Linearschaltungen

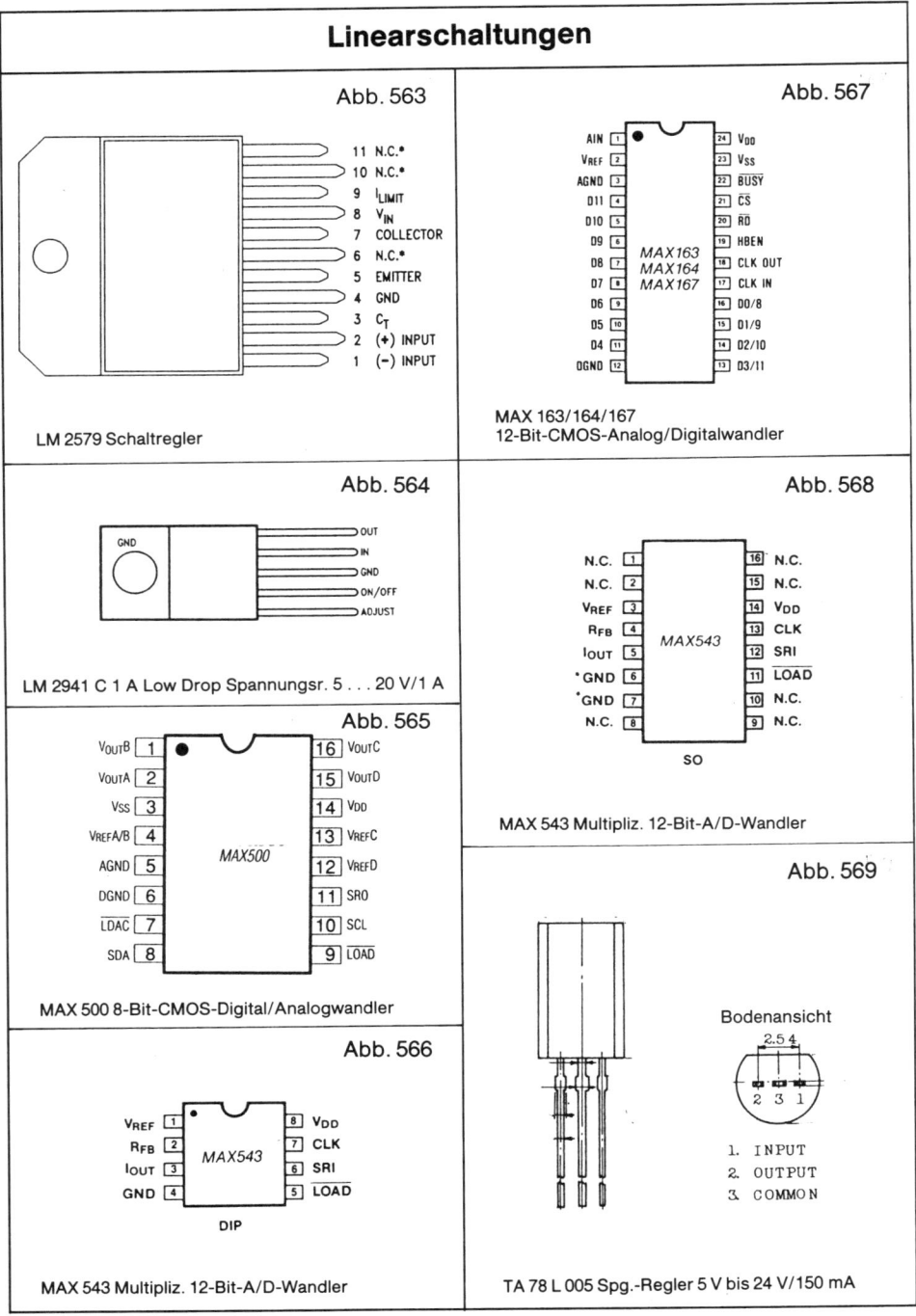

Abb. 563

11 N.C.*
10 N.C.*
9 I_{LIMIT}
8 V_{IN}
7 COLLECTOR
6 N.C.*
5 EMITTER
4 GND
3 C_T
2 (+) INPUT
1 (−) INPUT

LM 2579 Schaltregler

Abb. 564

OUT
IN
GND
ON/OFF
ADJUST

GND

LM 2941 C 1 A Low Drop Spannungsr. 5 ... 20 V/1 A

Abb. 565

V_{OUTB} 1		16 V_{OUTC}
V_{OUTA} 2		15 V_{OUTD}
V_{SS} 3		14 V_{DD}
$V_{REFA/B}$ 4	MAX500	13 V_{REFC}
AGND 5		12 V_{REFD}
DGND 6		11 SRO
$\overline{LDAC}$ 7		10 SCL
SDA 8		9 $\overline{LOAD}$

MAX 500 8-Bit-CMOS-Digital/Analogwandler

Abb. 566

V_{REF} 1		8 V_{DD}
R_{FB} 2	MAX543	7 CLK
I_{OUT} 3		6 SRI
GND 4		5 $\overline{LOAD}$

DIP

MAX 543 Multipliz. 12-Bit-A/D-Wandler

Abb. 567

AIN 1		24 V_{DD}
V_{REF} 2		23 V_{SS}
AGND 3		22 $\overline{BUSY}$
D11 4		21 $\overline{CS}$
D10 5		20 $\overline{RD}$
D9 6	MAX163	19 HBEN
D8 7	MAX164	18 CLK OUT
D7 8	MAX167	17 CLK IN
D6 9		16 D0/8
D5 10		15 D1/9
D4 11		14 D2/10
DGND 12		13 D3/11

MAX 163/164/167
12-Bit-CMOS-Analog/Digitalwandler

Abb. 568

N.C. 1		16 N.C.
N.C. 2		15 N.C.
V_{REF} 3		14 V_{DD}
R_{FB} 4	MAX543	13 CLK
I_{OUT} 5		12 SRI
*GND 6		11 $\overline{LOAD}$
*GND 7		10 N.C.
N.C. 8		9 N.C.

SO

MAX 543 Multipliz. 12-Bit-A/D-Wandler

Abb. 569

Bodenansicht
2.5 4

2 3 1

1. INPUT
2. OUTPUT
3. COMMON

TA 78 L 005 Spg.-Regler 5 V bis 24 V/150 mA

Linearschaltungen

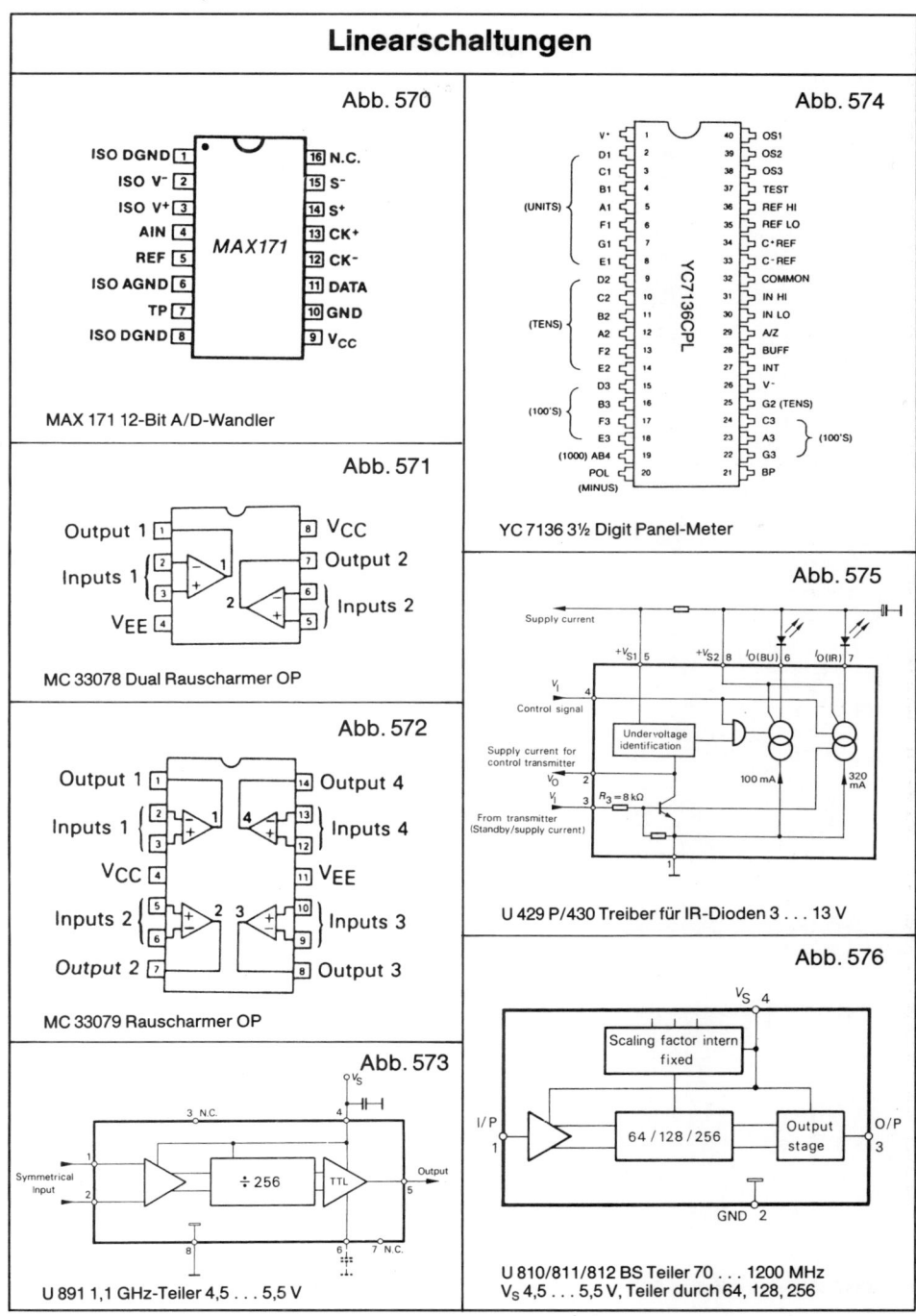

Abb. 570

MAX 171 12-Bit A/D-Wandler

Abb. 571

MC 33078 Dual Rauscharmer OP

Abb. 572

MC 33079 Rauscharmer OP

Abb. 573

U 891 1,1 GHz-Teiler 4,5 . . . 5,5 V

Abb. 574

YC 7136 3½ Digit Panel-Meter

Abb. 575

U 429 P/430 Treiber für IR-Dioden 3 . . . 13 V

Abb. 576

U 810/811/812 BS Teiler 70 . . . 1200 MHz
V_S 4,5 . . . 5,5 V, Teiler durch 64, 128, 256

Linearschaltungen

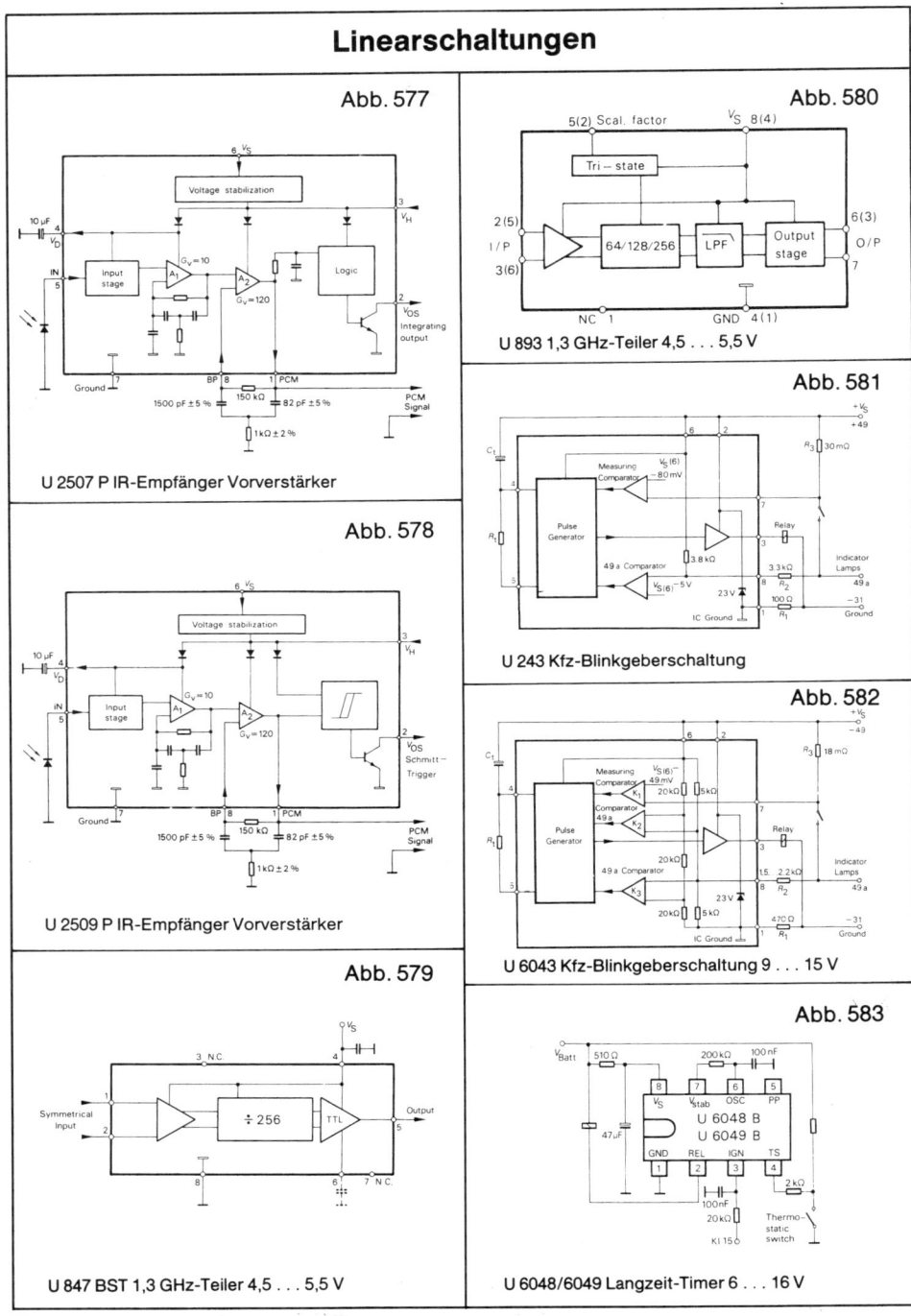

Abb. 577

U 2507 P IR-Empfänger Vorverstärker

Abb. 578

U 2509 P IR-Empfänger Vorverstärker

Abb. 579

U 847 BST 1,3 GHz-Teiler 4,5 . . . 5,5 V

Abb. 580

U 893 1,3 GHz-Teiler 4,5 . . . 5,5 V

Abb. 581

U 243 Kfz-Blinkgeberschaltung

Abb. 582

U 6043 Kfz-Blinkgeberschaltung 9 . . . 15 V

Abb. 583

U 6048/6049 Langzeit-Timer 6 . . . 16 V

Linearschaltungen

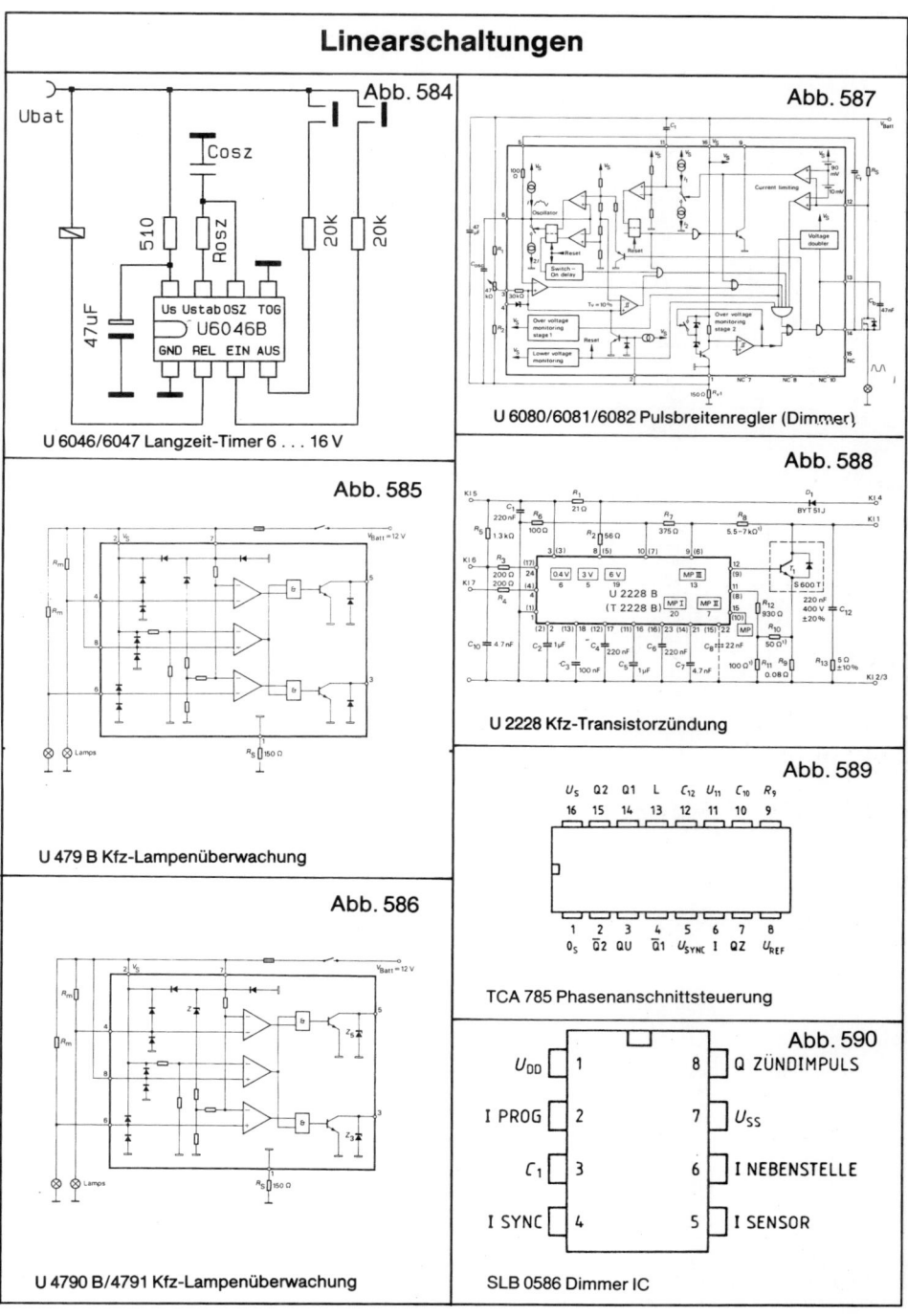

Abb. 584

U 6046/6047 Langzeit-Timer 6 ... 16 V

Abb. 585

U 479 B Kfz-Lampenüberwachung

Abb. 586

U 4790 B/4791 Kfz-Lampenüberwachung

Abb. 587

U 6080/6081/6082 Pulsbreitenregler (Dimmer)

Abb. 588

U 2228 Kfz-Transistorzündung

Abb. 589

TCA 785 Phasenanschnittsteuerung

Abb. 590

SLB 0586 Dimmer IC

125

Linearschaltungen

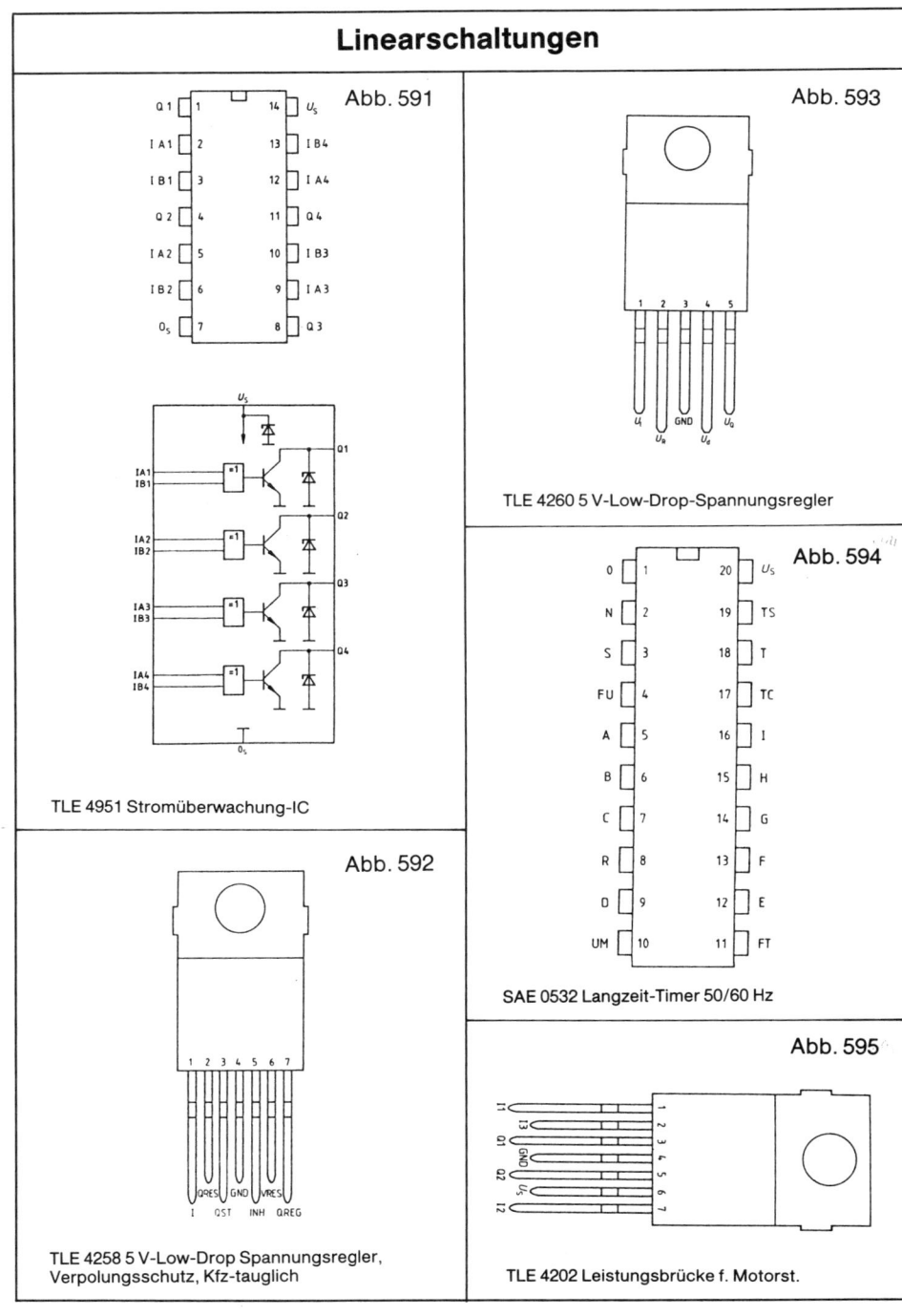

Abb. 591

Q 1	1	14	U_S
I A1	2	13	I B4
I B1	3	12	I A4
Q 2	4	11	Q4
I A2	5	10	I B3
I B2	6	9	I A3
O_S	7	8	Q 3

TLE 4951 Stromüberwachung-IC

Abb. 592

TLE 4258 5 V-Low-Drop Spannungsregler,
Verpolungsschutz, Kfz-tauglich

Abb. 593

TLE 4260 5 V-Low-Drop-Spannungsregler

Abb. 594

O	1	20	U_S
N	2	19	TS
S	3	18	T
FU	4	17	TC
A	5	16	I
B	6	15	H
C	7	14	G
R	8	13	F
D	9	12	E
UM	10	11	FT

SAE 0532 Langzeit-Timer 50/60 Hz

Abb. 595

TLE 4202 Leistungsbrücke f. Motorst.

Linearschaltungen

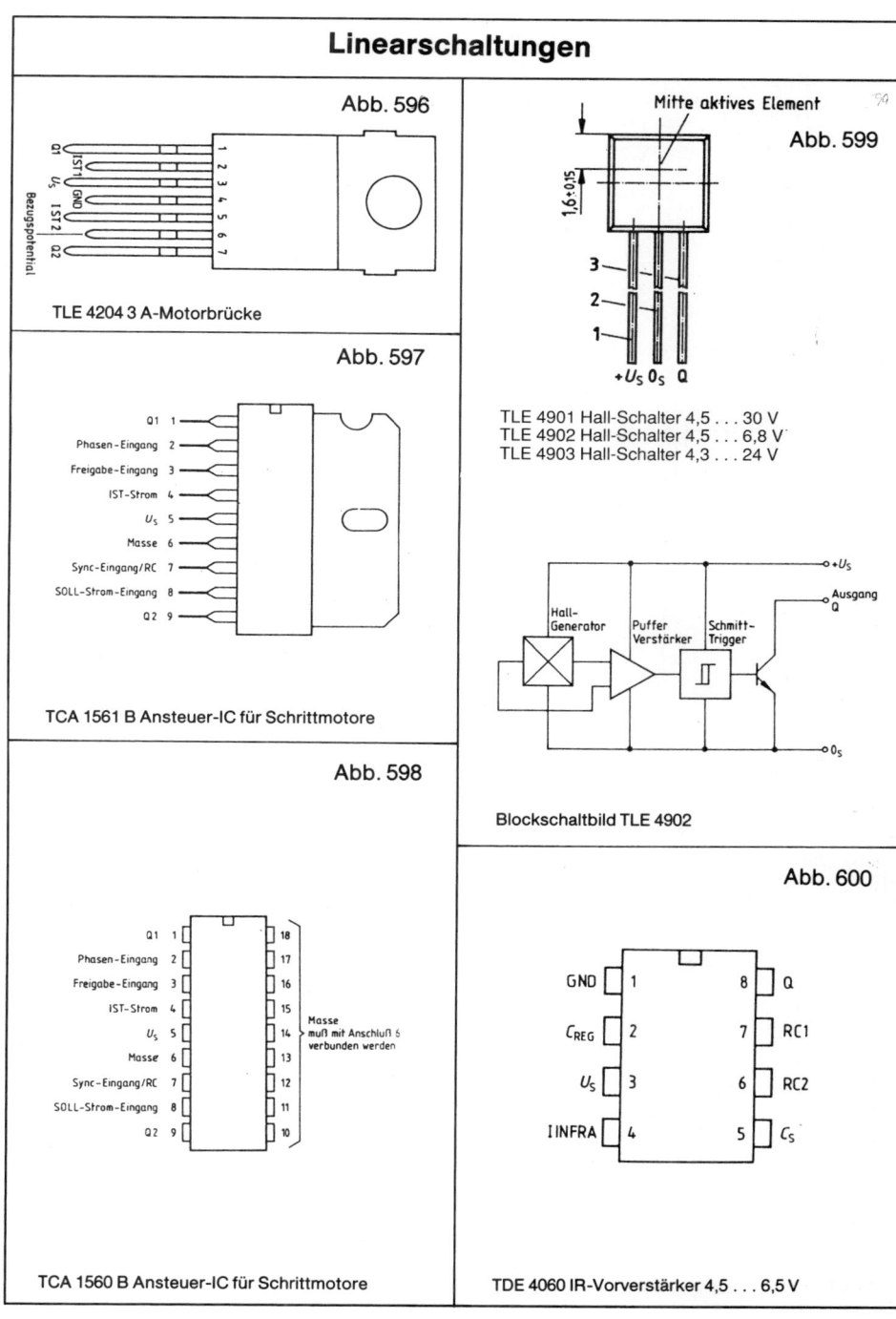

Abb. 596

TLE 4204 3 A-Motorbrücke

Abb. 597

Q1 — 1
Phasen-Eingang — 2
Freigabe-Eingang — 3
IST-Strom — 4
U_S — 5
Masse — 6
Sync-Eingang/RC — 7
SOLL-Strom-Eingang — 8
Q2 — 9

TCA 1561 B Ansteuer-IC für Schrittmotore

Abb. 598

Q1 — 1 — 18
Phasen-Eingang — 2 — 17
Freigabe-Eingang — 3 — 16
IST-Strom — 4 — 15
U_S — 5 — 14 — Masse muß mit Anschluß 6 verbunden werden
Masse — 6 — 13
Sync-Eingang/RC — 7 — 12
SOLL-Strom-Eingang — 8 — 11
Q2 — 9 — 10

TCA 1560 B Ansteuer-IC für Schrittmotore

Abb. 599

Mitte aktives Element

$1,6 \pm 0,15$

+U_S 0$_S$ Q

TLE 4901 Hall-Schalter 4,5 ... 30 V
TLE 4902 Hall-Schalter 4,5 ... 6,8 V
TLE 4903 Hall-Schalter 4,3 ... 24 V

Hall-Generator Puffer Verstärker Schmitt-Trigger

+U_S
Ausgang Q
0$_S$

Blockschaltbild TLE 4902

Abb. 600

GND — 1 — 8 — Q
C_{REG} — 2 — 7 — RC1
U_S — 3 — 6 — RC2
I INFRA — 4 — 5 — C_S

TDE 4060 IR-Vorverstärker 4,5 ... 6,5 V

Linearschaltungen

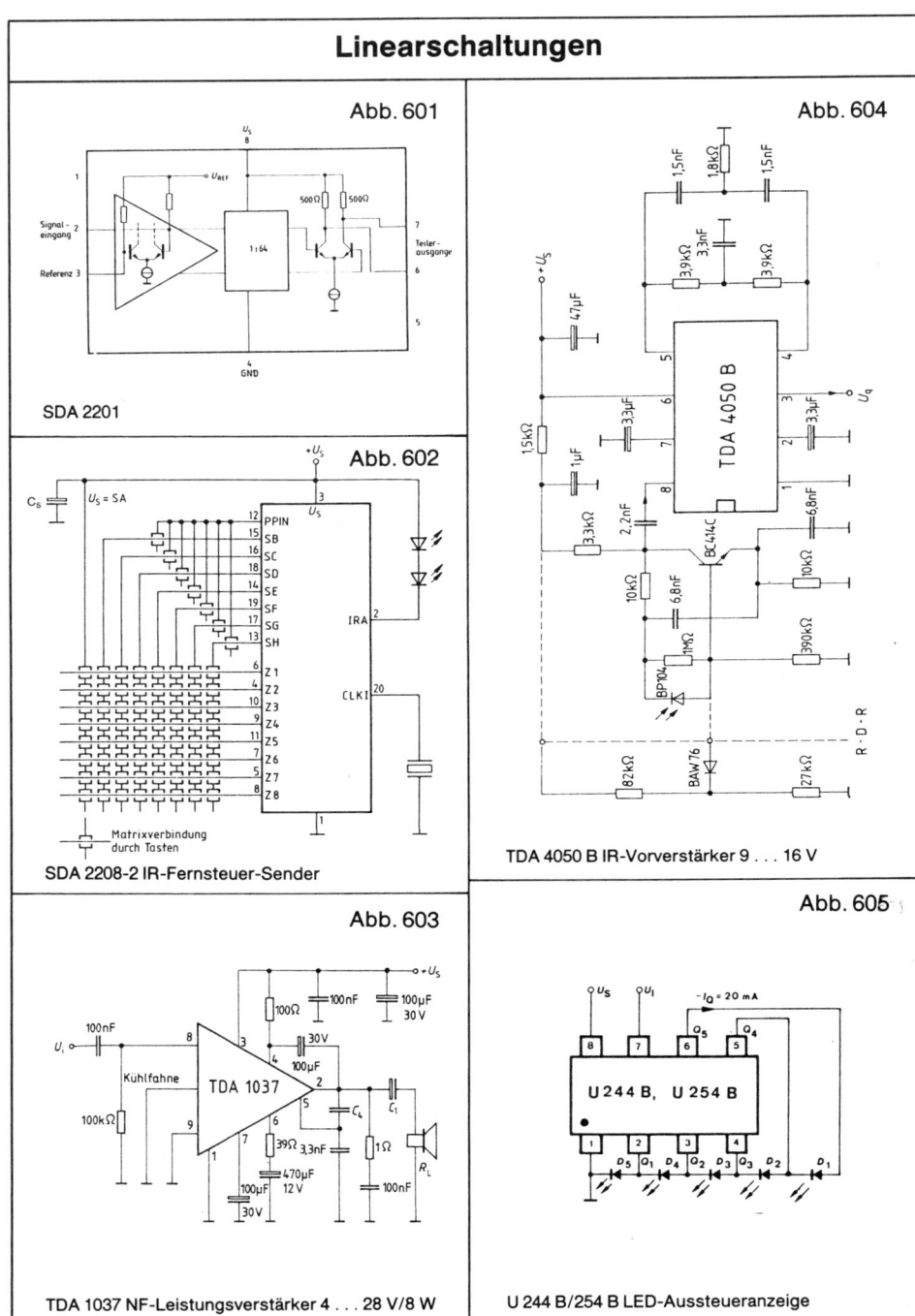

Abb. 601

SDA 2201

Abb. 602

SDA 2208-2 IR-Fernsteuer-Sender

Abb. 603

TDA 1037 NF-Leistungsverstärker 4 . . . 28 V/8 W

Abb. 604

TDA 4050 B IR-Vorverstärker 9 . . . 16 V

Abb. 605

U 244 B/254 B LED-Aussteueranzeige

128

Linearschaltungen

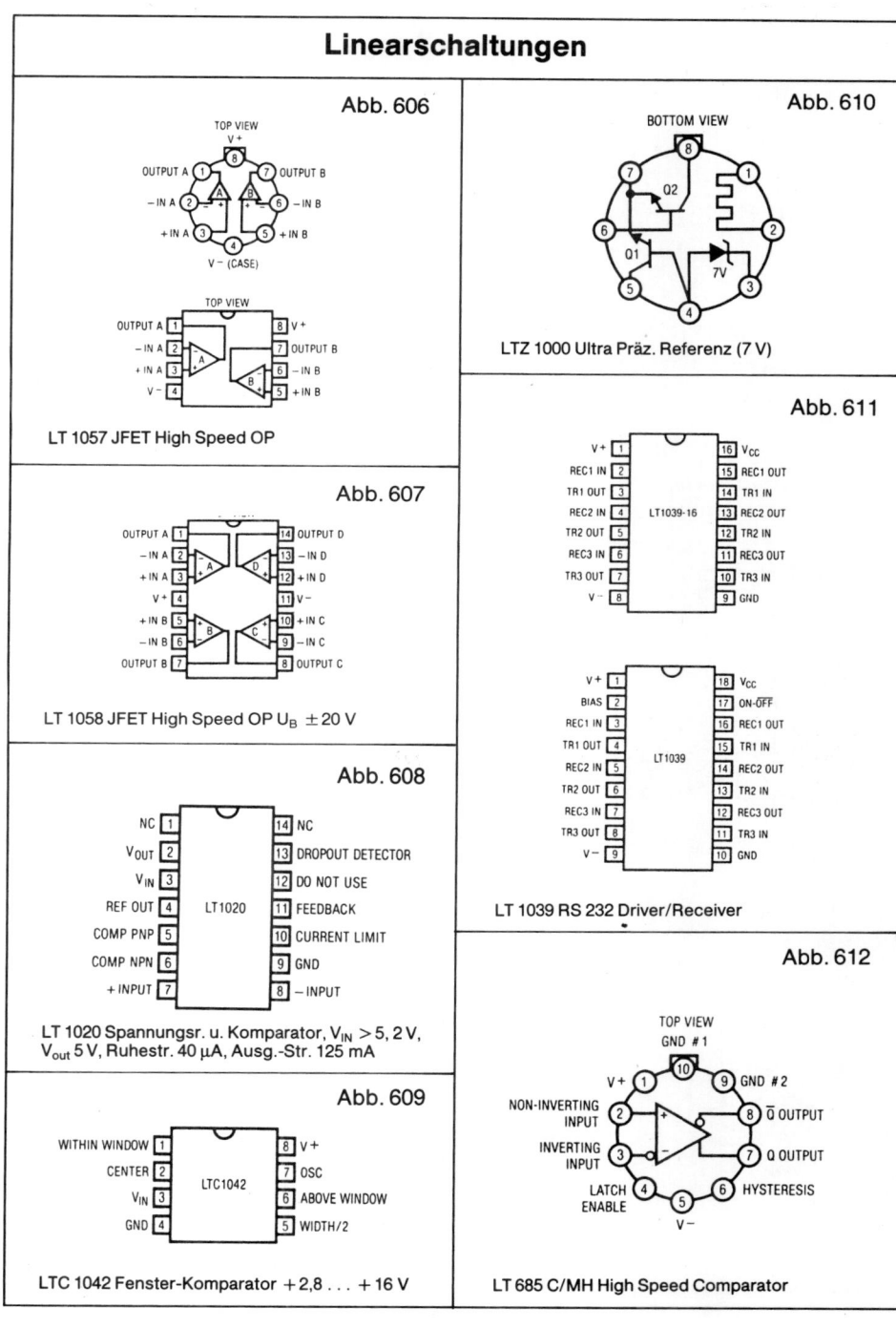

Abb. 606

TOP VIEW
V +

OUTPUT A 1 — 8 OUTPUT B
– IN A 2 — A B 6 – IN B
+ IN A 3 — 5 + IN B
V – (CASE)

TOP VIEW

OUTPUT A 1 — 8 V +
– IN A 2 — A 7 OUTPUT B
+ IN A 3 — B 6 – IN B
V – 4 — 5 + IN B

LT 1057 JFET High Speed OP

Abb. 607

OUTPUT A 1 — 14 OUTPUT D
– IN A 2 — A D 13 – IN D
+ IN A 3 — 12 + IN D
V + 4 — 11 V –
+ IN B 5 — B C 10 + IN C
– IN B 6 — 9 – IN C
OUTPUT B 7 — 8 OUTPUT C

LT 1058 JFET High Speed OP U_B ± 20 V

Abb. 608

NC 1 — 14 NC
V_{OUT} 2 — 13 DROPOUT DETECTOR
V_{IN} 3 — 12 DO NOT USE
REF OUT 4 — LT1020 — 11 FEEDBACK
COMP PNP 5 — 10 CURRENT LIMIT
COMP NPN 6 — 9 GND
+ INPUT 7 — 8 – INPUT

LT 1020 Spannungsr. u. Komparator, $V_{IN} > 5, 2$ V,
V_{out} 5 V, Ruhestr. 40 µA, Ausg.-Str. 125 mA

Abb. 609

WITHIN WINDOW 1 — 8 V +
CENTER 2 — 7 OSC
V_{IN} 3 — LTC1042 — 6 ABOVE WINDOW
GND 4 — 5 WIDTH/2

LTC 1042 Fenster-Komparator + 2,8 ... + 16 V

Abb. 610

BOTTOM VIEW

LTZ 1000 Ultra Präz. Referenz (7 V)

Abb. 611

V + 1 — 16 V_{CC}
REC1 IN 2 — 15 REC1 OUT
TR1 OUT 3 — 14 TR1 IN
REC2 IN 4 — LT1039-16 — 13 REC2 OUT
TR2 OUT 5 — 12 TR2 IN
REC3 IN 6 — 11 REC3 OUT
TR3 OUT 7 — 10 TR3 IN
V – 8 — 9 GND

V + 1 — 18 V_{CC}
BIAS 2 — 17 ON-OFF
REC1 IN 3 — 16 REC1 OUT
TR1 OUT 4 — 15 TR1 IN
REC2 IN 5 — LT1039 — 14 REC2 OUT
TR2 OUT 6 — 13 TR2 IN
REC3 IN 7 — 12 REC3 OUT
TR3 OUT 8 — 11 TR3 IN
V – 9 — 10 GND

LT 1039 RS 232 Driver/Receiver

Abb. 612

TOP VIEW
GND #1

V + 1 — 10 — 9 GND #2
NON-INVERTING INPUT 2 — + — 8 Q̄ OUTPUT
INVERTING INPUT 3 — – — 7 Q OUTPUT
LATCH ENABLE 4 — 5 — 6 HYSTERESIS
V –

LT 685 C/MH High Speed Comparator

Linearschaltungen

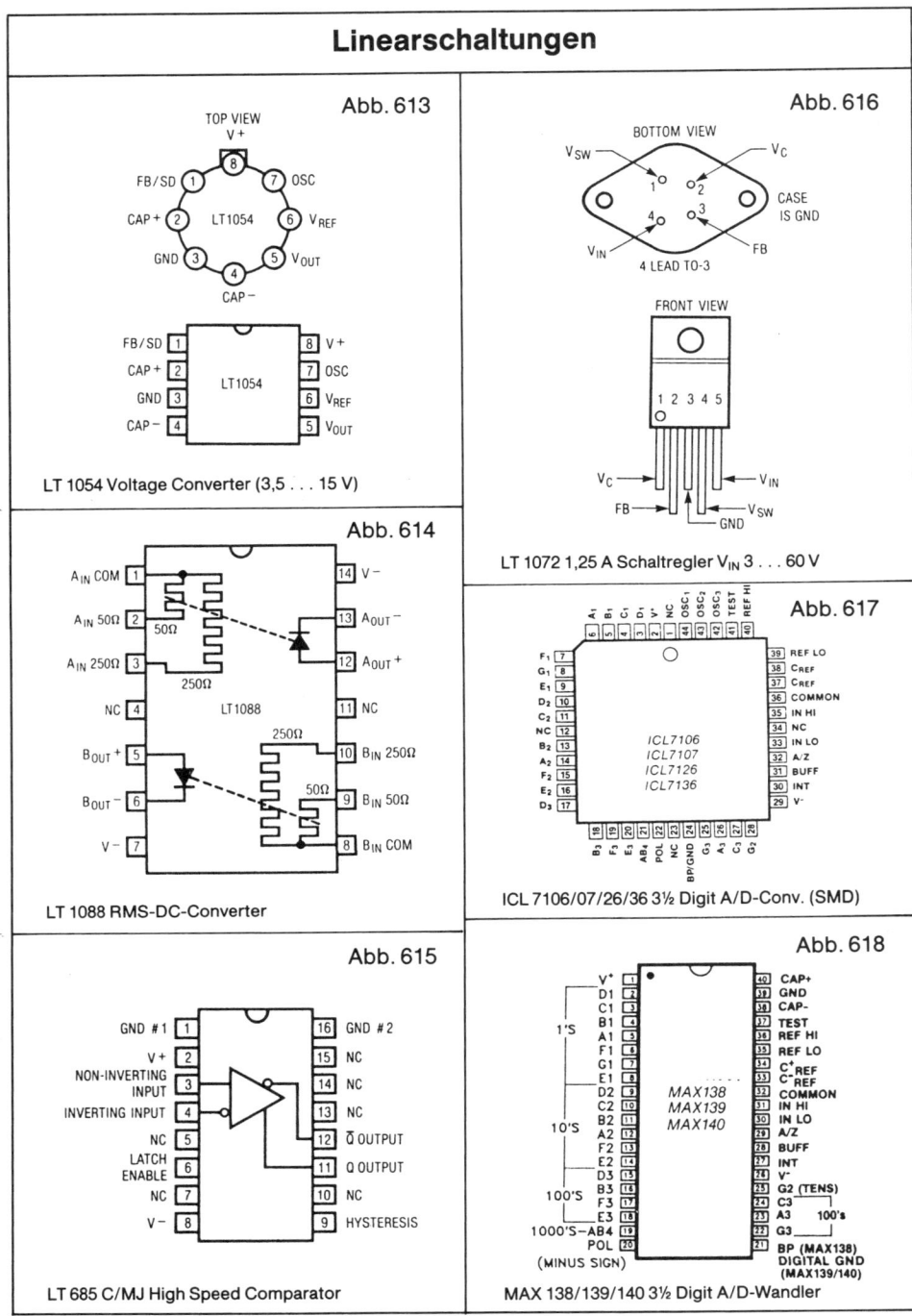

Abb. 613

TOP VIEW

LT1054

Pin	Name
1	FB/SD
2	CAP +
3	GND
4	CAP −
5	V_OUT
6	V_REF
7	OSC
8	V +

LT 1054 Voltage Converter (3,5 . . . 15 V)

Abb. 614

LT1088

A_IN COM, A_IN 50Ω, A_IN 250Ω, NC, B_OUT +, B_OUT −, V −, B_IN COM, B_IN 50Ω, B_IN 250Ω, NC, A_OUT +, A_OUT −, V −

50Ω, 250Ω, 250Ω, 50Ω

LT 1088 RMS-DC-Converter

Abb. 615

GND #1, V +, NON-INVERTING INPUT, INVERTING INPUT, NC, LATCH ENABLE, NC, V −, GND #2, NC, NC, NC, Q̄ OUTPUT, Q OUTPUT, NC, HYSTERESIS

LT 685 C/MJ High Speed Comparator

Abb. 616

BOTTOM VIEW

V_SW, V_C, V_IN, FB, CASE IS GND

4 LEAD TO-3

FRONT VIEW

1 2 3 4 5

V_C, V_IN, FB, V_SW, GND

LT 1072 1,25 A Schaltregler V_IN 3 . . . 60 V

Abb. 617

ICL7106
ICL7107
ICL7126
ICL7136

F_1, G_1, E_1, D_2, C_2, NC, B_2, A_2, F_2, E_2, D_3, REF LO, C_REF, C_REF, COMMON, IN HI, NC, IN LO, BUFF, INT, V−

ICL 7106/07/26/36 3½ Digit A/D-Conv. (SMD)

Abb. 618

V⁺, D1, C1, B1, A1, F1, G1, E1, D2, C2, B2, A2, F2, E2, D3, B3, F3, E3, 1000'S—AB4, POL, (MINUS SIGN)

1'S, 10'S, 100'S

CAP+, GND, CAP−, TEST, REF HI, REF LO, C⁺REF, C⁻REF, COMMON, IN HI, IN LO, A/Z, BUFF, INT, V−, G2 (TENS), C3, A3, G3, BP (MAX138), DIGITAL GND (MAX139/140)

MAX138
MAX139
MAX140

MAX 138/139/140 3½ Digit A/D-Wandler

Linearschaltungen

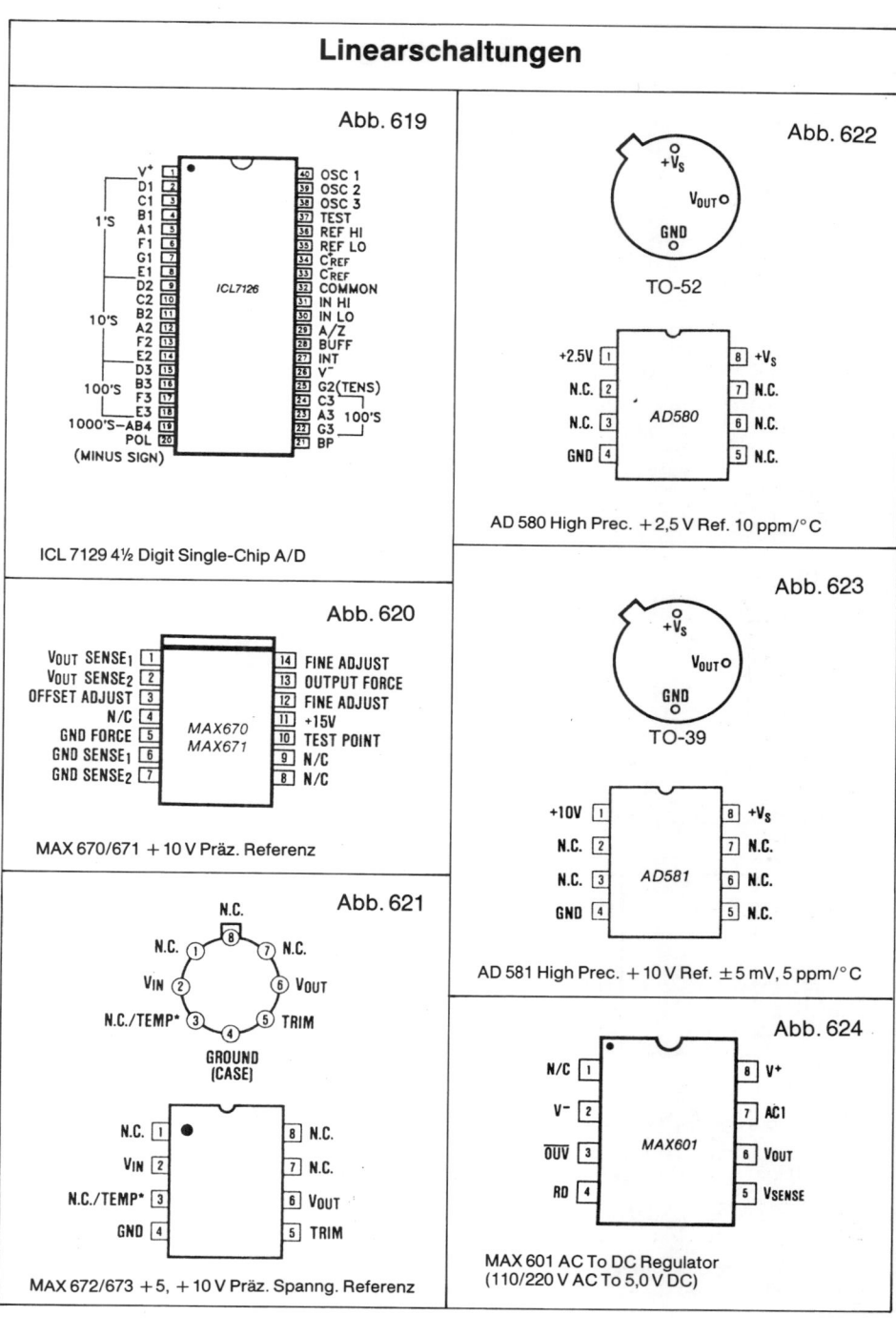

Abb. 619

```
      V⁺  [1]          [40] OSC 1
      D1  [2]          [39] OSC 2
      C1  [3]          [38] OSC 3
      B1  [4]          [37] TEST
 1'S  A1  [5]          [36] REF HI
      F1  [6]          [35] REF LO
      G1  [7]          [34] C̄REF
      E1  [8]          [33] CREF
      D2  [9]  ICL7126 [32] COMMON
      C2  [10]         [31] IN HI
 10'S B2  [11]         [30] IN LO
      A2  [12]         [29] A/Z
      F2  [13]         [28] BUFF
      E2  [14]         [27] INT
      D3  [15]         [26] V⁻
      B3  [16]         [25] G2(TENS)
100'S F3  [17]         [24] C3
      E3  [18]         [23] A3  100'S
1000'S–AB4 [19]        [22] G3
      POL [20]         [21] BP
(MINUS SIGN)
```

ICL 7129 4½ Digit Single-Chip A/D

Abb. 620

```
  VOUT SENSE1 [1]          [14] FINE ADJUST
  VOUT SENSE2 [2]          [13] OUTPUT FORCE
 OFFSET ADJUST [3]         [12] FINE ADJUST
         N/C  [4]  MAX670  [11] +15V
    GND FORCE [5]  MAX671  [10] TEST POINT
   GND SENSE1 [6]          [9] N/C
   GND SENSE2 [7]          [8] N/C
```

MAX 670/671 + 10 V Präz. Referenz

Abb. 621

```
              N.C.
            (8)
   N.C. (1)      (7) N.C.
   VIN  (2)      (6) VOUT
N.C./TEMP* (3)   (5) TRIM
            (4)
         GROUND
         (CASE)
```

```
   N.C.  [1] ●         [8] N.C.
   VIN   [2]           [7] N.C.
N.C./TEMP* [3]         [6] VOUT
   GND   [4]           [5] TRIM
```

MAX 672/673 +5, + 10 V Präz. Spanng. Referenz

Abb. 622

```
        +VS
          o
              VOUT o
        GND o
```

TO-52

```
  +2.5V [1]          [8] +VS
   N.C. [2]          [7] N.C.
   N.C. [3]  AD580   [6] N.C.
   GND  [4]          [5] N.C.
```

AD 580 High Prec. + 2,5 V Ref. 10 ppm/°C

Abb. 623

```
        +VS
          o
              VOUT o
        GND o
```

TO-39

```
  +10V [1]          [8] +VS
  N.C. [2]          [7] N.C.
  N.C. [3]  AD581   [6] N.C.
  GND  [4]          [5] N.C.
```

AD 581 High Prec. + 10 V Ref. ± 5 mV, 5 ppm/°C

Abb. 624

```
   N/C [1] ●         [8] V⁺
   V⁻  [2]           [7] AC1
   O̅U̅V̅ [3]  MAX601   [6] VOUT
   RD  [4]           [5] VSENSE
```

MAX 601 AC To DC Regulator
(110/220 V AC To 5,0 V DC)

131

Linearschaltungen

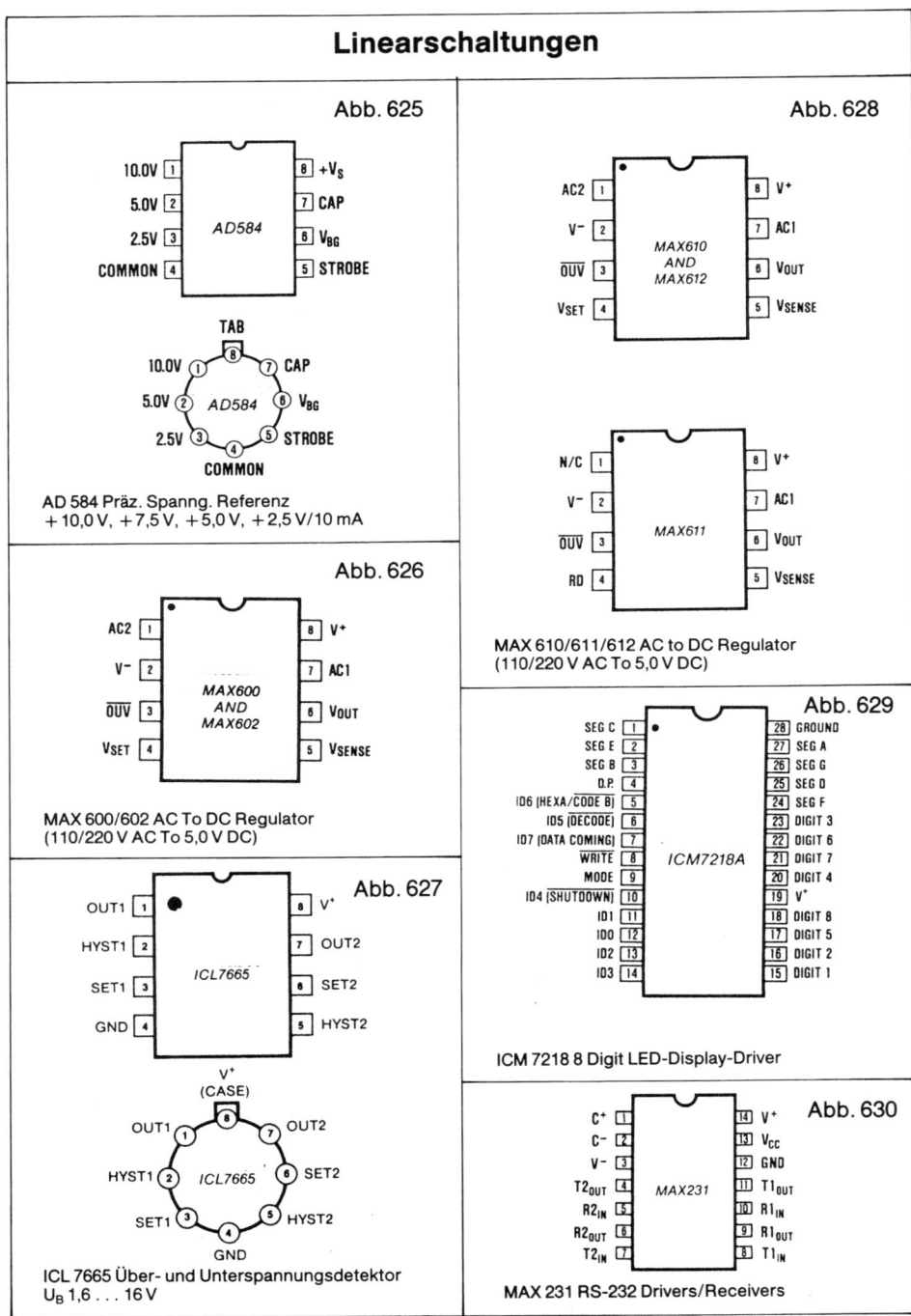

Abb. 625

AD584

10.0V	1	8	+V$_S$
5.0V	2	7	CAP
2.5V	3	6	V$_{BG}$
COMMON	4	5	STROBE

TAB

AD584

10.0V 1 — 8 TAB — 7 CAP
5.0V 2 — 6 V$_{BG}$
2.5V 3 — 5 STROBE
COMMON 4

AD 584 Präz. Spanng. Referenz
+10,0 V, +7,5 V, +5,0 V, +2,5 V/10 mA

Abb. 626

MAX600 AND MAX602

AC2	1	8	V$^+$
V$^-$	2	7	AC1
$\overline{OUV}$	3	6	V$_{OUT}$
V$_{SET}$	4	5	V$_{SENSE}$

MAX 600/602 AC To DC Regulator
(110/220 V AC To 5,0 V DC)

Abb. 627

ICL7665

OUT1	1	8	V$^+$
HYST1	2	7	OUT2
SET1	3	6	SET2
GND	4	5	HYST2

V$^+$ (CASE)

ICL7665

OUT1 1 — 8 — 7 OUT2
HYST1 2 — 6 SET2
SET1 3 — 5 HYST2
GND 4

ICL 7665 Über- und Unterspannungsdetektor
U$_B$ 1,6 . . . 16 V

Abb. 628

MAX610 AND MAX612

AC2	1	8	V$^+$
V$^-$	2	7	AC1
$\overline{OUV}$	3	6	V$_{OUT}$
V$_{SET}$	4	5	V$_{SENSE}$

MAX611

N/C	1	8	V$^+$
V$^-$	2	7	AC1
$\overline{OUV}$	3	6	V$_{OUT}$
RD	4	5	V$_{SENSE}$

MAX 610/611/612 AC to DC Regulator
(110/220 V AC To 5,0 V DC)

Abb. 629

ICM7218A

SEG C	1	28	GROUND
SEG E	2	27	SEG A
SEG B	3	26	SEG G
D.P.	4	25	SEG D
ID6 (HEXA/$\overline{CODE\ B}$)	5	24	SEG F
ID5 ($\overline{DECODE}$)	6	23	DIGIT 3
ID7 (DATA COMING)	7	22	DIGIT 6
$\overline{WRITE}$	8	21	DIGIT 7
MODE	9	20	DIGIT 4
ID4 ($\overline{SHUTDOWN}$)	10	19	V$^+$
ID1	11	18	DIGIT 8
ID0	12	17	DIGIT 5
ID2	13	16	DIGIT 2
ID3	14	15	DIGIT 1

ICM 7218 8 Digit LED-Display-Driver

Abb. 630

MAX231

C$^+$	1	14	V$^+$
C$^-$	2	13	V$_{CC}$
V$^-$	3	12	GND
T2$_{OUT}$	4	11	T1$_{OUT}$
R2$_{IN}$	5	10	R1$_{IN}$
R2$_{OUT}$	6	9	R1$_{OUT}$
T2$_{IN}$	7	8	T1$_{IN}$

MAX 231 RS-232 Drivers/Receivers

Linearschaltungen

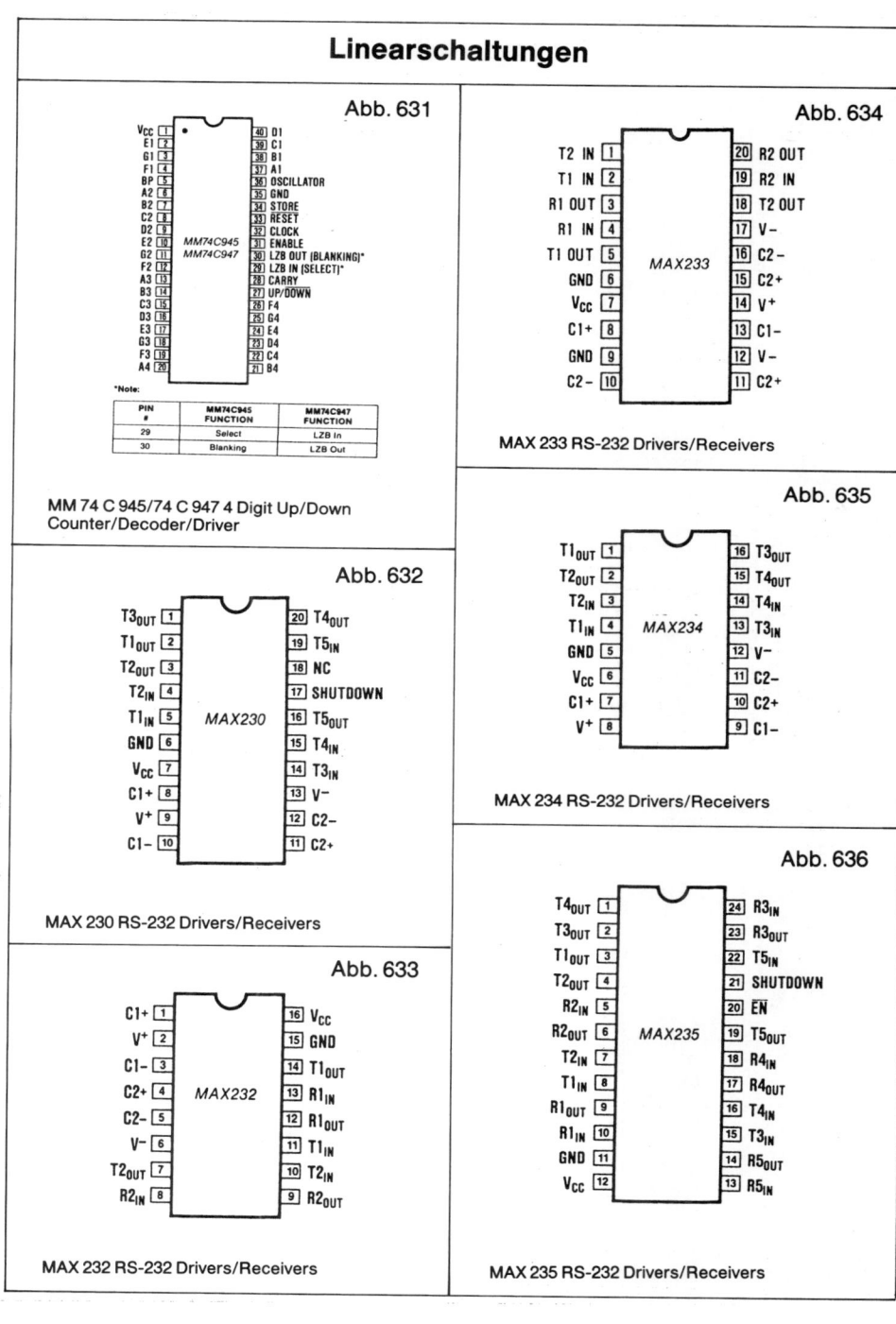

Abb. 631

MM74C945
MM74C947

Pin #	MM74C945 FUNCTION	MM74C947 FUNCTION
29	Select	LZB In
30	Blanking	LZB Out

*Note:

MM 74 C 945/74 C 947 4 Digit Up/Down
Counter/Decoder/Driver

Abb. 632

MAX230

MAX 230 RS-232 Drivers/Receivers

Abb. 633

MAX232

MAX 232 RS-232 Drivers/Receivers

Abb. 634

MAX233

MAX 233 RS-232 Drivers/Receivers

Abb. 635

MAX234

MAX 234 RS-232 Drivers/Receivers

Abb. 636

MAX235

MAX 235 RS-232 Drivers/Receivers

133

Linearschaltungen

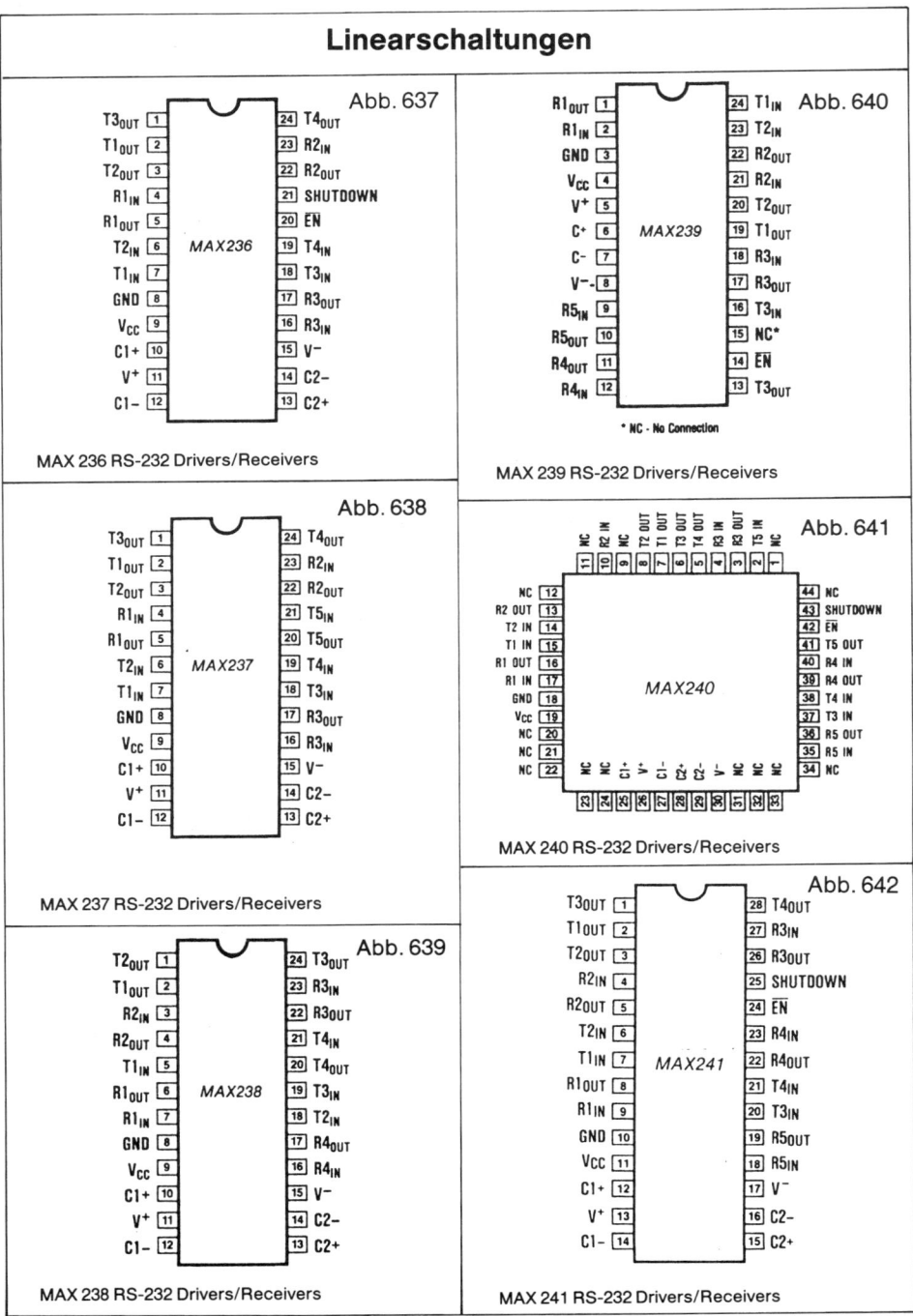

Abb. 637

MAX236

T3$_{OUT}$ 1	24 T4$_{OUT}$
T1$_{OUT}$ 2	23 R2$_{IN}$
T2$_{OUT}$ 3	22 R2$_{OUT}$
R1$_{IN}$ 4	21 SHUTDOWN
R1$_{OUT}$ 5	20 $\overline{EN}$
T2$_{IN}$ 6	19 T4$_{IN}$
T1$_{IN}$ 7	18 T3$_{IN}$
GND 8	17 R3$_{OUT}$
V$_{CC}$ 9	16 R3$_{IN}$
C1+ 10	15 V−
V$^+$ 11	14 C2−
C1− 12	13 C2+

MAX 236 RS-232 Drivers/Receivers

Abb. 640

MAX239

R1$_{OUT}$ 1	24 T1$_{IN}$
R1$_{IN}$ 2	23 T2$_{IN}$
GND 3	22 R2$_{OUT}$
V$_{CC}$ 4	21 R2$_{IN}$
V$^+$ 5	20 T2$_{OUT}$
C+ 6	19 T1$_{OUT}$
C- 7	18 R3$_{IN}$
V− 8	17 R3$_{OUT}$
R5$_{IN}$ 9	16 T3$_{IN}$
R5$_{OUT}$ 10	15 NC*
R4$_{OUT}$ 11	14 $\overline{EN}$
R4$_{IN}$ 12	13 T3$_{OUT}$

* NC - No Connection

MAX 239 RS-232 Drivers/Receivers

Abb. 638

MAX237

T3$_{OUT}$ 1	24 T4$_{OUT}$
T1$_{OUT}$ 2	23 R2$_{IN}$
T2$_{OUT}$ 3	22 R2$_{OUT}$
R1$_{IN}$ 4	21 T5$_{IN}$
R1$_{OUT}$ 5	20 T5$_{OUT}$
T2$_{IN}$ 6	19 T4$_{IN}$
T1$_{IN}$ 7	18 T3$_{IN}$
GND 8	17 R3$_{OUT}$
V$_{CC}$ 9	16 R3$_{IN}$
C1+ 10	15 V−
V$^+$ 11	14 C2−
C1− 12	13 C2+

MAX 237 RS-232 Drivers/Receivers

Abb. 641

MAX240

MAX 240 RS-232 Drivers/Receivers

Abb. 639

MAX238

T2$_{OUT}$ 1	24 T3$_{OUT}$
T1$_{OUT}$ 2	23 R3$_{IN}$
R2$_{IN}$ 3	22 R3$_{OUT}$
R2$_{OUT}$ 4	21 T4$_{IN}$
T1$_{IN}$ 5	20 T4$_{OUT}$
R1$_{OUT}$ 6	19 T3$_{IN}$
R1$_{IN}$ 7	18 T2$_{IN}$
GND 8	17 R4$_{OUT}$
V$_{CC}$ 9	16 R4$_{IN}$
C1+ 10	15 V−
V$^+$ 11	14 C2−
C1− 12	13 C2+

MAX 238 RS-232 Drivers/Receivers

Abb. 642

MAX241

T3$_{OUT}$ 1	28 T4$_{OUT}$
T1$_{OUT}$ 2	27 R3$_{IN}$
T2$_{OUT}$ 3	26 R3$_{OUT}$
R2$_{IN}$ 4	25 SHUTDOWN
R2$_{OUT}$ 5	24 $\overline{EN}$
T2$_{IN}$ 6	23 R4$_{IN}$
T1$_{IN}$ 7	22 R4$_{OUT}$
R1$_{OUT}$ 8	21 T4$_{IN}$
R1$_{IN}$ 9	20 T3$_{IN}$
GND 10	19 R5$_{OUT}$
V$_{CC}$ 11	18 R5$_{IN}$
C1+ 12	17 V$^-$
V$^+$ 13	16 C2−
C1− 14	15 C2+

MAX 241 RS-232 Drivers/Receivers

Linearschaltungen

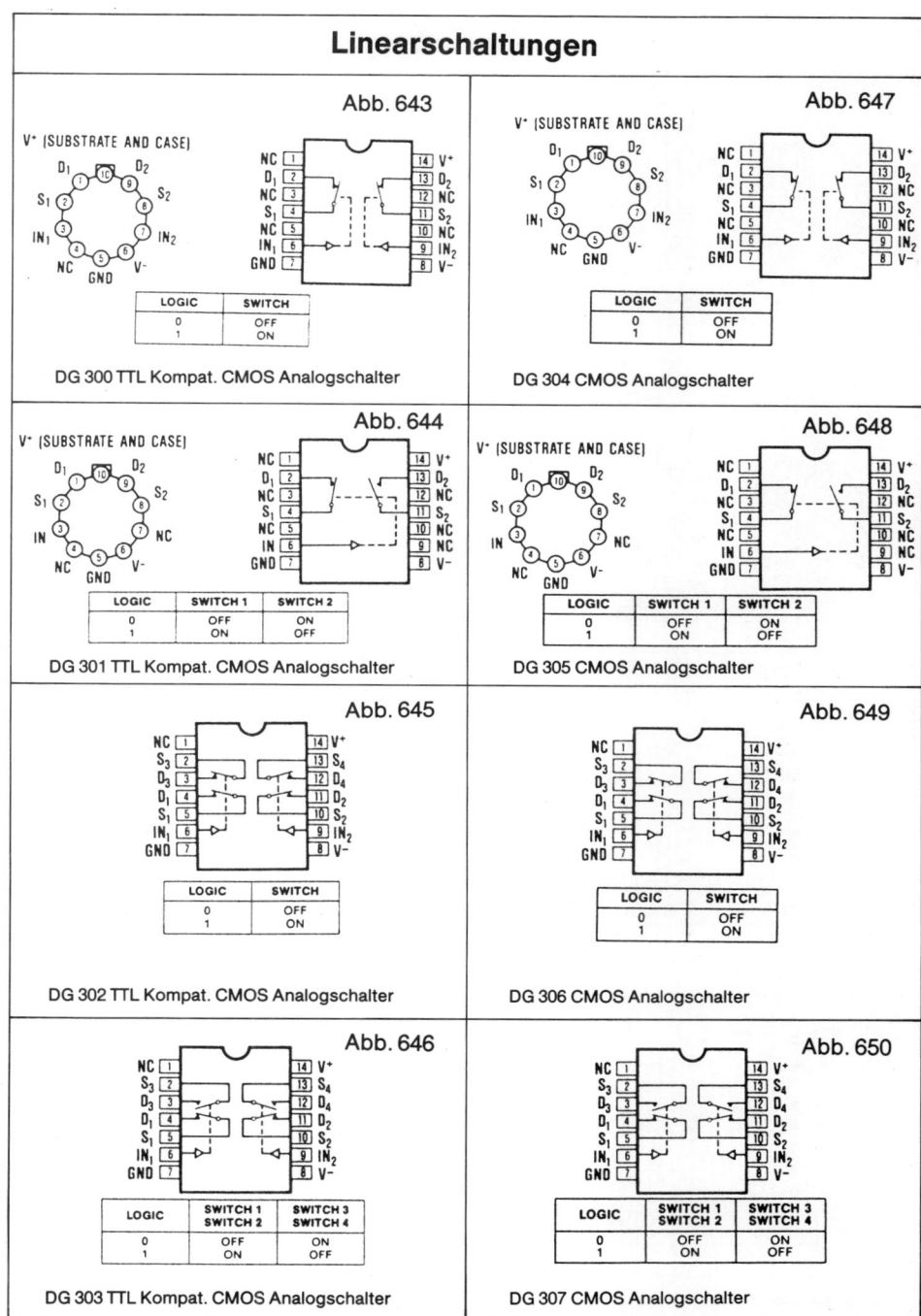

Abb. 643

V⁺ (SUBSTRATE AND CASE)

NC	1		14	V⁺
D₁	2		13	D₂
NC	3		12	NC
S₁	4		11	S₂
NC	5		10	NC
IN₁	6		9	IN₂
GND	7		8	V⁻

LOGIC	SWITCH
0	OFF
1	ON

DG 300 TTL Kompat. CMOS Analogschalter

Abb. 647

V⁺ (SUBSTRATE AND CASE)

NC	1		14	V⁺
D₁	2		13	D₂
NC	3		12	NC
S₁	4		11	S₂
NC	5		10	NC
IN₁	6		9	IN₂
GND	7		8	V⁻

LOGIC	SWITCH
0	OFF
1	ON

DG 304 CMOS Analogschalter

Abb. 644

V⁺ (SUBSTRATE AND CASE)

NC	1		14	V⁺
D₁	2		13	D₂
NC	3		12	NC
S₁	4		11	S₂
NC	5		10	NC
IN	6		9	NC
GND	7		8	V⁻

LOGIC	SWITCH 1	SWITCH 2
0	OFF	ON
1	ON	OFF

DG 301 TTL Kompat. CMOS Analogschalter

Abb. 648

V⁺ (SUBSTRATE AND CASE)

NC	1		14	V⁺
D₁	2		13	D₂
NC	3		12	NC
S₁	4		11	S₂
NC	5		10	NC
IN	6		9	NC
GND	7		8	V⁻

LOGIC	SWITCH 1	SWITCH 2
0	OFF	ON
1	ON	OFF

DG 305 CMOS Analogschalter

Abb. 645

NC	1		14	V⁺
S₃	2		13	S₄
D₃	3		12	D₄
D₁	4		11	D₂
S₁	5		10	S₂
IN₁	6		9	IN₂
GND	7		8	V⁻

LOGIC	SWITCH
0	OFF
1	ON

DG 302 TTL Kompat. CMOS Analogschalter

Abb. 649

NC	1		14	V⁺
S₃	2		13	S₄
D₃	3		12	D₄
D₁	4		11	D₂
S₁	5		10	S₂
IN₁	6		9	IN₂
GND	7		8	V⁻

LOGIC	SWITCH
0	OFF
1	ON

DG 306 CMOS Analogschalter

Abb. 646

NC	1		14	V⁺
S₃	2		13	S₄
D₃	3		12	D₄
D₁	4		11	D₂
S₁	5		10	S₂
IN₁	6		9	IN₂
GND	7		8	V⁻

LOGIC	SWITCH 1 SWITCH 2	SWITCH 3 SWITCH 4
0	OFF	ON
1	ON	OFF

DG 303 TTL Kompat. CMOS Analogschalter

Abb. 650

NC	1		14	V⁺
S₃	2		13	S₄
D₃	3		12	D₄
D₁	4		11	D₂
S₁	5		10	S₂
IN₁	6		9	IN₂
GND	7		8	V⁻

LOGIC	SWITCH 1 SWITCH 2	SWITCH 3 SWITCH 4
0	OFF	ON
1	ON	OFF

DG 307 CMOS Analogschalter

Linearschaltungen

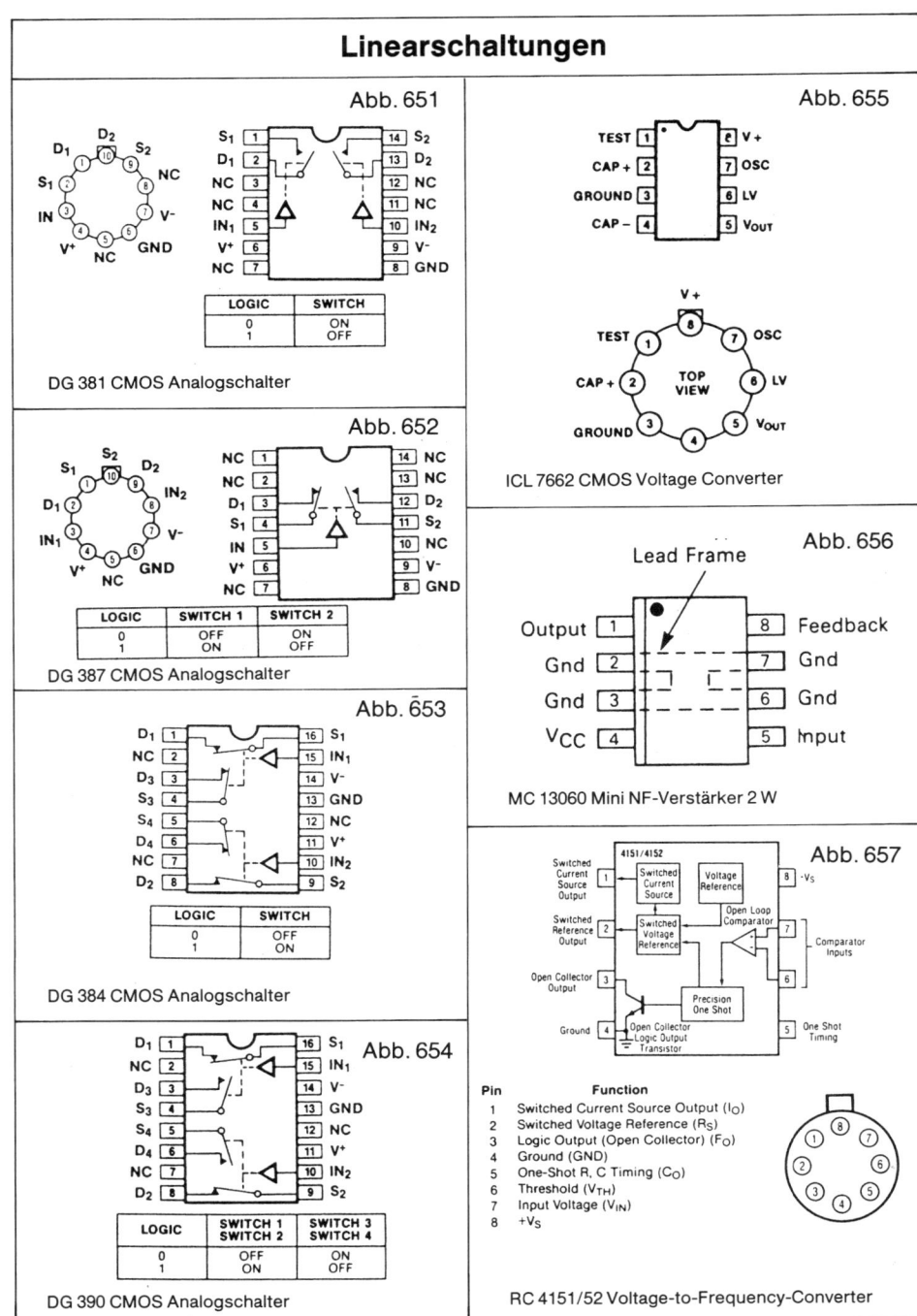

Abb. 651

LOGIC	SWITCH
0	ON
1	OFF

DG 381 CMOS Analogschalter

Abb. 652

LOGIC	SWITCH 1	SWITCH 2
0	OFF	ON
1	ON	OFF

DG 387 CMOS Analogschalter

Abb. 653

LOGIC	SWITCH
0	OFF
1	ON

DG 384 CMOS Analogschalter

Abb. 654

LOGIC	SWITCH 1 SWITCH 2	SWITCH 3 SWITCH 4
0	OFF	ON
1	ON	OFF

DG 390 CMOS Analogschalter

Abb. 655

ICL 7662 CMOS Voltage Converter

Abb. 656

Lead Frame

MC 13060 Mini NF-Verstärker 2 W

Abb. 657

Pin	Function
1	Switched Current Source Output (I_O)
2	Switched Voltage Reference (R_S)
3	Logic Output (Open Collector) (F_O)
4	Ground (GND)
5	One-Shot R, C Timing (C_O)
6	Threshold (V_{TH})
7	Input Voltage (V_{IN})
8	$+V_S$

RC 4151/52 Voltage-to-Frequency-Converter

136

Linearschaltungen

Abb. 658

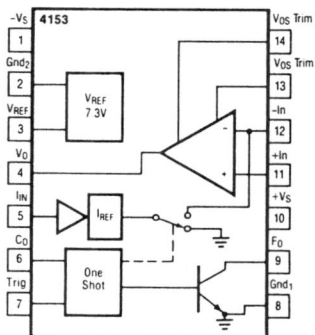

RC 4153 Voltage-to-Frequency-Converter

Abb. 659

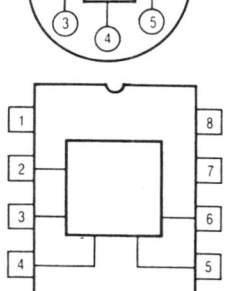

Pin	Function
1	No Connection
2	+V_S
3	Tempco
4	Ground
5	Adjust
6	Output
7	No Connection
8	No Connection

REF-02 +5 V Präz. Spann. Referenz

Abb. 660

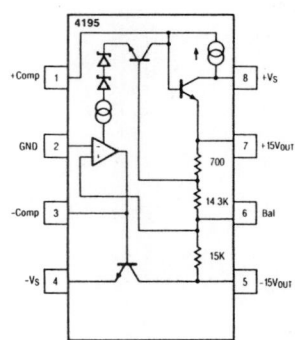

(Top View)

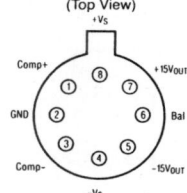

(Top View)

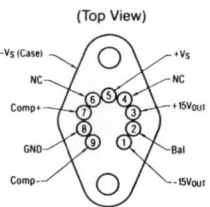

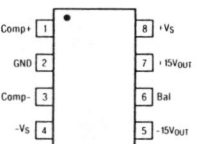

RC 4195 ± 15 V Festspannungsregler

Linearschaltungen

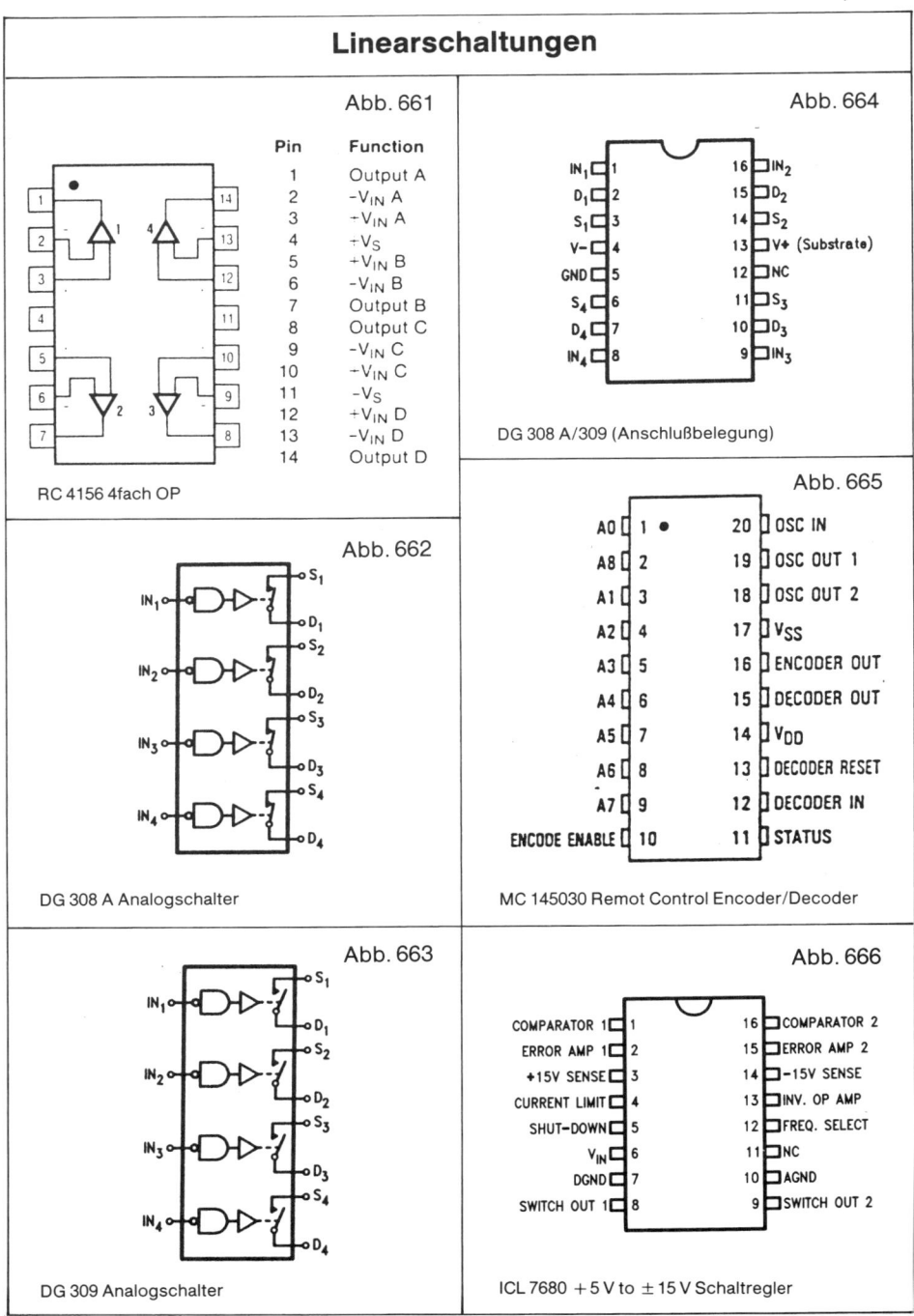

Abb. 661

Pin	Function
1	Output A
2	$-V_{IN}$ A
3	$-V_{IN}$ A
4	$+V_S$
5	$+V_{IN}$ B
6	$-V_{IN}$ B
7	Output B
8	Output C
9	$-V_{IN}$ C
10	$-V_{IN}$ C
11	$-V_S$
12	$+V_{IN}$ D
13	$-V_{IN}$ D
14	Output D

RC 4156 4fach OP

Abb. 664

DG 308 A/309 (Anschlußbelegung)

Abb. 662

DG 308 A Analogschalter

Abb. 665

MC 145030 Remot Control Encoder/Decoder

Abb. 663

DG 309 Analogschalter

Abb. 666

ICL 7680 +5 V to ± 15 V Schaltregler

138

Linearschaltungen

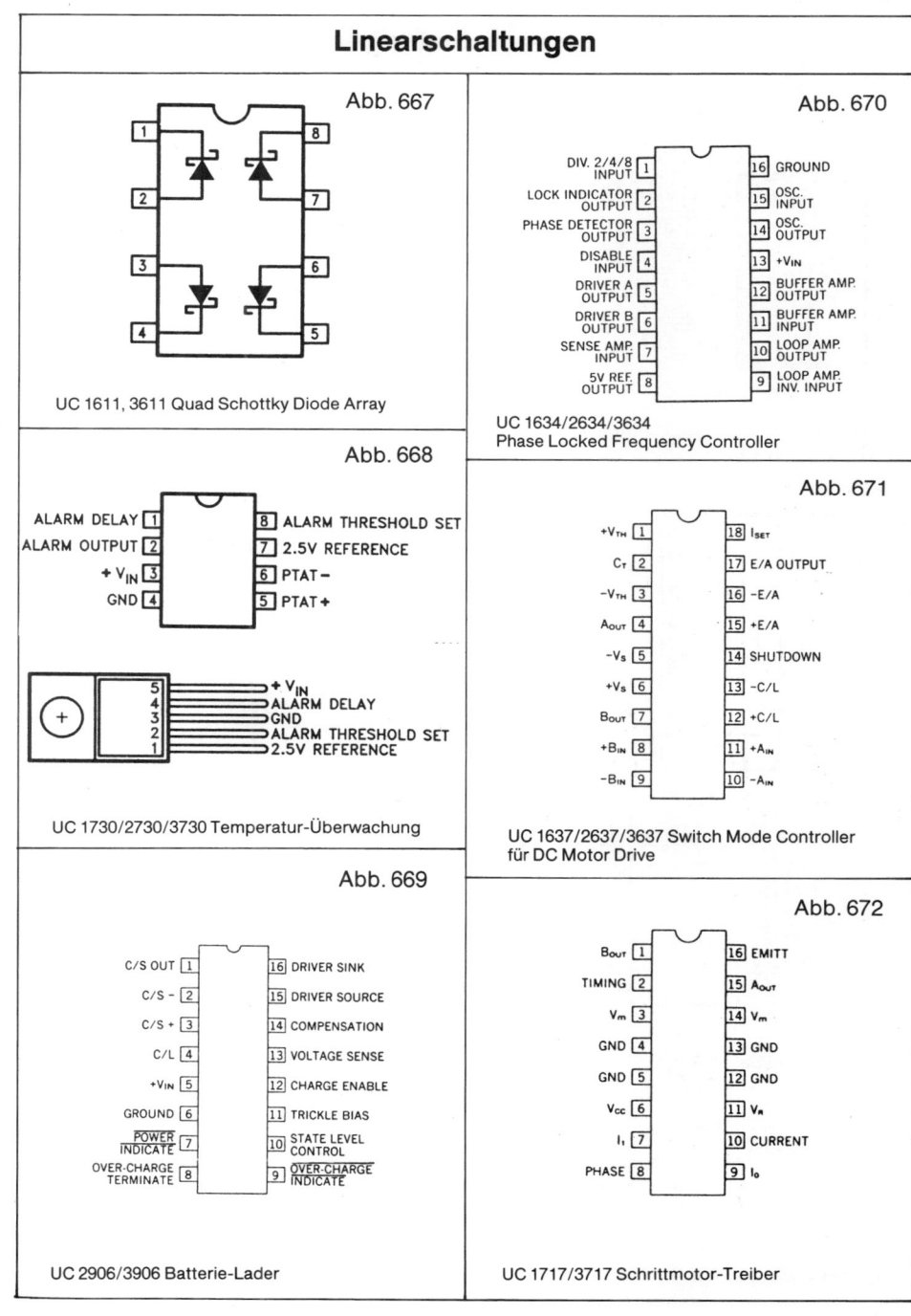

Abb. 667

UC 1611, 3611 Quad Schottky Diode Array

Abb. 668

ALARM DELAY [1]   [8] ALARM THRESHOLD SET
ALARM OUTPUT [2]   [7] 2.5V REFERENCE
+ V_{IN} [3]   [6] PTAT −
GND [4]   [5] PTAT +

5 → + V_{IN}
4 → ALARM DELAY
3 → GND
2 → ALARM THRESHOLD SET
1 → 2.5V REFERENCE

UC 1730/2730/3730 Temperatur-Überwachung

Abb. 669

C/S OUT [1]   [16] DRIVER SINK
C/S − [2]   [15] DRIVER SOURCE
C/S + [3]   [14] COMPENSATION
C/L [4]   [13] VOLTAGE SENSE
+V_{IN} [5]   [12] CHARGE ENABLE
GROUND [6]   [11] TRICKLE BIAS
POWER INDICATE [7]   [10] STATE LEVEL CONTROL
OVER-CHARGE TERMINATE [8]   [9] OVER-CHARGE INDICATE

UC 2906/3906 Batterie-Lader

Abb. 670

DIV. 2/4/8 INPUT [1]   [16] GROUND
LOCK INDICATOR OUTPUT [2]   [15] OSC. INPUT
PHASE DETECTOR OUTPUT [3]   [14] OSC. OUTPUT
DISABLE INPUT [4]   [13] +V_{IN}
DRIVER A OUTPUT [5]   [12] BUFFER AMP. OUTPUT
DRIVER B OUTPUT [6]   [11] BUFFER AMP. INPUT
SENSE AMP. INPUT [7]   [10] LOOP AMP. OUTPUT
5V REF. OUTPUT [8]   [9] LOOP AMP. INV. INPUT

UC 1634/2634/3634
Phase Locked Frequency Controller

Abb. 671

+V_{TH} [1]   [18] I_{SET}
C_T [2]   [17] E/A OUTPUT
−V_{TH} [3]   [16] −E/A
A_{OUT} [4]   [15] +E/A
−V_S [5]   [14] SHUTDOWN
+V_S [6]   [13] −C/L
B_{OUT} [7]   [12] +C/L
+B_{IN} [8]   [11] +A_{IN}
−B_{IN} [9]   [10] −A_{IN}

UC 1637/2637/3637 Switch Mode Controller
für DC Motor Drive

Abb. 672

B_{OUT} [1]   [16] EMITT
TIMING [2]   [15] A_{OUT}
V_m [3]   [14] V_m
GND [4]   [13] GND
GND [5]   [12] GND
V_{CC} [6]   [11] V_R
I_1 [7]   [10] CURRENT
PHASE [8]   [9] I_0

UC 1717/3717 Schrittmotor-Treiber

Linearschaltungen

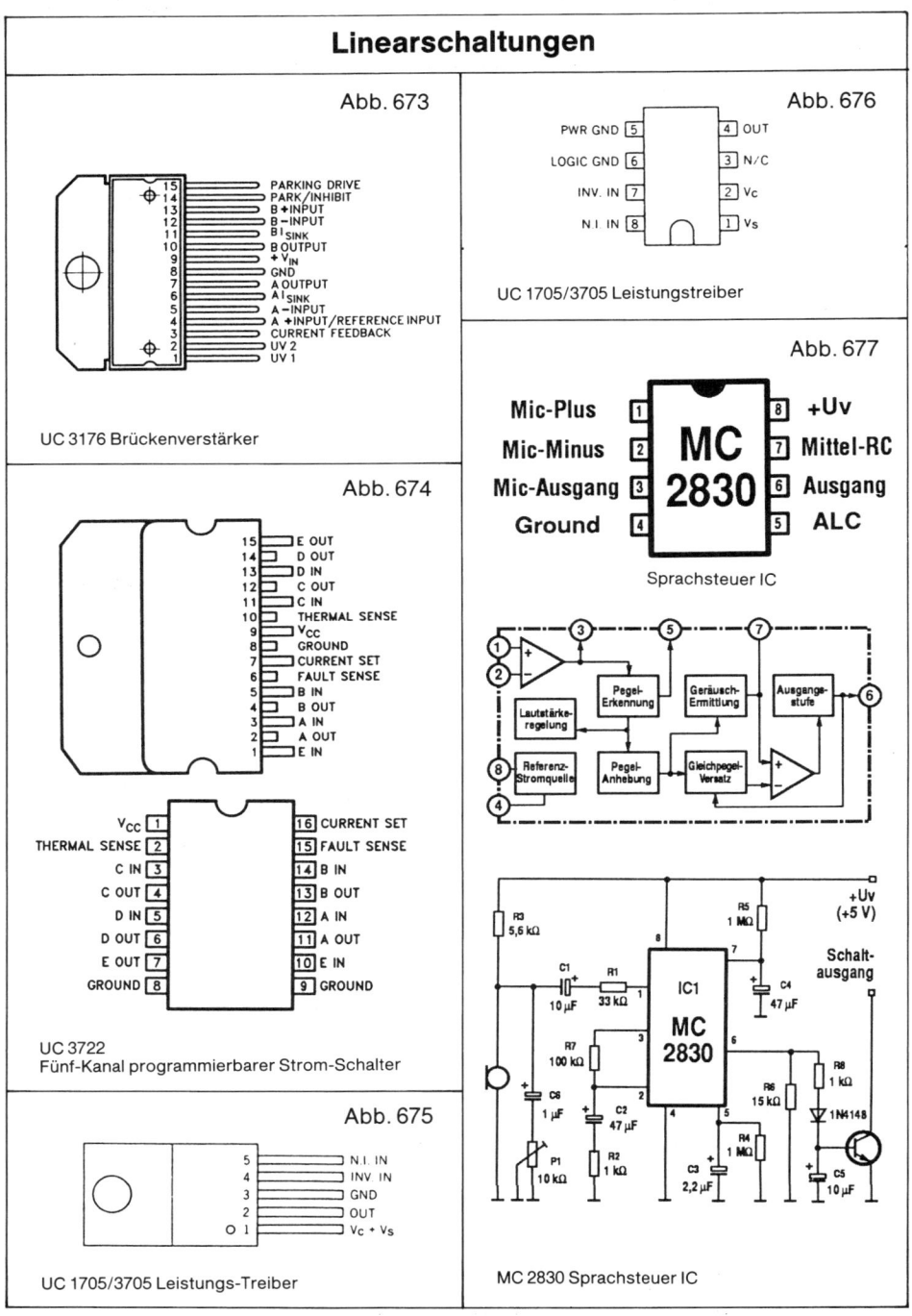

Abb. 673

```
15  PARKING DRIVE
14  PARK/INHIBIT
13  B +INPUT
12  B –INPUT
11  B I SINK
10  B OUTPUT
 9  + V IN
 8  GND
 7  A OUTPUT
 6  A I SINK
 5  A –INPUT
 4  A +INPUT/REFERENCE INPUT
 3  CURRENT FEEDBACK
 2  UV 2
 1  UV 1
```

UC 3176 Brückenverstärker

Abb. 674

```
15  E OUT
14  D OUT
13  D IN
12  C OUT
11  C IN
10  THERMAL SENSE
 9  V CC
 8  GROUND
 7  CURRENT SET
 6  FAULT SENSE
 5  B IN
 4  B OUT
 3  A IN
 2  A OUT
 1  E IN
```

```
V CC            1    16  CURRENT SET
THERMAL SENSE   2    15  FAULT SENSE
C IN            3    14  B IN
C OUT           4    13  B OUT
D IN            5    12  A IN
D OUT           6    11  A OUT
E OUT           7    10  E IN
GROUND          8     9  GROUND
```

UC 3722
Fünf-Kanal programmierbarer Strom-Schalter

Abb. 675

```
5  N.I. IN
4  INV. IN
3  GND
2  OUT
1  Vc + Vs
```

UC 1705/3705 Leistungs-Treiber

Abb. 676

```
PWR GND    5       4  OUT
LOGIC GND  6       3  N/C
INV. IN    7       2  Vc
N.I. IN    8       1  Vs
```

UC 1705/3705 Leistungstreiber

Abb. 677

```
Mic-Plus     1      8  +Uv
Mic-Minus    2  MC  7  Mittel-RC
Mic-Ausgang  3 2830 6  Ausgang
Ground       4      5  ALC
```

Sprachsteuer IC

MC 2830 Sprachsteuer IC

Linearschaltungen

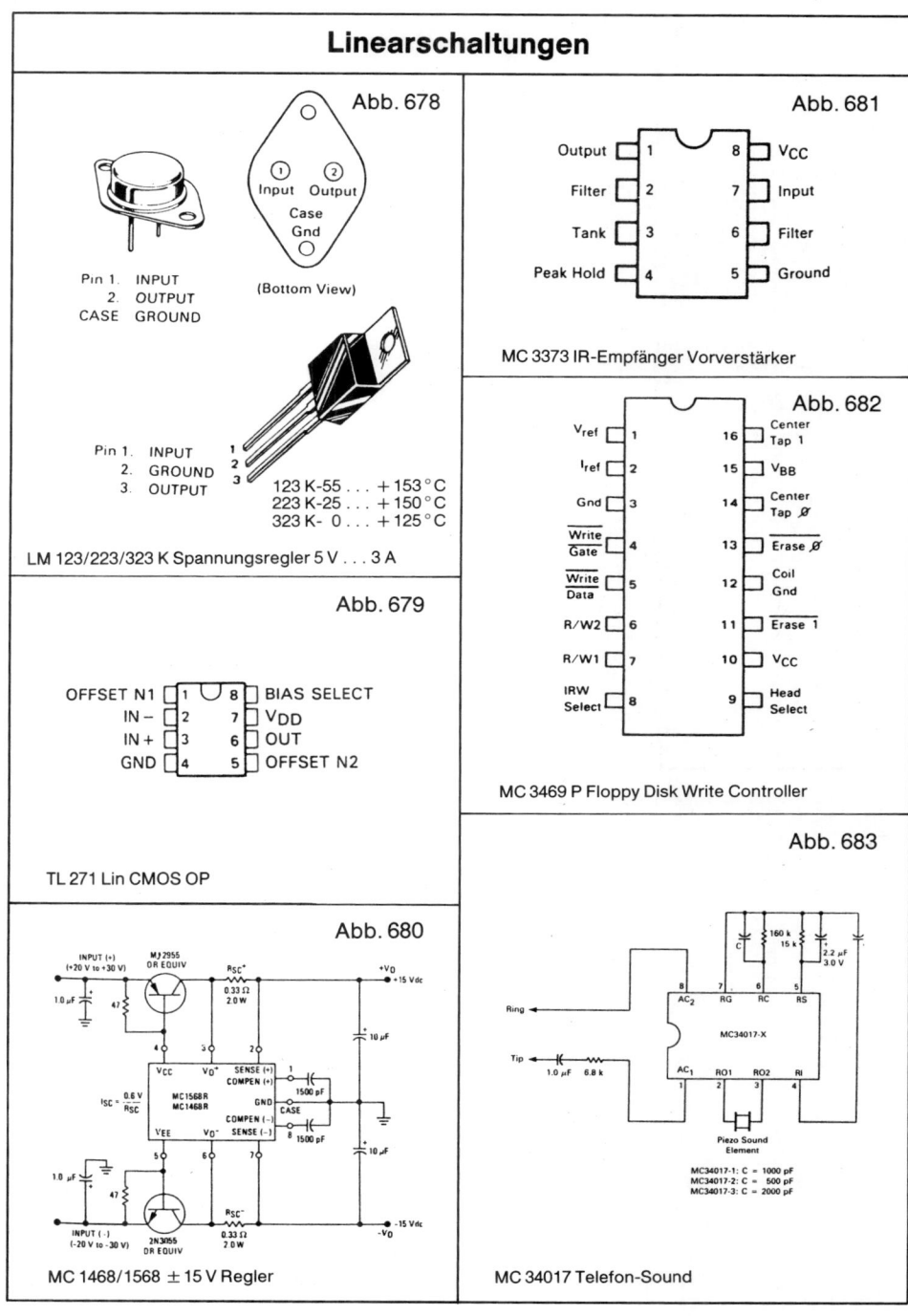

Abb. 678

Pin 1. INPUT
2. OUTPUT
CASE GROUND

(Bottom View)

Pin 1. INPUT
2. GROUND
3. OUTPUT

123 K-55 . . . +153°C
223 K-25 . . . +150°C
323 K- 0 . . . +125°C

LM 123/223/323 K Spannungsregler 5 V . . . 3 A

Abb. 679

OFFSET N1 — 1 8 — BIAS SELECT
IN − — 2 7 — V$_{DD}$
IN + — 3 6 — OUT
GND — 4 5 — OFFSET N2

TL 271 Lin CMOS OP

Abb. 680

INPUT (+)
(+20 V to +30 V)
MJ 2955 OR EQUIV
R$_{SC}$+
0.33 Ω
2.0 W
+V$_O$
+15 Vdc
1.0 μF
47
10 μF
I$_{SC}$ = $\frac{0.6 V}{R_{SC}}$
V$_{CC}$ V$_O$+ SENSE (+)
COMPEN (+)
1500 pF
MC 1568R
MC 1468R
GND
CASE
V$_{EE}$ V$_O$− SENSE (−)
COMPEN (−)
1500 pF
10 μF
1.0 μF
47
R$_{SC}$−
0.33 Ω
2.0 W
INPUT (−)
(−20 V to −30 V)
2N3055 OR EQUIV
−15 Vdc
−V$_O$

MC 1468/1568 ± 15 V Regler

Abb. 681

Output — 1 8 — V$_{CC}$
Filter — 2 7 — Input
Tank — 3 6 — Filter
Peak Hold — 4 5 — Ground

MC 3373 IR-Empfänger Vorverstärker

Abb. 682

V$_{ref}$ — 1 16 — Center Tap 1
I$_{ref}$ — 2 15 — V$_{BB}$
Gnd — 3 14 — Center Tap Ø
$\overline{Write\ Gate}$ — 4 13 — Erase Ø
$\overline{Write\ Data}$ — 5 12 — Coil Gnd
R/W2 — 6 11 — Erase 1
R/W1 — 7 10 — V$_{CC}$
IRW Select — 8 9 — Head Select

MC 3469 P Floppy Disk Write Controller

Abb. 683

160 k
15 k
2.2 μF
3.0 V
8 7 6 5
AC$_2$ RG RC RS
Ring
MC34017-X
Tip
1.0 μF 6.8 k
AC$_1$ RO1 RO2 RI
1 2 3 4
Piezo Sound Element

MC34017-1: C = 1000 pF
MC34017-2: C = 500 pF
MC34017-3: C = 2000 pF

MC 34017 Telefon-Sound

141

Linearschaltungen

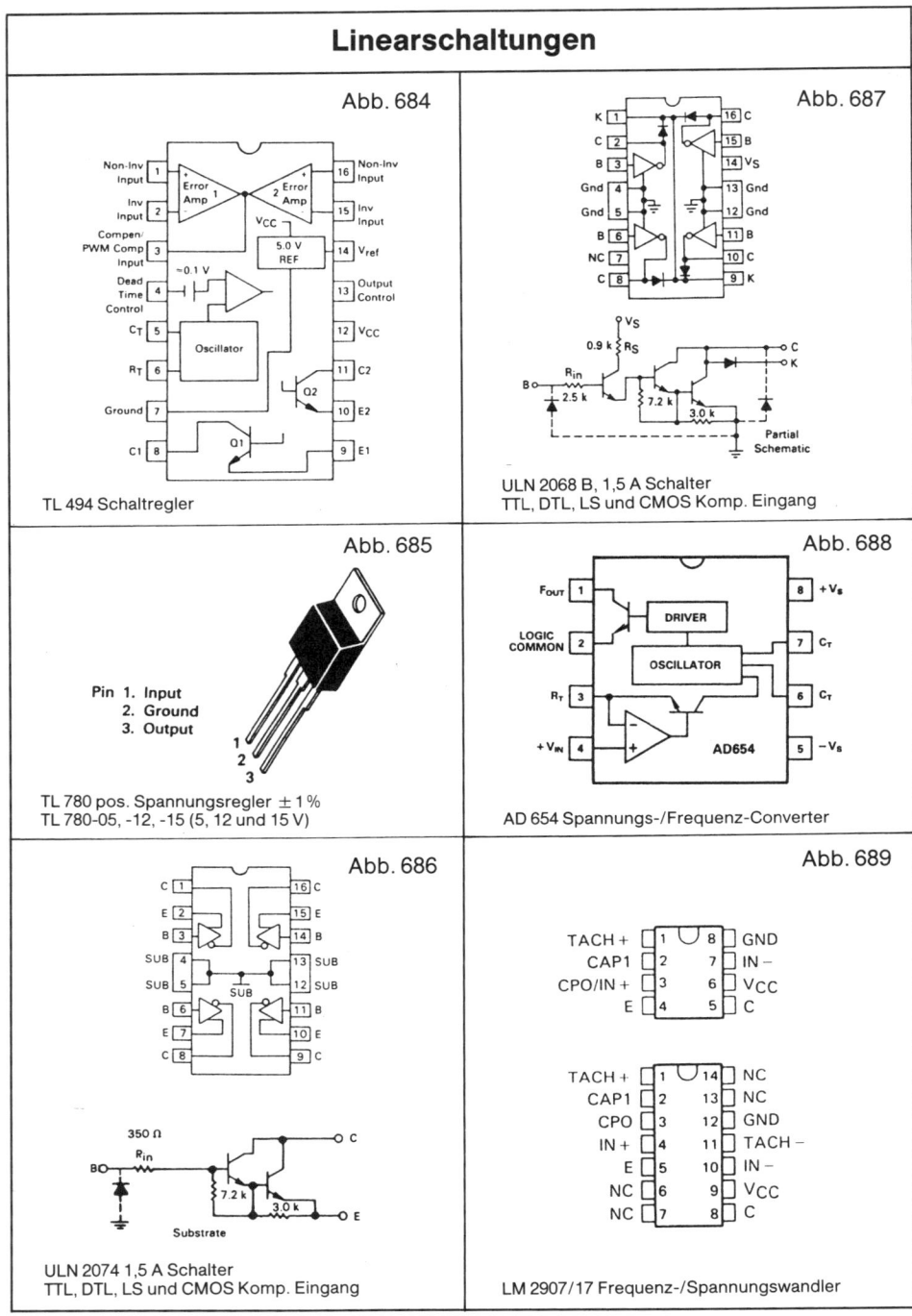

Abb. 684

Non-Inv Input 1
Inv Input 2
Compen/ PWM Comp Input 3
Dead Time Control 4
C_T 5
R_T 6
Ground 7
C1 8

Error Amp 1
V_{CC}
~0.1 V
Oscillator
Q1

Error Amp 2
5.0 V REF
Q2

16 Non-Inv Input
15 Inv Input
14 V_{ref}
13 Output Control
12 V_{CC}
11 C2
10 E2
9 E1

TL 494 Schaltregler

Abb. 687

K 1
C 2
B 3
Gnd 4
Gnd 5
B 6
NC 7
C 8

16 C
15 B
14 V_S
13 Gnd
12 Gnd
11 B
10 C
9 K

V_S
0.9 k R_S
R_{in} 2.5 k
B
7.2 k
3.0 k
C
K
Partial Schematic

ULN 2068 B, 1,5 A Schalter
TTL, DTL, LS und CMOS Komp. Eingang

Abb. 685

Pin 1. Input
2. Ground
3. Output

1
2
3

TL 780 pos. Spannungsregler ± 1 %
TL 780-05, -12, -15 (5, 12 und 15 V)

Abb. 688

F_{OUT} 1
LOGIC COMMON 2
R_T 3
+V_{IN} 4

DRIVER
OSCILLATOR
AD654

8 +V_S
7 C_T
6 C_T
5 −V_S

AD 654 Spannungs-/Frequenz-Converter

Abb. 686

C 1
E 2
B 3
SUB 4
SUB 5
B 6
E 7
C 8

SUB

16 C
15 E
14 B
13 SUB
12 SUB
11 B
10 E
9 C

350 Ω
R_{in}
BO
7.2 k
3.0 k
C
E
Substrate

ULN 2074 1,5 A Schalter
TTL, DTL, LS und CMOS Komp. Eingang

Abb. 689

TACH + 1
CAP1 2
CPO/IN + 3
E 4

8 GND
7 IN −
6 V_{CC}
5 C

TACH + 1
CAP1 2
CPO 3
IN + 4
E 5
NC 6
NC 7

14 NC
13 NC
12 GND
11 TACH −
10 IN −
9 V_{CC}
8 C

LM 2907/17 Frequenz-/Spannungswandler

142

Linearschaltungen

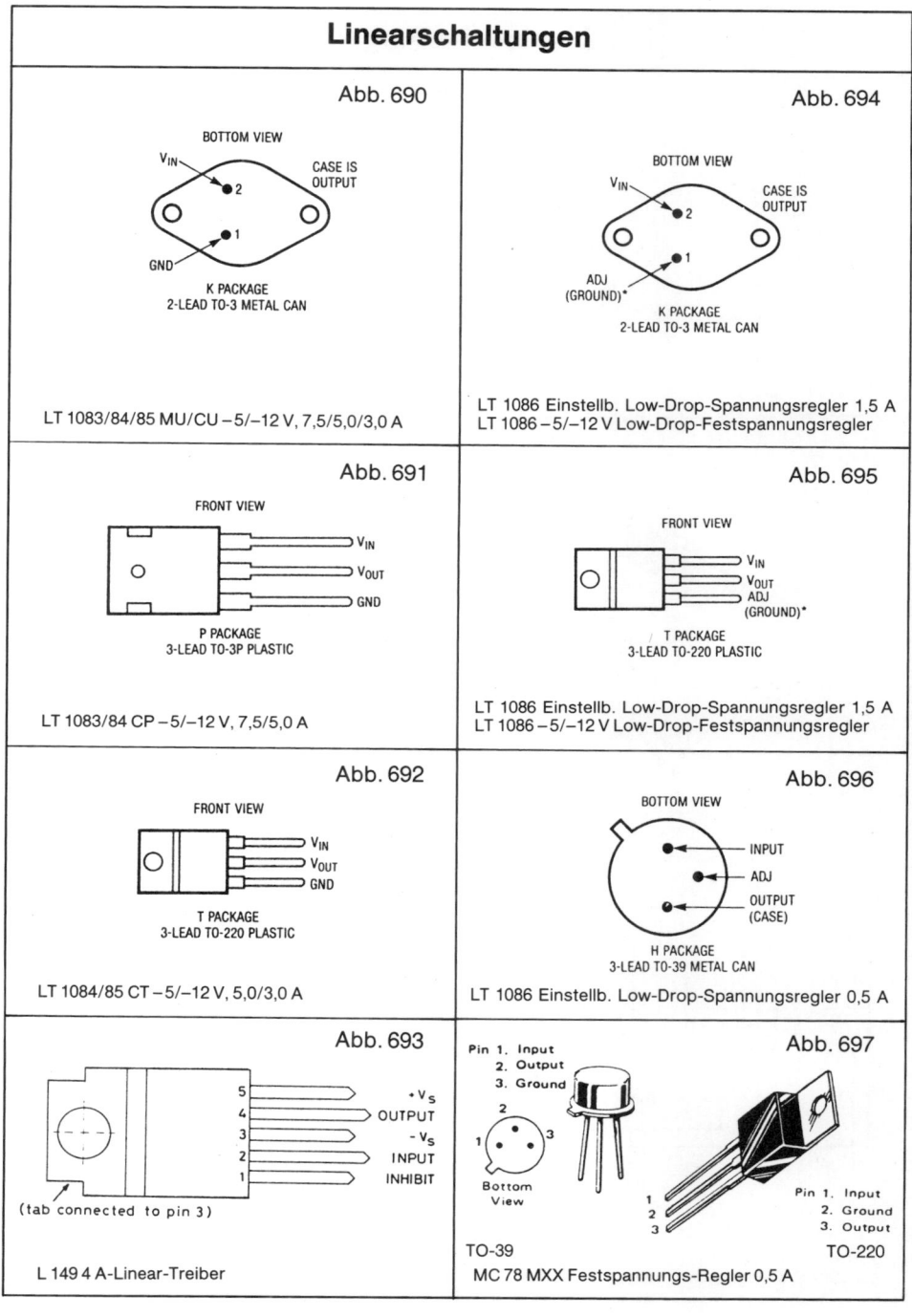

Abb. 690

BOTTOM VIEW

V_{IN}
CASE IS
OUTPUT
2
1
GND

K PACKAGE
2-LEAD TO-3 METAL CAN

LT 1083/84/85 MU/CU – 5/–12 V, 7,5/5,0/3,0 A

Abb. 694

BOTTOM VIEW

V_{IN}
CASE IS
OUTPUT
2
1
ADJ
(GROUND)*

K PACKAGE
2-LEAD TO-3 METAL CAN

LT 1086 Einstellb. Low-Drop-Spannungsregler 1,5 A
LT 1086 – 5/–12 V Low-Drop-Festspannungsregler

Abb. 691

FRONT VIEW

V_{IN}
V_{OUT}
GND

P PACKAGE
3-LEAD TO-3P PLASTIC

LT 1083/84 CP – 5/–12 V, 7,5/5,0 A

Abb. 695

FRONT VIEW

V_{IN}
V_{OUT}
ADJ
(GROUND)*

T PACKAGE
3-LEAD TO-220 PLASTIC

LT 1086 Einstellb. Low-Drop-Spannungsregler 1,5 A
LT 1086 – 5/–12 V Low-Drop-Festspannungsregler

Abb. 692

FRONT VIEW

V_{IN}
V_{OUT}
GND

T PACKAGE
3-LEAD TO-220 PLASTIC

LT 1084/85 CT – 5/–12 V, 5,0/3,0 A

Abb. 696

BOTTOM VIEW

INPUT
ADJ
OUTPUT
(CASE)

H PACKAGE
3-LEAD TO-39 METAL CAN

LT 1086 Einstellb. Low-Drop-Spannungsregler 0,5 A

Abb. 693

5 + V_S
4 OUTPUT
3 – V_S
2 INPUT
1 INHIBIT

(tab connected to pin 3)

L 149 4 A-Linear-Treiber

Abb. 697

Pin 1. Input
2. Output
3. Ground

2
1   3

Bottom
View

TO-39

1
2
3

Pin 1. Input
2. Ground
3. Output

TO-220

MC 78 MXX Festspannungs-Regler 0,5 A

Linearschaltungen

Abb. 698

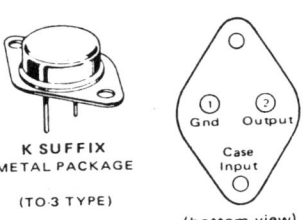

K SUFFIX
METAL PACKAGE
(TO-3 TYPE)

Gnd — 1
Output — 2
Case
Input

(bottom view)

MC 79 XX Negativ-Spannungsregler TO-3

Abb. 699

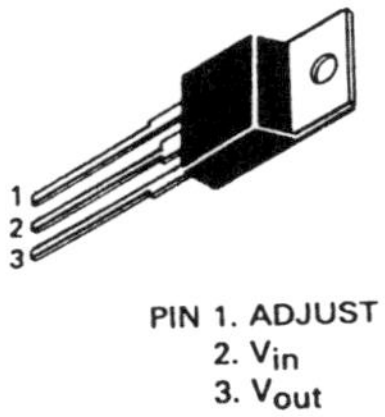

PIN 1. ADJUST
2. V_{in}
3. V_{out}

LM 337 N Einstellb. Spannungsregler −12 . . . −37 V

Abb. 700

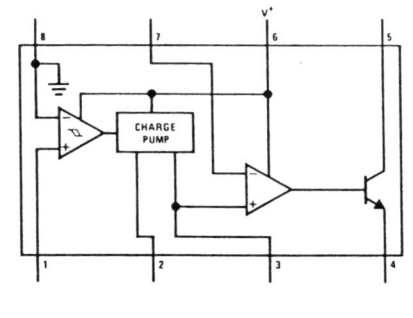

LM 2907 N-8 Frequency to Voltage Converter

Abb. 701

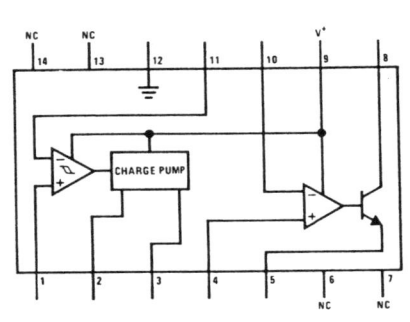

LM 2907 N Frequency to Voltage Converter

Abb. 702

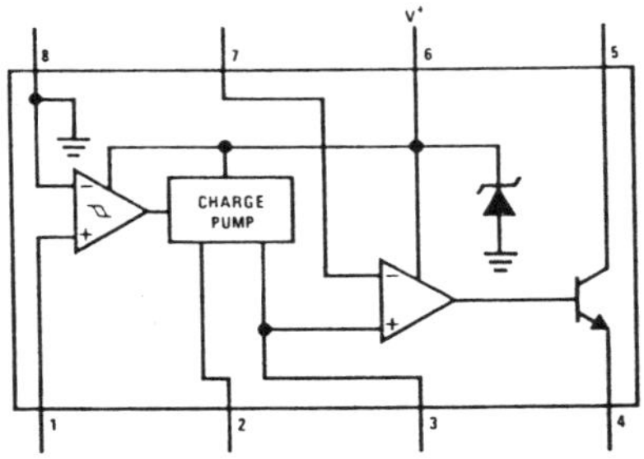

LM 2917 N-8 Frequency to Voltage Converter

Abb. 703

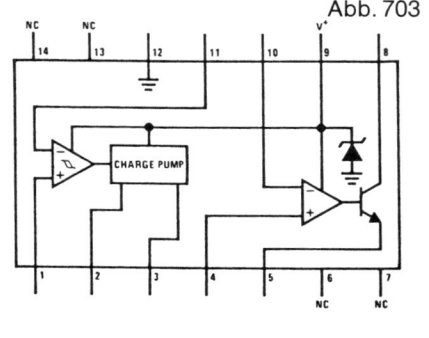

LM 2917 M/N Frequency to Voltage Converter

Linearschaltungen

Abb. 704

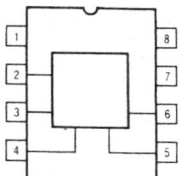

Pin	Function
1	No Connection
2	$+V_S$
3	Tempco
4	Ground
5	Adjust
6	Output
7	No Connection
8	No Connection

REF 03

Abb. 707

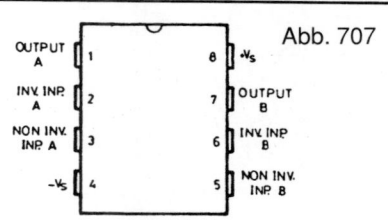

LS 4558 N Dual high performance OP, ± 18 V, 665 mw, Ri 1 MΩ.
Slew Rate 1,5 V/µs

Abb. 705

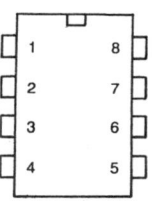

Pin	Symb.	Function
1	VDD	Ref. point
2	I PROG	Progr. inp.
3	C_1	C_1 integrator
4	ISYNC	Synchr. inp.
5	ISEN	Sensor inp.
6	JEXT	Extension inp.
7	V_{SS}	Supply Voltage
8	QT	Trigger pulse output

SLB 0587 (A, B, C) Dimmer für Halogen-Lampen

Abb. 708

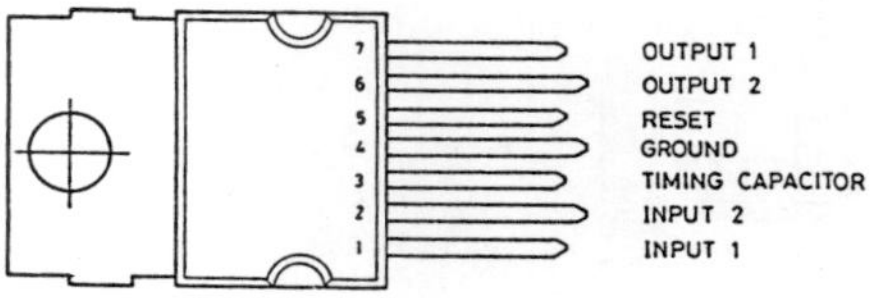

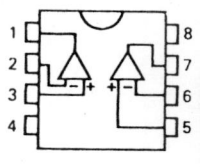

OUTPUT 1
OUTPUT 2
RESET
GROUND
TIMING CAPACITOR
INPUT 2
INPUT 1

L 4901 A Dual 5 V regulator Low drop with reset,
Out 5 V–400 mA

Abb. 706

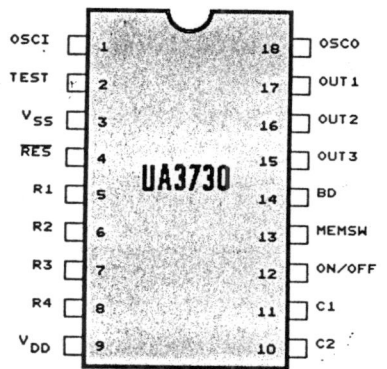

OSCI 1
TEST 2
V_{SS} 3
RES 4
R1 5
R2 6
R3 7
R4 8
V_{DD} 9

OSCO 18
OUT1 17
OUT2 16
OUT3 15
BD 14
MEMSW 13
ON/OFF 12
C1 11
C2 10

UA3730

UA 3730 Security Lock
U_B 3–6 V, Standby 5 µA, 10^{12} Combinations
Alarm and 60-sec.-wide pulse output due to an incorrect password

Abb. 709

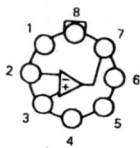

1 - Output 1
2 - Inverting input 1
3 - Non-inverting input 1
4 - V_{CC}
5 - Non-inverting input 2
6 - Inverting input 2
7 - Output 2
8 - V_{CC}^+

MC 1558 Dual OP, U_B ± 22 V

Abb. 710

1 - Output 1
2 - Inverting input 1
3 - Non-inverting input 1
4 - V_{CC}
5 - Non-inverting input 2
6 - Inverting input 2
7 - Output 2
8 - V_{CC}^+

MC 1558 Dual OP, U_B ± 22 V

Linearschaltungen

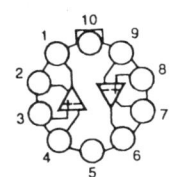

Abb. 711

1 - Output 1
2 - Ground 1
3 - Non-inverting input 1
4 - Inverting input 1
5 - V_{CC}^-
6 - Output 2
7 - Ground 2
8 - Non-inverting input 2
9 - Inverting input 2
10 - V_{CC}^+

LM 119, 219, 319 high speed dual comparator
(LM 319, 0 . . . 70 °C)

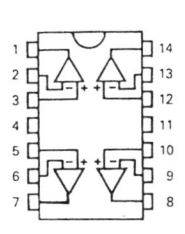

Abb. 715

1 - Output 1
2 - Inverting input 1
3 - Non-inverting input 1
4 - V_{CC}^-
5 - Non-inverting input 2
6 - Inverting input 2
7 - Output 2
8 - Output 3
9 - Inverting input 3
10 - Non-inverting input 3
11 - V_{CC}^+
12 - Non-inverting input 4
13 - Inverting input 4
14 - Output 4

LM 148, 248, 348 (4 × 741) Differential Input Quad
OP-AMPs

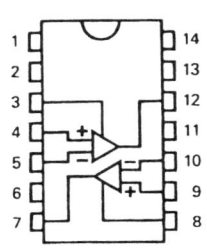

Abb. 712

1 - NC
2 - NC
3 - Ground 1
4 - Non-inverting input 1
5 - Inverting input 1
6 - V_{CC}^-
7 - Output 2
8 - Ground 2
9 - Non- inverting input 2
10 - Inverting input 2
11 - V_{CC}^+
12 - Output 1
13 - NC
14 - NC

LM 119, 219, 319 high speed dual comparator

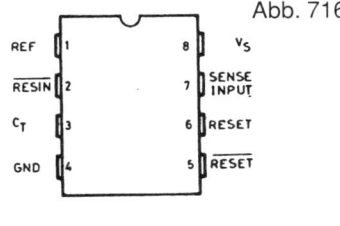

Abb. 716

REF	1	8	V_S
$\overline{RESIN}$	2	7	SENSE INPUT
C_T	3	6	$\overline{RESET}$
GND	4	5	RESET

TL 77XXA Supply voltage supervisors
V_S = 3,6 . . . 18 V

	Threshold Voltage	Hysteresis, mV
TL 7702 A	2,53	10
TL 7705 A	4,55	15
TL 7709 A	7,6	20
TL 7712 A	10,8	35
TL 7715 A	13,5	45

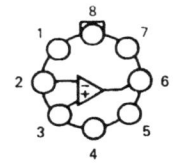

.Abb. 713

1 - Offset null
2 - Inverting input
3 - Non-inverting input
4 - V_{CC}^-
5 - Offset null
6 - Output
7 - V_{CC}^+
8 - NC

LF 155, 156, 157	J-FET	$V_{CC} \pm 22$ V
LF 255, 256, 257	J-FET	$V_{CC} \pm 22$ V
LF 355, 356, 357	J-FET	$V_{CC} \pm 18$ V

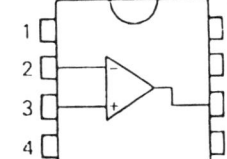

Abb. 717

1 – Offset null 1
2 – Inverting input
3 – Non-inverting input
4 – VCC^-
5 – Offset null 2
6 – Output
7 – V_{CC}^+
8 – I_{set}

TS 271, TLC 271, CMOS Low power single
operational amplifier
V_{CC} 4 . . . 10 V

Abb. 714

LF 155, 156, 157	J-FET	$V_{CC} \pm 22$ V
LF 255, 256, 257	J-FET	$V_{CC} \pm 22$ V
LF 355, 356, 357	J-FET	$V_{CC} \pm 18$ V

Linearschaltungen

Abb. 718

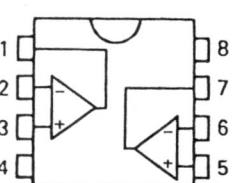

1 - Output 1
2 - Inverting input 1
3 - Non-inverting input 1
4 - Vcc⁻
5 - Non-inverting input 2
6 - Inverting input 2
7 - Output 2
8 - Vcc⁺

TS 272, TS 27 M2, TS 27 L2
CMOS dual operational amplifiers
U_B 4 . . . 10 V

TS 27 L2	I_{CC} = 10 μA
TS 27 M2	I_{CC} = 150 μA
TS 272	I_{CC} = 1 mA

Abb. 721

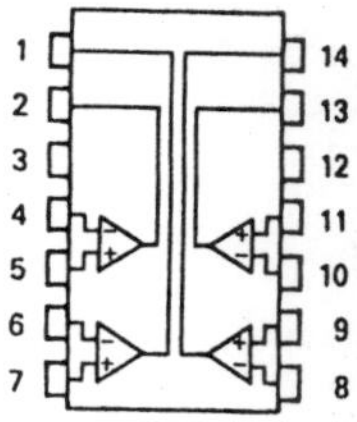

1 - Output 2
2 - Output 1
3 - V_{CC}^+
4 - Inverting input 1
5 - Non-inverting input 1
6 - Inverting input 2
7 - Non-inverting input 2
8 - Inverting input 3
9 - Non-inverting input 3
10 - Inverting input 4
11 - Non-inverting input 4
12 - V_{CC}^-
13 - Output 4
14 - Output 3

TS 374 CMOS quad. diff.-comparator
V_{CC} 4 . . . 10 V, Output Current 20 mA

Abb. 719

1 - Output 1
2 - Inverting input 1
3 - Non-inverting input 1
4 - V_{CC}^+
5 - Non-inverting input 2
6 - Inverting input 2
7 - Output 2
8 - Output 3
9 - Inverting input 3
10 - Non-inverting input 3
11 - V_{CC}^-
12 - Non-inverting input 4
13 - Inverting input 4
14 - Output 4

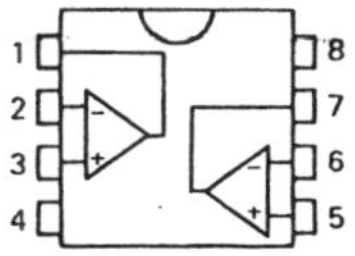

TS 274, TS 27 M4, TS 27 L4
Low cost, Low power operational amplifiers
U_B 4 . . . 10 V

TS 274	I_{CC} = 1 mA
TS 27 M4	I_{CC} = 150 μA
TS 27 L4	I_{CC} = 10 μA

Abb. 722

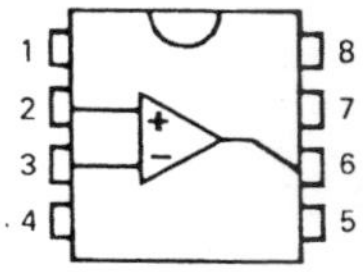

1 - Offset null
2 - Inverting input
3 - Non-inverting input
4 - V_{CC}^-
5 - Offset null
6 - Output
7 - V_{CC}^-
8 - I_{set}

UA 776 programmable operational amplifiers
V_{CC} ± 15 V

Abb. 723

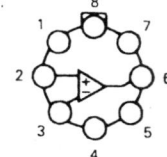

1 - Offset null
2 - Inverting input
3 - Non-inverting input
4 - V_{CC}^-
5 - Offset null
6 - Output
7 - V_{CC}^-
8 - I_{set}

UA 776 programmable operational amplifiers
V_{CC} ± 15 V

Abb. 720

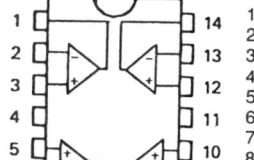

1 - Output 1
2 - Inverting input 1
3 - Non-inverting Input 1
4 - V_{CC}^-
5 - Non-inverting input 2
6 - Inverting input 2
7 - Output 2
8 - V_{CC}^+

TS 372 CMOS dual OP V_{CC} 4 . . . 10 V

Linearschaltungen

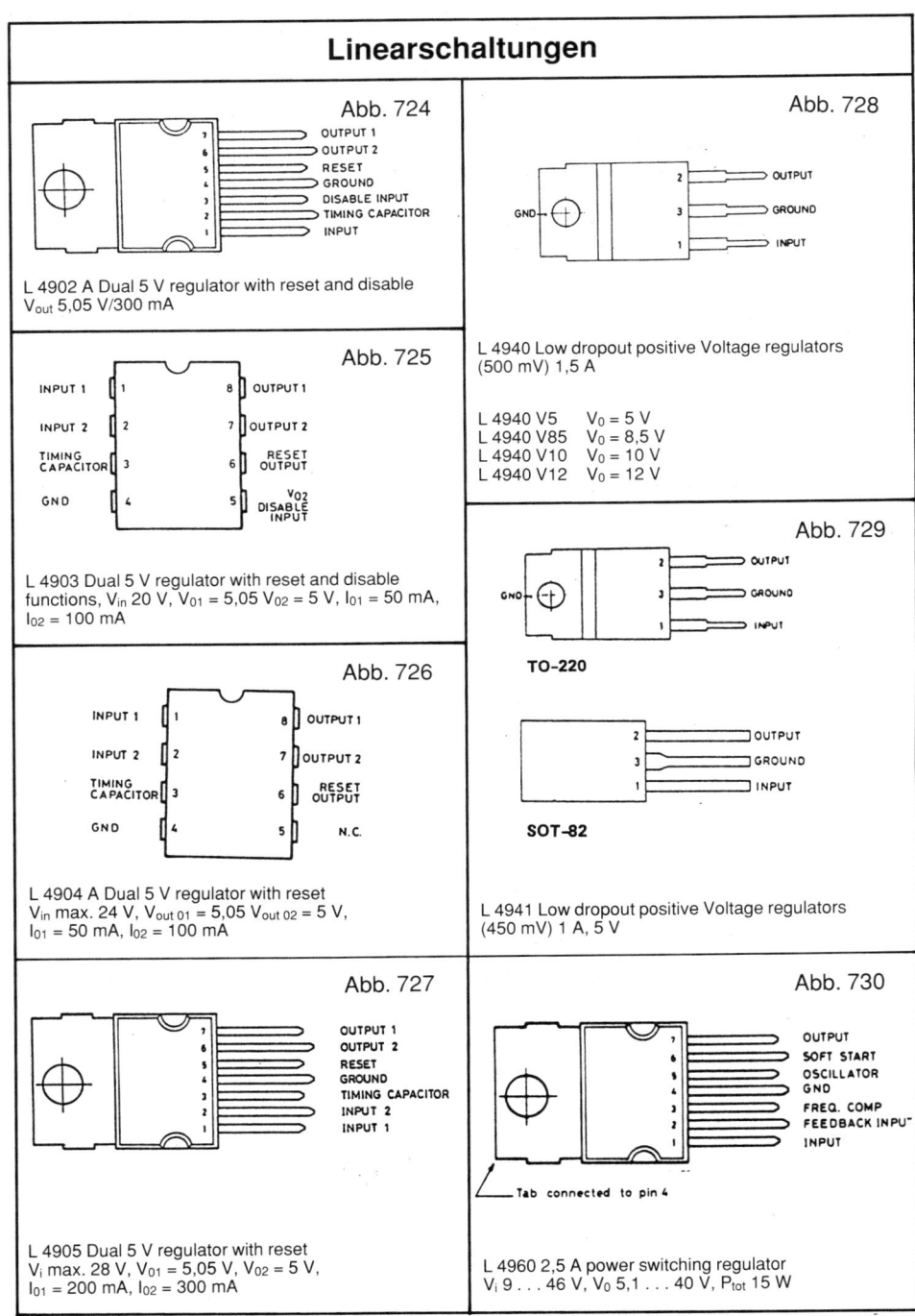

Abb. 724

OUTPUT 1
OUTPUT 2
RESET
GROUND
DISABLE INPUT
TIMING CAPACITOR
INPUT

L 4902 A Dual 5 V regulator with reset and disable
V_{out} 5,05 V/300 mA

Abb. 725

INPUT 1 — 1   8 — OUTPUT 1

INPUT 2 — 2   7 — OUTPUT 2

TIMING CAPACITOR — 3   6 — RESET OUTPUT

GND — 4   5 — V_{02} DISABLE INPUT

L 4903 Dual 5 V regulator with reset and disable
functions, V_{in} 20 V, V_{01} = 5,05 V_{02} = 5 V, I_{01} = 50 mA,
I_{02} = 100 mA

Abb. 726

INPUT 1 — 1   8 — OUTPUT 1

INPUT 2 — 2   7 — OUTPUT 2

TIMING CAPACITOR — 3   6 — RESET OUTPUT

GND — 4   5 — N.C.

L 4904 A Dual 5 V regulator with reset
V_{in} max. 24 V, $V_{out\,01}$ = 5,05 $V_{out\,02}$ = 5 V,
I_{01} = 50 mA, I_{02} = 100 mA

Abb. 727

OUTPUT 1
OUTPUT 2
RESET
GROUND
TIMING CAPACITOR
INPUT 2
INPUT 1

L 4905 Dual 5 V regulator with reset
V_i max. 28 V, V_{01} = 5,05 V, V_{02} = 5 V,
I_{01} = 200 mA, I_{02} = 300 mA

Abb. 728

GND
2 — OUTPUT
3 — GROUND
1 — INPUT

L 4940 Low dropout positive Voltage regulators
(500 mV) 1,5 A

L 4940 V5 V_0 = 5 V
L 4940 V85 V_0 = 8,5 V
L 4940 V10 V_0 = 10 V
L 4940 V12 V_0 = 12 V

Abb. 729

GND
2 — OUTPUT
3 — GROUND
1 — INPUT

TO-220

2 — OUTPUT
3 — GROUND
1 — INPUT

SOT-82

L 4941 Low dropout positive Voltage regulators
(450 mV) 1 A, 5 V

Abb. 730

OUTPUT
SOFT START
OSCILLATOR
GND
FREQ. COMP
FEEDBACK INPUT
INPUT

Tab connected to pin 4

L 4960 2,5 A power switching regulator
V_i 9 . . . 46 V, V_0 5,1 . . . 40 V, P_{tot} 15 W

Linearschaltungen

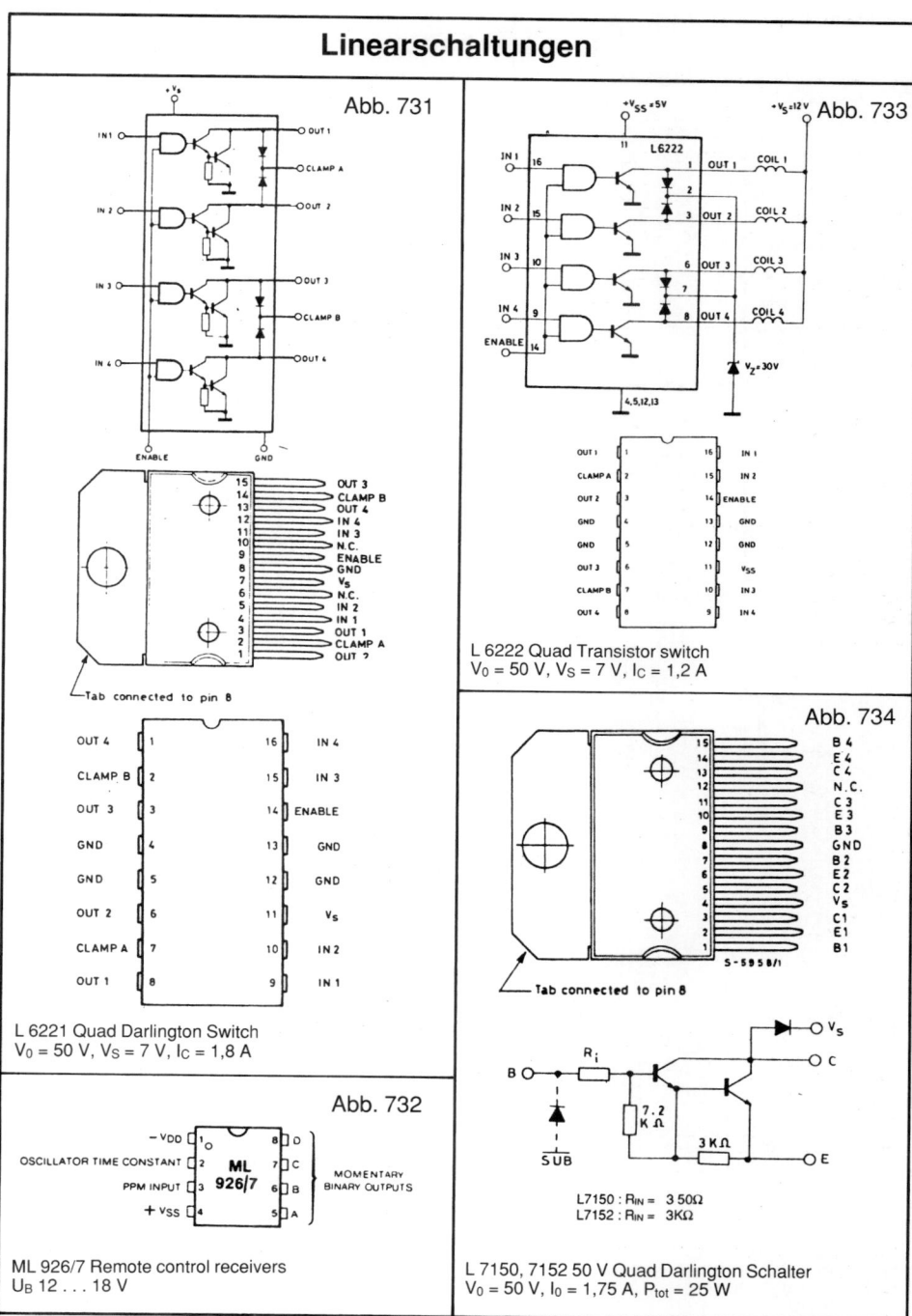

Abb. 731

L 6221 Quad Darlington Switch
$V_0 = 50$ V, $V_S = 7$ V, $I_C = 1,8$ A

Abb. 732

ML 926/7 Remote control receivers
U_B 12 . . . 18 V

Abb. 733

L 6222 Quad Transistor switch
$V_0 = 50$ V, $V_S = 7$ V, $I_C = 1,2$ A

Abb. 734

L7150 : $R_{IN} = 350 \Omega$
L7152 : $R_{IN} = 3 K\Omega$

L 7150, 7152 50 V Quad Darlington Schalter
$V_0 = 50$ V, $I_0 = 1,75$ A, $P_{tot} = 25$ W

149

Linearschaltungen

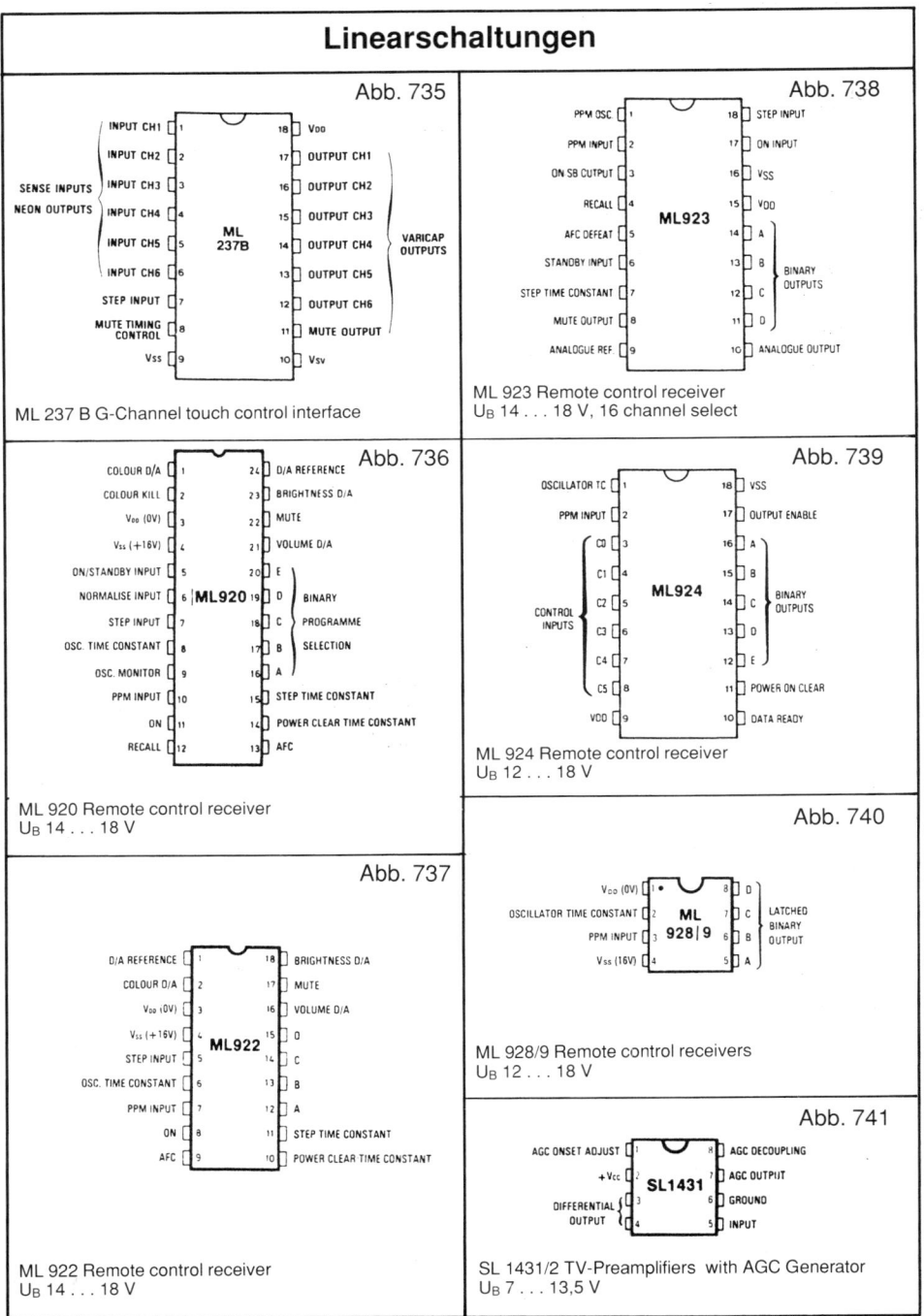

Abb. 735

INPUT CH1 — 1
INPUT CH2 — 2
SENSE INPUTS / INPUT CH3 — 3
NEON OUTPUTS \ INPUT CH4 — 4
INPUT CH5 — 5
INPUT CH6 — 6
STEP INPUT — 7
MUTE TIMING CONTROL — 8
Vss — 9

ML 237B

18 — VDD
17 — OUTPUT CH1
16 — OUTPUT CH2
15 — OUTPUT CH3
14 — OUTPUT CH4 VARICAP OUTPUTS
13 — OUTPUT CH5
12 — OUTPUT CH6
11 — MUTE OUTPUT
10 — Vsv

ML 237 B G-Channel touch control interface

Abb. 738

PPM OSC — 1
PPM INPUT — 2
ON SB OUTPUT — 3
RECALL — 4
AFC DEFEAT — 5
STANDBY INPUT — 6
STEP TIME CONSTANT — 7
MUTE OUTPUT — 8
ANALOGUE REF — 9

ML923

18 — STEP INPUT
17 — ON INPUT
16 — VSS
15 — VDD
14 — A
13 — B BINARY OUTPUTS
12 — C
11 — D
10 — ANALOGUE OUTPUT

ML 923 Remote control receiver
U_B 14 ... 18 V, 16 channel select

Abb. 736

COLOUR D/A — 1
COLOUR KILL — 2
VDD (0V) — 3
Vss (+16V) — 4
ON/STANDBY INPUT — 5
NORMALISE INPUT — 6
STEP INPUT — 7
OSC. TIME CONSTANT — 8
OSC. MONITOR — 9
PPM INPUT — 10
ON — 11
RECALL — 12

ML920

24 — D/A REFERENCE
23 — BRIGHTNESS D/A
22 — MUTE
21 — VOLUME D/A
20 — E
19 — D BINARY
18 — C PROGRAMME
17 — B SELECTION
16 — A
15 — STEP TIME CONSTANT
14 — POWER CLEAR TIME CONSTANT
13 — AFC

ML 920 Remote control receiver
U_B 14 ... 18 V

Abb. 739

OSCILLATOR TC — 1
PPM INPUT — 2
C0 — 3
C1 — 4
C2 — 5 CONTROL INPUTS
C3 — 6
C4 — 7
C5 — 8
VDD — 9

ML924

18 — VSS
17 — OUTPUT ENABLE
16 — A
15 — B
14 — C BINARY OUTPUTS
13 — D
12 — E
11 — POWER ON CLEAR
10 — DATA READY

ML 924 Remote control receiver
U_B 12 ... 18 V

Abb. 737

D/A REFERENCE — 1
COLOUR D/A — 2
VDD (0V) — 3
Vss (+16V) — 4
STEP INPUT — 5
OSC. TIME CONSTANT — 6
PPM INPUT — 7
ON — 8
AFC — 9

ML922

18 — BRIGHTNESS D/A
17 — MUTE
16 — VOLUME D/A
15 — D
14 — C
13 — B
12 — A
11 — STEP TIME CONSTANT
10 — POWER CLEAR TIME CONSTANT

ML 922 Remote control receiver
U_B 14 ... 18 V

Abb. 740

VDD (0V) — 1
OSCILLATOR TIME CONSTANT — 2 ML 928/9
PPM INPUT — 3
Vss (16V) — 4

8 — D
7 — C LATCHED BINARY OUTPUT
6 — B
5 — A

ML 928/9 Remote control receivers
U_B 12 ... 18 V

Abb. 741

AGC ONSET ADJUST — 1
+Vcc — 2 SL1431
DIFFERENTIAL OUTPUT — 3
— 4

8 — AGC DECOUPLING
7 — AGC OUTPUT
6 — GROUND
5 — INPUT

SL 1431/2 TV-Preamplifiers with AGC Generator
U_B 7 ... 13,5 V

150

Linearschaltungen

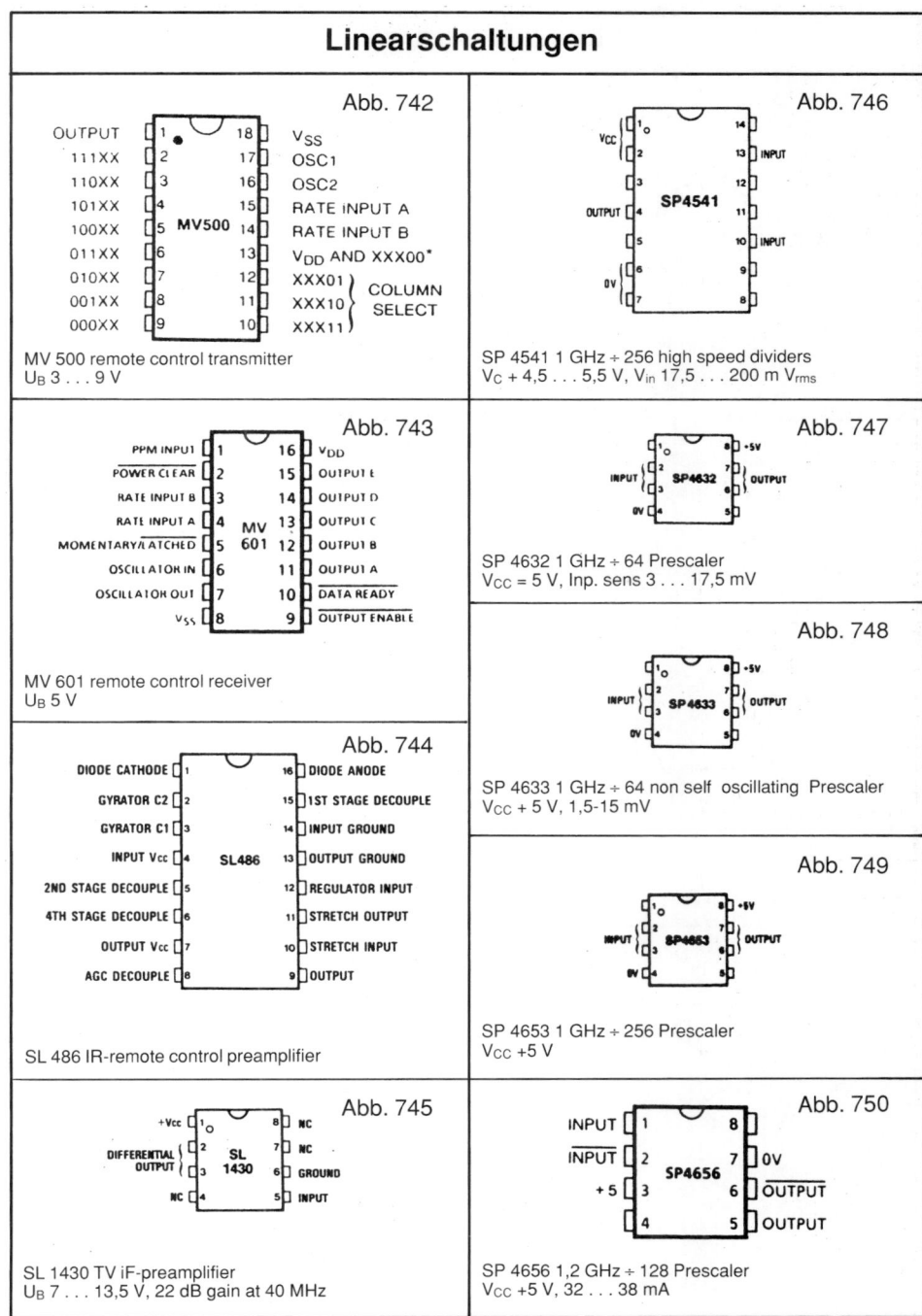

Abb. 742

OUTPUT	1	18	V$_{SS}$
111XX	2	17	OSC1
110XX	3	16	OSC2
101XX	4	15	RATE INPUT A
100XX	5 MV500 14	14	RATE INPUT B
011XX	6	13	V$_{DD}$ AND XXX00*
010XX	7	12	XXX01
001XX	8	11	XXX10 } COLUMN SELECT
000XX	9	10	XXX11

MV 500 remote control transmitter
U$_B$ 3 . . . 9 V

Abb. 743

PPM INPUT	1	16	V$_{DD}$
POWER CLEAR	2	15	OUTPUT E
RATE INPUT B	3	14	OUTPUT D
RATE INPUT A	4 MV	13	OUTPUT C
MOMENTARY/LATCHED	5 601	12	OUTPUT B
OSCILLATOR IN	6	11	OUTPUT A
OSCILLATOR OUT	7	10	DATA READY
V$_{SS}$	8	9	OUTPUT ENABLE

MV 601 remote control receiver
U$_B$ 5 V

Abb. 744

DIODE CATHODE	1	16	DIODE ANODE
GYRATOR C2	2	15	1ST STAGE DECOUPLE
GYRATOR C1	3	14	INPUT GROUND
INPUT V$_{CC}$	4 SL486	13	OUTPUT GROUND
2ND STAGE DECOUPLE	5	12	REGULATOR INPUT
4TH STAGE DECOUPLE	6	11	STRETCH OUTPUT
OUTPUT V$_{CC}$	7	10	STRETCH INPUT
AGC DECOUPLE	8	9	OUTPUT

SL 486 IR-remote control preamplifier

Abb. 745

+V$_{CC}$	1	8	NC
DIFFERENTIAL OUTPUT	2 SL 1430	7	NC
	3	6	GROUND
NC	4	5	INPUT

SL 1430 TV iF-preamplifier
U$_B$ 7 . . . 13,5 V, 22 dB gain at 40 MHz

Abb. 746

SP 4541 1 GHz ÷ 256 high speed dividers
V$_C$ + 4,5 . . . 5,5 V, V$_{in}$ 17,5 . . . 200 m V$_{rms}$

Abb. 747

SP 4632 1 GHz ÷ 64 Prescaler
V$_{CC}$ = 5 V, Inp. sens 3 . . . 17,5 mV

Abb. 748

SP 4633 1 GHz ÷ 64 non self oscillating Prescaler
V$_{CC}$ + 5 V, 1,5-15 mV

Abb. 749

SP 4653 1 GHz ÷ 256 Prescaler
V$_{CC}$ +5 V

Abb. 750

INPUT	1	8	
INPUT	2 SP4656	7	0V
+5	3	6	OUTPUT
	4	5	OUTPUT

SP 4656 1,2 GHz ÷ 128 Prescaler
V$_{CC}$ +5 V, 32 . . . 38 mA

151

Linearschaltungen

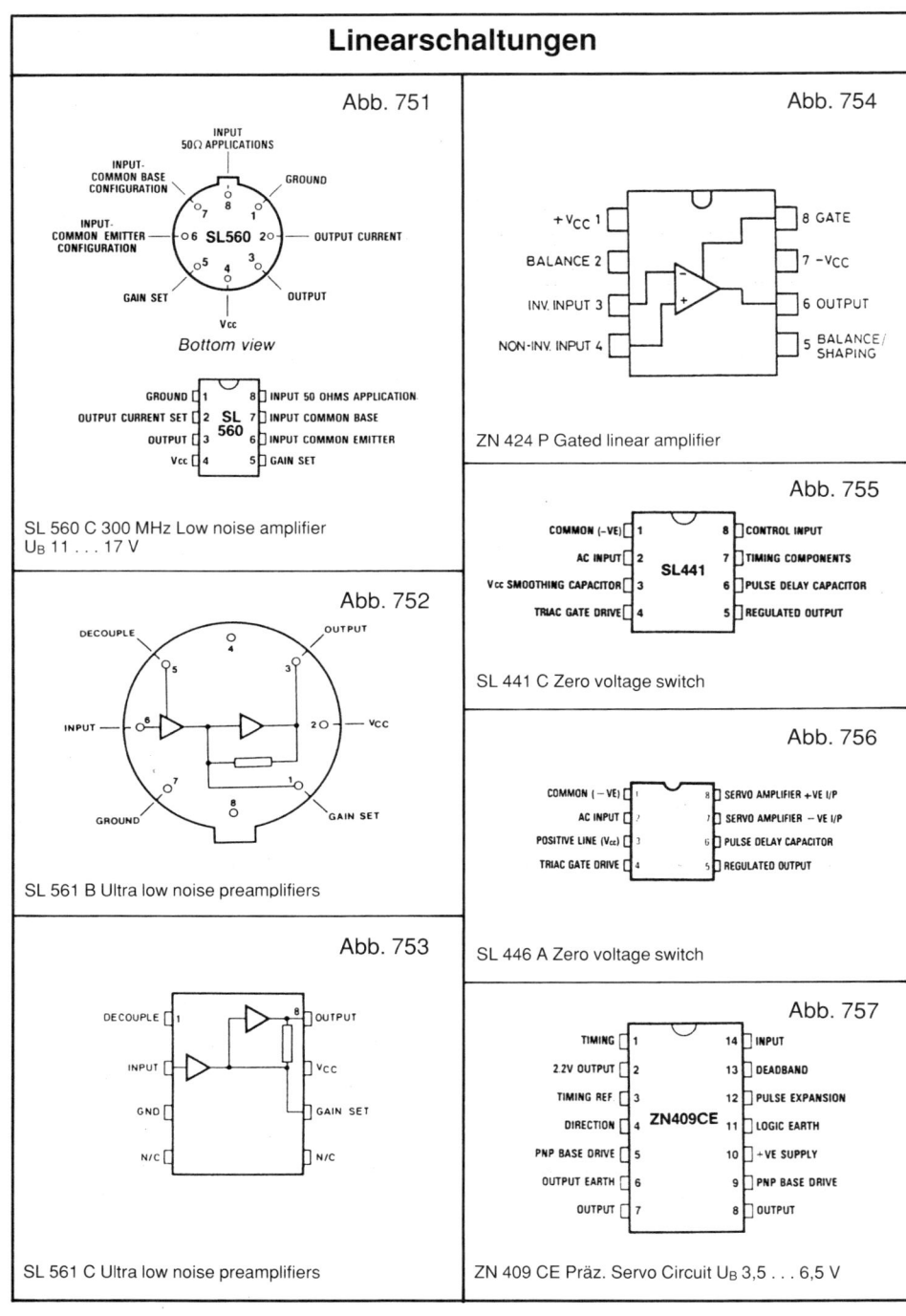

Abb. 751

INPUT 50Ω APPLICATIONS
INPUT-COMMON BASE CONFIGURATION
INPUT-COMMON EMITTER CONFIGURATION
GROUND
SL560
OUTPUT CURRENT
GAIN SET
OUTPUT
Vcc

Bottom view

GROUND	1	8	INPUT 50 OHMS APPLICATION
OUTPUT CURRENT SET	2	7	INPUT COMMON BASE
OUTPUT	3	6	INPUT COMMON EMITTER
Vcc	4	5	GAIN SET

SL 560 C 300 MHz Low noise amplifier
U_B 11 . . . 17 V

Abb. 752

DECOUPLE
OUTPUT
INPUT
Vcc
GROUND
GAIN SET

SL 561 B Ultra low noise preamplifiers

Abb. 753

DECOUPLE 1 — 8 OUTPUT
INPUT — Vcc
GND — GAIN SET
N/C — N/C

SL 561 C Ultra low noise preamplifiers

Abb. 754

+Vcc 1 — 8 GATE
BALANCE 2 — 7 −Vcc
INV. INPUT 3 — 6 OUTPUT
NON-INV. INPUT 4 — 5 BALANCE/SHAPING

ZN 424 P Gated linear amplifier

Abb. 755

COMMON (−VE) 1 — 8 CONTROL INPUT
AC INPUT 2 — SL441 — 7 TIMING COMPONENTS
Vcc SMOOTHING CAPACITOR 3 — 6 PULSE DELAY CAPACITOR
TRIAC GATE DRIVE 4 — 5 REGULATED OUTPUT

SL 441 C Zero voltage switch

Abb. 756

COMMON (−VE) 1 — 8 SERVO AMPLIFIER +VE I/P
AC INPUT 2 — 7 SERVO AMPLIFIER −VE I/P
POSITIVE LINE (Vcc) 3 — 6 PULSE DELAY CAPACITOR
TRIAC GATE DRIVE 4 — 5 REGULATED OUTPUT

SL 446 A Zero voltage switch

Abb. 757

TIMING 1 — 14 INPUT
2.2V OUTPUT 2 — 13 DEADBAND
TIMING REF. 3 — 12 PULSE EXPANSION
DIRECTION 4 — ZN409CE — 11 LOGIC EARTH
PNP BASE DRIVE 5 — 10 +VE SUPPLY
OUTPUT EARTH 6 — 9 PNP BASE DRIVE
OUTPUT 7 — 8 OUTPUT

ZN 409 CE Präz. Servo Circuit U_B 3,5 . . . 6,5 V

Linearschaltungen

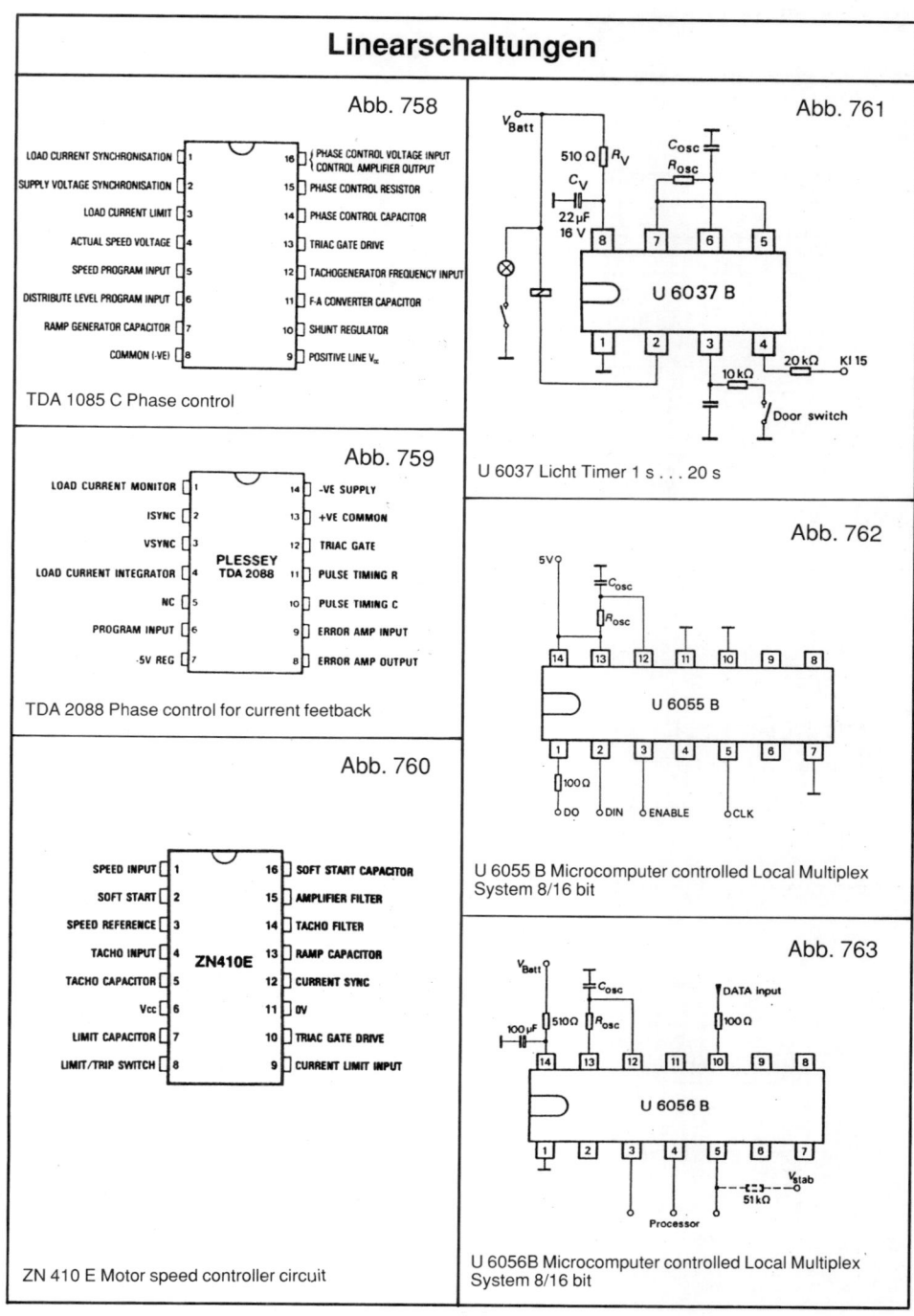

Abb. 758

LOAD CURRENT SYNCHRONISATION — 1
SUPPLY VOLTAGE SYNCHRONISATION — 2
LOAD CURRENT LIMIT — 3
ACTUAL SPEED VOLTAGE — 4
SPEED PROGRAM INPUT — 5
DISTRIBUTE LEVEL PROGRAM INPUT — 6
RAMP GENERATOR CAPACITOR — 7
COMMON (-VE) — 8

16 — PHASE CONTROL VOLTAGE INPUT / CONTROL AMPLIFIER OUTPUT
15 — PHASE CONTROL RESISTOR
14 — PHASE CONTROL CAPACITOR
13 — TRIAC GATE DRIVE
12 — TACHOGENERATOR FREQUENCY INPUT
11 — F-A CONVERTER CAPACITOR
10 — SHUNT REGULATOR
9 — POSITIVE LINE V_{cc}

TDA 1085 C Phase control

Abb. 759

LOAD CURRENT MONITOR — 1
ISYNC — 2
VSYNC — 3
LOAD CURRENT INTEGRATOR — 4
NC — 5
PROGRAM INPUT — 6
-5V REG — 7

PLESSEY TDA 2088

14 — -VE SUPPLY
13 — +VE COMMON
12 — TRIAC GATE
11 — PULSE TIMING R
10 — PULSE TIMING C
9 — ERROR AMP INPUT
8 — ERROR AMP OUTPUT

TDA 2088 Phase control for current feetback

Abb. 760

SPEED INPUT — 1
SOFT START — 2
SPEED REFERENCE — 3
TACHO INPUT — 4
TACHO CAPACITOR — 5
Vcc — 6
LIMIT CAPACITOR — 7
LIMIT/TRIP SWITCH — 8

ZN410E

16 — SOFT START CAPACITOR
15 — AMPLIFIER FILTER
14 — TACHO FILTER
13 — RAMP CAPACITOR
12 — CURRENT SYNC
11 — 0V
10 — TRIAC GATE DRIVE
9 — CURRENT LIMIT INPUT

ZN 410 E Motor speed controller circuit

Abb. 761

U 6037 B

U 6037 Licht Timer 1 s . . . 20 s

Abb. 762

U 6055 B

U 6055 B Microcomputer controlled Local Multiplex System 8/16 bit

Abb. 763

U 6056 B

U 6056B Microcomputer controlled Local Multiplex System 8/16 bit

153

Linearschaltungen

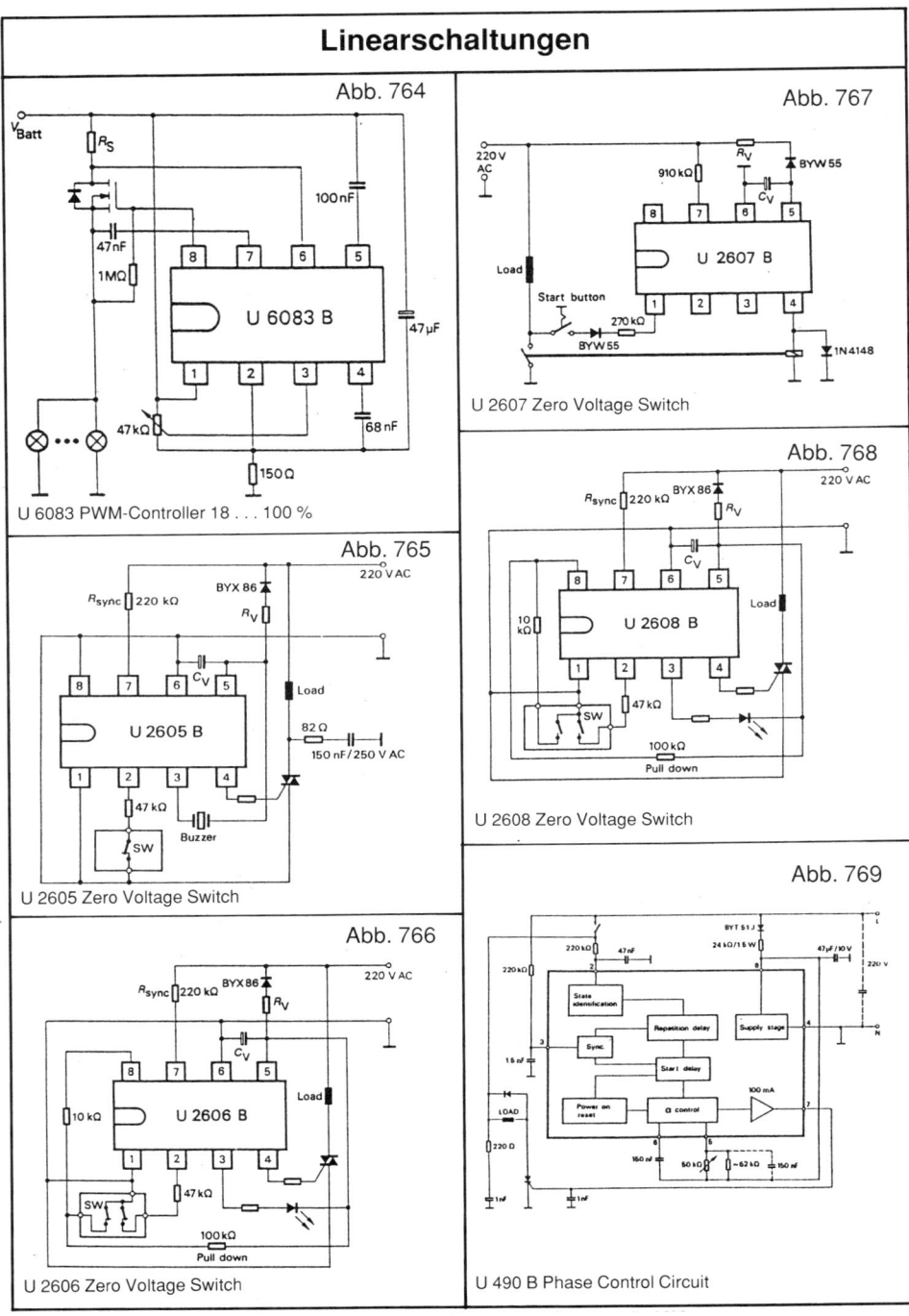

Abb. 764
U 6083 B

U 6083 PWM-Controller 18 . . . 100 %

Abb. 765
U 2605 B

U 2605 Zero Voltage Switch

Abb. 766
U 2606 B

U 2606 Zero Voltage Switch

Abb. 767
U 2607 B

U 2607 Zero Voltage Switch

Abb. 768
U 2608 B

U 2608 Zero Voltage Switch

Abb. 769
U 490 B Phase Control Circuit

Linearschaltungen

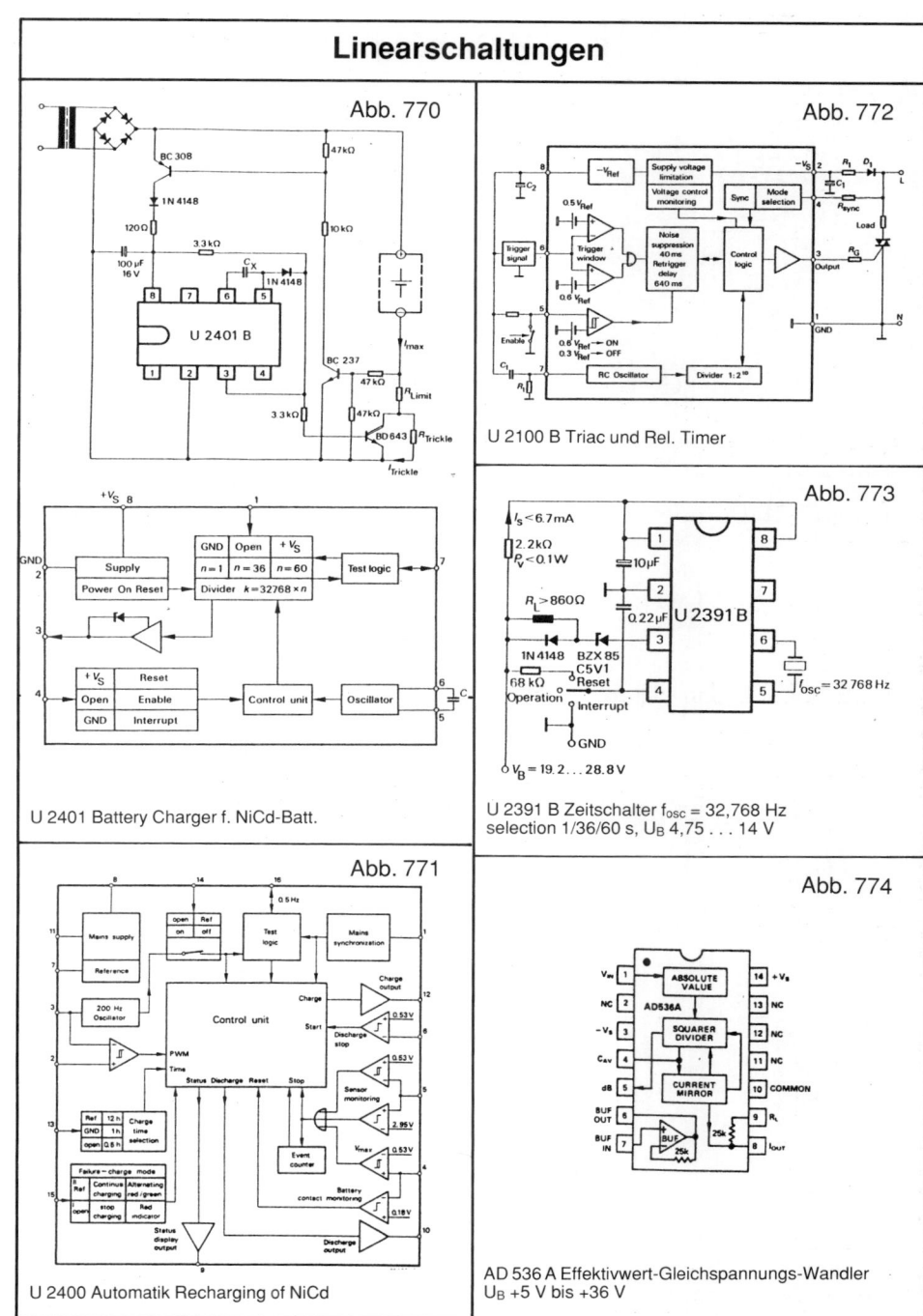

Abb. 770

U 2401 Battery Charger f. NiCd-Batt.

Abb. 771

U 2400 Automatik Recharging of NiCd

Abb. 772

U 2100 B Triac und Rel. Timer

Abb. 773

U 2391 B Zeitschalter f_{osc} = 32,768 Hz
selection 1/36/60 s, U_B 4,75 ... 14 V

Abb. 774

AD 536 A Effektivwert-Gleichspannungs-Wandler
U_B +5 V bis +36 V

155

Linearschaltungen

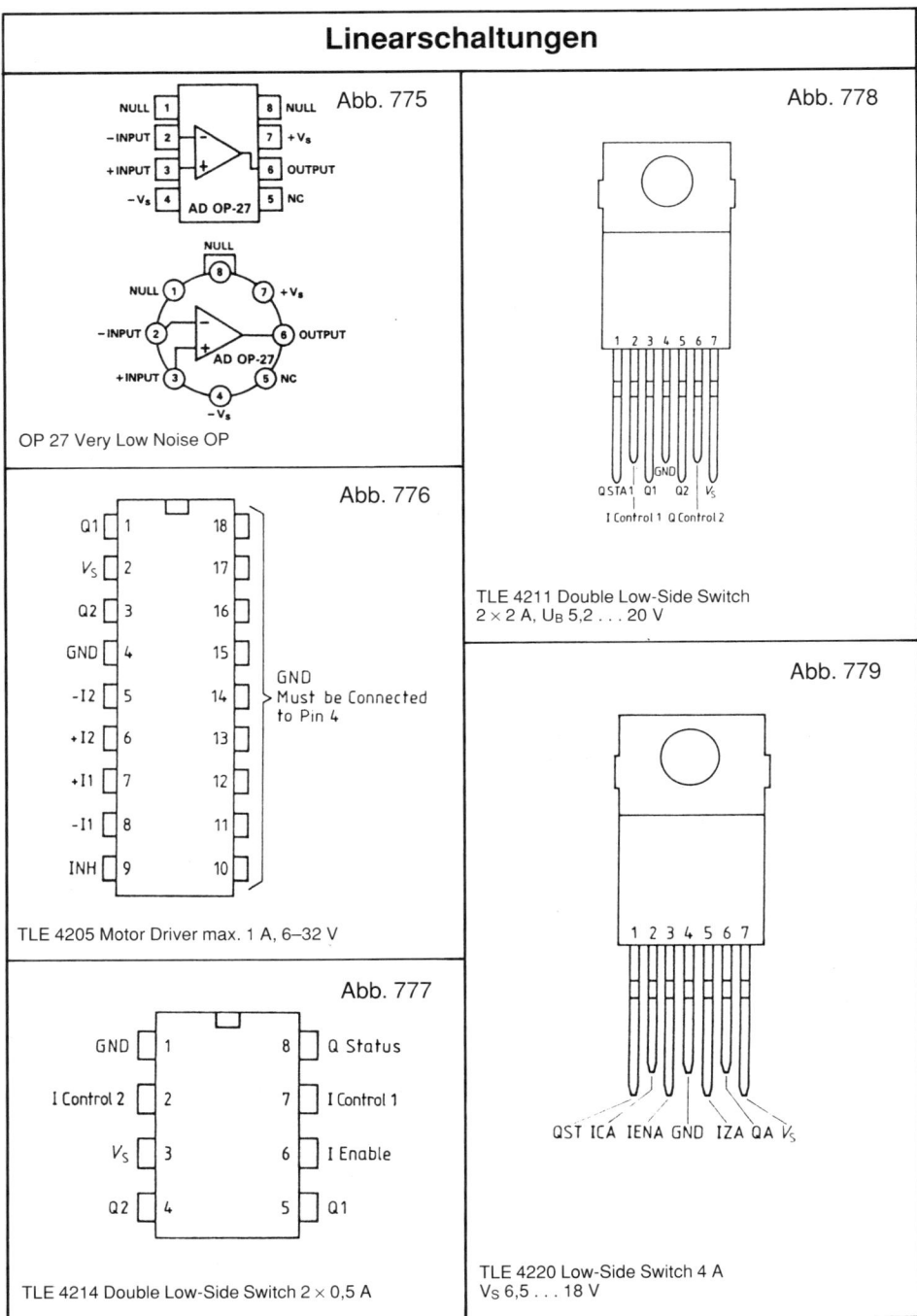

Abb. 775

OP 27 Very Low Noise OP

Abb. 776

GND
> Must be Connected
to Pin 4

TLE 4205 Motor Driver max. 1 A, 6–32 V

Abb. 777

TLE 4214 Double Low-Side Switch 2 × 0,5 A

Abb. 778

TLE 4211 Double Low-Side Switch
2 × 2 A, U_B 5,2 . . . 20 V

Abb. 779

TLE 4220 Low-Side Switch 4 A
V_S 6,5 . . . 18 V

Linearschaltungen

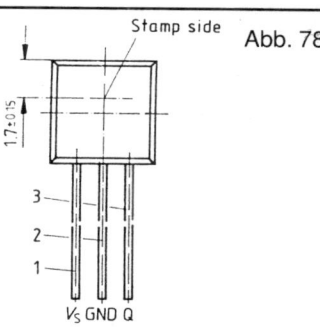

Stamp side

Abb. 780

1,7±0,15

3 —
2 —
1 —

V_S GND Q

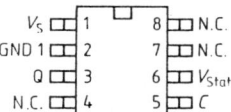

V_S	1	8	N.C.
GND	2	7	N.C.
Q	3	6	V_{Stat}
N.C.	4	5	C

TLE 4920 Diff. Gear Tooth Sensor IC
V_S 4,5 . . . 24 V, Schaltfrequ. f 0 . . . 12 000 Hz

Abb. 781

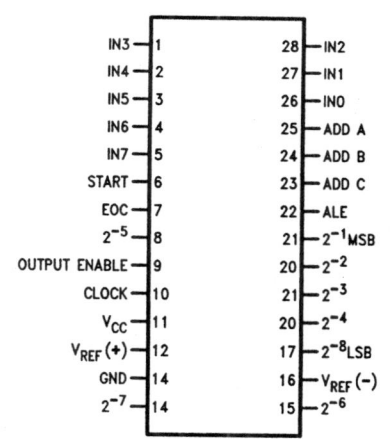

IN3 — 1		28 — IN2
IN4 — 2		27 — IN1
IN5 — 3		26 — IN0
IN6 — 4		25 — ADD A
IN7 — 5		24 — ADD B
START — 6		23 — ADD C
EOC — 7		22 — ALE
2^{-5} — 8		21 — 2^{-1}MSB
OUTPUT ENABLE — 9		20 — 2^{-2}
CLOCK — 10		21 — 2^{-3}
V_{CC} — 11		20 — 2^{-4}
V_{REF} (+) — 12		17 — 2^{-8}LSB
GND — 14		16 — V_{REF} (−)
2^{-7} — 14		15 — 2^{-6}

ADC 0808, ADC 0809, 8-Bit µP Compatible A/D
Converters with 8-Channel Multiplexer

Abb. 782

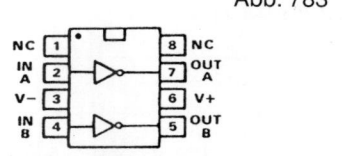

TA 7205 AP NF-Verst. 9 . . . 18 V, 5,8 W/4 Ω

Abb. 783

NC	1	8	NC
IN A	2	7	OUT A
V−	3	6	V+
IN B	4	5	OUT B

ICL 7667 CPA Dual-MOSFET Power Treiber
UB 4,5 . . . 15 V, Ausgangsspitzenstrom 1,5 A

Abb. 784

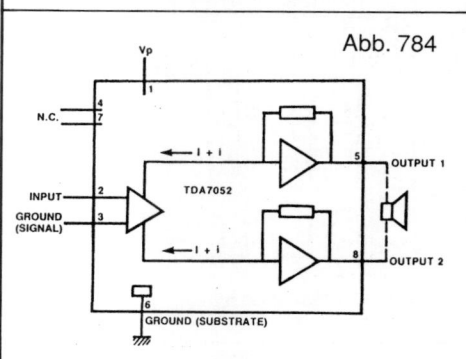

TDA 7052 Mono NF-Verstärker, U_B 3 . . . 15 V
P_{tot} 1,2 W, Frequ. 20 Hz bis 20 kHz

Abb. 785

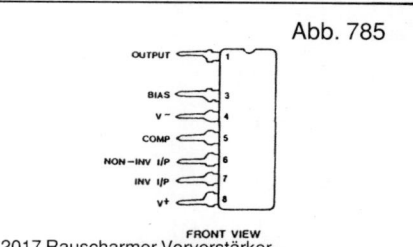

OUTPUT	1
BIAS	3
V −	4
COMP	5
NON − INV I/P	6
INV I/P	7
V+	8

FRONT VIEW

HA 12017 Rauscharmer Vorverstärker
Klirrfaktor 0,002 % (20 Hz bis 20 kHz, U_B ± 24 V

Linearschaltungen

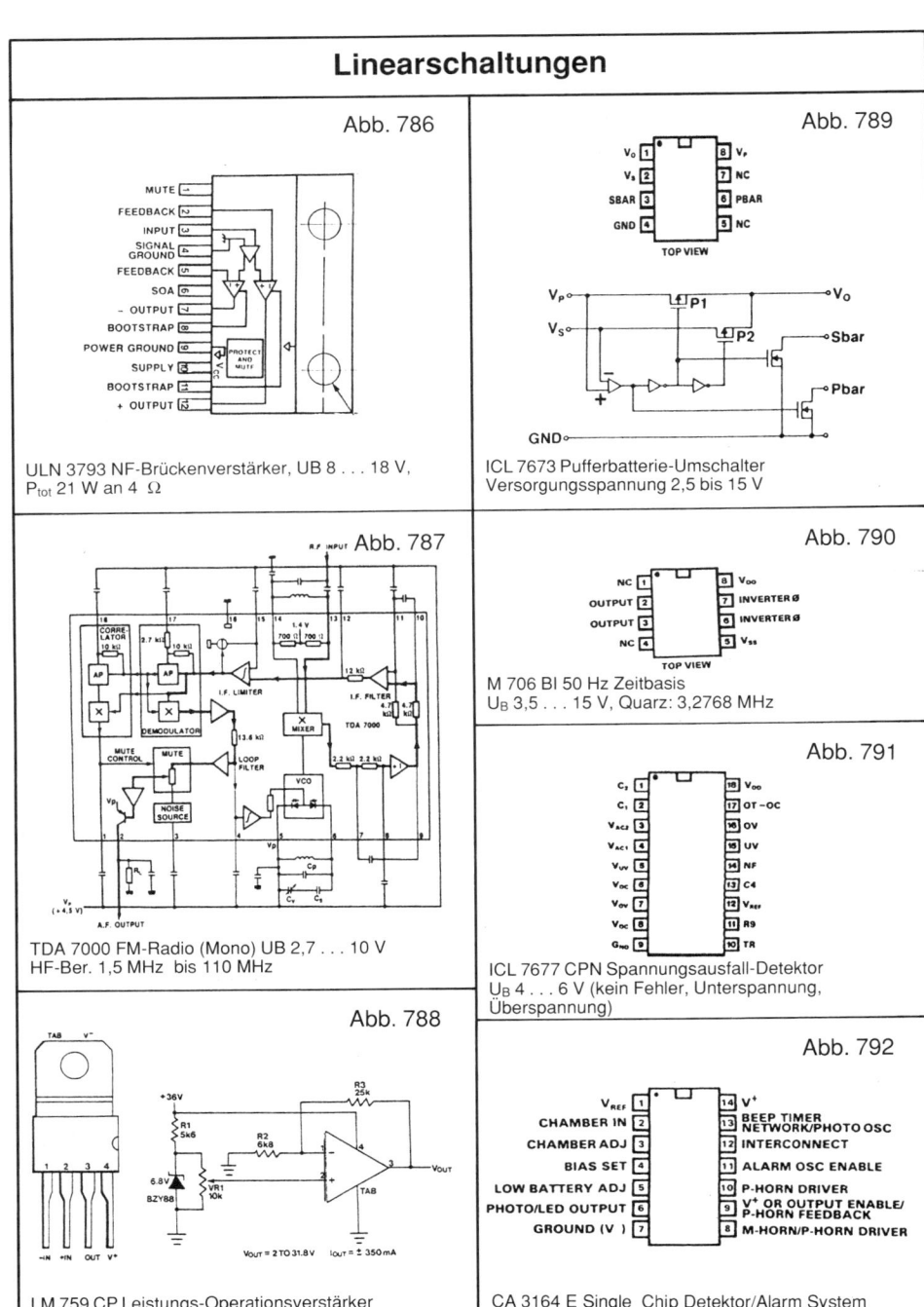

Abb. 786

MUTE [1]
FEEDBACK [2]
INPUT [3]
SIGNAL GROUND [4]
FEEDBACK [5]
SOA [6]
− OUTPUT [7]
BOOTSTRAP [8]
POWER GROUND [9]
SUPPLY [10]
BOOTSTRAP [11]
+ OUTPUT [12]

ULN 3793 NF-Brückenverstärker, UB 8 . . . 18 V,
P_{tot} 21 W an 4 Ω

Abb. 787

R.F. INPUT

TDA 7000 FM-Radio (Mono) UB 2,7 . . . 10 V
HF-Ber. 1,5 MHz bis 110 MHz

Abb. 788

V_{OUT} = 2 TO 31.8 V I_{OUT} = ± 350 mA

LM 759 CP Leistungs-Operationsverstärker
U_B ± 18 V

Abb. 789

V_O [1] [8] V_P
V_S [2] [7] NC
SBAR [3] [6] PBAR
GND [4] [5] NC

TOP VIEW

ICL 7673 Pufferbatterie-Umschalter
Versorgungsspannung 2,5 bis 15 V

Abb. 790

NC [1] [8] V_{DD}
OUTPUT [2] [7] INVERTER Ø
OUTPUT [3] [6] INVERTER Ø
NC [4] [5] V_{SS}

TOP VIEW

M 706 BI 50 Hz Zeitbasis
U_B 3,5 . . . 15 V, Quarz: 3,2768 MHz

Abb. 791

C_3 [1] [18] V_{DD}
C_1 [2] [17] OT −OC
V_{AC2} [3] [16] OV
V_{AC1} [4] [15] UV
V_{UV} [5] [14] NF
V_{OC} [6] [13] C4
V_{OV} [7] [12] V_{REF}
V_{OC} [8] [11] R9
G_{ND} [9] [10] TR

ICL 7677 CPN Spannungsausfall-Detektor
U_B 4 . . . 6 V (kein Fehler, Unterspannung,
Überspannung)

Abb. 792

V_{REF} [1] [14] V^+
CHAMBER IN [2] [13] BEEP TIMER NETWORK/PHOTO OSC
CHAMBER ADJ [3] [12] INTERCONNECT
BIAS SET [4] [11] ALARM OSC ENABLE
LOW BATTERY ADJ [5] [10] P-HORN DRIVER
PHOTO/LED OUTPUT [6] [9] V^+ OR OUTPUT ENABLE/ P-HORN FEEDBACK
GROUND (V) [7] [8] M-HORN/P-HORN DRIVER

CA 3164 E Single Chip Detektor/Alarm System
U_B 9 V, Eing. Spg. 0 bis 7 V

Linearschaltungen

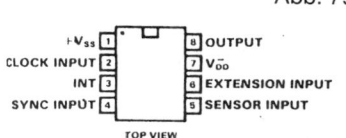

Abb. 793

LS 7232 Schalter/Dimmer U_B 15 V/1 mA

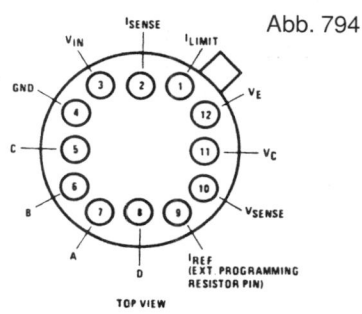

Abb. 794

LH 0075 Posit. Prec. Programmable Regulator
U_A 0 . . . 27 V, I_A 200 mA

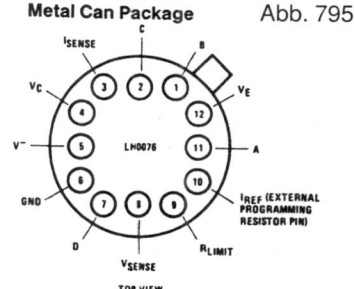

Metal Can Package Abb. 795

LH 0076 Neg. Prec. Programmable Regulator
U_A 0 . . . 27 V, I_A 200 mA

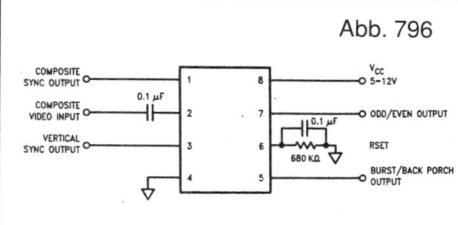

Abb. 796

LM 1881 Video Sync Separator U_B 5 . . . 12 V

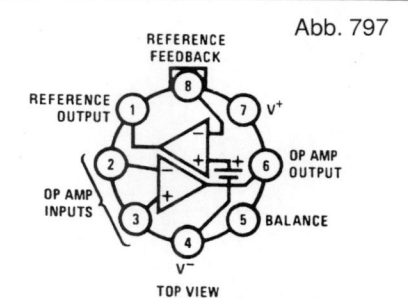

Abb. 797

LM 10 H, BH, CH, BLH, CLH, Op Amp and Voltage
Reference

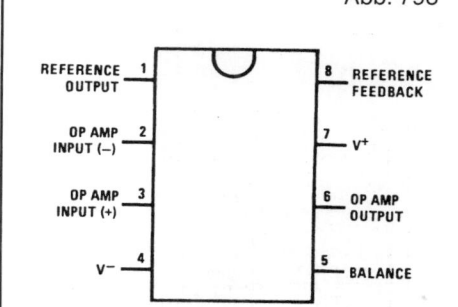

Abb. 798

LM 10 CN, CLN Op Amp and Voltage Reference

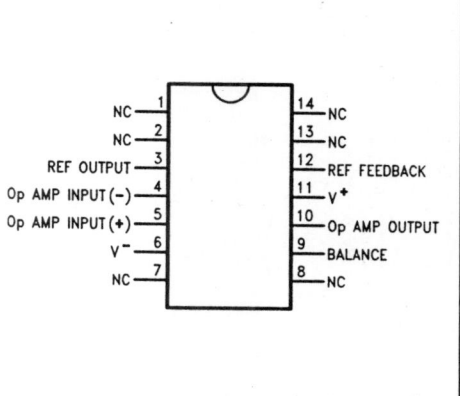

Abb. 799

LM 10 CWM, CLWM Op Amp and Voltage Reference

Linearschaltungen

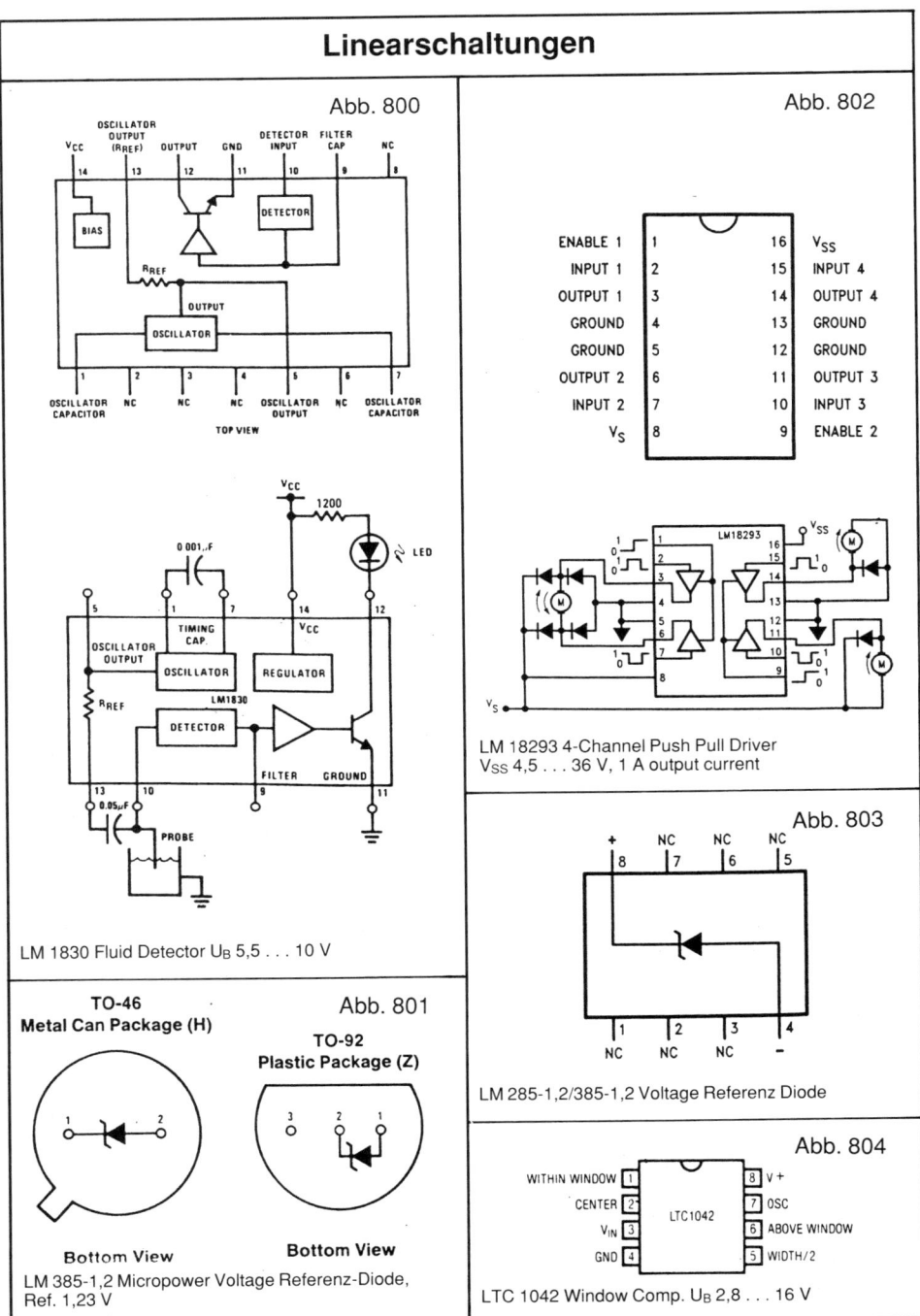

Abb. 800

OSCILLATOR OUTPUT (R_{REF})

V_{CC} / OSCILLATOR OUTPUT (R_{REF}) / OUTPUT / GND / DETECTOR INPUT / FILTER CAP / NC

14 / 13 / 12 / 11 / 10 / 9 / 8

BIAS

DETECTOR

R_{REF}

OUTPUT OSCILLATOR

1 / 2 / 3 / 4 / 5 / 6 / 7

OSCILLATOR CAPACITOR / NC / NC / NC / OSCILLATOR OUTPUT / NC / OSCILLATOR CAPACITOR

TOP VIEW

V_{CC}

1200

LED

0 001 µF

TIMING CAP.

OSCILLATOR OUTPUT / OSCILLATOR / REGULATOR

R_{REF}

LM1830

DETECTOR

V_{CC}

FILTER / GROUND

0.05 µF

PROBE

LM 1830 Fluid Detector U_B 5,5 ... 10 V

Abb. 801

TO-46
Metal Can Package (H)

TO-92
Plastic Package (Z)

Bottom View

Bottom View

LM 385-1,2 Micropower Voltage Referenz-Diode, Ref. 1,23 V

Abb. 802

ENABLE 1 | 1 .... 16 | V_{SS}
INPUT 1 | 2 .... 15 | INPUT 4
OUTPUT 1 | 3 .... 14 | OUTPUT 4
GROUND | 4 .... 13 | GROUND
GROUND | 5 .... 12 | GROUND
OUTPUT 2 | 6 .... 11 | OUTPUT 3
INPUT 2 | 7 .... 10 | INPUT 3
V_S | 8 .... 9 | ENABLE 2

LM18293

V_{SS}

M

M

V_S

LM 18293 4-Channel Push Pull Driver
V_{SS} 4,5 ... 36 V, 1 A output current

Abb. 803

+ / NC / NC / NC

8 / 7 / 6 / 5

1 / 2 / 3 / 4

NC / NC / NC / −

LM 285-1,2/385-1,2 Voltage Referenz Diode

Abb. 804

WITHIN WINDOW [1 .... 8] V +
CENTER [2 .... 7] OSC
V_{IN} [3 .... 6] ABOVE WINDOW
GND [4 .... 5] WIDTH/2

LTC1042

LTC 1042 Window Comp. U_B 2,8 ... 16 V

Linearschaltungen

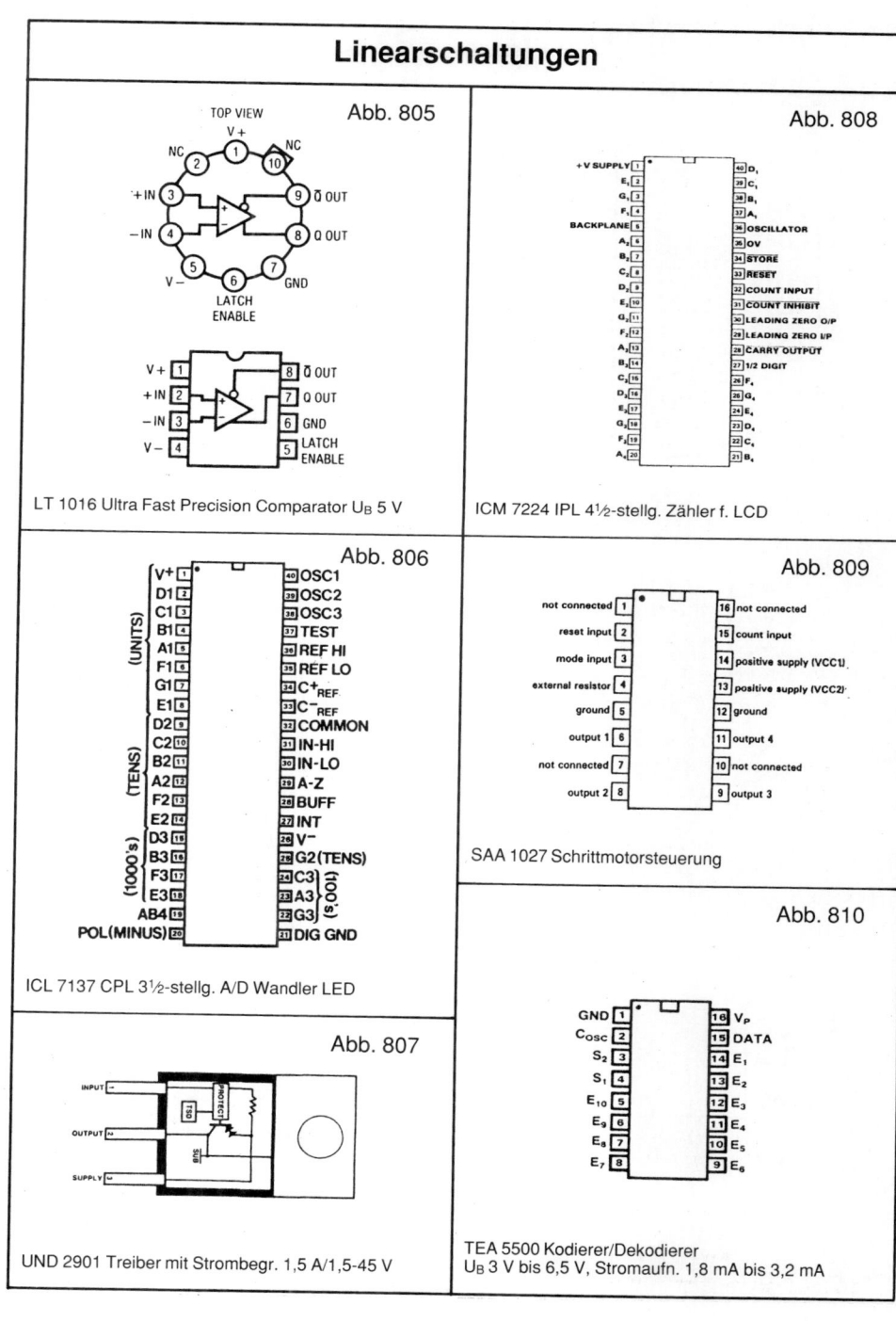

Abb. 805

TOP VIEW

NC 2 — 1 V+ 10 NC
+IN 3 — 9 Q̄ OUT
−IN 4 — 8 Q OUT
5 — 7
V− 6 GND
LATCH ENABLE

V+ 1 — 8 Q̄ OUT
+IN 2 — 7 Q OUT
−IN 3 — 6 GND
V− 4 — 5 LATCH ENABLE

LT 1016 Ultra Fast Precision Comparator U_B 5 V

Abb. 806

V+ 1 — 40 OSC1
D1 2 — 39 OSC2
C1 3 — 38 OSC3
B1 4 — 37 TEST
A1 5 — 36 REF HI
F1 6 — 35 REF LO
G1 7 — 34 C+$_{REF}$
E1 8 — 33 C−$_{REF}$
D2 9 — 32 COMMON
C2 10 — 31 IN-HI
B2 11 — 30 IN-LO
A2 12 — 29 A-Z
F2 13 — 28 BUFF
E2 14 — 27 INT
D3 15 — 26 V−
B3 16 — 25 G2 (TENS)
F3 17 — 24 C3
E3 18 — 23 A3
AB4 19 — 22 G3
POL (MINUS) 20 — 21 DIG GND

(UNITS) (TENS) (1000's) (100's)

ICL 7137 CPL 3½-stellg. A/D Wandler LED

Abb. 807

INPUT
OUTPUT
SUPPLY
PROTECT
SUB

UND 2901 Treiber mit Strombegr. 1,5 A/1,5-45 V

Abb. 808

+V SUPPLY 1 — 40 D₁
E₁ 2 — 39 C₁
G₁ 3 — 38 B₁
F₁ 4 — 37 A₁
BACKPLANE 5 — 36 OSCILLATOR
A₂ 6 — 35 OV
B₂ 7 — 34 STORE
C₂ 8 — 33 RESET
D₂ 9 — 32 COUNT INPUT
E₂ 10 — 31 COUNT INHIBIT
G₂ 11 — 30 LEADING ZERO O/P
F₂ 12 — 29 LEADING ZERO I/P
A₃ 13 — 28 CARRY OUTPUT
B₃ 14 — 27 1/2 DIGIT
C₃ 15 — 26 F₄
D₃ 16 — 25 G₄
E₃ 17 — 24 E₄
G₃ 18 — 23 D₄
F₃ 19 — 22 C₄
A₄ 20 — 21 B₄

ICM 7224 IPL 4½-stellg. Zähler f. LCD

Abb. 809

not connected 1 — 16 not connected
reset input 2 — 15 count input
mode input 3 — 14 positive supply (VCC1)
external resistor 4 — 13 positive supply (VCC2)
ground 5 — 12 ground
output 1 6 — 11 output 4
not connected 7 — 10 not connected
output 2 8 — 9 output 3

SAA 1027 Schrittmotorsteuerung

Abb. 810

GND 1 — 16 V_P
C_OSC 2 — 15 DATA
S₂ 3 — 14 E₁
S₁ 4 — 13 E₂
E₁₀ 5 — 12 E₃
E₉ 6 — 11 E₄
E₈ 7 — 10 E₅
E₇ 8 — 9 E₆

TEA 5500 Kodierer/Dekodierer
U_B 3 V bis 6,5 V, Stromaufn. 1,8 mA bis 3,2 mA

Linearschaltungen

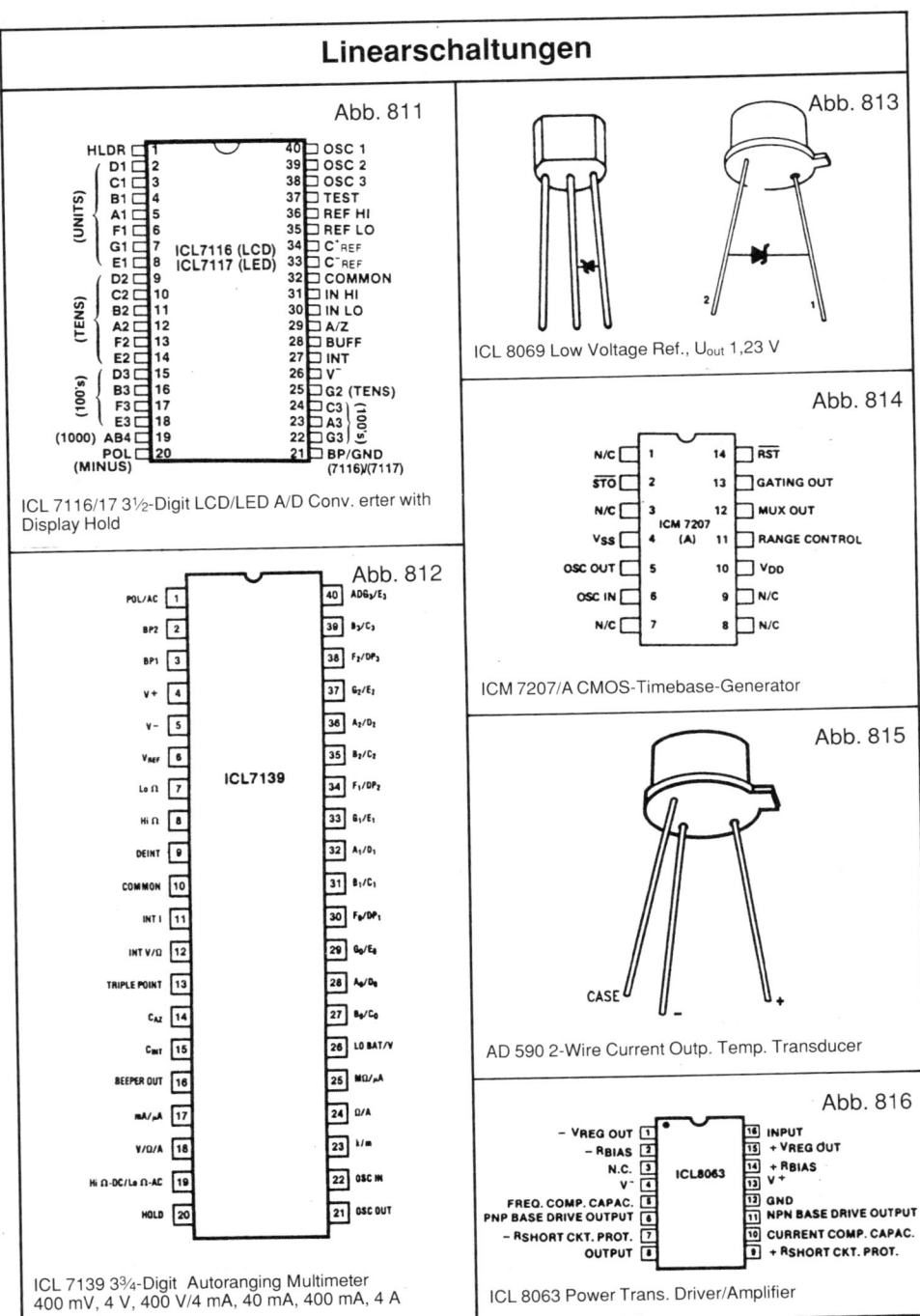

Abb. 811

HLDR	1	40	OSC 1
D1	2	39	OSC 2
C1	3	38	OSC 3
B1	4	37	TEST
A1	5	36	REF HI
F1	6	35	REF LO
G1	7	34	C$^+_{REF}$
E1	8	33	C$^-_{REF}$
D2	9	32	COMMON
C2	10	31	IN HI
B2	11	30	IN LO
A2	12	29	A/Z
F2	13	28	BUFF
E2	14	27	INT
D3	15	26	V$^-$
B3	16	25	G2 (TENS)
F3	17	24	C3
E3	18	23	A3
AB4	19	22	G3
POL	20	21	BP/GND

(UNITS): D1, C1, B1, A1, F1, G1, E1
(TENS): D2, C2, B2, A2, F2, E2
(100's): D3, B3, F3, E3
(1000): AB4
(MINUS): POL
ICL7116 (LCD) ICL7117 (LED)
(1000's): C3, A3, G3
(7116)/(7117)

ICL 7116/17 3½-Digit LCD/LED A/D Conv. erter with Display Hold

Abb. 812

POL/AC	1	40	AD6₃/E₃
BP2	2	39	B₃/C₃
BP1	3	38	F₂/DP₃
V+	4	37	G₂/E₂
V−	5	36	A₂/D₂
V$_{REF}$	6	35	B₂/C₂
Lo Ω	7	34	F₁/DP₂
Hi Ω	8	33	G₁/E₁
DEINT	9	32	A₁/D₁
COMMON	10	31	B₁/C₁
INT I	11	30	F₀/DP₁
INT V/Ω	12	29	G₀/E₀
TRIPLE POINT	13	28	A₀/D₀
C$_{AZ}$	14	27	B₀/C₀
C$_{INT}$	15	26	LO BAT/V
BEEPER OUT	16	25	MΩ/μA
mA/μA	17	24	Ω/A
V/Ω/A	18	23	λ/m
Hi Ω-DC/La Ω-AC	19	22	OSC IN
HOLD	20	21	OSC OUT

ICL7139

ICL 7139 3¾-Digit Autoranging Multimeter
400 mV, 4 V, 400 V/4 mA, 40 mA, 400 mA, 4 A

Abb. 813

ICL 8069 Low Voltage Ref., U$_{out}$ 1,23 V

Abb. 814

N/C	1	14	RST
STO	2	13	GATING OUT
N/C	3	12	MUX OUT
V$_{SS}$	4	11	RANGE CONTROL
OSC OUT	5	10	V$_{DD}$
OSC IN	6	9	N/C
N/C	7	8	N/C

ICM 7207 (A)

ICM 7207/A CMOS-Timebase-Generator

Abb. 815

AD 590 2-Wire Current Outp. Temp. Transducer

CASE

Abb. 816

− V$_{REG}$ OUT	1	16	INPUT
− R$_{BIAS}$	2	15	+ V$_{REG}$ OUT
N.C.	3	14	+ R$_{BIAS}$
V$^-$	4	13	V +
FREQ. COMP. CAPAC.	5	12	GND
PNP BASE DRIVE OUTPUT	6	11	NPN BASE DRIVE OUTPUT
− R$_{SHORT}$ CKT. PROT.	7	10	CURRENT COMP. CAPAC.
OUTPUT	8	9	+ R$_{SHORT}$ CKT. PROT.

ICL8063

ICL 8063 Power Trans. Driver/Amplifier

Linearschaltungen

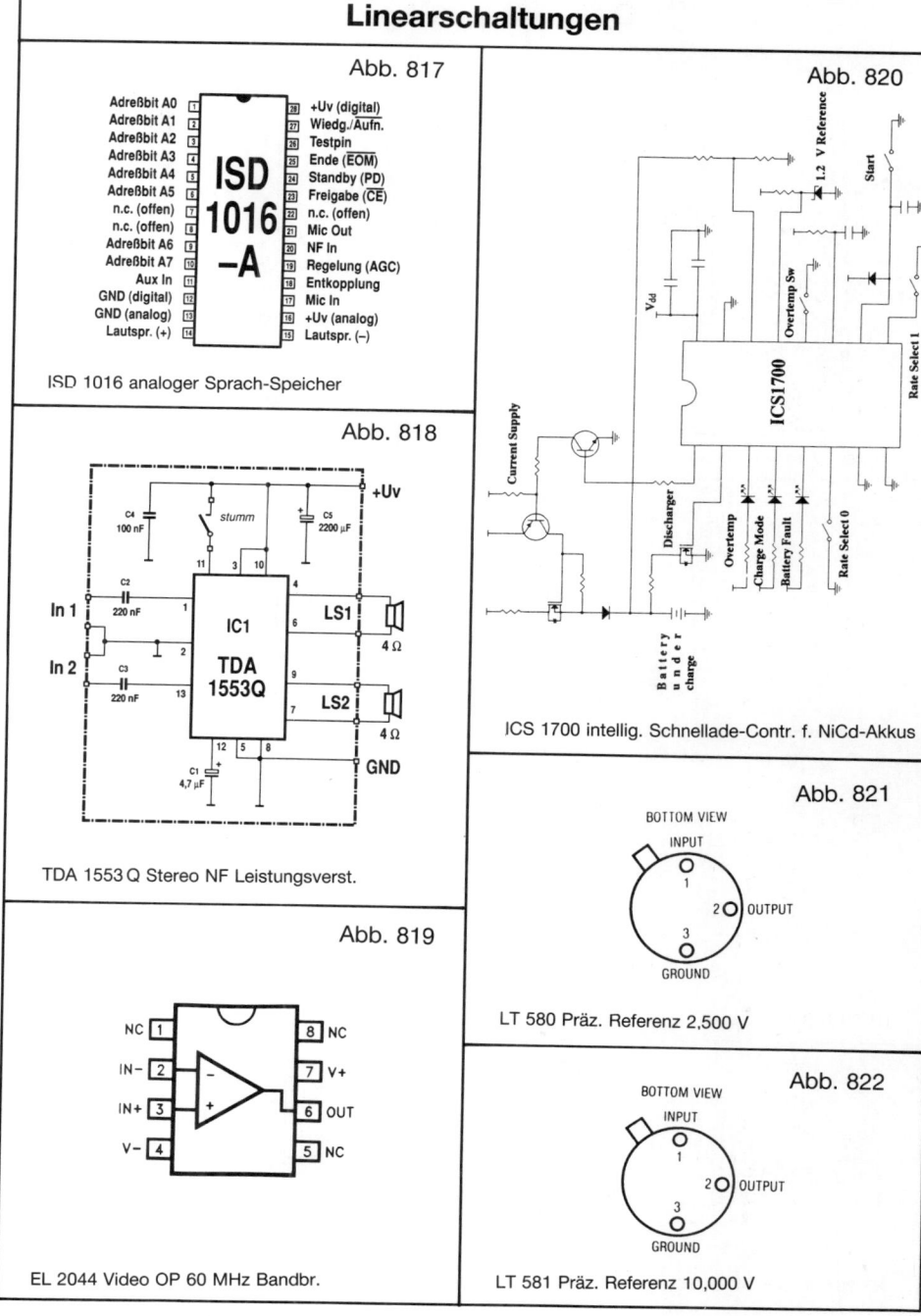

Abb. 817

ISD 1016 analoger Sprach-Speicher

Adreßbit A0 — 1 — +Uv (digital) — 28
Adreßbit A1 — 2 — Wiedg./Aufn. — 27
Adreßbit A2 — 3 — Testpin — 26
Adreßbit A3 — 4 — Ende (EOM) — 25
Adreßbit A4 — 5 — Standby (PD) — 24
Adreßbit A5 — 6 — Freigabe (CE) — 23
n.c. (offen) — 7 — n.c. (offen) — 22
n.c. (offen) — 8 — Mic Out — 21
Adreßbit A6 — 9 — NF In — 20
Adreßbit A7 — 10 — Regelung (AGC) — 19
Aux In — 11 — Entkopplung — 18
GND (digital) — 12 — Mic In — 17
GND (analog) — 13 — +Uv (analog) — 16
Lautspr. (+) — 14 — Lautspr. (−) — 15

ISD 1016 -A

Abb. 818

TDA 1553 Q Stereo NF Leistungsverst.

Abb. 819

EL 2044 Video OP 60 MHz Bandbr.

NC — 1 — 8 — NC
IN− — 2 — 7 — V+
IN+ — 3 — 6 — OUT
V− — 4 — 5 — NC

Abb. 820

ICS 1700 intellig. Schnellade-Contr. f. NiCd-Akkus

Abb. 821

BOTTOM VIEW

LT 580 Präz. Referenz 2,500 V

Abb. 822

BOTTOM VIEW

LT 581 Präz. Referenz 10,000 V

Linearschaltungen

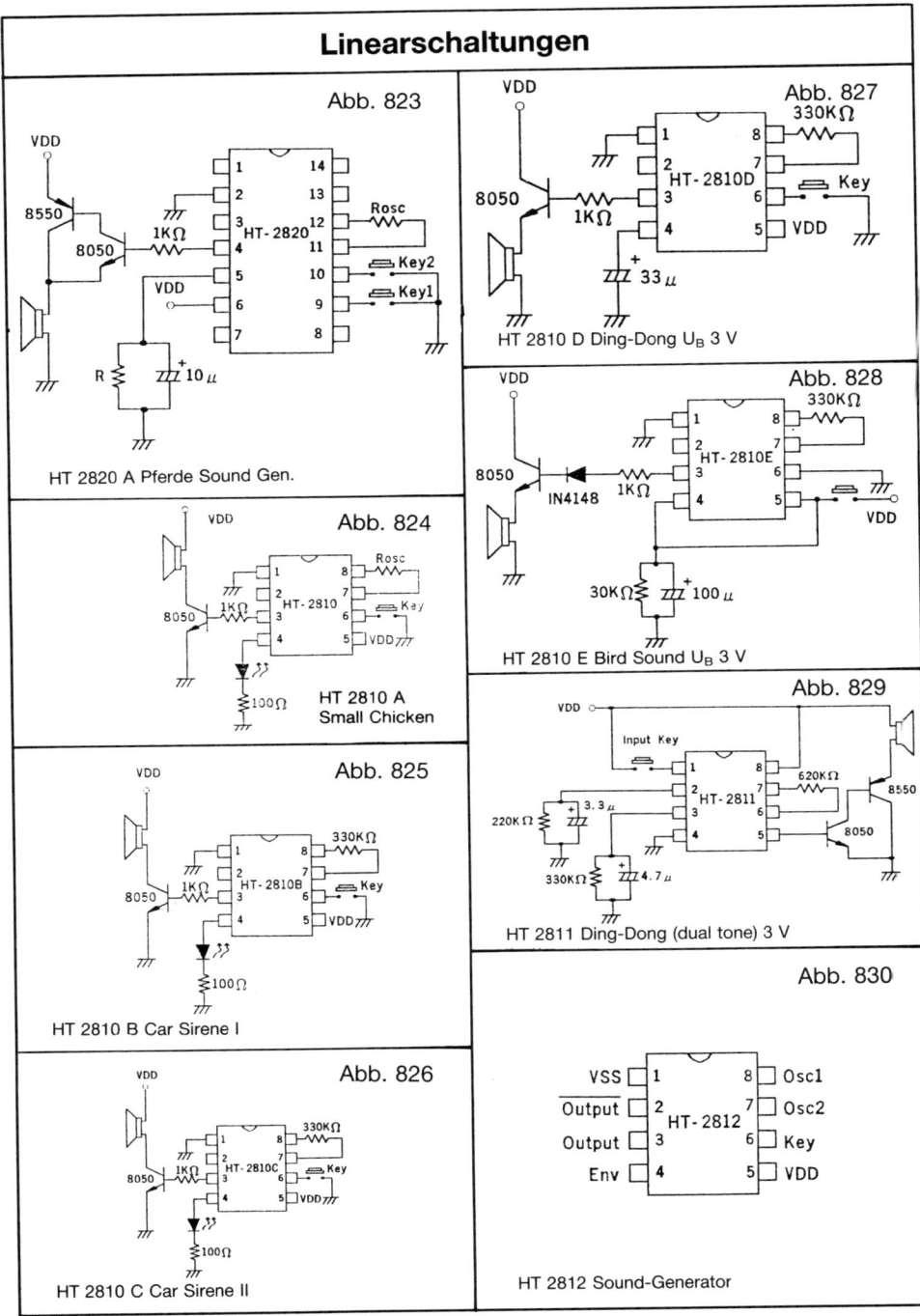

Abb. 823

HT 2820 A Pferde Sound Gen.

Abb. 824

HT 2810 A
Small Chicken

Abb. 825

HT 2810 B Car Sirene I

Abb. 826

HT 2810 C Car Sirene II

Abb. 827

HT 2810 D Ding-Dong U_B 3 V

Abb. 828

HT 2810 E Bird Sound U_B 3 V

Abb. 829

HT 2811 Ding-Dong (dual tone) 3 V

Abb. 830

HT 2812 Sound-Generator

164

Linearschaltungen

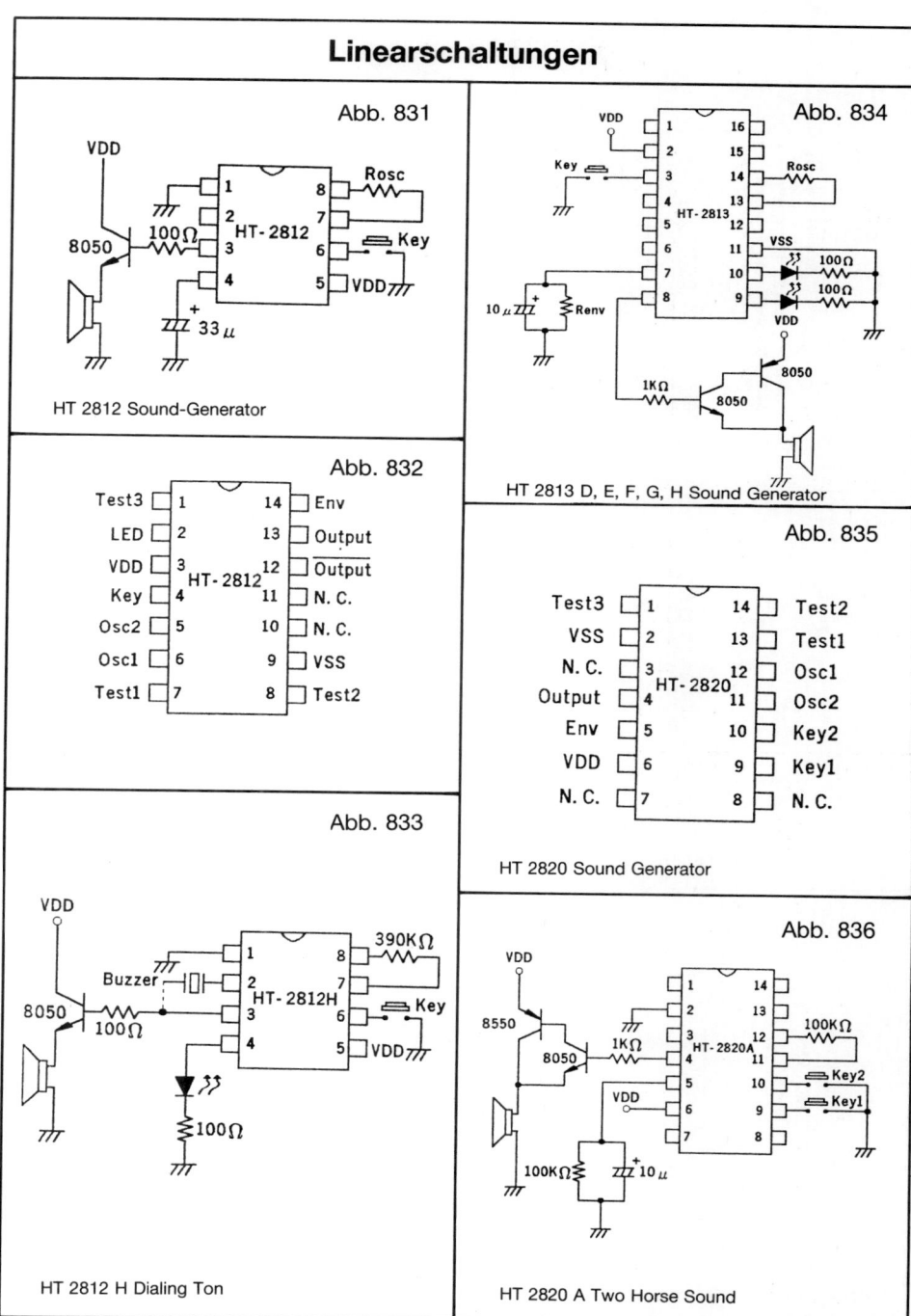

Abb. 831

HT 2812 Sound-Generator

Abb. 832

HT-2812

Test3	1	14	Env
LED	2	13	Output
VDD	3	12	$\overline{Output}$
Key	4	11	N. C.
Osc2	5	10	N. C.
Osc1	6	9	VSS
Test1	7	8	Test2

Abb. 833

HT 2812 H Dialing Ton

Abb. 834

HT 2813 D, E, F, G, H Sound Generator

Abb. 835

HT-2820

Test3	1	14	Test2
VSS	2	13	Test1
N. C.	3	12	Osc1
Output	4	11	Osc2
Env	5	10	Key2
VDD	6	9	Key1
N. C.	7	8	N. C.

HT 2820 Sound Generator

Abb. 836

HT 2820 A Two Horse Sound

165

Linearschaltungen

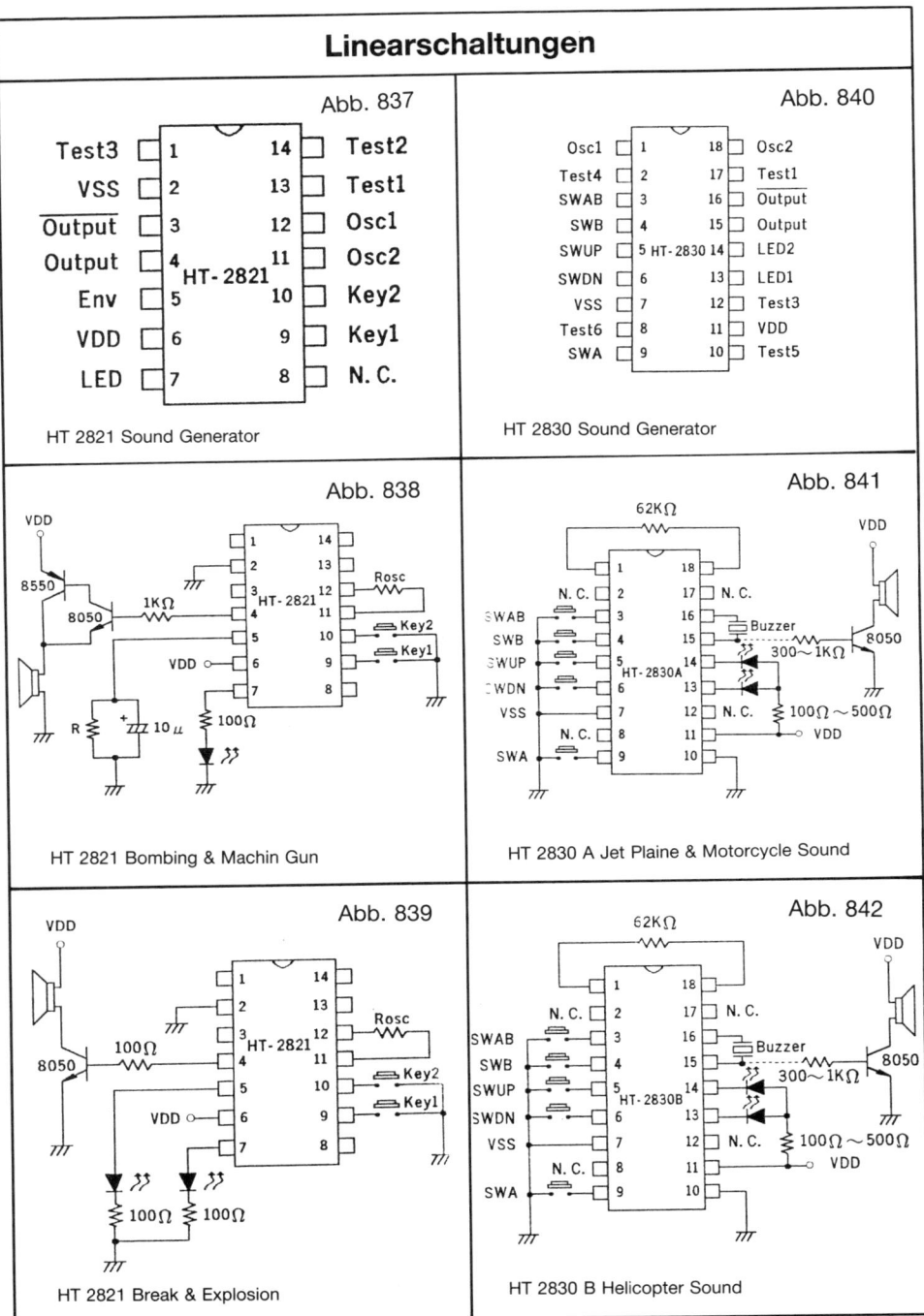

Abb. 837

Test3	1	14	Test2
VSS	2	13	Test1
$\overline{Output}$	3	12	Osc1
Output	4	11	Osc2
Env	5	10	Key2
VDD	6	9	Key1
LED	7	8	N. C.

HT-2821

HT 2821 Sound Generator

Abb. 840

Osc1	1	18	Osc2
Test4	2	17	Test1
SWAB	3	16	$\overline{Output}$
SWB	4	15	Output
SWUP	5	14	LED2
SWDN	6	13	LED1
VSS	7	12	Test3
Test6	8	11	VDD
SWA	9	10	Test5

HT-2830

HT 2830 Sound Generator

Abb. 838

HT-2821

Rosc

1K Ω

Key2

Key1

VDD

8550

8050

VDD

R

10 μ

100 Ω

HT 2821 Bombing & Machin Gun

Abb. 841

62K Ω

VDD

HT-2830A

N. C.   N. C.

SWAB   Buzzer

SWB   300~1K Ω   8050

SWUP

SWDN

VSS   N. C.

N. C.   100 Ω ~500 Ω

SWA   VDD

HT 2830 A Jet Plaine & Motorcycle Sound

Abb. 839

HT-2821

Rosc

100 Ω

Key2

Key1

VDD

8050

VDD

100 Ω   100 Ω

HT 2821 Break & Explosion

Abb. 842

62K Ω

VDD

HT-2830B

N. C.   N. C.

SWAB   Buzzer

SWB   300~1K Ω   8050

SWUP

SWDN

VSS   N. C.

N. C.   100 Ω ~500 Ω

SWA   VDD

HT 2830 B Helicopter Sound

Linearschaltungen

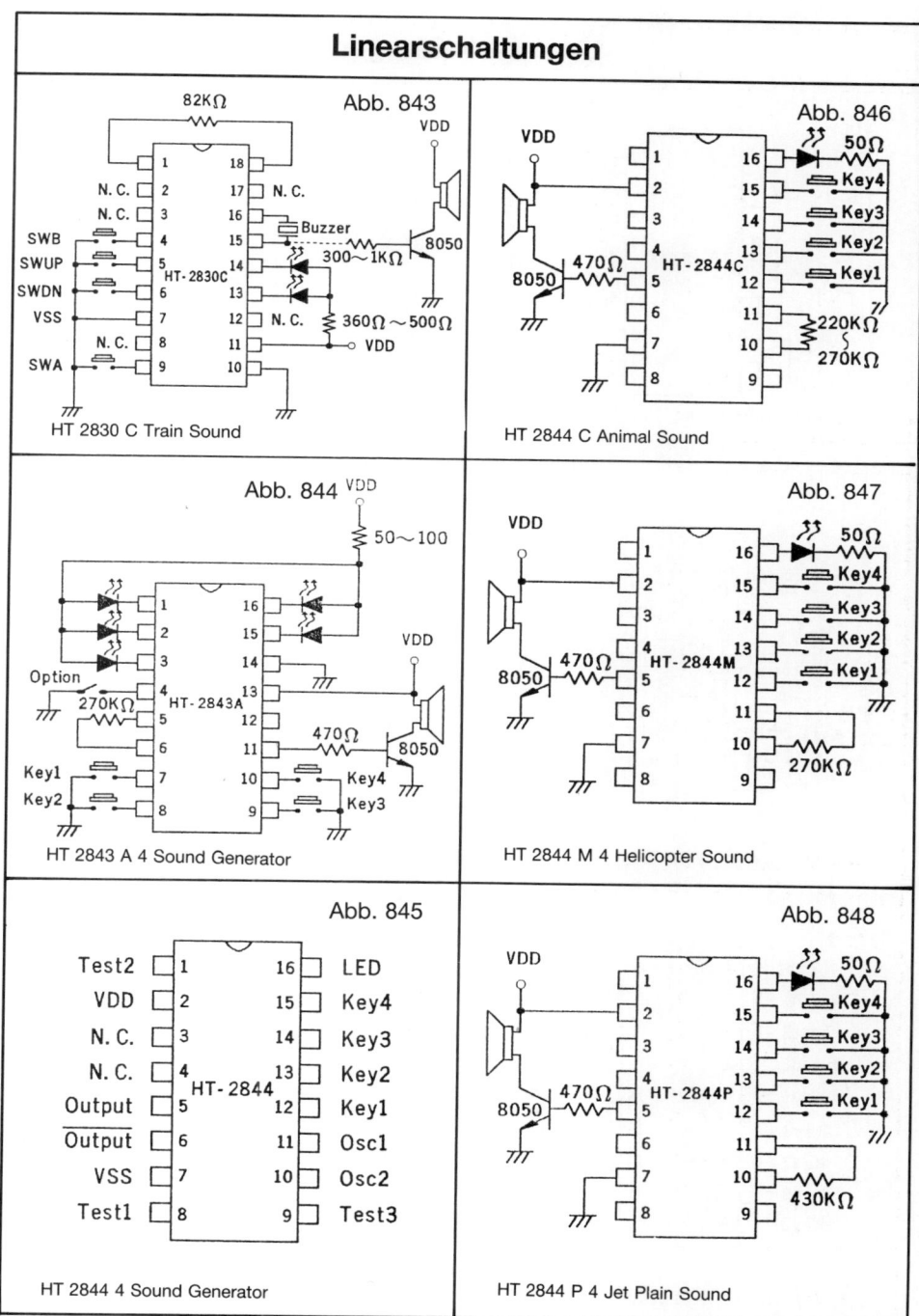

Abb. 843
82KΩ

HT-2830C

N.C.
N.C.
SWB
SWUP
SWDN
VSS
N.C.
SWA

Buzzer
300~1KΩ
360Ω~500Ω
VDD
8050
VDD

HT 2830 C Train Sound

Abb. 844
VDD
50~100

HT-2843A

Option
270KΩ
Key1
Key2

470Ω
8050
VDD
Key4
Key3

HT 2843 A 4 Sound Generator

Abb. 845

Test2	1	16	LED
VDD	2	15	Key4
N.C.	3	14	Key3
N.C.	4	13	Key2
Output	5	HT-2844	12	Key1
Output	6	11	Osc1
VSS	7	10	Osc2
Test1	8	9	Test3

HT 2844 4 Sound Generator

Abb. 846
VDD
HT-2844C
50Ω
Key4
Key3
Key2
Key1
220KΩ
270KΩ
470Ω
8050

HT 2844 C Animal Sound

Abb. 847
VDD
HT-2844M
50Ω
Key4
Key3
Key2
Key1
470Ω
8050
270KΩ

HT 2844 M 4 Helicopter Sound

Abb. 848
VDD
HT-2844P
50Ω
Key4
Key3
Key2
Key1
470Ω
8050
430KΩ

HT 2844 P 4 Jet Plain Sound

Linearschaltungen

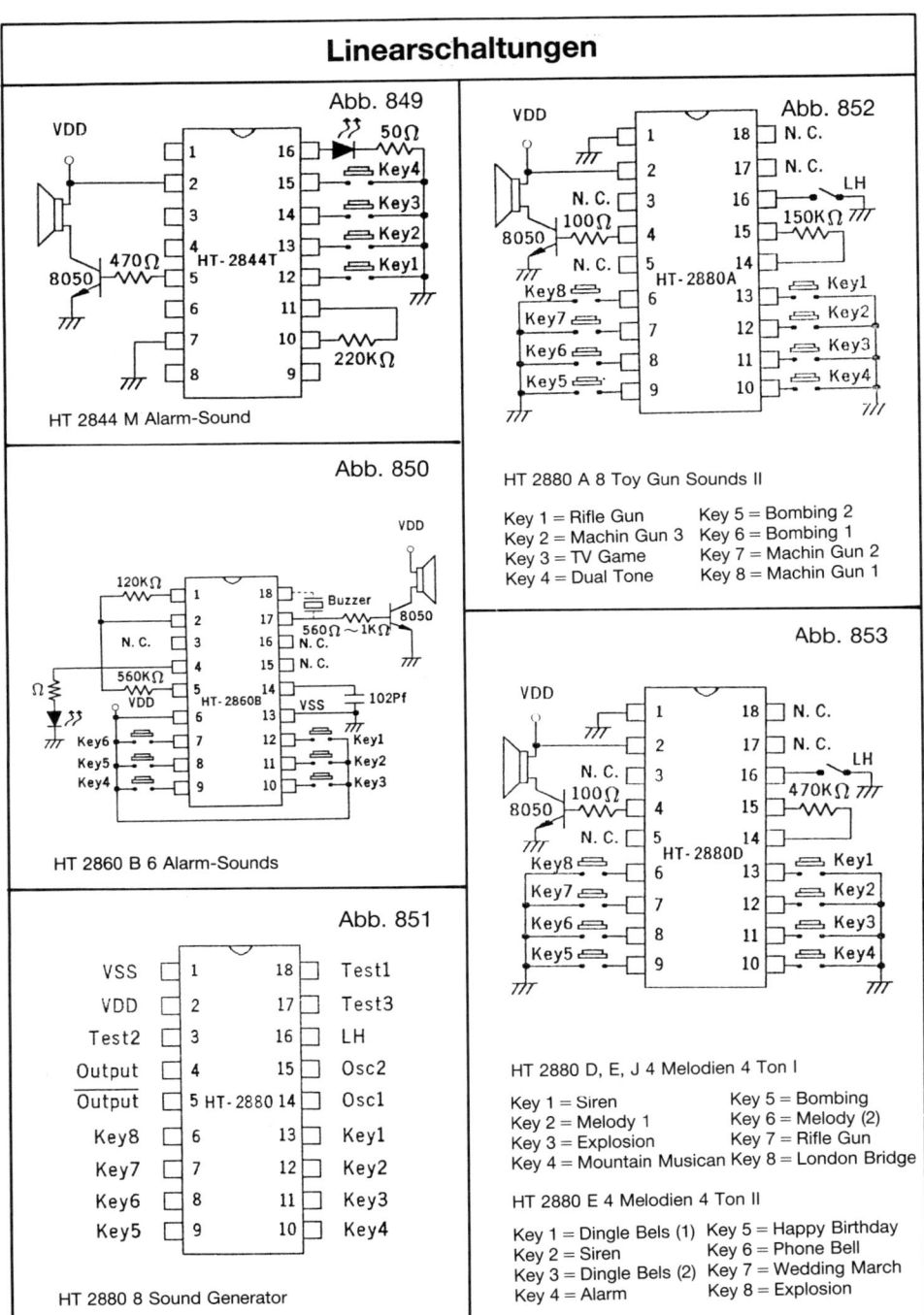

Abb. 849

HT 2844 M Alarm-Sound

Abb. 850

HT 2860 B 6 Alarm-Sounds

Abb. 851

VSS	1	18	Test1
VDD	2	17	Test3
Test2	3	16	LH
Output	4	15	Osc2
Output	5 HT-2880 14	Osc1
Key8	6	13	Key1
Key7	7	12	Key2
Key6	8	11	Key3
Key5	9	10	Key4

HT 2880 8 Sound Generator

Abb. 852

HT 2880 A 8 Toy Gun Sounds II

Key 1 = Rifle Gun   Key 5 = Bombing 2
Key 2 = Machin Gun 3   Key 6 = Bombing 1
Key 3 = TV Game   Key 7 = Machin Gun 2
Key 4 = Dual Tone   Key 8 = Machin Gun 1

Abb. 853

HT 2880 D, E, J 4 Melodien 4 Ton I

Key 1 = Siren   Key 5 = Bombing
Key 2 = Melody 1   Key 6 = Melody (2)
Key 3 = Explosion   Key 7 = Rifle Gun
Key 4 = Mountain Musican Key 8 = London Bridge

HT 2880 E 4 Melodien 4 Ton II

Key 1 = Dingle Bels (1) Key 5 = Happy Birthday
Key 2 = Siren   Key 6 = Phone Bell
Key 3 = Dingle Bels (2) Key 7 = Wedding March
Key 4 = Alarm   Key 8 = Explosion

168

Linearschaltungen

HT 2880 I 4 Melodien 4 Ton III

Key 1 = London Bridge Key 5 = Oh, My Darling!
Key 2 = Siren   Key 6 = Phone Bell
Key 3 = Happy Birthday Key 7 = Are You Sleeping?
Key 4 = Alarm   Key 8 = Explosion

HT 2880 J 4 Melodien I
Key 1 = London Bridge
Key 2 = Happy Birthday
Key 3 = Oh, My Darling
Key 4 = Are You Sleeping?
Key 5 = Wedding March
Key 6 = Little Bees
Key 7 = Row Your Bopl
Key 8 = Mary Mad A Little Lamb

Abb. 854

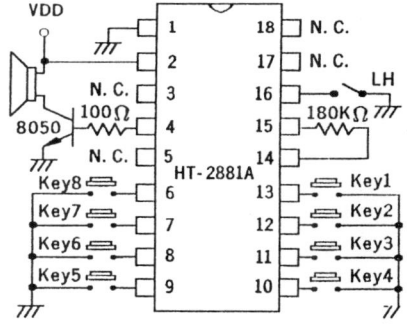

HT 2881 A 8 Sound Generator

Key 1 = Emergency   Key 5 = Boom Drop
Key 2 = Machine Gun Key 6 = Jet Engine
Key 3 = Laser Gun   Key 7 = Space Scan Up
Key 4 = Rocket Fire Key 8 = Space Scan Down

Abb. 856

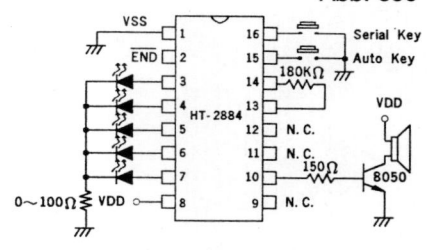

HT 2884 A 8 Sound Gen. mit Flash

Key 1 = Machine Gun 3 Key 5 = Bombing 1
Key 2 = TV Game   Key 6 = Machin Gun 2
Key 3 = Dual Tone   Key 7 = Machin Gun 1
Key 4 = Bombing 2   Key 8 = Rifle Gun

Abb. 857

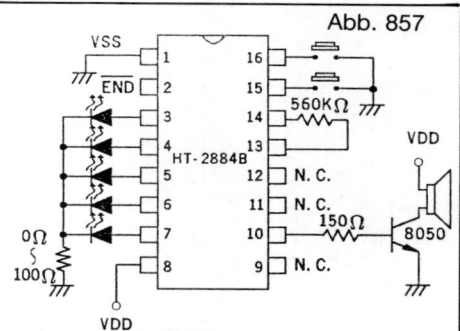

Key 1 = London Bridge
Key 2 = It come upon
Key 3 = Clementine
Key 4 = Are You Sleeping
Key 5 = The cassions go
Key 6 = Bee.
Key 7 = Row, Row you boat
Key 8 = Mary had a little lamb

Abb. 855

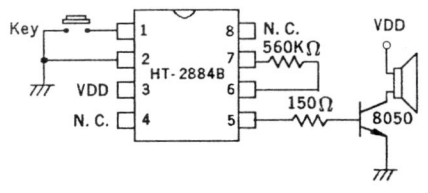

HT 2884 B 8 Melodien

Abb. 858

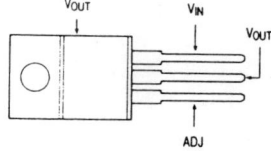

LT 350 3A Positiv Regler 1,25–30 V

Linearschaltungen

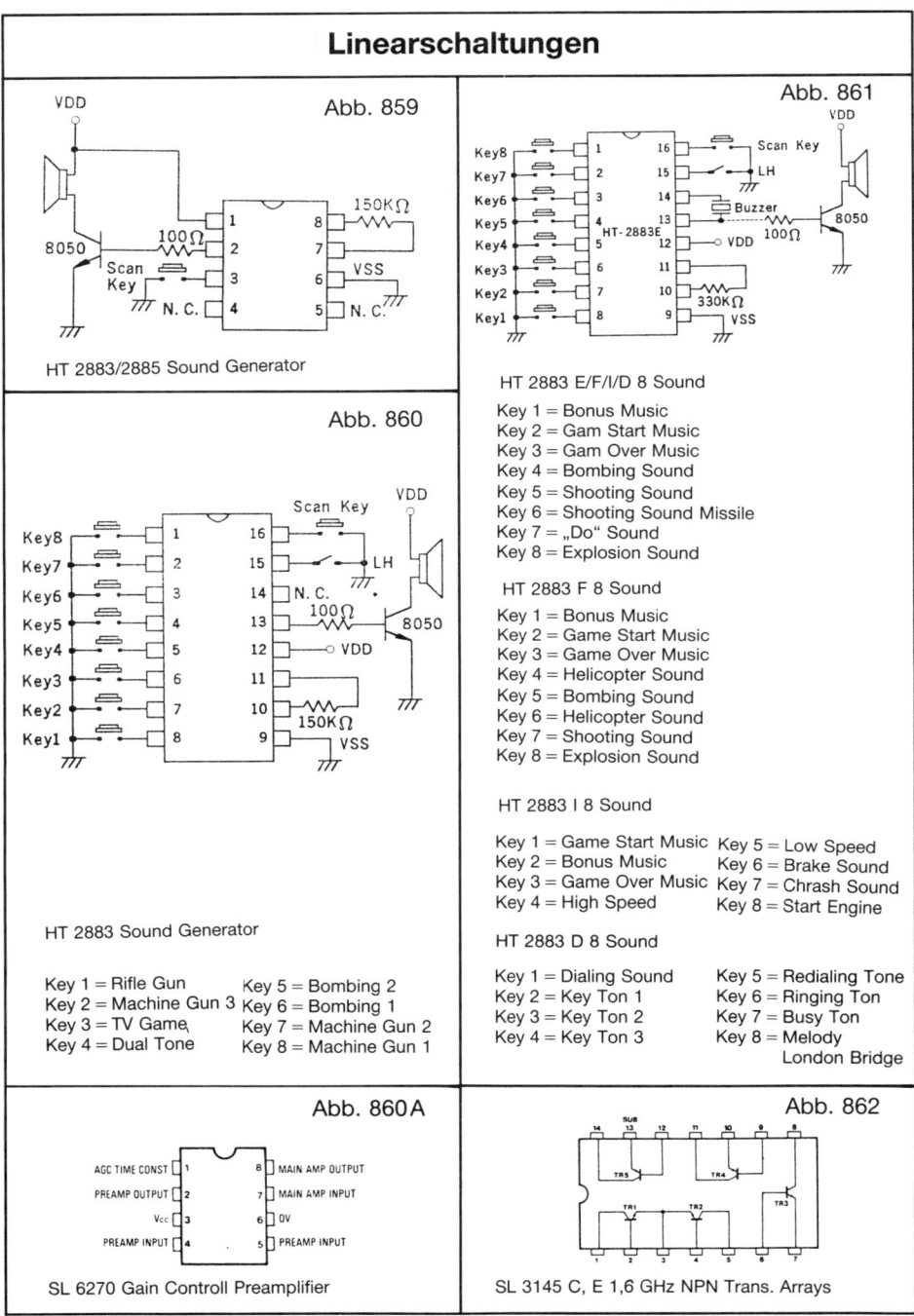

Abb. 859

VDD

150KΩ

8050

100Ω

Scan Key

VSS

N. C.   N. C.

HT 2883/2885 Sound Generator

Abb. 860

Scan Key

VDD

Key8
Key7
Key6
Key5
Key4
Key3
Key2
Key1

LH

N. C.

100Ω

8050

VDD

150KΩ

VSS

HT 2883 Sound Generator

Key 1 = Rifle Gun
Key 2 = Machine Gun 3
Key 3 = TV Game
Key 4 = Dual Tone

Key 5 = Bombing 2
Key 6 = Bombing 1
Key 7 = Machine Gun 2
Key 8 = Machine Gun 1

Abb. 861

VDD

Key8
Key7
Key6
Key5
Key4
Key3
Key2
Key1

HT-2883E

Scan Key

LH

Buzzer

8050

100Ω

VDD

330KΩ

VSS

HT 2883 E/F/I/D 8 Sound

Key 1 = Bonus Music
Key 2 = Gam Start Music
Key 3 = Gam Over Music
Key 4 = Bombing Sound
Key 5 = Shooting Sound
Key 6 = Shooting Sound Missile
Key 7 = „Do" Sound
Key 8 = Explosion Sound

HT 2883 F 8 Sound

Key 1 = Bonus Music
Key 2 = Game Start Music
Key 3 = Game Over Music
Key 4 = Helicopter Sound
Key 5 = Bombing Sound
Key 6 = Helicopter Sound
Key 7 = Shooting Sound
Key 8 = Explosion Sound

HT 2883 I 8 Sound

Key 1 = Game Start Music
Key 2 = Bonus Music
Key 3 = Game Over Music
Key 4 = High Speed

Key 5 = Low Speed
Key 6 = Brake Sound
Key 7 = Chrash Sound
Key 8 = Start Engine

HT 2883 D 8 Sound

Key 1 = Dialing Sound
Key 2 = Key Ton 1
Key 3 = Key Ton 2
Key 4 = Key Ton 3

Key 5 = Redialing Tone
Key 6 = Ringing Ton
Key 7 = Busy Ton
Key 8 = Melody
London Bridge

Abb. 860 A

AGC TIME CONST 1   8 MAIN AMP OUTPUT
PREAMP OUTPUT 2   7 MAIN AMP INPUT
Vcc 3   6 0V
PREAMP INPUT 4   5 PREAMP INPUT

SL 6270 Gain Controll Preamplifier

Abb. 862

SUB

TR5   TR4   TR3

TR1   TR2

SL 3145 C, E 1,6 GHz NPN Trans. Arrays

Linearschaltungen

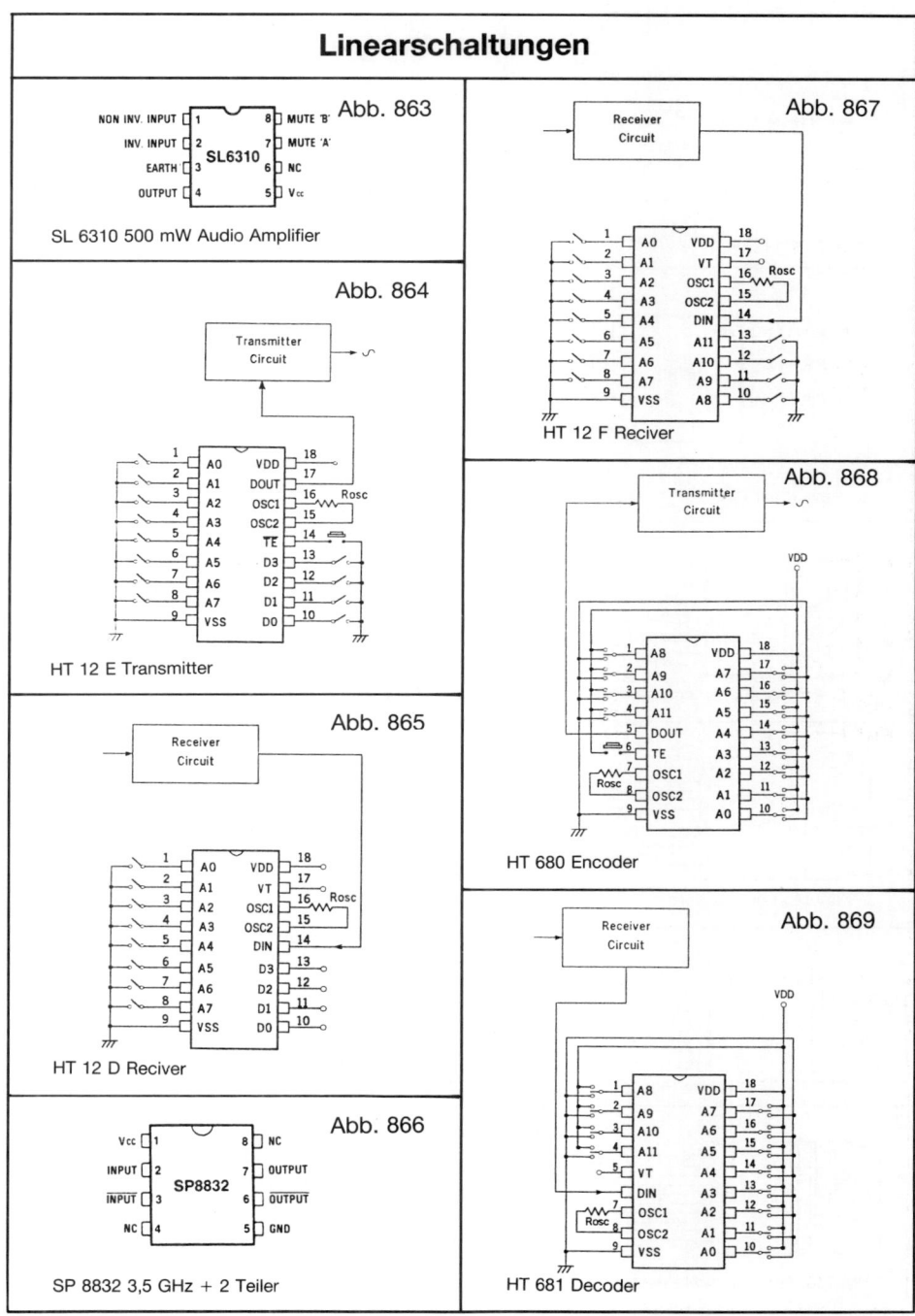

Abb. 863

NON INV. INPUT 1
INV. INPUT 2
EARTH 3
OUTPUT 4
SL6310
8 MUTE 'B'
7 MUTE 'A'
6 NC
5 Vcc

SL 6310 500 mW Audio Amplifier

Abb. 864

Transmitter Circuit

HT 12 E Transmitter

Abb. 865

Receiver Circuit

HT 12 D Reciver

Abb. 866

Vcc 1
INPUT 2
$\overline{INPUT}$ 3
NC 4
SP8832
8 NC
7 OUTPUT
6 $\overline{OUTPUT}$
5 GND

SP 8832 3,5 GHz + 2 Teiler

Abb. 867

Receiver Circuit

HT 12 F Reciver

Abb. 868

Transmitter Circuit

HT 680 Encoder

Abb. 869

Receiver Circuit

HT 681 Decoder

Linearschaltungen

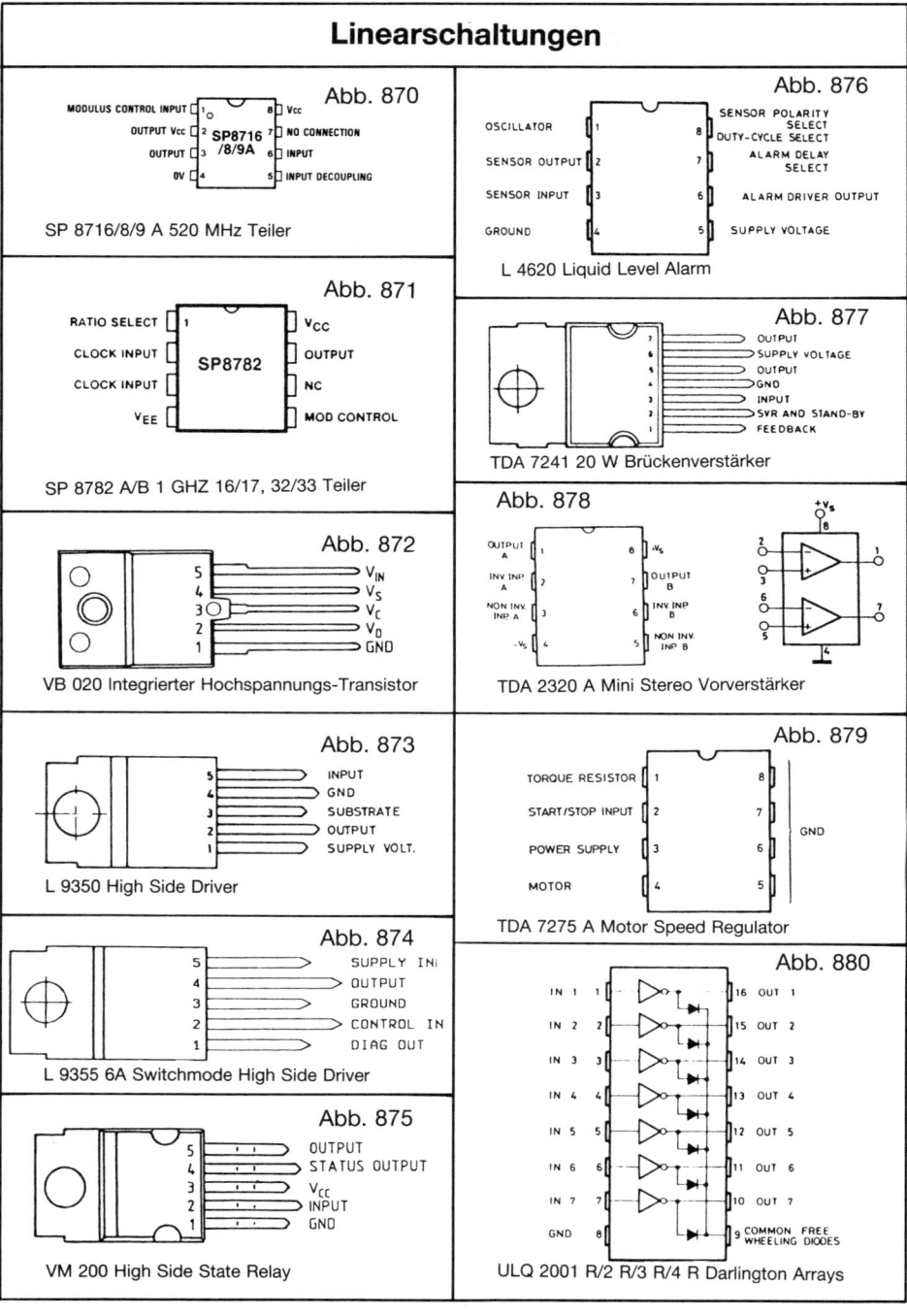

Abb. 870

MODULUS CONTROL INPUT — 1 — 8 — Vcc
OUTPUT Vcc — 2 — 7 — NO CONNECTION
OUTPUT — 3 — 6 — INPUT
0V — 4 — 5 — INPUT DECOUPLING

SP8716/8/9A

SP 8716/8/9 A 520 MHz Teiler

Abb. 871

RATIO SELECT — 1 — Vcc
CLOCK INPUT — OUTPUT
CLOCK INPUT — NC
VEE — MOD CONTROL

SP8782

SP 8782 A/B 1 GHZ 16/17, 32/33 Teiler

Abb. 872

5 — VIN
4 — VS
3 — VC
2 — VD
1 — GND

VB 020 Integrierter Hochspannungs-Transistor

Abb. 873

5 — INPUT
4 — GND
3 — SUBSTRATE
2 — OUTPUT
1 — SUPPLY VOLT.

L 9350 High Side Driver

Abb. 874

5 — SUPPLY IN
4 — OUTPUT
3 — GROUND
2 — CONTROL IN
1 — DIAG OUT

L 9355 6A Switchmode High Side Driver

Abb. 875

5 — OUTPUT
4 — STATUS OUTPUT
3 — VCC
2 — INPUT
1 — GND

VM 200 High Side State Relay

Abb. 876

OSCILLATOR — 1 — 8 — SENSOR POLARITY SELECT
SENSOR OUTPUT — 2 — 7 — DUTY-CYCLE SELECT / ALARM DELAY SELECT
SENSOR INPUT — 3 — 6 — ALARM DRIVER OUTPUT
GROUND — 4 — 5 — SUPPLY VOLTAGE

L 4620 Liquid Level Alarm

Abb. 877

7 — OUTPUT
6 — SUPPLY VOLTAGE
5 — OUTPUT
4 — GND
3 — INPUT
2 — SVR AND STAND-BY
1 — FEEDBACK

TDA 7241 20 W Brückenverstärker

Abb. 878

OUTPUT A — 1 — 8 — -Vs
INV INP A — 2 — 7 — OUTPUT B
NON INV. INP A — 3 — 6 — INV INP B
-Vs — 4 — 5 — NON INV. INP B

TDA 2320 A Mini Stereo Vorverstärker

Abb. 879

TORQUE RESISTOR — 1 — 8
START/STOP INPUT — 2 — 7 — GND
POWER SUPPLY — 3 — 6
MOTOR — 4 — 5

TDA 7275 A Motor Speed Regulator

Abb. 880

IN 1 — 1 — 16 — OUT 1
IN 2 — 2 — 15 — OUT 2
IN 3 — 3 — 14 — OUT 3
IN 4 — 4 — 13 — OUT 4
IN 5 — 5 — 12 — OUT 5
IN 6 — 6 — 11 — OUT 6
IN 7 — 7 — 10 — OUT 7
GND — 8 — 9 — COMMON FREE WHEELING DIODES

ULQ 2001 R/2 R/3 R/4 R Darlington Arrays

Linearschaltungen

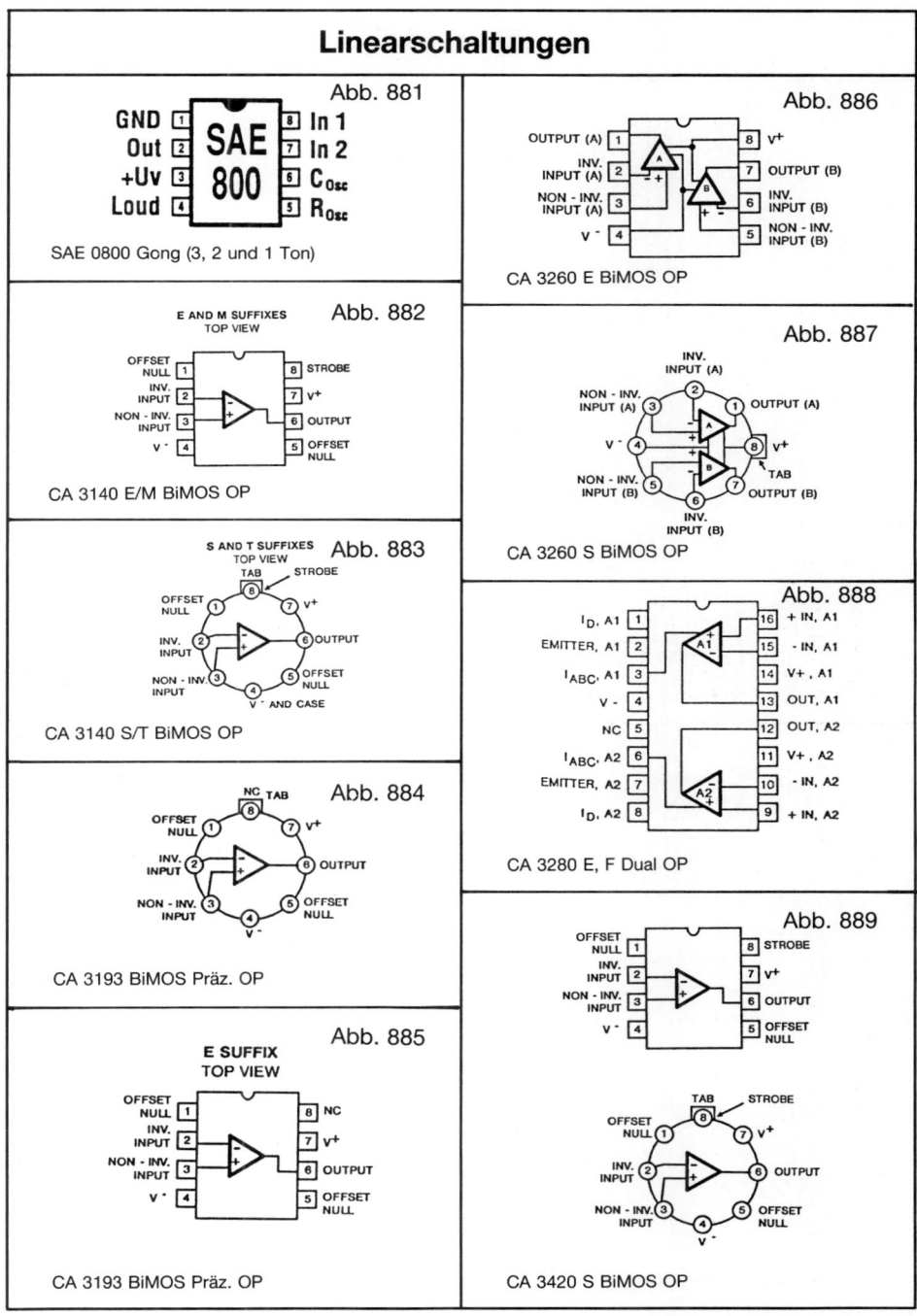

Abb. 881

GND `1` — `8` In 1
Out `2` — `7` In 2
+Uv `3` — `6` C$_{Osc}$
Loud `4` — `5` R$_{Osc}$

SAE 800

SAE 0800 Gong (3, 2 und 1 Ton)

Abb. 882

E AND M SUFFIXES
TOP VIEW

OFFSET NULL `1` — `8` STROBE
INV. INPUT `2` — `7` v$^+$
NON - INV. INPUT `3` — `6` OUTPUT
v$^-$ `4` — `5` OFFSET NULL

CA 3140 E/M BiMOS OP

Abb. 883

S AND T SUFFIXES
TOP VIEW

TAB
OFFSET NULL `8` STROBE
`1` — `7` v$^+$
INV. INPUT `2` — `6` OUTPUT
NON - INV. INPUT `3` — `5` OFFSET NULL
`4`
v$^-$ AND CASE

CA 3140 S/T BiMOS OP

Abb. 884

NC TAB
OFFSET NULL `8`
`1` — `7` v$^+$
INV. INPUT `2` — `6` OUTPUT
NON - INV. INPUT `3` — `5` OFFSET NULL
`4`
v$^-$

CA 3193 BiMOS Präz. OP

Abb. 885

E SUFFIX
TOP VIEW

OFFSET NULL `1` — `8` NC
INV. INPUT `2` — `7` v$^+$
NON - INV. INPUT `3` — `6` OUTPUT
v$^-$ `4` — `5` OFFSET NULL

CA 3193 BiMOS Präz. OP

Abb. 886

OUTPUT (A) `1` — `8` v$^+$
INV. INPUT (A) `2` — `7` OUTPUT (B)
NON - INV. INPUT (A) `3` — `6` INV. INPUT (B)
v$^-$ `4` — `5` NON - INV. INPUT (B)

CA 3260 E BiMOS OP

Abb. 887

INV. INPUT (A)
NON - INV. INPUT (A) `3` `2` `1` OUTPUT (A)
v$^-$ `4` `8` v$^+$
TAB
NON - INV. INPUT (B) `5` `7` OUTPUT (B)
`6`
INV. INPUT (B)

CA 3260 S BiMOS OP

Abb. 888

I$_{D}$, A1 `1` — `16` + IN, A1
EMITTER, A1 `2` — `15` - IN, A1
I$_{ABC}$, A1 `3` — `14` V+, A1
v$^-$ `4` — `13` OUT, A1
NC `5` — `12` OUT, A2
I$_{ABC}$, A2 `6` — `11` V+, A2
EMITTER, A2 `7` — `10` - IN, A2
I$_{D}$, A2 `8` — `9` + IN, A2

CA 3280 E, F Dual OP

Abb. 889

OFFSET NULL `1` — `8` STROBE
INV. INPUT `2` — `7` v$^+$
NON - INV. INPUT `3` — `6` OUTPUT
v$^-$ `4` — `5` OFFSET NULL

TAB STROBE
OFFSET NULL `8`
`1` — `7` v$^+$
INV. INPUT `2` — `6` OUTPUT
NON - INV. INPUT `3` — `5` OFFSET NULL
`4`
v$^-$

CA 3420 S BiMOS OP

Linearschaltungen

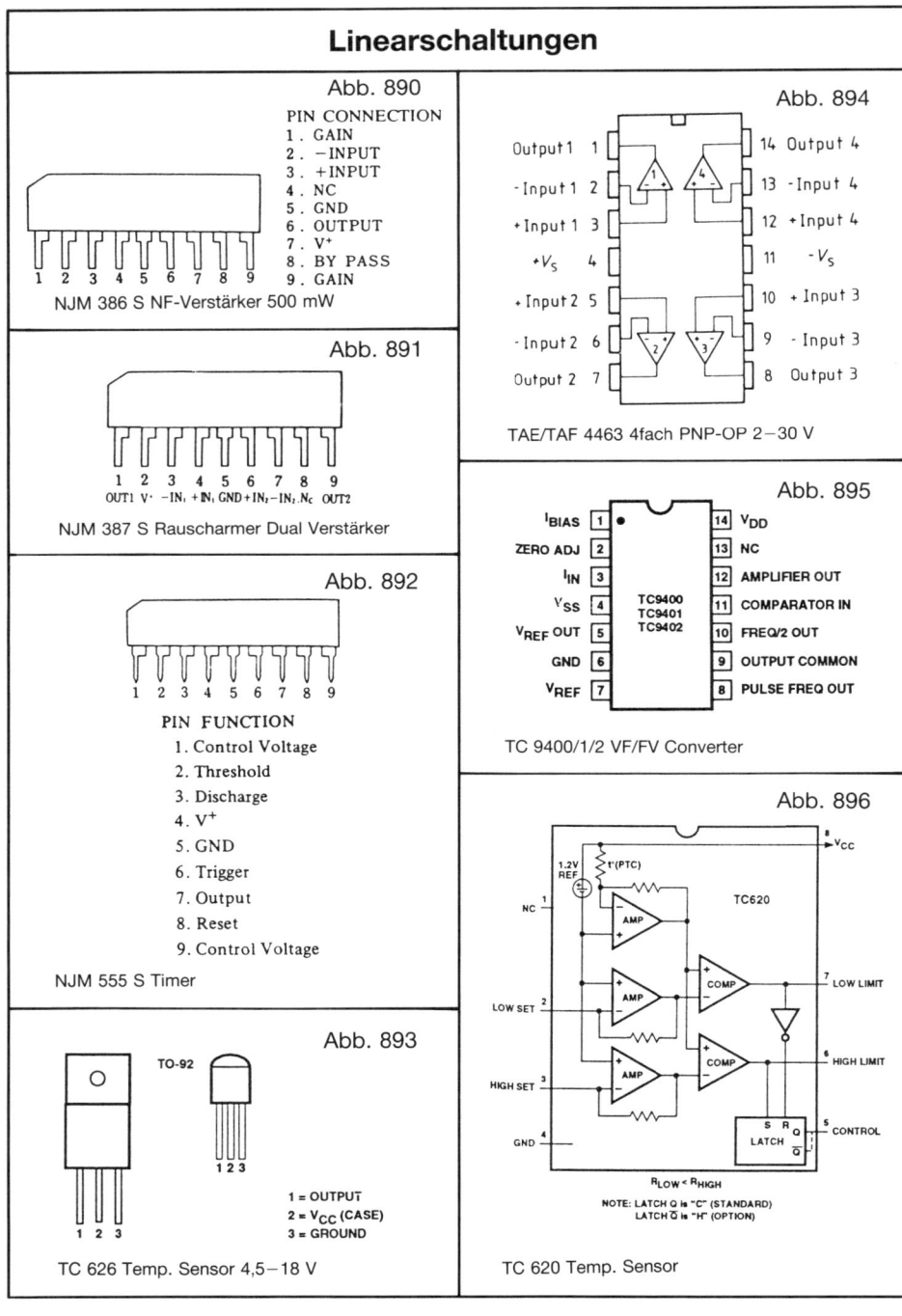

Abb. 890

PIN CONNECTION
1. GAIN
2. −INPUT
3. +INPUT
4. NC
5. GND
6. OUTPUT
7. V⁺
8. BY PASS
9. GAIN

NJM 386 S NF-Verstärker 500 mW

Abb. 891

1 2 3 4 5 6 7 8 9
OUT1 V⁻ −IN₁ +IN₁ GND +IN₂ −IN₂ .N$_c$ OUT2

NJM 387 S Rauscharmer Dual Verstärker

Abb. 892

1 2 3 4 5 6 7 8 9

PIN FUNCTION
1. Control Voltage
2. Threshold
3. Discharge
4. V⁺
5. GND
6. Trigger
7. Output
8. Reset
9. Control Voltage

NJM 555 S Timer

Abb. 893

TO-92

1 2 3

1 = OUTPUT
2 = V$_{CC}$ (CASE)
3 = GROUND

TC 626 Temp. Sensor 4,5−18 V

Abb. 894

Output 1 — 1   14 — Output 4
-Input 1 — 2   13 — -Input 4
+Input 1 — 3   12 — +Input 4
+V$_S$ — 4   11 — -V$_S$
+Input 2 — 5   10 — + Input 3
-Input 2 — 6   9 — - Input 3
Output 2 — 7   8 — Output 3

TAE/TAF 4463 4fach PNP-OP 2−30 V

Abb. 895

I$_{BIAS}$ 1   14 V$_{DD}$
ZERO ADJ 2   13 NC
I$_{IN}$ 3   12 AMPLIFIER OUT
V$_{SS}$ 4   TC9400   11 COMPARATOR IN
V$_{REF}$ OUT 5 TC9401 10 FREQ/2 OUT
GND 6   TC9402   9 OUTPUT COMMON
V$_{REF}$ 7   8 PULSE FREQ OUT

TC 9400/1/2 VF/FV Converter

Abb. 896

TC 620 Temp. Sensor

Linearschaltungen

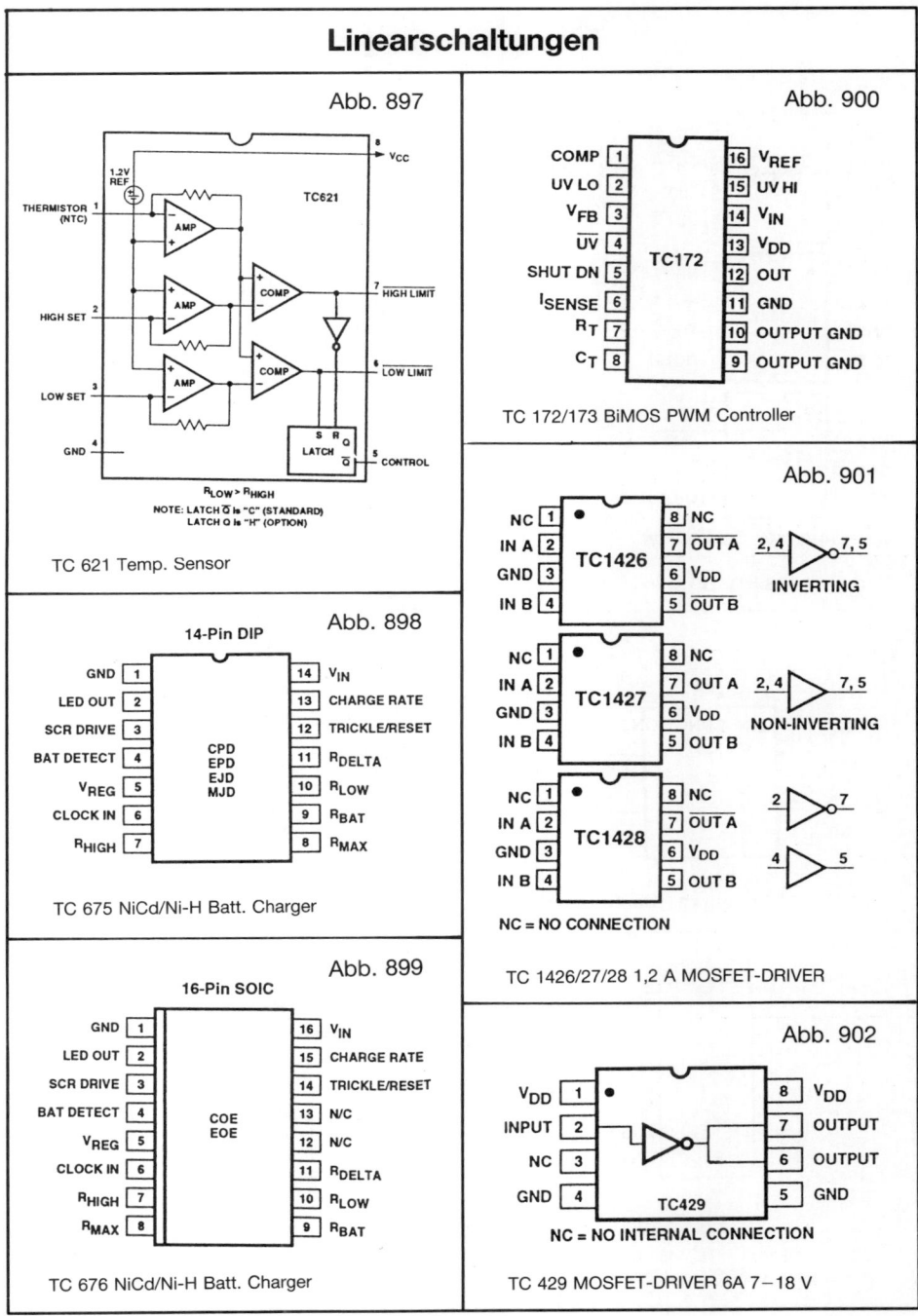

Abb. 897

TC621

THERMISTOR (NTC) 1
HIGH SET 2
LOW SET 3
GND 4

1.2V REF

AMP
AMP
AMP
COMP
COMP

8 → Vcc
7 HIGH LIMIT
6 LOW LIMIT
5 CONTROL

S R
LATCH
Q̄

R_LOW > R_HIGH

NOTE: LATCH Q̄ is "C" (STANDARD)
LATCH Q is "H" (OPTION)

TC 621 Temp. Sensor

Abb. 898

14-Pin DIP

GND 1   14 V_{IN}
LED OUT 2   13 CHARGE RATE
SCR DRIVE 3   12 TRICKLE/RESET
BAT DETECT 4   11 R_{DELTA}
V_{REG} 5   10 R_{LOW}
CLOCK IN 6   9 R_{BAT}
R_{HIGH} 7   8 R_{MAX}

CPD
EPD
EJD
MJD

TC 675 NiCd/Ni-H Batt. Charger

Abb. 899

16-Pin SOIC

GND 1   16 V_{IN}
LED OUT 2   15 CHARGE RATE
SCR DRIVE 3   14 TRICKLE/RESET
BAT DETECT 4   13 N/C
V_{REG} 5   12 N/C
CLOCK IN 6   11 R_{DELTA}
R_{HIGH} 7   10 R_{LOW}
R_{MAX} 8   9 R_{BAT}

COE
EOE

TC 676 NiCd/Ni-H Batt. Charger

Abb. 900

COMP 1   16 V_{REF}
UV LO 2   15 UV HI
V_{FB} 3   14 V_{IN}
$\overline{UV}$ 4   13 V_{DD}
SHUT DN 5   12 OUT
I_{SENSE} 6   11 GND
R_T 7   10 OUTPUT GND
C_T 8   9 OUTPUT GND

TC172

TC 172/173 BiMOS PWM Controller

Abb. 901

NC 1   8 NC
IN A 2   7 $\overline{OUT\ A}$
GND 3   6 V_{DD}
IN B 4   5 $\overline{OUT\ B}$

TC1426

2, 4 — 7, 5
INVERTING

NC 1   8 NC
IN A 2   7 OUT A
GND 3   6 V_{DD}
IN B 4   5 OUT B

TC1427

2, 4 — 7, 5
NON-INVERTING

NC 1   8 NC
IN A 2   7 $\overline{OUT\ A}$
GND 3   6 V_{DD}
IN B 4   5 OUT B

TC1428

2 — 7
4 — 5

NC = NO CONNECTION

TC 1426/27/28 1,2 A MOSFET-DRIVER

Abb. 902

V_{DD} 1   8 V_{DD}
INPUT 2   7 OUTPUT
NC 3   6 OUTPUT
GND 4   5 GND

TC429

NC = NO INTERNAL CONNECTION

TC 429 MOSFET-DRIVER 6A 7−18 V

Linearschaltungen

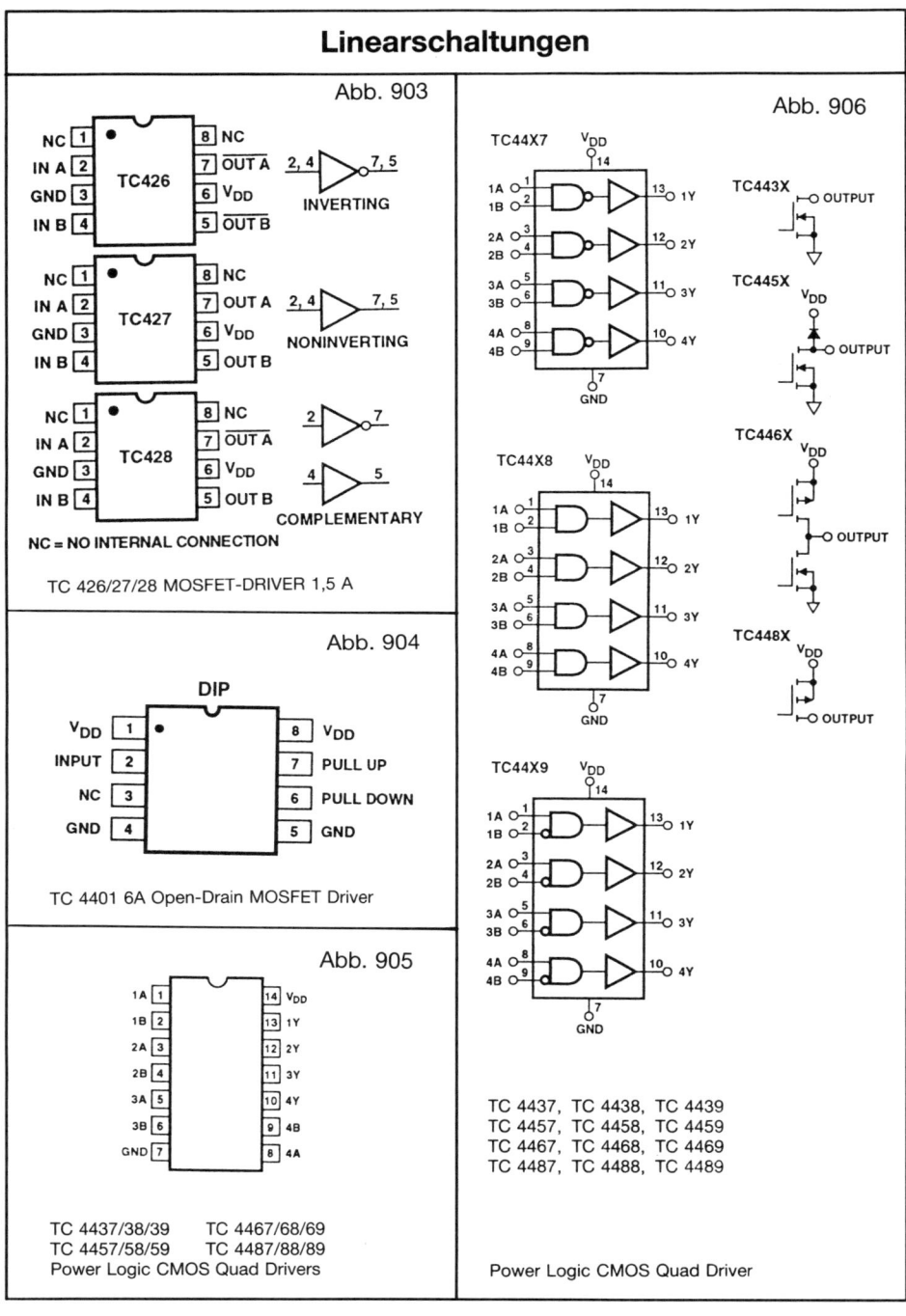

Abb. 903

NC	1	TC426	8	NC
IN A	2		7	OUT A
GND	3		6	V_{DD}
IN B	4		5	OUT B

2, 4 → 7, 5 INVERTING

NC	1	TC427	8	NC
IN A	2		7	OUT A
GND	3		6	V_{DD}
IN B	4		5	OUT B

2, 4 → 7, 5 NONINVERTING

NC	1	TC428	8	NC
IN A	2		7	OUT A
GND	3		6	V_{DD}
IN B	4		5	OUT B

2 → 7
4 → 5 COMPLEMENTARY

NC = NO INTERNAL CONNECTION

TC 426/27/28 MOSFET-DRIVER 1,5 A

Abb. 904

DIP

V_{DD}	1		8	V_{DD}
INPUT	2		7	PULL UP
NC	3		6	PULL DOWN
GND	4		5	GND

TC 4401 6A Open-Drain MOSFET Driver

Abb. 905

1A	1		14	V_{DD}
1B	2		13	1Y
2A	3		12	2Y
2B	4		11	3Y
3A	5		10	4Y
3B	6		9	4B
GND	7		8	4A

TC 4437/38/39   TC 4467/68/69
TC 4457/58/59   TC 4487/88/89
Power Logic CMOS Quad Drivers

Abb. 906

TC44X7 V_{DD} 14

1A 1, 1B 2 → 13 1Y
2A 3, 2B 4 → 12 2Y
3A 5, 3B 6 → 11 3Y
4A 8, 4B 9 → 10 4Y
7 GND

TC443X ○ OUTPUT

TC445X V_{DD} ○ OUTPUT

TC446X V_{DD} ○ OUTPUT

TC44X8 V_{DD} 14

1A 1, 1B 2 → 13 1Y
2A 3, 2B 4 → 12 2Y
3A 5, 3B 6 → 11 3Y
4A 8, 4B 9 → 10 4Y
7 GND

TC448X V_{DD} ○ OUTPUT

TC44X9 V_{DD} 14

1A 1, 1B 2 → 13 1Y
2A 3, 2B 4 → 12 2Y
3A 5, 3B 6 → 11 3Y
4A 8, 4B 9 → 10 4Y
7 GND

TC 4437, TC 4438, TC 4439
TC 4457, TC 4458, TC 4459
TC 4467, TC 4468, TC 4469
TC 4487, TC 4488, TC 4489

Power Logic CMOS Quad Driver

Linearschaltungen

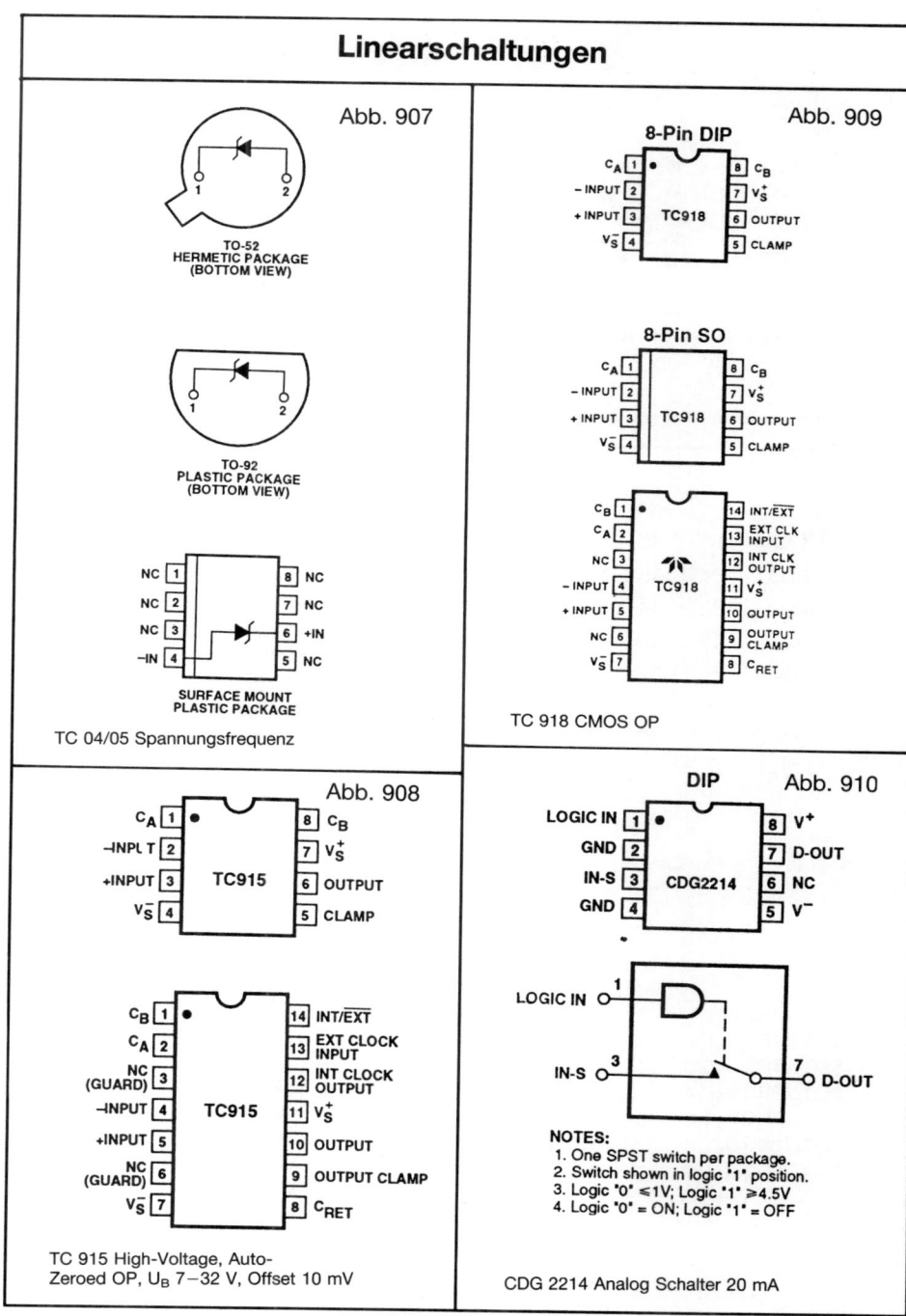

Abb. 907

TO-52
HERMETIC PACKAGE
(BOTTOM VIEW)

TO-92
PLASTIC PACKAGE
(BOTTOM VIEW)

NC 1	8 NC
NC 2	7 NC
NC 3	6 +IN
–IN 4	5 NC

SURFACE MOUNT
PLASTIC PACKAGE

TC 04/05 Spannungsfrequenz

Abb. 909

8-Pin DIP

	TC918	
C_A 1		8 C_B
– INPUT 2		7 V_S^+
+ INPUT 3		6 OUTPUT
V_S^- 4		5 CLAMP

8-Pin SO

	TC918	
C_A 1		8 C_B
– INPUT 2		7 V_S^+
+ INPUT 3		6 OUTPUT
V_S^- 4		5 CLAMP

	TC918	
C_B 1		14 INT/$\overline{EXT}$
C_A 2		13 EXT CLK INPUT
NC 3		12 INT CLK OUTPUT
– INPUT 4		11 V_S^+
+ INPUT 5		10 OUTPUT
NC 6		9 OUTPUT CLAMP
V_S^- 7		8 C_{RET}

TC 918 CMOS OP

Abb. 908

	TC915	
C_A 1		8 C_B
–INPL T 2		7 V_S^+
+INPUT 3		6 OUTPUT
V_S^- 4		5 CLAMP

	TC915	
C_B 1		14 INT/$\overline{EXT}$
C_A 2		13 EXT CLOCK INPUT
NC (GUARD) 3		12 INT CLOCK OUTPUT
–INPUT 4		11 V_S^+
+INPUT 5		10 OUTPUT
NC (GUARD) 6		9 OUTPUT CLAMP
V_S^- 7		8 C_{RET}

TC 915 High-Voltage, Auto-
Zeroed OP, U_B 7–32 V, Offset 10 mV

Abb. 910

DIP

	CDG2214	
LOGIC IN 1		8 V^+
GND 2		7 D-OUT
IN-S 3		6 NC
GND 4		5 V^-

LOGIC IN o—1

IN-S o—3   7 —o D-OUT

NOTES:
1. One SPST switch per package.
2. Switch shown in logic "1" position.
3. Logic "0" ≤1V; Logic "1" ≥4.5V
4. Logic "0" = ON; Logic "1" = OFF

CDG 2214 Analog Schalter 20 mA

Linearschaltungen

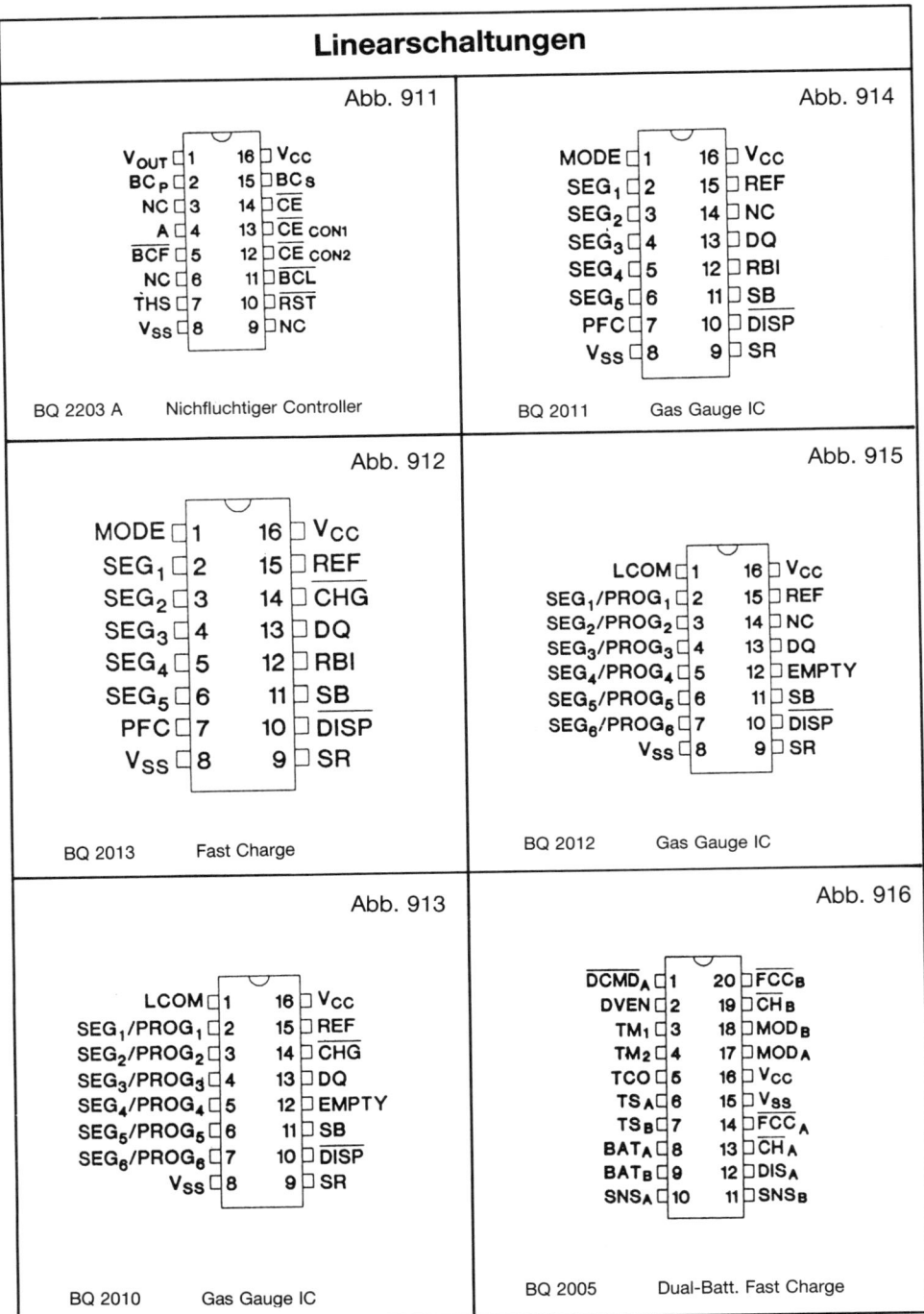

Abb. 911

```
V_OUT ⊏ 1    16 ⊐ V_CC
 BC_P ⊏ 2    15 ⊐ BC_S
   NC ⊏ 3    14 ⊐ CE
    A ⊏ 4    13 ⊐ CE CON1
  BCF ⊏ 5    12 ⊐ CE CON2
   NC ⊏ 6    11 ⊐ BCL
  THS ⊏ 7    10 ⊐ RST
 V_SS ⊏ 8     9 ⊐ NC
```

BQ 2203 A   Nichfluchtiger Controller

Abb. 914

```
 MODE ⊏ 1    16 ⊐ V_CC
 SEG_1 ⊏ 2   15 ⊐ REF
 SEG_2 ⊏ 3   14 ⊐ NC
 SEG_3 ⊏ 4   13 ⊐ DQ
 SEG_4 ⊏ 5   12 ⊐ RBI
 SEG_5 ⊏ 6   11 ⊐ SB
  PFC ⊏ 7    10 ⊐ DISP
 V_SS ⊏ 8     9 ⊐ SR
```

BQ 2011   Gas Gauge IC

Abb. 912

```
 MODE ⊏ 1    16 ⊐ V_CC
 SEG_1 ⊏ 2   15 ⊐ REF
 SEG_2 ⊏ 3   14 ⊐ CHG
 SEG_3 ⊏ 4   13 ⊐ DQ
 SEG_4 ⊏ 5   12 ⊐ RBI
 SEG_5 ⊏ 6   11 ⊐ SB
  PFC ⊏ 7    10 ⊐ DISP
 V_SS ⊏ 8     9 ⊐ SR
```

BQ 2013   Fast Charge

Abb. 915

```
  LCOM ⊏ 1        16 ⊐ V_CC
 SEG_1/PROG_1 ⊏ 2 15 ⊐ REF
 SEG_2/PROG_2 ⊏ 3 14 ⊐ NC
 SEG_3/PROG_3 ⊏ 4 13 ⊐ DQ
 SEG_4/PROG_4 ⊏ 5 12 ⊐ EMPTY
 SEG_5/PROG_5 ⊏ 6 11 ⊐ SB
 SEG_6/PROG_6 ⊏ 7 10 ⊐ DISP
       V_SS ⊏ 8    9 ⊐ SR
```

BQ 2012   Gas Gauge IC

Abb. 913

```
  LCOM ⊏ 1        16 ⊐ V_CC
 SEG_1/PROG_1 ⊏ 2 15 ⊐ REF
 SEG_2/PROG_2 ⊏ 3 14 ⊐ CHG
 SEG_3/PROG_3 ⊏ 4 13 ⊐ DQ
 SEG_4/PROG_4 ⊏ 5 12 ⊐ EMPTY
 SEG_5/PROG_5 ⊏ 6 11 ⊐ SB
 SEG_6/PROG_6 ⊏ 7 10 ⊐ DISP
       V_SS ⊏ 8    9 ⊐ SR
```

BQ 2010   Gas Gauge IC

Abb. 916

```
 DCMD_A ⊏ 1    20 ⊐ FCC_B
  DVEN ⊏ 2     19 ⊐ CH_B
   TM_1 ⊏ 3    18 ⊐ MOD_B
   TM_2 ⊏ 4    17 ⊐ MOD_A
   TCO ⊏ 5     16 ⊐ V_CC
  TS_A ⊏ 6     15 ⊐ V_SS
  TS_B ⊏ 7     14 ⊐ FCC_A
 BAT_A ⊏ 8     13 ⊐ CH_A
 BAT_B ⊏ 9     12 ⊐ DIS_A
 SNS_A ⊏ 10    11 ⊐ SNS_B
```

BQ 2005   Dual-Batt. Fast Charge

Linearschaltungen

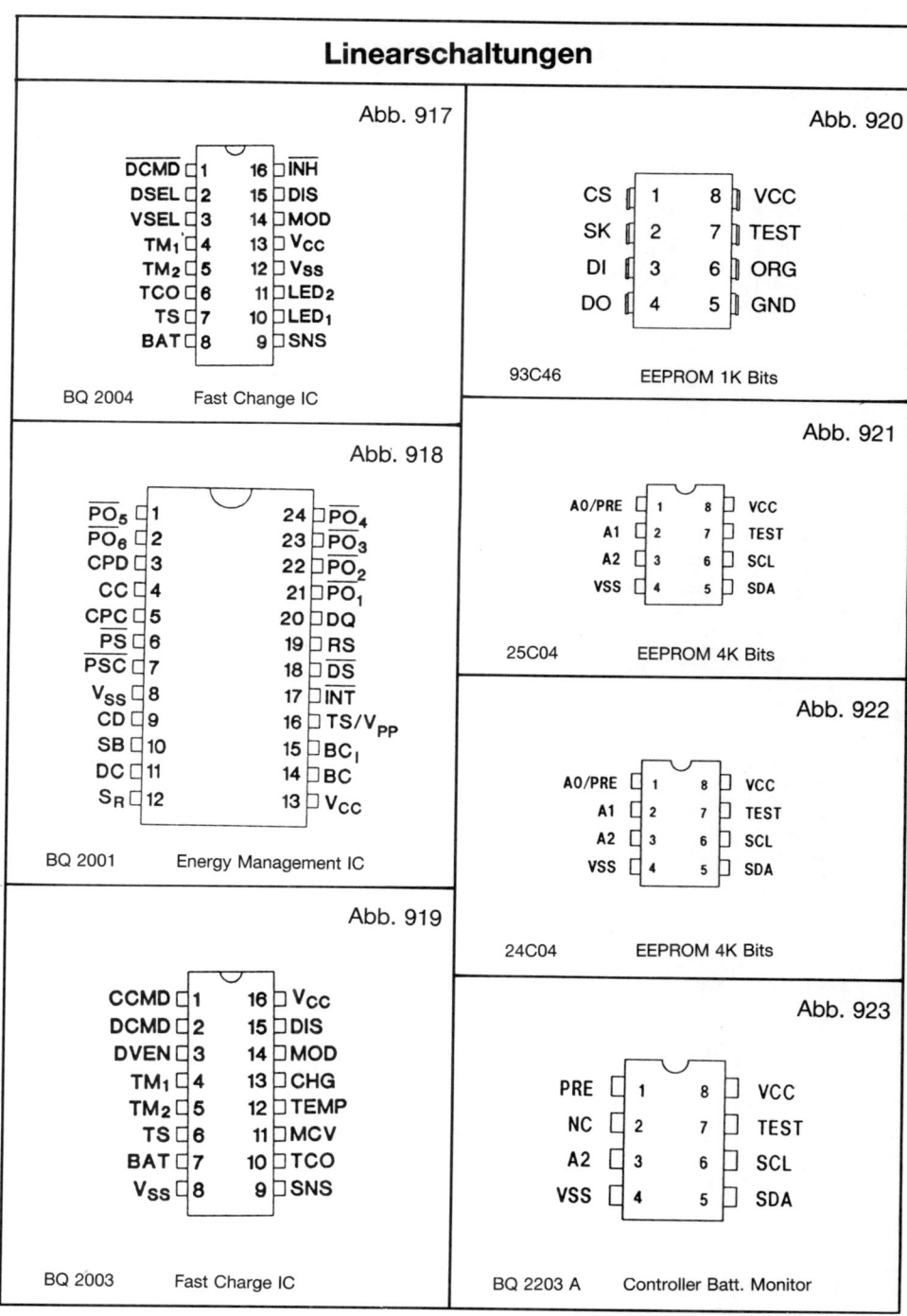

Abb. 917

DCMD	1	16	INH
DSEL	2	15	DIS
VSEL	3	14	MOD
TM_1	4	13	V_{CC}
TM_2	5	12	V_{SS}
TCO	6	11	LED_2
TS	7	10	LED_1
BAT	8	9	SNS

BQ 2004   Fast Change IC

Abb. 918

$\overline{PO_5}$	1	24	$\overline{PO_4}$
$\overline{PO_6}$	2	23	$\overline{PO_3}$
CPD	3	22	$\overline{PO_2}$
CC	4	21	$\overline{PO_1}$
CPC	5	20	DQ
$\overline{PS}$	6	19	RS
$\overline{PSC}$	7	18	$\overline{DS}$
V_{SS}	8	17	$\overline{INT}$
CD	9	16	TS/V_{PP}
SB	10	15	BC_I
DC	11	14	BC
S_R	12	13	V_{CC}

BQ 2001   Energy Management IC

Abb. 919

CCMD	1	16	V_{CC}
DCMD	2	15	DIS
DVEN	3	14	MOD
TM_1	4	13	CHG
TM_2	5	12	TEMP
TS	6	11	MCV
BAT	7	10	TCO
V_{SS}	8	9	SNS

BQ 2003   Fast Charge IC

Abb. 920

CS	1	8	VCC
SK	2	7	TEST
DI	3	6	ORG
DO	4	5	GND

93C46   EEPROM 1K Bits

Abb. 921

A0/PRE	1	8	VCC
A1	2	7	TEST
A2	3	6	SCL
VSS	4	5	SDA

25C04   EEPROM 4K Bits

Abb. 922

A0/PRE	1	8	VCC
A1	2	7	TEST
A2	3	6	SCL
VSS	4	5	SDA

24C04   EEPROM 4K Bits

Abb. 923

PRE	1	8	VCC
NC	2	7	TEST
A2	3	6	SCL
VSS	4	5	SDA

BQ 2203 A   Controller Batt. Monitor

Linearschaltungen

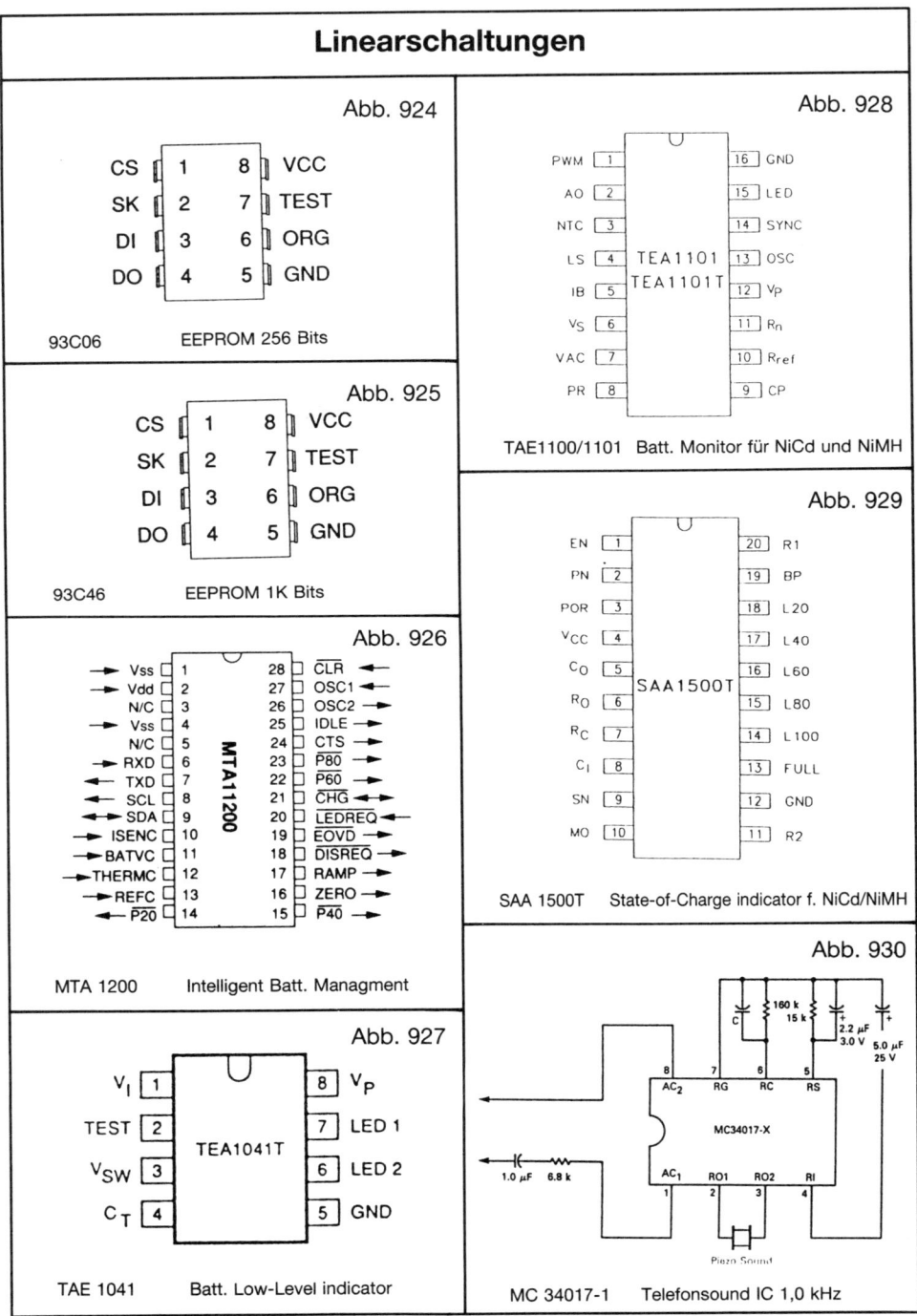

Abb. 924

CS	1	8	VCC
SK	2	7	TEST
DI	3	6	ORG
DO	4	5	GND

93C06   EEPROM 256 Bits

Abb. 925

CS	1	8	VCC
SK	2	7	TEST
DI	3	6	ORG
DO	4	5	GND

93C46   EEPROM 1K Bits

Abb. 926

MTA11200

Vss	1	28	CLR
Vdd	2	27	OSC1
N/C	3	26	OSC2
Vss	4	25	IDLE
N/C	5	24	CTS
RXD	6	23	P80
TXD	7	22	P60
SCL	8	21	CHG
SDA	9	20	LEDREQ
ISENC	10	19	EOVD
BATVC	11	18	DISREQ
THERMC	12	17	RAMP
REFC	13	16	ZERO
P20	14	15	P40

MTA 1200   Intelligent Batt. Managment

Abb. 927

V_I	1	8	V_P
TEST	2	7	LED 1
V_{SW}	3	6	LED 2
C_T	4	5	GND

TEA1041T

TAE 1041   Batt. Low-Level indicator

Abb. 928

TEA1101 / TEA1101T

PWM	1	16	GND
AO	2	15	LED
NTC	3	14	SYNC
LS	4	13	OSC
IB	5	12	V_p
V_S	6	11	R_n
VAC	7	10	R_{ref}
PR	8	9	CP

TAE1100/1101   Batt. Monitor für NiCd und NiMH

Abb. 929

SAA1500T

EN	1	20	R1
PN	2	19	BP
POR	3	18	L20
V_{CC}	4	17	L40
C_O	5	16	L60
R_O	6	15	L80
R_C	7	14	L100
C_I	8	13	FULL
SN	9	12	GND
MO	10	11	R2

SAA 1500T   State-of-Charge indicator f. NiCd/NiMH

Abb. 930

MC34017-X

160 k
15 k
2.2 µF
3.0 V
5.0 µF
25 V

| 8 | 7 | 6 | 5 |
| AC_2 | RG | RC | RS |

1.0 µF   6.8 k

| AC_1 | RO1 | RO2 | RI |
| 1 | 2 | 3 | 4 |

Piezo Sound

MC 34017-1   Telefonsound IC 1,0 kHz

Linearschaltungen

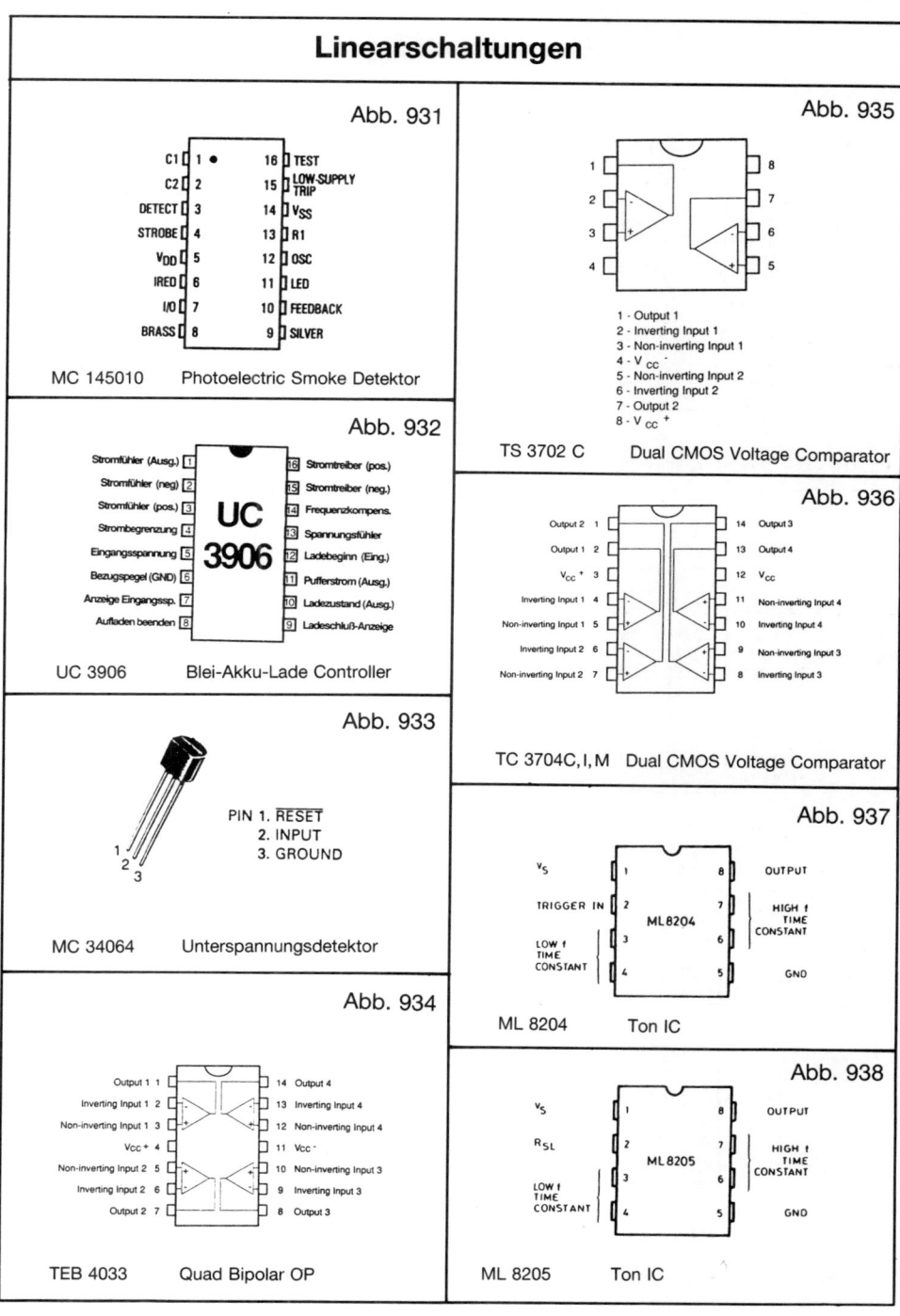

Abb. 931

C1	1 ●	16	TEST
C2	2	15	LOW-SUPPLY TRIP
DETECT	3	14	V_{SS}
STROBE	4	13	R1
V_{DD}	5	12	OSC
IRED	6	11	LED
I/O	7	10	FEEDBACK
BRASS	8	9	SILVER

MC 145010   Photoelectric Smoke Detektor

Abb. 932

UC 3906

Stromfühler (Ausg.)	1	16	Stromtreiber (pos.)
Stromfühler (neg.)	2	15	Stromtreiber (neg.)
Stromfühler (pos.)	3	14	Frequenzkomp.
Strombegrenzung	4	13	Spannungsfühler
Eingangsspannung	5	12	Ladebeginn (Eing.)
Bezugspegel (GND)	6	11	Pufferstrom (Ausg.)
Anzeige Eingangssp.	7	10	Ladezustand (Ausg.)
Aufladen beenden	8	9	Ladeschluß-Anzeige

UC 3906   Blei-Akku-Lade Controller

Abb. 933

PIN 1. RESET
2. INPUT
3. GROUND

MC 34064   Unterspannungsdetektor

Abb. 934

Output 1	1	14	Output 4
Inverting Input 1	2	13	Inverting Input 4
Non-inverting Input 1	3	12	Non-inverting Input 4
Vcc +	4	11	Vcc -
Non-inverting Input 2	5	10	Non-inverting Input 3
Inverting Input 2	6	9	Inverting Input 3
Output 2	7	8	Output 3

TEB 4033   Quad Bipolar OP

Abb. 935

1 - Output 1
2 - Inverting Input 1
3 - Non-inverting Input 1
4 - V_{CC} -
5 - Non-inverting Input 2
6 - Inverting Input 2
7 - Output 2
8 - V_{CC} +

TS 3702 C   Dual CMOS Voltage Comparator

Abb. 936

Output 2	1	14	Output 3
Output 1	2	13	Output 4
V_{CC} +	3	12	V_{CC}
Inverting Input 1	4	11	Non-inverting Input 4
Non-inverting Input 1	5	10	Inverting Input 4
Inverting Input 2	6	9	Non-inverting Input 3
Non-inverting Input 2	7	8	Inverting Input 3

TC 3704C, I, M   Dual CMOS Voltage Comparator

Abb. 937

ML 8204

V_S	1	8	OUTPUT
TRIGGER IN	2	7	HIGH f TIME CONSTANT
LOW f TIME CONSTANT	3	6	
	4	5	GND

ML 8204   Ton IC

Abb. 938

ML 8205

V_S	1	8	OUTPUT
R_{SL}	2	7	HIGH f TIME CONSTANT
LOW f TIME CONSTANT	3	6	
	4	5	GND

ML 8205   Ton IC

Linearschaltungen

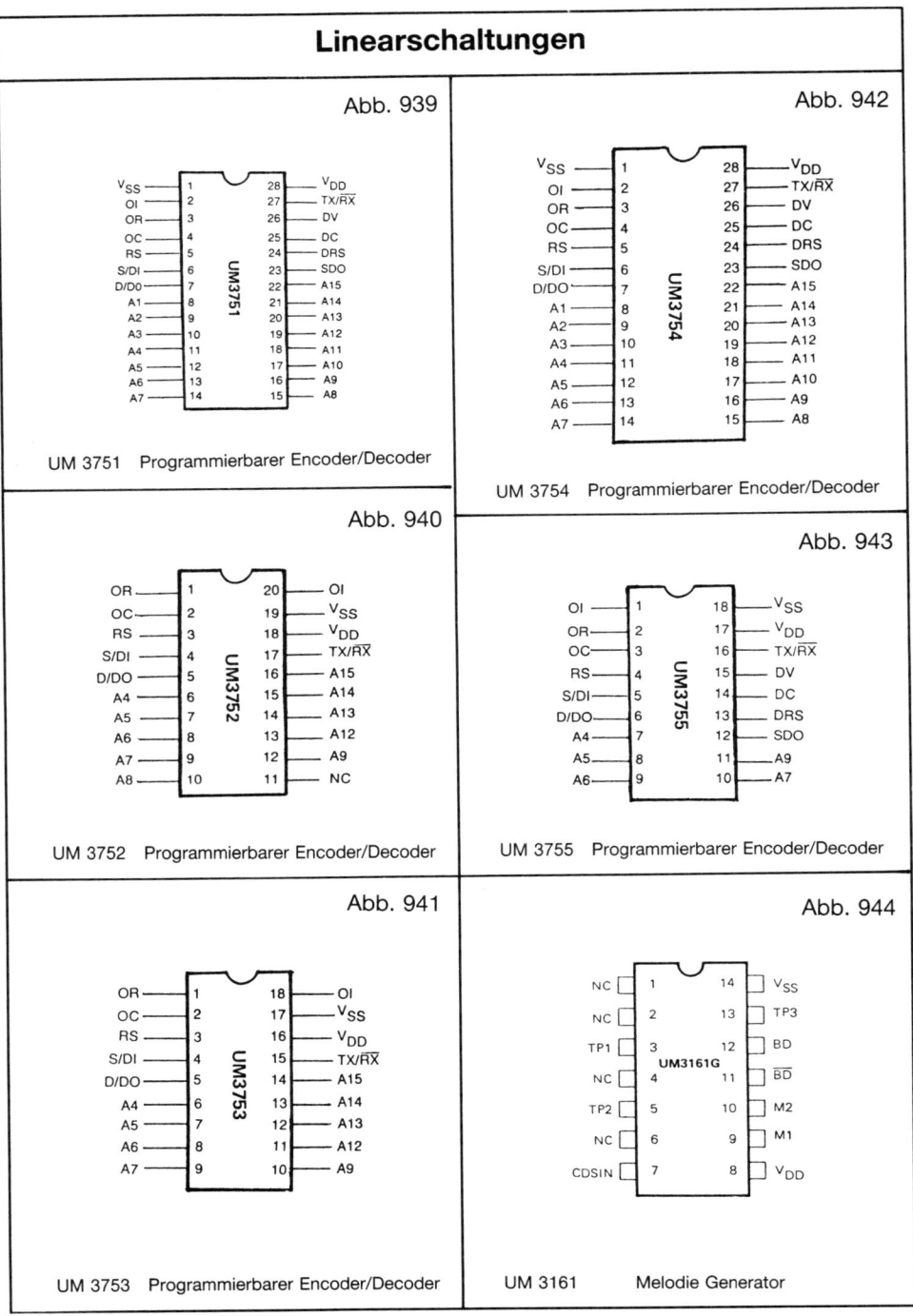

Abb. 939

UM 3751   Programmierbarer Encoder/Decoder

Abb. 942

UM 3754   Programmierbarer Encoder/Decoder

Abb. 940

UM 3752   Programmierbarer Encoder/Decoder

Abb. 943

UM 3755   Programmierbarer Encoder/Decoder

Abb. 941

UM 3753   Programmierbarer Encoder/Decoder

Abb. 944

UM 3161   Melodie Generator

Linearschaltungen

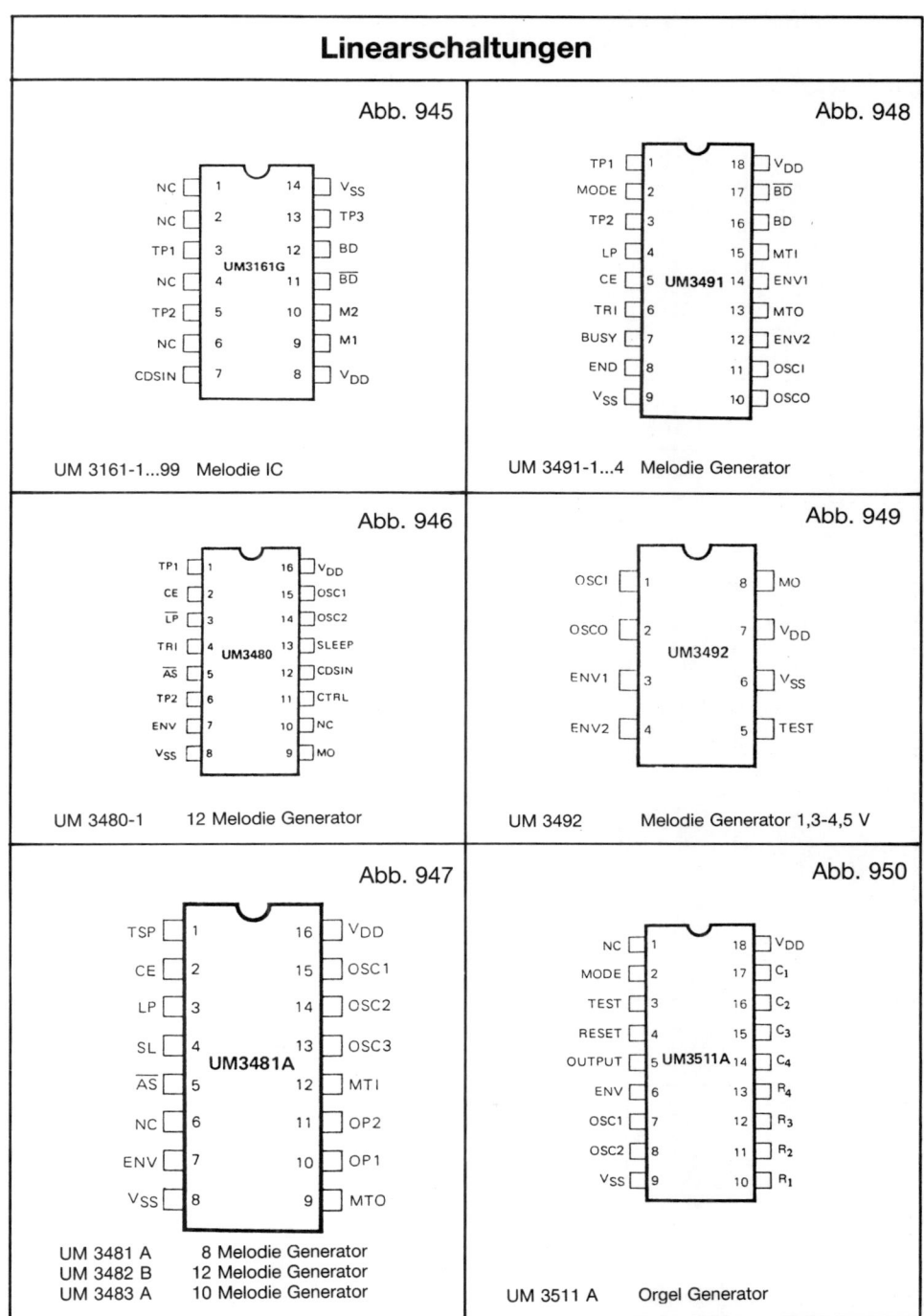

Abb. 945

UM3161G

NC	1	14	V_SS
NC	2	13	TP3
TP1	3	12	BD
NC	4	11	$\overline{BD}$
TP2	5	10	M2
NC	6	9	M1
CDSIN	7	8	V_DD

UM 3161-1...99   Melodie IC

Abb. 948

UM3491

TP1	1	18	V_DD
MODE	2	17	$\overline{BD}$
TP2	3	16	BD
LP	4	15	MTI
CE	5	14	ENV1
TRI	6	13	MTO
BUSY	7	12	ENV2
END	8	11	OSCI
V_SS	9	10	OSCO

UM 3491-1...4   Melodie Generator

Abb. 946

UM3480

TP1	1	16	V_DD
CE	2	15	OSC1
$\overline{LP}$	3	14	OSC2
TRI	4	13	SLEEP
$\overline{AS}$	5	12	CDSIN
TP2	6	11	CTRL
ENV	7	10	NC
V_SS	8	9	MO

UM 3480-1   12 Melodie Generator

Abb. 949

UM3492

OSCI	1	8	MO
OSCO	2	7	V_DD
ENV1	3	6	V_SS
ENV2	4	5	TEST

UM 3492   Melodie Generator 1,3-4,5 V

Abb. 947

UM3481A

TSP	1	16	V_DD
CE	2	15	OSC1
LP	3	14	OSC2
SL	4	13	OSC3
$\overline{AS}$	5	12	MTI
NC	6	11	OP2
ENV	7	10	OP1
V_SS	8	9	MTO

UM 3481 A   8 Melodie Generator
UM 3482 B   12 Melodie Generator
UM 3483 A   10 Melodie Generator

Abb. 950

UM3511A

NC	1	18	V_DD
MODE	2	17	C_1
TEST	3	16	C_2
RESET	4	15	C_3
OUTPUT	5	14	C_4
ENV	6	13	R_4
OSC1	7	12	R_3
OSC2	8	11	R_2
V_SS	9	10	R_1

UM 3511 A   Orgel Generator

Linearschaltungen

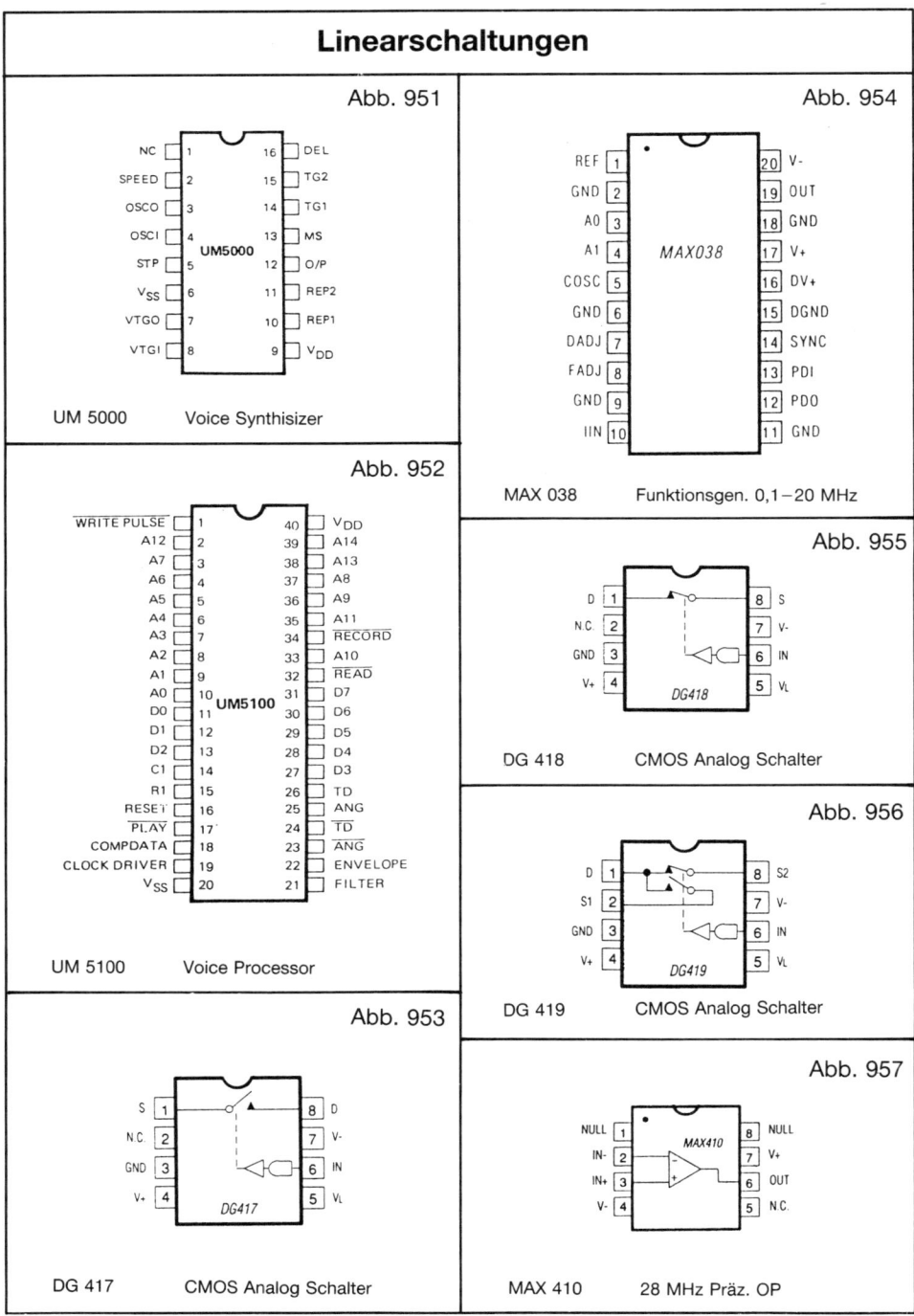

Abb. 951

UM 5000   Voice Synthisizer

Abb. 952

UM 5100   Voice Processor

Abb. 953

DG 417   CMOS Analog Schalter

Abb. 954

MAX 038   Funktionsgen. 0,1−20 MHz

Abb. 955

DG 418   CMOS Analog Schalter

Abb. 956

DG 419   CMOS Analog Schalter

Abb. 957

MAX 410   28 MHz Präz. OP

Linearschaltungen

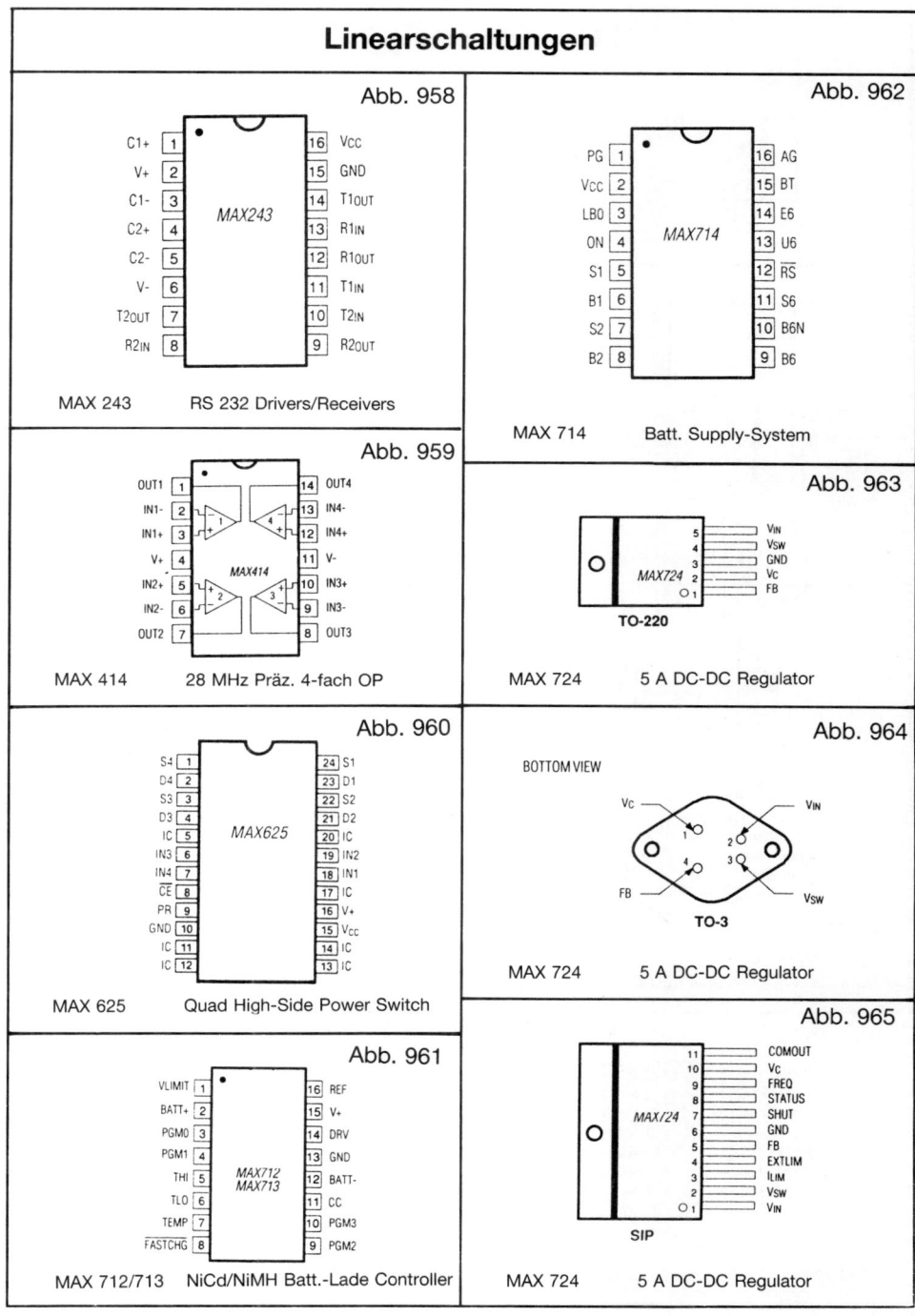

Abb. 958

C1+	1		16	Vcc
V+	2		15	GND
C1-	3	MAX243	14	T1OUT
C2+	4		13	R1IN
C2-	5		12	R1OUT
V-	6		11	T1IN
T2OUT	7		10	T2IN
R2IN	8		9	R2OUT

MAX 243   RS 232 Drivers/Receivers

Abb. 959

OUT1	1		14	OUT4
IN1-	2		13	IN4-
IN1+	3	MAX414	12	IN4+
V+	4		11	V-
IN2+	5		10	IN3+
IN2-	6		9	IN3-
OUT2	7		8	OUT3

MAX 414   28 MHz Präz. 4-fach OP

Abb. 960

S4	1		24	S1
D4	2		23	D1
S3	3		22	S2
D3	4		21	D2
IC	5	MAX625	20	IC
IN3	6		19	IN2
IN4	7		18	IN1
CE	8		17	IC
PR	9		16	V+
GND	10		15	Vcc
IC	11		14	IC
IC	12		13	IC

MAX 625   Quad High-Side Power Switch

Abb. 961

VLIMIT	1		16	REF
BATT+	2		15	V+
PGM0	3		14	DRV
PGM1	4	MAX712	13	GND
THI	5	MAX713	12	BATT-
TLO	6		11	CC
TEMP	7		10	PGM3
FASTCHG	8		9	PGM2

MAX 712/713   NiCd/NiMH Batt.-Lade Controller

Abb. 962

PG	1		16	AG
Vcc	2		15	BT
LB0	3		14	E6
ON	4	MAX714	13	U6
S1	5		12	RS
B1	6		11	S6
S2	7		10	B6N
B2	8		9	B6

MAX 714   Batt. Supply-System

Abb. 963

5	VIN
4	VSW
3	GND
2	VC
1	FB

MAX724

TO-220

MAX 724   5 A DC-DC Regulator

Abb. 964

BOTTOM VIEW

VC — 1
VIN — 2
FB — 4
VSW — 3

TO-3

MAX 724   5 A DC-DC Regulator

Abb. 965

11	COMOUT
10	VC
9	FREQ
8	STATUS
7	SHUT
6	GND
5	FB
4	EXTLIM
3	ILIM
2	VSW
1	VIN

MAX724

SIP

MAX 724   5 A DC-DC Regulator

Linearschaltungen

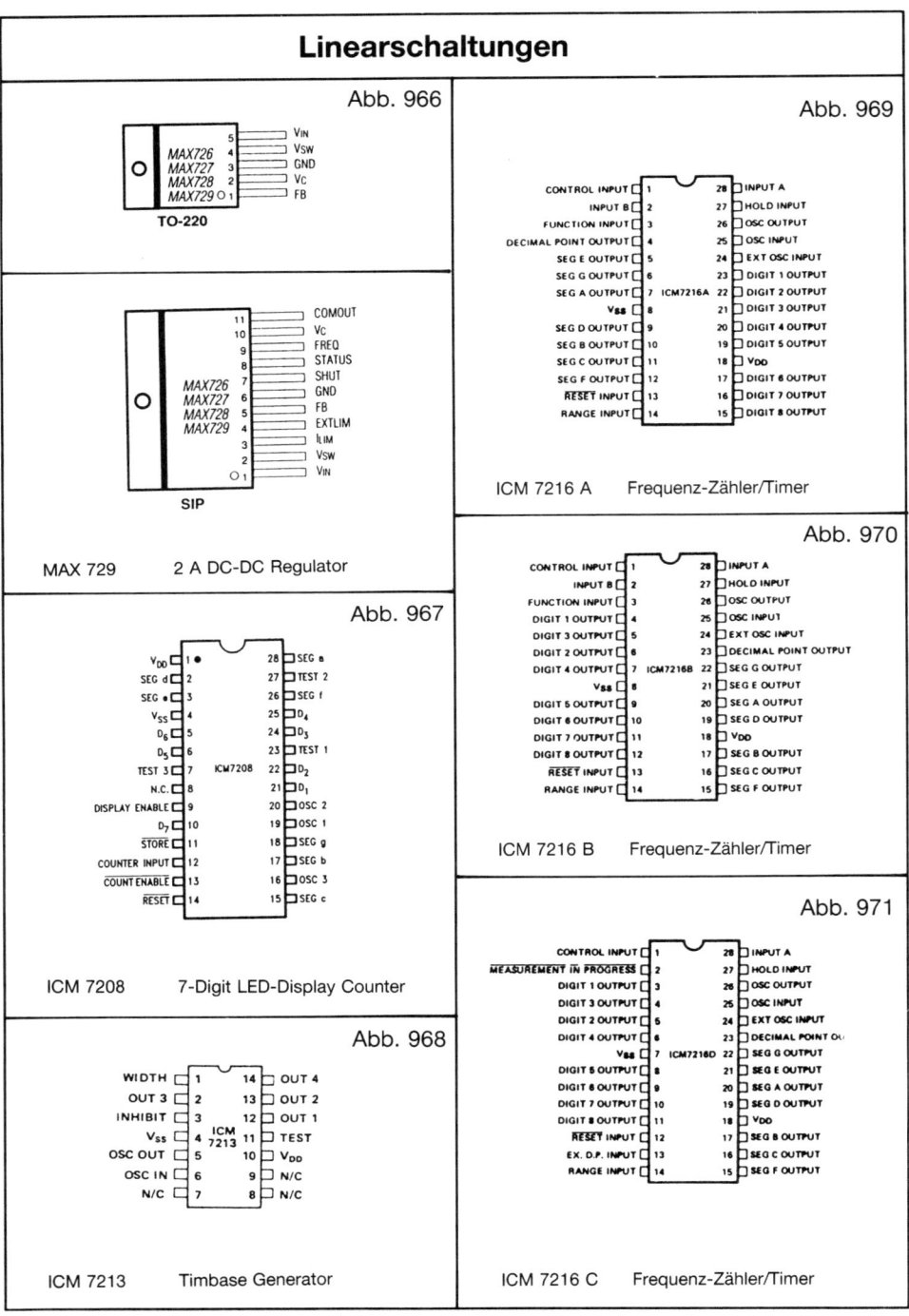

Abb. 966

```
      5    V_IN
MAX726 4  V_SW
MAX727 3  GND
MAX728 2  V_C
MAX729 1  FB
```
TO-220

```
        11   COMOUT
        10   V_C
         9   FREQ
         8   STATUS
MAX726  7   SHUT
MAX727  6   GND
MAX728  5   FB
MAX729  4   EXTLIM
         3   I_LIM
         2   V_SW
         1   V_IN
```
SIP

MAX 729   2 A DC-DC Regulator

Abb. 967

```
V_DD       1  •      28  SEG a
SEG d      2          27  TEST 2
SEG e      3          26  SEG f
V_SS       4          25  D_4
D_6        5          24  D_3
D_5        6          23  TEST 1
TEST 3     7  ICM7208 22  D_2
N.C.       8          21  D_1
DISPLAY ENABLE 9      20  OSC 2
D_7        10         19  OSC 1
STORE      11         18  SEG g
COUNTER INPUT 12      17  SEG b
COUNT ENABLE 13       16  OSC 3
RESET      14         15  SEG c
```

ICM 7208   7-Digit LED-Display Counter

Abb. 968

```
WIDTH   1        14  OUT 4
OUT 3   2        13  OUT 2
INHIBIT 3        12  OUT 1
V_SS    4  ICM   11  TEST
OSC OUT 5  7213  10  V_DD
OSC IN  6         9  N/C
N/C     7         8  N/C
```

ICM 7213   Timebase Generator

Abb. 969

```
CONTROL INPUT      1        28  INPUT A
INPUT B            2        27  HOLD INPUT
FUNCTION INPUT     3        26  OSC OUTPUT
DECIMAL POINT OUTPUT 4      25  OSC INPUT
SEG E OUTPUT       5        24  EXT OSC INPUT
SEG G OUTPUT       6        23  DIGIT 1 OUTPUT
SEG A OUTPUT       7 ICM7216A 22 DIGIT 2 OUTPUT
V_SS               8        21  DIGIT 3 OUTPUT
SEG D OUTPUT       9        20  DIGIT 4 OUTPUT
SEG B OUTPUT      10        19  DIGIT 5 OUTPUT
SEG C OUTPUT      11        18  V_DD
SEG F OUTPUT      12        17  DIGIT 6 OUTPUT
RESET INPUT       13        16  DIGIT 7 OUTPUT
RANGE INPUT       14        15  DIGIT 8 OUTPUT
```

ICM 7216 A   Frequenz-Zähler/Timer

Abb. 970

```
CONTROL INPUT      1        28  INPUT A
INPUT B            2        27  HOLD INPUT
FUNCTION INPUT     3        26  OSC OUTPUT
DIGIT 1 OUTPUT     4        25  OSC INPUT
DIGIT 3 OUTPUT     5        24  EXT OSC INPUT
DIGIT 2 OUTPUT     6        23  DECIMAL POINT OUTPUT
DIGIT 4 OUTPUT     7 ICM7216B 22 SEG G OUTPUT
V_SS               8        21  SEG E OUTPUT
DIGIT 5 OUTPUT     9        20  SEG A OUTPUT
DIGIT 6 OUTPUT    10        19  SEG D OUTPUT
DIGIT 7 OUTPUT    11        18  V_DD
DIGIT 8 OUTPUT    12        17  SEG B OUTPUT
RESET INPUT       13        16  SEG C OUTPUT
RANGE INPUT       14        15  SEG F OUTPUT
```

ICM 7216 B   Frequenz-Zähler/Timer

Abb. 971

```
CONTROL INPUT         1        28  INPUT A
MEASUREMENT IN PROGRESS 2      27  HOLD INPUT
DIGIT 1 OUTPUT        3        26  OSC OUTPUT
DIGIT 3 OUTPUT        4        25  OSC INPUT
DIGIT 2 OUTPUT        5        24  EXT OSC INPUT
DIGIT 4 OUTPUT        6        23  DECIMAL POINT OU
V_SS                  7 ICM7216D 22 SEG G OUTPUT
DIGIT 5 OUTPUT        8        21  SEG E OUTPUT
DIGIT 6 OUTPUT        9        20  SEG A OUTPUT
DIGIT 7 OUTPUT       10        19  SEG D OUTPUT
DIGIT 8 OUTPUT       11        18  V_DD
RESET INPUT          12        17  SEG B OUTPUT
EX. D.P. INPUT       13        16  SEG C OUTPUT
RANGE INPUT          14        15  SEG F OUTPUT
```

ICM 7216 C   Frequenz-Zähler/Timer

Linearschaltungen

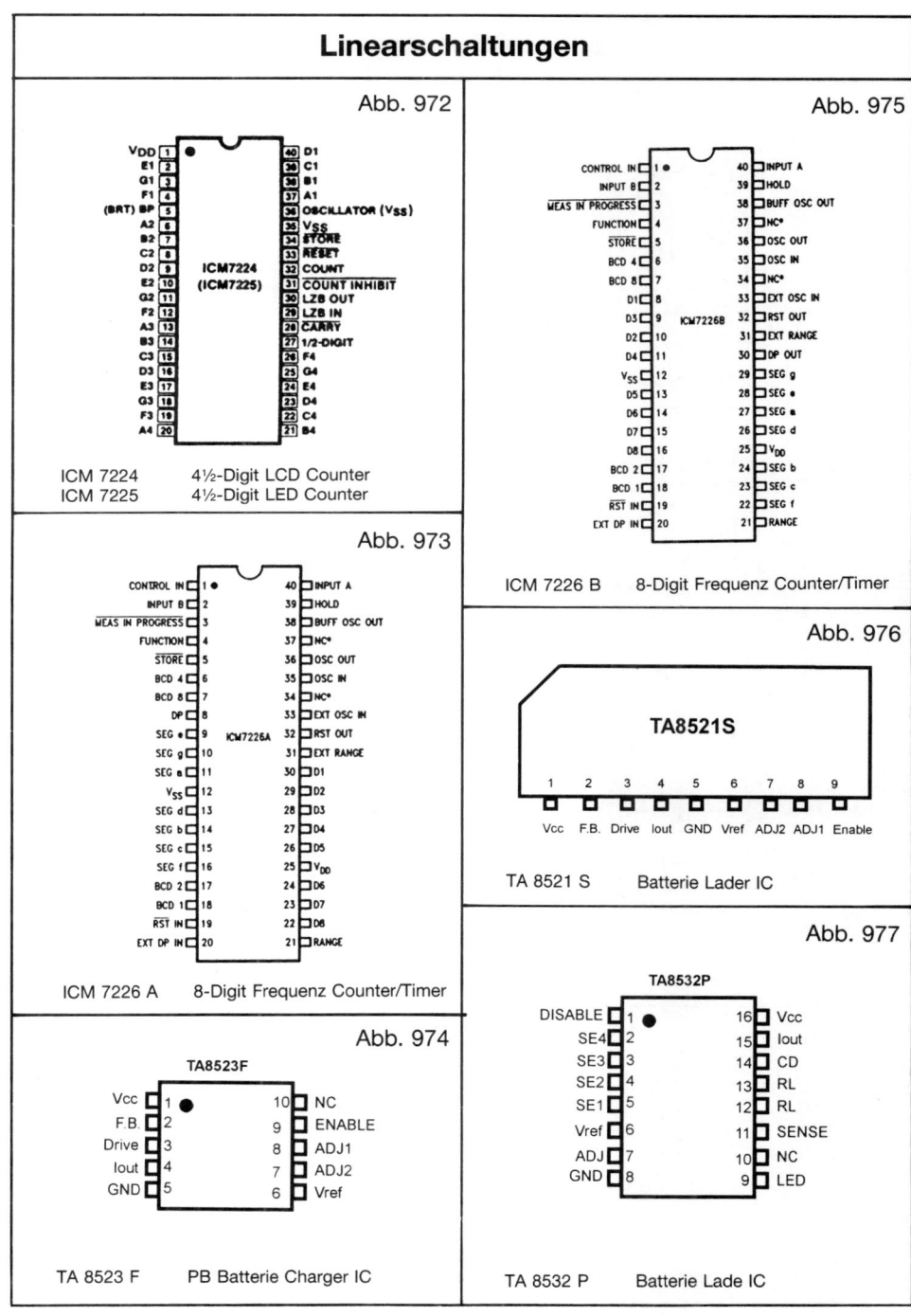

Abb. 972

ICM7224 (ICM7225)

VDD 1	40 D1
E1 2	39 C1
G1 3	38 B1
F1 4	37 A1
(BRT) BP 5	36 OSCILLATOR (Vss)
A2 6	35 Vss
B2 7	34 STORE
C2 8	33 RESET
D2 9	32 COUNT
E2 10	31 COUNT INHIBIT
G2 11	30 LZB OUT
F2 12	29 LZB IN
A3 13	28 CARRY
B3 14	27 1/2-DIGIT
C3 15	26 F4
D3 16	25 G4
E3 17	24 E4
G3 18	23 D4
F3 19	22 C4
A4 20	21 B4

ICM 7224   4½-Digit LCD Counter
ICM 7225   4½-Digit LED Counter

Abb. 973

ICM7226A

CONTROL IN 1	40 INPUT A
INPUT B 2	39 HOLD
MEAS IN PROGRESS 3	38 BUFF OSC OUT
FUNCTION 4	37 NC*
STORE 5	36 OSC OUT
BCD 4 6	35 OSC IN
BCD 8 7	34 NC*
DP 8	33 EXT OSC IN
SEG e 9	32 RST OUT
SEG g 10	31 EXT RANGE
SEG a 11	30 D1
Vss 12	29 D2
SEG d 13	28 D3
SEG b 14	27 D4
SEG c 15	26 D5
SEG f 16	25 VDD
BCD 2 17	24 D6
BCD 1 18	23 D7
RST IN 19	22 D8
EXT DP IN 20	21 RANGE

ICM 7226 A   8-Digit Frequenz Counter/Timer

Abb. 974

TA8523F

Vcc 1	10 NC
F.B. 2	9 ENABLE
Drive 3	8 ADJ1
Iout 4	7 ADJ2
GND 5	6 Vref

TA 8523 F   PB Batterie Charger IC

Abb. 975

ICM7226B

CONTROL IN 1	40 INPUT A
INPUT B 2	39 HOLD
MEAS IN PROGRESS 3	38 BUFF OSC OUT
FUNCTION 4	37 NC*
STORE 5	36 OSC OUT
BCD 4 6	35 OSC IN
BCD 8 7	34 NC*
D1 8	33 EXT OSC IN
D3 9	32 RST OUT
D2 10	31 EXT RANGE
D4 11	30 DP OUT
Vss 12	29 SEG g
D5 13	28 SEG e
D6 14	27 SEG a
D7 15	26 SEG d
D8 16	25 VDD
BCD 2 17	24 SEG b
BCD 1 18	23 SEG c
RST IN 19	22 SEG f
EXT DP IN 20	21 RANGE

ICM 7226 B   8-Digit Frequenz Counter/Timer

Abb. 976

TA8521S

1	2	3	4	5	6	7	8	9
Vcc	F.B.	Drive	Iout	GND	Vref	ADJ2	ADJ1	Enable

TA 8521 S   Batterie Lader IC

Abb. 977

TA8532P

DISABLE 1	16 Vcc
SE4 2	15 Iout
SE3 3	14 CD
SE2 4	13 RL
SE1 5	12 RL
Vref 6	11 SENSE
ADJ 7	10 NC
GND 8	9 LED

TA 8532 P   Batterie Lade IC

187

Linearschaltungen

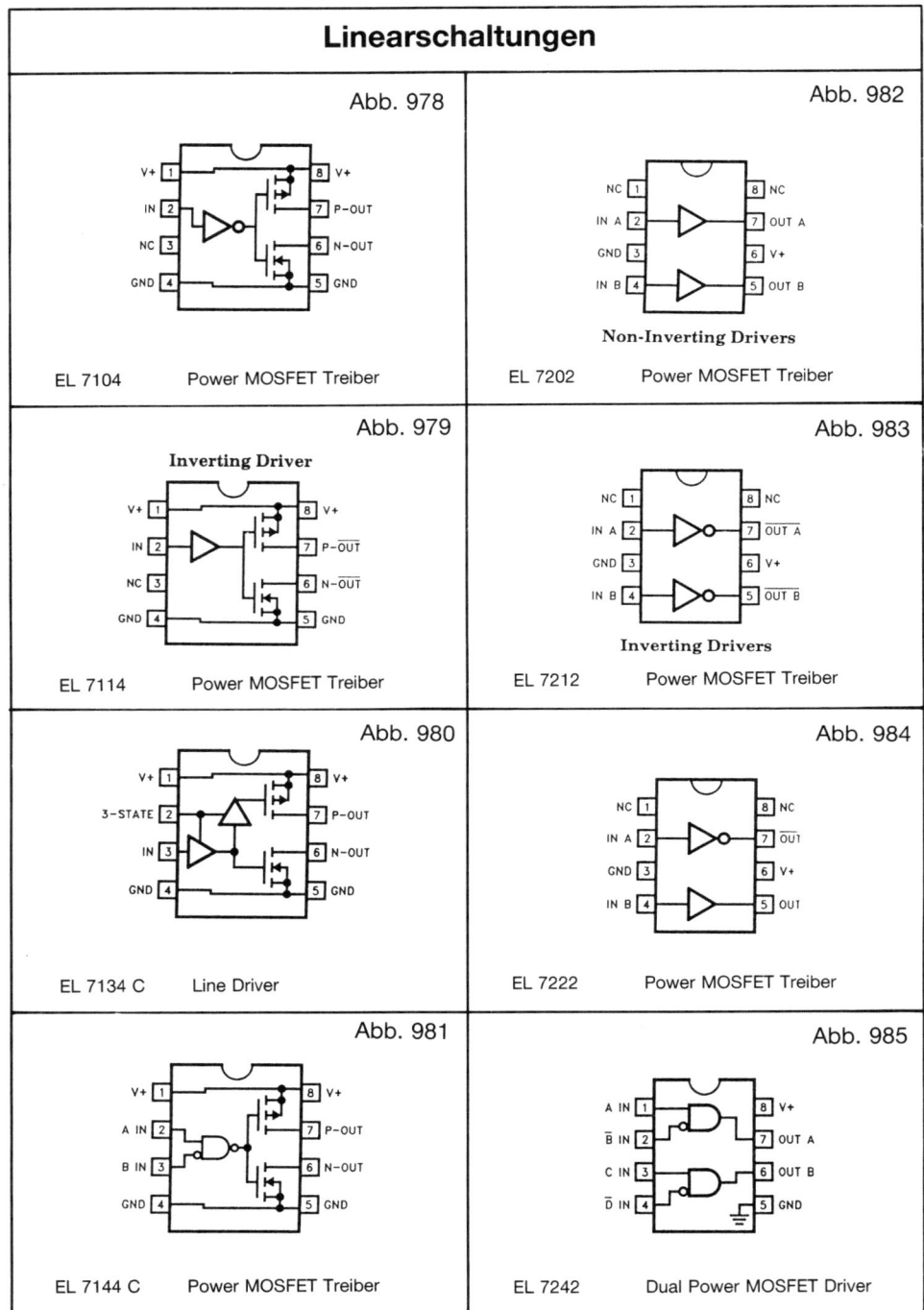

Abb. 978

EL 7104   Power MOSFET Treiber

Abb. 979

Inverting Driver

EL 7114   Power MOSFET Treiber

Abb. 980

EL 7134 C   Line Driver

Abb. 981

EL 7144 C   Power MOSFET Treiber

Abb. 982

Non-Inverting Drivers

EL 7202   Power MOSFET Treiber

Abb. 983

Inverting Drivers

EL 7212   Power MOSFET Treiber

Abb. 984

EL 7222   Power MOSFET Treiber

Abb. 985

EL 7242   Dual Power MOSFET Driver

Linearschaltungen

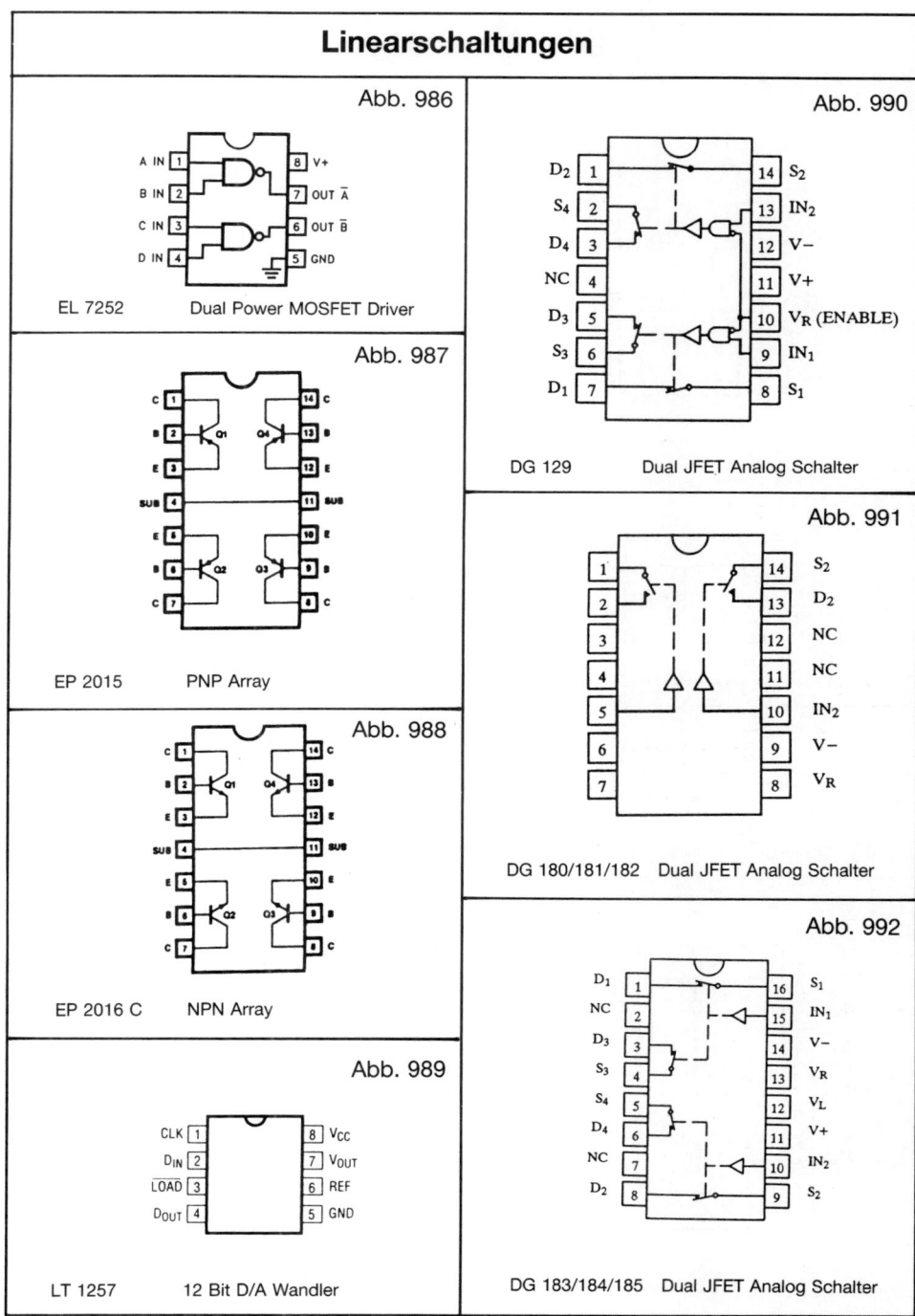

Abb. 986

A IN	1	8	V+
B IN	2	7	OUT $\overline{A}$
C IN	3	6	OUT $\overline{B}$
D IN	4	5	GND

EL 7252   Dual Power MOSFET Driver

Abb. 987

EP 2015   PNP Array

Abb. 988

EP 2016 C   NPN Array

Abb. 989

CLK	1	8	V_{CC}
D_{IN}	2	7	V_{OUT}
$\overline{LOAD}$	3	6	REF
D_{OUT}	4	5	GND

LT 1257   12 Bit D/A Wandler

Abb. 990

D_2	1	14	S_2
S_4	2	13	IN_2
D_4	3	12	V−
NC	4	11	V+
D_3	5	10	V_R (ENABLE)
S_3	6	9	IN_1
D_1	7	8	S_1

DG 129   Dual JFET Analog Schalter

Abb. 991

	1	14	S_2
	2	13	D_2
	3	12	NC
	4	11	NC
	5	10	IN_2
	6	9	V−
	7	8	V_R

DG 180/181/182   Dual JFET Analog Schalter

Abb. 992

D_1	1	16	S_1
NC	2	15	IN_1
D_3	3	14	V−
S_3	4	13	V_R
S_4	5	12	V_L
D_4	6	11	V+
NC	7	10	IN_2
D_2	8	9	S_2

DG 183/184/185   Dual JFET Analog Schalter

Linearschaltungen

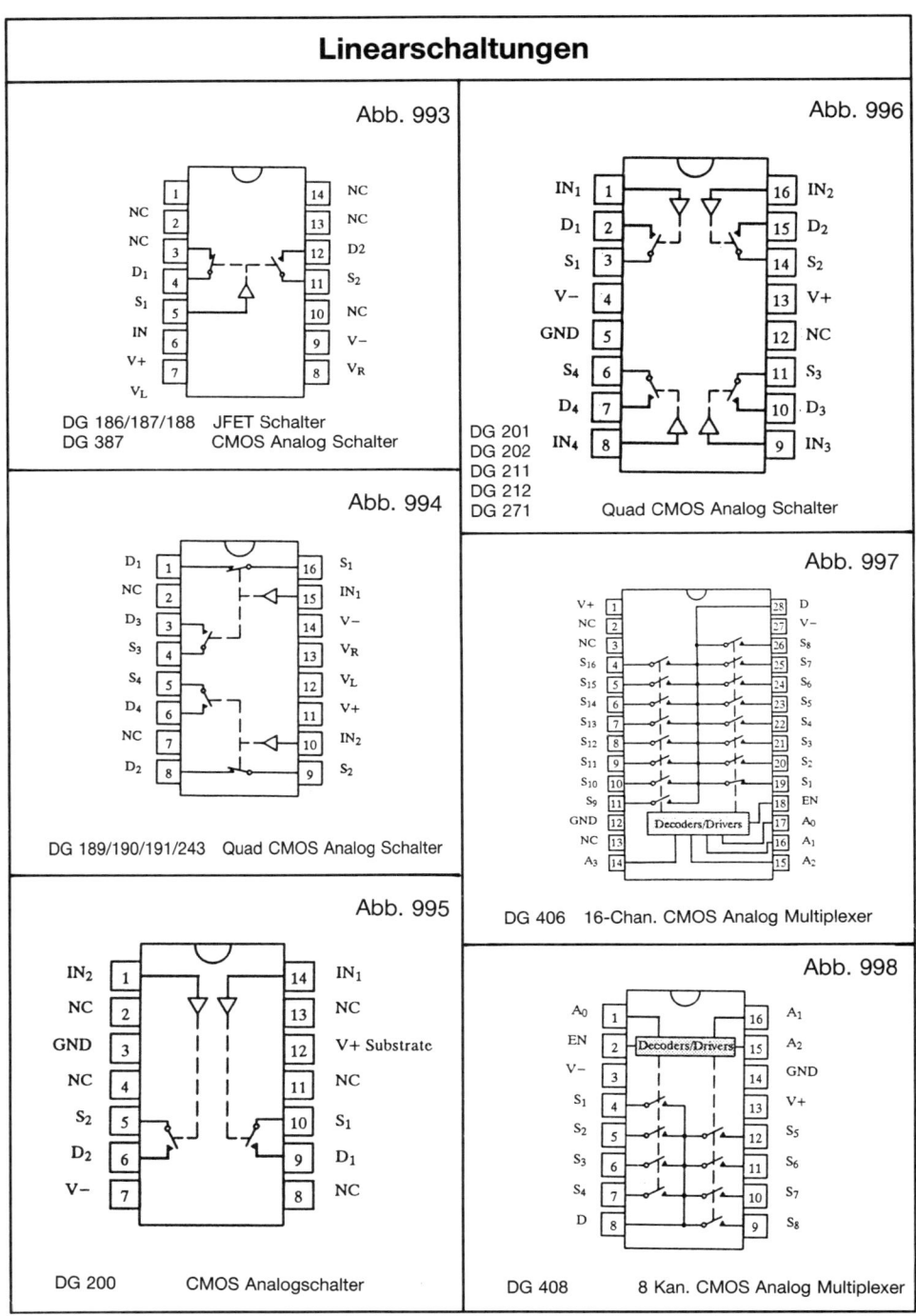

Abb. 993

DG 186/187/188   JFET Schalter
DG 387   CMOS Analog Schalter

Abb. 994

DG 189/190/191/243   Quad CMOS Analog Schalter

Abb. 995

DG 200   CMOS Analogschalter

Abb. 996

DG 201
DG 202
DG 211
DG 212
DG 271   Quad CMOS Analog Schalter

Abb. 997

DG 406   16-Chan. CMOS Analog Multiplexer

Abb. 998

DG 408   8 Kan. CMOS Analog Multiplexer

Linearschaltungen

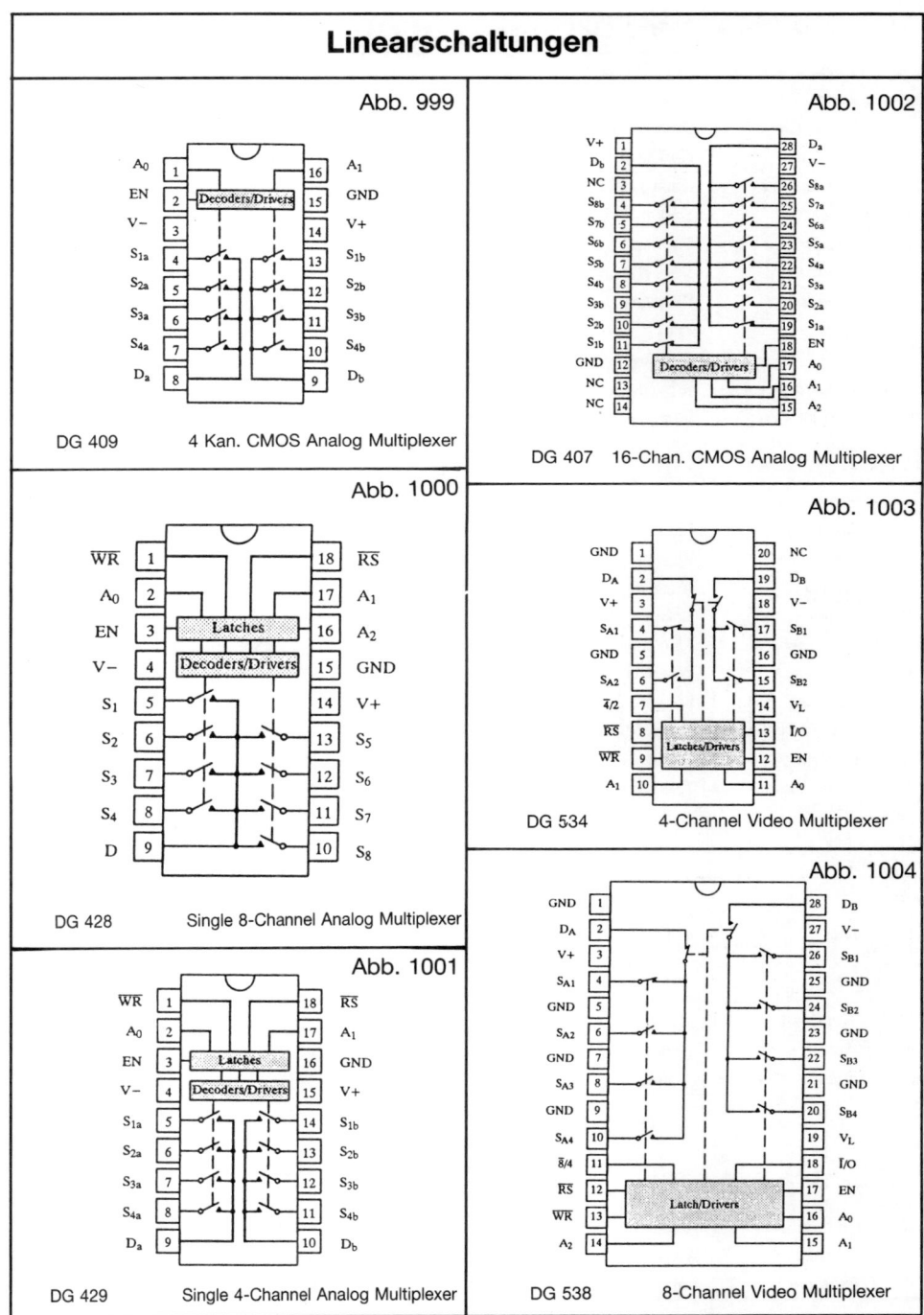

Abb. 999

DG 409   4 Kan. CMOS Analog Multiplexer

Abb. 1000

DG 428   Single 8-Channel Analog Multiplexer

Abb. 1001

DG 429   Single 4-Channel Analog Multiplexer

Abb. 1002

DG 407   16-Chan. CMOS Analog Multiplexer

Abb. 1003

DG 534   4-Channel Video Multiplexer

Abb. 1004

DG 538   8-Channel Video Multiplexer

Amerikanische Formelzeichen

A	*Amplification*	Verstärkung
B	*Base (Bias)*	Basis
	Susceptance	Suszeptanz
C	*Collector*	Kollektor
	Capacitance	Kapazität
D	*Drain*	Senke
E	*Emitter*	Emitter
F	*Forward*	Vorwärts-
f	*Frequency*	Frequenz
G	*Gate*	Tor
	Gain	Verstärkung
	Conductance	Konduktanz
I	Current	Strom
I	*Input*	Eingang
N	*Noise*	Rausch-
O	*Output*	Ausgang
P	*Power*	Leistung
PP	*Peak-to-Peak*	Spitzenwert
R	*Resistance*	Widerstand
R	*Reverse*	Rückwärts-
RMS	*Root Mean Square*	quadr. Mittelwert
S	*Source*	Quelle
T	*Temperature*	Temperatur
t	*time*	Zeit
TH	Threshold	Schwelle
th	*thermal*	thermisch
V	Voltage	Spannung
X	*Reactance*	Reaktanz
Y	*Admittance*	Admittanz
Z	*Impedance*	Impedanz

A_{OL}	*Open Loop*	Leerlaufverstärkung
	[Vorspg./-strom]	(npn/pnp-)Steuerelektrode
		Blindleitwert
	[Einsammler]	[Elektronen-]Sammelstelle (npn)
C_{BE}	Base/Emitter	Basis/Emitter-Kapazität
	[Abfluß]	[Elektronen-]Sammelstelle (n-FET)
	[Aussender]	[Elektronen-]Ursprung (npn)
I_F	$[I_D]$?	(Dioden-)Durchlaßstrom
f_{CLK}	*Clock*	Taktfrequenz
	[Durchlaß]	(FET-)Steuerelektrode
G_P	*Power*	Leistungsverstärkung
		Wirkleitwert
I_B	*Bias*	Basisstrom, Vorstrom
I_{GT}	*Gate Trigger*	Zündstrom
I_L	*Leakage*	Rest-/ Leckstrom
I_S	*Supply*	Stromaufnahme
U_I	$[U_e]$	Eingangsspannung
e_N	$[U_r]$	(äquivalente) Rauschspannung
I_O	$[I_a]$	Ausgangsstrom
P_D	*Dissipation*	Verlustleistung
V_{PP}	$[U_{ss}]$	Spitze/Spitze-Wert
$R_{DS(on)}$	*Drain/Source*	D/S-Einschalt-Widerstand
V_R	$[U_R]$	(Dioden-)Sperrspannung
V_{RMS}	$[U_{eff}]$	Spannungs-Effektivwert
	[Ursprung]	[Elektronen-]Ursprung (n-FET)
T_A	*Ambient*	Umgebungstemperatur
T_C	*Case*	Gehäusetemperatur
T_H	*Heat (Sink)*	Kühlkörpertemperatur
T_J	*Junction*	Sperrschicht-Temperatur
T_S	*Storage*	Lagertemperatur
t_d	*delay*	Durchlauf-/Verzögerungszeit
t_f	*fall*	(Impuls-)Abfallzeit
t_r	*rise*	(Impuls-)Anstiegszeit
V_{TH}	$[U_s]$	Schwellspannung
R_{th}	$[R_\vartheta]$	Wärmewiderstand
V_{BB}	*Substrate*	Spannung der Chip-Basisplatte
V_{CC}	*Drain Supply*	zweite Plusspannung (<VDD)
V_{DD}	*Drain Supply*	größte Plusspannung (massebezogen)
V_{EE}	*Source Voltage*	größte Minusspannung (massebezogen)
V_{SS}	*System Supply*	Systemversorgung (Masse)
		Blindwiderstand
		Scheinleitwert
		Scheinwiderstand

Kurzinformation – Digitalschaltungen

Logiksymbole

	Inverter	AND	NAND	OR	NOR	EX - OR	EX - NOR
Symbol deutsch							
amerikanisch (pos. Logik							

Wahrheitstabelle

A	Y	A	B	Y	A	B	Y	A	B	Y	A	B	Y	A	B	Y	A	B	Y
L	H	L	L	L	L	L	H	L	L	L	L	L	H	L	L	L	L	L	H
H	L	H	L	L	H	L	H	H	L	H	H	L	L	H	L	H	H	L	L
		L	H	L	L	H	H	L	H	H	L	H	L	L	H	H	L	H	L
		H	H	H	H	H	L	H	H	H	H	H	L	H	H	L	H	H	H

Abkürzungen und Symbole

U_S	= positive Betriebsspannung
U_B	= positive Betriebsspannung
U_{DD}	= positive Betriebsspannung
$+U$	= positive Betriebsspannung
$+U_S$	= positive Betriebsspannung
V_{CC}	= positive Betriebsspannung
$+V_{CC}$	= positive Betriebsspannung
V_{DD}	= positive Betriebsspannung
U_{SS}	= negative Betriebsspannung Masse oder 0 V
$-U_{SS}$	= negative Betriebsspannung Masse oder 0 V
$-U_B$	= negative Betriebsspannung Masse oder 0 V
$-U_S$	= negative Betriebsspannung Masse oder 0 V
V_{SS}	= negative Betriebsspannung Masse oder 0 V
$\perp$	= Masse oder 0 V
GND	= Ground (Masse oder 0 V)
U_I	= Spannungseingang
U_O	= Spannungsausgang
NC	= nichtbelegter Pin
Q_n	= Ausgang
Clear	= löschen
Reset	= zurücksetzen
Clock	= Takteingang, Taktimpuls
EN	= (Enable) Freigabe-Eingang
CO	= (Curry Out) Übertragungs-Ausgang
CI	= (Curry In) Übertragungs-Eingang
DIS	= (Disable) Sperr-Eingang
INH	= (Inhibit) Sperr-Eingang
Store	= Eingang für Speicher-Befehl
J, K, D	= Dateneingang für Speicher-Element (Flip-Flop)
SET	= Setzeingang für Speicher-Element
OUT	= (Output) Ausgang, Ausgabe
IN	= (Input) Eingang, Eingabe
Data Input	= Dateneingang
Overflow	= Überlauf
DC	= (Direct Current) Gleichstrom
fan-out	= Ausgangslastfaktor

Daten für Digitalschaltungen

TTL-ICs
SN 54 . . . 4,5 . . . 5,5 V −55 . . . + 125 °C
SN 74 . . . 4,75 . . . 5,25 V 0 . . . 70 °C
SN 84 . . . 4,75 . . . 5,25 V −25 . . . + 85 °C
Versorgungsspannung Typisch 5,0 V
Low = 0 . . . 0,8 V
High = U_B bzw. > 2,0 V

CMOS-ICs
Versorgungsspannung 3 . . . 16 V (18 V)
Low = < 1/3 U_B
High = > 2/3 U_B

LH-Übergang: Ein Pegel von Low auf High bzw. ansteigende Flanke eines Impulses „⌐"

HL-Übergang: Ein Pegelübergang von High auf Low bzw. abfallende Flanke eines Impulses „⌐"

Typenvergleich TTL-ICs (FL/SN)

Typ	SN-Vergleichstyp	Typ	SN-Vergleichstyp
FLH 101	SN 7400 N	FLJ 181	SN 7493 N
FLH 111	SN 7410 N	FLJ 191	SN 7495 N
FLH 121	SN 7420 N	FLJ 201	SN 74190 N
FLH 131	SN 7430 N	FLJ 211	SN 74191 N
FLH 141	SN 7440 N	FLJ 221	SN 7491 AN
FLH 151	SN 7450 N	FLJ 231	SN 7490 N
FLH 161	SN 7451 N	FLJ 241	SN 74192 N
FLH 171	SN 7453 N	FLJ 251	SN 74193 N
FLH 181	SN 7454 N	FLJ 261	SN 7496 N
FLH 191	SN 7402 N	FLJ 271	SN 74107 N
FLH 191 S	SN 7402 NS 1	FLJ 281	SN 74104 N
FLH 201	SN 7401 N	FLJ 291	SN 74105 N
FLH 201 S	SN 7401 NS 1	FLJ 301	SN 74100 N
FLH 201 T	SN 7401 NS 3	FLJ 311	SN 74198 N
FLH 211	SN 7404 N	FLJ 321	SN 74199 N
FLH 221	SN 7480 N	FLJ 331	SN 7497 N
FLH 231	SN 7482 N	FLJ 341	SN 74110 N
FLH 241	SN 7483 N	FLJ 351	SN 74111 N
FLH 271	SN 7405 N	FLJ 361	SN 74118 N
FLH 271 S	SN 7405 NS 1	FLJ 371	SN 74119 N
FLH 271 T	SN 7405 NS 3	FLJ 381	SN 74196 N
FLH 281	SN 7442 N	FLJ 391	SN 74197 N
FLH 291	SN 7403 N	FLJ 401	SN 74160 N
FLH 291 S	SN 7403 NS 1	FLJ 411	SN 74161 N
FLH 291 T	SN 7403 NS 3	FLJ 421	SN 74162 N
FLH 291 U	SN 7426 N	FLJ 431	SN 74163 N
FLH 341	SN 7486 N	FLJ 441	SN 74164 N
FLH 351	SN 7413 N	FLJ 451	SN 74165 N
FLH 361	SN 7443 N	FLJ 461	SN 74166 N
FLH 371	SN 7444 N	FLJ 471	SN 74167 N
FLH 381	SN 7408 N	FLK 101	SN 74121 N
FLH 391	SN 7409 N	FLK 111	SN 74122 N
FLH 401	SN 74181 N	FLK 121	SN 74123 N
FLH 411	SN 74182 N	FLL 101	SN 7441 AN
FLH 421	SN 74180 N	FLL 101	SN 74141 N
FLH 431	SN 7485 N	FLL 111	SN 7445 N
FLH 441	SN 7478 N	FLL 111 T	SN 74145 N
FLH 451	SN 74 H 183 N	FLL 121	SN 7446 N
FLH 481	SN 7406 N	FLL 121 T	SN 7447 N
FLH 481 T	SN 7416 N	FLQ 101	SN 7489 N
FLH 491	SN 7407 N	FLQ 111	SN 7481 N
FLH 491 T	SN 7417 N	FLQ 121	SN 7484 N
FLH 501	SN 7412 N	FLY 101	SN 7460 N
FLH 511	SN 7423 N	FLY 111	SN 74150 N
FLH 521	SN 7425 N	FLY 121	SN 74151 N
FLH 531	SN 7437 N	FLY 131	SN 74153 N
FLH 541	SN 7438 N	FLY 141	SN 74154 N
FLH 551	SN 7448 N	FLY 151	SN 74155 N
FLJ 101	SN 7470 N	FLY 161	SN 74156 N
FLJ 111	SN 7472 N		
FLJ 121	SN 7473 N		
FLJ 131	SN 7476 N		
FLJ 141	SN 7474 N		
FLJ 151	SN 7475 N		
FLJ 161	SN 7490 N		
FLJ 161 S	SN 7490 NS 1		
FLJ 171	SN 7492 N		

TTL-Schaltkreise (Allgemeines)

Die Betriebsspannung für TTL-Schaltungen (insbesondere Standard- und Schottky-TTL) muß niederohmig und induktionsarm zugeführt werden. Die Leiterbahnbreite sollte, wenn möglich, mindestens 2,0 mm bis 3 mm breit sein. Nach je 4 bis 6 Schaltkreisen sind Abblockkondensatoren nötig, um Schaltspitzen und Spannungseinbrüche („Spikes") von den Versorgungsleitungen fernzuhalten. Am besten verwendet man keramische Stützkondensatoren im Bereich von 0,1 . . . 1 µF (induktionsarm).

Um Fehlschaltungen zu vermeiden, sind unbenutzte Eingänge festzulegen. Aus Leistungsgründen sollten sie an Masse gelegt werden, wenn es die Funktion erlaubt. Müssen Eingänge an +5 V gelegt werden, so sollte dies über einen Schutzwiderstand (≥ 1 kΩ) erfolgen. Bis zu 20 Eingänge dürfen an einem Schutzwiderstand angeschlossen werden. Lediglich Low-Power-Schottky-Eingänge dürfen direkt mit +5 V verbunden werden.

TTL-Ausgänge sollen nicht mit kapazitiven Lasten über 100 pF betrieben werden (Überlastungsgefahr!). Außerdem erhöhen sich die Schaltzeiten. Zur Signalverzögerung sollte immer ein Widerstand zwischen Ausgang und Verzögerungskondensator geschaltet werden. Für Schottky muß der Wert ca. 270 Ω, für Low-Power-Schottky etwa 1 kΩ betragen.

Wegen der möglichen Einbrüche in den Signalflanken und undefinierten Belastungsverteilungen, sollten TTL-Ausgänge generell nicht parallel geschaltet werden. Ist dies unvermeidlich, dürfen hierzu nur Gatterausgänge eines gemeinsamen Chips verwendet werden.

Verschiedene Versionen von TTL-Schaltungen

Std TTL **Standard TTL** (74 XX)
Typische Durchlaufverzögerung 10 nS
Leistungsaufnahme ca. 10 mW/Gatter

ALS **Advanced-Low-Power-Schottky-TTL** (74 ALSXX)
Typische Durchlaufverzögerung 4 nS
Leistungsaufnahme ca. 1 mW/Gatter

AS **Advanced-Schottky-TTL** (74 ASXX)
Typische Durchlaufverzögerung 1,5 nS
Leistungsaufnahme ca. 20 mW/Gatter

F **Fast-Schottky-TTL** (74 FXX)
Typische Durchlaufverzögerung 2 nS
Leistungsaufnahme ca. 4 mW/Gatter

H **High-Power-TTL** (74 HXX)
Typische Durchlaufverzögerung 6 nS
Leistungsaufnahme ca. 20 mW/Gatter

L **Low-Power-TTL** (74 LXX)
Typische Durchlaufverzögerung 30 nS
Leistungsaufnahme ca. 1 mW/Gatter

LS **Low-Power-Schottky-TTL** (74 LSXX)
Typische Durchlaufverzögerung 9 nS
Leistungsaufnahme ca. 2 mW/Gatter

S **Schottky-TTL** (74 SXX)
Typische Durchlaufverzögerung 5 nS
Leistungsaufnahme ca. 20 mW/Gatter

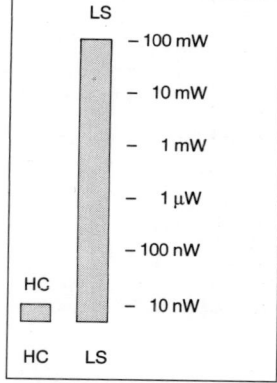

Ruheverlustleistung im
Vergleich HCMOS und LSTTL

High-Speed CMOS (H CMOS) (74 HCXX)

H CMOS-Schaltungen sind Pin- und Funktionskompatibel zu den meisten bekannten 54/74 LS TTL und 4000er CMOS-Serie

HC CMOS-Eingang, Spannungsversorgung 2 V . . . 6 V (5 V) (74 HCXX)

HCT TTL-Eingang, Spannungsversorgung 4,5 V . . . 5,5 V, mit Schaltpegeln der TTL-Serie kompatibel (74 HCTXX)

HCU CMOS-Eingang (ungepuffert), Spannungsversorgung 2 V . . . 6 V (5 V)

AHCT Advanced High-Speed, CMOS, TTL-kompatible Eingänge, direkt austauschbar für 54/74 ALSXX

Alle Schaltungen der HCMOS-Reihe besitzen standardisierte Ausgangspuffer und liefern durch ihren symmetrischen Aufbau gleiche Abfall- und Anstiegszeiten.
Die Ausgänge der HC-Ausführung können bis zu 10 LSTTL-Eingänge treiben.

Digitale Signalverarbeitung

Die Digitaltechnik kennt nur zwei Signalzustände. Am Ein- oder Ausgang ist entweder H-Potential oder L-Potential vorhanden, Zwischenwerte gibt es nicht. Innerhalb eines digitalen Logiksystems sind die beiden möglichen Schaltzustände H- und L-Potential (Spannungswert für den H- und L-Bereich) genau festgelegt. Die beiden Schaltzustände sind folgendermaßen definiert.

H = (High) = das Potential, das am nächsten an $+\infty$ liegt und
L = (Low) = das Potential, das am nächsten an $-\infty$ liegt.

Bei der Darstellung mathematischer Zusammenhänge, werden die Bezeichnungen 0 und 1 als logische Werte benutzt.

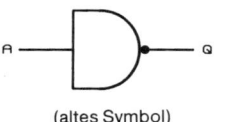

(altes Symbol)

Der Ausgang zeigt immer das umgekehrte Signal gegenüber dem am Eingang anliegenden Signal.

Funktionstabelle für einen Inverter

A	Q
L	H
H	L

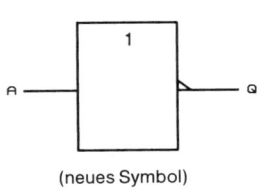

(neues Symbol)

Logische Nicht-Verknüpfung (Inverter)

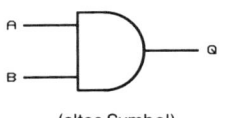

(altes Symbol)

Der Ausgang zeigt nur dann H-Signal, wenn A und B auf H-Signal liegen.

Funktionstabelle für ein UND-Element mit zwei Eingängen

Eingänge		Ausgang
A	B	Q
L	L	L
L	H	L
H	L	L
H	H	H

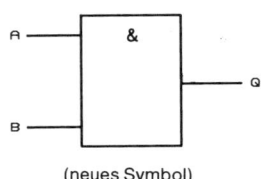

(neues Symbol)

Logische UND-Verknüpfung (AND)

196

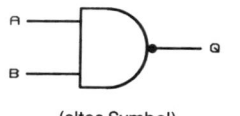

(altes Symbol)

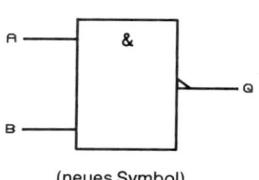

(neues Symbol)

Der Ausgang zeigt nur dann L-Signal, wenn A und B auf H-Signal liegen.

Funktionstabelle für ein NAND-Element mit zwei Eingängen

Eingänge A	B	Ausgang Q
L	L	H
L	H	H
H	L	H
H	H	L

Logische NICHT-UND-Verknüpfung (NAND)

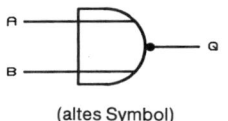

(altes Symbol)

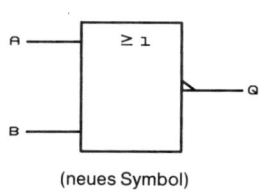

(neues Symbol)

Der Ausgang zeigt nur dann H-Signal, wenn A und B auf L-Signal liegen.

Funktionstabelle für ein NOR-Element mit zwei Eingängen

Eingänge A	B	Ausgang Q
L	L	H
L	H	L
H	L	L
H	H	L

Logische NICHT-ODER-Verknüpfung (NOR)

(altes Symbol)

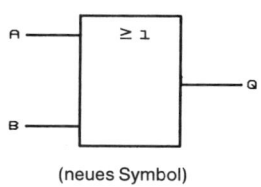

(neues Symbol)

Der Ausgang zeigt nur dann L-Signal, wenn A und B auf L-Signal liegen.

Funktionstabelle für ein ODER-Element mit zwei Eingängen.

Eingänge A	B	Ausgang Q
L	L	L
L	H	H
H	L	H
H	H	H

Logische ODER-Verknüpfung (OR)

197

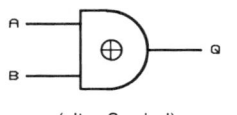

(altes Symbol)

Der Ausgang zeigt nur dann H-Signal, wenn entweder nur A oder nur B auf H-Signal liegen.

Funktionstabelle für ein Exklusiv-ODER-Element mit zwei Eingängen.

Eingänge		Ausgang
A	B	Q
L	L	L
L	H	H
H	L	H
H	H	L

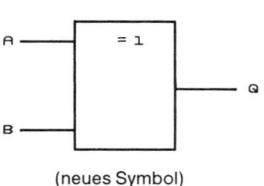

(neues Symbol)

Logische Exklusiv-ODER-Verknüpfung (EX-OR)

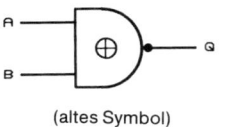

(altes Symbol)

Der Ausgang zeigt nur dann L-Signal, wenn entweder nur A oder nur B auf H-Signal liegt.

Funktionstabelle für ein Exklusiv-NOR-Element mit zwei Eingängen.

Eingänge		Ausgang
A	B	Q
L	L	H
H	L	L
L	H	L
H	H	H

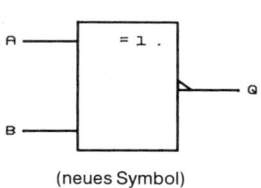

(neues Symbol)

Logische Exklusiv-NICHT-ODER-Verknüpfung (EX-NOR)

Symbole für Bistabile Schaltungen

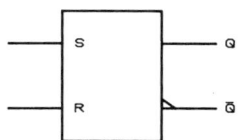

Funktionstabelle für die R- und S-Eingänge der Flipflop

R	S	Q	Q
L	H	L	H
H	L	H	L
L	L	undefiniert	
H	H	Q_n	Q_n

Bistabile Schaltung (Flip-flop)

198

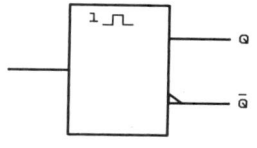

Monostabile Schaltung
(Monoflop)

Monoflop

Schaltung mit nur einem sta-bilen logischen Zustand; der andere logische Zustand wird durch Trigger-Impulse angesteuert und gestattet die Erzeugung von Einzel-Impulsen definierter Dauer.

Die Schaltung kehrt an-schließend in den stabilen Zustand zurück. Die Dauer des nichtstabilen Zustandes wird in der Regel durch ein externes RC-Glied be-stimmt.

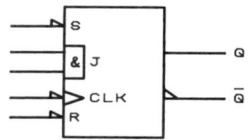

J1, J2 und K sind Informa-tionseingänge
J1 und J2 sind UND-ver-knüpft
J- und K-Eingänge werden

vom CLK-Eingang (Takt) gesteuert
S und R sind direkt wirkende Eingänge (Setzen, Rückset-zen)

Einteilung der Flipflops nach ihrer logischen Funktion

D-Flipflop (Delay-Flipflop)

Das D-Flipflop hat einen mit D bezeichneten Eingang, dessen Zustand in die Kippstufe übernommen wird. Es wird durch einen Taktimpuls gesteuert und speichert die während eines Taktimpulses aufgenommene Information bis zum nächsten Taktimpuls, wo es sich erneut nach seinem Eingang einstellt.

JK-Flipflop

Das JK-Flipflop hat mit J und K bezeichnete Vorbereitungseingänge, die mit Hilfe des Tak-tes die Ausgangslage Q bestimmen.
Bei $J = L$ und $K = L$ bleibt Ausgang Q in seiner ursprünglichen Lage. Ist die Eingangssitua-tion $J = H$ und $K = H$, schaltet das Flipflop jeweils in den anderen logischen Zustand. (Funktion des binären Teilers.) Bei $J = L$ und $K = H$ schaltet Q definiert auf L, umgekehrt schaltet bei $J = H$ und $K = L$ Ausgang Q auf H.
Die meisten JK-Master-Slave-Flipflop haben noch zusätzliche R- und S-Eingänge, mit denen die Flipflop taktunabhängig betrieben werden können. Damit wurde die Möglich-keit einer Voreinstellbarkeit der Ausgänge geschaffen. R und S deuten an, daß die Flip-flop mit L-Potential gesetzt oder rückgesetzt werden.
In nachfolgender Tabelle ist die Funktion der verschiedenen Flipflop-Typen nochmals zusammengefaßt:

Funktionstabelle für Flipflop

Eingänge		Ausgang Q	
D oder J	K	D-Flipflop	JK-Flipflop
L	L	L	Q_n
L	H		L
H	L	H	H
H	H		Q_n

Numerische Funktionsübersicht (74er-Serien)

74 XX, 74 ALSXX, 74 NXX, 74 LSXX, 74 HCXX, 74 HCUXX, 74 HCTXX, 74 SXX, 74 FXX
(nicht alle Typen mit Pinbelegung aufgeführt)

Pins = Anzahl der Anschlüsse

Typ	PINS	Funktion	ALS	N	LS	HC	HCU	HCT	S	F
(XX)										
00	14	4 × 2 NAND-Gatter	•	•	•	•		•	•	•
01	14	4 × 2 NAND-Gatter	•	•						
02	14	4 × 2 NOR-Gatter	•	•	•	•		•	•	•
03	14	4 × 2 NAND-Gatter	•	•	•	•		•	•	
04	14	6 Inverter	•	•	•	•	•	•	•	•
05	14	6 Inverter	•	•	•				•	
06	14	6 Inverter (30 V)		•	•					
07	14	6 BIT-Treiber		•	•					
08	14	4 × 2 AND-Gatter	•	•	•	•		•	•	•
09	14	4 × 2 AND-Gatter	•		•					
10	14	3 × 3 NAND-Gatter	•	•	•	•		•	•	•
11	14	3 × 3 AND-Gatter	•	•	•	•		•	•	•
12	14	3 × 3 NAND-Gatter	•		•					
13	14	2 × 4 NAND Schmitt-Trigger		•	•					•
14	14	6 invertierende Schmitt-Trigger		•	•	•		•	•	
15	14	3 × 3 AND-Gatter	•		•				•	
16	14	6 Inverter (15 V)		•						
17	14	6 BIT-Treiber		•						
18	14	2 × 4 NAND Schmitt-Trigger			•					
19	14	6 invertierende Schmitt-Trigger			•					
20	14	2 × 4 NAND-Gatter	•	•	•	•		•	•	•
21	14	2 × 4 AND-Gatter	•	•	•	•			•	
22	14	2 × 4 NAND-Gatter	•		•				•	
24	14	4 × 2 NAND Schmitt-Trigger			•					
25	14	2 × 4 NOR-Gatter		•						
26	14	4 × 2 NAND-Gatter (15 V)		•	•					
27	14	3 × 3 NOR-Gatter	•	•	•	•		•		•
28	14	4 × 2 NOR-Gatter (FQ = 30)	•	•	•					
30	14	1 × 8 NAND-Gatter	•	•	•	•		•	•	•
31	16	Verzögerungselement			•					
32	14	4 × 2 OR-Gatter	•	•	•	•		•	•	
33	14	4 × 2 NOR-Treiber	•	•	•					
34	14	Treiber	•							
37	14	4 × 2 NAND-Gatter (FQ = 30)		•	•				•	•
38	14	4 × 2 NAND-Gatter (FQ = 30)	•	•	•				•	•
40	14	2 × 4 NAND-Gatter (FQ = 30)	•	•	•				•	•
42	16	4 BIT BCD zu Dezimal-Konverter		•	•	•		•		
43	16	Excess-3-zu-Dezimal-Konverter		•						
45	16	BCD zu Dezimal-Konverter (30 V-Ausg.)		•						
47	16	BCD zu 7-Segment-Konverter (15 V-Ausg.)		•	•					
48	16	BCD zu 7-Segment-Decoder			•					
49	16	BCD zu 7-Segment-Decoder			•					
50	14	AND/NOR-Gatter		•						
51	14	AND/NOR-Gatter		•	•	•			•	•
53	14	AND/NOR-Gatter (expandierbar)		•						
54	14	AND/NOR-Gatter		•	•					

Typ	PINS	Funktion	ALS	N	LS	HC	HCU	HCT	S	F
55	14	AND/NOR-Gatter (expandierbar)			•					
56	8	Frequenzteiler 50 :1			•					
57	8	Frequenzteiler 60 :1			•					
58	14	2 AND/OR-Gatter				•		•		
60	14	2 × 4 AND Expander		•						
64	14	AND/NOR-Gatter							•	•
65	14	Invertierendes AND/OR-Gatter							•	
68	16	2 asynchrone Dezimalzähler			•					
69	16	2 asynchrone 4-BIT-Binärzähler			•					
72	14	Flipflop mit Preset, Clear, J und K (impulsgetriggert)		•						
73	14	2 Flipflop mit Clear, J und K (flankengetriggert)			•	•		•		
74	14	2 D-Flipflop mit Komplementär-Ausgängen	•	•	•	•		•	•	•
75	16	4 D-Latches mit Komplementär-Ausgängen		•	•	•		•		
76	16	2 Flipflop mit Preset, Clear, J und K (impulsgetriggert)			•			•		
77	14	4 D-Latches						•		
78	14	2 Flipflop mit Preset, Clear, J und K (impulsgetriggert						•		
82	14	2 BIT-Addierer			•					
83	16	4 BIT-Addierer			•					•
85	16	4 BIT-Komparator			•	•		•	•	•
86	14	4 × 2 EX-OR-Gatter	•		•	•		•	•	•
90	14	4 BIT-Dezimalzähler (vorwärts)			•					
91	14	8 BIT-Schieberegister (seriell)			•					
92	14	1:12-Teiler			•					
93	14	4 BIT-Binärzähler (vorwärts)			•	•		•		
94	16	4 BIT-Schieberegister (parallele NOR-Eingänge) . . .			•					
95	14	4 BIT-Schieberegister (parallele Ein- und Ausgänge)			•	•				
96	16	5 BIT-Schieberegister (parallele Ein- und Ausgänge)			•	•				
107	14	2 Flipflop mit Clear, J und K (flankengetriggert)			•	•		•		
109	16	2 Flipflop mit Preset, Clear, J und K (flankengetriggert)			•	•		•		•
112	16	2 Flipflop mit Preset, Clear, J und K (flankengetriggert)	•		•	•		•	•	•
113	14	2 Flipflop mit Preset, Clear, J und K (flankengetriggert)	•		•	•			•	•
114	14	2 Flipflop mit Preset, Clear, J und K (flankengetriggert)	•		•	•			•	•
116	24	8 D-Latches			•					
121	14	Monoflop mit Schmitt-Trigger-Eingang			•					
122	14	Nachtriggerbares Monoflop			•					
123	16	Nachtriggerbare Monoflops			•	•		•		
124	16	Spannungsgesteuerte Oszillatoren							•	
125	14	4 BIT-Treiber			•	•		•		•
126	14	4 BIT-Treiber			•	•		•		•
128	14	4 × 2 NOR 50 Ohm-Leistungstreiber			•					
131	14	4 × 2 AND-Treiber (15 V)						•		
132	14	4 × 2 NAND Schmitt-Trigger	•	•	•	•		•		•
133	16	1 × 13 NAND-Gatter	•		•	•			•	•
134	16	1 × 12 NAND-Gatter							•	

Typ	PINS	Funktion	ALS	N	LS	HC	HCU	HCT	S	F
135	16	4 × 2 EX-OR/NOR-Gatter							●	
136	14	4 × 2 EX-OR-Gatter	●		●					
137	16	3-zu-8 mit Latch Demultiplexer	●		●	●		●		
138	16	3 BIT Binär zu Dezimal-Konverter	●		●	●		●	●	●
139	16	2 × 2 BIT Binär zu Dezimal-Konverter	●		●	●		●	●	●
140	14	2 × 4 NAND 50 Ohm-Leistungstreiber							●	
145	16	BCD zu Dezimal-Konverter (15 V-Ausgang)		●	●					
147	16	Prioritätsencoder		●	●	●		●		
148	16	Prioritätsencoder		●	●	●				●
150	24	16-zu-1 Multiplexer			●					
151	16	8-zu-1 Multiplexer	●	●	●	●		●	●	●
152	14	8-zu-1 Multiplexer			●					
153	16	2 × 4-zu-1 Multiplexer	●	●	●	●		●		●
154	24	4-zu-16 Demultiplexer		●	●	●		●		●
155	16	2 × 2-zu-4 Demultiplexer		●	●	●				
156	16	2 × 2-zu-4 Demultiplexer		●	●	●				
157	16	4 × 2-zu-1 Multiplexer	●	●	●	●		●	●	●
158	16	4 × 2-zu-1 Multiplexer	●	●	●	●		●	●	●
160	16	4 BIT mit Preset-Dezimalzähler (vorwärts)	●	●	●	●		●		●
161	16	4 BIT mit Preset-Binär (vorwärts)	●	●	●	●		●		●
162	16	4 BIT mit Preset-Dezimalzähler (vorwärts)	●		●	●		●	●	●
163	16	4 BIT mit Preset-Binärzähler (vorwärts)	●	●	●	●		●	●	●
164	14	8 BIT-Schieberegister mit parallelen Ausgängen		●	●	●		●		●
165	16	8 BIT-Schieberegister mit parallelen Eingängen		●	●	●		●		●
166	16	8 BIT-Schieberegister mit parallelen Eingängen		●	●	●				
168	16	4 BIT-Dezimalzähler (vor- und rückwärts)	●		●				●	●
169	16	4 BIT-Binärzähler (vor- und rückwärts)	●		●				●	●
170	16	4 × 4 BIT-RAM			●					
171	16	4 D-Flipflop			●					
172	24	8 × 2 BIT-RAM			●					
173	16	4 D-Flipflop		●	●	●		●		●
174	16	6 D-Flipflop	●	●	●	●		●		●
175	16	4 D-Flipflop mit Komplementär-Ausgängen	●	●	●	●		●	●	●
180	14	9 BIT-Paritätsprüfer			●					
181	24	4 BIT-ALU		●	●	●		●	●	●
182	16	Übertragungseinheit für Zähler				●		●	●	●
183	14	2 × 1 BIT-Addierer			●					
189	16	16 × 4 BIT-RAM			●				●	
190	16	4 BIT mit Preset-Dezimalzähler (vor- und rückwärts)	●	●	●	●		●		●
191	16	4 BIT Binärzähler mit Preset (vor- und rückwärts)	●	●	●	●		●		●
192	16	4 BIT Dezimalzähler mit Preset (vor- und rückwärts)	●	●	●	●		●		●
193	16	4 BIT Binärzähler mit Preset (vor- und rückwärts)	●	●	●	●		●		●
194	16	4 BIT links/rechts-Schieberegister mit parallelen Ein- und Ausgängen		●	●	●		●	●	●
195	16	4 BIT Universal-Schieberegister mit parallelen Ein- und Ausgängen		●	●	●		●	●	●
196	14	4 BIT Dezimalzähler mit Preset (vorwärts)			●				●	
197	14	4 BIT Binärzähler mit Preset (vorwärts)			●				●	
199	24	8 BIT-Schieberegister mit parallelen Ein- und Ausgängen		●						

Typ	PINS	Funktion	ALS	N	LS	HC	HCU	HCT	S	F
219	16	16 × 4 BIT-RAM				•				
221	16	Monoflop mit Schmitt-Trigger-Eingang		•	•	•		•		
222	20	16 × 4 FIFO-Speicher			•					
224	16	16 × 4 FIFO-Speicher			•					
225	20	16 × 5 BIT-FIFO-Speicher							•	
227	20	16 × 4 FIFO-Speicher			•					
228	16	16 × 4 FIFO-Speicher			•					
231	20	2 invertierende 4 BIT-Bustreiber	•							
232	16	16 × 4 FIFO-Speicher asynchron	•							
233	20	16 × 5 FIFO-Speicher asynchron	•							
234	16	64 × 4 FIFO-Speicher	•							
235	20	64 × 5 FIFO-Speicher	•							
236	16	64 × 4 kaskadierbares FIFO	•							
237	16	3 BIT-Binärdecoder				•		•		
238	16	3 BIT-Binärdecoder				•		•		
240	20	2 × 4 BIT-Treiber (invertierend)	•		•	•		•	•	•
241	20	2 × 4 BIT-Treiber	•		•	•		•	•	•
242	14	4 BIT bi-direktionaler Treiber (invertierend)	•		•	•		•	•	•
243	14	4 BIT bi-direktionaler Treiber	•		•	•		•	•	•
244	20	2 × 4 BIT-Treiber	•		•	•		•	•	•
245	20	8 BIT bi-direktionaler -Treiber	•		•	•		•	•	•
246		BCD zu 7-Segment-Decoder-Anzeigentreiber o. k. 30 V								
247	16	BCD zu 7-Segment-Konverter (15 V-Ausgang)			•					
248	16	BCD zu 7-Segment-Konverter mit Anzeigetreiber			•					
251	16	8-zu-1-Multiplexer	•		•	•		•	•	•
253	16	2 × 4-zu-1-Multiplexer	•		•	•		•	•	•
256	16	2 × 2-zu-4-Decoder			•					
257	16	4 × 2-zu-1-Multiplexer	•		•	•		•	•	•
258	16	4 × 2-zu-1-Multiplexer	•		•	•		•	•	•
259	16	8 BIT-Zwischenspeicher	•		•	•		•	•	•
260	14	2 × 5 NOR-Gatter			•				•	•
261	16	2 × 4 BIT Multiplizierer			•					
266 = 7266	14	4 × 2 EX-NOR-Gatter			•	•		•		
269	24	8 BIT-Dualzähler (vor- und rückwärts)								•
273	20	8 D-Flipflop	•		•	•		•	•	•
275	16	7 BIT-Wallace Tree-Element			•					
279	16	4 RS-Latches		•	•	•				
280	14	9 BIT-Paritätsprüfer	•		•	•		•	•	•
283	16	4 BIT-Addierer			•	•		•	•	•
290	14	4 BIT-Dezimalzähler (vorwärts)			•					
292	16	1 : 2^{30} programmierbarer Teiler			•	•				
293	14	4 BIT-Binärzähler (vorwärts)			•					
294	16	1 : 2^{15} programmierbarer Teiler			•	•				
295	14	4 Bit links/rechts-Schieberegister mit parallelen Ein- und Ausgängen			•					
297	16	Digitaler PLL-Filter			•	•		•		
298	16	4 × 2-zu-1-Multiplexer (mit Register)		•	•					•
299	20	8 BIT links/rechts-Schieberegister mit parallelen Ein- und Ausgängen	•		•	•		•	•	•
301	16	256 × 1 BIT-RAM							•	

Typ	PINS	Funktion	ALS	N	LS	HC	HCU	HCT	S	F
320	16	Quarzoszillator			•					
321	16	Quarzoszillator			•					
322	20	8 BIT-Schieberegister mit parallelen Ein- und Ausgängen			•					
323	20	8 BIT universal Schieberegister mit parallelen Ein- und Ausgängen	•		•	•				•
347	16	BCD zu 7-Segment-Decoder			•					
348	16	8-zu-3-BIT-Prioritätsencoder			•					
350	16	4 BIT-Stellenversetzer (Shifter)							•	•
352	16	2 × 4-zu-1-Multiplexer	•		•					•
353	16	2 × 4-zu-1-Multiplexer	•		•					•
354	20	8-zu-1-Multiplexer			•	•			•	
355	20	8-zu-1-Multiplexer			•					
356	20	8-zu-1-Multiplexer			•	•			•	
365	16	6 BIT-Treiber		•	•	•			•	•
366	16	6 BIT-Treiber (invertierend)		•	•	•			•	•
367	16	4 × 2 BIT-Treiber		•	•	•			•	•
368	16	4 × 2 BIT-Treiber		•	•	•			•	•
373	20	8 D-Latches	•		•	•			•	•
374	20	8 D-Flipflop	•		•	•			•	•
375	16	4 D-Latches			•	•				
377	20	8 D-Flipflop			•	•		•		•
378	16	6 D-Flipflop			•					•
379	16	4 D-Flipflop			•					•
381	20	4 BIT-ALU			•				•	•
382	20	4 BIT-ALU			•					
384	16	8 × 1 BIT 2er Komplement-Multiplizierer			•					
385	20	4 Addierer/Subtrahierer			•					•
386	14	4 × 2 EX-OR-Gatter			•	•				
390	16	2 × 4 BIT-Dezimalzähler (vorwärts)			•	•		•		•
393	14	2 × 4 BIT-Binärzähler (vorwärts)			•	•		•		•
395	16	4 BIT-Schieberegister mit parallelen Ein- und Ausgängen			•					•
396	16	8 BIT-Speicherregister			•					
398	20	4 × 2-zu-1-Multiplexer			•					•
399	16	4 × 2-zu-1-Multiplexer			•					•
412	24	Multi-Mode 8 BIT-Auffangregister							•	•
422	14	Nachtriggerbares Monoflop			•					
423	16	Nachtriggerbares Monoflop			•	•		•		
432	24	8 BIT-Auffangregister/Treiber								•
440	20	4 BIT tri-direktionaler Bustreiber			•					
441	20	4 BIT tri-direktionaler Bustreiber			•					
442	20	4 BIT tri-direktionaler Bustreiber			•					
444	20	4 BIT tri-direktionaler Bustreiber	•		•					
445	16	BCD zu Dezimal-Konverter mit Anzeigetreiber			•					
446	16	4 BIT bi-direktionaler Bustreiber	•		•					
449	16	4 BIT bi-direktionaler Bustreiber	•		•					
455	24	8 BIT-Treiber mit Parity								•
456	24	8 BIT-Treiber mit Parity								•
465	20	8 BIT-Treiber	•		•					
466	20	8 BIT invertierender Bustreiber	•		•					
467	20	2 × 4 BIT-Bustreiber	•		•					
468	20	2 × 4 BIT invertierender Bustreiber	•		•					

Typ	PINS	Funktion	ALS	N	LS	HC	HCU	HCT	S	F
482	20	4 BIT Slice-Mikrocontroller							●	
490	16	2 Dezimalzähler			●					
518	20	8 BIT-Komparator	●							
519	20	8 BIT-Komparator	●							
520	20	8 BIT-Komparator	●							
521	20	8 BIT-Komparator	●							
522	20	8 BIT-Komparator	●							●
524	20	8 BIT-Komparator mit Schieberegister								●
526	20	16 BIT programmierbarer Komparator	●							
527	20	12 BIT programmierbarer Komparator	●							
528	16	12 BIT programmierbarer Komparator	●							
533	20	8 BIT-Businterface (invertierend)	●			●	●	●		●
534	20	Invertierendes 8 BIT-D-Flipflop	●			●	●	●	●	●
537	20	8 BIT-BCD zu Dezimal-Konverter								●
538	20	1 aus 8 Decoder								●
540	20	8 BIT-Treiber (invertierend)	●			●	●	●		●
541	20	8 BIT-Treiber	●			●	●	●		●
543	20	8 BIT bi-direktionales Auffangregister								●
544	24	8 BIT bi-direktionaler invertierender Treiber mit Latch								●
545	20	8 BIT-Leistungstreiber								●
547	20	3 BIT/8 BIT-Decoder								●
548	20	3 BIT/8 BIT-Decoder								●
560	20	Synchroner Dezimalzähler	●							
561	20	Synchroner 4 BIT-Binärzähler	●							
563	20	8 BIT invertierendes Businterface, D-Latch	●			●		●		
564	20	8 BIT invertierendes Businterface, D-Flipflop	●			●		●		
568	20	4 BIT-Dezimalzähler mit Preset (vorwärts)	●		●					●
569	20	4 BIT-Binärzähler mit Preset (vorwärts)	●		●					●
573	20	8 BIT-Businterface (D-Latch)	●			●	●	●		
574	20	8 BIT-Businterface (D-Flipflop)	●			●	●	●		
575	24	8 BIT D-Flipflop	●							
576	20	8 BIT invertierendes D-Flipflop	●							
577	24	8 BIT invertierendes D-Flipflop	●							
579	20	8 BIT bi-direktionaler Binärzähler								●
580	20	8 BIT invertierendes D-Latch	●							
582	24	4 BIT-Volladdierer (ALU)								●
583	16	4 BIT-Addierer				●		●		
588	20	8 BIT-Bustreiber								●
590	16	8 BIT-Binärzähler (vorwärts)				●	●			
591	16	8 BIT-Binärzähler				●				
592	16	8 BIT-Binärzähler mit Preset				●				
593	20	8 BIT-Binärzähler mit Preset und Parallelausgängen				●				
594	16	8 BIT-Schieberegister mit Ausgangslatch				●				
595	16	8 BIT-Schieberegister mit Latch und parallelen Ausgängen				●	●			
596	16	8 BIT-Schieberegister mit Ausgangslatch				●				
597	16	8 BIT-Schieberegister mit Latch und parallelen Eingängen				●	●	●		
598	20	8 BIT-Schieberegister mit Paralleleingängen			●					
599	16	8 BIT-Schieberegister mit Ausgangslatch			●					
600	20	Refresh Controller für 4/16 KByte dyn. RAM's			●					
601	20	Refresh Controller für 64 KByte dyn. RAM's			●					

Typ	PINS	Funktion	ALS	N	LS	HC	HCU	HCT	S	F
603	20	Refresh Controller für 64 KByte dyn. RAM's			•					
604	28	8 × 2-zu-1-Multiplexer mit Latch			•					•
605	28	8 × 2-zu-1-Multiplexer mit Register			•					•
606	28	8 × 2-zu-1-Multiplex Latches			•					
607	28	8 × 2-zu-1-Multiplex Latches			•					
611	40	Memory Mapper mit gelatchten Ausgängen		•						
612	40	Memory Mapper			•					
613	40	Memory Mapper			•					
614	24	8fach Bus XCVR/Reg. mit invertierendem offenen Collector	•							
615	24	8fach Bus XCVR/Reg. nicht invertierender offener Collector	•							
620	20	8 BIT bi-direktionaler Treiber (invertierend)	•		•	•				•
621	20	8 BIT bi-direktionaler Treiber	•		•					•
622	20	8 BIT bi-direktionaler Treiber (invertierend)	•		•					•
623	20	8 BIT bi-direktionaler Treiber	•		•	•				•
624	14	Spannungsgesteuerter Oszillator			•					
625	16	2 spannungsgesteuerte Oszillatoren			•					
626	16	2 spannungsgesteuerte Oszillatoren			•					
627	14	2 spannungsgesteuerte Oszillatoren			•					
628	14	Spannungsgesteuerter Oszillator			•					
629	16	2 spannungsgesteuerte Oszillatoren			•					
630	28	EDAC 16 BIT			•					
632	52	EDAC 32 BIT	•							
634	48	EDAC 32 BIT	•							
636	20	EDAC 8 BIT			•					
637	20	EDAC 8 BIT			•					
638	20	8 BIT bi-direktionaler invertierender Bustreiber	•		•					
639	20	8 BIT bi-direktionaler invertierender Bustreiber	•		•					
640	20	8 BIT bi-direktionaler Treiber (invertierend)	•		•	•		•	•	
640-1	20	8 BIT bi-direktionaler Treiber (invertierend)			•					
641	20	8 BIT bi-direktionaler Treiber	•		•					•
641-1	20	8 BIT bi-direktionaler Treiber			•					
642	20	8 BIT bi-direktionaler Treiber (invertierend)	•		•					•
642-1	20	8 BIT bi-direktionaler Treiber (invertierend)			•					
643	20	8 BIT bi-direktionaler Treiber (invertierend und nicht invertierend)	•			•		•		
644	20	8 BIT bi-direktionaler Treiber	•		•					
644-1	20	8 BIT bi-direktionaler Treiber			•					
645	20	8 BIT bi-direktionaler Treiber	•		•					
645-1	20	8 BIT bi-direktionaler Treiber			•					
646	24	8 BIT bi-direktionaler Treiber mit Latch	•		•	•		•		•
647	24	8 BIT bi-direktionaler Treiber mit Latch	•		•					•
648	24	8 BIT bi-direktionaler Treiber mit Latch (invertierend)	•		•	•		•		•
649	24	8 BIT bi-direktionaler Treiber mit Latch (invertierend)	•		•					•
651	24	8 BIT bi-direktionaler Treiber mit Latch (invertierend)	•		•	•		•		•
652	24	8 BIT bi-direktionaler Treiber mit Latch	•		•	•		•		•
653	24	8 BIT bi-direktionaler Treiber mit Latch (invertierend)	•		•					•
654	24	8 BIT bi-direktionaler Treiber mit Latch								•
655	24	8 BIT-Buffer mit Prioritätsprüfung								•

Typ	PINS	Funktion	ALS	N	LS	HC	HCU	HCT	S	F
656	24	8 BIT-Buffer mit Prioritätsprüfung								•
657	24	8 BIT-Bustreiber und -empfänger mit Prioritätsprüfung								•
666	24	8fach Read Back Latch nicht invertierend	•							
667	24	8fach Read Back Latch invertierend	•							
668	16	4 BIT synchroner Dezimalzähler mit Preset			•					
669	16	4 BIT synchroner Dezimalzähler mit Preset			•					
670	16	4 × 4 BIT-RAM			•	•		•		
671	20	4 BIT-Universalschieberegister mit asynchronem Clear			•					
672	20	4 BIT-Universalschieberegister mit synchronem Clear			•					
673	24	16 BIT-Schieberegister mit Parallelausgängen			•					
674	24	16 BIT-Schieberegister mit Paralleleingängen			•					
676	16	16 BIT PAR/SERIE-Schieberegister und Treiber								•
677	24	16 BIT-Adresskomparator	•							
678	24	16 BIT-Adresskomparator mit Latch	•							
679	20	12 BIT-Adresskomparator	•							
680	20	12 BIT-Adresskomparator mit Latch	•							
681	20	4 BIT-Akkumulator			•					
682	20	8 BIT-Komparator mit Pull-up Widerständen			•					
686	24	8 BIT-Größenvergleicher			•					
687	24	8 BIT-Größenvergleicher			•					
688	20	8 BIT-Komparator	•		•	•		•		
689	20	8 BIT-Größenkomparator	•							
690	20	4 BIT-Dezimalzähler mit Preset und Register (vorwärts)			•	•				
691	20	4 BIT-Binärzähler mit Preset und Register (vorwärts)			•	•				
692	20	4 BIT-Zähler/Register				•				
693	20	4 BIT-Zähler/Register				•				
696	20	4 BIT-Dezimalzähler mit Preset und Register (vorwärts)			•	•				
697	20	4 BIT-Binärzähler mit Preset und Register (vor- und rückwärts)			•	•				
698	20	4 BIT-Zähler/Register			•	•				
699	20	4 BIT-Zähler/Register			•	•				
746	20	'540 mit Eingangs-Pull-up-Widerstand	•							
747	20	'541 mit Eingangs-Pull-up-Widerstand	•							
756	20	8 BIT invertierender Bustreiber	•							
758	14	4 BIT bi-direktionaler invertierender Bustreiber	•							
763	20	8 BIT invertierender Bustreiber	•							
764	40	2 PORT-DRAM-Controller/Speicher				•				•
765	40	2 PORT-DRAM-Controller								•
779	16	8 BIT-Dualzähler mit parallelen Ein- und Ausgängen (vor- und rückwärts)								•
786	16	4 BIT-Arbiter								•
804	20	NAND-Treiber	•							
805	20	NOR-Treiber	•							
810	14	EX-NOR-Gatter	•							
811	14	EX-NOR-Gatter	•							
827	24	10 BIT-Buffer								•
828	24	10 BIT-Buffer, invertierend								•
832	20	OR-Treiber	•							
841	24	10 BIT-Auffangregister								•

Typ	PINS	Funktion	ALS	N	LS	HC	HCU	HCT	S	F
842	24	10 BIT-Auffangregister, invertierend								•
844	24	9 BIT-Auffangregister, invertierend								•
846	24	8 BIT-Auffangregister, invertierend								•
857	24	6 × 2-zu-1-Universal-Multiplexer	•							
861	24	10 BIT-Bustreiber/-empfänger								•
862	24	10 BIT-Bustreiber/-empfänger, invertierend								•
863	24	9 BIT-Bustreiber/-empfänger								•
864	24	9 BIT-Bustreiber/-empfänger, invertierend								•
869	24	8 BIT synchroner Zähler	•							
870	24	2 × 16 Register à 4 BIT	•							
871	28	2 × 16 Register à 4 BIT	•							
873	24	2 × 4 BIT D-Latches	•							
874	24	2 × 4 BIT D-Flipflop	•							
876	24	2 × 4 BIT invertierende D-Flipflop	•							
878	24	2 × 4 BIT D-Flipflop	•							
879	24	2 invertierende 4 BIT D-Flipflop	•							
880	24	2 × 4 BIT invertierende D-Latches	•							
881	24	ALU/Funktionsgenerator							•	
882	24	32 BIT-Generator							•	
962	18	Dual Schieberegister	•							
990	20	8 BIT-Latch nicht invertierend	•							
991	20	8 BIT-Latch invertierend	•							
992	24	9 BIT-Latch nicht invertierend	•							
993	24	9 BIT-Latch invertierend	•							
994	24	10 BIT-Latch nicht invertierend	•							
995	24	10 BIT-Latch invertierend	•							
996	24	8fach Read Back Flipflop	•							
1000	14	NAND-Treiber	•							
1002	14	NOR-Treiber	•							
1003	14	NAND-Treiber	•							
1004	14	invertierender Treiber	•							
1005	14	invertierender Treiber	•							
1008	14	AND-Treiber	•							
1010	14	NAND-Treiber	•							
1011	14	AND-Treiber	•							
1020	14	NAND-Treiber	•							
1032	14	OR-Treiber	•							
1034	14	Treiber gebuffert '34	•							
1035	14	Treiber gebuffert '35	•							
1240	20	8 BIT-Treiber (invertierend)	•							•
1241	20	8 BIT-Treiber								•
1242	14	4 BIT bi-direktionaler Treiber (invertierend)	•							•
1243	14	4 BIT bi-direktionaler Treiber								•
1244	20	8 BIT-Treiber			•					
1245	20	8 BIT-Treiber			•					
1640	20	8 BIT invertierender bi-direktionaler Bustreiber			•					
1645	20	8 BIT bi-direktionaler Bustreiber			•					
1804	20	Center Pin '804			•					
1805	20	Center Pin '805			•					
1808	20	Center Pin '808			•					
1832	20	Center Pin '832			•					
2000	28	16 BIT-Drehrichtungsdiskriminator			•					
2240	20	'240 mit seriellem Dämpfungs-Widerstand			•					

Typ	PINS	Funktion	ALS	N	LS	HC	HCU	HCT	S	F
2242	14	'242 mit seriellem Dämpfungs-Widerstand			•					
2540	20	'540 mit seriellem Dämpfungs-Widerstand	•							
2541	20	'541 mit seriellem Dämpfungs-Widerstand	•							
2967	48	256 K DRAM-Controller	•							
2968	48	256 K DRAM-Controller	•							
3037	16	30-Ohm Line-Driver								•
3038	16	30-Ohm Line-Driver								•
3040	16	30-Ohm Line-Driver								•
4002	14	2 NOR-Gatter mit je 4 Eingängen				•		•		
4015	16	Zwei 4 BIT statische Schieberegister				•		•		
4016	14	4fach Analog-Schalter/-Multiplexer				•		•		
4017	16	Dekadenzähler				•		•		
4020	16	14 BIT-Binärzähler				•		•		
4022	16	oktaler Zähler/Teiler				•				
4024	14	7 BIT-Binärzähler				•		•		
4028	16	BCD/Dezimal-Decoder				•				
4040	16	12 BIT-Binärzähler				•		•		
4046	16	PLL-Schaltkreis				•		•		
4049	16	9 Inverter/Puffer				•		•		
4050	16	6 Puffer				•		•		
4051	16	8 Kanal Analog-Multiplexer				•		•		
4052	16	Zwei 4 Kanal Analog-Multiplexer				•		•		
4053	16	Drei 2 Kanal Analog-Multiplexer				•		•		
4059	24	programmierbarer 1/n-Teiler				•		•		
4060	16	14stufiger Zähler/Teiler/Oszillator				•		•		
4066	14	4 Analogschalter				•		•		
4067	24	16 Kanal Multiplexer/Demultiplexer				•		•		
4072	14	2 OR-Gatter mit je 4 Eingängen				•				
4075	14	3 OR-Gatter mit je 3 Eingängen				•		•		
4078	14	NOR-Gatter mit 8 Eingängen				•				
4094	16	8 BIT-Universal-Busregister				•		•		
4103	16	8 BIT-Zähler				•				
4316	16	bi-direktionaler Schalter 4fach				•		•		
4351	20	8 Kanal analog Multiplexer/Demultiplexer mit Latch				•		•		
4352	20	Zwei 4 Kanal analog Multiplexer/Demultiplexer mit Latch				•		•		
4353	20	Drei 2 Kanal analog Multiplexer/Demultiplexer mit Latch				•		•		
4510	16	BCD-Zähler (vor- und rückwärts)				•		•		
4511	16	BCD/7-Segment Latch, Decoder, Treiber				•		•		
4513	18	BCD-zu-7-Segm. Speicher Decoder								
4514	24	4/16-Demultiplexer mit Latch				•		•		
4515	24	4/16-Demultiplexer mit Latch				•		•		
4516	16	Binärzähler (vor- und rückwärts)				•		•		
4518	16	2 BCD-Zähler				•		•		
4520	16	2 Binärzähler				•		•		
4538	16	2 monostabile Präzisions-Multivibratoren				•		•		
4543	16	BCD/7-Segment Latch, Decoder, Treiber				•		•		
7007	14	6 Puffer				•		•		
7030	28	9 BIT × 64 Wörter-FIFO-Register				•		•		
7046	16	PLL-Schaltung				•		•		
7292	16	programmierbarer Teiler				•				
7294	16	programmierbarer Teiler				•				

Typ	PINS	Funktion	ALS	N	LS	HC	HCU	HCT	S	F
7597	16	8 BIT-Schieberegister/Teiler				●		●		
8003	8	2 × 2 NAND	●							
8161	24	8 BIT-Binärzähler	●							
8163	24	8 BIT-Binärzähler	●							
8169	24	8 BIT-Binärzähler (vor- und rückwärts)	●							
30240	24	8 BIT 30 Ohm Leistungstreiber, invertierend								●
30244	24	Zwei 4 BIT 30 Ohm Leistungstreiber								●
30245	24	8 BIT 30 Ohm Bustreiber/-empfänger								●
30640	24	8 BIT 30 Ohm Bustreiber/-empfänger invertierend								●
40102	16	synchroner 8 BIT BCD-Rückwärtszähler				●		●		
40103	16	8 BIT Dual-Abwärtszähler				●		●		
40104	16	4 BIT bi-direktionales Schieberegister				●		●		
40105	16	4 BIT × 16 Wörter-FIFO-Register				●		●		

Anschlußbelegungen von TTL-ICs

SN 7400

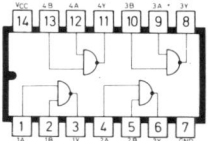

Vier NAND-Gatter mit je 2 Eing.

SN 7401

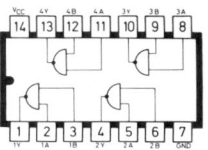

Vier NAND-Gatter mit je 2 Eingängen (o.K.)

SN 7402

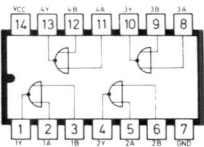

Vier NOR-Gatter mit je 2 Eing.

SN 7403

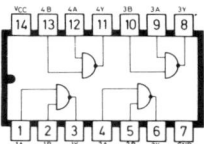

Vier NAND-Gatter mit je 2 Eingängen (o. K.)

SN 7404

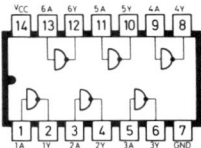

Sechs Inverter

SN 7405

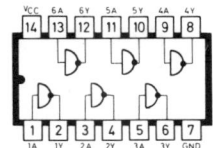

Sechs Inverter (o. K.)

SN 7406

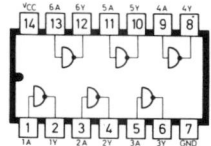

Sechs invertierende Treiber (o. K. 30 V)

SN 7407

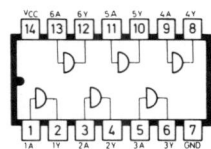

Sechs Treiber (o. K. 30 V)

SN 7408

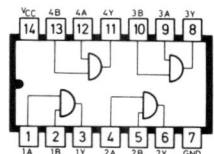

Vier AND-Gatter mit je 2 Eing.

SN 7409

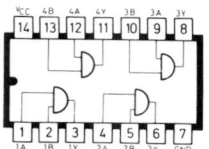

Vier AND-Gatter mit je 2 Eingängen (o. K.)

SN 7410

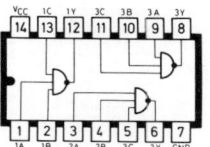

Drei NAND-Gatter mit je 3 Eing.

SN 74 LS 11

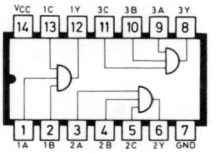

Drei AND-Gatter mit je 3 Eing.

SN 7412

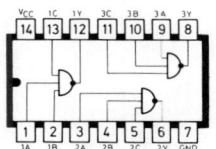

Drei NAND-Gatter mit je 3 Eingängen (o. K.)

SN 7413

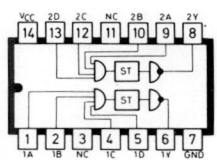

Zwei NAND-Schmitt-Trigger mit je 4 Eingängen

SN 7414

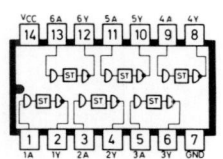

Sechs invertierende Schmitt-Trigger

Anschlußbelegungen von TTL-ICs

SN 74 LS 15

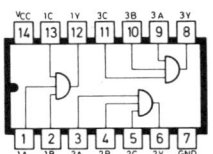

Drei AND-Gatter mit je 3 Eingängen (o. K.)

SN 7416

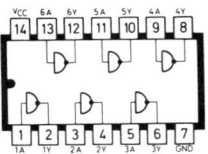

Sechs invertierende Treiber (o. K.)

SN 7417

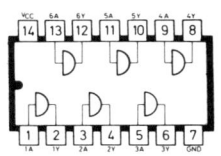

Sechs Treiber (o. K., 15 V)

SN 7420

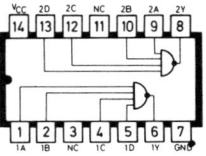

Zwei NAND-Gatter mit je 4 Eing.

SN 74 LS 21

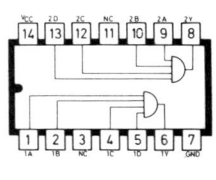

Zwei AND-Gatter mit je 4 Eing.

SN 7422

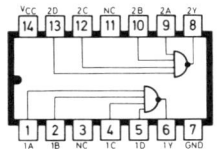

Zwei NAND-Gatter mit je 4 Eing.

SN 7423

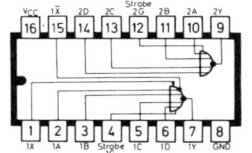

Zwei NOR-Gatter mit je 4 Eing.

SN 7425

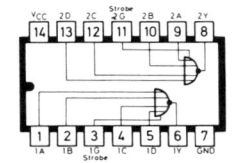

Zwei NOR-Gatter mit je 4 Eing.

SN 7426

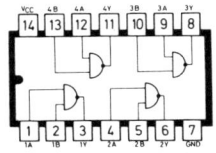

Vier NAND-Gatter mit je 2 Eing.

SN 7427

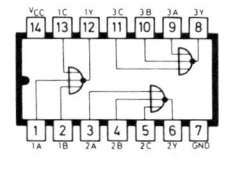

Drei NOR-Gatter mit je 3 Eing.

SN 7428

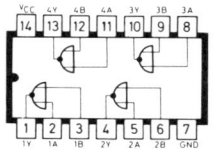

Vier NOR-Leistg.-Gatter mit je 2 Eingängen

SN 7430

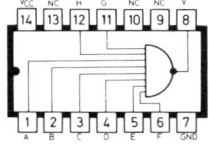

NAND-Gatter mit 8 Eingängen

SN 7432

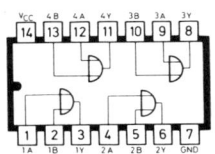

Vier OR-Gatter mit je 2 Eingängen

SN 7433

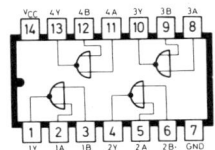

Vier NOR-Leistg.-Gatter mit je 2 Eingängen

SN 7437

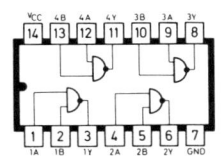

Vier NAND-Leistg.-Gatter mit je 2 Eingängen

Anschlußbelegungen von TTL-ICs

SN 7438
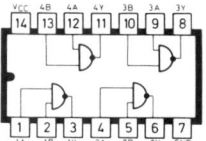

Vier NAND-Leistg.-Gatter mit je 2 Eingängen

SN 7440
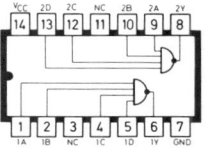

Zwei NAND-Leistg.-Gatter mit je 4 Eingängen

SN 7442
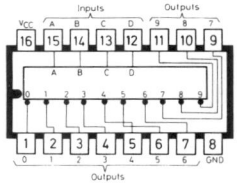

BCD zu Dezimal-Dekoder

SN 7443
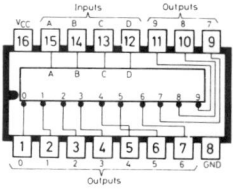

Excess-3 zu Dezimal-Dekoder

SN 7444
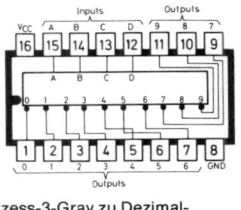

Exzess-3-Gray zu Dezimal-Dekoder

SN 7445
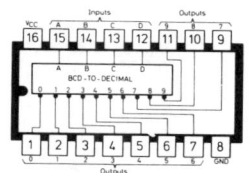

BCD zu Dezimal-Dekoder/Anzeigentreiber

SN 7446
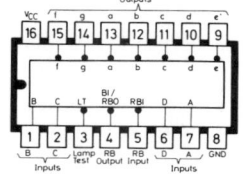

BCD zu 7-Segment-Dekoder/Anzeigentreiber

SN 7447
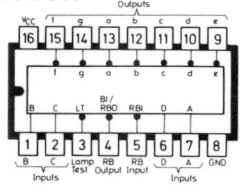

SN 7448
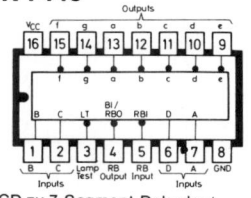

BCD zu 7-Segment-Dekoder/Anzeigentreiber

SN 74 LS 49
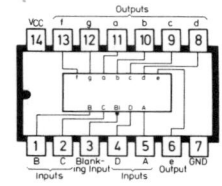

BCD zu 7-Segment-Dekoder/Anzeigentreiber

SN 7450
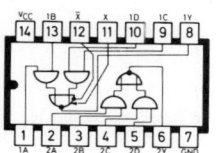

Zwei AND/OR/INVERT-Gatter

SN 7451
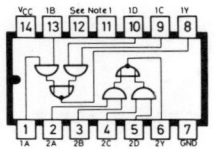

Zwei AND/OR/INVERT-Gatter

SN 7453
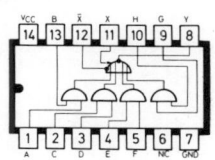

Exp. AND/OR/INVERT-Gatter

SN 7454
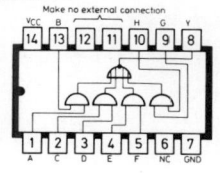

AND/OR/INVERT-Gatter

SN 74 LS 55
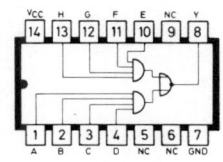

AND/OR/INVERT-Gatter m. 2 × 4 Eingängen

Anschlußbelegungen von TTL-ICs

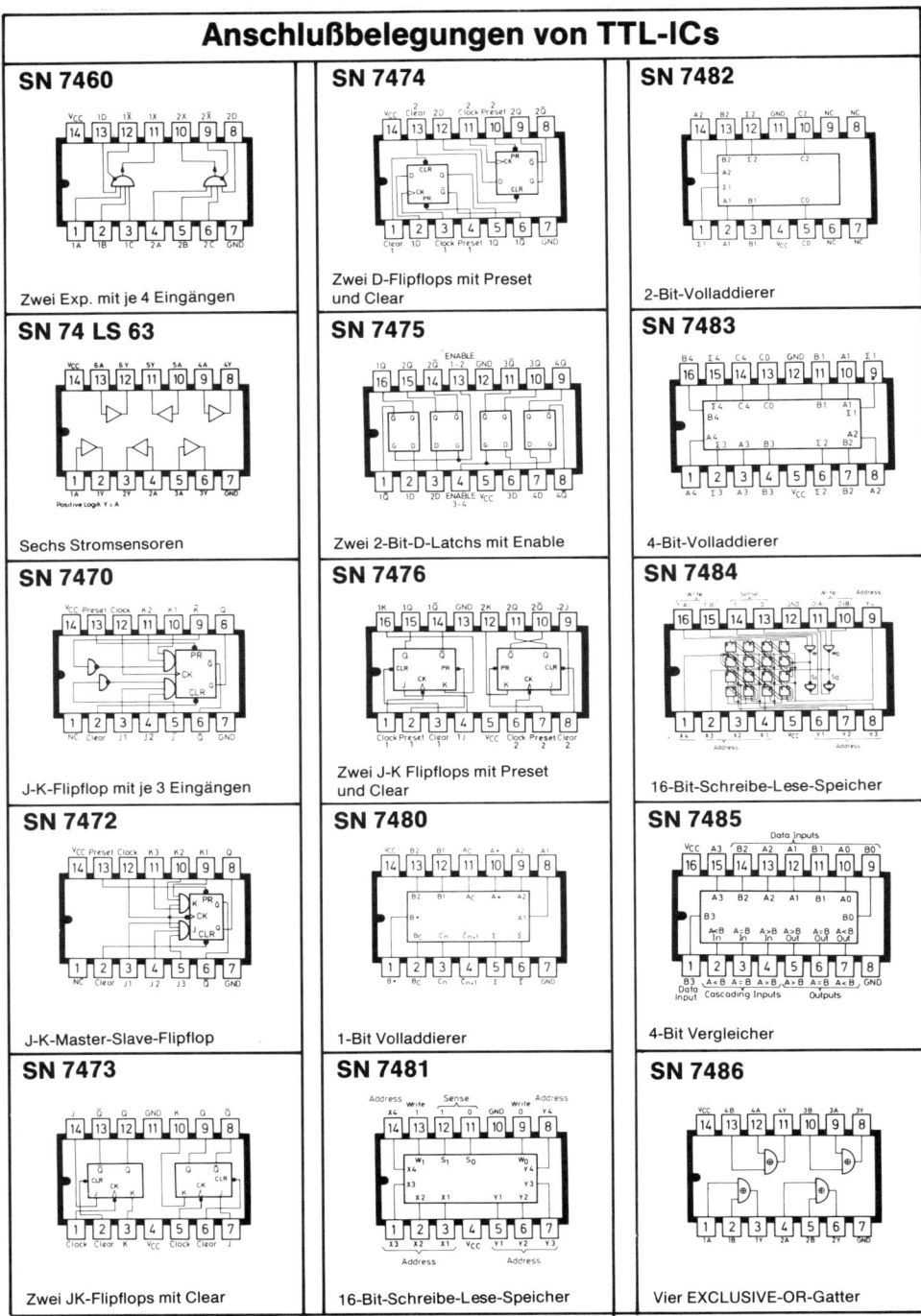

SN 7460

Zwei Exp. mit je 4 Eingängen

SN 74 LS 63

Sechs Stromsensoren

SN 7470

J-K-Flipflop mit je 3 Eingängen

SN 7472

J-K-Master-Slave-Flipflop

SN 7473

Zwei JK-Flipflops mit Clear

SN 7474

Zwei D-Flipflops mit Preset und Clear

SN 7475

Zwei 2-Bit-D-Latchs mit Enable

SN 7476

Zwei J-K Flipflops mit Preset und Clear

SN 7480

1-Bit Volladdierer

SN 7481

16-Bit-Schreibe-Lese-Speicher

SN 7482

2-Bit-Volladdierer

SN 7483

4-Bit-Volladdierer

SN 7484

16-Bit-Schreibe-Lese-Speicher

SN 7485

4-Bit Vergleicher

SN 7486

Vier EXCLUSIVE-OR-Gatter

214

Anschlußbelegungen von TTL-ICs

SN 7490

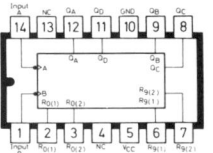

Dezimalzähler

SN 7491

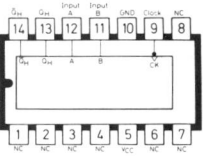

8-Bit-Schieberegister

SN 7492

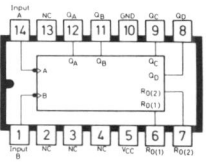

Zähler bis 12

SN 7493

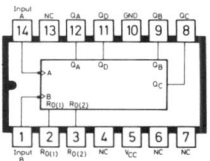

4-Bit-Binärzähler

SN 7494

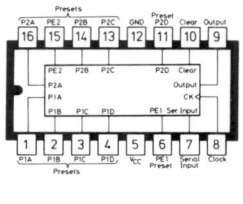

4-Bit-Schieberegister

SN 7495

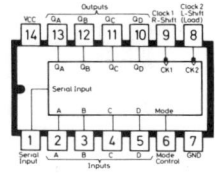

4-Bit-Schieberegister

SN 7496

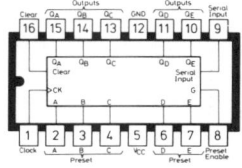

5-Bit-Schieberegister

SN 7497

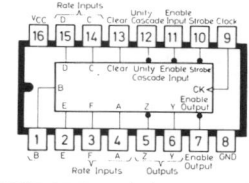

Synchr. programmierbarer
6-Bit-Bin.Teiler

SN 74100

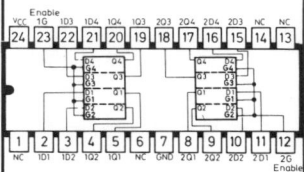

Zwei 4-Bit-Latches mit Enable

SN 74104

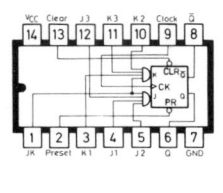

J-K-Master-Slave-Flipflop

SN 74105

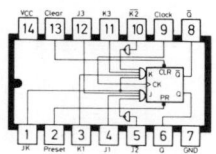

J-K-Master-Slave-Flipflop

SN 74107

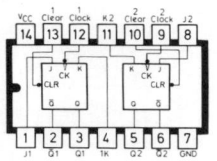

Zwei J-K-Flipflops mit Clear

SN 74109

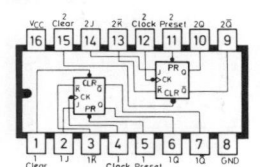

Zwei J-K-Flipflops mit Preset
und Clear

SN 74110

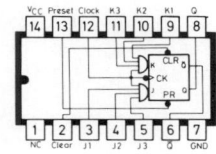

J-K-Master-Slave-Flipflop

SN 74111

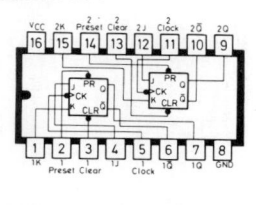

Zwei J-K-Master-Slave-Flipflops

215

Anschlußbelegungen von TTL-ICs

SN 74115

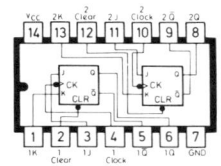

Zwei J-K-Master-Slave-Flipflops

SN 74116

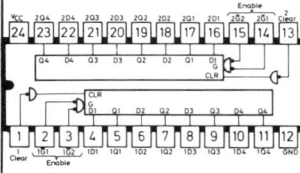

Zwei 4-Bit-D-Latches

SN 74118

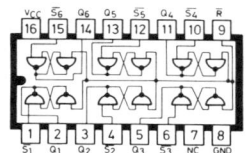

Sechs R-S-Latches mit gem. Reset

SN 74119

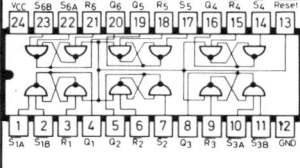

Sechs R-S-Latches mit zus. Reset

SN 74120

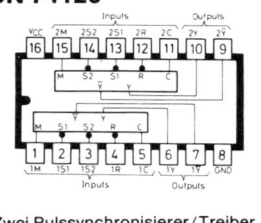

Zwei Pulssynchronisierer / Treiber

SN 74121

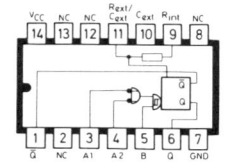

Monoflop mit Schmitt-Trigger-
Eingang

SN 74122

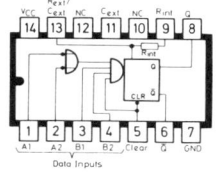

Retriggerbares Monoflop mit Clear

SN 74123

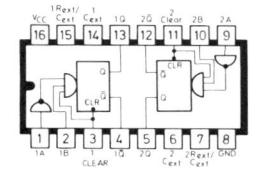

Zwei retriggerbare Monoflops
mit Clear

SN 74125

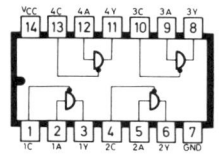

Vier Bus-Leistungstreiber

SN 74126

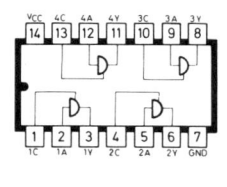

Vier Bus-Leistungstreiber

SN 74128

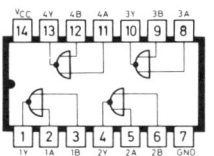

Vier 50 Ω-NOR-Leistungstreiber

SN 74132

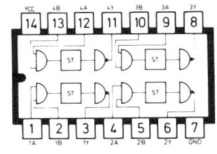

Vier NAND-Schmitt-Trigger

SN 74136

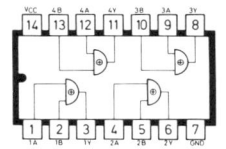

Vier EXCLUSIVE-Gatter

SN 74137

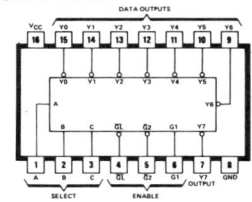

3-Bit-Dekoder / Demultiplexer

SN 74 LS 138

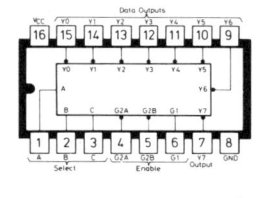

3-Bit-Binärdekoder / Demultiplexer

216

Anschlußbelegungen von TTL-ICs

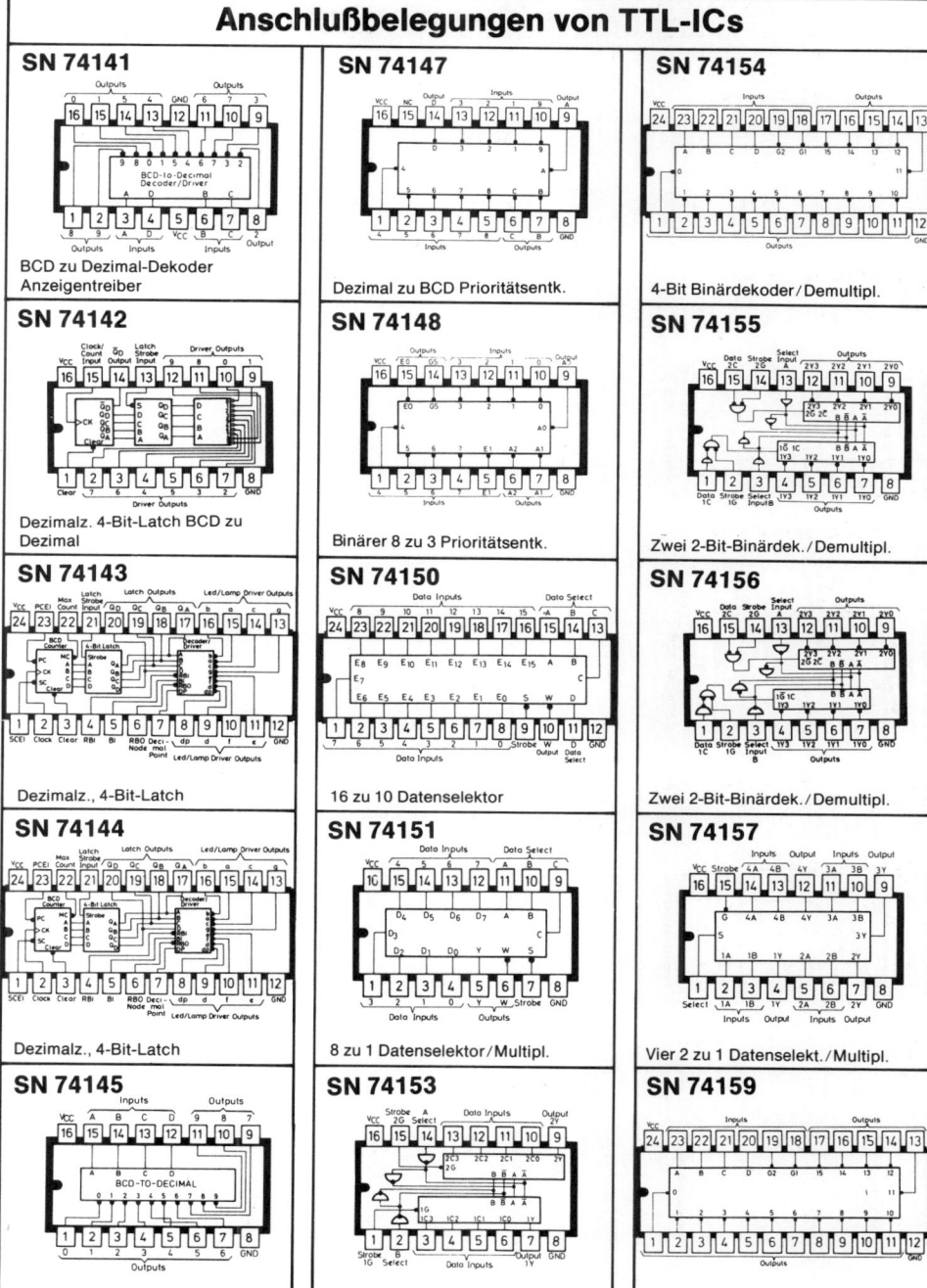

SN 74141
BCD zu Dezimal-Dekoder
Anzeigentreiber

SN 74142
Dezimalz. 4-Bit-Latch BCD zu
Dezimal

SN 74143
Dezimalz., 4-Bit-Latch

SN 74144
Dezimalz., 4-Bit-Latch

SN 74145
BCD zu Dezimal-Dek. Anzeigentr.

SN 74147
Dezimal zu BCD Prioritätsentk.

SN 74148
Binärer 8 zu 3 Prioritätsentk.

SN 74150
16 zu 10 Datenselektor

SN 74151
8 zu 1 Datenselektor/Multipl.

SN 74153
Zwei 4 zu 1 Datenselekt./Multipl.

SN 74154
4-Bit Binärdekoder/Demultipl.

SN 74155
Zwei 2-Bit-Binärdek./Demultipl.

SN 74156
Zwei 2-Bit-Binärdek./Demultipl.

SN 74157
Vier 2 zu 1 Datenselekt./Multipl.

SN 74159
4-Bit Binärdek./Demultipl.

Anschlußbelegungen von TTL-ICs

SN 74160

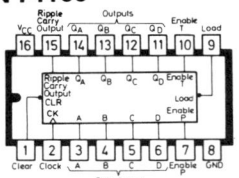

Synchr. programmierbarer
Dezim.Zähler

SN 74161

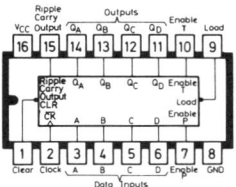

Synchr. programmierbarer 4-Bit
Binär-Zähler

SN 74162

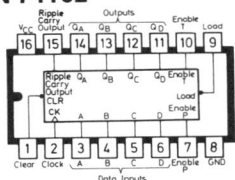

Synchr. programmierb. Dezim.-Z.

SN 74163

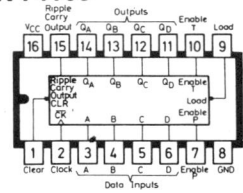

Synchr. progr. 4-Bit-Binärz.

SN 74164

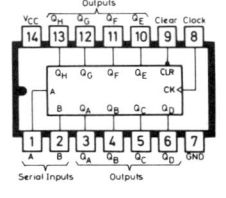

8-Bit-Schieberegister

SN 74165

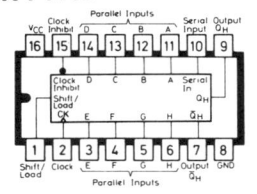

8-Bit-Schieberegister

SN 74166

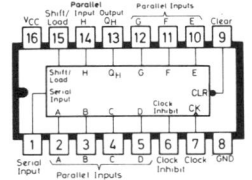

8-Bit-Schieberegister mit Clear

SN 74167

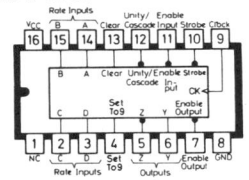

Synchr. programmierb. Frequenz-T.

SN 74170

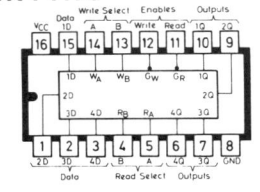

16-Bit-Register File off. Koll.

SN 74172

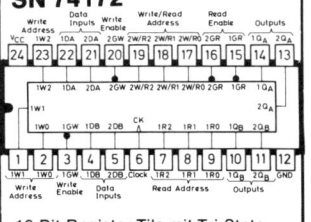

16-Bit-Register Tile mit Tri-State

SN 74173

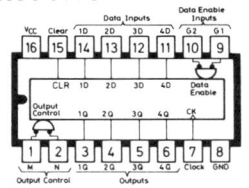

4-Bit-D-Reg. mit Enable, Clear

SN 74174

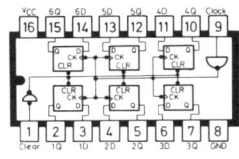

6-Bit-D-Register mit Clear

SN 74176

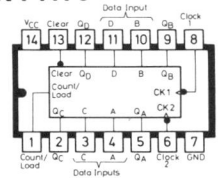

Programmierb. Dezimalzähler

SN 74177

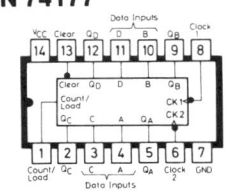

Programmierb. 4-Bit-Bin.-Z.

SN 74178

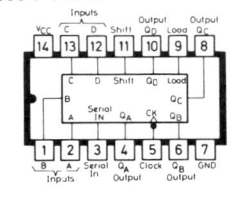

4-Bit-Schieberegister

Anschlußbelegungen von TTL-ICs

SN 74179
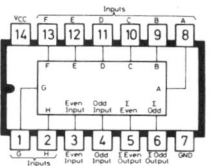
4-Bit-Schieberegister

SN 74180
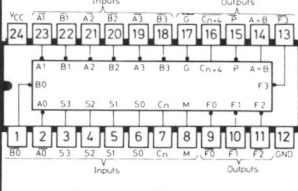
9-Bit-Paritätsgenerator

SN 74181
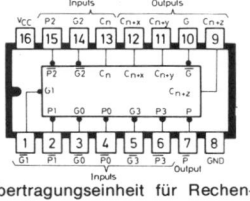
4-Bit arithm. Log. Einheit

SN 74182
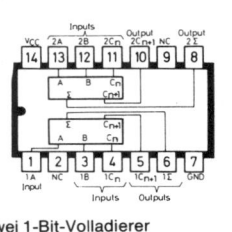
Übertragungseinheit für Rechen-Schaltung

SN 74 LS 183
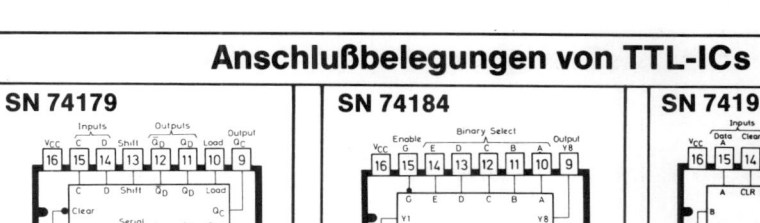
Zwei 1-Bit-Volladierer

SN 74184
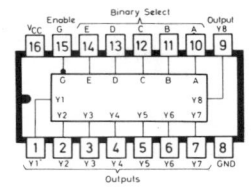
BCD zu Binär-Kodeumsetzer

SN 74185
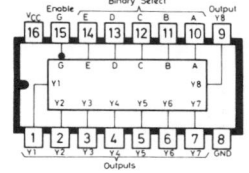
Binär zu BCD-Kodeumsetzer

SN 74190
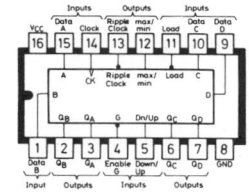
Synchr. programmierb. Zähler

SN 74191
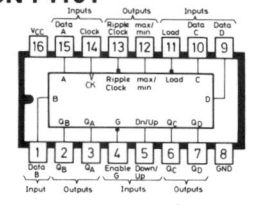
Synchr. programmierb. Zähler

SN 74192
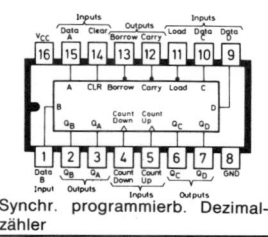
Synchr. programmierb. Dezimal-zähler

SN 74193
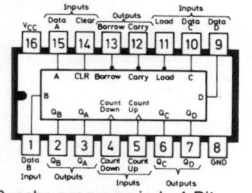
Synchr. programmierb. 4-Bit-Binärzähler

SN 74194
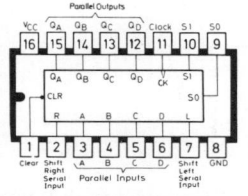
4-Bit-Univers.-Schieberegister

SN 74195
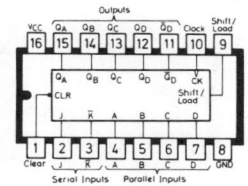
4-Bit-Schieberegister

SN 74196
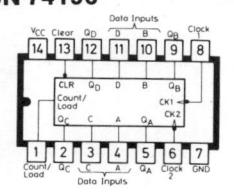
Programmierb. Dezimalzähler

SN 74197
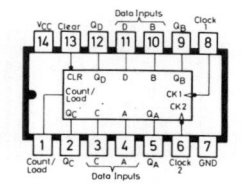
Programmierb. 4-Bit-Binärzähler

Anschlußbelegungen von TTL-ICs

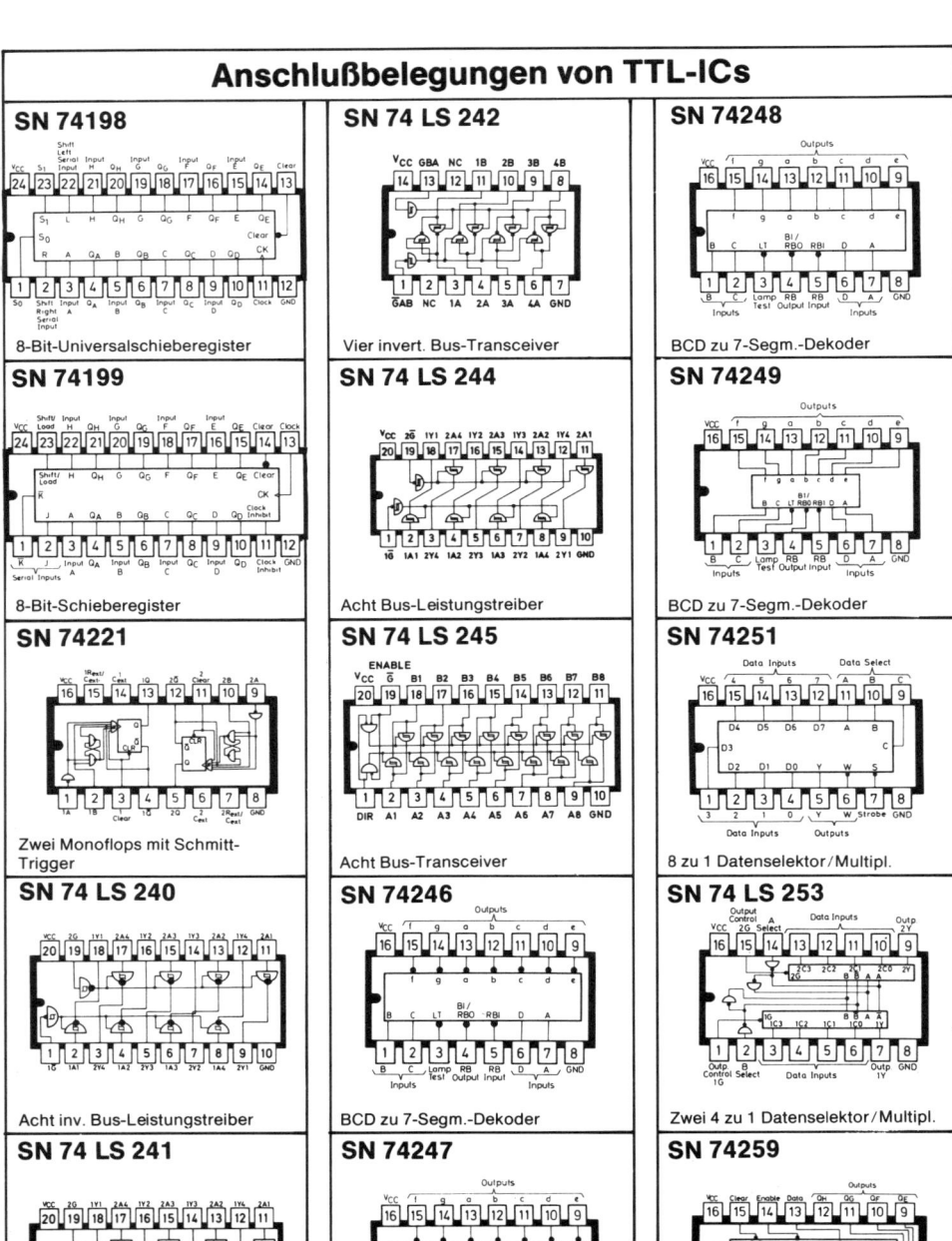

SN 74198

8-Bit-Universalschieberegister

SN 74199

8-Bit-Schieberegister

SN 74221

Zwei Monoflops mit Schmitt-Trigger

SN 74 LS 240

Acht inv. Bus-Leistungstreiber

SN 74 LS 241

Acht Bus-Leistungstreiber

SN 74 LS 242

Vier invert. Bus-Transceiver

SN 74 LS 244

Acht Bus-Leistungstreiber

SN 74 LS 245

Acht Bus-Transceiver

SN 74246

BCD zu 7-Segm.-Dekoder

SN 74247

BCD zu 7-Segm.-Dekoder

SN 74248

BCD zu 7-Segm.-Dekoder

SN 74249

BCD zu 7-Segm.-Dekoder

SN 74251

8 zu 1 Datenselektor/Multipl.

SN 74 LS 253

Zwei 4 zu 1 Datenselektor/Multipl.

SN 74259

Adressierb. 8-Bit Latch

Anschlußbelegungen von TTL-ICs

SN 74265

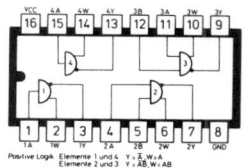

Positive Logik Elemente 1 und 4 Y = $\bar{A}$, W = A
Elemente 2 und 3 Y = $\overline{AB}$, W = AB

Zwei Inverter u. zwei NAND-Gatter

SN 74 LS 266

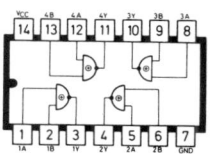

Vier Exl.-NOR-Gatter

SN 74273

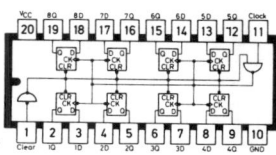

8-Bit-D-Register mit Clear

SN 74 LS 275

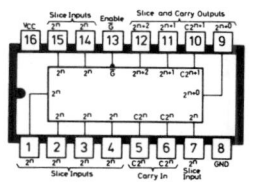

7-Bit-Ballace-Tree-Element

SN 74276

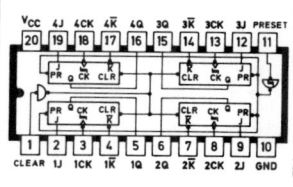

Vier J-K-Flipflops mit Preset

SN 74278

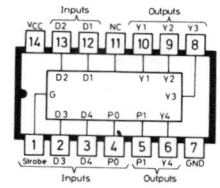

Kaskadierbares 4-Bit-Latch

SN 74279

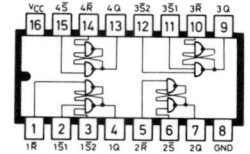

Vier R-S-Latches

SN 74 LS 280

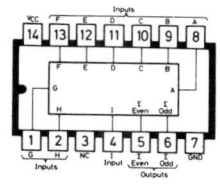

9-Bit-Prioritätsgen.

SN 74283

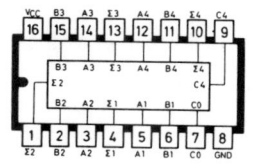

4-Bit-Volladdierer

SN 74284

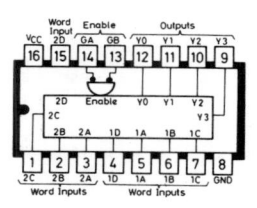

4-Bit × 4-Bit-Multiplizierer

SN 74290

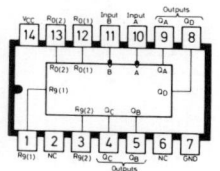

Dezimalzähler

SN 74293

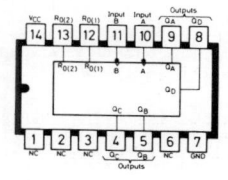

4-Bit-Binärzähler

SN 74 LS 295

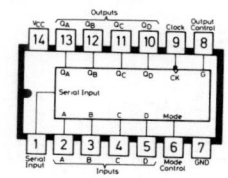

4-Bit-Schieberegister

SN 74298

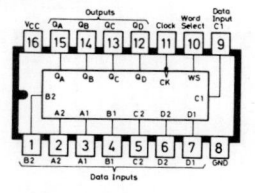

Vier 2 zu 1 Datenselekt.

SN 74 LS 299

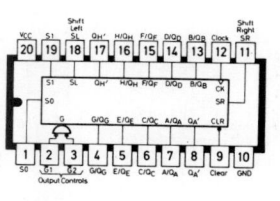

8-Bit-Univ.-Schieberegister

221

Anschlußbelegungen von TTL-ICs

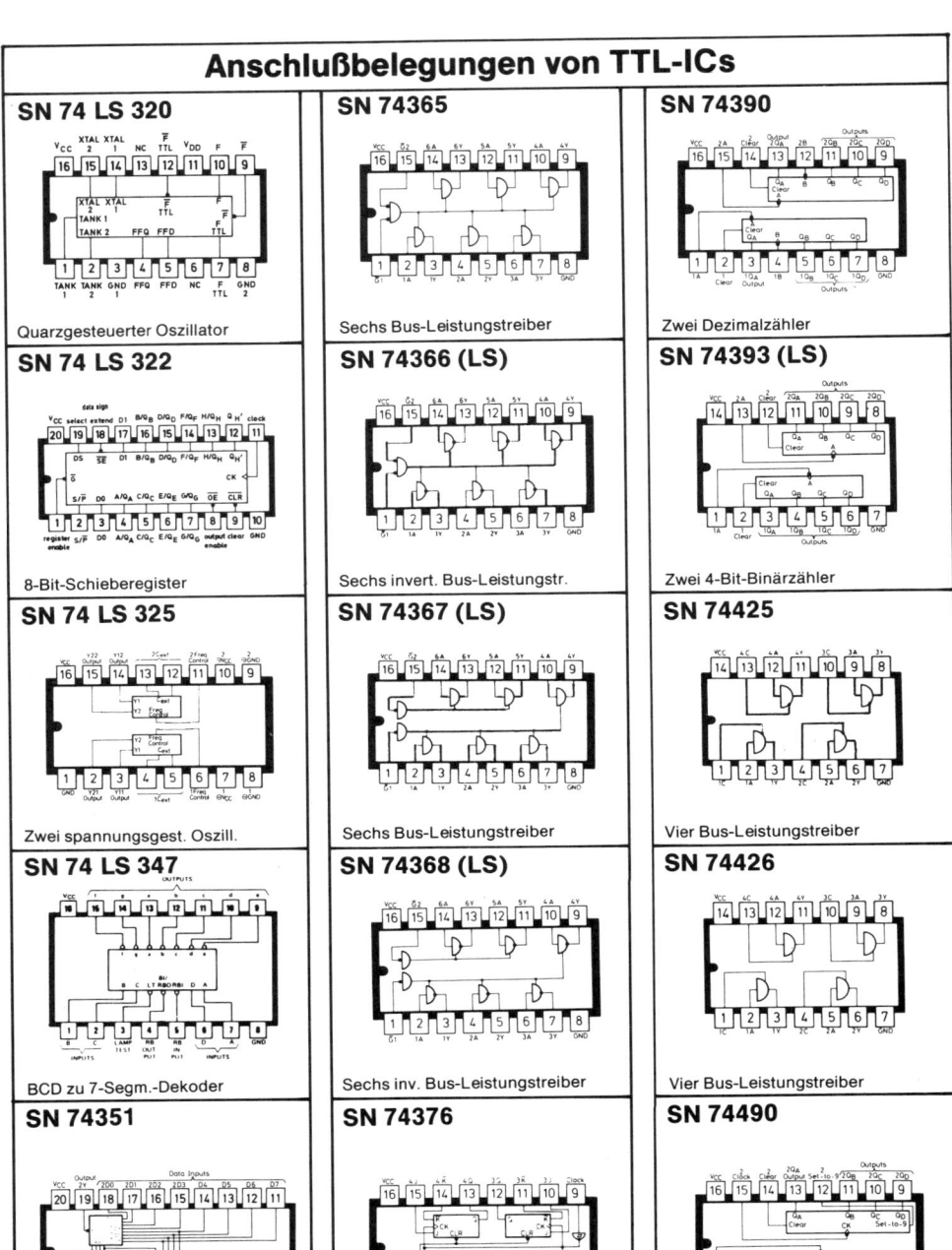

SN 74 LS 320
Quarzgesteuerter Oszillator

SN 74 LS 322
8-Bit-Schieberegister

SN 74 LS 325
Zwei spannungsgest. Oszill.

SN 74 LS 347
BCD zu 7-Segm.-Dekoder

SN 74351
Zwei 8 zu 1 Datenselektoren

SN 74365
Sechs Bus-Leistungstreiber

SN 74366 (LS)
Sechs invert. Bus-Leistungstr.

SN 74367 (LS)
Sechs Bus-Leistungstreiber

SN 74368 (LS)
Sechs inv. Bus-Leistungstreiber

SN 74376
4-Bit-J-K-Register mit Clear

SN 74390
Zwei Dezimalzähler

SN 74393 (LS)
Zwei 4-Bit-Binärzähler

SN 74425
Vier Bus-Leistungstreiber

SN 74426
Vier Bus-Leistungstreiber

SN 74490
Zwei Dezimalzähler

CMOS-Schaltkreis

Grundregeln beim Umgang mit CMOS-ICs

Obwohl die meisten CMOS-Schaltkreise Eingangsschutzdioden gegen statische Aufladungen besitzen, sollten doch die üblichen Vorsichtsmaßnahmen im Umgang mit MOS-Schaltkreisen beachtet werden.

- CMOS-ICs sollten grundsätzlich vor statischer Aufladung geschützt werden. Im allgemeinen sind jedoch diese ICs durch statische Aufladung nicht so gefährdet wie allgemein angenommen. Als optimale Aufbewahrung hat sich der im Elektronikhandel angebotene elektrisch leitfähige Schaumstoff bewährt.
- Gattereingänge, die nicht benutzt werden, müssen grundsätzlich an + U_B oder an Masse gelegt werden, d. h. alle Eingänge müssen abgeschlossen sein. Unbenutzte CMOS-Ausgänge können jedoch offen bleiben bzw. dürfen keinesfalls auf Masse oder U_B gelegt werden.
- Die Speisespannung darf nicht abgeschaltet werden, solange noch Eingangssignale anliegen, bzw. Eingangssignale erst anlegen, wenn die Betriebsspannung anliegt.
- Eingangssignale müssen entsprechend aufbereitet sein, d. h. mechanische Drucktaster und Schalter müssen auf jeden Fall entprellt sein.
- Integrierte Schaltkreise nicht bei anliegender Betriebsspannung in die Fassung stecken oder aus der Fassung nehmen.
- Kapazitive Lasten mit mehr als 5 nF wirken praktisch als wechselstrommäßiger Kurzschluß und können die Ausgangstransistoren überlasten. Ebenso besteht Überlastungsgefahr bei Betrieb des Schaltkreises als Linearverstärker oder als Multivibrator.

Numerische Funktionsübersicht (CMOS-Serie)

(nicht alle Typen mit Pinbelegung aufgeführt)

CD, HCF, HEF, HD, MC1, MV, SCL, TC
(Beispiel: CD 4011, MC 14011, HEF 4011, SCL 4011 usw.)

Typ	Funktion	PINS
4000	2 NOR-Gatter mit je 3 Eingängen und 1 Inverter	14
4001	4 NOR-Gatter mit je 2 Eingängen	14
4002	2 NOR-Gatter mit je 4 Eingängen	14
4006	18 BIT statisches Schieberegister	14
4007	2 Komplementärpaare und Inverter	14
4008	4 BIT Volladdierer	16
4009	6 Inverter/Puffer	16
4010	6 Puffer	16
4011	4 NAND-Gatter mit je 2 Eingängen	14
4012	2 NAND-Gatter mit je 4 Eingängen	14
4013	2 D-Flipflop	14
4014	8 BIT statisches Schieberegister, synchron	16
4015	Zwei 4 BIT statische Schieberegister	16
4016	4fach Analog-Schalter/-Multiplexer	14
4017	Dekadenzähler	16
4018	programmierbarer 1/n-Teiler	16
4019	4 AND/OR-Kombinationsgatter	16
4020	14 BIT-Binärzähler	16
4021	8 BIT statisches Schieberegister, asynchron	16
4022	oktaler Zähler/Teiler	16
4023	3 NAND-Gatter mit je 3 Eingängen	14
4024	7 BIT-Binärzähler	14
4025	3 NOR-Gatter mit je 3 Eingängen	14
4026	Dezimalzähler mit 7-Segment Decoder	16
4027	2 JK-Flipflop	16
4028	BCD/Dezimal-Decoder	16
4029	4 BIT vorwärts/rückwärts-Zähler, programmierbar	16
4030	4 Exclusiv-OR Gatter	14
4031	64 BIT statisches Schieberegister	16
4032	3facher serieller Addierer	16
4033	Dezimalzähler mit 7-Segment Decoder, O-Unterdrückung	16
4034	8 BIT Universal-Busregister	24
4035	4 BIT Schieberegister	16
4038	3facher serieller Addierer	16
4040	12 BIT-Binärzähler	16
4041	4 Puffer/Inverter	14
4042	4faches Latch	16
4043	4faches NOR-RS Latch	16
4044	4faches NAND-RS Latch	16
4045	21stufiger Zähler	16
4046	PLL-Schaltkreis	16
4047	monostabiler/astabiler Multivibrator	14
4048	Multifunktions-Gatter mit 8 Eingängen	16
4049	6 Inverter/Puffer	16
4050	6 Puffer	16
4051	8 Kanal Analog-Multiplexer	16
4052	Zwei 4 Kanal Analog-Multiplexer	16
4053	Drei 2 Kanal Analog-Multiplexer	16

Typ	Funktion	PINS
4054	4-Segment Flüssigkristall-Treiber	16
4055	BCD/7-Segment Decoder für Multiplexbereich	16
4056	BCD/7-Segment Decoder mit Latch	16
4059	programmierter Zähler/Teiler	16
4060	14stufiger Zähler/Teiler/Oszillator	16
4063	4 BIT Vergleicher	16
4066	4 Analogschalter	14
4067	16 Kanal Multiplexer/Demultiplexer	24
4068	NAND-Gatter mit 8 Eingängen	14
4069	6 Inverter	14
4070	4 Exclusiv Oder-Gatter	14
4071	4 OR-Gatter mit je 2 Eingängen	14
4072	2 OR-Gatter mit je 4 Eingängen	14
4073	3 AND-Gatter mit je 3 Eingängen	14
4075	3 OR-Gatter mit je 3 Eingängen	14
4076	4 D-Latches	16
4077	4 Exclusiv NOR-Gatter	14
4078	NOR-Gatter mit 8 Eingängen	14
4081	4 AND-Gatter mit je 2 Eingängen	14
4082	2 AND-Gatter mit je 4 Eingängen	14
4085	2 AND/OR-Gatter	14
4086	2 AND/OR-Gatter	14
4089	Binärer Multiplizierer	16
4093	4 NAND Schmitt-Trigger mit je 2 Eingängen	14
4094	8 BIT Universal-Busregister	16
4095	J–K Master-Slave Flipflop	14
4096	J–K Master-Slave Flipflop	14
4097	8-Kanal Multiplexer/Demultiplexer	24
4098	2 monostabile Multivibratoren	16
4099	8 BIT adressierbares Latch	16
4104	4 TTL/LOC-MOS-Pegelumsetzer mit Komplementärausgängen	16
4502	6 Puffer/Inverter mit 3-State-Ausgang	16
4503	6 Puffer mit 3-State-Ausgang	16
4505	64 × 1 BIT statisches RAM	14
4508	Zwei 4 BIT Latches	24
4510	BCD vorwärts/rückwärts Zähler	16
4511	BCD/7-Segment Latch, Decoder, Treiber	16
4512	8-Kanal Datenselektor	16
4513	BCD-zu-7-Segment-Decoder/Speicher/Treiber f. LED-Anzeigen	18
4514	4/16-Demultiplexer mit Latch	24
4515	4/16-Demultiplexer mit Latch	24
4516	binärer vorwärts/rückwärts Zähler	16
4517	2 stat. 64 BIT-Schieberegister	16
4518	2 BCD-Zähler	16
4519	4 BIT AND/OR-Selector	16
4520	2 Binärzähler	16
4521	24stufiger Frequenzteiler	16
4522	programmierbarer 1/n-BCD-Teiler	16
4526	synchroner programmierbarer 4 BIT-Binärzähler	16
4527	BCD Multiplizierer	16
4528	2 monostabile Multivibratoren	16
4531	12 BIT Paritätseinheit	16
4532	8 BIT-Prioritätsencoder	16

Typ	Funktion	PINS
4534	5stelliger Echtzeitzähler	24
4536	programmierbarer Zeitgeber	16
4538	2 monostabile Präzisions-Multivibratoren	16
4539	Zwei 4- zu 1-Multiplexer	16
4541	programmierbarer Oszillator/Zeitgeber	14
4543	BCD/7-Segment Latch, Decoder, Treiber	16
4555	Zwei 2- zu 4-Demultiplexer	16
4556	Zwei 2- zu 4-Demultiplexer	16
4557	Schieberegister mit 1 bis 64 BIT	16
4585	4 BIT Vergleicher	16
4720	256 × 1 BIT-Schreib/Lesespeicher (RAM)	16
4724	adressierbares 8 BIT-Auffangregister	16
4731	4 statische 64 BIT-Schieberegister	14
4737	4 Dekadenzähler	18
4738	IEC-BUS-Interface	40
4750	Frequenzsynthesizer bis 1 GHz	28
4751	Universalteiler bis 15 MHz	28
4752	3 Phasen Motorsteuerschaltung	28
4753	Universaltimer	18
4754	18 LCD-Segmente-Anzeigeninterface für Linearskalen	28
4755	Sender und Empfänger für serielle Daten	28
40097	4 und 2 nicht invertierende Treiber	16
40098	4 und 2 invertierende Treiber	16
40100	32stufiges statisches Schieberegister, links/rechts	16
40101	9 BIT Paritätsgenerator	14
40102	8stufiger synchroner Vorwahl-Rückwärtszähler	16
40103	8stufiger synchroner Vorwahl-Rückwärtszähler	16
40104	4 BIT bi-direktionales universales Schieberegister	16
40105	FIFO-Register	16
40106	6 Schmitt-Trigger (invertierend)	14
40107	2 × 2 Input NAND-Puffer, -Treiber	8
40108	4 × 4 Multiport-Register	24
40109	4fach 0 auf 1 Spannungsumsetzer	16
40110	Dezimalzähler, Decoder (vorwärts/rückwärts)	16
40160	synchroner BCD-Zähler mit asynchronem Rücksetzen	16
40161	synchroner 4 BIT-Binärzähler mit asynchronem Rücksetzen	16
40162	synchroner BCD-Zähler mit synchronem Rücksetzen	16
40163	synchroner 4 BIT-Binärzähler mit synchronem Rücksetzen	16
40174	6 D-Zwischenspeicher-Flipflop	16
40175	4 D-Zwischenspeicher-Flipflop	16
40181	4 BIT arithmetische Logikeinheit	24
40182	4fach Addierer	16
40192	synchroner BCD-Zähler (vorwärts/rückwärts)	16
40193	synchroner 4 BIT-Binärzähler (vorwärts/rückwärts)	16
40194	4 BIT bi-direktionales Schieberegister mit synchroner Paralleleingabe	16
40195	4 BIT Schieberegister mit synchroner Paralleleingabe	16
40208	4 × 4 Multiport-Register	24
40240	Zwei 4 BIT-Ausgangstreiber (invertierend)	20
40244	Zwei 4 BIT-Ausgangstreiber	20
40245	8 BIT bi-direktionaler Leistungstreiber	20
40257	4fach 2 auf 1 Multiplexer	16
40373	8 BIT-Auffangregister und Treiber	20
40374	8 BIT-D-Flipflop und Treiber	20

Funktionsgruppen

GATTER

NOR/NAND

4000 B	Dual 3-input NOR gate plus inverter
4001 B	Quad 2-input NOR gate
4002 B	Dual 4-input NOR gate
4011 B	Quad 2-input NAND gate
4012 B	Dual 4-input NAND gate
4023 B	Triple 3-input NAND gate
4025 B	Triple 3-input NOR gate
4068 B	8-input NAND/AND gate
4078 B	8-input NOR/OR gate
40107 B	Dual 2-input NAND buffer/driver

OR/AND

4068 B	8-input AND/NAND gate
4071 B	Quad 2-input OR gate
4072 B	Dual 4-input OR gate
4073 B	Triple 3-input AND gate
4075 B	Triple 3-input OR gate
4078 B	8-input OR/NOR gate
4081 B	Quad 2-input AND gate
4082 B	Dual 4-input AND gate

INTERFACE CIRCUIT

40109 B	Quad low-to-high voltage level shifter

BUFFERS AND INVERTERS

4007 UB	Dual complementary pair plus inverter
4041 UB	Quad true/complement buffer
4049 UB	Hex buffer/converter (inverting)
4050 B	Hex buffer/converter (non-inverting)
4069 UB	Hex inverter
4052 B	Strobed hex inverter/buffer
4503 B	Hex Buffer (3-state non-invert.)
40107 B	Dual 2-input NAND buffer/driver

MULTILEVEL/FUNCTIONAL

4019 B	Quad AND/OR select gate
4030 B	Quad exclusive OR gate
4048 B	Expandable 8-input gate (3-state output)
4070 B	Quad exclusive OR gate
4077 B	Quad exclusive NOR gate
4085 B	Dual 2-wide, 2-input AND/OR inverter (AOI)
4086 B	Expandable 4-wide, 2-input AND/OR inverter (AOI)

DECODERS/ENCODERS

4028 B	BCD-to-decimal decoder
4514 B	4-bit latch/4- to -16 line decoder (outputs high)
4515 B	4-bit latch/4- to -16 line decoder (outputs low)
4532 B	8-input priority encoder
4555 B	Dual 1- of -4 decoder/demultiplexer (outputs high)
4556 B	Dual 1- of -4 decoder/demultiplexer (outputs low)

Funktionsgruppen

SCHMITT TRIGGER

4093 B	Quad 2-input NAND Schmitt trigger
40106 B	Hex Schmitt triggers

MULTIVIBRATORS

4047 B	Monostable/astable multivibrator
4098 B	Dual monostable multivibrator
4538 B	Dual precision monostable multivibrator (MSI)

FLIP-FLOPS

4013 B	Dual "D" with set/reset capability
4027 B	Dual "J-K" master-slavewith set/reset capability
4076 B	4-bit "D" with 3-state outputs
4095 B	Gated "J-K" master-slave (non inverting)
4096 B	Gated "J-K" master-Slave (inverting and non-inverting)
4017 B	Hex "D"

LATCHES

4042 B	Quad clocked "D" latch
4043 B	Quad NOR R/S (3-state outputs)
4044 B	Quad NAND R/S (3-state outputs)
4099 B	8-bit addressable latch
4508 B	Dual 4-bit latch (3-state outputs)

REGISTERS

SHIFT REGISTERS STATIC

4006 B	18-stage static shift register
4014 B	8-stage with sync. parallel or serial input/serial output
4015 B	Dual 4-stage with serial input/parallel output
4021 B	8-stage with async. parallel input or sync. serial input/serial output
4031 B	64-stage static shift register
4034 B	8-stage bidirectional parallel or serial input/parallel output
4035 B	4-stage parallel-in/parallel-out with "J-K" inut and true/complement out
4094 B	8-stage shift and -store bus register
4517 B	Dual 64-stage static shift register
40100 B	32-stage static left/right shift register
40104 B	4-bit bidirectional universal shift register
40194 B	4-bit bidirectional universal shift register

STORAGE REGISTERS

4076 B	4-bit "D" with 3-state outputs
4099 B	8-bit addressable latch
40108 B	4 x 4 multiport register
40208 B	4 x 4 multiport register

FIFO REGISTERS

40105 B	4-bit x 16 word

COUNTERS

CLOCK TIMER

4045 B	21-stage counter for clock timer applications
4536 B	Programmable timer

Funktionsgruppen

BINARY RIPPLE

4020 B	14-stage binary/ripple counter
4024 B	7-stage binary/ripple counter
4040 B	12-stage binary/ripple counter
4060 B	14-stage counter/divider and oscillator

SYNCHRONOUS

4017 B	Decade counter/divider plus 10 decoded decimal outputs
4018 B	Presettable divide-by-"N" counter, fixed or programmable
4022 B	Divide-by-8 counter/divider with 8 decimal outputs
4029 B	Presettable Up/Down counter, binary or BCD-decade
4510 B	Presettable 4-bit BCD up/down counter
4516 B	Presettable 4-bit binary up/down counter
4518 B	Dual BCD up counter
4520 B	Dual binary up counter
40102 B	Presettable 2-decade BCDdown counter
40103 B	Presettable 8-bit binary down counter
40160 B	Decade counter/asynchronous clear
40161 B	Binary counter/asynchronous clear
40162 B	Decade counter/aynchronous clear
40163 B	Binary counter/synchronous clear
40192 B	Presettable 4-bit BCD up/down counter
40193 B	Presettable 4-bit binary up/down counter

DISPLAY DRIVERS

WITH COUNTERS

4026 B	Decade counter/divider with 7-segment display out. and display enable
4033 B	Decade counter/divider with 7-segment display out. and ripple blanking
40110 B	Decade up down counter/decoder/latch/driver

FOR LOQUID-CRYSTAL-DISPLAY-DRIVE

4054 B	4-line
4055 B	BCD-to-7 segment decoder/driver with "display-frequency" output
4056 B	BCD-to-7 segment decoder/driver with strobed latch function

FOR LIGHT-EMITTING-DIODE DRIVE

4511 B	BCD-to-7 segment latch-decoder/driver

MULTIPLEXERS/DEMULTIPLEXERS

ANALOG/DIGITAL

4016 B	Quad bilateralswitch
4019 B	Quad AND/OR select
4051 B	Single 8-channel
4052 B	Differential 4-channel
4053 B	Triple 2-channel
4066 B	Quad bilateral switch
4067 B	Singel 16-channel
4097 B	Differential 8-channel
4555 B	dual 1-of-4 decoder/demultiplexer (outputs high)
4556 B	Dual 1-of-4 decoder/demultiplexer (outputs low)

Funktionsgruppen

DATA SELECTOR

4512 B	8-channeldata selector with 3-state output
40257 B	Quad 2-line-to-1-line data selector/multiplexer

PHASE LOCKED LOOP

4046 B	Micropower phase locked loop

ARITHMETIC CIRCUITS

ADDERS/COMPARATORS

4008 B	4-bit full ader with parallel carry out
4030 B	Quad exclusive-OR gate
4032 B	Triple serial adder, positive logic
4038 B	Triple serial adder, negative logic
4063 B	4-bit magnitude comparator
4070 B	Quad exclusive-OR gate
4077 B	Quad exclusive-NOR-gate
4585 B	4-bit magnitude comparator
40101 B	9-bit parity generator/checker

ALU/RATE MULTIPLIERS

4089 B	Binary rate multiplier
4527 B	BCD rate multiplier
4018 B	4-bit arithmetic logic unit
40182 B	Look-ahead carry generator

Anschlußbelegungen von C-MOS ICs CD/HEF/MC 1...

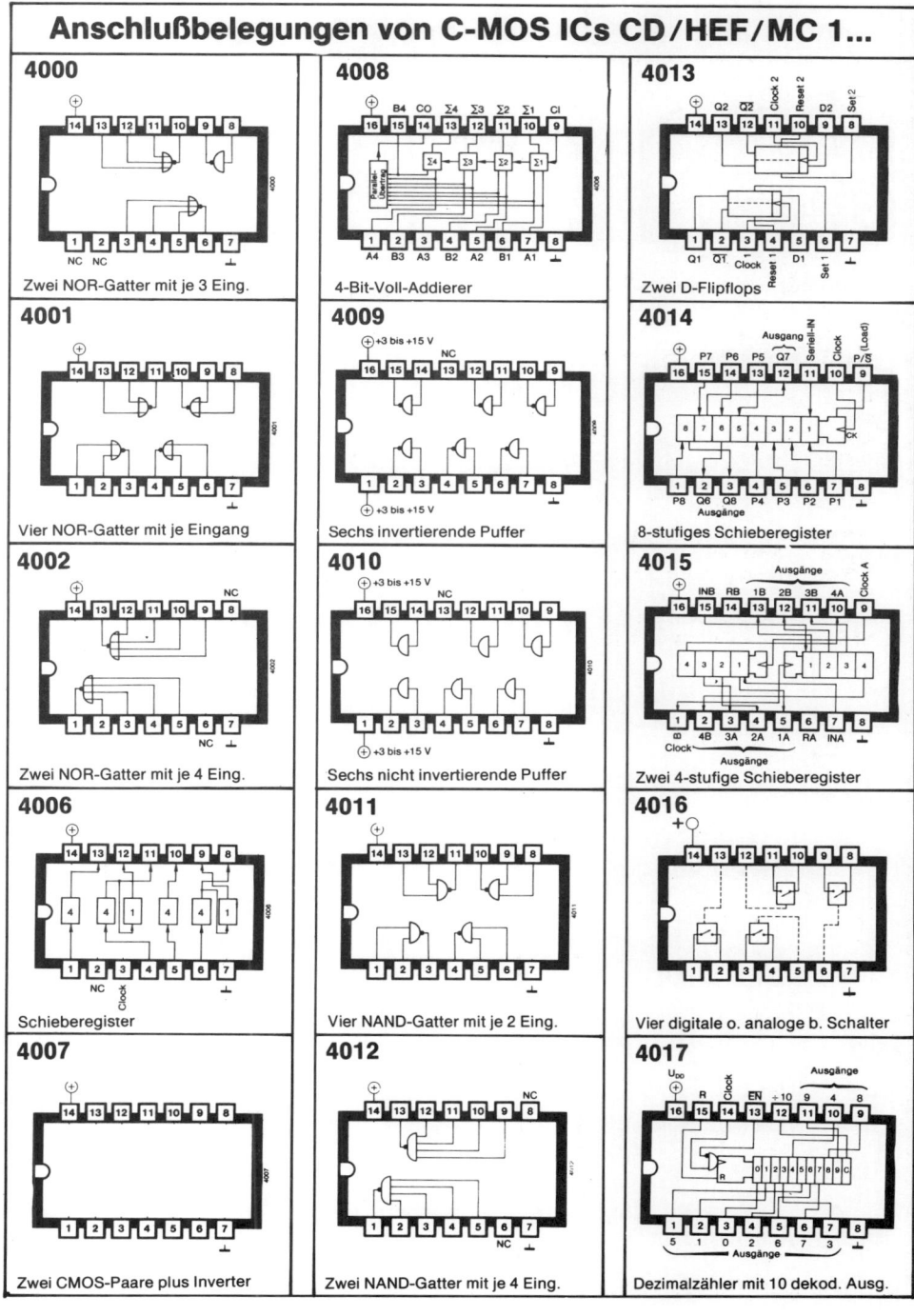

4000

Zwei NOR-Gatter mit je 3 Eing.

4001

Vier NOR-Gatter mit je Eingang

4002

Zwei NOR-Gatter mit je 4 Eing.

4006

Schieberegister

4007

Zwei CMOS-Paare plus Inverter

4008

4-Bit-Voll-Addierer

4009

Sechs invertierende Puffer

4010

Sechs nicht invertierende Puffer

4011

Vier NAND-Gatter mit je 2 Eing.

4012

Zwei NAND-Gatter mit je 4 Eing.

4013

Zwei D-Flipflops

4014

8-stufiges Schieberegister

4015

Zwei 4-stufige Schieberegister

4016

Vier digitale o. analoge b. Schalter

4017

Dezimalzähler mit 10 dekod. Ausg.

231

Anschlußbelegungen von C-MOS ICs CD/HEF/MC 1...

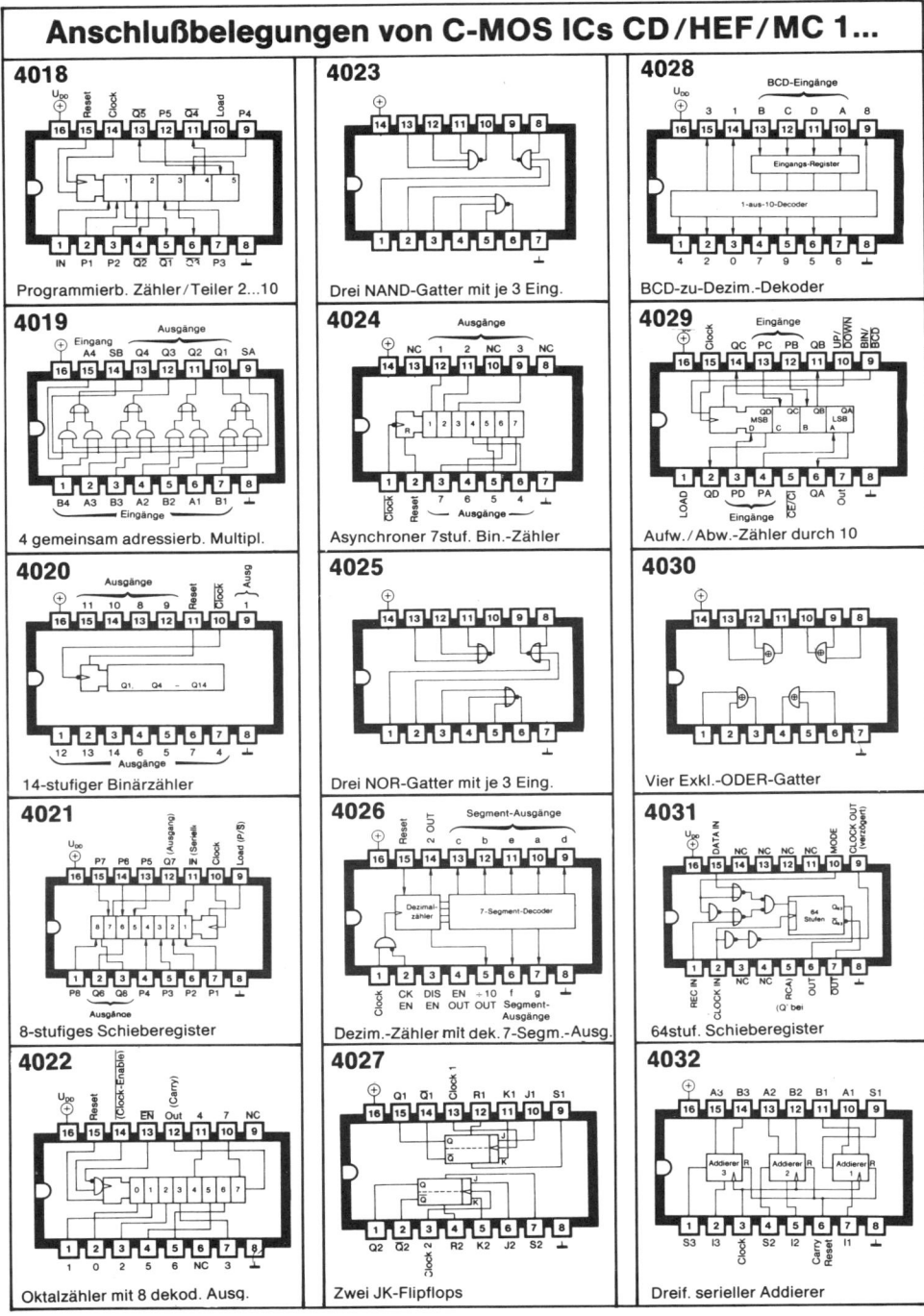

4018

Programmierb. Zähler/Teiler 2...10

4019

4 gemeinsam adressierb. Multipl.

4020

14-stufiger Binärzähler

4021

8-stufiges Schieberegister

4022

Oktalzähler mit 8 dekod. Ausg.

4023

Drei NAND-Gatter mit je 3 Eing.

4024

Asynchroner 7stuf. Bin.-Zähler

4025

Drei NOR-Gatter mit je 3 Eing.

4026

Dezim.-Zähler mit dek. 7-Segm.-Ausg.

4027

Zwei JK-Flipflops

4028

BCD-zu-Dezim.-Dekoder

4029

Aufw./Abw.-Zähler durch 10

4030

Vier Exkl.-ODER-Gatter

4031

64stuf. Schieberegister

4032

Dreif. serieller Addierer

Anschlußbelegungen von C-MOS ICs CD/HEF/MC 1...

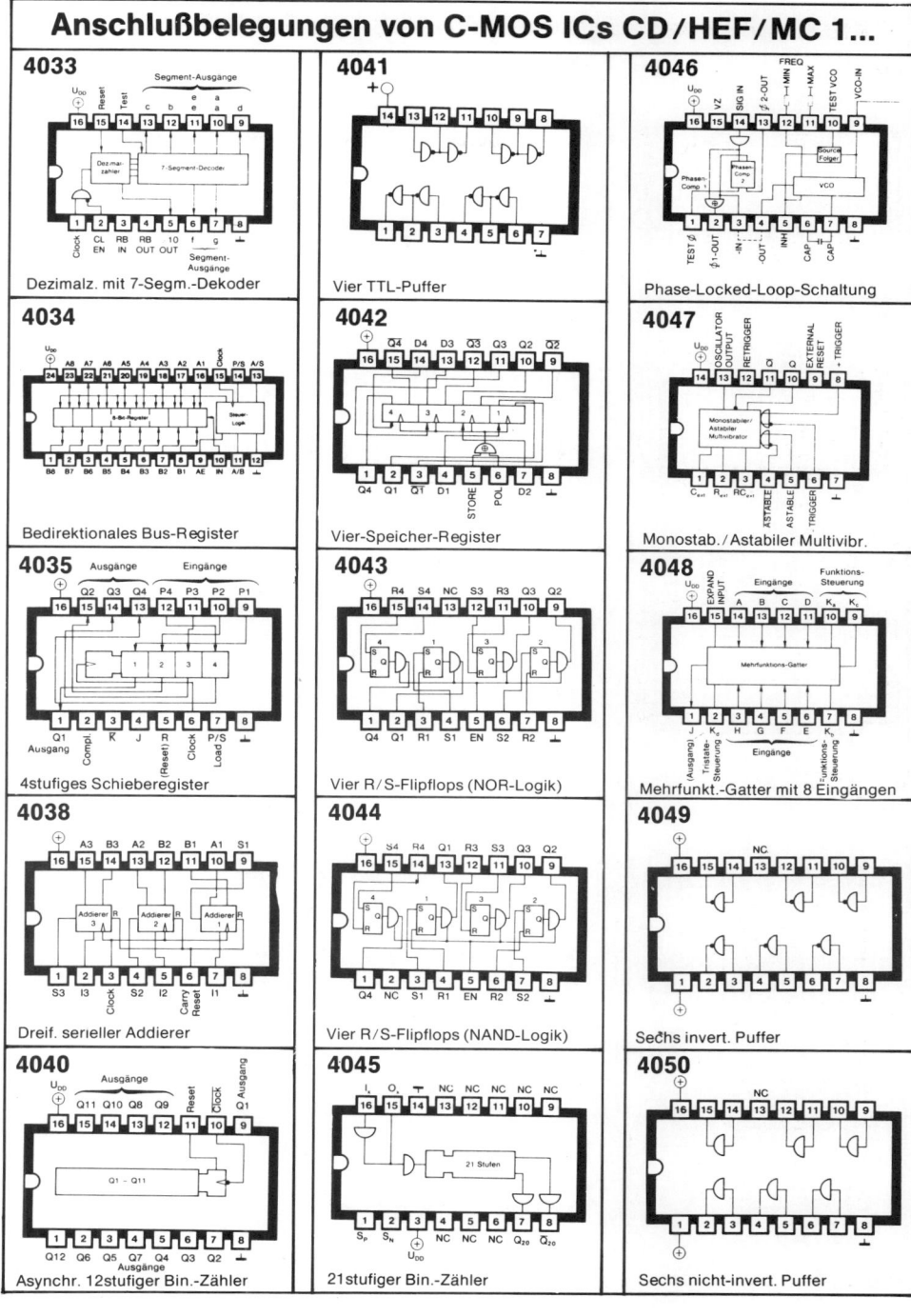

4033

Dezimalz. mit 7-Segm.-Dekoder

4034

Bedirektionales Bus-Register

4035

4stufiges Schieberegister

4038

Dreif. serieller Addierer

4040

Asynchr. 12stufiger Bin.-Zähler

4041

Vier TTL-Puffer

4042

Vier-Speicher-Register

4043

Vier R/S-Flipflops (NOR-Logik)

4044

Vier R/S-Flipflops (NAND-Logik)

4045

21stufiger Bin.-Zähler

4046

Phase-Locked-Loop-Schaltung

4047

Monostab./Astabiler Multivibr.

4048

Mehrfunkt.-Gatter mit 8 Eingängen

4049

Sechs invert. Puffer

4050

Sechs nicht-invert. Puffer

Anschlußbelegungen von C-MOS ICs CD/HEF/MC 1...

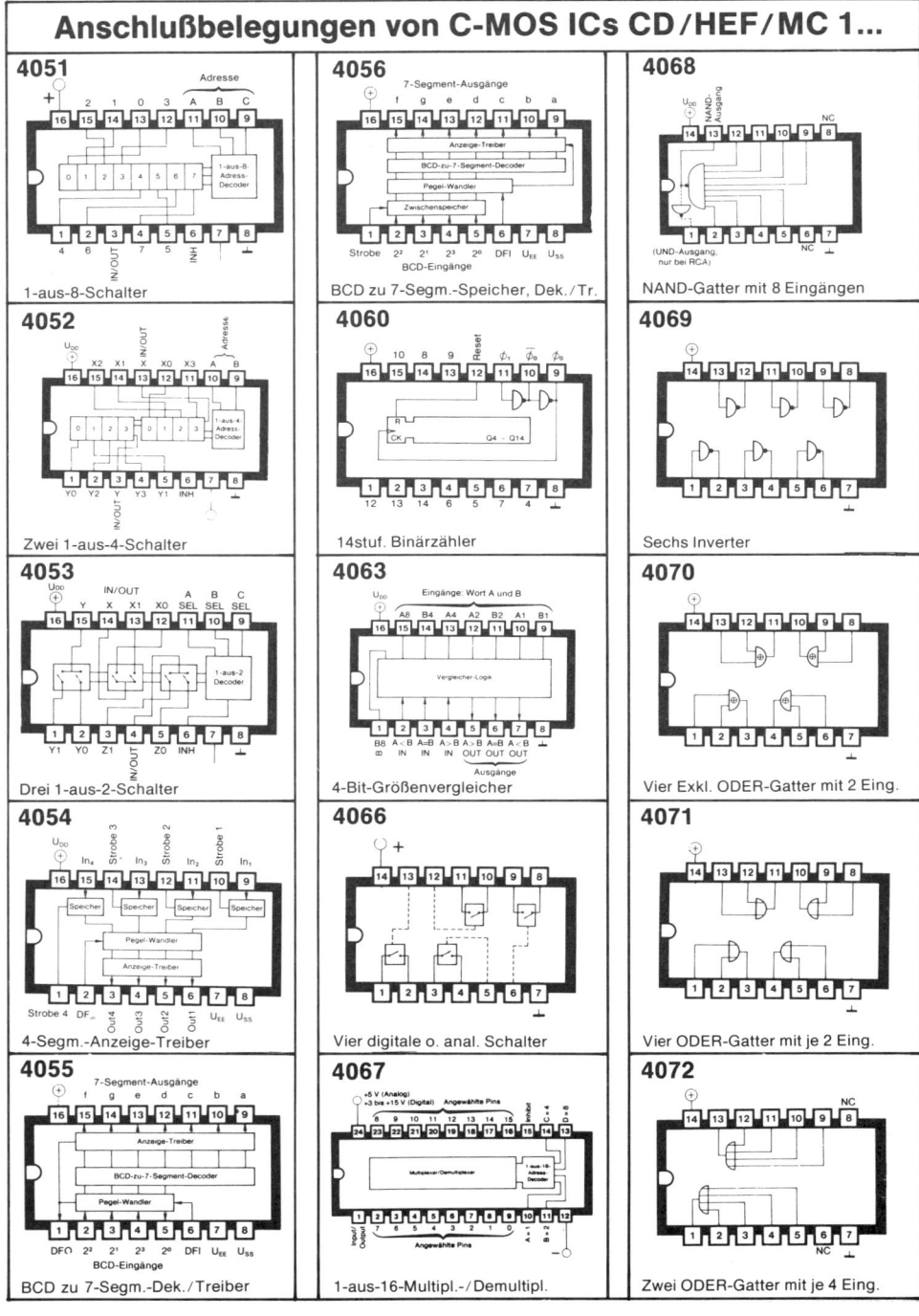

4051 — 1-aus-8-Schalter

4052 — Zwei 1-aus-4-Schalter

4053 — Drei 1-aus-2-Schalter

4054 — 4-Segm.-Anzeige-Treiber

4055 — BCD zu 7-Segm.-Dek./Treiber

4056 — BCD zu 7-Segm.-Speicher, Dek./Tr.

4060 — 14stuf. Binärzähler

4063 — 4-Bit-Größenvergleicher

4066 — Vier digitale o. anal. Schalter

4067 — 1-aus-16-Multipl.-/Demultipl.

4068 — NAND-Gatter mit 8 Eingängen

4069 — Sechs Inverter

4070 — Vier Exkl. ODER-Gatter mit 2 Eing.

4071 — Vier ODER-Gatter mit je 2 Eing.

4072 — Zwei ODER-Gatter mit je 4 Eing.

Anschlußbelegungen von C-MOS ICs CD/HEF/MC 1...

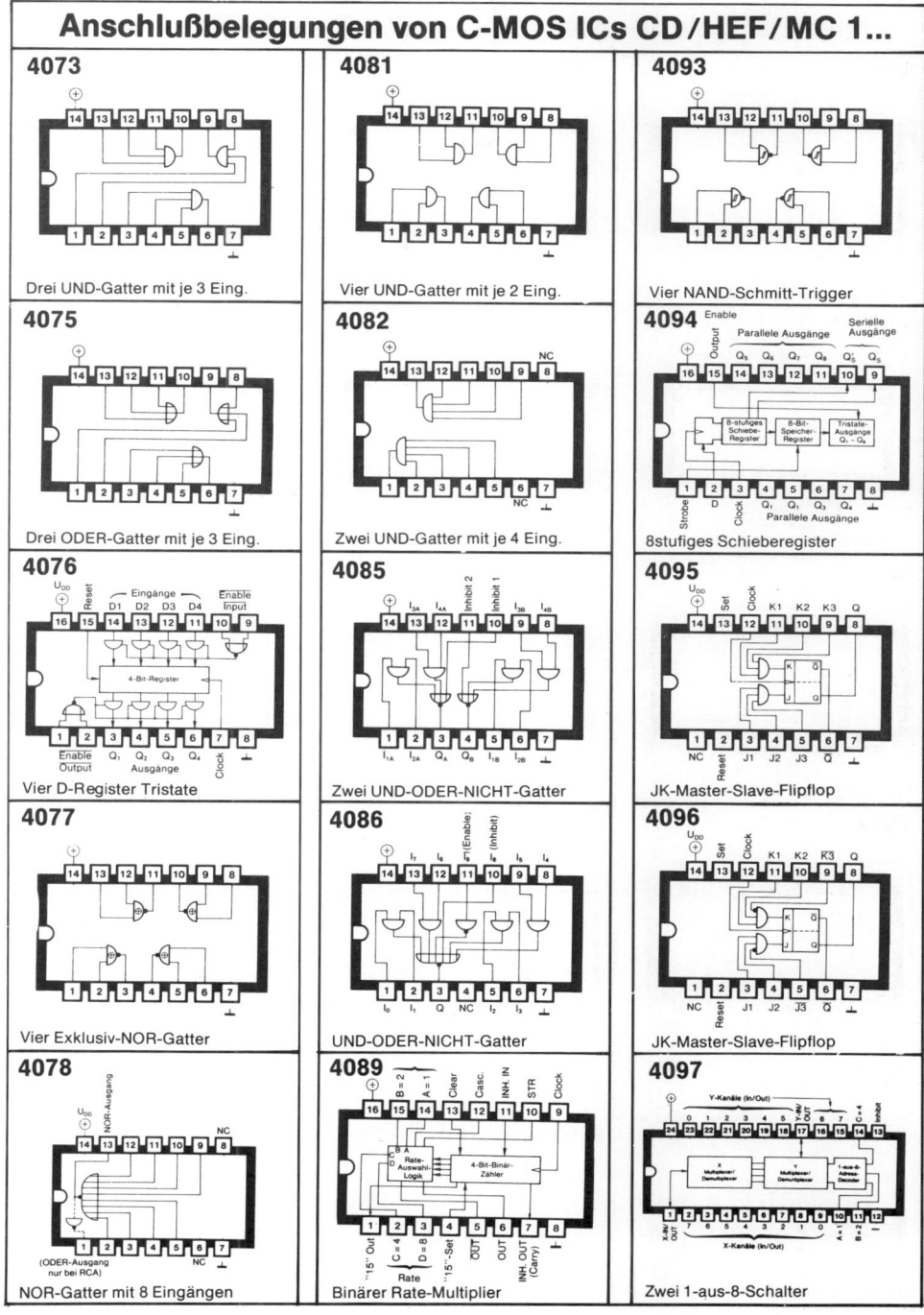

4073

Drei UND-Gatter mit je 3 Eing.

4081

Vier UND-Gatter mit je 2 Eing.

4093

Vier NAND-Schmitt-Trigger

4075

Drei ODER-Gatter mit je 3 Eing.

4082

Zwei UND-Gatter mit je 4 Eing.

4094

8stufiges Schieberegister

4076

Vier D-Register Tristate

4085

Zwei UND-ODER-NICHT-Gatter

4095

JK-Master-Slave-Flipflop

4077

Vier Exklusiv-NOR-Gatter

4086

UND-ODER-NICHT-Gatter

4096

JK-Master-Slave-Flipflop

4078

NOR-Gatter mit 8 Eingängen

4089

Binärer Rate-Multiplier

4097

Zwei 1-aus-8-Schalter

Anschlußbelegungen von C-MOS ICs CD/HEF/MC 1...

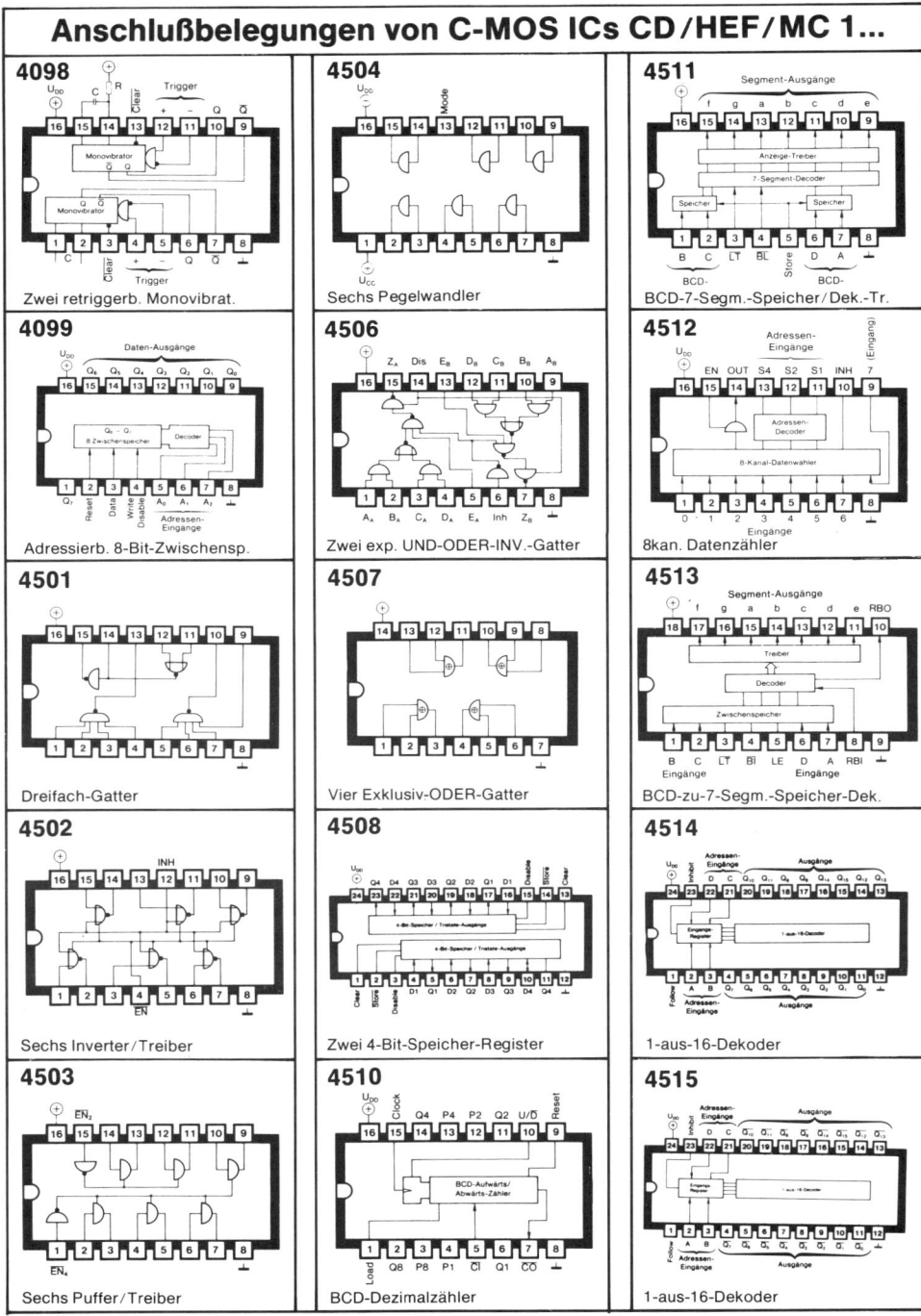

4098
Zwei retriggerb. Monovibrat.

4099
Adressierb. 8-Bit-Zwischensp.

4501
Dreifach-Gatter

4502
Sechs Inverter/Treiber

4503
Sechs Puffer/Treiber

4504
Sechs Pegelwandler

4506
Zwei exp. UND-ODER-INV.-Gatter

4507
Vier Exklusiv-ODER-Gatter

4508
Zwei 4-Bit-Speicher-Register

4510
BCD-Dezimalzähler

4511
BCD-7-Segm.-Speicher/Dek.-Tr.

4512
8kan. Datenzähler

4513
BCD-zu-7-Segm.-Speicher-Dek.

4514
1-aus-16-Dekoder

4515
1-aus-16-Dekoder

Anschlußbelegungen von C-MOS ICs CD/HEF/MC 1...

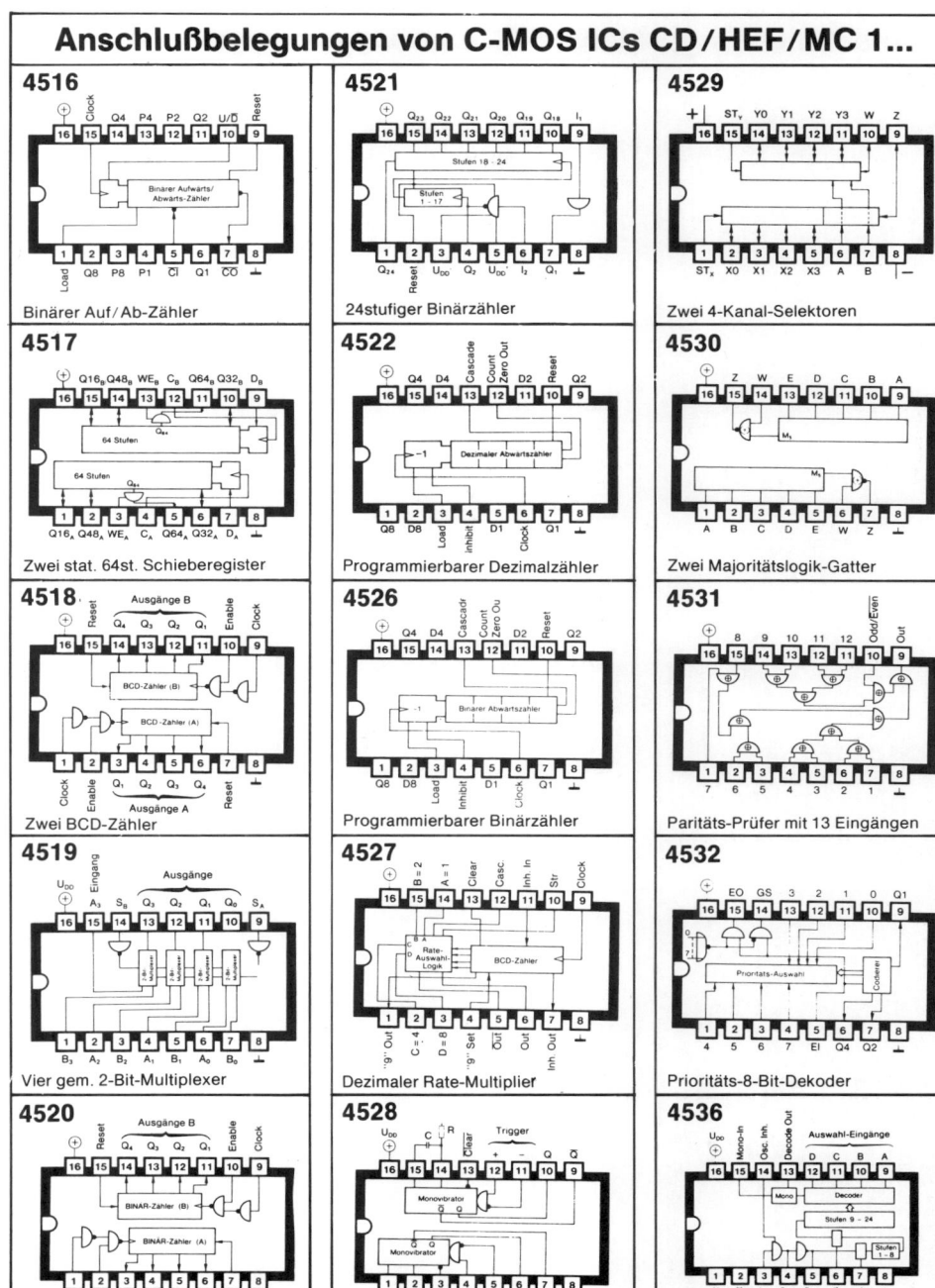

4516
Binärer Auf-/Ab-Zähler

4521
24stufiger Binärzähler

4529
Zwei 4-Kanal-Selektoren

4517
Zwei stat. 64st. Schieberegister

4522
Programmierbarer Dezimalzähler

4530
Zwei Majoritätslogik-Gatter

4518
Zwei BCD-Zähler

4526
Programmierbarer Binärzähler

4531
Paritäts-Prüfer mit 13 Eingängen

4519
Vier gem. 2-Bit-Multiplexer

4527
Dezimaler Rate-Multiplier

4532
Prioritäts-8-Bit-Dekoder

4520
Zweif. bin.-Aufwärtszähler

4528
Zwei retriggerb. Monovibr.

4536
Programmierb. Zeitgeber

Anschlußbelegungen von C-MOS ICs CD/HEF/MC 1...

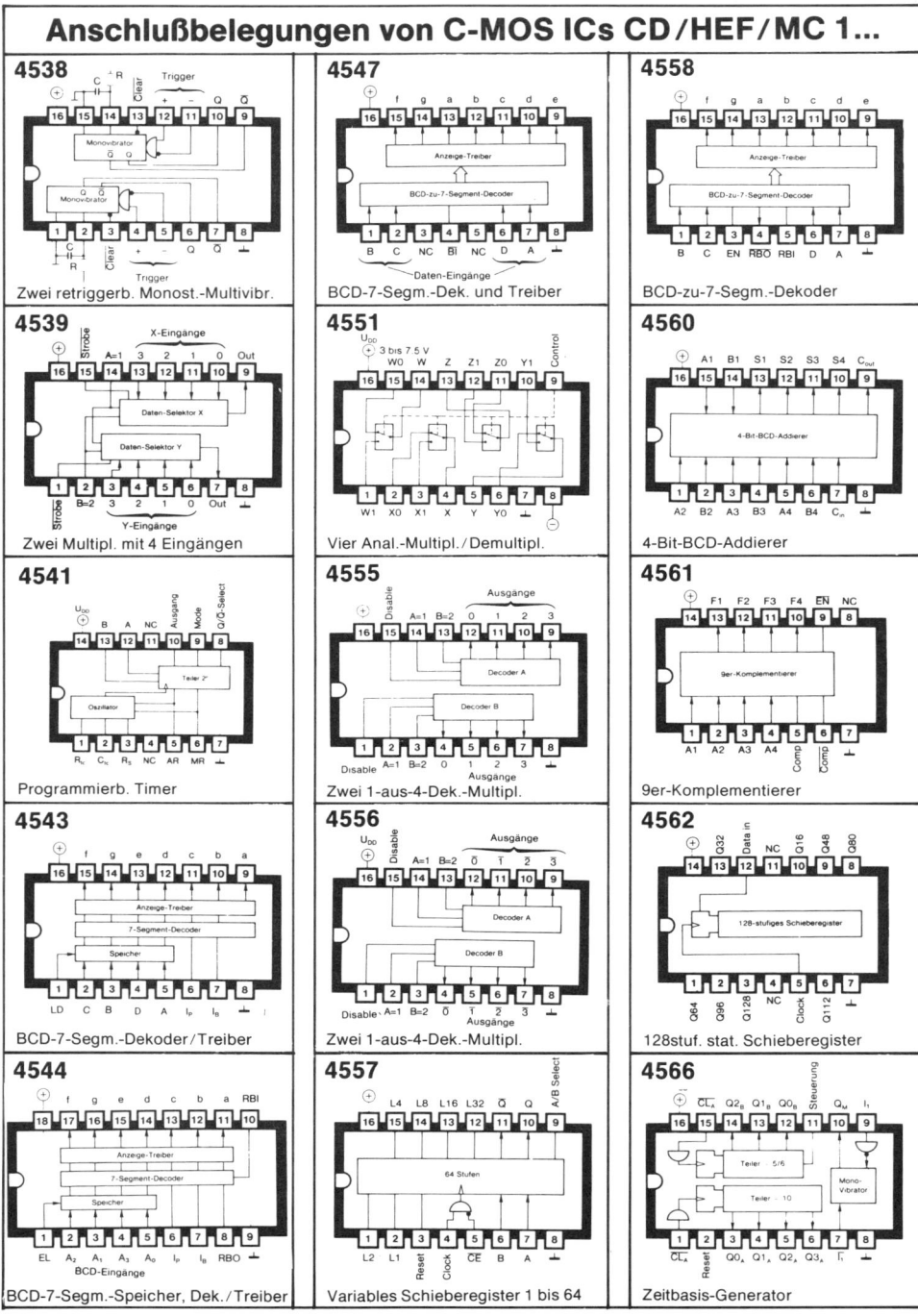

4538
Zwei retriggerb. Monost.-Multivibr.

4547
BCD-7-Segm.-Dek. und Treiber

4558
BCD-zu-7-Segm.-Dekoder

4539
Zwei Multipl. mit 4 Eingängen

4551
Vier Anal.-Multipl./Demultipl.

4560
4-Bit-BCD-Addierer

4541
Programmierb. Timer

4555
Zwei 1-aus-4-Dek.-Multipl.

4561
9er-Komplementierer

4543
BCD-7-Segm.-Dekoder/Treiber

4556
Zwei 1-aus-4-Dek.-Multipl.

4562
128stuf. stat. Schieberegister

4544
BCD-7-Segm.-Speicher, Dek./Treiber

4557
Variables Schieberegister 1 bis 64

4566
Zeitbasis-Generator

Anschlußbelegungen von C-MOS ICs CD/HEF/MC 1...

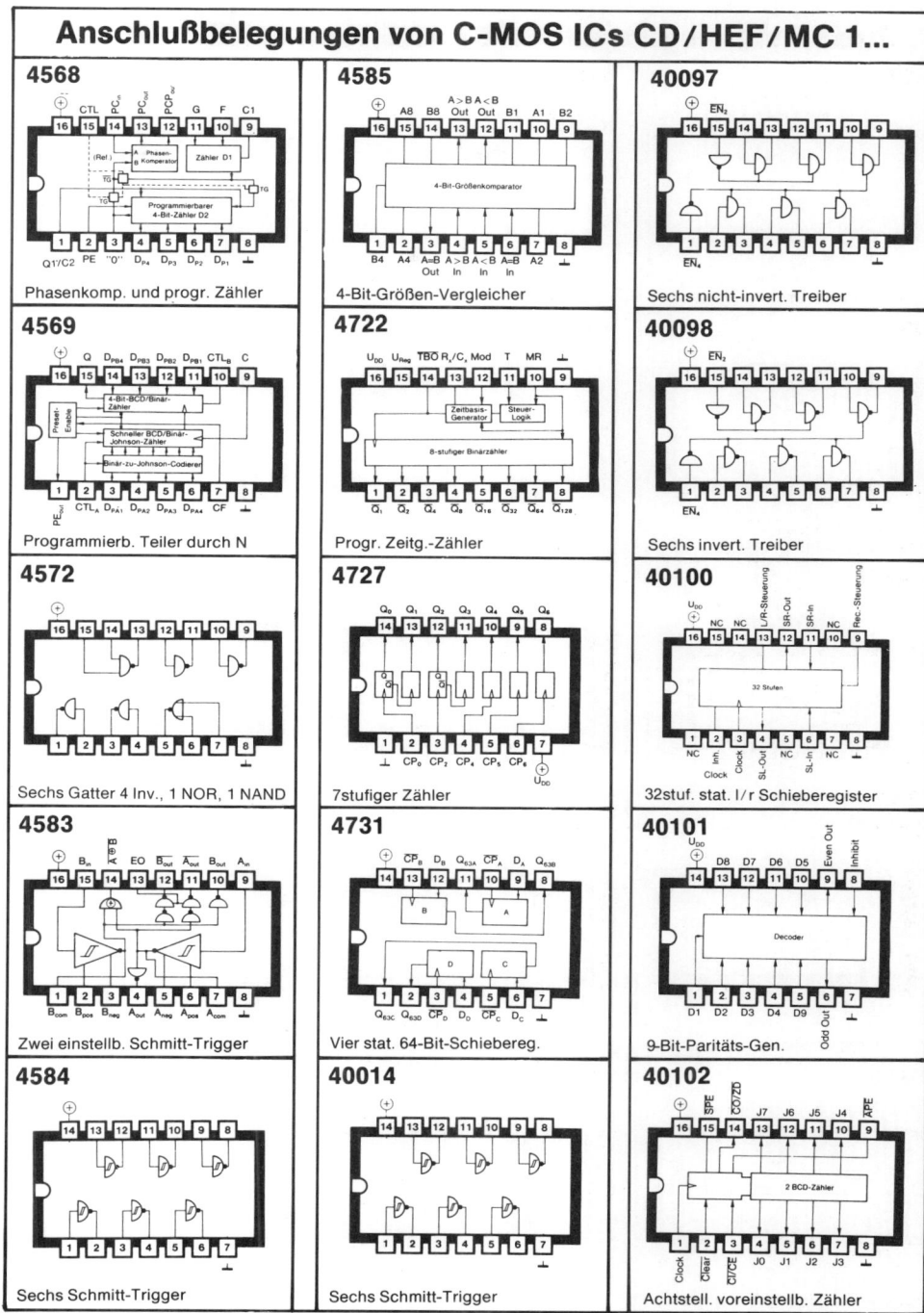

4568
Phasenkomp. und progr. Zähler

4569
Programmierb. Teiler durch N

4572
Sechs Gatter 4 Inv., 1 NOR, 1 NAND

4583
Zwei einstellb. Schmitt-Trigger

4584
Sechs Schmitt-Trigger

4585
4-Bit-Größen-Vergleicher

4722
Progr. Zeitg.-Zähler

4727
7stufiger Zähler

4731
Vier stat. 64-Bit-Schieberег.

40014
Sechs Schmitt-Trigger

40097
Sechs nicht-invert. Treiber

40098
Sechs invert. Treiber

40100
32stuf. stat. l/r Schieberegister

40101
9-Bit-Paritäts-Gen.

40102
Achtstell. voreinstellb. Zähler

Anschlußbelegungen von C-MOS ICs CD/HEF/MC 1...

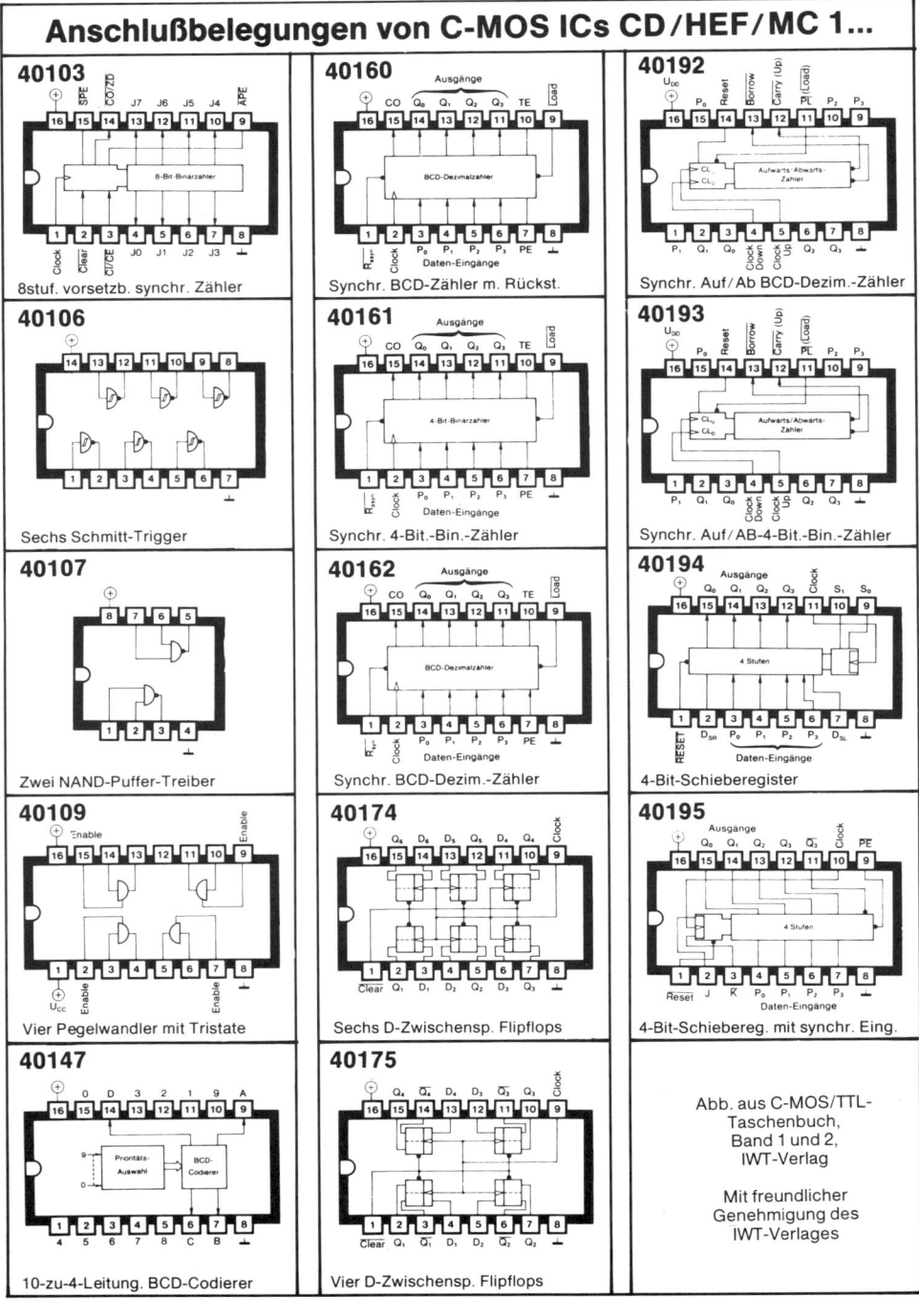

40103
8stuf. vorsetzb. synchr. Zähler

40106
Sechs Schmitt-Trigger

40107
Zwei NAND-Puffer-Treiber

40109
Vier Pegelwandler mit Tristate

40147
10-zu-4-Leitung. BCD-Codierer

40160
Synchr. BCD-Zähler m. Rückst.

40161
Synchr. 4-Bit-Bin.-Zähler

40162
Synchr. BCD-Dezim.-Zähler

40174
Sechs D-Zwischensp. Flipflops

40175
Vier D-Zwischensp. Flipflops

40192
Synchr. Auf/Ab BCD-Dezim.-Zähler

40193
Synchr. Auf/AB-4-Bit.-Bin.-Zähler

40194
4-Bit-Schieberegister

40195
4-Bit-Schiebereg. mit synchr. Eing.

Abb. aus C-MOS/TTL-Taschenbuch, Band 1 und 2, IWT-Verlag

Mit freundlicher Genehmigung des IWT-Verlages

MOS-FET

Der MOS-FET (Metalloxyd-Feldeffekttransistor) dringt immer weiter im Elektronikmarkt vor. Er zeichnet sich durch hohe Strombelastbarkeit, niedrigen Innenwiderstand und kleine Ansteuerleistung aus.

MOS-FET sind spannungsgesteuerte Bauelemente und können direkt an hochohmige Quellen angeschlossen werden. Dies bedeutet eine wesentlich einfachere Eingangsbeschaltung. Eine Schaltung kann daher mit weniger Bauelementen einfacher und zuverlässiger aufgebaut werden. Sie eignen sich daher für den Einsatz als Schalter oder Analogverstärker. Diese Transistoren sind MC-, TTL- und CMOS-kompatibel.

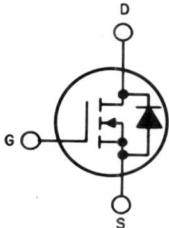

Schaltbild eines N-Kanal MOS-FET

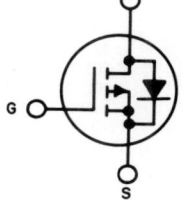

Schaltbild eines P-Kanal MOS-FET

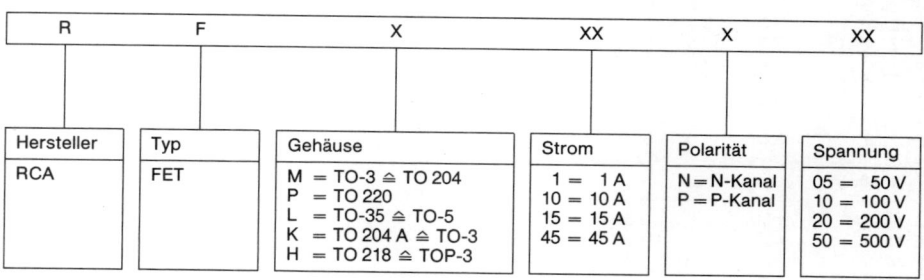

R	F	X	XX	X	XX
Hersteller	**Typ**	**Gehäuse**	**Strom**	**Polarität**	**Spannung**
RCA	FET	M = TO-3 ≙ TO 204 P = TO 220 L = TO-35 ≙ TO-5 K = TO 204 A ≙ TO-3 H = TO 218 ≙ TOP-3	1 = 1 A 10 = 10 A 15 = 15 A 45 = 45 A	N = N-Kanal P = P-Kanal	05 = 50 V 10 = 100 V 20 = 200 V 50 = 500 V

Aufschlüsselung der Transistorbezeichnungen (RCA)
z. B. RFP 15 N 05 = Gehäuse TO 220, Strom = 15 A, N-Kanal, Spannung = 50 V

TO-92

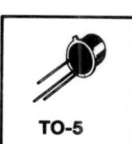
TO-5

TO-126

TO-220 AB

TOP-3

TO-3

Transistor Gehäusebezeichnungen

Bei der Auswahl der Vergleichstypen (nachfolgende Vergleichstabelle) ist zu beachten, daß eventuell die angegebenen Vergleichstypen elektrisch oder mechanisch geringfügig von den Originaltypen abweichen können.

Technische Kurzdaten

Typ	V_{DS} V	I_D A	$R_{DS(on)}$ Ω	Gehäuse
$V_{DS} = 50$ V				
BUZ 71	50	12	0,10	TO 220
BUZ 71A	50	12	0,12	TO 220
BUZ 10	50	19	0,10	TO 220
BUZ 10A	50	17	0,12	TO 220
BUZ 11A	50	25	0,06	TO 220
BUZ 11	50	30	0,04	TO 220
BUZ 14	50	39	0,04	TO 3
BUZ 15	50	45	0,03	TO 3
BUZ 17	50	32	0,04	TO 238
BUZ 18	50	37	0,03	TO 238
$V_{DS} = 100$ V				
BUZ 72	100	10	0,20	TO 220
BUZ 72A	100	9,0	0,25	TO 220
BUZ 20	100	12	0,20	TO 220
BUZ 21	100	19	0,10	TO 220
BUZ 23	100	10	0,20	TO 3
BUZ 25	100	19	0,10	TO 3
BUZ 24	100	32	0,06	TO 3
BUZ 28	100	18	0,10	TO 238
BUZ 27	100	26	0,06	TO 238
$V_{DS} = 200$ V				
BUZ 73	200	7,0	0,40	TO 220
BUZ 73A	200	5,8	0,60	TO 220
BUZ 32	200	9,5	0,40	TO 220
BUZ 31	200	12,5	0,20	TO 220
BUZ 35	200	9,9	0,40	TO 3
BUZ 34	200	14,0	0,20	TO 3
BUZ 36	200	22,0	0,12	TO 3
BUZ 37	200	13,0	0,20	TO 238
BUZ 38	200	18,0	0,12	TO 238
$V_{DS} = 400$ V				
BUZ 76A	400	2,6	2,5	TO 220
BUZ 76	400	3,0	1,8	TO 220
BUZ 60B	400	4,5	1,5	TO 220
BUZ 60	400	5,5	1,0	TO 220
BUZ 351	400	11,5	0,4	TO 218
BUZ 382[1]	400	11,0	0,4	TO 218
BUZ 63B	400	4,5	1,5	TO 3
BUZ 63	400	5,9	1,0	TO 3
BUZ 64	400	11,5	0,4	TO 3
BUZ 201[1]	400	10,5	0,4	TO 3
BUZ 67	400	9,6	0,4	TO 238

Technische Kurzdaten

Typ	V_{DS} V	I_D A	$R_{DS(on)}$ Ω	Gehäuse
$V_{DS} = 500$ V				
BUZ 74A	500	2,0	4,0	TO 220
BUZ 74	500	2,4	3,0	TO 220
BUZ 42	500	4,0	2,0	TO 220
BUZ 41A	500	4,5	1,5	TO 220
BUZ 353	500	9,6	0,6	TO 218
BUZ 354	500	8,3	0,8	TO 218
BUZ 385[1]	500	8,0	0,8	TO 218
BUZ 46	500	4,2	2,0	TO 3
BUZ 44A	500	4,8	1,5	TO 3
BUZ 45A	500	8,3	0,8	TO 3
BUZ 45	500	9,6	0,6	TO 3
BUZ 45B	500	10,0	0,5	TO 3
BUZ 210[1]	500	9,6	0,6	TO 3
BUZ 211[1]	500	9,0	0,8	TO 3
BUZ 48A	500	6,8	0,8	TO 238
BUZ 48	500	7,8	0,6	TO 238
$V_{DS} = 800$ V				
BUZ 80A	800	3,0	3,0	TO 220
BUZ 80	800	2,6	4,0	TO 220
BUZ 308	800	2,6	4,0	TO 218
BUZ 307	800	3,0	3,0	TO 218
BUZ 83	800	2,9	4,0	TO 3
BUZ 83A	800	3,4	3,0	TO 3
BUZ 84	800	5,3	2,0	TO 3
BUZ 84A	800	6,0	1,5	TO 3
BUZ 88	800	4,3	2,0	TO 238
BUZ 88A	800	5,0	1,5	TO 238
$V_{DS} = 1000$ V				
BUZ 50B	1000	2,0	8,0	TO 220
BUZ 50A	1000	2,5	5,0	TO 220
BUZ 53A	1000	2,6	5,0	TO 3
BUZ 54A	1000	4,6	2,6	TO 3
BUZ 54	1000	5,3	2,0	TO 3
BUZ 57A	1000	2,5	5,0	TO 238
BUZ 58A	1000	3,7	2,6	TO 238
BUZ 58	1000	4,3	2,0	TO 238

[1] Mit schneller Inversdiode

242

MOSFET-Vergleichstabelle

Typ	Vergleichstyp	Anschl.-Bild	Typ	Vergleichstyp	Anschl.-Bild
BS 107	BS 107	5	BUZ 45 A	MTM 7 N 50, IRF 452, RFK 10 N 50	8
BS 170		5	BUZ 45 B	MTM 15 N 50, RFK 10 N 50	8
BSS 87			BUZ 46	MTM 4 N 50, RFM 6 N 50, IRF 432, RRF 432	8
BSS 89	(MPF 89)	2	BUZ 50	(MTP 1 N 100), (IRF 820 N)	7
BSS 91	(MFE 9200)	3	BUZ 50 A	(MTP 1 N 100)	7
BSS 92		1	BUZ 50 B	(MTP 1 N 100)	7
BSS 93	(MFE 9200) JRFF 212		BUZ 53 A	MTM 4 N 100, (IRF 422)	8
BSS 95	(BS 107)	4	BUZ 60	MTP 5 N 40, RFP 7 N 40, IRF 730, RRF 730	7
BSS 97	(BS 107)	4	BUZ 60 B	MTP 5 N 40, RFP 7 N 40, IRF 732, RRF 730	7
BSS 100		5	BUZ 63	MTM 5 N 40, IRF 330, RRF 330	8
BSS 101		5	BUZ 63 B	MTM 5 N 40, IRF 330, RRF 330	8
BUZ 10	RFP 15 NOS, MTP 15 N 05, IRF 541	7	BUZ 64	MTM 15 N 40, IRF 352	8
BUZ 10 A	IRF 533, IRF 543	7	BUZ 71	RFP 15 N 05, IRF 541, (RFP 25 N 06)	7
BUZ 11	IRFZ 30, BUK 455	7	BUZ 71 A	BUZ 71, RFP 15 N 05, IRF 543, (RFP 25 N 06)	7
BUZ 11 A	MTP 25 N 05, IRF 543	7	BUZ 72	MTP 10 N 10, RFP 10 N 12, IRF 532, RRF 532, RFP 12 N 10	7
BUZ 14	MTM 35 N 05, RFK 45 N 05, VN 0400 A	8	BUZ 72 A	BUZ 72, MTP 10 N 10, RFP 10 N 12	7
BUZ 14 A	IRF 151	8	BUZ 73 A	MTP 7 N 20, (RFP 8 N 18), IRF 632, RRF 632, RFP 8 N 20	7
BUZ 15			BUZ 74	(MTP 2 N 50), RFP 2 N 50, IRF 820, RRF 820	7
BUZ 17		9	BUZ 74 A	MTP 2 N 50, BUZ 74, RFP 3 N 50, IRF 822, RRF 822	7
BUZ 18		9	BUZ 76	IRF 732, RRF 732, RFP 3 N 45, IRF 720, RRF 720	7
BUZ 20	(MTP 12 N 10), IRF 530, RFP 12 N 10	7	BUZ 76 A	IRF 732, BUZ 76, RRF 732, RFP 3 N 45, IRF 722, RRF 722	7
BUZ 21	(MTP 20 N 10), IRF 540, RFP 18 N 10	7	BUZ 80	(IRF 822)	7
BUZ 23	(MTM 12 N 10), IRF 130, RFM 12 N 10, RRF 130	8	BUZ 80 A		7
BUZ 24	(MTM 25 N 10), RFK 30 N 12, IRF 150, RFK 35 N 10	8	BUZ 83	MTM 4 N 85, (IRF 422)	8
BUZ 25	MTM 25 N 10, IRF 140, RFM 18 N 10	8	BUZ 83 A	MTM 5 N 85, (IRF 420)	8
BUZ 27		9	BUZ 84	MTM 5 N 85, (IRF 432)	8
BUZ 28		9	BUZ 201		8
BUZ 30	MTP 7 N 20, IRF 632, RFP 8 N 20, RRF 632		BUZ 307		8
BUZ 31	IRF 640, RFP 12 N 20	7	BUZ 308		8
BUZ 32	(MTP 8 N 20), RFP 12 N 20	7	BUZ 307		10
BUZ 32 A	RFP 10 N 15, IRF 631	7	BUZ 308		10
BUZ 33	MTM 7 N 20, IRF 232, RRF 232, RFM 8 N 20		BUZ 351		10
BUZ 33 A	IRF 232	8	BUZ 353		10
BUZ 34	(MTM 15 N 20)	8	BUZ 354		10
BUZ 35	MTM 8 N 20, RFM 12 N 20, IRF 230, RRF 230, (RFM 8 N 20)	8	BUZ 382		10
BUZ 35 A	IRF 231, RFM 10 N 15	8	BUZ 385		10
BUZ 36	(MTM 15 N 20), IRF 252, RFK 25 N 20	8	D 84 CK 1	RFP 15 N 05	7
BUZ 37		9	D 84 CK 2	RFP 15 N 06	7
BUZ 38		9	D 84 CL 1	RFP 12 N 08	7
BUZ 40	MTP 2 N 50, IRF 822, RRF 822, RFP 3 N 50		D 84 CL 2	RFP 12 N 10	7
BUZ 41 A	MTP 4 N 50, IRF 830, RRF 830, (RFP 6 N 50)	7	D 84 CM 1	RFP 8 N 18	7
BUZ 42	MTP 4 N 50, IRF 832, RRF 832, (RFP 6 N 50)	7	D 84 CM 2	RFP 8 N 18	7
BUZ 43	(MTM 2 N 50), IRF 422, RRF 422, RFM 3 N 50	8	IRF 120	RFM 10 N 12, RRFF 120, BUZ 23	8
BUZ 44 A	(MTM 4 N 50), IRF 430, RFM 6 N 50, RRF 430	8	IRF 121	RFM 10 N 12, RRFF 121, BUZ 23	8
BUZ 45	(MTM 7 N 50, IRF 452, RFK 10 N 50	8	IRF 122	RFM 10 N 12, RRF 122, BUZ 23	8
			IRF 123	RFM 10 N 10, RRF 123, BUZ 23	8

Typ	Vergleichstyp	Anschl.-Bild
IRF 130	RFM 15 N 12, RRF 130, MTM 12 N 10, RFM 12 N 10, BUZ 25	8
IRF 131	RFM 15 N 12, RRF 131, BUZ 25	8
IRF 132	RFM 12 N 10, RRF 132, BUZ 23	8
IRF 133	RFM 12 N 08, RRF 133, BUZ 23	8
IRF 140	BUZ 24	8
IRF 142	RFK 35 N 10, RFM 18 N 10, BUZ 25	8
IRF 143	RFM 18 N 08, RFF 25 N 06, BUZ 25	8
IRF 150	RFK 35 N 10, BUZ 24	8
IRF 151	RFK 45 N 06, BUZ 14	8
IRF 152	RFK 35 N 10, BUZ 24	8
IRF 153	RFK 45 N 06, BUZ 14	8
IRF 220	RFM 8 N 20, RRF 220	8
IRF 221	RFM 10 N 15, RRF 221	8
IRF 222	RFM 8 N 20, RRF 222	8
IRF 223	RFM 10 N 15, RRF 223	8
IRF 230	RFM 12 N 20, RRF 230, BUZ 35	8
IRF 231	RFM 12 N 20, RFM 10 N 15, RRF 231, BUZ 35	8
IRF 232	RFM 8 N 20, RRF 232	8
IRF 233	RFM 10 N 15, RRF 233	8
IRF 240	RFM 12 N 20, RFK 25 N 20, BUZ 36	8
IRF 241	RFM 15 N 15, RRF 241, BUZ 36	8
IRF 242	RFM 12 N 20, BUZ 34	8
IRF 243	RFM 15 N 15, RRF 243, MTM 1034, BUZ 34	8
IRF 250	RFK 25 N 20	8
IRF 251	IRF 250, RRF 251	8
IRF 252	RFK 25 N 20	8
IRF 253	RRF 253	8
IRF 320	MTM 5 N 40, RFM 7 N 40, RRF 320, BUZ 63 B	8
IRF 321	RFM 7 N 35, MTM 5 N 35, RRF 321, BUZ 63 B	8
IRF 322	RFM 3 N 45, RFM 7 N 40, RRF 322, MTM 3 N 40, BUZ 63 B	8
IRF 323	RFM 7 N 35, RFM 3 N 45, RRF 323, MTM 5 N 35, BUZ 63 B	8
IRF 330	RFM 7 N 40, RRF 330, BUZ 63	8
IRF 331	RFM 7 N 35, RRF 331, BUZ 63	8
IRF 332	RFM 7 N 40, RRF 332, BUZ 63 B	8
IRF 333	RFM 7 N 35, RRF 333, BUZ 63 B	8
IRF 340	RFK 12 N 40, RFM 12 N 40, MTM 8 N 40, BUZ 64	
IRF 341	MTM 8 N 35, RFM 12 N 35, BUZ 64	
IRF 342	MTM 8 N 40, RFK 12 N 40, RFM 7 N 40	
IRF 343	MTM 8 N 35, RFF 12 N 35, RFM 7 N 35	
IRF 350	MTM 15 N 40, BUZ 64	8
IRF 351	MTM 15 N 35, BUZ 64	8
IRF 352	MTM 15 N 40, BUZ 64	8
IRF 353	MTM 15 N 35, BUZ 64	8
IRF 420	MTM 2 N 50, RFM 3 N 50, RRF 420, BUZ 46	8
IRF 421	MTM 2 N 45, RFM 3 N 45, RRF 421, BUZ 46	8
IRF 422	MTM 2 N 50, RFM 3 N 50, RRF 422	8
IRF 423	MTM 2 N 45, RFM 3 N 45, RRF 423	8
IRF 430	RFM 6 N 50, RRF 430, BUZ 44 A	8
IRF 431	RFM 6 N 45, RRF 431, BUZ 44 A	8
IRF 432	RFM 6 N 50, RRF 432, BUZ 46	8
IRF 433	RFM 6 N 45, RRF 433, BUZ 46	8
IRF 440	MTM 7 N 50, RFK 10 N 50, RFM 10 N 50, BUZ 45 A	
IRF 441	RFK 10 N 45, MTM 7 N 45, RFM 10 N 45, BUZ 45 A	
IRF 442	MTM 7 N 50, RFK 10 N 50, RFM 6 N 50, BUZ 45 A	
IRF 443	MTM 7 N 45, RFK 10 N 45, RFM 6 N 45, BUZ 45 A	
IRF 450	MTM 15 N 50, BUZ 45 B	8
IRF 451	MTM 15 N 45, BUZ 45 B	8
IRF 452	MTM 15 N 50, BUZ 45 B	8
IRF 453	MTM 15 N 45, BUZ 45 B	8
IRF 510	RFP 10 N 12, RRF 510	7
IRF 511	RFP 10 N 12, RRF 511	7
IRF 512	RFP 10 N 12, RRF 512	7
IRF 513	RFP 10 N 12, RRF 513	7
IRF 520	RFP 10 N 12, RRF 520, BUZ 72 A	7
IRF 521	RFP 10 N 12, RRF 521, BUZ 72 A	7
IRF 522	RFP 10 N 12, RRF 222, BUZ 72 A	7
IRF 523	BUZ 72 A	7
IRF 530	RFP 15 N 12, RRF 530, MTP 12 N 10, RFP 12 N 10, BUZ 20	7
IRF 531	RFP 15 N 12, RRF 531, BUZ 10 A	7
IRF 532	RFP 12 N 10, RRF 532, BUZ 20	7
IRF 533	RFP 12 N 08, RRF 533, BUZ 10 A	7
IRF 540	RFP 18 N 10, BUZ 21	7
IRF 541	RFP 25 N 06, RFP 18 N 08, BUZ 11	7
IRF 542	RFP 18 N 10, BUZ 21	7
IRF 543	RFP 18 N 06, RFP 25 N 06, BUZ 11 A	7
IRF 610	RFP 8 N 20, RRF 610	7
IRF 611	RFP 10 N 15, RRF 611	7
IRF 612	RFP 8 N 20, RRF 612	7
IRF 613	RFP 10 N 15, RRF 613	7
IRF 620	RFP 8 N 20, RRF 620, BUZ 73 A	7
IRF 621	RFP 10 N 15, RRF 621, RFP 8 N 18, BUZ 73 A	7
IRF 622	RFP 8 N 20, RRF 622, BUZ 73 A	7
IRF 623	RFP 10 N 15, RFP 8 N 18, RRF 623, BUZ 73 A	7
IRF 630	RFP 8 N 20, RRF 630, BUZ 32	7
IRF 631	RFP 10 N 15, RRF 631, BUZ 32	7
IRF 632	RFP 8 N 20, RRF 632, BUZ 32	7
IRF 633	RFP 10 N 15, RRF 633, BUZ 32	7
IRF 640	RFP 12 N 20, BUZ 31	7
IRF 641	IFP 15 N 15, RRF 641, BUZ 31	7
IRF 642	RFP 12 N 20, BUZ 31	7
IRF 643	RFP 15 N 15, RRF 643, BUZ 31	7

Typ	Vergleichstyp	Anschl.-Bild
IRF 710	MTP 3 N 40, RFP 3 N 45, RFP 4 N 40, BUZ 76 A	7
IRF 711	RFP 3 N 45, RFP 4 N 35, MTP 3 N 35, BUZ 76 A	7
IRF 712	RFP 3 N 45, RFP 4 N 40, MTP 2 N 40, BUZ 76 A	7
IRF 713	MTP 2 N 35, RFP 3 N 45, RFP 4 N 35, BUZ 76 A	7
IRF 720	MTP 5 N 40, RRF 720, BUZ 76	7
IRF 721	MTP 5 N 35, RRF 721, BUZ 76	7
IRF 722	MTP 5 N 40, RFP 3 N 45, RFP 4 N 40, RRF 722, BUZ 76 A	7
IRF 723	MTP 5 N 35, RFP 4 N 35, RFP 3 N 45, RRF 723, BUZ 76 A	7
IRF 730	RFP 7 N 40, RRF 730, BUZ 60	7
IRF 731	RFP 7 N 35, RRF 731, BUZ 60	7
IRF 732	RFP 7 N 40, RRF 732, BUZ 60 B	7
IRF 733	RFP 7 N 35, RRF 733, BUZ 60 B	7
IRF 740	BUZ 64	
IRF 741	BUZ 64	
IRF 742	BUZ 60	
IRF 743	BUZ 60	
IRF 820	RFP 3 N 50, MTP 4 N 50, RRF 820, BUZ 74	7
IRF 821	RFP 3 N 45, MTP 4 N 45, RRF 821, BUZ 74	7
IRF 822	RFP 3 N 50, MTP 2 N 50, RRF 822, BUZ 74 A	7
IRF 823	RFP 3 N 45, MTP 2 N 45, RRF 823, BUZ 74 A	7
IRF 830	RRF 830, RFP 6 N 50, BUZ 41 A	7
IRF 831	RRF 831, RFP 6 N 45, BUZ 41 A	7
IRF 832	RFP 6 N 50, PRF 832, BUZ 42	7
IRF 833	RFP 6 N 45, PRF 833, BUZ 42	7
IRF 9130	RFM 12 P 10, MTM 8 P 10	8
IRF 9131	RFM 12 P 08, MTM 8 P 08	8
IRF 9132	RFM 8 P 10, MTM 8 P 10	8
IRF 9133	RFM 8 P 08, MTM 8 P 08	8
IRF 9510	RFP 5 P 12	7
IRF 9511	RFP 5 P 12	7
IRF 9512	RFP 5 P 12	7
IRF 9513	RFP 5 P 12	7
IRF 9520	RFP 6 P 10, MTP 8 P 10	7
IRF 9521	RFP 6 P 08, MTP 8 P 08, RFP 5 P 12	7
IRF 9522	RFP 6 P 10, MTP 8 P 10, RFP 5 P 12	7
IRF 9523	RFP 5 P 12, RFP 6 P 08, MTP 8 P 08	7
IRF 9530	RFP 12 P 10, MTP 8 P 10	7
IRF 9531	RFP 12 P 08, MTP 8 P 08	7
IRF 9532	RFP 8 P 10, RFP 8 P 10	7
IRF 9533	MTP 8 P 08, RFP 8 P 08	7
IRF 9611	RFP 5 P 15	7
IRF 9613	RFP 5 P 15	7
IRF 9621	RFP 5 P 15	7
IRF 9623	RFP 5 P 15	7
IRF 9631	RFP 10 P 15	7
IRF 9633	RFP 5 P 15	7
IRFF 111	RFL 4 N 12, (MFE 960)	11
IRFF 112	RFL 4 N 12	11
IRFF 113	RFL 4 N 12	11
IRFF 120	RFL 4 N 12	11

Typ	Vergleichstyp	Anschl.-Bild
IRFF 121	RFL 4 N 12	11
IRFF 122	RFL 4 N 12	11
IRFF 123	RFL 4 N 12	11
IRFF 130	MTM 12 N 10, RFM 12 N 10, BUZ 23	11
IRFF 150	RFK 35 N 10, BUZ 24	
IRFF 530	MTP 12 N 10, RFP 12 N 10, BUZ 20	
IRFF 532	RRF 532	
IRFZ 22	MTP 15 N 05, RFP 15 N 05, BUZ 71 A	7
IRFZ 30	BUZ 11	7
MFE 910		3
MPF 910	VN 10 KM	14
MTM 10 N 05	RFM 15 N 05, IRF 133	8
MTM 10 N 06	RFM 15 N 06, IRF 133	8
MTM 10 N 08	RFM 12 N 08, IRF 120	8
MTM 10 N 10	RFM 12 N 10, IRF 120	8
MTM 10 N 12	RFM 10 N 12, IRF 243	8
MTM 10 N 15	RFM 10 N 15, IRF 243	8
MTM 12 N 05	RFM 15 N 05, IRF 133	8
MTM 12 N 06	RFM 15 N 06, IRF 131	8
MTM 12 N 08	RFM 12 N 08, IRF 130	8
MTM 12 N 10	RFM 12 N 10, IRF 130	8
MTM 12 N 12	IRF 243	8
MTM 12 N 18	RFM 12 N 18, IRF 242	8
MTM 12 N 20	RFM 12 N 20, IRF 242	8
MTM 15 N 05	RFM 15 N 05, IRF 143	8
MTM 15 N 06	RFM 15 N 06, IRF 143	8
MTM 15 N 12	RFM 15 N 12, IRF 243	8
MTM 15 N 15	RFM 15 N 15, IRF 243	8
MTM 15 N 18	IRF 252	8
MTM 15 N 35	(RFK 12 N 35), IRF 353	8
MTM 15 N 40	(RFK 12 N 40), IRF 352	8
MTM 15 N 45	IRF 453	
MTM 15 N 50	IRF 452	
MTM 20 N 08	IRF 142	
MTM 20 N 10	IRF 142	
MTM 20 N 12	IRF 253	
MTM 20 N 15	IRF 253	
MTM 20 N 18	IRF 250	
MTM 20 N 20	IRF 250	
MTM 25 N 05	IRF 153	
MTM 25 N 06	IRF 153	
MTM 25 N 08	IRF 150	
MTM 25 N 10	IRF 150	
MTM 25 N 12	(IRF 150)	
MTM 35 N 05	IRF 151	
MTM 35 N 06	IRF 151	
MTM 35 N 08	IRF 150	
MTM 35 N 10	IRF 150	
MTM 2 N 45	RFM 3 N 45	8
MTM 2 N 50	RFM 3 N 50, IRF 422	8
MTM 20 N 08	RFM 18 N 08	8
MTM 20 N 10	RFM 18 N 10	8
MTM 25 N 05	RFM 25 N 05	8
MTM 25 N 06	RFM 25 N 06	8
MTM 3 N 35	RFM 4 N 35, IRF 323	8
MTM 3 N 40	RFM 4 N 40, IRF 323	8
MTM 4 N 45	RFM 6 N 45, IRF 431	8
MTM 4 N 50	RFM 6 N 50, IRF 430	8
MTM 5 N 18	RFM 8 N 18, IRF 220	8
MTM 5 N 20	RFM 8 N 20, IRF 220	8
MTM 5 N 35	RFM 7 N 35, IRF 331, BUZ 63 B	8

Typ	Vergleichstyp	Anschl.-Bild
MTM 5 N 40	RFM 7 N 40, IRF 330, BUZ 63 B	8
MTM 7 N 12	RFM 8 N 18, IRF 233	8
MTM 7 N 15	RFM 8 N 18, IRF 233	8
MTM 7 N 18	RFM 8 N 18, IRF 232	8
MTM 7 N 20	(RFM 8 N 18), IRF 232	8
MTM 7 N 45	IRF 453, BUZ 45 A	8
MTM 7 N 50	IRF 452, BUZ 45 A	8
MTM 8 N 08	RFM 8 N 18, IRF 122	8
MTM 8 N 10	RFM 8 N 18, IRF 122	8
MTM 8 N 12	RFM 10 N 12, IRF 231	8
MTM 8 N 15	RFM 10 N 15, IRF 231	8
MTM 8 N 18	RFM 8 N 18, IRF 230	8
MTM 8 N 20	RFM 8 N 20, IRF 230	8
MTP 1 N 45	RFP 3 N 45	7
MTP 15 N 50	RFP 3 N 50	7
MTP 10 N 05	RFP 15 N 05, IRF 533	7
MTP 10 N 06	RFP 15 N 06, IRF 533	7
MTP 10 N 08	RFP 12 N 08, IRF 520	7
MTP 10 N 10	RFP 12 N 10, IRF 520	7
MTP 10 N 12	RFP 10 N 12, IRF 643	7
MTP 10 N 15	RFP 10 N 15, IRF 643	7
MTP 10 N 25	(IRF 630)	7
MTP 12 N 05	RFP 15 N 05, IRF 531	7
MTP 12 N 06	RFP 15 N 06, IRF 531	7
MTP 12 N 08	RFP 12 N 08, IRF 530	7
MTP 12 N 10	RFP 12 N 10, IRF 530	7
MTP 12 N 18	RFP 12 N 18, IRF 642	7
MTP 12 N 20	RFP 12 N 20, IRF 642	7
MTP 15 N 05	RFP 15 N 05, IRF 543	7
MTP 15 N 06	RFP 15 N 06, IRF 543	7
MTP 15 N 12	RFP 15 N 12, IRF 643	7
MTP 15 N 15	RFP 15 N 15, IRF 643	7
MTP 2 N 35	RFP 4 N 35, IRF 723	7
MTP 2 N 40	RFP 4 N 40, IRF 722	7
MTP 2 N 45	RFP 3 N 45, IRF 823	7
MTP 2 N 50	RFP 3 N 50, IRF 822	7
MTP 20 N 08	RFP 18 N 08, IRF 542	7
MTP 20 N 10	RFP 18 N 10, IRF 542	7
MTP 25 N 05	RFP 25 N 05	7
MTP 25 N 06	RFP 25 N 06	7
MTP 3 N 35	RFP 4 N 35	7
MTP 3 N 40	RFP 4 N 40	7
MTP 4 N 45	RFP 6 N 45	7
MTP 4 N 50	RFP 6 N 50	7
MTP 5 N 18	RFP 8 N 18	7
MTP 5 N 20	RFP 8 N 20	7
MTP 5 N 35	RFP 7 N 35	7
MTP 5 N 40	RFP 7 N 40	7
MTP 7 N 12	RFP 8 N 18	7
MTP 7 N 15	RFP 8 N 18	7
MTP 7 N 18	RFP 8 N 18	7
MTP 7 N 20	RFP 8 N 20	7
MTP 8 N 08	RFP 8 N 18	7
MTP 8 N 10	RFP 8 N 18	7
MTP 8 N 12	RFP 10 N 12	7
MTP 8 N 15	RFP 10 N 15	7
MTP 8 N 18	RFP 8 N 18	7
MTP 8 N 20	RFP 8 N 20	7
MTP 564	MTP 5 N 35, IRF 333, BUZ 60 B	7
MTP 565	MTP 5 N 40, IRF 332, BUZ 60 B	7
MTP 814	MTP 8 N 08, IRF 9132, BUZ 72 A	7
MTP 815	MTP 8 N 10, IRF 9132, MTM 815, BUZ 72 A	7

Typ	Vergleichstyp	Anschl.-Bild
MTP 1034	MTP 10 N 12, IRF 243, MTM 1034	7
MTP 1035	MTP 10 N 15, IRF 243, MTM 1035	7
MTP 1224	MTP 12 N 08, IRF 132, MTM 1224, BUZ 20	7
MTP 1225	MTP 12 N 10, IRF 132, MTM 1225, BUZ 20	7
MTP 15 N 05	IRF 543	7
MTP 15 N 06	IRF 543	7
MTP 15 N 12	IRF 643	7
MTP 15 N 15	IRF 643	7
MTP 14 N 100	(IRF 822)	7
MTP 20 N 08	IRF 542	7
MTP 20 N 10	IRF 542	7
RCA 9192 A	BUZ 23	
RCA 9193	BUZ 46	
RCA 9195 A	BUZ 23	
RCA 9195 B	BUZ 34	
RCA 9213 A	BSS 97	
RCA 9213 B	BSS 97	
RCA 9213 C	BSS 97	
RCA 9230 A	BUZ 21	
RCA 9230 B	BUZ 31	
RCA 9232	BUZ 74	
RFK 15 N 35	IRF 353	8
RFK 15 N 40	IRF 352	8
RFK 15 N 45	IRF 441	8
RFK 15 N 50	IRF 440	8
RFK 20 P 08	IRF 9140	8
RFK 20 P 10	IRF 9140	8
RFK 25 N 18	IRF 252	8
RFK 25 N 20	IRF 252	8
RFK 30 N 12	IRF 251	8
RFK 30 N 15	IRF 251	8
RFK 35 N 08	IRF 150	8
RFK 35 N 10	IRF 150	8
RFL 1 N 08	IRFF 112	11
RFL 1 N 10	IRFF 112	11
RFL 1 N 12	IRFF 211	11
RFL 1 N 15	IRFF 211	11
RFL 1 N 18	IRFF 212	11
RFL 1 N 20	IRFF 212	11
RFL 1 P 08	IRFF 9112	11
RFL 1 P 10	IRFF 9112	11
RFL 2 N 05	IRFF 113	11
RFL 2 N 06	IRFF 113	11
RFL 4 N 12	IRFF 231	11
RFL 4 N 15	IRFF 231	11
RFM 3 N 45	IRF 421, IRF 433	8
RFM 3 N 50	IRF 420, IRF 432	8
RFM 4 N 35	IRF 321	8
RFM 4 N 40	IRF 320	8
RFM 5 P 12	IRF 9231	8
RFM 5 P 15	IRF 9231	8
RFM 6 P 08	IRF 9132	8
RFM 6 P 10	IRF 9132	8
RFM 7 N 45	IRF 431	8
RFM 7 N 50	IRF 430	8
RFM 8 N 18	IRF 230, MTM 8 N 18	8
RFM 8 N 20	IRF 230, MTM 8 N 20	8
RFM 8 P 08	IRF 9132	8
RFM 8 P 10	IRF 9132	8
RFM 10 N 12	IRF 243, MTM 10 N 12	8

Typ	Vergleichstyp	Anschl.-Bild
RFM 10 N 15	IRF 243, MTM 10 N 15	8
RFM 10 P 12	IRF 9241	8
RFM 10 P 15	IRF 9241	8
RFM 12 N 08	IRF 130, RRF 130, MTM 12 N 08	8
RFM 12 N 10	MTM 12 N 10	8
RFM 12 N 18	IRF 242	8
RFM 12 N 20	IRF 242	8
RFM 15 N 05	IRF 143	8
RFM 15 N 06	IRF 143	8
RFM 15 N 12	IRF 253	8
RFM 15 N 15	IRF 253	8
RFM 18 N 08	IRF 142, MTM 25 N 08	8
RFM 18 N 10	IRF 142, MTM 25 N 10	8
RFM 25 N 05	IRF 141	8
RFM 25 N 06	IRF 141	8
RFP 1 N 35	IRF 713	7
RFP 1 N 40	IRF 712	7
RFP 2 N 08	IRF 512, MTP 4 N 08	7
RFP 2 N 10	IRF 512, MTP 4 N 10	7
RFP 2 N 12	IRF 611, MTP 3 N 12	7
RFP 2 N 15	IRF 611, MTP 3 N 15	7
RFP 2 N 18	IRF 612, MTP 2 N 18	7
RFP 2 N 20	IRF 612, MTP 2 N 20	7
RFP 2 P 08	IRF 9512	7
RFP 2 P 10	IRF 9512	7
RFP 3 N 35	IRF 821	7
RFP 3 N 50	IRF 820, IRF 832	7
RFP 4 N 05	IRF 513	7
RFP 4 N 06	IRF 513	7
RFP 4 N 35	IRF 721	7
RFP 4 N 40	IRF 720	7
RFP 5 P 12	IRF 9631	7
RFP 5 P 15	IRF 9631	7
RFP 6 P 08	IRF 9520	7
RFP 6 P 10	IRF 9520	7
RFP 7 N 45	IRF 831	7
RFP 7 N 50	IRF 830	7
RFP 8 N 18	IRF 630, MTP 8 N 18	7
RFP 8 N 20	IRF 630, MTP 8 N 20	7
RFP 8 P 08	IRF 9532	7
RFP 8 P 10	IRF 9532	7
RFP 10 N 12	IRF 643, MTP 10 N 12	7
RFP 10 P 12	(IRF 9532)	7
RFP 10 N 15	MTP 10 N 15	7
RFP 12 N 08	IRF 530, MTP 12 N 08	7
RFP 12 N 10	IRF 530, MTP 12 N 10	7
RFP 12 N 20	IRF 642	7
RFP 15 N 05	IRF 543	7
RFP 15 N 06	IRF 543	7
RFP 15 N 12	(IRF 542)	7
RFP 18 N 08	MTP 20 N 08	7
RFP 18 N 10	IRF 542, MTP 20 N 10	7
RFP 25 N 05	IRF 541	7
RFP 25 N 06		7
TA 9112 A	MTP 8 N 10	
TA 9112 B	MTP 7 N 15	
TA 9192 A	MTM 8 N 10, RCA 9192 A, BUZ 23	
TA 9192 B	MTM 7 N 15	
TA 9193	MTM 4 N 45, RCA 9193, BUZ 46	
TA 9195 B	MTM 15 N 15, RCA 9195 B, BUZ 34	
TA 9232	MTP 4 N 45, RCA 9232, BUZ 74	
UFN 120	BUZ 23, IRF 120	

Typ	Vergleichstyp	Anschl.-Bild
UFN 121	BUZ 23, IRF 121	
UFN 122	BUZ 23, IRF 122	
UFN 123	BUZ 23, IRF 123	
UFN 130	BUZ 25, IRF 130	
UFN 131	BUZ 25, IRF 131	
UFN 132	BUZ 23, IRF 132	
UFN 133	BUZ 23, IRF 133	
UFN 140	BUZ 24, IRF 140	
UFN 141	BUZ 14, IRF 141	
UFN 142	BUZ 25, IRF 142	
UFN 143	BUZ 25, IRF 143	
UFN 150	BUZ 24, IRF 150	
UFN 151	BUZ 14, IRF 151	
UFN 152	BUZ 24, IRF 152	
UFN 153	BUZ 14, IRF 153	
UFN 230	BUZ 35, IRF 230	
UFN 231	BUZ 35, IRF 231	
UFN 240	BUZ 36, IRF 240	
UFN 241	BUZ 36, IRF 241	
UFN 242	BUZ 34, IRF 242	
UFN 243	BUZ 34, IRF 243	
UFN 320	BUZ 63 B, IRF 320	
UFN 321	BUZ 63 B, IRF 321	
UFN 322	BUZ 63 B, IRF 322	
UFN 323	BUZ 63 B, IRF 323	
UFN 330	BUZ 63, IRF 330	
UFN 331	BUZ 63, IRF 331	
UFN 332	BUZ 63 B, IRF 332	
UFN 333	BUZ 63 B, IRF 333	
UFN 340	BUZ 64, IRF 340	
UFN 341	BUZ 64, IRF 341	
UFN 350	BUZ 64, IRF 350	
UFN 351	BUZ 64, IRF 351	
UFN 352	BUZ 64, IRF 352	
UFN 353	BUZ 64, IRF 353	
UFN 420	BUZ 46, IRF 420	
UFN 421	BUZ 46, IRF 421	
UFN 430	BUZ 44 A, IRF 430	
UFN 431	BUZ 44 A, IRF 431	
UFN 432	BUZ 46, IRF 432	
UFN 433	BUZ 46, IRF 433	
UFN 440	BUZ 45 A, IRF 440	
UFN 441	BUZ 45 A, IRF 441	
UFN 442	BUZ 45 A, IRF 442	
UFN 443	BUZ 45 A, IRF 443	
UFN 450	BUZ 45 B, IRF 450	
UFN 451	BUZ 45 B, IRF 451	
UFN 452	BUZ 45 B, IRF 452	
UFN 453	BUZ 45 B, IRF 453	
UFN 520	BUZ 72 A, IRF 520	
UFN 521	BUZ 72 A, IRF 521	
UFN 522	BUZ 72 A, IRF 522	
UFN 523	BUZ 72 A, IRF 523	
UFN 530	BUZ 21, IRF 530	
UFN 531	BUZ 10 A, IRF 531	
UFN 532	BUZ 20, IRF 532	
UFN 533	BUZ 10 A, IRF 533	
UFN 540	BUZ 21, IRF 540	
UFN 541	BUZ 21, IRF 541	
UFN 542	BUZ 21, IRF 542	
UFN 543	BUZ 11 A, IRF 543	
UFN 620	BUZ 73 A, IRF 620	
UFN 621	BUZ 73 A, IRF 621	

Typ	Vergleichstyp	Anschl.-Bild	Typ	Vergleichstyp	Anschl.-Bild
UFN 622	BUZ 73 A, IRF 622		VN 10 LE	MPF 910	
UFN 623	BUZ 73 A, IRF 623		VN 10 LM	MPF 10 LM	
UFN 630	BUZ 32, IRF 630		VN 35 AA	MTM 10 N 05	
UFN 631	BUZ 32, IRF 631		VN 64 GA	BUZ 23	
UFN 632	BUZ 32, IRF 632		VN 0400 A	BUZ 14, MTM 15 N 05, IRF 143	
UFN 633	BUZ 32, IRF 633		VN 0401 A	BUZ 14, MTM 15 N 05, IRF 143	
UFN 640	BUZ 31, IRF 640		VN 0600 A	BUZ 25, MTM 15 N 06, IRF 143	
UFN 641	BUZ 31, IRF 641		VN 0601 A	BUZ 25, MTM 15 N 06, IRF 143	
UFN 642	BUZ 31, IRF 642		VN 0800 A	BUZ 25, MTM 12 N 08, IRF 130	
UFN 643	BUZ 31, IRF 643		VN 0800 D	BUZ 21, MTP 12 N 08, IRF 530	
UFN 710	BUZ 76 A, IRF 710		VN 0801 A	BUZ 25, IRF 132	
UFN 711	BUZ 76 A, IRF 711		VN 0801 D	BUZ 21, IRF 532	
UFN 712	BUZ 76 A, IRF 712		VN 1000 A	BUZ 25, MTM 12 N 10, IRF 130	
UFN 713	BUZ 76 A, IRF 713		VN 1000 D	BUZ 21, MTP 12 N 10, IRF 530	
UFN 720	BUZ 76, IRF 720		VN 1001 A	BUZ 25, IRF 132	
UFN 721	BUZ 76, IRF 721		VN 1001 D	BUZ 20, IRF 532	
UFN 722	BUZ 76 A, IRF 722		VN 3500 A	BUZ 64, MTM 5 N 35, IRF 331	
UFN 723	BUZ 76 A, IRF 723		VN 3500 D	BUZ 60, MTP 5 N 35, IRF 731	
UFN 730	BUZ 60, IRF 730		VN 3501 A	BUZ 63, IRF 333	
UFN 731	BUZ 60, IRF 731		VN 3501 D	BUZ 60, IRF 733	
UFN 732	BUZ 60 B, IRF 732		VN 4000 A	BUZ 64, MTM 5 N 40, IRF 330	
UFN 733	BUZ 60 B, IRF 733		VN 4000 D	BUZ 60, MTP 5 N 40, IRF 730	
UFN 740	BUZ 64, IRF 740		VN 4001 A	BUZ 63, IRF 332	
UFN 741	BUZ 64, IRF 741		VN 4001 D	BUZ 60, IRF 732	
UFN 742	BUZ 60, IRF 742		VN 4501 A	BUZ 45 A, MTM 4 N 45, IRF 431	
UFN 743	BUZ 60, IRF 743		VN 4501 D	BUZ 41 A, MTM 4 N 45, IRF 831	
UFN 820	BUZ 74, IRF 820		VN 4502 A	BUZ 44 A, IRF 433	
UFN 821	BUZ 74, IRF 821		VN 4502 D	BUZ 42, IRF 833	
UFN 822	BUZ 74 A, IRF 822		VN 5001 A	BUZ 45 A, MTM 4 N 50, IRF 430	
UFN 823	BUZ 74 A, IRF 823		VN 5001 D	BUZ 41 A, MTP 4 N 50, IRF 830	
UFN 830	BUZ 41 A, IRF 830		VN 5002 A	BUZ 46, IRF 432	
UFN 831	BUZ 41 A, IRF 831		VN 5002 D	BUZ 42, IRF 832	
UFN 832	BUZ 42, IRF 832		VNL 001A	BUZ 64, MTM 8 N 35	
UFN 833	BUZ 42, IRF 833		VNM 001 A	BUZ 64	
UFN 840	IRF 840		VNM 002 A	BUZ 45	
UFN 841	IRF 841		VNP 002 A	BUZ 45	
UFN 842	IRF 842		ZVN 01 A 2 B	RFL 1 N 08	
UNF 24 A 1	MTM 15 N 06		ZVN 01 A 2 L	RFP 2 N 08	
UNF 24 A 2	MTM 12 N 10		ZVN 01 A 3 B	RFL 1 N 08	
UNF 24 A 3	MTM 15 N 06		ZVN 01 A 3 L	RFP 2 N 08	
UNF 24 A 4	MTM 15 N 10		ZVN 11 A 2 L	RFP 10 N 12	
UNF 24 C 1	MTM 5 N 35		ZVN 11 A 2 M	RFM 10 N 12	
UNF 24 C 2	MTM 5 N 40		ZVN 11 A 3 L	RFP 10 N 12	
UNF 24 C 3	MTM 5 N 35		ZVN 11 A 3 M	RFM 10 N 12	
UNF 24 C 4	MTM 5 N 40		ZVN 12 A 2 L	RFP 12 N 08	
UNF 26 A 1	MTP 15 N 06		ZVN 12 A 2 M	RFM 12 N 08	
UNF 26 A 2	MTP 12 N 10		ZVN 12 A 3 L	RFP 12 N 08	
UNF 26 A 3	MTP 15 N 06		ZVN 12 A 3 M	RFM 12 N 08	
UNF 26 A 4	MTP 15 N 10		ZVN 020 FL	RFP 2 N 08	
UNF 26 C 1	MTP 5 N 35		ZVN 0104 B	RFL 1 N 12	
UNF 26 C 2	MTP 5 N 40		ZVN 0104 L	RFP 2 N 12	
UNF 26 C 3	MTP 5 N 35		ZVN 0106 B	RFL 1 N 12	
UNF 26 C 4	MTP 5 N 40		ZVN 0106 L	RFP 2 N 12	
UNF 44 C 1	MTM 15 N 40		ZVN 0108 B	RFL 1 N 12	
UNF 44 C 2	MTM 15 N 35		ZVN 0108 L	RFP 2 N 12	
UNF 44 C 3	MTM 15 N 40		ZVN 0109 B	RFL 1 N 12	
UNF 44 C 4	MTM 15 N 35		ZVN 0109 L	RFP 2 N 12	
UNF 45 A 1	MTM 25 N 06		ZVN 0110 B	RFL 1 N 12	
UNF 45 A 2	MTM 25 N 10		ZVN 0110 L	RFP 2 N 12	
UNF 45 A 3	MTM 35 N 06		ZVN 0114 B	RFL 1 N 15	
UNF 45 A 4	MTM 35 N 10		ZVN 0114 L	RFP 2 N 15	
VN 10 KE	MPF 910		ZVN 0204 B	RFL 1 N 12	
VN 10 KM	MPF 910		ZVN 0206 B	RFL 1 N 12	

Typ	Vergleichstyp	Anschl.-Bild
ZVN 0206 L	RFP 2 N 08	
ZVN 0208 B	RFL 1 N 12	
ZVN 0208 L	RFP 2 N 08	
ZVN 0209 B	RFL 1 N 12	
ZVN 0209 L	RFP 2 N 08	
ZVN 0210 B	RFL 1 N 12	
ZVN 0210 L	RFP 2 N 08	
ZVN 0214 B	RFL 1 N 15	
ZVN 0214 L	RFP 2 N 15	
ZVN 0216 B	RFL 1 N 18	
ZVN 0216 L	RFP 2 N 18	
ZVN 0220 B	RFL 1 N 20	
ZVN 0220 L	RFP 2 N 20	
ZVN 0330 L	RFP 3 N 45	
ZVN 0330 M	RFM 3 N 45	
ZVN 0335 L	RFP 3 N 45	
ZVN 0335 M	RFM 3 N 45	
ZVN 0340 L	RFP 3 N 45	
ZVN 0340 M	RFM 3 N 45	
ZVN 0345 L	RFP 3 N 45	
ZVN 0345 M	RFM 3 N 45	
ZVN 0350 L	RFP 3 N 50	
ZVN 0350 M	RFM 3 N 50	
ZVN 1104 L	RFP 10 N 12	
ZVN 1104 M	RFM 10 N 12	
ZVN 1106 L	RFP 10 N 12	
ZVN 1106 M	RFM 10 N 12	
ZVN 1108 L	RFP 10 N 12	
ZVN 1108 M	RFM 10 N 12	
ZVN 1109 L	RFP 10 N 12	
ZVN 1109 M	RFP 10 N 12	
ZVN 1110 B	RFL 1 N 12	
ZVN 1110 L	RFP 2 N 12	
ZVN 1114 B	RFL 1 N 15	
ZVN 1114 L	RFP 2 N 15	
ZVN 1116 B	RFL 1 N 18	
ZVN 1116 L	RFP 2 N 18	
ZVN 1120 B	RFL 1 N 20	
ZVN 1120 L	RFP 2 N 20	
ZVN 1204 L	RFP 10 N 12	
ZVN 1204 M	RFM 10 N 12	
ZVN 1206 L	RFP 10 N 12	
ZVN 1206 M	RFM 10 N 12	
ZVN 1208 L	RFP 10 N 12	
ZVN 1208 M	RFM 10 N 12	
ZVN 1209 L	RFP 10 N 12	
ZVN 1209 M	RFM 10 N 12	
ZVN 1210 L	RFP 10 N 12	
ZVN 1210 M	RFM 10 N 12	
ZVN 1214 L	RFP 10 N 15	
ZVN 1214 M	RFM 10 N 15	
ZVN 1216 L	RFP 8 N 18	
ZVN 1216 M	RFM 8 N 18	
ZVN 1220 L	RFP 8 N 20	
ZVN 1220 M	RFM 8 N 20	
2 SJ 47	IRF 9132	
2 SJ 48	2 SJ 49	12
2 SJ 49	IRF 9233	12
2 SJ 50	IRF 9232	12
2 SJ 55		12
2 SJ 85	IRF 9512	
2 SJ 86	IRF 9611	
2 SJ 87	IRF 9611	

Typ	Vergleichstyp	Anschl.-Bild
2 SJ 88	IRF 9610	
2 SJ 101	IRF 9533	
2 SJ 102	IRF 9533	
2 SJ 112	IRF 9142	
2 SJ 116		
2 SJ 117		
2 SK 132	IRF 122	
2 SK 133	2 SK 134	12
2 SK 134	IRF 223	12
2 SK 135	IRF 222	12
2 SK 175		12
2 SK 176	IRF 222	12
2 SK 196	IRF 212	
2 SK 220	IRF 222	12
2 SK 258	IRF 331	12
2 SK 259	IRF 323	12
2 SK 260	IRF 322	12
2 SK 261	IRF 512	
2 SK 262	IRF 613	
2 SK 263	IRF 613	
2 SK 264	IRF 612	
2 SK 277	IRF 333	
2 SK 278	IRF 332	
2 SK 289	IRF 122	
2 SK 290	IRF 122	
2 SK 294	IRF 522, MTP 8 N 08, BUZ 72 A	7
2 SK 295	IRF 522, MTP 8 N 10, BUZ 72 A	7
2 SK 296	IRF 711, MTP 3 N 35, BUZ 76 A	7
2 SK 298	IRF 332, MTM 5 N 40, BUZ 64	8
2 SK 299	IRF 431, MTM 4 N 45, BUZ 45 A	8
2 SK 308	IRF 243, BUZ 34	8
2 SK 309	IRF 722	
2 SK 310	IRF 710, MTP 3 N 40, BUZ 76	7
2 SK 311	IRF 823, MTP 2 N 45, BUZ 41 A	7
2 SK 312	IRF 342, MTM 8 N 40	8
2 SK 313	IRF 441, MTM 7 N 45	8
2 SK 319	IRF 720, MTP 5 N 40, BUZ 60	7
2 SK 320	IRF 831, MTP 4 N 45, BUZ 41 A	7
2 SK 324	IRF 340	
2 SK 325	IRF 453	
2 SK 338	IRF 730	
2 SK 345	IRF 523, BUZ 71 A	7
2 SK 346	IRF 523, BUZ 72 A	7
2 SK 351	BUZ 84 A	8
2 SK 355	IRF 241	
2 SK 356		
2 SK 357	IRF 621	
2 SK 358	IRF 731	
2 SK 382	IRF 822, BUZ 42	7
2 SK 383	IRF 530, BUZ 72	7
2 SK 398	IRF 132	8
2 SK 401	IRF 353, BUZ 64	8
2 SK 408	IRF 612	13
2 SK 409	IRF 612	13
2 SK 411		
2 SK 422		
2 SK 428	IRF 543, BUZ 72	7
2 SK 440	IRF 630	7
2 SK 441	IRFF 422	

MOS-FET-Anschlußbelegung

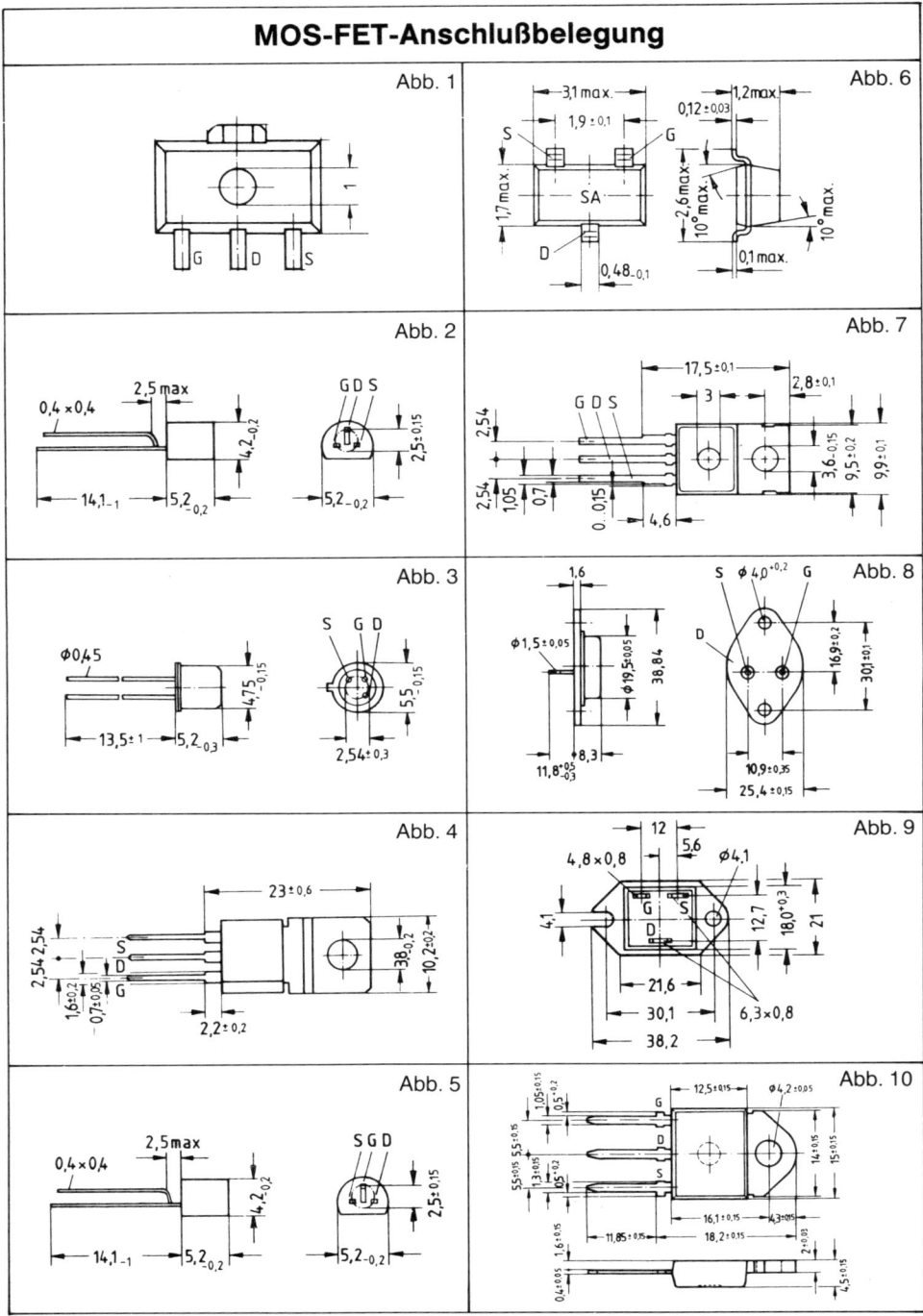

Abb. 1

Abb. 2

Abb. 3

Abb. 4

Abb. 5

Abb. 6

Abb. 7

Abb. 8

Abb. 9

Abb. 10

MOS-FET-Anschlußbelegung

Abb. 11

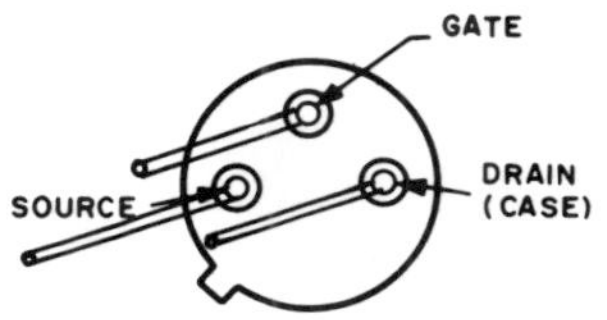

GATE

SOURCE

DRAIN
(CASE)

Abb. 13

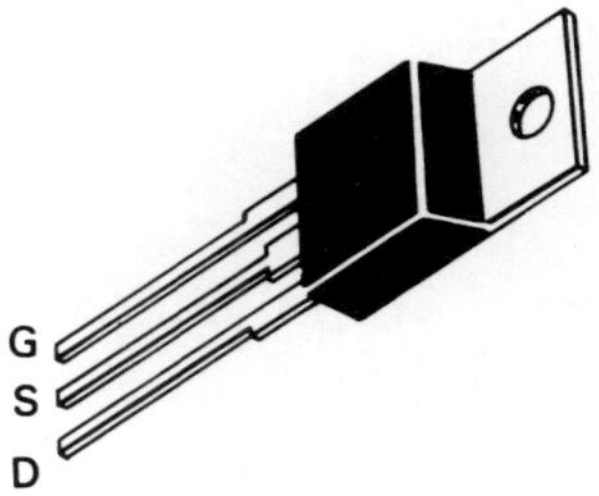

G
S
D

Abb. 12

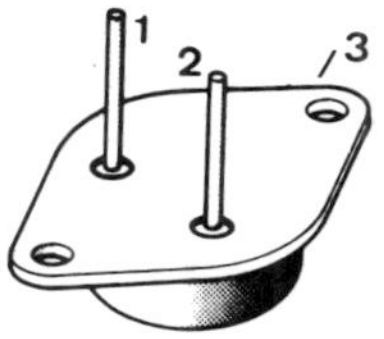

1
2
3

Pin 1 = Drain
Pin 2 = Gate
Pin 3 = Source

Abb. 14

S
G
D

Anschlußbelegungen von Transistoren

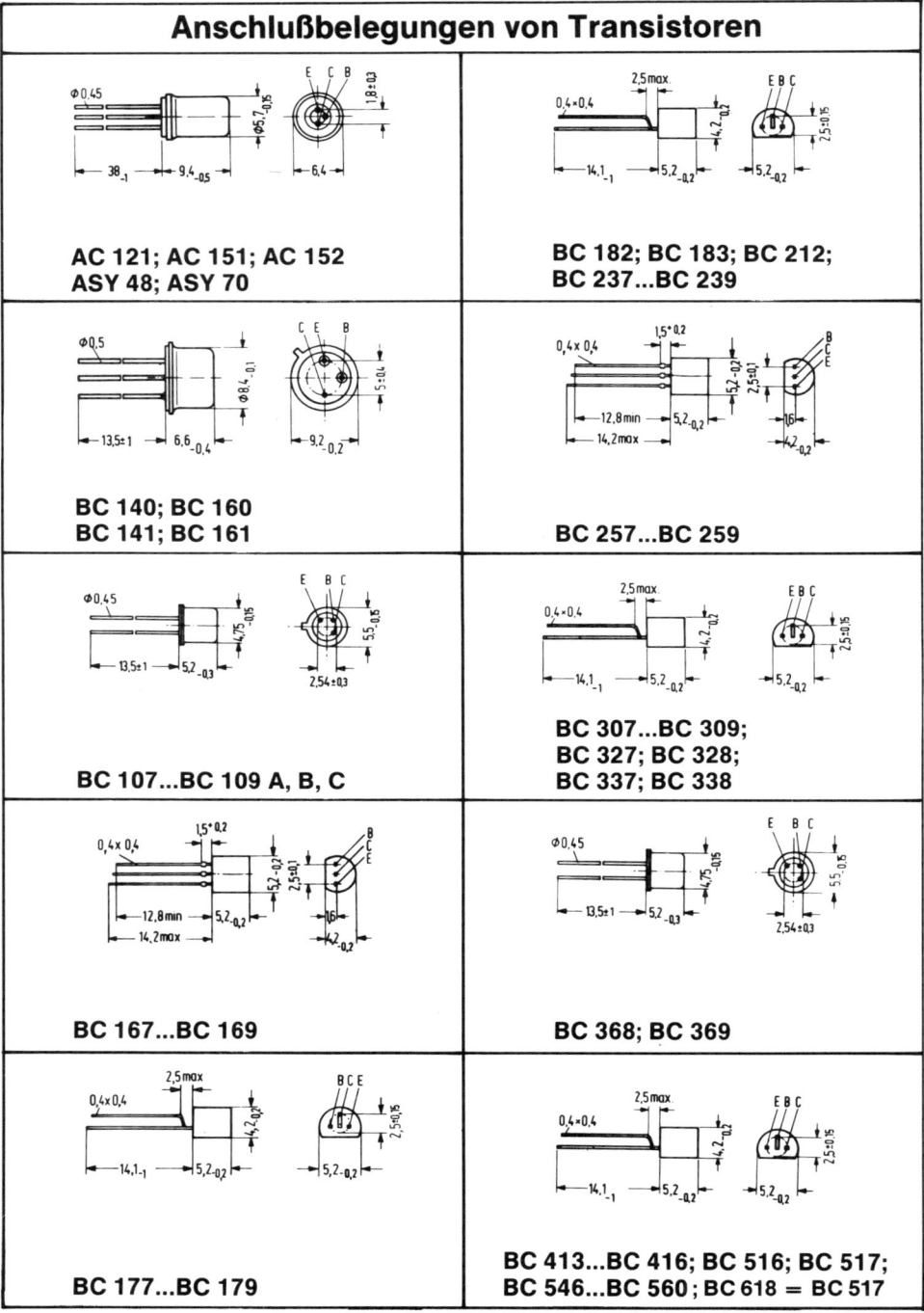

AC 121; AC 151; AC 152
ASY 48; ASY 70

BC 182; BC 183; BC 212;
BC 237...BC 239

BC 140; BC 160
BC 141; BC 161

BC 257...BC 259

BC 107...BC 109 A, B, C

BC 307...BC 309;
BC 327; BC 328;
BC 337; BC 338

BC 167...BC 169

BC 368; BC 369

BC 177...BC 179

BC 413...BC 416; BC 516; BC 517;
BC 546...BC 560 ; BC 618 = BC 517

Anschlußbelegungen von Transistoren

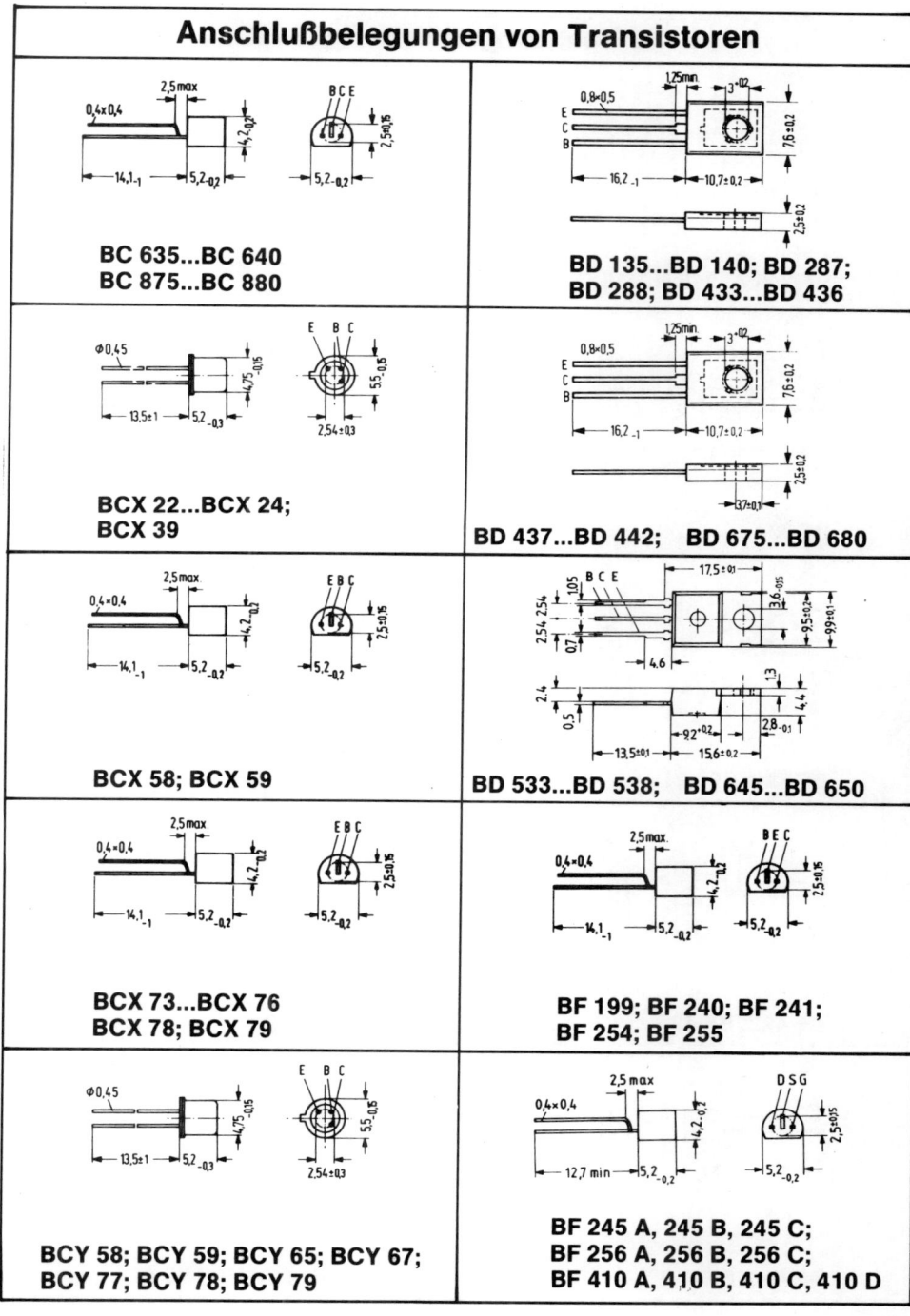

BC 635...BC 640
BC 875...BC 880

BD 135...BD 140; BD 287;
BD 288; BD 433...BD 436

BCX 22...BCX 24;
BCX 39

BD 437...BD 442;   BD 675...BD 680

BCX 58; BCX 59

BD 533...BD 538;   BD 645...BD 650

BCX 73...BCX 76
BCX 78; BCX 79

BF 199; BF 240; BF 241;
BF 254; BF 255

BCY 58; BCY 59; BCY 65; BCY 67;
BCY 77; BCY 78; BCY 79

BF 245 A, 245 B, 245 C;
BF 256 A, 256 B, 256 C;
BF 410 A, 410 B, 410 C, 410 D

Anschlußbelegungen von Transistoren

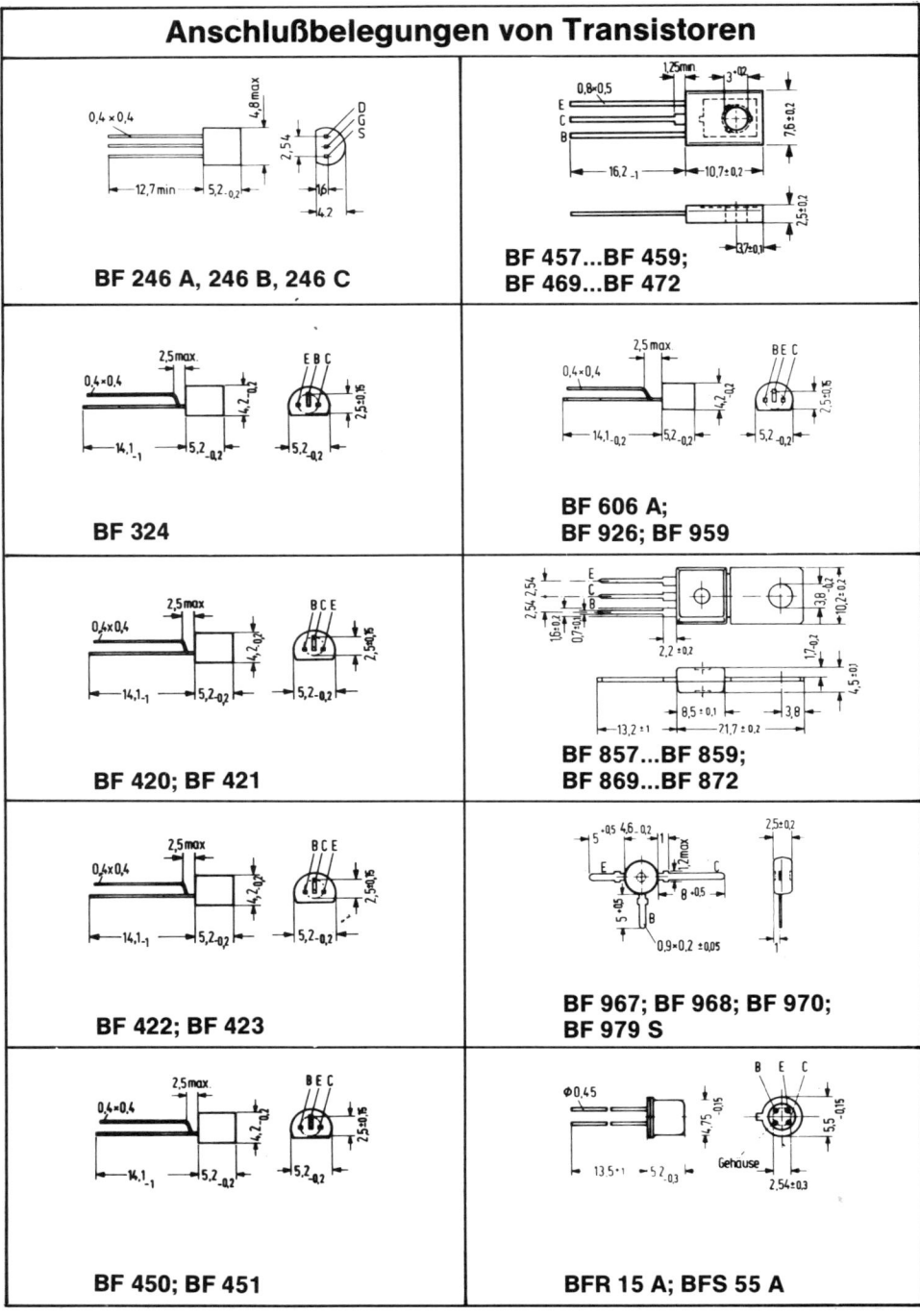

BF 246 A, 246 B, 246 C

BF 457...BF 459;
BF 469...BF 472

BF 324

BF 606 A;
BF 926; BF 959

BF 420; BF 421

BF 857...BF 859;
BF 869...BF 872

BF 422; BF 423

BF 967; BF 968; BF 970;
BF 979 S

BF 450; BF 451

BFR 15 A; BFS 55 A

Anschlußbelegungen von Transistoren

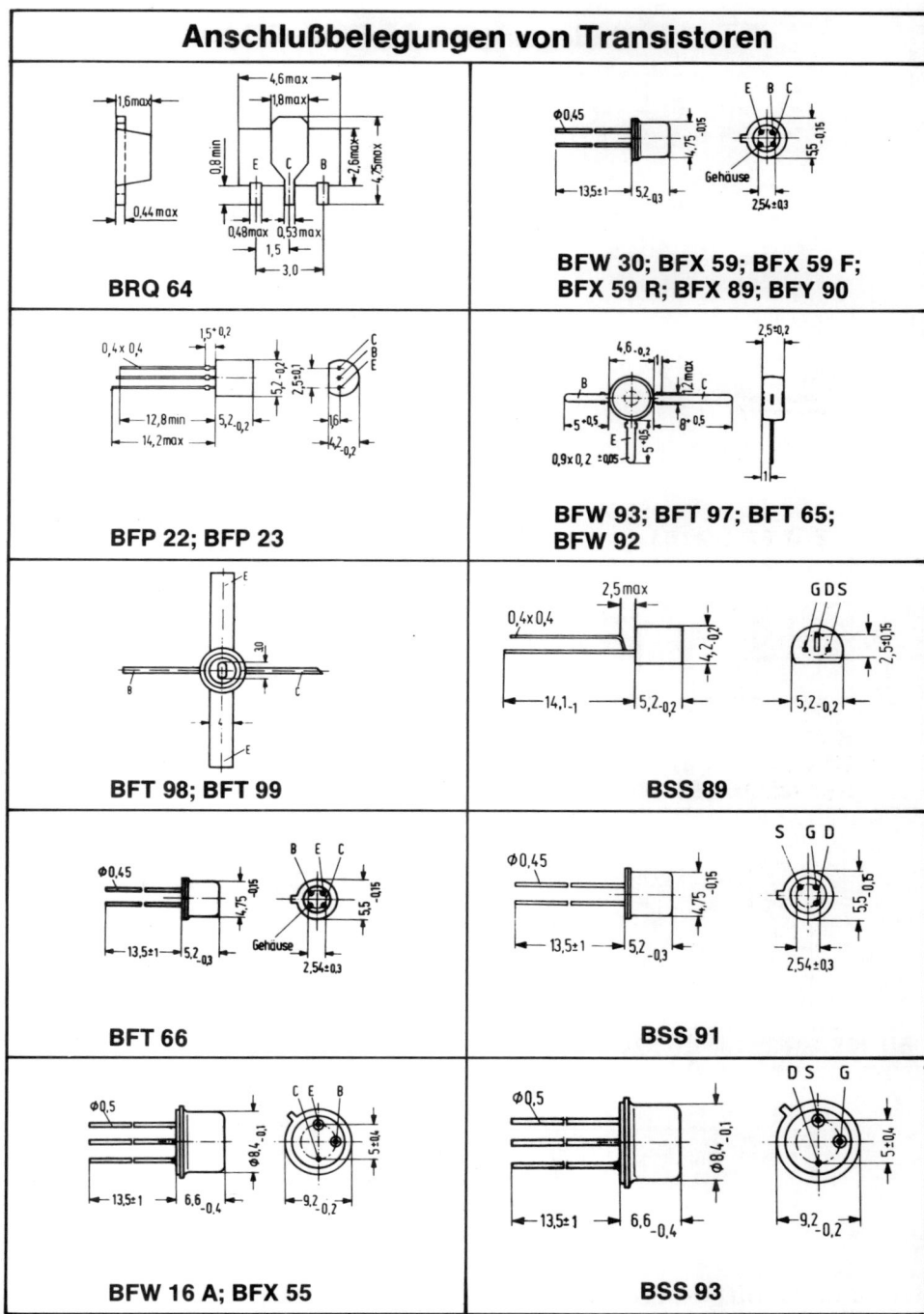

BRQ 64

**BFW 30; BFX 59; BFX 59 F;
BFX 59 R; BFX 89; BFY 90**

BFP 22; BFP 23

**BFW 93; BFT 97; BFT 65;
BFW 92**

BFT 98; BFT 99

BSS 89

BFT 66

BSS 91

BFW 16 A; BFX 55

BSS 93

Anschlußbelegungen von Transistoren

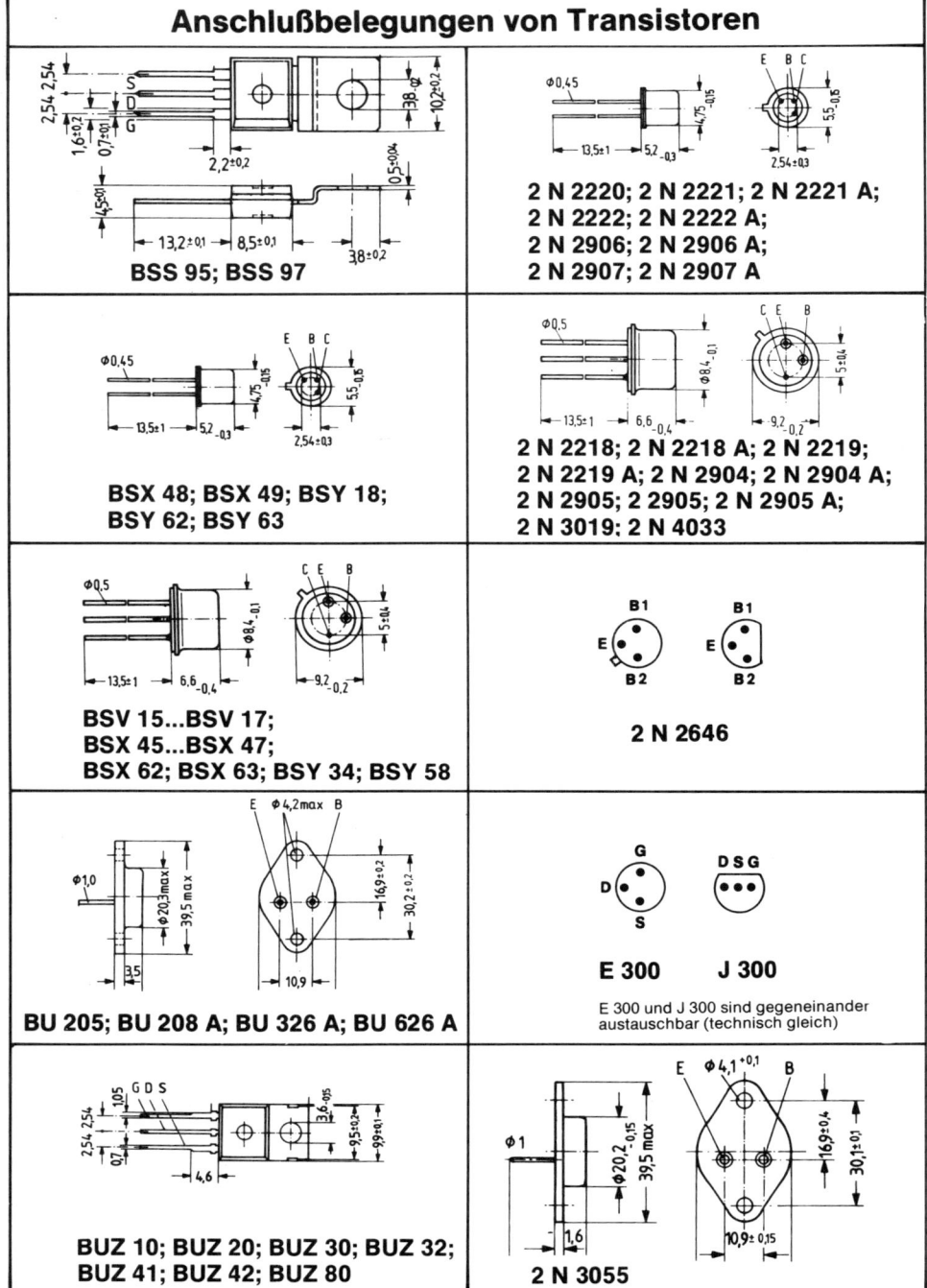

BSS 95; BSS 97

2 N 2220; 2 N 2221; 2 N 2221 A;
2 N 2222; 2 N 2222 A;
2 N 2906; 2 N 2906 A;
2 N 2907; 2 N 2907 A

**BSX 48; BSX 49; BSY 18;
BSY 62; BSY 63**

2 N 2218; 2 N 2218 A; 2 N 2219;
2 N 2219 A; 2 N 2904; 2 N 2904 A;
2 N 2905; 2 2905; 2 N 2905 A;
2 N 3019; 2 N 4033

**BSV 15...BSV 17;
BSX 45...BSX 47;
BSX 62; BSX 63; BSY 34; BSY 58**

2 N 2646

BU 205; BU 208 A; BU 326 A; BU 626 A

E 300   J 300

E 300 und J 300 sind gegeneinander
austauschbar (technisch gleich)

**BUZ 10; BUZ 20; BUZ 30; BUZ 32;
BUZ 41; BUZ 42; BUZ 80**

2 N 3055

Anschlußbelegungen von Thyristoren u. Triacs

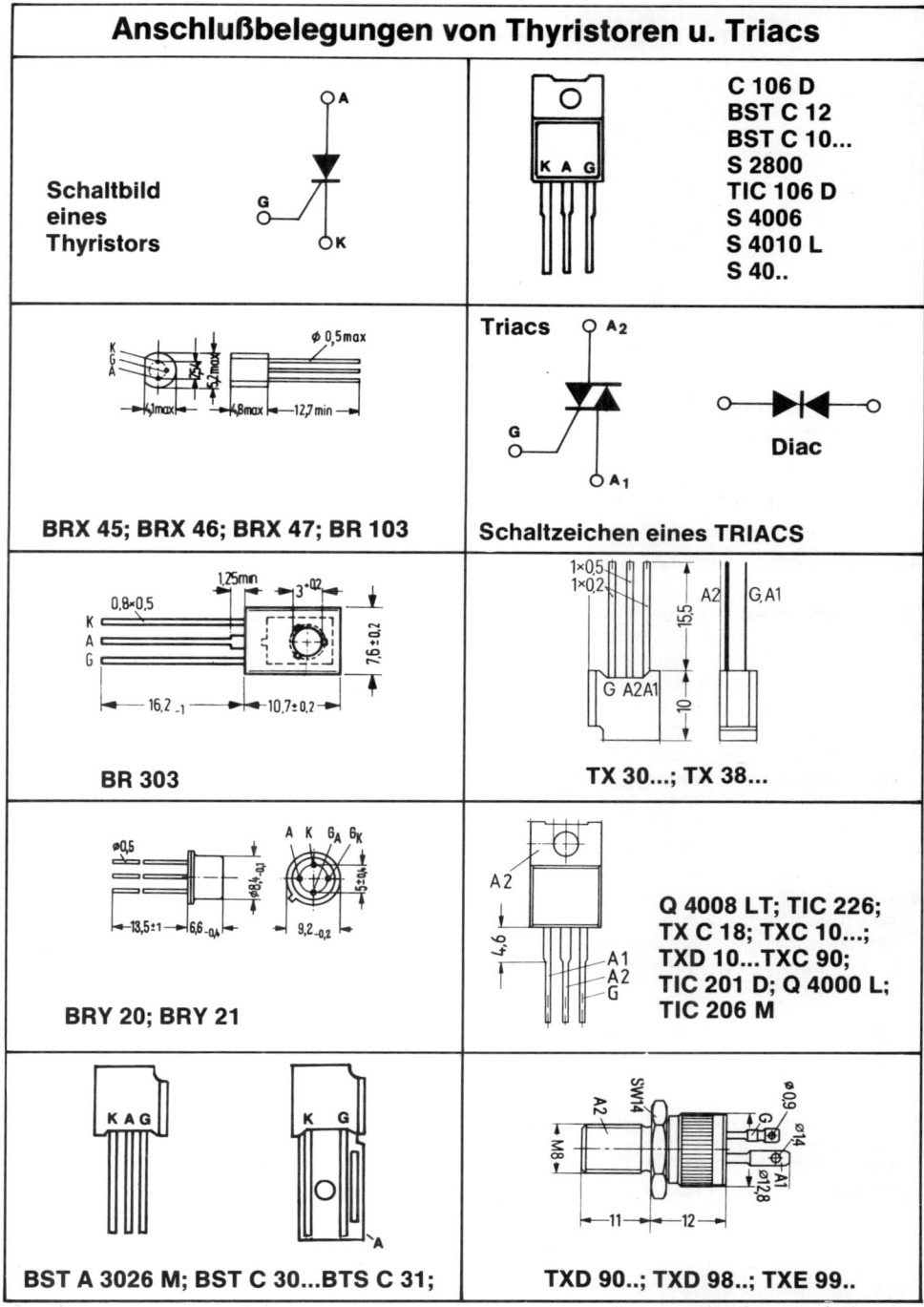

Schaltbild eines Thyristors

C 106 D
BST C 12
BST C 10...
S 2800
TIC 106 D
S 4006
S 4010 L
S 40..

BRX 45; BRX 46; BRX 47; BR 103

Triacs

Diac

Schaltzeichen eines TRIACS

BR 303

TX 30...; TX 38...

BRY 20; BRY 21

Q 4008 LT; TIC 226;
TX C 18; TXC 10...;
TXD 10...TXC 90;
TIC 201 D; Q 4000 L;
TIC 206 M

BST A 3026 M; BST C 30...BTS C 31;

TXD 90..; TXD 98..; TXE 99..

Montage von Leistungstransistoren

Die Einbaulage der Transistoren ist beliebig. Falls ein Abwinkeln der Anschlußbeine notwendig wird, sollte das in einer Biegevorrichtung erfolgen. Werden die Anschlüsse von Hand gebogen, muß ihr Ende zwischen Biegestelle und Bauelementekörper mit einer Zange festgehalten werden. Einkerbungen und wiederholtes Biegen der Anschlüsse sind dabei zu vermeiden. Bei isolierter Montage der Transistoren TO 202, TO 204, TO 218, TO 220 ist der erhöhte Wärmeübergangswiderstand vom Bauelement zum Kühlkörper zu beachten.

Nichtisolierter Aufbau von Nieten

Der vorgefertigte Nietkopf muß immer auf der Seite der Anschlußfahne sitzen, und es ist mindestens eine plane Scheibe nach DIN 433 auf der Schließkopfseite bzw. Kühlplattenseite des Niets anzuordnen. Beim Nieten ist auf Deformationsfreiheit der Teile und auf die Erhaltung der Vorspannung während der Kopfbildung zu achten. In der Hobbypraxis nicht zu empfehlen, da sehr schwierige Demontage des Bauteils.

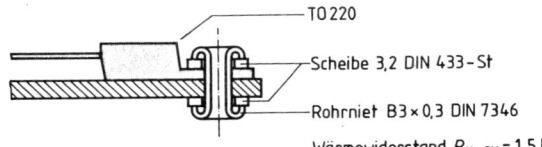

Abb. zeigt nichtisolierte Montage durch Nieten

Nichtisolierter Aufbau durch Schraubbefestigung

- Das Kühlblech bzw. die Montageplatte muß bei Aluminium mindestens 2 mm, bei Kupfer mindestens 1,2 mm dick sein. Geringere Materialdicken bringen für den Wärmeübergang unzulässige Deformationen des Kühlbleches mit sich.
- Das Befestigungsloch in der Montageplatte muß gratfrei sein. Maximaler Durchmesser 3,7 mm. Ansenkungen dürfen nicht mehr als 4 mm Durchmesser haben.
- Der Schraubenkopf sollte nicht direkt auf der Anschlußfahne, sondern über der Andruckplatte zur Druckverteilung sitzen.
- Die Mutter muß immer auf der Seite der Montageplatte angeordnet sein und soll durch eine Federscheibe DIN 137 gesichert werden.
- Das Schraubwerkzeug darf das Kunststoffgehäuse nicht berühren. Daher sollen bevorzugt Kreuzschlitzschrauben verwendet werden.
- Das empfohlene Anzugsdrehmoment für Schrauben M 3 und M 3,5 beträgt 60 Ncm bei einem Schraubenwerkstoff 5.8. Daraus resultiert eine Anzugskraft von max. 1600 N.
  Die Anwendung des max. Anzugsdrehmoments von 80 Ncm für derartige Schrauben bringt keine wesentliche Verbesserung des Übergangswiderstands im Vergleich zu 60 Ncm.

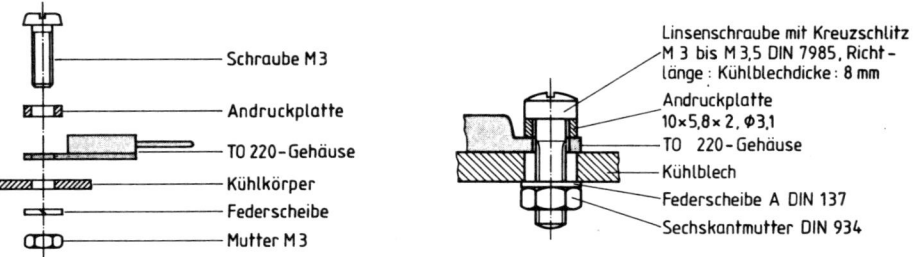

Abb. zeigt nichtisolierte Montage durch Schraubbefestigung

258

Isolierter Aufbau durch Schraubbefestigung

- Bei diesem Aufbau ist ein Kriechweg bis max. 1,0 mm möglich. Dies entspricht der Isolationsgruppe Ao nach VDE 0110 für 250 V ~ (effektiv).
- Der Lochdurchmesser in der Kühlplatte darf 3,8 bis 5,5 mm betragen. Das Loch muß gratfrei sein.
- Bei maximalem Lochdurchmesser muß die Auflagefläche bis zum Lochrand plan sein.
- Bei der Montage, insbesondere beim Durchstecken der Schraube durch die Glimmerscheibe, ist darauf zu achten, daß die Glimmerscheibe nicht beschädigt wird.
- Das Schrauberwerkzeug darf das Kunststoffgehäuse nicht berühren. Daher sollen bevorzugt Kreuzschlitzschrauben verwendet werden.
- Das Anzugsdrehmoment soll für isolierten Aufbau 60 Ncm nicht überschreiten.

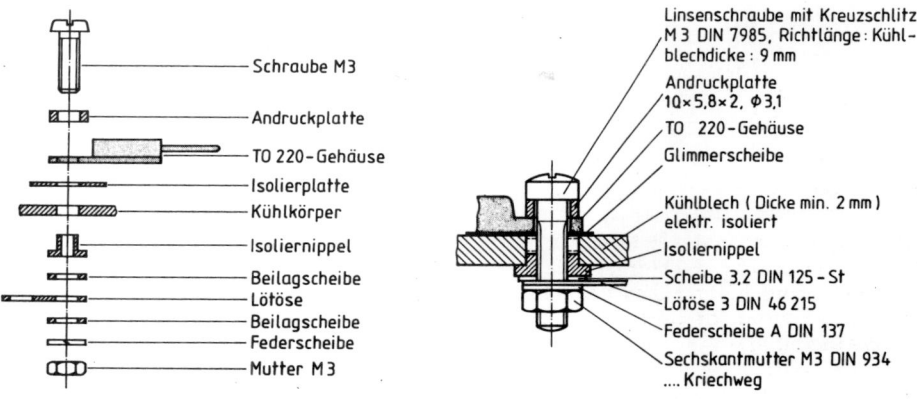

Abb. zeigt isolierte Montage durch Schraubbefestigung

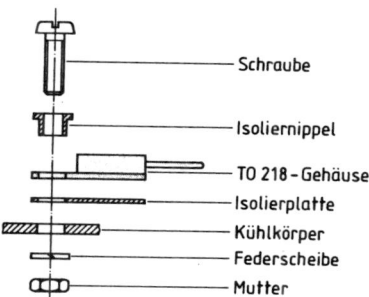

Abb. zeigt einfache isolierte Montage durch Schraubbefestigung für Gehäuse TO-220

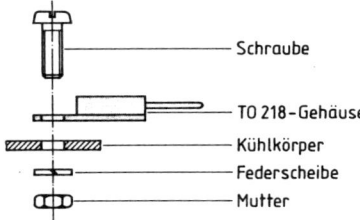

Schraube

TO 218-Gehäuse

Kühlkörper

Federscheibe

Mutter

Einfache Montage durch Schraubbefestigung (Nichtisoliert)

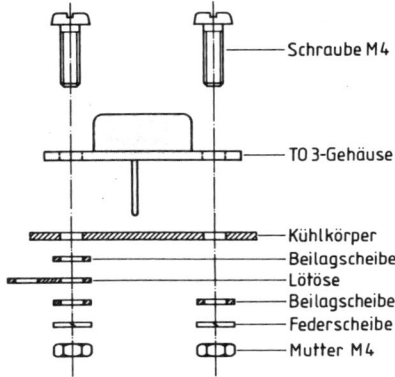

Schraube M4

TO 3-Gehäuse

Kühlkörper
Beilagscheibe
Lötöse
Beilagscheibe
Federscheibe
Mutter M4

Abb. zeigt nichtisolierte Montage (Metallgehäuse TO-3)

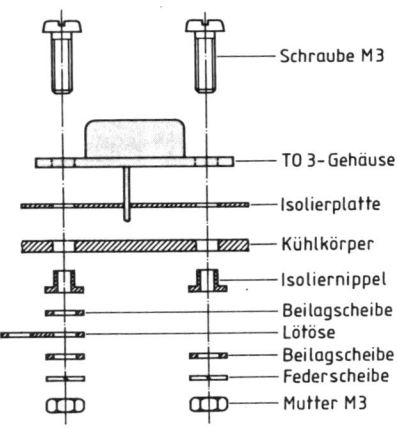

Schraube M3

TO 3-Gehäuse

Isolierplatte

Kühlkörper

Isoliernippel
Beilagscheibe
Lötöse
Beilagscheibe
Federscheibe
Mutter M3

Abb. zeigt isolierte Montage (Metallgehäuse TO-3)

Quelle: Siemens

Erklärungen der wichtigsten Abkürzungen, Fremdwörter und Fachbegriffe

Da die meisten Pins von integrierten Schaltkreisen sowie Schaltungen und Applikationen mit englischen Bezeichnungen und Abkürzungen versehen sind, wurden hier die wichtigsten vorkommenden Bezeichnungen und Abkürzungen zusammengestellt und kurz erklärt.

ADC – (Analog Digital Converter Analog/ Digital-Wandler

adjust – abgleichen, einstellen, justieren

adjustable – justierbar, einstellbar, abgleichbar

AND-gate – UND-Gatter

amplifier – Verstärker NF-Verstärker, HF-Verstärker, Operationsverstärker

BCD (Binary Coded Decimal) – binär codiertes Dezimalsystem

bias – vorspannen, vorbelasten (Vorspannung, Vorbelastung)

bypass – Nebenschluß, Umleitung, überbrücken

to bypass – ableiten, umleiten, nebenschließen, überbrücken

carry – Übertrag

clear – löschen

clipper – Begrenzer

clock – Taktimpuls

clock frequency – Taktfrequenz (wird z. B. von einem Taktgenerator erzeugt)

clock generator – Taktgenerator

CMOS – CMOS (Complementary Metal Oxide Semiconductor)

Comparator – Vergleicher. Ein Comparator kann ein Spannungsvergleicher sein, oder er kann mehrere Logiksignale auf Gleichheit prüfen

compatible – kompatibel, austauschbar

connect – Anschluß, Verbindung

to connect – anschließen, verbinden, zusammenfügen

constant current – konstanter Strom, Dauerstrom

constant voltage – konstante Spannung, Dauerspannung

controllable – steuerbar, regelbar

controlled – gesteuert, geregelt

controller output – Stellgröße

count – Zählung

counter – Zähler, Zählwerk

to counter – zählen

to count down – rückwärts zählen

to count up – vorwärts zählen

counter-frequency meter – Digitalfrequenzmesser, Frequenzzähler

CPU (Central Processing Unit) – Zentraleinheit

current gain – Stromverstärkung

current input – Stromaufnahme

current limit – Strombegrenzung

D-Flip-Flop „D" für Delay – Verzögerung

D-Register – Datenregister. Mit Hilfe eines Datenregisters lassen sich logische Zustände auf unbestimmte Zeit zwischenspeichern

DAC (Digital Analog Converter) – Digital/ Analog-Wandler

data output – Datenausgang

DC (Direct Current) – Gleichstrom

decibel (dB) – Dezibel

DIP (Dual In-Line Package) – Dual-In-Line-Gehäuse. Häufige Bezeichnung für IC-Gehäuse

DIL (Dual In-Line) – wie DIP

display – Anzeige z. B. Bezeichnung für LCD-Anzeige oder LED-Sieben-Segment-Anzeige

dute cycle – Tastverhältnis, relative Einschaltdauer

DVM – (Digital Volt Meter)

DMM (Digital-Multimeter) – Digitales Vielfachinstrument

enable – freigeben

EPROM (Erasable Programmable ROM) – programmier- und löschbarer Festwertspeicher

exclusive NOR gate – Exclusiv-NOR Gatter. Der Ausgang zeigt nur dann H-Signal, wenn beide Eingänge gleich sind

exclusive OR gate – Exclusive-ODER-Gatter. Der Ausgang zeigt nur dann H-Signal, wenn beide Eingänge verschiedene Signale aufweisen

fan-in – Eingangslastfaktor

fan-out – Ausgangslastfaktor

feedback – Rückkopplung, Rückführung

feedback amplifier – rückgekoppelter Verstärker

feedback, degenerative – Gegenkopplung

flip-flop – Flipflop-Kippschaltung mit zwei stabilen Schaltstellungen

floating – schwebend, ohne definiertes Signal

floating input – erdfreier Eingang

fuse – Sicherung
gain – Verstärkung
gate – Gatter
ground – Masse, Bezugspunkt
High – jener Spannungspegel einer Logik, der potentialmäßig positiver ist.
hold – Halt
hertz – Hertz, Anzahl der Schwingungen pro Sekunde
invert – umdrehen, umkehren
inverting amplifier – invertierender Verstärker
inverted – umgekehrt, umgedreht
IC Ci (integrated circuit) – integrierter Schaltkreis
inhibit – sperren
in = input
input – Eingang, Eingabe
interface – Schnittstelle
interference – Störung, Beeinflussung
interrupt – Unterbrechung
J-K flip-flop – J-K-Flip-Flop
latch – Verriegelung, Auffang-Flipflop, Signal-Speicher
to latch – verriegeln, feststellen
LCD (liquid crystal display) – Flüssigkristall-Anzeige
LED (Light Emitting Diode) – Leuchtdiode, Luminiszenzdiode
level – Niveau, Pegel, z. B. NF-Aussteueranzeige
level adjustment – Einpegeln
linear amplifier – Linearverstärker
load – laden, Last, Belastung
logic element – Verknüpfungsglied
logic-level – logischer Zustand
Low – jener Spannungspegel einer Logik, der potentialmäßig negativer ist
low-current LED – LED mit niedriger Stromaufnahme (ca. 2 mA)
low-current source – schwache Stromquelle
master-clock – Taktgeber, Haupttaktgeber
memory – Speicher
mil – mil 0,001 Zoll
mode – Betriebsart
Monoflop – stabiles Flipflop. Dieses Flipflop besitzt nur einen stabilen Zustand, indem es immer wieder nach Ablauf einer durch RC-Glieder einstellbaren Zeit zurückkehrt
Multivibrator – Multivibrator, Kippschaltung, Kippstufe. Man unterscheidet bistabile Multivibratoren (Flipflop), astabile Multivibratoren und monostabile Multivibratoren (Monoflop).
muting – Rauschsperre
NC (not connected) – nicht beschaltet
NC (normally closed/contact) – Ruhekontakt (= Öffner)
NO (normally open/contact) – Arbeitskontakt (= Schließer)
NTC (Negativer Temperature Coefficient) – NTC-Widerstand, Heißleiter
Offsetspannung – der Spannungsunterschied, der an den Eingängen herrschen muß, wenn am Ausgang keine Spannung erscheinen soll
op amp (OPerational AMPlifier) – Operationsverstärker z. B. LM 741
out = output
output – Ausgang, Ausgabe
output data – Ausgangsdaten
output voltage – Ausgangsspannung
output volume – Lautstärke
overflow – Überlauf
overload level – Grenzpegel
package – Gehäuse
PCI (Programmable Communication Interface) – Programmierbare Übertragungsschnittstelle
PCM (Pulse Code Modulation) – Pulscodemodulation
peak – Spitze, Spitzenwert, Höchstwert
peak current – Spitzenstrom
PLL (phase-locked-loop) – Schaltung zur Synchronisierung eines spannungsbestimmenden Oszillators auf eine festgelegte Referenzfrequenz
power supply – Stromversorgung
power drain – Leistungsaufnahme
power input – Leistungsaufnahme, Eingangsleistung
Eingangsleistung
preamplifier – Vorverstärker
to preset – voreinstellen, vorbereiten, vorher einstellen
PROM (Programmable Read Only Memory) – programmierbarer Festwertspeicher, Inhalt nicht überschreibbar
Pull-up-Widerstand – Dieser Widerstand dient zum spannungsmäßigen Anheben des H-Pegels
pulse delay time – Impuls-Verzögerungszeit
quad op amp – Vierfach-Operationsverstärker

RAM (Random Access Memory) – Speicher mit wahlfreiem Zugriff, Daten
können gelesen und neue Daten
geschrieben werden (eingespei-
cherte Daten sind veränderbar)
RC oscillator – RC-Oszillator, frequenz-
bestimmende Elemente sind ein RC-
Glied (Widerstand und Kondensator)
receiver – Empfänger
referenz – Bezug, Zusammenhang
referenz voltage – Referenzspannung,
Bezugsspannung, Vergleichsspan-
nung
regulated – geregelt, reguliert, stabilisiert
regulated voltage – geregelte Spannung
regulated output – geregelter Ausgang
regulated current source – Konstantstromquelle
remote control – Fernsteuerung
reset – Reset, zurücksetzen
RS flipflop – RS-Flipflop, besteht aus
einem NAND-Flipflop, die Eingänge
sind mit R (Reset) und mit S (Set)
bezeichnet
sensing – Abtastung
to sense – abtasten, fühlen
sense input – Fühlereingang
set – setzen, einstellen
shunt – Nebenwiderstand
sine wave – Sinuswelle
stepper motor control – Schrittmotorsteuerung

stepper motor – Schrittmotor
strobe – Marke, Meßmarke
storage – Speicher
supply voltage – Versorgungsspannung,
Speisespannung
transmitter – Sender
driver – Treiber
Tristate-Gatter – Drei-Zustands-Gatter.
Diese Art logischer Schaltkreise wei-
sen außer High- und Low-Pegeln
einen dritten hochohmigen Zustand
auf
treshhold – Schwelle, Schwellwert,
Ansprechwert
true rms – Wechselspannungs-Effektiv-
wert
VCO (Voltage-Controlled Oscillator) –
Spannungsgesteuerter Oszillator,
Frequenz ist von einer Anstimm-
spannung abhängig
VDR (Voltage-Dependent Resistor) –
spannungsabhängiger Wiederstand
voltage comparator – Spannungskomparator
voltage drop – Spannungsabfall
voltage regulator – Spannungsregler
wire wrap – lötfreie Drahtverbindung,
Fädeltechnik
zero – Null, auf Null setzen
zero adjustment – Nullstellung, Null-
einstellung

Quellennachweis:

Als Quellen in diesem Buch dienten Datenbücher folgender Firmen:

AEG = Telefunken
BENCHMARQ
elantec
Exar
Fairchild
Harris
Intersil
IWT-Verlag
Linear Technology
MAXIM
MICROCHIP
Monsanto
Motorola
National
Philips Semiconductors
PLESSEY
Raytheon
RCA
SGS
Siemens
Thomsen
Texas Instruments
TELEDYNE
Valvo

Für die freundliche Unterstützung mit Datenbüchern und technischen Unterlagen danken wir.

A. Härtl / **Optoelektronik in der Praxis.** *5. überarbeitete Auflage, ca. 800 Abbildungen und Zeichnungen, über 100 Schaltungen und ca. 4500 Vergleichstypen*

Dieses Buch bietet dem engagierten Hobby-Elektroniker eine Fülle von Informationen. Es ist durch klaren Aufbau und detaillierte Aussagen eine wertvolle Arbeitsunterlage für jeden, der mit optoelektronischen Bauteilen arbeitet.

■ Opto-Vergleichstabelle, technische Daten, Schaltungen und Anschlußbelegungen zu den gängigsten und bekanntesten LEDs, Blink-LEDs, IR-LEDs, Fotowiderständen, Optokopplern, Fototransistoren, Reflexlichtschranken, Siebensegmentanzeigen, LED-Leuchtbändern, LCD-Anzeigen.

■ Viele interessante Schaltungen und Anregungen für den Selbstbauer.

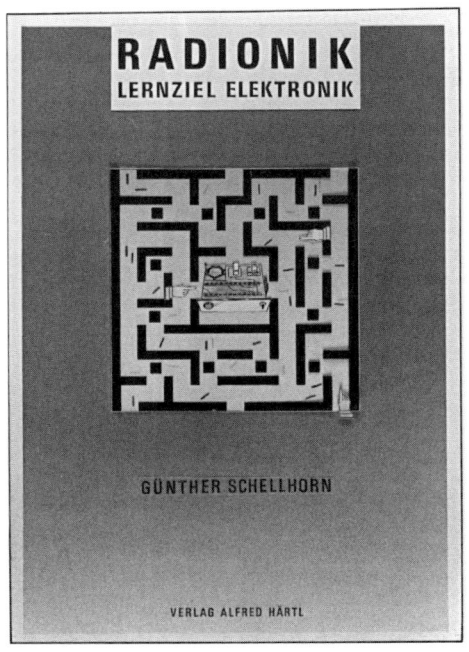

G. Schellhorn / **Radionik ... Elektronik zum Anfassen.**
134 Seiten, zahlreiche Abbildungen und Fotos.
„Radionik" ist ein Animationssystem, das an die Elektronik heranführen will und gleichzeitig die Berufschancen in vielen Bereichen verbessert. Die Radiotechnik vermittelt — ausgehend von einer ganz einfachen Grundschaltung — Schritt für Schritt ein Gefühl für die Elektronik und deren Zusammenhänge. Geradezu spielerisch wird die Scheu vor den kleinen Bauteilen abgebaut und die Grundlage für ein intensiveres Studium gelegt.
Dabei bleibt es nicht bei der Theorie. Es wird von Anfang an gelötet, mit einem Vielfach-Meßinstrument gearbeitet, und es werden schlaue Transistortester gebaut.

A. Härtl / **SMD-Technik**
128 Seiten, zahlreiche Abbildungen und Tabellen
3. überarbeitete und erweiterte Auflage

Die SMD-Technik (Surface Mounted Devices = oberflächenmontierte Bauteile) dringt immer mehr in den Elektronikbereich vor. Auch für den Hobby-Elektroniker bieten die miniaturisierten Bauteile unverkennbare Vorteile und neue kreative Anwendungsmöglichkeiten.

Allerdings: die Verarbeitung der SMDs erfordert eine andere Technik, als bisher gewohnt. Dazu kommt, daß bei der Kennung der Bauteile fast ausschließlich mit Code-Bezeichnungen gearbeitet wird. Dieses Buch gibt praktische Tips zur Layoutgestaltung, zum richtigen Löten und Entlöten, erklärt die momentan erhältlichen SMD-Bauteile im Vergleich mit konventioneller Technik und gibt praktische Tips im Umgang mit diesen Bauteilen.

Aus dem Inhalt: Allgemeines zur SMD-Technik · Verarbeitung mit dem Lötkolben · Hinweise zur Leiterplattengestaltung (Layout) · Vergleichstabelle konventionell-SMD · Vergleichstabelle SMD-konventionell · Stempelcode-Aufschlüsselung · Anschlußbelegungen von Transistoren und anderen SMD-Bauteilen.

Das Buch ist eine praxisgerechte wertvolle Arbeitsunterlage für den „SMD-Einsteiger" und all jene, die bereits mit SMD-Bauteilen arbeiten.

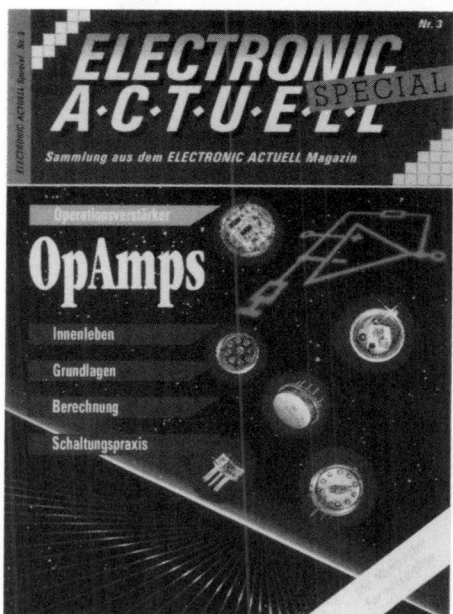

ELECTRONIC ACTUELL Spezial

Sammlung aus dem ELECTRONIC ACTUELL Magazin

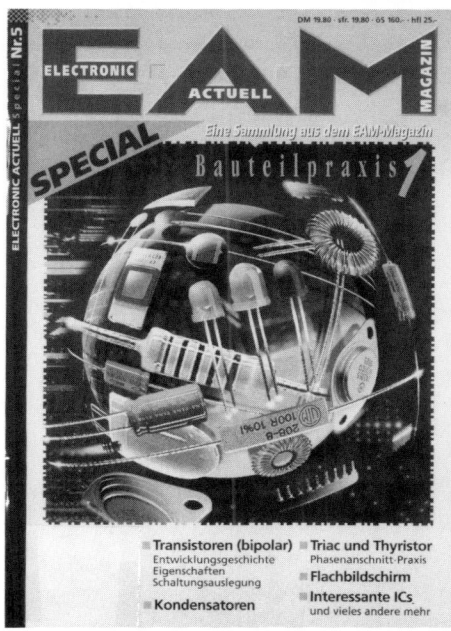

Sonderheft Nr. 5 (76 Seiten):

Bauteilpraxis 1

Er wird bald 50: Der Transistor
Er hat eine bewegte Vergangenheit

- Schaltungsauslegung mit Transistoren
- Eine unendliche Geschichte: Kondensatoren
- Phasenanschnitt mit Triac und Thyristor
- Auf dem Weg zum farbigen Flachbildschirm, digital durch jede Zahl teilen und ein *Super-het*-Konzept!

Preis 19,80 DM (zzgl. Versandkosten)

Sonderheft Nr. 6 (76 Seiten):

Bauteilpraxis 2

Feldeffekttransistoren sind die Stars

- Dioden aber mehr als nur Wasserträger
- Die Stromversorgung als Lebensquell
- Heiß und kalt mit NTCs und PTCs
- Details, die keiner kennt: Blaue LEDs, Batterietypen, gebührenzählende ICs und bei der Glühlampen-Analyse geht Ihnen ein Licht auf!

Preis 19,80 DM (zzgl. Versandkosten)

Versandkostenanteil Inland: 1 Heft DM 5,–, 2 Hefte DM 6,–, 3 und 4 Hefte DM 8,–
Versandkostenanteil europ. Ausland: 1 Heft DM 11,–, 2, 3 und 4 Hefte DM 16,-
Luftpost bitte vorher anfragen.

Bestellung:
Per Vorauszahlung auf Konto 3327-853 beim   Postgiroamt Nürnberg   (BLZ 760 100 85)

Wegen des unverhältnismäßig hohen Bearbeitungsaufwandes erfolgt keine Nachnahme-Lieferung.
Bei schriftlicher Bestellung ist auch Zahlung mit Scheck möglich.
<u>Absenderangabe nicht vergessen!</u>

VTP-Verlag Fürst · Äußere Sulzbacher Straße 42 · 90491 Nürnberg